U0190506

中国科学技术大学
交叉学科基础物理教程

主编　侯建国　副主编　程福臻　叶邦角

光　学

王　沛　鲁拥华　编著

中国科学技术大学出版社

内容简介

本书为中国科学技术大学交叉学科基础物理教程之一，是针对非物理专业和对理论物理要求不高的物理专业的大学生学习光学所编写的教材。内容包括波动光学、几何光学以及光的量子性导论。全书以光学实验为基础，从光的物理模型出发，对光线的传播、光学成像、光的干涉、光的衍射、光的偏振与双折射、光与物质的相互作用、光的量子性等问题进行了较全面和深入的阐释，并介绍了光学的发展及其在各个领域中的应用。

图书在版编目(CIP)数据

光学/王沛，鲁拥华编著. —合肥：中国科学技术大学出版社，2021.12(2024.9 重印)
(中国科学技术大学交叉学科基础物理教程)
中国科学技术大学一流规划教材
安徽省高等学校“十三五”省级规划教材
ISBN 978-7-312-05149-4

Ⅰ. 光…　Ⅱ. ①王…②鲁…　Ⅲ. 光学—高等学校—教材　Ⅳ. O43

中国版本图书馆 CIP 数据核字(2021)第 177113 号

光学
GUANGXUE

出版　中国科学技术大学出版社
　　　安徽省合肥市金寨路 96 号，230026
　　　http://press.ustc.edu.cn
　　　https://zgkxjsdxcbs.tmall.com
印刷　合肥市宏基印刷有限公司
发行　中国科学技术大学出版社
开本　880 mm×1230 mm　1/16
印张　25.75
字数　595 千
版次　2021 年 12 月第 1 版
印次　2024 年 9 月第 2 次印刷
定价　99.00 元

序

物理学从 17 世纪牛顿创立经典力学开始兴起，最初被称为自然哲学，探索的是物质世界普遍而基本的规律，是自然科学的一门基础学科。19 世纪末 20 世纪初，麦克斯韦创立电磁理论，爱因斯坦创立相对论，普朗克、玻尔、海森伯等人创立量子力学，物理学取得了一系列重大进展，在推动其他自然学科发展的同时，也极大地提升了人类利用自然的能力。今天，物理学作为自然科学的基础学科之一，仍然在众多科学与工程领域的突破中、在交叉学科的前沿研究中发挥着重要的作用。

大学的物理课程不仅仅是物理知识的学习与掌握，更是提升学生科学素养的一种基础训练，有助于培养学生的逻辑思维和分析与解决问题的能力，这种思维和能力的训练，对学生一生的影响也是潜移默化的。中国科学技术大学始终坚持“基础宽厚实，专业精新活”的教育传统和培养特色，一直以来都把物理和数学作为最重要的通识课程。非物理专业的本科生在一、二年级也要学习基础物理课程，注重在这种数理训练过程中培养学生的逻辑思维、批判意识与科学精神，这也是我校通识教育的主要内容。

结合我校的教育教学改革实践，我们组织编写了这套“中国科学技术大学交叉学科基础物理教程”丛书，将其定位为非物理专业的本科生物理教学用书，力求基本理论严谨、语言生动浅显，使老师易教、学生好学。丛书的特点有：从学生见到的问题入手，引导出科学的思维和实验，再获得基本的规律，重在启发学生的兴趣；注意各块知识的纵向贯通和各门课程的横向联系，避免重复和遗漏，同时与前沿研究相结合，显示学科的发展和开放性；注重培养学生提出新问题、建立模型、解决问题、作合理近似的能力；尽量做好数学与物理的配合，物理上必需的数学内容而数学书上难以安排的部分，则在物理书中予以考虑安排等。

这套丛书的编者队伍汇集了中国科学技术大学一批老、中、青骨干教师，其中既有经验丰富的国家教学名师，也有年富力强的教学骨干，还有活跃在教学一线的青年教师，他们把自己对物理教学的热爱、感悟和心得都融入教材的字里行间。这套丛书从2010年9月立项启动，其间经过编委会多次研讨、广泛征求意见和反复修改完善。在丛书陆续出版之际，我谨向所有参与教材研讨和编写的同志，向所有关心和支持教材编写工作的朋友表示衷心的感谢。

教材是学校实践教育理念、实现教学培养目标的基础，好的教材是保证教学质量的第一环节。我们衷心地希望，这套倾注了编者们的心血和汗水的教材，能得到广大师生的喜爱，并让更多的学生受益。

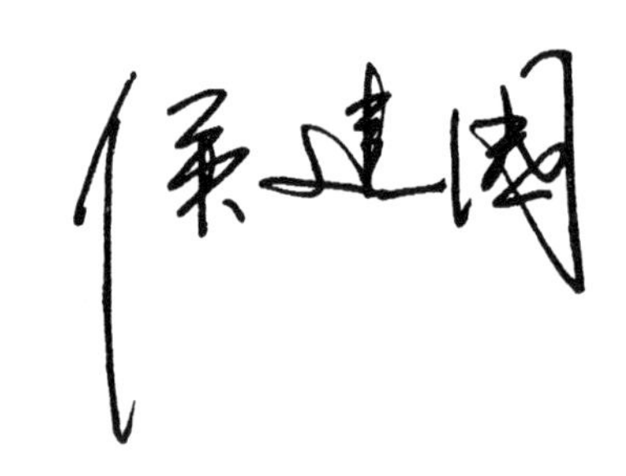

2014年1月于中国科学技术大学

前　言

光学的发展过程是人类认识客观世界、与客观世界和谐共处、推进社会发展进程中的一个重要组成部分。光学无处不在，光学技术在人们日常生活中起着无可替代的作用。光学是物理学中古老的学科，又是当前科学研究中最为活跃的学科之一，推动着人类对自然的认知和人类社会的进步。

目前国内外有众多完善的优秀光学教材，相关书籍就是编者在学习、教学实践中重要的参考书目。诚如钟锡华先生在其《现代光学基础》序中所言，“现代光学发展中，使人激动的、令人振奋的一个个重大成就，究其基本思想、理论基础和概念要点，均与经典波动光学息息相关，均植根于波动光学这方沃土，是对波动光学传统成果的一种创造性的综合和提高”。波动光学对现代物理学和整个科学技术的发展都有着重大的贡献。对于中国科学技术大学交叉学科用的基础物理教程《光学》一书，我们考虑将光的波动理论描述作为课程的基础（即“一个中心”——惠更斯-菲涅耳原理）；同时要体现出交叉的特点，因此与新现象、新理论、新器件、新应用有关的现代光学内容要在课程中有所反映。本书的基本骨架就是以惠更斯-菲涅耳原理为主线，以光学的基本概念与基本规律为主题，以光学仪器、光学技术应用为实例，从而体现交叉的特色。

光学是伴随着对各种光学现象的观察、发现、分析和认识以至应用而逐步发展和建立起来的，基于由现象到本质的认知规律，在编写中我们考虑先适当介绍相关的光学现象，感受美的同时（“判天地之美”），引出光是什么（“析万物之理”），给出其基本原理描述，有何特点，进而关联相关应用（交叉），适时引入反映现代光学理论、技术及其体现交叉的内容简介。典型事例如图1所示。

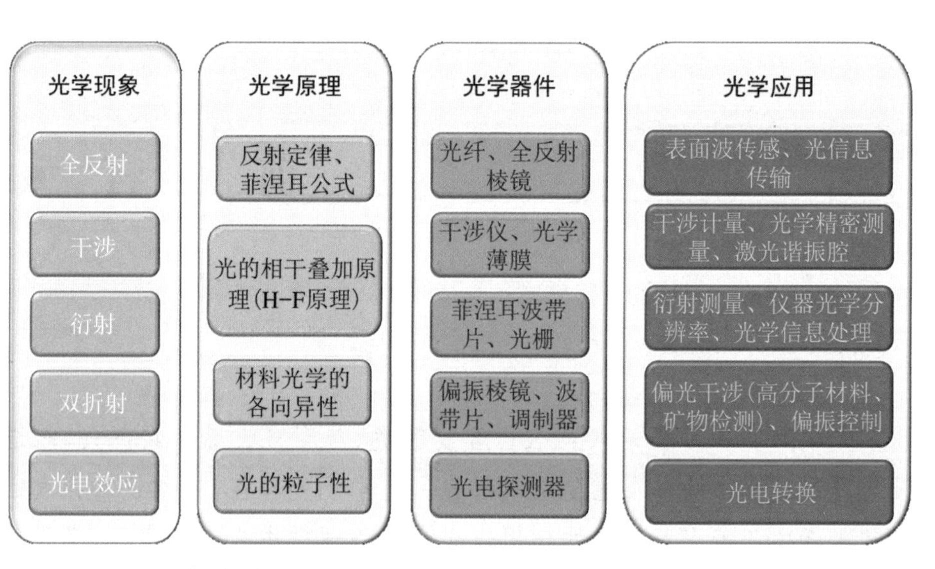

图1

基于学生在中学接受的几何光学的基本知识，我们还是先引入光的几何描述及几何光学成像，再进行理论的自然过渡和深化，给出光是由麦克斯韦方程组描述的电磁波（光的电磁理论描述），进一步给出光的基本特性和描述方式（波函数），突出“三个参量”（偏振、振幅、相位）以及光传播的相遇（叠加）行为（惠更斯-菲涅耳原理描述）、界面行为（菲涅耳公式描述）；在此基础上，再分析讨论光的干涉、衍射、双折射，光的吸收、色散和散射，光的量子性以及激光基础。

大学阶段的光学课程中，波动光学是其核心内容，而惠更斯-菲涅耳原理是波动光学的“一个中心”。我们分析处理问题的方法通常是分解、综合，实质上惠更斯-菲涅耳原理是包含分解（次波源）、叠加（次波源）过程的，可以说波动光学的分析、处理就是基于惠更斯-菲涅耳原理对波场进行分解、叠加运算。我们可以看到，干涉、衍射就是不同光波场（波函数）的相干叠加，偏振就是不同振动方向光波场（波函数）的叠加或分解；菲涅耳公式实质上就是两正交偏振光场在界面处不同的反射、折射行为；光的双折射实质上就是两正交偏振光场在晶体中的不同传播行为。因此，分析光的干涉、衍射、偏振、双折射行为，我们可紧紧围绕惠更斯-菲涅耳原理这一“中心”，其基本思路见图2。当然，在介绍完相关原理、分析方法之后，我们还分别对具体的光学仪器、光学元件、光学技术、光学前沿等进行了介绍。

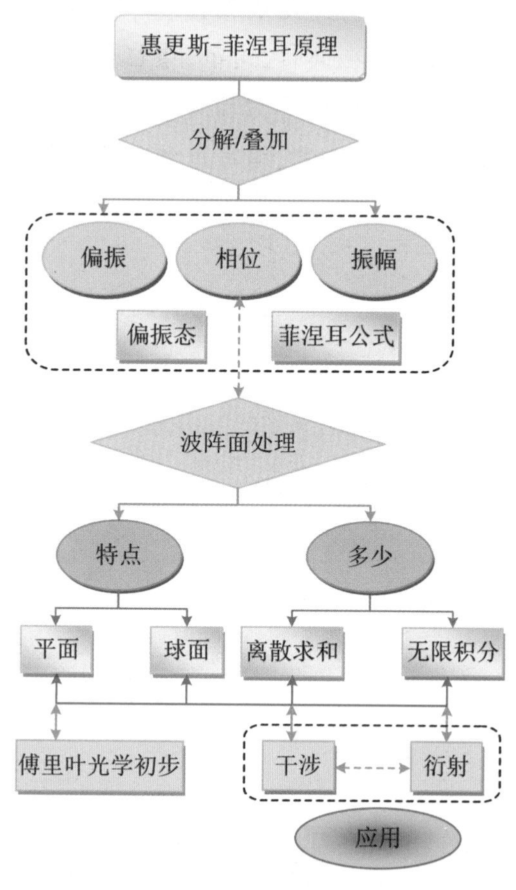

图2

本书是编者根据多年来讲授光学课程的教学实践体验编写而成的。在教学过程中我们一直得到中国科学技术大学光学课程组的帮助，吴强老师所著的光学教材、崔宏滨老师所著的光学教材都是编者讲课的主要参考书目。同时我们还参考了其他优秀光学教材。收集引用的众多资料、图片有些来自同行、同事，有些来自网络，现无法一一注明出处，所附的参考书目也不够完整，敬请谅解！在此向所有我们参考过的书籍与论文的作者表示感谢！编写过程中，“中国科学技术大学交叉学科基础物理教程”丛书主编、副主编等专家给予了热情鼓励和建设性意见，中国科学技术大学出版社提供了大力支持，编者一并表示由衷感谢。

编者的助教和几位研究生也参与了一些编写工作，其中马凤华将编者讲课录音、PPT教案转换为相关文字，黄鸿杰、刘亮亮、李清晨等协助编辑了相关公式、制作了大量图片，并验算、审核了书中的大部分习题，在此对他们的支持和积极参与表示感谢。

国内外已有众多完善的优秀光学教材，着手编写这本光学教材我们不免惴惴不安、停停顿顿，好在同行、同事、诸位专家等各方面给予鼓励、支持、帮助，今终成稿。虽然编者尽力而为，但自身学识、专业水平、眼界范围有限，书中难免存在理解肤浅、编写疏漏乃至错误之处，诚请读者批评指正，以便我们有机会改进！

王　沛　鲁拥华

2021年3月20日

目　录

序 …… （ⅰ）

前言 …… （ⅲ）

绪论 …… （1）

0.1　光学的重要性 …… （2）

0.2　光本性的认知 …… （3）

0.3　光学的发展与应用 …… （8）

第1章　光的几何描述及几何光学成像 …… （11）

1.1　光的几何描述 …… （12）

1.1.1　光的几何描述及其基本概念 …… （12）

1.1.2　几何光学的基本定律 …… （13）

1.1.3　全内反射与光纤 …… （15）

1.1.4　棱镜折射 …… （21）

1.2　费马原理 …… （23）

1.3　几何光学成像的基本概念 …… （28）

1.4　单球面折射系统傍轴成像 …… （33）

1.4.1　单球面傍轴折射成像的物像公式 …… （33）

1.4.2　单球面折射系统的焦点 …… （34）

1.4.3　单球面折射成像的放大率 …… （36）

1.5　薄透镜及其傍轴成像公式 …… （38）

1.5.1　薄透镜 …… （38）

1.5.2　薄透镜的成像公式 …… （39）

1.6　球面反射成像 …… （41）

1.7　光线变换矩阵 …… （42）

1.8 像差的基本概念及分类 …… (46)
1.8.1 像差的基本概念 …… (46)
1.8.2 几何像差的分类 …… (47)
1.9 常用的几种光学成像仪器简介 …… (51)
1.9.1 人眼 …… (51)
1.9.2 放大镜 …… (53)
1.9.3 显微镜 …… (54)
1.9.4 望远镜 …… (56)
1.9.5 投影机 …… (58)
第2章 光的电磁波描述及叠加 …… (61)
2.1 波的基本概念、特点、数学描述 …… (62)
2.1.1 振动与波动 …… (62)
2.1.2 波函数的实数、复数描述及复振幅 …… (66)
2.1.3 球面波向平面波的转化 …… (71)
2.1.4 薄透镜的透过率函数(屏函数) …… (73)
2.1.5 光的电磁理论基础 …… (74)
2.2 光波的叠加 …… (83)
2.2.1 光波的线性叠加原理 …… (83)
2.2.2 惠更斯-菲涅耳原理 …… (84)
2.3 频率相同、振动方向相互垂直的两光波的叠加——光的偏振状态 …… (87)
2.3.1 光的偏振态 …… (87)
2.3.2 偏振光的产生和检偏 …… (95)
2.4 光在两种各向同性绝缘介质界面的反射、折射的电磁行为——菲涅耳公式 …… (101)
2.4.1 各向同性介质界面上振动的分解 …… (101)
2.4.2 菲涅耳公式 …… (103)
2.4.3 反射光、折射光的相位变化与半波损 …… (110)
2.4.4 反射和折射时的偏振现象 …… (114)
2.4.5 全内反射与隐失波 …… (116)
附 斯托克斯定律 …… (121)
2.5 超表面与广义折射定律 …… (122)
第3章 光的干涉 …… (125)
3.1 光的干涉初步分析 …… (126)
3.1.1 光的干涉现象 …… (126)
3.1.2 两单色简谐波叠加及干涉条件分析 …… (127)

3.2 杨氏干涉 …… (136)
3.2.1 相干光的获得 …… (136)
3.2.2 杨氏双孔干涉实验 …… (137)
3.2.3 其他分波前干涉实验 …… (144)
附 杨氏干涉实验思考 …… (146)
3.3 光场的时空相干性 …… (147)
3.3.1 光源的宽度对干涉条纹可见度的影响——空间相干性 …… (148)
3.3.2 光源的非单色性对干涉条纹可见度的影响——时间相干性 …… (153)
3.3.3 干涉的定域问题 …… (157)
3.4 分振幅干涉 …… (158)
3.4.1 程差关系 …… (158)
3.4.2 等厚干涉(n、i 为常量) …… (160)
3.4.3 等倾干涉(n、h 为常量) …… (166)
3.4.4 迈克耳孙干涉仪 …… (170)
3.5 多光束干涉 …… (177)
3.5.1 平行平面薄膜的多光束干涉 …… (177)
3.5.2 法布里-珀罗干涉仪 …… (183)
3.5.3 其他典型的干涉仪 …… (187)
3.5.4 多层介质高反射膜 …… (191)
第4章 光的衍射 …… (195)
4.1 衍射现象及其分析基础 …… (196)
4.1.1 衍射现象 …… (196)
4.1.2 菲涅耳衍射积分 …… (197)
4.1.3 衍射系统及分类 …… (199)
4.1.4 巴比涅原理 …… (202)
4.2 圆孔和圆屏的菲涅耳衍射 …… (203)
4.2.1 菲涅耳衍射的实验现象 …… (203)
4.2.2 半波带法 …… (204)
4.2.3 矢量图解法(振动矢量合成) …… (210)
4.2.4 菲涅耳波带片 …… (213)
4.3 夫琅禾费衍射 …… (215)
4.3.1 实现夫琅禾费衍射的实验装置 …… (215)
4.3.2 单缝的夫琅禾费衍射 …… (217)
4.3.3 圆孔的夫琅禾费衍射及光学仪器的分辨本领 …… (225)

4.3.4 光栅的夫琅禾费衍射 …… (233)
4.4 光谱仪 …… (244)
4.4.1 光栅(衍射)光谱仪 …… (245)
4.4.2 闪耀光栅 …… (248)
4.5 光栅效应 …… (251)
4.5.1 光栅的莫尔效应 …… (251)
4.5.2 光栅的泰保效应 …… (255)
4.6 夫琅禾费衍射与傅里叶变换 …… (256)
4.6.1 衍射场的分解与傅里叶变换 …… (256)
4.6.2 夫琅禾费衍射的再讨论 …… (257)
4.6.3 傅里叶光学的基本思想 …… (258)
4.7 X射线晶体衍射 …… (259)
4.8 亚光波长结构衍射 …… (262)
第5章 光的双折射 …… (263)
5.1 晶体中的双折射现象 …… (264)
5.1.1 晶体简介 …… (264)
5.1.2 单轴晶体中的双折射现象 …… (265)
5.1.3 双折射现象的惠更斯原理描述 …… (267)
5.2 晶体光学器件 …… (273)
5.2.1 晶体偏振器 …… (273)
5.2.2 晶体相移器 …… (278)
5.2.3 琼斯矩阵 …… (284)
5.3 偏振光的干涉 …… (287)
5.3.1 平行偏振光的干涉 …… (287)
5.3.2 会聚偏振光的干涉 …… (290)
5.4 旋光效应 …… (293)
5.4.1 旋光现象 …… (293)
5.4.2 旋光现象的解释——菲涅耳假设 …… (295)
5.4.3 磁致旋光(法拉第效应) …… (297)
5.5 人工双折射 …… (300)
5.5.1 光弹效应(应力双折射效应) …… (300)
5.5.2 电光效应(电致双折射效应) …… (301)
5.5.3 磁致双折射(科顿-穆顿效应) …… (303)
5.5.4 液晶 …… (303)

第 6 章　光的吸收、色散、散射 …… (305)
6.1　光与物质的相互作用 …… (306)
6.2　光的吸收 …… (307)
6.2.1　线性吸收定律 …… (308)
6.2.2　普遍吸收和选择吸收 …… (309)
6.2.3　复数折射率 …… (310)
6.2.4　金属材料对光的吸收 …… (311)
6.2.5　吸收光谱 …… (313)
6.3　光的色散现象 …… (316)
6.3.1　正常色散 …… (316)
6.3.2　反常色散 …… (318)
6.3.3　全部色散曲线 …… (319)
6.3.4　色散现象的观察 …… (319)
6.3.5　吸收和色散的经典理论 …… (321)
6.4　光的散射现象 …… (325)
6.4.1　瑞利散射 …… (327)
6.4.2　米氏散射 …… (327)
6.4.3　非弹性散射 …… (328)
6.4.4　散射定律及其偏振态 …… (330)
6.5　群速度与相速度 …… (331)
6.5.1　折射率的测定 …… (331)
6.5.2　相速度和群速度的概念 …… (332)
6.5.3　相速度和群速度的关系 …… (333)
第 7 章　光的量子性 …… (335)
7.1　热辐射 …… (336)
7.2　绝对黑体和黑体辐射定律 …… (337)
7.3　光电效应 …… (344)
7.4　光的波粒二象性 …… (347)
7.5　量子光学前沿进展 …… (350)
7.5.1　波粒二象性再认识 …… (350)
7.5.2　单光子源 …… (351)
7.5.3　量子通信 …… (352)
第 8 章　激光基础 …… (355)
8.1　物体发光机制概述 …… (356)

8.2 自发辐射、受激辐射和受激吸收 …… (358)
8.3 激光的产生条件和特点 …… (364)
8.4 几种常用的激光器 …… (371)
习题 …… (377)
光学领域重要人物图录 …… (389)
参考文献 …… (396)

绪　论

雨过天晴(2018年9月19日摄于中国科学技术大学东区田径场)

0.1 光学的重要性

光是一种自然现象。自人类出现开始,人们的生产和生活活动就没有离开过光。人们通过眼睛看到了灿烂的阳光、美丽的彩虹、蓝天白云、疏影横斜、海市蜃楼等五彩缤纷、斑驳陆离、瞬息万变的光学景象,自然会对这些现象是怎么发生的、光是什么等问题产生极大的兴趣,这就引出了光学这一重要的自然科学。光学主要研究光的本性、光的产生与控制、光的传播与检测、光与物质的相互作用,以及光学技术在科学研究与生产生活中的各种应用。

光学的发展过程是人类认识客观世界、与客观世界和谐共处、推进社会发展进程中的一个重要组成部分。从城市灯光到室内照明,从 LED 大屏显示到 VR 虚拟现实,从光合作用到太阳能,从眼睛成像到光学显微成像,从烽火通信到光纤通信、量子通信,从望远镜到探测引力波,等等,光学的应用无处不在。在信息时代的今天,光学技术在人们日常生活中起着更加无可替代的作用,我们每天使用的手机中就包含了几十项光学技术。

光学既是物理学中一个古老的分支,又是当前科学研究中最为活跃的学科之一,一直推动着人类对自然的认知和人类社会的进步。联合国教科文组织(UNESCO)将 2015 年定为“国际光年(IYL2015)”,以纪念千年来人类在光领域的重大发现、光科学及其技术应用给人类活动带来的革命性的改变(图 0.1);2017 年 11 月 14 日,又宣布将每年 5 月 16 日定为“国际光日(IDL)”,以纪念 1960 年 5 月 16 日世界上第一台激光器的诞生(图 0.2)。激光的发明是光学发展史上的一个革命性的里程碑,不仅推动了现代光学的快速发展,还极大地促进了相关自然科学的进步和社会生产生活的巨大改变。“国际光日”不仅仅是庆祝激光科学的纪念日,更是为了强调光在科学、文化、艺术、教育以及可持续

UNESCO
United Nations
Educational, Scientific and
Cultural Organization

图 0.1 2015 国际光年 Logo

发展、医药、通信、能源等多个领域的重要作用,及其对科学、社会、人类所产生的重要而广泛的影响。

图 0.2 国际光日 Logo

0.2 光本性的认知

人类对于客观世界的认识,首先依赖于人类身体的触觉、味觉、嗅觉、听觉和视觉等感官对客观世界的感知。其中,视觉是人类获取信息最重要的手段,所谓“眼见为实”,我们通过眼睛看到了物体的位置、大小、形状和颜色。研究表明人类感官获取的外部信息中,80%以上是经由视觉获取的。现在我们都知道,视觉的感知是靠光来实现的,但远古时期的人类却并非如此。例如,古希腊人起初天真地以为,眼睛看见东西是从眼睛发出某种触须(光线)去触及物体,就像用手去触摸物体一样;同样,中国古代也有“目光”“视线”之类的词语。

光是人类体验这个世界的基础。人们在黑暗中摸索,直到迎来黎明——而对于光本性的认知也同样经历了漫长的过程。可以说,在整个物理学发展中,还没有任何一个课题,能像对光的本性的研究那样意义巨大、影响深远,为物理学开拓出这么多的新境界。光本性的认知过程可简单划分为两个阶段,17 世纪以前的直观体验阶段和 17 世纪以后的科学认知阶段。

早在公元前 400 多年,墨子在《墨经》一书中就描述了光的直线传播和小孔成像:“景到,在午有端,与景长,说在端。”“景。光之人,煦若射,下者之人也高;高者之人也下。足蔽下光,故成景于上;首蔽上光,故成景于下。在远近有端,与于光,故景库内也……”这是最早的小孔成像技术记载。“光之人,煦若射”是一句很形象的比喻,照射在人身上的光线,就像射箭一样,来比喻光线径直向前、疾速似箭的特征。西汉时期就有记载人们将冰削成球状,对着太阳,在太阳的“影子”位置点燃艾草生火。这是世界上最早的使用光的聚焦对太阳能加以利用的范例。公元 500 年左右的唐朝,就有文献记载光是有颜色的,光照到雨滴上产生的颜色，是光的本质而不是雨滴的性质。我国古人基于光学现象的观察，对光的本性进行了一定的描述，但是很遗憾并没有进一步产生系统的光学理论。

公元前300多年，亚里士多德提出了他对光的认知，认为光的精华是白光，颜色是由明和暗组成的。随着亚里士多德想法的提出，苏格拉底、柏拉图等哲学家也对光进行了不同的阐述，但他们也都只是基于现象观察和哲学思考，对光做了非常粗浅的认知，对于光学的发展并没有实质性的帮助。

公元1000年左右，阿拉伯学者海什木(Ibn-al-Haitham，965—1038)第一次使用了科学的工具(反射镜、透镜等)而不是猜想或者假想的方式进行实验，并利用数学工具阐述了光学知识。他通过实验发现光不是从眼睛里发出来的，我们能够看到物体具有不同的颜色和形貌是因为外界的光照射到物体上并反射到了我们的眼睛里。他的主要著作《光学全书》讨论了许多光学现象，对后来光学的发展有很大的影响。

人类真正对光的本性的研究始于17世纪的欧洲。17世纪初，光学仪器的发明和制造，推动了几何光学的迅速发展。其中，荷兰眼镜制造商利帕希(Hans Lippershey，1570—1619)于1608年将两个透镜安装在一根木管中，制成了世界上第一架望远镜。1609年伽利略(Galiei Galileo，1564—1642)制造出了自己的望远镜，并用于天文观测，取得了许多重大成果。1621年，荷兰数学家斯涅耳(Willebrord Snell Van Roijen，1580—1626)发现了光的折射定律(被称为斯涅耳定律)，从而使几何光学的精确计算成为可能。反射定律和折射定律是几何光学的基础，随着光学研究的发展，光的本性问题成为了科学争论的焦点。

1635年，法国哲学家、数学家、物理学家笛卡儿(Rene Descartes，1596—1650)在《屈光学》中提出了关于光的本性的两种假说。一种假说认为，光是类似于微粒的一种物质；另一种假说认为光是一种以“以太”为媒质的压力。笛卡儿的这两种假说为后来的“微粒说”与“波动说”的大争论埋下了伏笔。

1655年，意大利科学家格里马第(Francesco Maria Grimaldi，1618—1663)做了一束光穿过一个小孔、两个小孔的实验，观察照到暗室里屏幕上光的图像，发现与水波十分相像，据此他认为光是有波动性的，光的不同颜色可能是波动频率不同的结果，并首先提出了“光的衍射”的概念，成为光的波动学说最早的倡导者。约在1663年，英国物理学家胡克(Robert Hooke，1635—1703)重复了格里马第的实验，并进行了观察肥皂泡膜上颜色的实验，提出了“光是‘以太’的一种纵向波”的假说。根据这一假说，胡克也认为：光的颜色是由其波动频率决定的。

和胡克差不多同时代的牛顿(Sir Isaac Newton，1642—1727)不仅对力学、数学、天文学的发展做出了巨大的贡献，在光学领域也取得了重要成就。1666年，牛顿采用三棱镜，进行了著名的色散实验；1668年，他制成了第一架反射望远镜样机；牛顿还观察到著名的“牛顿环”等光学现象。1672年，牛顿在发表的

《关于光和颜色的理论》论文中，提出了光的“微粒学说”，认为光是由微粒形成的，并且走的是最快速的直线运动路径；光的复合和分解就像不同颜色的微粒混合在一起又被分开一样。进一步，牛顿将相关工作修改完善并总结在他所著的《光学》一书中（于1704年正式公开发行），逐步地建立起光的微粒学说。牛顿的微粒说能够很好地解释光在均匀介质中的直线传播以及在两种介质分界面上的反射规律。但在解释折射现象时，会得出与实际情况相反的结果——光在光密介质中的传播速度大于在光疏介质中的传播速度。并且微粒说也不能正确地解释光的干涉、衍射和偏振等现象。

几乎在牛顿倡导微粒说的同时，波动学说的支持者，荷兰著名天文学家、物理学家和数学家惠更斯（Christiaan Huygens，1629—1695）继承并完善了胡克的观点。1678年，惠更斯在法国科学院的一次演讲中，公开反对了牛顿的光的微粒说。他指出，如果光是微粒性的，那么光在交叉时就会因发生碰撞而改变方向，但当时并没有发现这种现象；而且利用微粒说解释折射现象，得到的结果与实验相矛盾。此后，惠更斯于1690年出版了他的《光论》一书，正式提出了光的波动说，建立了著名的惠更斯原理。惠更斯认为：光是一种机械波；光波是一种靠物质载体来传播的纵波，传播它的物质载体是“以太”；波面上的各点本身就是引起媒质振动的波源。在此原理基础上，惠更斯推导出了光的反射和折射定律，圆满地解释了光速在光密介质中减小的原因，解释了光进入冰洲石所产生的双折射现象和著名的牛顿环实验。然而，惠更斯的波动说不够完善，加之牛顿对科学界所做出的巨大的贡献，是当时无人能撼动其地位的一代科学巨匠，人们对他的理论顶礼膜拜，并坚信他的结论，使得光的微粒说在18世纪以前的相当长时期内一直占上风，很少再有人对光的本性做进一步的研究。

1801年，英国著名物理学家托马斯·杨（Thomas Young，1773—1829）进行了著名的杨氏双缝干涉实验。这个实验简洁明了，但意义重大，在物理学上有极其重要的地位。实验所使用的白屏上明暗相间的黑白条纹，证明了光的干涉现象，从而证明了光是一种波。1804年，托马斯·杨在英国皇家学会的《哲学会刊》上发表论文，分别对牛顿环实验和自己的实验进行解释，首次提出了光的干涉的概念和光的干涉定律。1809年，马吕斯（Etienne Louis Malus，1775—1812）在实验中发现了光的偏振现象，又进一步发现光在折射时是部分偏振的；1811年，布儒斯特（Sir David Brewster，1781—1868）给出了反射、折射时光的偏振现象的经验定律。此时问题出现了：惠更斯和托马斯·杨认为光是一种纵波，而纵波不可能发生这样的偏振。光的偏振现象和偏振定律的发现，使当时光的波动学说陷入了困境。面对这种情况，托马斯·杨通过进一步的深入研究，于1817年放弃了光是一种纵波的说法，提出了光是一种横波的假说，从而比较成功地解释了光的偏振现象。

同一时期的法国物理学家菲涅耳（Augustin Jean Fresnel，1788—1827）一直是光的波动学说的支持者，并发展完善了波动学说理论。为了彰显光的微粒学说的统治地位，作为微粒学说的拥护者，拉普拉斯和毕奥提出将光的衍射问题作为1818年法国巴黎科学院悬赏征求最佳论文的题目。菲涅耳进行了单孔衍射实验，基于波的互相干涉叠加进行了论述，并彻底解释了牛顿环现象。菲涅耳提出单孔衍射后，泊松(Simeon-Denis Poisson，1781—1840)认为如果光具有波动性，那么在一个点光源前面放一个圆盘状的遮挡物，这束光过去之后，由于光的相互干涉合成波一定会在圆盘后面的正中央产生一个亮斑，所以他认为菲涅耳必须证明这一点，才能证明光的波动性成立。1819年，菲涅耳完成了这个著名的"泊松亮斑"实验。他发现，当障碍物的几何线度小到可以与光的波长相比拟时，光波在传播中就可以"绕"过该障碍物，并在其后面的屏幕上形成明暗相间的图样，中间出现亮斑，他将其称之为"泊松亮斑"。菲涅耳利用惠更斯的次级球面子波及干涉原理对此做了正确解释，他认为，光波的传播过程，实际上是波面上各点相继发出的一系列次级球面子波互相叠加干涉的结果。菲涅耳的波动理论以高度发展的数学为特征，利用干涉叠加对惠更斯原理进行补充，于是一个数学上简洁优美、现实中更具有解释力的理论诞生了，这就是著名的惠更斯-菲涅耳原理(Huygens-Fresnel principle)。基于这一原理，菲涅耳计算出了各种障碍物与小孔产生的衍射图样，并圆满地解释了光在各向同性介质中的直线传播现象。同时，基于杨的双缝干涉思想，菲涅耳提出并成功完成了双平面镜和双棱镜的干涉实验，继杨氏干涉实验之后再次证明了光的波动性。此外，菲涅耳还对光的偏振及双折射现象进行了大量的研究，其重要贡献包括著名的菲涅耳公式、菲涅耳方程以及为解释旋光现象而提出的圆双折射假设等。

之后，德国天文学家夫琅禾费(Joseph von Fraunhofer，1787—1826)首次用光栅研究了光的衍射现象，对光通过光栅后的衍射现象进行了解释。至此，波动说在解释光的反射、折射、干涉、衍射和偏振等与光传播有关的现象时获得了巨大成功，从而确立了光的波动学说的牢固地位。

1873年，英国物理学家麦克斯韦(James Clerk Maxwell，1831—1879)出版了他的电磁学专著《电磁通论》，全面而系统地总结了电磁学研究的成果，提出了著名的麦克斯韦方程组[①]。麦克斯韦方程组以一种近乎完美的方式统一了电和磁，极尽优美地描述了经典电磁学的一切，并预言光是电磁波。1888年，德国物理学家赫兹(H. R. Hertz，1857—1894)用实验直接产生和探测了电磁波，测出电磁波的波长和频率，并由此计算出电磁波的传播速度与光速相同；同时证明电磁波和光一样能产生反射、折射、干涉、衍射、偏振等现象。后来的一系列实验又证明，红外线、紫外线和X射线也都是电磁波，它们彼此的区别只是波长不同而已。至于我们眼睛能够看到的光只不过是整个电磁波中非常狭窄的一

① 这是物理学家在统一之路上的巨大进步，麦克斯韦方程组在物理学界被公认为是一个美得令人窒息的方程组。2004年，英国的科学期刊《物理世界》举办了一个活动：让读者选出科学史上最伟大的公式，结果麦克斯韦方程组高居榜首。

小段区域。麦克斯韦的电磁理论以及非常完美的公式为波动学说又添上了精妙的一笔，至此光的波动学说完胜。

光的波动学说提出，“以太”则在很大程度上就被认为是光波的载体。同样，麦克斯韦在其预言中，仍然假定光波是通过“以太”传播的。为了寻找出这种“以太”介质、测出地球相对“以太”参照系的运动，1887 年，美国物理学家迈克耳孙（A. A. Michelson，1852—1931）与化学家莫雷（E. W. Morley，1838—1923）设计了一台精度足够高的精密干涉仪（即迈克耳孙干涉仪），试图观测地球相对于“以太”的运动。但是得到的结果是否定的，即地球相对于“以太”不运动。1905 年，爱因斯坦（Albert Einstein，1879—1955）在他的《关于运动介质的电动力学》这篇论文中，提出了著名的狭义相对论的基本原理，彻底否定了“以太”，认为电磁波本身就是一种物质，在真空中的传播并不需要什么特殊的介质；同时还认定，光在真空中始终以恒定的速度传播，与光源或观察者的运动状态无关。至此，“以太”终于被物理学家们所抛弃。人们接受了电磁场本身就是物质存在的一种形式的概念，而且电磁场可以在真空中以波的形式传播。

当时，人们都认为光的电磁理论已达到十分完善的程度，但也存在着用麦克斯韦电磁理论无法解释的一些“例外”现象，如黑体辐射、光电效应、原子的线状光谱等。对这些现象的大胆探索与深入研究，又导致了一场意义深远的光学革命的发生。人们发现，对于这些“例外”现象，无论采用何种假设，只要是以电磁理论为前提，则所得出的理论结论都与实验结果相矛盾。为了正确解释黑体辐射的实验结果，德国物理学家普朗克（M. Planck，1858—1947）于 1900 年 12 月 14 日报告了他的黑体辐射研究成果，首次提出了“能量子”的假设，这标志着量子力学范畴的这个小精灵（h，普朗克常数）就此诞生了。普朗克认为，电磁辐射过程中能量不是连续的，而是量子化的。按照这一观点，普朗克圆满地解释了黑体辐射的实验结果。在普朗克的“能量子”假设启发下，为解释光电效应的实验结果，1905 年 6 月，爱因斯坦发表了《关于光的产生和转化的一个启示性的观点》论文。在这篇论文中，爱因斯坦假定：电磁场能量本身就是量子化的，频率为 ν 的电磁场的能量的最小单位是 $h\nu$，h 是普朗克常数。爱因斯坦将这种一份一份的电磁能量称为“光量子”，也就是后来人们称作的“光子”。利用光量子的概念，爱因斯坦圆满地总结出光电效应的实验规律，成功解释了光电效应。此后相继发现的一系列实验事实进一步证明了爱因斯坦的光子假设的正确性，如康普顿（A. H. Compton，1892—1962）X 射线散射实验（康普顿效应）、拉曼（C. V. Raman，1888—1970）散射等。现在，光子已经被物理学界作为一种基本粒子予以承认，可见光是由光子构成的，其余所有的电磁波，包括 X 射线、微波和无线电波也都是一样的。1913 年，玻尔（N. H. D. Bohr，1885—1962）把物质的辐射谱线与光子说联系起来，提出了原子结构的量子化（能级）模型，成功地解释了原子的线状光谱。

到了这个阶段，那么，光究竟是波还是粒子呢？显然，大量确凿的实验证据表明:一方面,在与光的传播特性有关的一系列现象中(如直线传播、反射、折射、干涉、衍射、偏振等),光表现出波动的本性并可由麦克斯韦电磁场理论完美地描述;另一方面,在光与物质作用并产生能量和动量交换的过程中(如黑体辐射、光电效应、康普顿效应、拉曼散射等),光又充分表现出分立的量子化(粒子性)特征,并可由爱因斯坦的光子理论加以成功地描述。这表明光作为一种特殊的客体,既具有波动性,又具有粒子性,即具有波动和粒子两重属性(波粒二象性)。通过与光子比较,德布罗意(L. V. D. de Broglie,1892—1987)于1924年提出电子、质子等微观粒子也应具有波动性,即微观世界的波粒二象性,这一设想在1927年被美国的戴维森和革末及英国的G. P. 汤姆孙证实:他们通过电子衍射实验证实电子确实具有波动性。1929年,玻恩(Max Born,1882—1970)提出了电子波函数的统计解释,使粒子性和波动性和谐地统一。

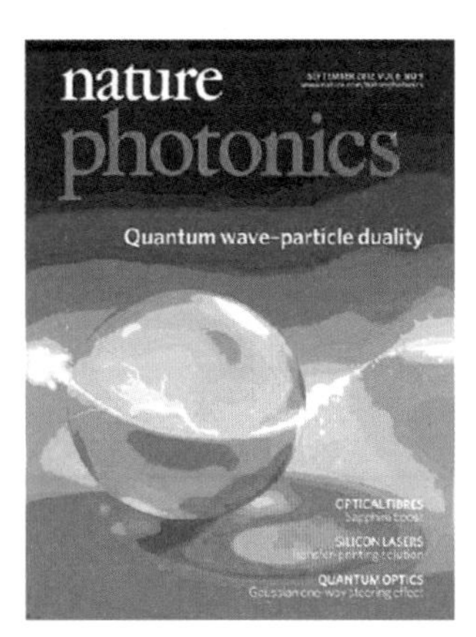

图0.3 中国科学技术大学中科院量子信息重点实验室李传锋研究组首次实现了量子惠勒延迟选择实验,制备出了粒子和波的叠加状态

爱因斯坦在1917年左右曾说:“我将用我的余生来思索光的本性。”1960年后,激光的出现和广泛应用,更加深了人们对光的本性的认识,以至至今还在不断深入。2012年,中国科学技术大学李传锋研究组对“光是粒子还是波”进行了细致的实验,证实了实验中光同时表现出既像波又像粒子的性质(图0.3)。光是什么?人们研究光的目的就是从不同的侧面了解它、认知它,更逼近它的本性,以利用它、发展它。基于光对科学、社会、人类所产生的重要而广泛的影响,以至我们对光可以有一种新的描述:光是一种工具。

0.3 光学的发展与应用

光学是随着人类对光本性的认知以及光学技术的发展、应用而逐渐发展、完善的。从20世纪中叶起,新的理论不断发展,新技术不断出现,特别是激光问世,并进一步与其他学科结合以后,光学开始进入一个新的时期——现代光学时期,成为现代物理学和现代科学技术前沿的重要组成部分。该时期主要以傅里叶光学、激光技术、非线性光学以及光电子学、量子光学、纳米光子学等为标志。随着光学学科发展,望远镜、显微镜、干涉仪等光学仪器也在不断地发展、广泛地应用:1935年相衬法的提出,1948年全息术的发明,1955年作为像质评价标准的光学函数的确立,以波动光学为基础的傅里叶光学逐渐确立起来,促进了光信息处理的发展;1960年激光器的诞生,20世纪70年代光纤(光波导)技术的成熟以及半导体成像器件——电荷耦合器件(CCD)的发明,极大地推动了光纤通信、光信息技术、光电子技术的迅速发展和广泛应用;1982年近场光学显微镜的问世以及超分辨荧光显微技术等各种突破光的衍射极限技术的发展,使人们可以看得更“小”,极大地推进了近场光学的研究和拓展,促进了纳

米光子学发展；量子光学理论的建立，推动了以光子为信息载体的量子通信(图0.4)、量子计算、量子测量等技术的最新发展与应用。可以说，现代光学是基于激光的发展而建立起来的、多学科融合的结果，并在不断地迅猛发展着。

总之，光是现代科技的重要驱动力，与信息、先进制造、能源、国家安全密切相关，与我们的日常生活息息相关。光学以不可替代的作用促进着科学及社会的进步、推动人类社会的发展。

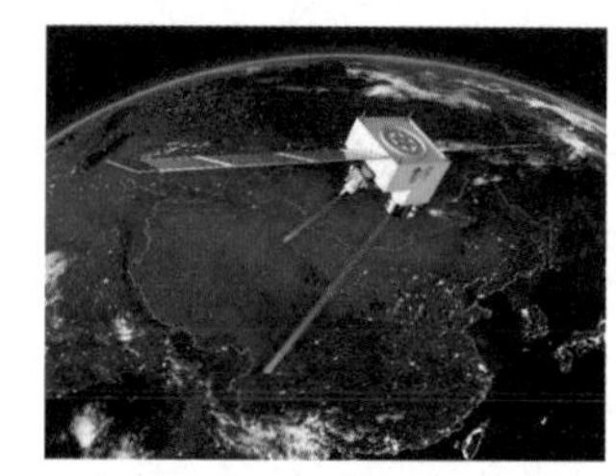

图0.4 “墨子号”是中国自主研发的世界首颗量子科学实验卫星，于2016年8月16日凌晨在酒泉卫星发射中心成功发射。其主要科学目标为：进行星地高速量子密钥分发和广域量子密钥网络实验，以期在空间量子通信实用化方面取得重大突破；在空间尺度进行量子纠缠分发和量子隐形传态实验，开展空间尺度量子力学完备性检验实验研究

第1章　光的几何描述及几何光学成像

水晶球里的樱花(中国科学技术大学毛磊摄)

本章提要　基于对光传播路径的观察，借助几何学中"线"的概念，来描述、研究光的传播及成像问题，由此构成了几何光学，又称光线光学。几何光学中最基本的概念是光线，其代表光能的传播方向。几何光学不考虑光的波动性以及光与物质相互作用的微观机制，在光的传播方向上障碍物（如小孔、狭缝、各种光学元件等）的几何尺寸远大于光波波长的情况下，根据以实验事实建立的几个基本定律，通过几何学上的推导，确定光线的传播行为和成像规律。几何光学是研究成像问题直观、简单且有效的方法。

1.1　光的几何描述

1.1.1　光的几何描述及其基本概念

墨子的《墨经》"针孔成像"中所载："景到，在午有端，与景长，说在端。""景。光之人，煦若射，下者之人也高；高者之人也下。足蔽下光，故成景于上；首蔽上光，故成景于下。在远近有端，与于光，故景库内也。"[①] 其内容示意如图 1.1 所示。

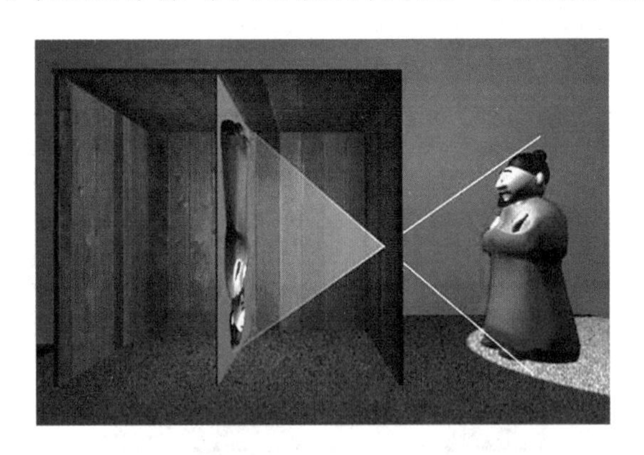

图 1.1　针孔成像

基于对光传播行踪的观察，人们用一条条表示光能传播方向的几何线来代表光，称之为"光线"，用光线模型来描述光的传播及成像规律，便构成了几何光

① "到"通"倒"，即倒立。"午"指两光线正中交叉。"端"在古汉语中有"微点"的意思，"午有端"指光线的交叉点即针孔。"与"指针孔的位置与投影大小的关系。"煦"即照射，"光之人，煦若射"是一句很形象的比喻，指光线照射在人身上，就像射箭一样。"下者之人也高；高者之人也下"意思是照射在人上部的光线，成像于下部，而照射在人下部的光线，则成像于上部。于是，直立的人通过针孔成像，足在上，头在下，投影便成为倒立的。"在远近有端，与于光"指出物体反射的光与影像的大小同针孔距离的关系，物越远，像越小；物越近，像越大。"库"指暗盒内部而言，即为"足蔽下光，故成景于上；首蔽上光，故成景于下。在远近有端，与于光，故景库内也。"

学。几何光学中最基本的概念是光线，由多条光线构成的集合称为光束。若光束中各光线本身(或其延长线)相交于一点，这样的光束称为同心光束。若光线都由同一点发出，这样的光束称为发散同心光束。若光线都会聚于同一点，这样的光束称为会聚同心光束。由平行光线构成的集合称为平行光束。平行光束可认为是中心点在无穷远的发散同心光束或会聚同心光束，如图1.2所示。这些“点”，通常称为点光源、物点、像点。它们类似于几何点，即只有几何位置，没有大小和形状。与光束中每一光线垂直的各面元构成的曲面，即为波动光学中的波面(或等相面)。在后面的学习中我们将看到，在均匀各向同性介质中，同心光束与球面波相对应，平行光束与平面波相对应。

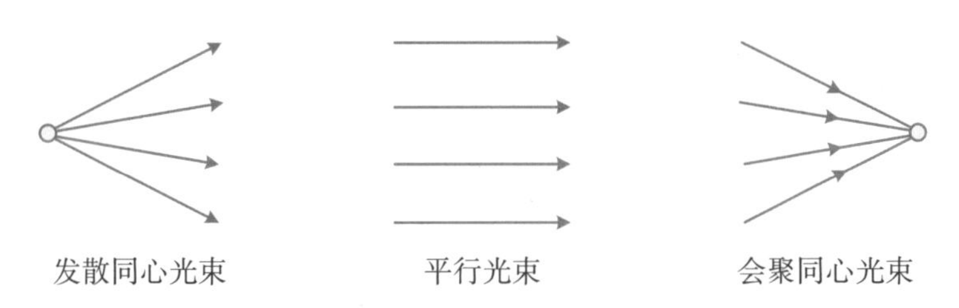

图1.2 几何光学的光束

1.1.2 几何光学的基本定律

基于对光传播行踪的观察，借助光线的概念，由此建立了几何光学的基本定律。

1. 光的直线传播定律

几何光学认为在均匀各向同性的透明介质中，光沿直线传播。这就是光的直线传播定律。日食、月食、影子的形成等现象都能很好地证明了这一定律，如图1.3所示。光学“均匀”介质要求折射率在介质中处处相等。若同一介质的折射率发生渐变，则其中的光线会发生弯曲，比如自然界中因大气折射率渐变而出现的海市蜃楼、沙洲神泉等现象，如图1.4所示。

图1.3 皮影戏与人的影子

图 1.4　海市蜃楼与沙漠神泉

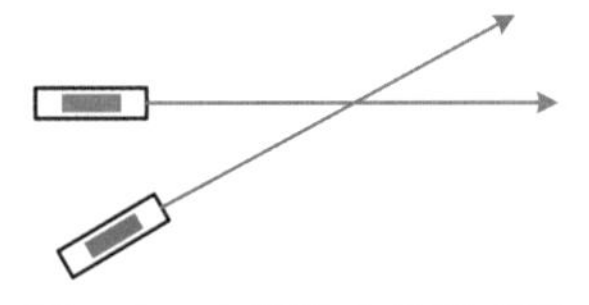

图 1.5　光的独立传播定律

2．光的独立传播定律

光在传播过程中与其他光束相遇时，各光束都各自独立传播，不改变其传播方向、各自状态，如图 1.5 所示。

3．光的反射定律和折射定律

光的反射、折射现象，在我们的日常生活中随处可见，如雪山在水面的倒影、放入盛有水的碗中的筷子弯曲，如图 1.6 所示。

图 1.6　自然界中光的反射现象和折射现象

“天光云影共徘徊”“溪边照影行，天在清溪底”“疏影横斜水清浅”“鱼翔浅底”“潭清疑水浅”等日常生活中美妙的景象，都和界面处光的反射、折射现象有关。

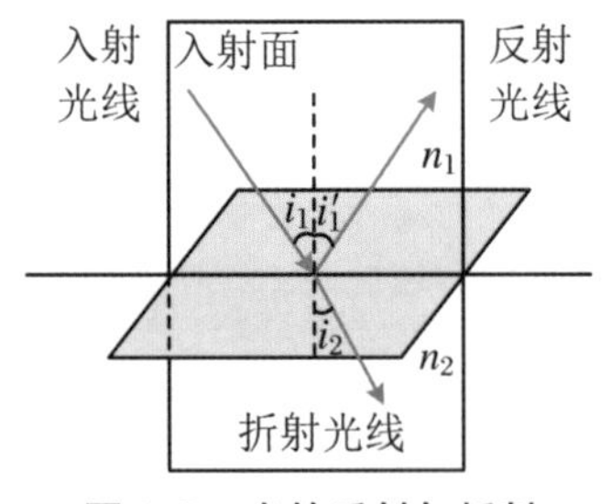

图 1.7　光的反射与折射

当光射到两种介质的光滑分界面上时，一般情况下它将分解为两束光线：反射光线和折射光线，如图 1.7 所示。入射光线与分界面的法线构成的平面称为入射面，入射光线、反射光线和折射光线与法线的夹角 i_1、i'_1、i_2 分别称为入射角、反射角和折射角。

反射定律可归纳为：① 反射光线位于入射面内，并且与入射光线分居在法线两侧；② 反射角等于入射角，即

$$i_1 = i'_1 \tag{1.1.1}$$

折射定律可归纳为：① 折射光线、入射光线和法线处于同一平面，入射光线和折射光线位于法线两侧；② 折射角的正弦与入射角的正弦之比与入射角大小无关，与两种介质的折射率有关，通常情况下该比值为一常数，等于入射光线所在介质的折射率 n_1 与折射光线所在介质的折射率 n_2 之比，即

$$\frac{\sin i_2}{\sin i_1} = \frac{n_1}{n_2} = n_{12} \tag{1.1.2}$$

通常表示为

$$n_2\sin i_2 = n_1\sin i_1 \tag{1.1.3}$$

折射率是表征透明介质光学性质的重要参数。通常各种波长的光在真空中的传播速度均为 c,而在不同介质中的传播速度 v 各不相同,且都比真空中的光速小。介质的折射率是用来表征介质中的光速相对于真空中的光速减慢程度的物理量,即

$$n = \frac{c}{v} \tag{1.1.4}$$

显然,真空的折射率为1。我们把介质相对于真空的折射率称为绝对折射率。式(1.1.2)中的 n_{12} 是折射角的正弦与入射角的正弦之比,称为介质1相对于介质2的相对折射率。在标准条件(大气压强 $P = 101325\ \text{Pa} = 760\ \text{mmHg}$,温度 $t = 293\ \text{K} = 20\ ℃$)下,空气的折射率 $n = 1.00029$,与真空的折射率非常接近。为了方便起见,常把介质对于空气的相对折射率作为该介质的绝对折射率,简称折射率。折射率较大的介质称为光密介质,折射率较小的介质称为光疏介质。

几何光学的几个基本定律的成立是有条件的:① 所讨论的介质必须是均匀的,即同一介质中折射率处处相等,否则直线传播定律不能成立;② 所讨论的介质必须是各向同性的,即光在介质中传播各个方向折射率相等,否则折射定律不能成立;③ 讨论的光强度不能太强,否则巨大的光能量会使线性叠加原理不能成立而出现非线性情况;④ 讨论的光学元件的尺度应该比光的波长大很多,当光学元件的尺寸与光波波长可比拟的时候不能把光束看成是光线,需要把光作为光波来处理。

1.1.3 全内反射与光纤

当光线从光密介质射向光疏介质($n_1 > n_2$)时,由式(1.1.2)可以看出,折射角 i_2 大于入射角 i_1,我们把这种情况称为内反射,如图1.8所示。当入射角增大到某一临界值

$$i_c = \sin^{-1}(n_2/n_1) \tag{1.1.5}$$

时,折射角 $i_2 = 90°$。当 $i_1 > i_c$ 时,折射光线消失,光线全部反射。这种现象称为全内反射,简称全反射,i_c 称为全反射临界角。

光的全反射现象有很多应用。比如,全反射棱镜和光纤就是利用全反射原理使光束转向、传输而几乎不损失能量的典型光学元件。下面简要举几个全反

射的应用实例。

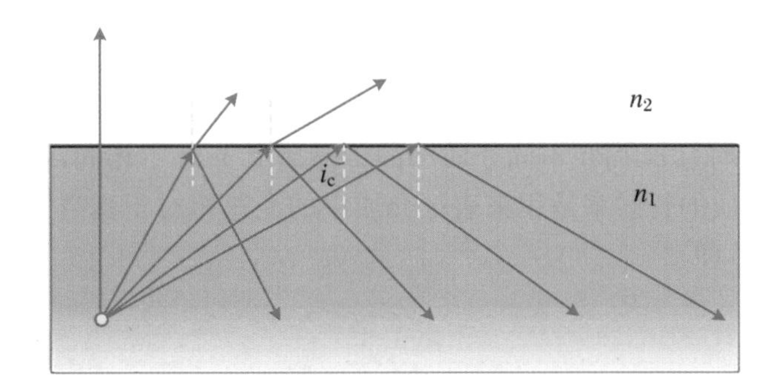

图 1.8　光的全反射

1. 全反射棱镜

全反射棱镜是由透明材料经光学加工后所成的棱柱体。棱镜有三棱镜、五棱镜和角锥棱镜等。棱镜主要用于光路折返、分光。截面呈三角形的棱镜叫作三棱镜。与棱边垂直的平面叫作棱镜的主截面。直角棱镜和五脊棱镜被广泛应用在各种光学仪器和各种实验光路中,如照相机就用到全反射棱镜中的五脊棱镜,原理如图 1.9 所示。

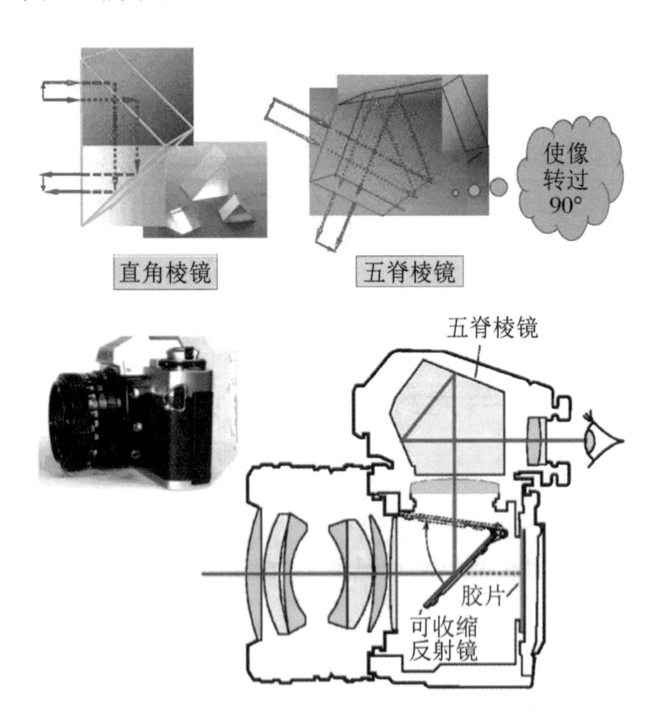

图 1.9　全反射棱镜

还有一种全反射棱镜应用较为广泛,即角锥棱镜,又称后反射镜。如图 1.10 所示,其为四面直角体,空间一定范围的光线,依次经三个相互垂直的平面反射后,出射光线的方向与入射光线的方向相反。在激光谐振腔中角锥棱镜可

以代替高反射介质镜;在激光测距中则把它当作被测目标的反射器,不仅可以减少能量损失,还减少了瞄准调整的困难。

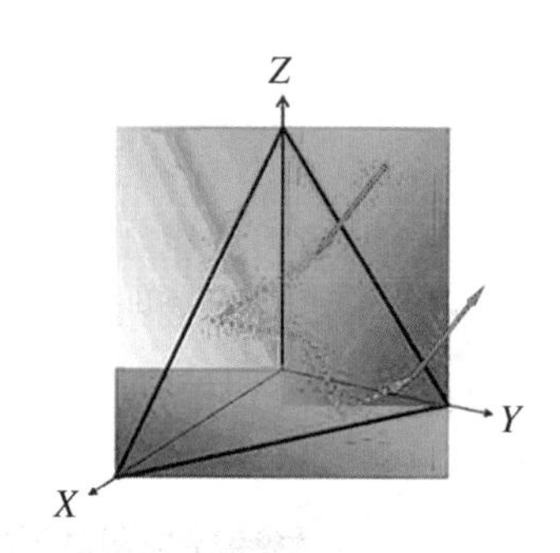

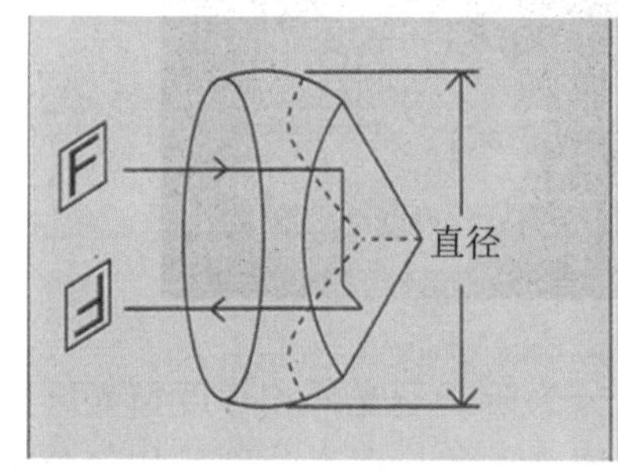

图 1.10 角锥棱镜

棱镜还可用于测量折射率。

如图 1.11 所示,选取一块折射率 n_g较大的棱镜,在其一侧面 AB 上放一薄层待测透明液体或待测透明固体薄片,再覆盖一块毛玻璃。用扩展光源侧向照射毛玻璃时,进入待测样品的光线则有从 0°到 90°之间的各种入射角。当棱镜的折射率 n_g大于待测样品的折射率 n 时,由光路可逆可知,进入棱镜中光线的最大折射角就是对应棱镜与待测样品之间的临界角 i_c,这样从棱镜的另一侧面 AC 可观察到一个亮暗分明的视场,若已知棱镜角 α,通过测量该视场中亮暗分界线处方向相对于棱镜表面法线的夹角 i',就可以求出待测样品的折射率。需要说明的是,受其测量原理所限,可测样品折射率范围为 $n<n_g$。具体求解公

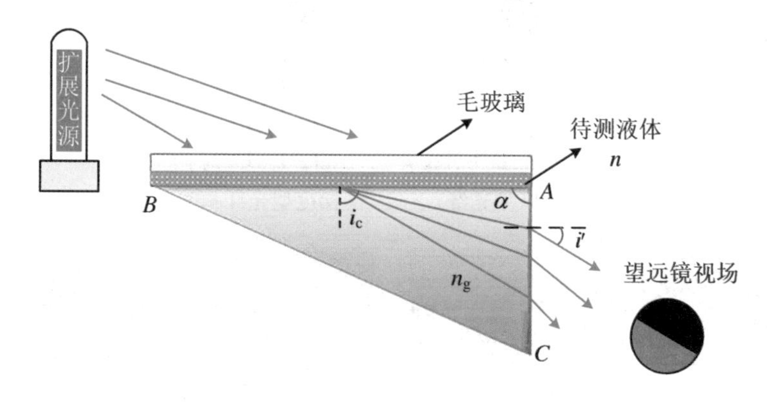

图 1.11 折射极限法测量透明液体折射率原理

式如下：

$$n = \sin\alpha \sqrt{n_g^2 - \sin^2 i'} - \sin i' \cos\alpha \tag{1.1.6}$$

2. 光学纤维

光学纤维又简称光纤，它是一根极细的玻璃纤维，由纤芯、包层、保护层构成，如图 1.12 所示，内部纤芯的折射率比外面透明包层的折射率高，因此光线在纤芯中传输时，可以不断地发生全反射从而从一端传送到另一端。光纤在光通信、图像传输（如内窥镜）等领域有着广泛而重要的应用。

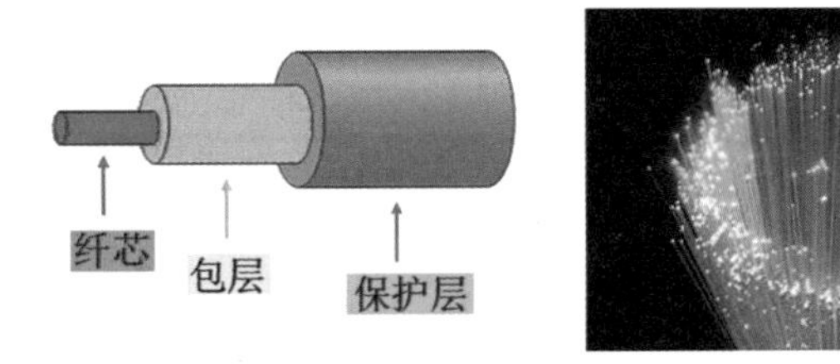

图 1.12　光学纤维

光纤按其纤芯折射率分布的不同，可分为阶跃型光纤和梯度型光纤两类，如图 1.13 所示。阶跃型光纤的纤芯与包层介质的折射率分别呈均匀分布，在分界面处折射率有一突变，故称为阶跃型光纤；梯度型光纤纤芯的折射率沿径向渐变呈现梯度分布，而包层的折射率为均匀分布，故称为梯度折射率型光纤。由于纤芯折射率的分布特征不同，其内的光线传播轨迹也有所不同。依其传输特性的不同，即允许存在的稳定传播状态（这样的传播状态在光纤中称为模式），又可将光纤分为单模和多模两种。单模光纤较细，纤芯直径一般为 4～10 μm，其只允许存在一种传播状态；多模光纤相对单模光纤较粗，纤芯直径通常为几十 μm 到几百 μm，其可允许同时存在多种传播状态。

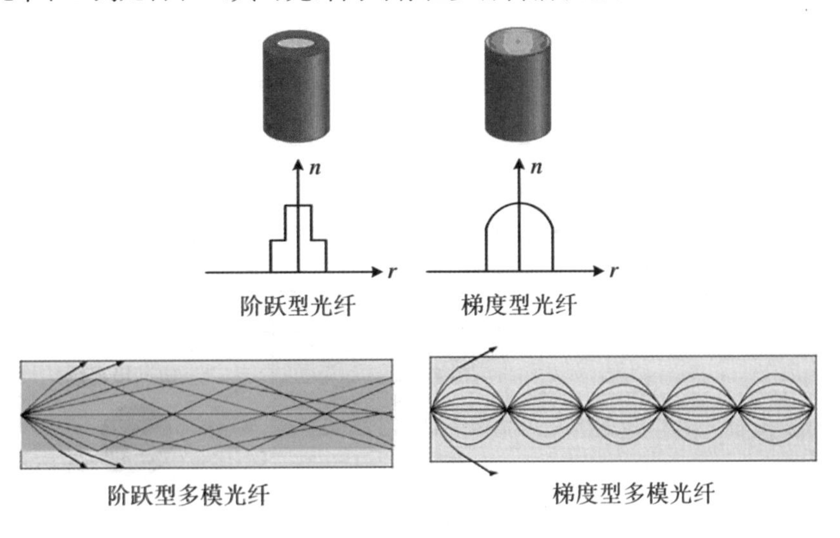

图 1.13　阶跃型和梯度型光纤

在阶跃型光纤中，如图1.14所示，凡是入射角小于i_0的入射光，都将通过多次全反射从一端传向另一端。$n_0\sin i_0$为阶跃型光纤的数值孔径，决定了可经阶跃光纤传输的光束的入射角范围，表征光纤对入射其端面的光线的收集能力。基于全反射条件，即可计算出该类型光纤的数值孔径。

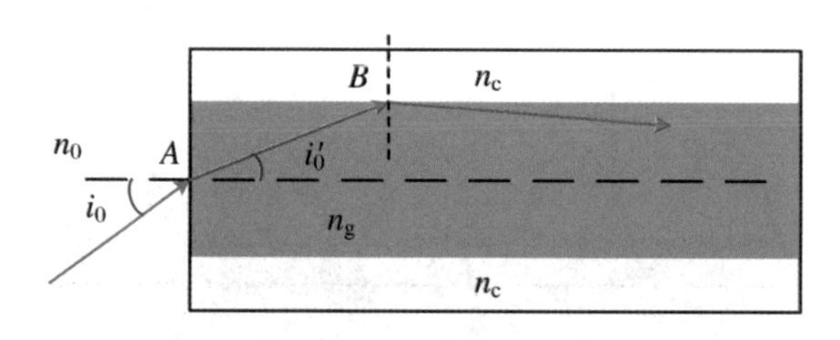

图1.14　阶跃型光纤中的全反射

在A点，有

$$n_g\sin i'_0 = n_0\sin i_0 \tag{1.1.7}$$

在B点发生全反射，有

$$\sin\left(\frac{\pi}{2} - i'_0\right) \geqslant \frac{n_c}{n_g}$$

$$n_0\sin i_0 = n_g\sqrt{1-\cos^2 i'_0} \leqslant \sqrt{n_g^2 - n_c^2}$$

因此最大入射角

$$i_{0\max} = \arcsin\left(\frac{1}{n_0}\sqrt{n_g^2 - n_c^2}\right) \tag{1.1.8}$$

对于梯度型光纤，其折射率分布函数为

$$n(r) = n(0)(1-\alpha^2 r^2)^{\frac{1}{2}} \tag{1.1.9}$$

$n(0)$为轴上折射率，α为沿径向的折射率变化率，值很小，$\alpha \ll 1$，这样其折射率分布可近似表示为

$$n(r) \approx n(0)\left(1 - \frac{1}{2}\alpha^2 r^2\right) \tag{1.1.10}$$

折射率呈抛物线分布(见图1.13)，称为抛物线型梯度光纤。

我们考察过光纤中心轴剖面内的光线轨迹，处理方法是平行中心轴离散分层，这样每薄层界面处满足折射定律，θ为光线与z轴(光线轴线)的夹角，$n(0)$为轴上折射率，$r_{\max}$为光纤离轴最大横向距离，$n(r_{\max})$为对应折射率。如图1.15所示。

在每薄层界面处满足折射定律，则有

$$n(0)\cos\theta_1 = n(r)\cos\theta = n(r_{\max}) \tag{1.1.11}$$

可改写为

$$\frac{1}{\cos^2\theta}=\frac{n^2(r)}{n^2(0)\cos^2\theta_1} \tag{1.1.12}$$

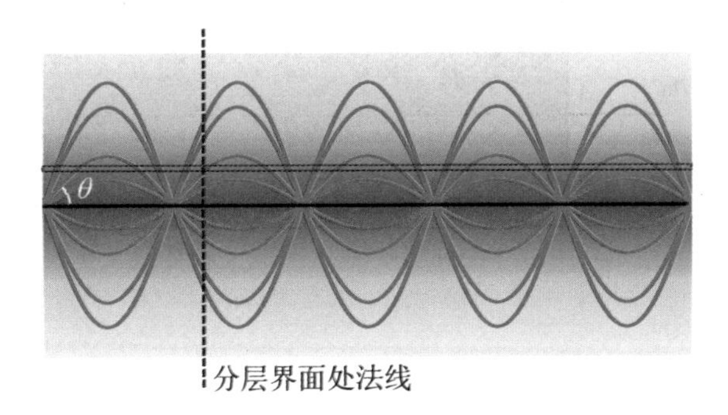

图 1.15　抛物线型梯度光纤剖面中的光线轨迹

所以，路径光线在某点的斜率为

$$\frac{\mathrm{d}r}{\mathrm{d}z}=\tan\theta=\left(\frac{1}{\cos^2\theta}-1\right)^{\frac{1}{2}} \tag{1.1.13}$$

则有

$$\mathrm{d}z=\frac{\mathrm{d}r}{\left[\dfrac{n^2(r)}{n^2(0)\cos^2\theta_1}-1\right]^{1/2}}=\frac{n(0)\cos\theta_1}{[n^2(r)-n^2(0)\cos^2\theta_1]^{1/2}}\mathrm{d}r$$

可改写为

$$\mathrm{d}z=\frac{n(0)\cos\theta_1}{[n^2(0)(1-\alpha^2r^2)-n^2(0)\cos^2\theta_1]^{1/2}}\mathrm{d}r \tag{1.1.14}$$

进一步整理可得

$$\begin{aligned}\mathrm{d}z&=\frac{\cos\theta_1}{[(1-\alpha^2r^2)-\cos^2\theta_1]^{1/2}}\mathrm{d}r=\frac{\cos\theta_1}{[\sin^2\theta_1-\alpha^2r^2]^{1/2}}\mathrm{d}r\\&=\frac{\cos\theta_1}{\alpha}\frac{\mathrm{d}r}{\left[\left(\dfrac{\sin\theta_1}{\alpha}\right)^2-r^2\right]^{1/2}}\end{aligned} \tag{1.1.15}$$

利用积分关系式$\int\frac{\mathrm{d}x}{\sqrt{b^2-x^2}}=\arcsin\frac{x}{b}$，得$z=\int_0^r\cdot\mathrm{d}r=\frac{\cos\theta_1}{\alpha}\arcsin\left(\frac{\alpha r}{\sin\theta_1}\right)$，则有

$$r=\frac{\sin\theta_1}{\alpha}\sin\left(\frac{\alpha}{\cos\theta_1}z\right)\equiv r_0\sin(Az) \tag{1.1.16}$$

$r_0\equiv\dfrac{\sin\theta_1}{\alpha}$与初始入射条件$\theta_1$有关，表明光线在光纤中是弯曲的，为正弦振荡。其$z$向周期为

$$L=\frac{\cos\theta_1}{\alpha}2\pi \tag{1.1.17}$$

空间周期L与倾角θ_1有关：大倾角入射的光线，其周期短；小倾角入射的光线，其周期长。若考虑近轴光线（与光纤轴夹角很小）$\cos\theta_1\approx1$，在轴上一点所发出的近轴光线都聚焦在一点，有自聚焦效应，可用来成像等。

同样，抛物线型梯度光纤的数值孔径定义为光纤端面处介质折射率与最大接光角正弦的乘积：

$$N.A.=n_1\sin i_{\max}=n(0)\sin\theta_{\max} \tag{1.1.18}$$

光线离轴横向最大距离为纤芯半径d，由$r_0\equiv\dfrac{\sin\theta_1}{\alpha}$可知此时对应最大接光角$\theta_{\max}$，则有$\dfrac{\sin\theta_{\max}}{\alpha}\approx d$。所以梯度折射率型光纤的数值孔径为

$$N.A.=n(0)\alpha d$$

应注意的是，光线轨迹的分析是基于折射定律的应用，这是有条件限制的。如果光纤太细，则光波衍射效应明显，这时应从电磁理论麦克斯韦方程组出发，分析光纤中的光波可能存在的各种模式。

1.1.4　棱镜折射

下面根据折射定律讨论光线在三棱镜主截面内的折射情况，以了解棱镜分光原理、色散概念及其在棱镜光谱仪器中的应用。

如图1.16所示，$\triangle ABC$是三棱镜的主截面，沿主截面入射的光线DE在界面AB上的E点发生第一次折射，光线在这里是由光疏媒质进入光密媒质，折射角i_2小于入射角i_1，光线偏向底边BC。进入棱镜的光线EF在界面AC上的F点发生第二次折射，在这里光线是由光密媒质进入光疏媒质，折射角i_1'大于入射角i_2'，出射光线进一步偏向底边BC。光线经两次折射，传播方向总的变化可用入射线DE和出射线FG延长线的夹角δ来表示，δ叫作偏向角。

由图1.16可以看出，δ与i_1、i_2、i_1'、i_2'以及棱角α之间有如下几何关系：

$$\delta = (i_1 - i_2) + (i'_1 - i'_2) = (i_1 + i'_1) - (i_2 + i'_2) \tag{1.1.19}$$

$$\alpha = i_2 + i'_2 \tag{1.1.20}$$

所以

$$\delta = (i_1 + i'_1) - \alpha \tag{1.1.21}$$

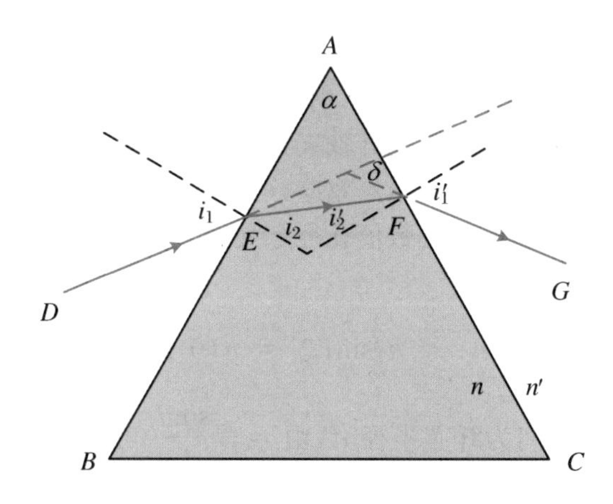

图 1.16 棱镜折射

上式表明,对于给定的棱角 α,偏向角 δ 随 i_1 而变。由实验得知:在 δ 随 i_1 的改变中,存在某一 i_1 值,偏向角有最小值 $\delta_{\min}$,称为最小偏向角。可以证明,产生最小偏向角的充要条件是

$$i_1 = i'_1 \quad 或 \quad i_2 = i'_2 \tag{1.1.22}$$

即入射光线与出射光线对称、棱镜中折射光线平行于 BC。在此情况下,有

$$i_1 = i'_1 = \frac{\alpha + \delta_{\min}}{2} \tag{1.1.23}$$

在 E 点,根据折射定律可得

$$\sin i_1 = n \sin i_2$$

所以

$$n = \frac{\sin \dfrac{\alpha + \delta_{\min}}{2}}{\sin \dfrac{\alpha}{2}} \tag{1.1.24}$$

当 α 很小时,三棱镜又被称为光楔,此时在小角度近似下上式可近似为

$$\delta_{\min} = (n - 1)\alpha \tag{1.1.25}$$

在棱角 α 已知的条件下，通过最小偏向角 $\delta_{\min}$ 的测量，利用式(1.1.25)可算出棱镜的折射率 n。

同时，由于棱镜材料对不同频率(波长)的单色光的折射率不同，因此，若入射光为白光或复色光，不同频率的单色光将有不同的偏向角。由式(1.1.25)可看出，折射率越大，最小偏向角越大。因此，一束太阳光通过一玻璃棱镜时，透射光的颜色将依次在空间散开，呈彩虹状。牛顿最早演示了阳光通过玻璃三棱镜之后颜色散开的现象，如图1.17所示。这种现象称为色散。该实验一方面证明白光是由各种颜色光组成的；另一方面也说明同一材料对不同频率光的折射率是不同的，这是造成色散的原因。

图1.17 棱镜的色散

太阳光通过玻璃三棱镜后颜色是依次按红、橙、黄、绿、青、蓝、紫的顺序在空间散开的，其中紫光的偏向角最大，红光的偏向角最小，这也说明棱镜的折射率 n 是随波长的减小而增大的。因此，棱镜可以用来分光，即利用棱镜对不同波长的光有不同折射率的性质来分析光谱。棱镜光谱仪便是利用棱镜的这种分光作用制成的，它是研究光谱的常用简便仪器。

1.2 费马原理

自然界一切物质都处在运动和变化之中，其变化和运动的趋势一般是达到一种平衡状态，或者说极值状态。作为自然客体的一种，光的传播也必然服从一种极值规律。1657年，法国数学家费马(Fermat)用光程的概念把几何光学的基本定律归结为一个统一的基本原理：空间两点间的实际光线路径是光程为平稳值的路径，被称为费马原理，它就是实际光线所受的一种约束或所遵循的规律。

我们先引入光程的概念。在均匀介质中，光程$[L]$为光在介质中通过的几何路径 S 与所经过的介质折射率 n 的乘积，即

$$[L] = nS \tag{1.2.1}$$

根据光程的定义，我们进一步可得：光在介质中走过的光程，等于以相同的时间在真空中走过的距离；光在不同介质中传播所需的时间等于各自光程除以光速 c。公式表示如下：

$$\frac{S}{v}=\frac{S}{c/n}=\frac{[L]}{c}=t=\frac{l}{c} \tag{1.2.2}$$

如图 1.18 所示，光从 A 点经过几种不同的均匀介质到达 B 点，则所需要的时间为

$$t=\frac{s_1}{v_1}+\frac{s_2}{v_2}+\cdots+\frac{s_k}{v_k}=\sum_{i=1}^{i=k}\frac{s_i}{v_i} \tag{1.2.3}$$

各介质的折射率 $n_i=c/v_i$，所以

$$t=\frac{1}{c}\sum_{i=1}^{i=k}n_i s_i \tag{1.2.4}$$

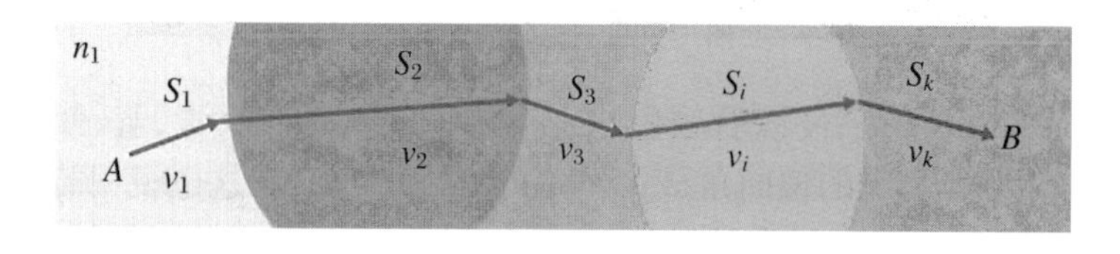

图 1.18　光在不同的均匀介质中传播

若由 A 到 B 经过的是折射率连续变化的介质，如图 1.19 所示，则光由 A 到 B 的总光程为

$$[L]=\int_A^B n\,\mathrm{d}s \tag{1.2.5}$$

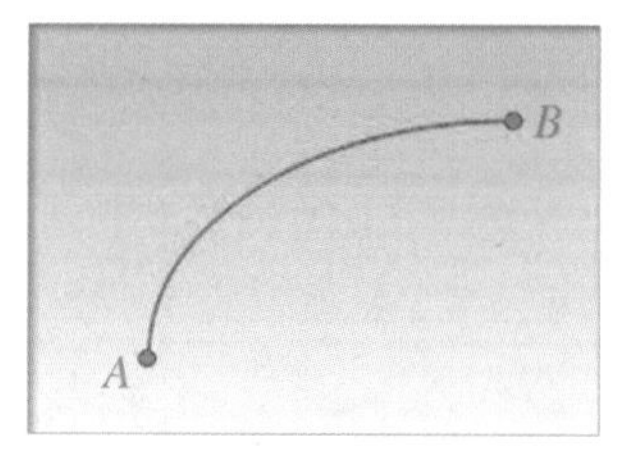

图 1.19　光在折射率连续变化的介质中传播

所用时间为

$$t=\frac{1}{c}\int_A^B n\,\mathrm{d}s \tag{1.2.6}$$

费马原理的表述："空间两点间的实际光线路径是光程为平稳值的路径。"所谓"平稳"，指的是当光线以任何方式对该路径有无限小的偏离时，相应光程的一阶改变量为零，相应的数学表示式可写为

$$\delta[L]=\delta\left[\int_A^B n\,\mathrm{d}s\right]=0,\quad \delta t=\delta\left[\frac{1}{c}\int_A^B n\,\mathrm{d}s\right]=0 \tag{1.2.7}$$

也可表述为：空间中两点间的实际光线路径，与其他相邻的可能路径相比，其光程（或传播时间）取极值（最大、最小、等值），该原理称为光程极值原理或时间极值原理。多数情况下取极小值，故该原理亦曾称为最小时间（或光程）原理。几何光学的实验定律受费马原理的支配。下面举几个极值的例子。

1. 实例

(1) 光程为极小值

如图1.20(a)所示，根据几何知识，由 A 点发出的光线经界面 D 点反射后通过 B 点，其光程较其他任一光线 ACB 的光程都小，符合反射定律；如图1.20(b)所示，由 A 到 B，符合折射定律的光线 ADB 的光程，比任何其他由 A 至 B 的路径的光程都小。

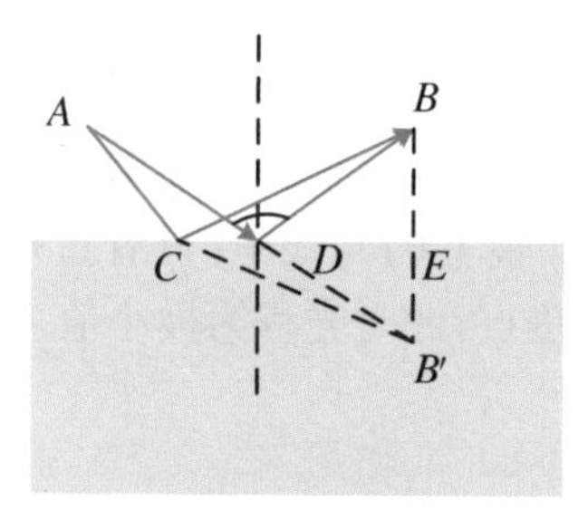

(a) 界面反射

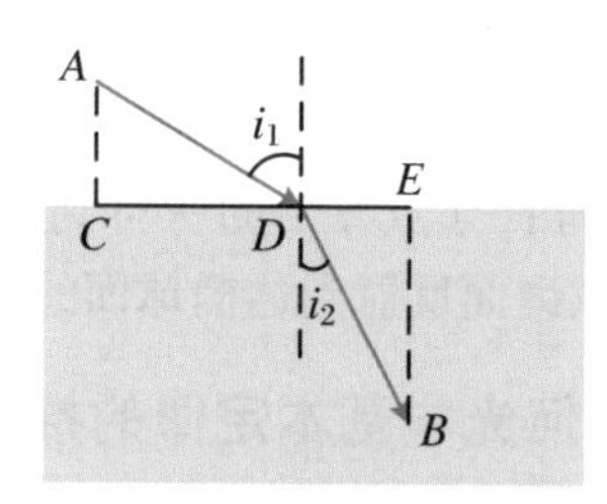

(b) 界面折射

图1.20 光程为极小值的情况

(2) 反射等光程

如图1.21所示，由解析几何知识，有相关曲面方程。椭球面：$\overline{MF_1}+\overline{MF_2}=2a$，其中 F_1、F_2 为焦点，a 为半长轴。抛物面：$\overline{MF}=\overline{ME}$，其中 F 为焦点，$\overline{OE'}=\overline{E'F}/2$。双曲面：$\overline{MF_1}+(-\overline{MF_2})=2a$，其中 F_1、F_2 为焦点，$2a$ 为顶点间距。可知：椭球上任意一点到两个焦点的连线的夹角平分线就是过该点的法线，且两线段长度之和为常数。对于内表面为镜面的椭球(图1.21(a)、(b))，从其焦点 F_1/A 发出的光线无论经椭球内表面上的哪一点反射，反射光线都会以相等的光程到达椭球的另一个焦点 F_2/B，即光程为恒定值(常数)。同理，对于旋转抛物面反射镜(图1.21(c))，从其焦点 F 发出的光线无论经其表面上的哪

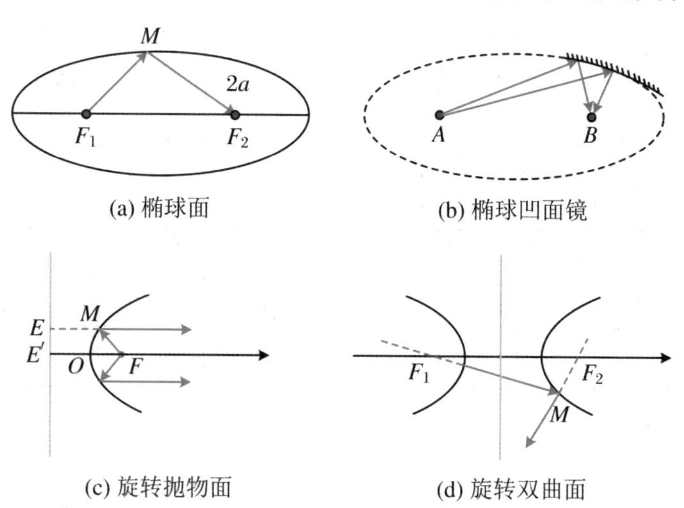

(a) 椭球面　(b) 椭球凹面镜　(c) 旋转抛物面　(d) 旋转双曲面

图1.21 反射等光程的情况

一点反射，反射光线都将以平行光(此时光程相等)射向远处。同样的，对于旋转双曲面反射镜(图 1.21(d))，反射光线会通过对应曲面的焦点。

由上可见，若想使某点发出的任意发散光束或宽平行光束经反射而会聚一点，或某点发出的任意发散光束经反射而平行发射，需制作成如上曲面的反射结构，现实中如汽车车灯、手电筒、凹面镜等即是如此。

(3) 光程为极大值

如图 1.22 所示，设想有一个凹面反射镜 MM' 与旋转椭球内切于 D 点，则自椭球面焦点 A 点发出的所有到达该凹面镜上的光线中，只有过切点 D 的光线可以经该凹面镜反射到达椭球面的另一个焦点 B，显然该光线的光程比任何路径的光程都大，光程为极大值。与此相反，若将一个凸面反射镜与椭球面外切，则从椭球面焦点发出的所有到达该凸面镜上的光线中，只有过切点的光线才可以经该镜面反射到达椭球面的另一个焦点，此时光程为极小值。

图 1.22　光程为极大值的情况

2. 几何光学基本定律的推导

费马原理可有效地对实验规律进行概括：① 根据直线是两点间最短距离，对于均匀介质或真空，用费马原理可直接导出光线的直线传播定律。② 费马原理只涉及光线传播的路径，没有涉及光线的传播方向。若路径 AB 的光程取极值，则其逆路径 BA 的光程亦取极值，因此由该原理可很自然地导出光路可逆性原理。③ 由费马原理可导出光的反射、折射定律。

下面我们就用费马原理来导出光的反射定律和折射定律。

(1) 反射定律

如图 1.23(a)所示，设有光线自 Q 点发出，经折射率分别为 n_1 和 n_2 的两种均匀各向同性透明介质的平面分界面反射后到达 P 点。现考虑几个具有代表性的可能路径，如分别经过界面上 M、M'、M''点的光线路径，其中 M、M'位于同一平面(入射面)内，点 M''不在该平面内，其与 M'点的连线垂直于入射面。

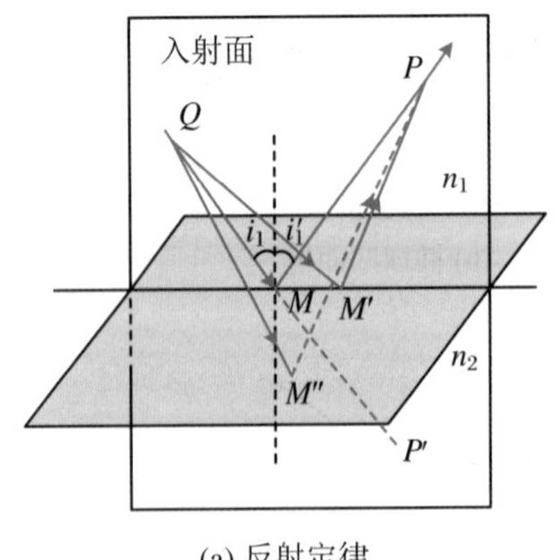

(a) 反射定律

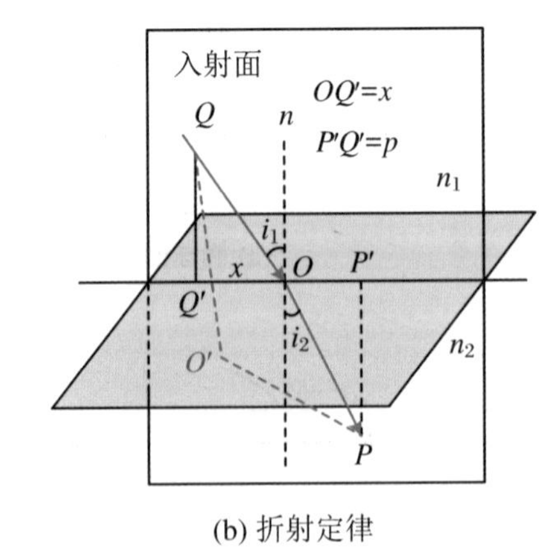

(b) 折射定律

图 1.23　由费马原理导出光学定律

显然，无论 M'' 点的位置如何，经过其的光程 $L_{QM''P} = n_1(\overline{QM''} + \overline{M''P})$ 都大于光程 $L_{QM'P} = n_1(\overline{QM'} + \overline{M'P})$，因而 M'' 点肯定不为满足光程取极小值的点。或者说要满足极小值条件，反射光线必定与入射光线位于同一平面(入射面)内。这样，在入射面内，无论 M' 点的位置如何，由几何关系，可得经 M 点的光线路径是最短的，即 QMP 为光线的实际路径，M 点为满足反射定律的反射点，此时有 $i = i'$。

当然，利用费马原理的数学表示式，可更方便地导出反射定律。我们在入射界面上任取一点 $M'(x,0,z)$，光线自 $Q(x_1,y_1,0)$ 点经 M' 点到 $P(x_2,y_2,0)$ 点的光程为 $L_{QM'P} = n_1\,\overline{QM'} + n_1\,\overline{M'P}$，可写为

$$L_{QM'P} = n_1\sqrt{(x-x_1)^2+y_1^2+z^2} + n_1\sqrt{(x-x_2)^2+y_2^2+z^2} \tag{1.2.8}$$

由费马原理，有

$$\frac{\partial L}{\partial z} = 0$$

即

$$\frac{1}{2}n_1\frac{1}{\sqrt{(x-x_1)^2+y_1^2+z^2}}\cdot 2z + \frac{1}{2}n_1\frac{1}{\sqrt{(x-x_2)^2+y_2^2+z^2}}\cdot 2z = 0$$
$$\Rightarrow z = 0 \tag{1.2.9a}$$

$$\frac{\partial L}{\partial x} = 0$$

即

$$\frac{1}{2}n_1\frac{1}{\sqrt{(x-x_1)^2+y_1^2+z^2}}\cdot 2(x-x_1) + \frac{1}{2}n_1\frac{1}{\sqrt{(x-x_2)^2+y_2^2+z^2}}\cdot 2(x-x_2)$$
$$= 0 \Rightarrow i' = i \tag{1.2.9b}$$

式(1.2.9)表明：入射光线、法线、反射光线在同一平面内，反射角等于入射角。

(2) 折射定律

同理，由费马原理可导出折射定律。如图 1.23(b)所示，可以得出

$$L(\overline{QOP}) = n_1\sqrt{(\overline{QQ'})^2+x^2} + n_2\sqrt{(\overline{PP'})^2+(p-x)^2} = L(x) \tag{1.2.10}$$

由费马原理，有 $\dfrac{\mathrm{d}L(x)}{\mathrm{d}x} = 0$，即

$$\frac{1}{2}n_1\frac{1}{\sqrt{(\overline{QQ'})^2+x^2}}\cdot 2x - \frac{1}{2}n_2\frac{1}{\sqrt{(\overline{PP'})^2+(p-x)^2}}\cdot 2(p-x) = 0 \tag{1.2.11}$$

由此可得 $n_1\sin i_1 = n_2\sin i_2$。

费马原理成功解释了几何光学的三个实验定律,因此可以说费马原理是几何光学的理论基础。几何光学是有限度的,费马原理也是有限度的。凡是基于这三个实验定律而推演并研究的各种光线传播问题,均可由费马原理出发而得以解决,如成像问题。

1.3 几何光学成像的基本概念

成像是几何光学要研究的中心问题之一。当几何光学的三个基本定律成立条件满足时,人们就可以根据这三个基本定律,加上几何学上的推导,确定光线在不同介质及界面上的传播方向,从而研究光线的传播和对物体的成像问题。下面介绍一些物、像、光学成像系统等成像的基本概念。

1. 光学系统

光学系统是指光在传播过程中遇到的折射或反射平面、球面以及由这样的几个界面组成的系统(如光具组)。能严格地保持光束的同心性的光学系统,叫作理想光学系统(理想光具组),即能够使入射的同心光束在出射时仍保持同心性的光学系统,如图 1.24 所示。

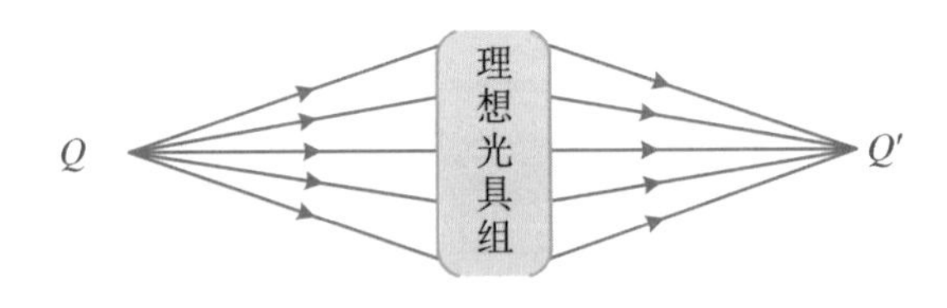

图 1.24 理想光学系统示意图

对于理想光学系统,物方的点与像方的点互相对应(光的可逆性原理),称为共轭点,物与像的一一对应关系称为共轭;物点到像点间有无数条光线,根据费马原理,从物点到像点的各光线的光程相等,即物像之间等光程。

2. 物、像的定义

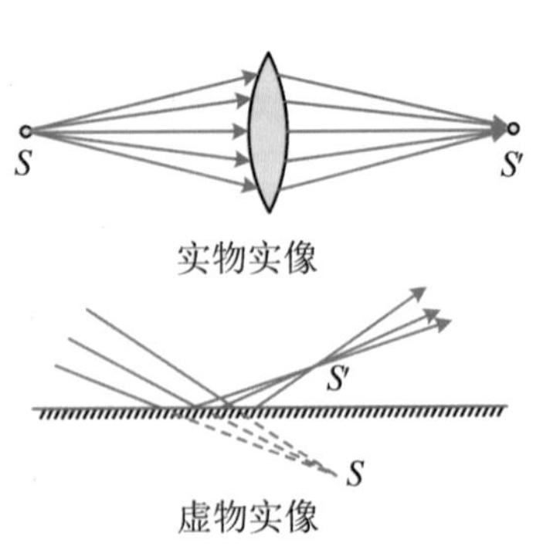

图 1.25 物、像的基本定义

未经光学系统变换的发散同心光束的心(点),称为实物;未经光学系统变换的会聚同心光束的心(点),称为虚物;经光学系统变换后的会聚同心光束的心(点),称为实像;经光学系统变换后的发散同心光束的心(点),称为虚像,如图 1.25 所示。

光学系统中,要确定某光束的心是像还是物,首先要确定单元光学元件。

如图 1.26 所示，S_1'是透镜 L_1 的实像，是透镜 L_2 的虚物；S_2'是透镜 L_2 的虚像，是凹面镜 L_3 的实物；S_3'是最后的实像像点。对于该光学系统而言，就是实物成实像。

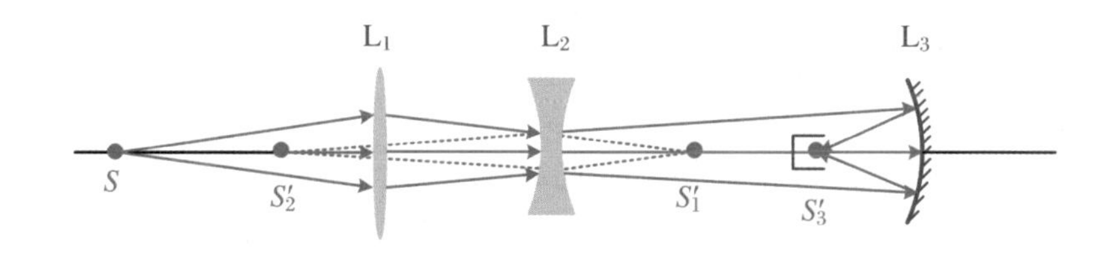

图 1.26　光学系统

图 1.27 给出了不同物与像情况的光学系统。

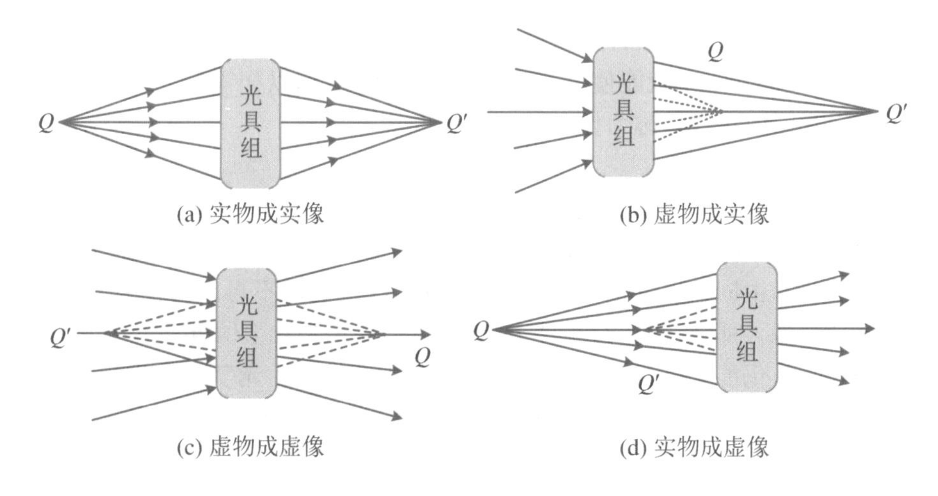

图 1.27　光学系统中的物像关系

3. 物空间和像空间

未经光学系统变换的光束所在的几何空间称为物空间，它包括所有的实物点；经光学系统变换后的光束所在的几何空间称为像空间，它包括所有的实像点。虚像所在的几何空间也属于像空间，或称为延拓像空间。虚物点所在的几何空间也属于物空间，或称为延拓物空间。说明：

(1) 对于给定的光学系统，无论物与像是实是虚，均具有共轭特点，这是光路可逆性原理的必然结果。

(2) 实物、实像的意义在于有真实的光线实际发自或通过该点，而虚物、虚像仅仅是由光的直线传播性质给人眼造成的一种错觉，实际上并没有光线经过该点。

(3) 任何情况下，物方包含所有的实、虚物点，像方包含所有的实、虚像点。物空间只与物点发生关系，像空间只与像点发生关系。

(4) 对一个具体的光学系统，物方可能不仅包含位于系统前面的空间，也包含其后面的空间。像方的概念也同样如此。物空间和像空间实际上是重叠的。

4. 光学系统理想成像的条件

光学系统理想成像的条件可以用光束同心性不变或物像等光程来表述。光束同心性不变是指由物点发出的同心光束通过光学系统后应保持其同心性不变，物像等光程即由物点发出的所有光线通过光学系统后均应以相等的光程到达像点。

以上两种表述，其本质是一样的，同心性不变条件与等光程条件等价。要保持同心性不变，就必须满足等光程。反过来，只要满足了等光程，也就必然保证了同心性不变。不满足理想成像条件时，也就是说，如果通过光学系统后光束的同心性被破坏，则出射光束变为像散光束，像点变为弥散斑。由于等光程与同心性不变条件的等效性，因此也可以这样定义物的共轭像点：对于一个物点，如果相应的光学系统能使其所发出的所有光线，均以相等的光程通过另一点，则该点与物点共轭，称为像点。

5. 近(傍)轴条件

实际上，许多光学系统并不能保持光束的单心性，除了几对个别的共轭点外，一般来说，由同一点发出的所有发散光线，经折射后不再相交于一点，即点物不能成点像。那么，在什么条件下，或者说同一点发出多大角度范围内的光线，经折射后，仍能保持光束同心性？答案是所谓的实际光学系统理想成像的近轴条件。下面我们就以单个球面折射成像为例，利用费马原理来分析实际光学系统理想成像的条件。如图 1.28 所示，相应参数图中已标出。

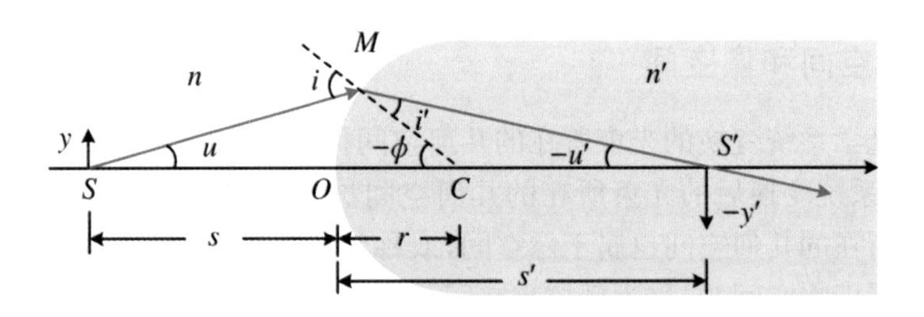

图 1.28 单个球面折射成像

假设在轴上有一物点 S，其发出同心发散光束，经一单球面折射成像。若理想成像，点物 S 对应点像 S'，此时像点 S' 到折射球面顶点 O 的距离 s' 应与任一入射光线射到折射球面上的入射点 M 无关，即 s' 与 $\phi(M)$ 无关。SS' 光程为

$$\begin{aligned}[L] &= n\,\overline{SM} + n'\,\overline{MS'} \\ &= n\sqrt{r^2 + (s+r)^2 - 2r(s+r)\cos\phi} \\ &\quad + n'\sqrt{r^2 + (s'-r)^2 + 2r(s'-r)\cos\phi} \qquad (1.3.1)\end{aligned}$$

根据费马原理，光程应取极值，$\dfrac{\mathrm{d}[L]}{\mathrm{d}\phi} = 0$，则有

$$n\frac{2r(s+r)\sin\phi}{\sqrt{r^2+(s+r)^2-2r(s+r)\cos\phi}}=n'\frac{2r(s'-r)\sin\phi}{\sqrt{r^2+(s'-r)^2+2r(s'-r)\cos\phi}} \tag{1.3.2}$$

进一步整理得

$$\frac{s^2}{n^2(s+r)^2}-\frac{s'^2}{n'^2(s'-r)^2}=-2r(1-\cos\phi)\left[\frac{1}{n^2(s+r)}+\frac{1}{n'^2(s'-r)}\right] \tag{1.3.3}$$

由式(1.3.3)可见:S'与ϕ有关,即由物点发出的不同倾角的光线,折射后不再与光轴交于同一点,光束丧失了它的同心性。

以下两种情况下,从成像的角度看,S'与ϕ无关,即点物成点像。

① 式(1.3.3)的左边和右边中括号同时为0:

$$\frac{s^2}{n^2(s+r)^2}-\frac{s'^2}{n'^2(s'-r)^2}=0 \tag{1.3.4}$$

$$\frac{1}{n^2(s+r)}+\frac{1}{n'^2(s'-r)}=0 \tag{1.3.5}$$

联立方程,有$\begin{cases} s=-\dfrac{n'+n}{n}r \\ s'=\dfrac{n'+n}{n'}r \end{cases}$,若以折射球面球心为参考点,则有

$$\begin{cases} s_0=-\dfrac{n'}{n}r \\ s'_0=\dfrac{n}{n'}r \end{cases} \tag{1.3.6}$$

这里的线度几何量均包含正负号,其约定见下节符号规则。

对一具体的光学成像系统,n、n'、r是确定的,由式(1.3.6)可见,S、S'同时唯一确定,且与ϕ无关,可宽光束成像。也就是说,大发散宽光束成像,对于一成像系统而言,只能在个别确定的点(共轭点)上实现,即点物只能放在特定的位置,此时点像位置也相应是确定的,这对特殊的共轭点称为齐明点(又称不晕点)。这对共轭点具有特殊的性质:如图1.29所示的超半球折射面,Q与Q'是一对齐明点,若从Q发出一入射光线,倾角为u,折射角为i',则$u=i'$,此时出射光线倾角$u'=i$;当$u=\pi/2\rightarrow i'=\pi/2$,折射光线恰好沿球面在该点的切线方向。这样若$Q$处放置一点物(微小物体),其发出的接近90°的发散光线都能被该球面折射收集而参与成像,进而可观察到十分微小的物体。高倍显微物镜就是工作于齐明点的:调节镜头与样品的工作距离,使样品台上的小物处于齐明点上。

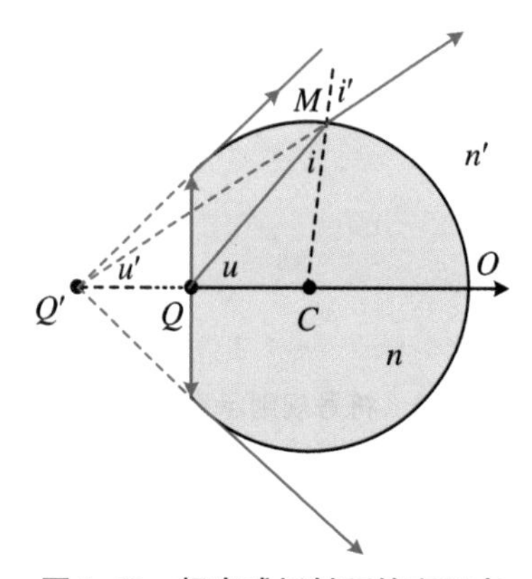

图1.29 超半球折射面的齐明点

以上性质可证明如下：

由式(1.3.6)，有 $s_0(QC)=-\dfrac{n'}{n}r$，$s_0'(Q'C)=\dfrac{n}{n'}r$，即

$$\frac{QC}{MC}=\frac{n'}{n}r\Big/r=\frac{n'}{n}$$

$$\frac{MC}{Q'C}=r\Big/\frac{n}{n'}r=\frac{n'}{n}$$

可得$\angle QMC\cong\angle MQ'C$，所以

$$u=i',\quad u'=i$$

② 若 $\cos\phi\approx1$，对于任一个 S，有一个 S'，它与 ϕ 无关，物点成像于像点。即若光线与主光轴的夹角很小，光程极值可以写成式(1.3.7)的形式，可见对于任一个 S，有一个 S'，它与 ϕ 无关，物点成像于像点。此时，光束限制在傍轴区域内，即实际光学系统理想成像的傍轴条件。

$$\frac{s^2}{n^2(s+r)^2}-\frac{s'^2}{n'^2(s'-r)^2}=0 \tag{1.3.7}$$

对单球面折射，一般而言只能实现傍轴理想成像，光线与光轴的夹角小于5°时，轴上发出的同心光束，经光学系统变换后，仍近似为同心光束，即点物可成点像。但是齐明点(一对特殊共轭点)可以宽光束严格成像。

6. 符号规则

对应成像，一般说来物点和像点都有虚、实两种可能；折射球面朝哪一方凸起，也有两种可能。不需要也没有必要对每种情况都给出一个成像公式，只需要约定一种符号规则，就可以将所有这些情况的物像关系式统一起来。当然，这类符号规则并不是唯一的。如图 1.30 所示，以单球面折射系统为例，光路主体方向自左向右，本书采用下面的规定：

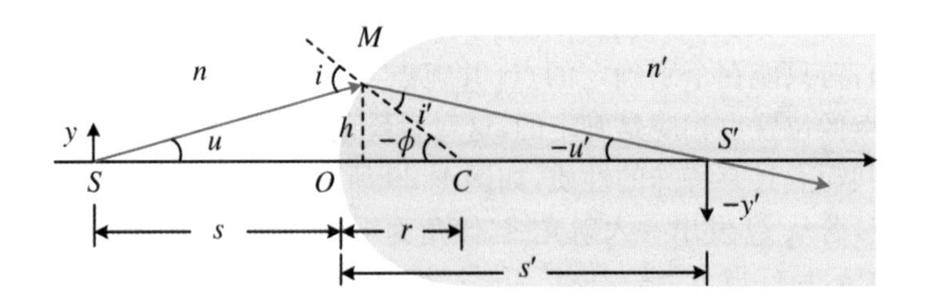

图 1.30　符号规则示意图

(1) 线段：对于纵向线段，以球面顶点 O 为基准点，主轴为基准线。若 S 在 O 左方即实物，物距 s 为正(右负)。若 S' 在 O 右方即实像，像距 s' 为正(左负)。折射球面的球心 C 在 O 右，曲率半径为正(左负)。对于横向线段，以主

光轴为起点，向上为正，向下为负。

(2) 角度：以主光轴或法线为起始线，转角度为锐角，逆时针旋转角度为正，反之则为负。

(3) 图中光路图的线段和角度的标记为绝对值。

1.4 单球面折射系统傍轴成像

常见的光学系统都是球面光学系统，即其中的光学元件如透镜等都是由球面组成的。因此，为了研究各种光学系统的成像问题，需首先讨论单球面折射成像的情况。

1.4.1 单球面傍轴折射成像的物像公式

如图 1.28 所示，设有两种均匀透明介质，其折射率分别为 n 和 n'，沿半径为 r 的球形界面分开，其中连接物点和球心的直线是主光轴。物点 S 发出同心光束，其中任一条入射光线 SM 在球面上 M 点处入射角为 i，与主光轴的夹角为 u，ϕ 为球面法线和主光轴的夹角。光经过球面折射，折射角为 i'，折射光线和主光轴交于 S'点(像点)，与主光轴的夹角为 u'。光图中的线段和角度按上节的符号约定，标记为绝对值。

如果只考虑与光轴成微小角度的傍轴光线，它们的入射角 i 和折射角 i'都非常小，满足近似条件：$\tan i \approx \sin i \approx i$，以及 $\tan i' \approx \sin i' \approx i'$。

对于傍轴小物成像，如图 1.31 所示，将光轴 SCS'绕球心 C 转过一微小角度，于是 S 点转到 Q 点，S'点转到 Q'点，其中 Q'点就是 Q 点的像点。因此 SQ 弧上所有各点都将在 $S'Q'$弧上找到对应像点。如果 SQ 很小，即 Q 点到光轴的距离远小于球面曲率半径，称为傍轴小物，此时 SQ 和 $S'Q'$都近似与光轴 SCS'垂直，可以说垂直光轴的短线段，其形成的像也是垂直于光轴的短线段。一个与光轴垂直的傍轴平面小物，它以傍轴光线所成的像也与光轴垂直，这两个面分别称为物平面与像平面。傍轴小物体的傍轴光线成像也称之为傍轴条件。

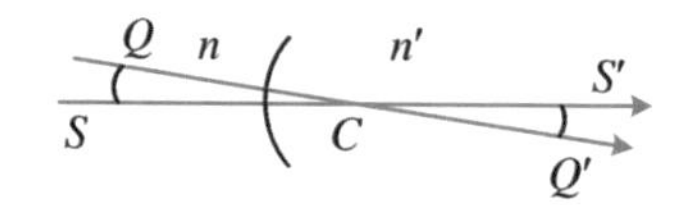

图 1.31 傍轴近似示意图

由前面的分析我们知道，在傍轴条件近似下，单球面折射可以看成一个理想光学系统，傍轴同心光束在通过变换后仍保持单心性。从图 1.30 可看到从 S 点发出的光线 SM 其角度 u 很小，可近似为傍轴传播。在球面上 M 点处，由折射定律可得到

$$n\sin i = n'\sin i'$$

由傍轴条件，得 $ni \approx n'i'$；由 $i = u - \phi$ 以及 $i' = -\phi + u'$，得 $n(u-\phi) = n'(u' - \phi)$，即

$$n'(-u') + n(u) = (n'-n)(-\phi) \tag{1.4.1}$$

在傍轴条件下，有 $u = \frac{h}{s}$，$-u' = \frac{h}{s}$，$-\phi = \frac{h}{r}$。通过整理可以得到单球面折射系统的成像公式：

$$\frac{n'}{s'} + \frac{n}{s} = \frac{n'-n}{r} \tag{1.4.2}$$

费马原理是几何光学的理论基础，自然从费马原理可导出物像公式，见 1.3 节式(1.3.3)。由傍轴条件 $\cos\phi \approx 1$ 得到 $n + \frac{nr}{s} = n' - \frac{n'r}{s'}$，化简后便得到 $\frac{n'}{s'} + \frac{n}{s} = \frac{n'-n}{r}$，即式(1.4.2)。

式(1.4.2)中，右边 $\frac{n'-n}{r}$ 项只与折射球面的参数有关，成像系统一旦确定该项大小也就确定了。定义 $\frac{n'-n}{r}$ 为成像系统的光焦度，它表示光学成像系统对光线的曲折本领，一般用 P 来表示。光焦度的单位是屈光度(Diopter)，记为 D，$1\ \text{D} = 1\ \text{m}^{-1}$。

例如，对于 $n = 1.0$，$n' = 1.5$，$r = 0.1\ \text{m}$ 的球面，其 $P = 5\ \text{D}$。通常所说的眼睛的度数是屈光度的 100 倍，对于焦距为 50.0 cm 的眼睛($n = 1.0$，$n' = 1.5$)，其度数为 200。

由于球面的曲率半径可正可负，也可以为无穷大，物方折射率可以大于也可以小于像方折射率，因此光焦度可正可负，也可以为零。当 $P > 0$ 时为会聚系统，$P < 0$ 时为发散系统，$P = 0$ 时为无焦系统。

1.4.2 单球面折射系统的焦点

1. 物方焦点和物方焦距

轴上无穷远像点的共轭物点称为物方焦点，将 $s' \to -\infty$ 代入单球面折射成像公式(1.4.2)，可得物方的焦距为 $f = \frac{n}{n'-n}r$，即 $f = \frac{n}{P}$；到球面顶点距离为 f

的点为物方焦点F，它与无穷远处的像点关于系统共轭。过F点垂直于光轴的平面，叫作物方焦平面。

2．像方焦点和像方焦距

轴上无穷远物点的共轭像点称为像方焦点，把$s\to\infty$代入单球面折射成像公式(1.4.2)，可得像方的焦距为$f'=\dfrac{n'}{n'-n}r$，即$f'=\dfrac{n'}{P}$；到球面顶点距离为f'的点为像方焦点F'，它与无穷远处的物点关于系统共轭。过F'点垂直于光轴的平面，叫作像方焦平面。

3．高斯公式和牛顿公式

将单球面折射成像公式的两边同时除以该系统的光焦度P，可把成像公式表示为

$$\frac{f'}{s'}+\frac{f}{s}=1 \tag{1.4.3}$$

上式被称为几何光学成像的高斯公式。

式(1.4.3)可以进一步表示为以焦点为原点的物像关系式，即牛顿公式。若物距和像距的计算分别以物方焦点F和像方焦点F'为原点，并分别以x、x'表示物距和像距，如图1.32所示，则x、x'与s、s'的关系为

$$x=s-f,\quad x'=s'-f' \tag{1.4.4}$$

将式(1.4.4)代入高斯公式，可以得到牛顿公式：

$$x'x=ff' \tag{1.4.5}$$

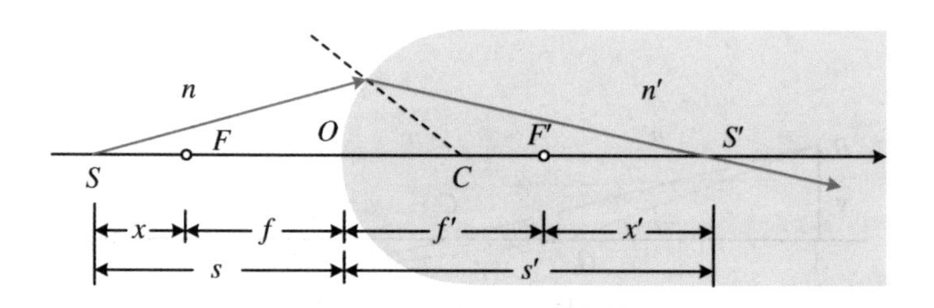

图1.32 高斯公式与牛顿公式各物理量示意图

需要说明的是：高斯公式和牛顿公式是光学系统傍轴成像的普遍公式，这就是说，对于傍轴光线和傍轴小物，轴上物点与轴外物点都服从该物像关系式；同时，该公式不仅仅适用于折射球面光学系统的成像，也适用于反射球面光学系统的成像。无论成像系统如何不同，其物距、像距和物方焦距、像方焦距之间的关系，均可以表示成高斯公式的形式。只是在不同系统中，物距和像距以及物方焦距和像方焦距的取值方法和符号规则有可能不同。

1.4.3 单球面折射成像的放大率

1. 垂轴(横向)放大率

我们知道成像有虚实、大小,也就是说,物点高度一定时,不同物距所对应的共轭像点高度不同。为表征给定成像系统物、像之间的横向大小关系,定义像高与物高之比为成像系统的垂轴(横向)放大率,并用符号 V 表示,即

$$V=\frac{y'}{y} \tag{1.4.6}$$

如图 1.33 所示,为一傍轴物体(小)近轴成像。由近轴几何关系,得

$$-i=y/s,\quad -i'=-y'/s' \tag{1.4.7}$$

近轴条件下,在入射点 O 处,由折射定律 $n(-i)=n'(-i')$,可得

$$\frac{ny}{s}=-\frac{n'y'}{s'} \tag{1.4.8}$$

由式(1.4.6),可得垂轴放大率为

$$V=-\frac{ns'}{n's} \tag{1.4.9}$$

在傍轴条件下,垂轴放大率与 y 无关,这就保证了一对共轭面内几何图形的相似性。

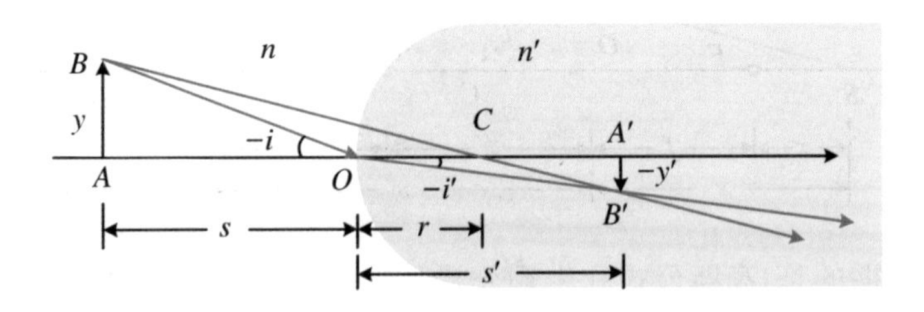

图 1.33 傍轴物体的球面折射成像

可以根据垂轴放大率 V 的值辨别物像性质。

(1) 物和像的虚实

$V<0$,物、像互为倒立,实物实像或虚物虚像;$V>0$,物、像互为正立,实物虚像或虚物实像。

(2) 像的放大和缩小

$|V|>1$,像放大;$|V|<1$,像缩小;$|V|=1$,物、像等大。

2. 角放大率

通常用光学成像系统的角放大率来表征由轴上物点发出的同心光束与其共轭像光束的空间锥角大小的关系,其定义为折射光线和主光轴之间夹角 $-u'$ 与对应共轭折射光线和主光轴之间夹角 u 的比,用 γ 表示,即

$$\gamma = \frac{u'}{u} \tag{1.4.10}$$

如图 1.34 所示的折射系统中,傍轴条件下 AB 和 $A'B'$ 是一对共轭物像,u、$-u'$ 是一对共轭角。根据傍轴成像条件,有

$$u = \frac{h}{s}, \quad -u' = \frac{h}{s'} \tag{1.4.11}$$

进一步可得成像系统的角放大率:

$$\gamma = \frac{u'}{u} = -\frac{s}{s'} \tag{1.4.12}$$

在傍轴条件下,我们已得成像系统的横向放大率 $V = \frac{y'}{y} = -\frac{ns'}{n's}$,因此有

$$nuy = n'u'y' \tag{1.4.13}$$

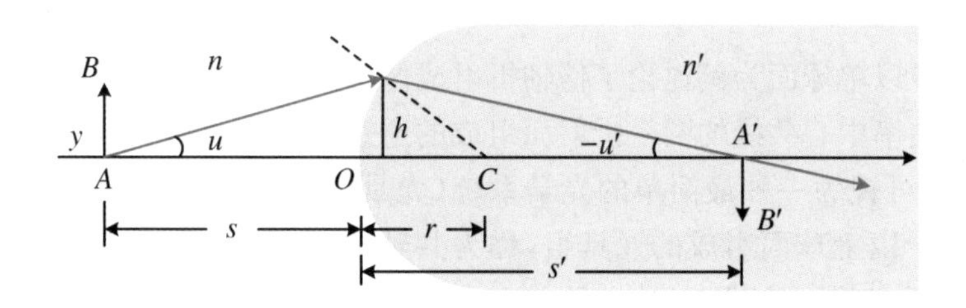

图 1.34 傍轴条件下物、像与光轴所成的共轭角

式(1.4.13)称为拉格朗日-亥姆霍兹定理。它表明,在傍轴成像条件下,nuy 这个乘积在每次折射中都不变。该定理很容易推广到多个共轴球面上(近轴):

$$nuy = n'u'y' = n''u''y'' = \cdots \tag{1.4.14}$$

若要使傍轴小物以大孔径的光束成像,其充要条件由以下关系式来描述:

$$yn\sin u = y'n'\sin u' \tag{1.4.15}$$

式(1.4.15)称为阿贝(E. K. Abbe)正弦条件,是傍轴小物以大孔径的光束成像的充要条件。满足阿贝正弦条件的这对特定的共轭点,即为齐明点。由费马原理已证明工作于齐明点位置的傍轴小物可宽光束严格成像,阿贝正弦条件可由齐明点的特性来证明。如图1.35所示,在$\triangle QCM$、$\triangle Q'CM$中,有关系式:

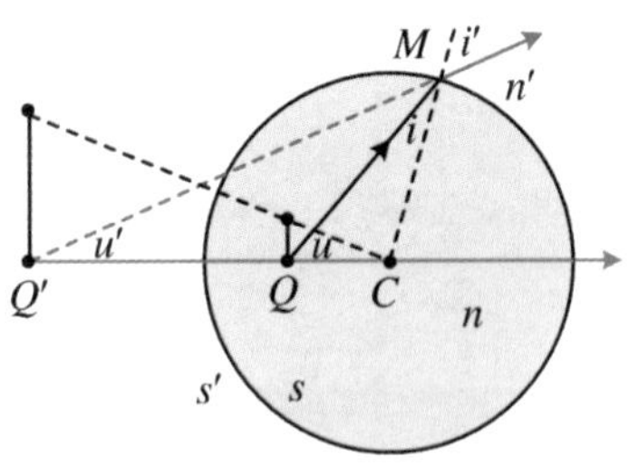

图1.35 阿贝正弦条件

$$\frac{\sin u}{r} = \frac{\sin i}{s}, \quad \frac{\sin u'}{r} = \frac{\sin i'}{s'}$$

可得$\frac{\sin u}{\sin u'} = \frac{\sin i}{\sin i'} \cdot \frac{s'}{s}$。又因为$\sin i/\sin i' = n'/n$,$s'/s = y'/y$,可得$\frac{\sin u}{\sin u'} = \frac{n'y'}{ny}$,即

$$yn\sin u = y'n'\sin u'$$

1.5 薄透镜及其傍轴成像公式

1.5.1 薄透镜

上一节以单球面为例讨论了傍轴折射成像公式,但实际成像系统中常用的大多是由曲率中心共线的两个折射面组成的透镜。透镜是极其重要的成像光学元件,也可视为一种最简单的光学系统(光具组)。这种由曲率中心共线的两个或两个以上球面组成的光具组,称为共轴球面系统。实际的光学成像系统中不仅所有球面的球心共线,且单个光学元件的主光轴都重合。对于一透镜而言,光轴和球面的交点称为透镜的顶点,两顶点间的距离称为透镜的厚度d。当透镜的厚度与其球面曲率半径相比小得多时,这样的透镜称为薄透镜。实际应用中大多是薄透镜。透镜可分为凸透镜和凹透镜两大类,其中凸透镜的中央厚度大于边缘部分,而凹透镜的边缘厚度大于中央厚度。按形状可再分为双凸、平凸、弯凸和双凹、平凹、弯凹(凸凹)等多种类型,如图1.36所示。

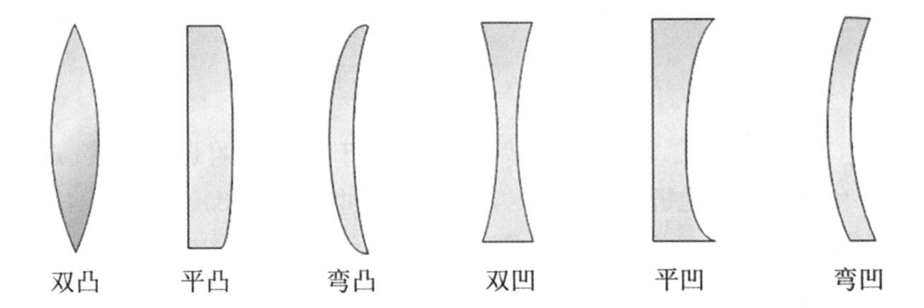

图 1.36 各种薄透镜

1.5.2 薄透镜的成像公式

如图 1.37 所示，设物空间的折射率为 n，像空间的折射率为 n'，透镜折射率为 n_L，两球面半径分别为 r_1 和 r_2。

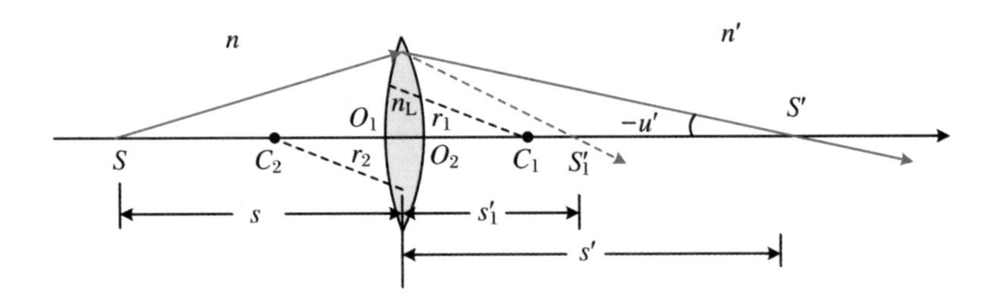

图 1.37 薄透镜的成像

透镜两次经球面折射成像，第一次成像以 O_1 为基准点，第二次成像以 O_2 为基准点，在薄透镜近似条件下，可以认为 O_1 和 O_2 重合为一点 O（透镜的光心）。由单球面折射成像公式可分别得

$$\frac{n}{s}+\frac{n_L}{s_1'}=\frac{n_L-n}{r_1},\quad \frac{n_L}{-s_1'}+\frac{n'}{s'}=\frac{n'-n_L}{r_2} \tag{1.5.1}$$

将两式相加，得薄透镜傍轴成像的物像距公式：

$$\frac{n'}{s'}+\frac{n}{s}=\frac{n_L-n}{r_1}+\frac{n'-n_L}{r_2} \tag{1.5.2}$$

进而可得到物方、像方的焦距公式：当 $s'=\infty, s=f$ 时，得

$$f=\frac{n}{\dfrac{n_L-n}{r_1}+\dfrac{n'-n_L}{r_2}} \tag{1.5.3}$$

当 $s=\infty, s'=f'$ 时，得

$$f' = \frac{n'}{\dfrac{n_L - n}{r_1} + \dfrac{n' - n_L}{r_2}} \tag{1.5.4}$$

由式(1.5.3)、式(1.5.4)可知，两焦距取决于薄透镜的几何形状(r)、材料(n_L)，并和两侧介质的折射率(n, n')有关。通过式(1.5.3)、式(1.5.4)也可得薄透镜的物方焦距和像方焦距之比

$$\frac{f'}{f} = \frac{n'}{n} > 0 \tag{1.5.5}$$

这表明，薄透镜的物方焦点和像方焦点永远分处于透镜的两侧，并且一般情况下两个焦点不对称，即焦距大小不相等；只有当物、像方介质折射率相等时，透镜的物、像方焦距大小才相等。

薄透镜是由两共轴折射球面组成的，两折射面的光焦度分别为

$$P_1 = \frac{n_L - n}{r_1}, \quad P_2 = \frac{n' - n_L}{r_2}$$

自然的，薄透镜的光焦度为两折射面的光焦度的代数和：

$$P = P_1 + P_2$$

所以，薄透镜的光焦度为

$$P = \frac{n_L - n}{r_1} + \frac{n' - n_L}{r_2} \tag{1.5.6}$$

由透镜的焦距公式(1.5.3)式、(1.5.4)式，得

$$P = \frac{n}{f} = \frac{n'}{f'}$$

所以，薄透镜傍轴成像的物像距公式(1.5.2)式用该系统对光线的偏折能力(光焦度)来表示，则为

$$\frac{n'}{s'} + \frac{n}{s} = P \tag{1.5.7}$$

式(1.5.7)进一步表明透镜(系统)的成像特性取决于透镜对光线的偏折能力，即是由系统本身的能力确定的。

同样，薄透镜成像高斯公式仍然是成立的：

$$\frac{f'}{s'} + \frac{f}{s} = 1 \tag{1.5.8}$$

若薄透镜置于空气中，则两侧物、像方介质折射率 $n = n' \approx 1$，则可得空气中的薄透镜焦距为

$$f' = f = \frac{1}{(n_L - 1)\left(\frac{1}{r_1} - \frac{1}{r_2}\right)} \tag{1.5.9}$$

式(1.5.9)描述了薄透镜焦距与透镜材料的折射率和表面曲率半径之间的关系，是磨制球面透镜的基本公式，故又称为磨镜者公式。

f'、$f>0$ 时(实焦点)为正透镜；f'、$f<0$ 时(虚焦点)为负透镜，r 可正可负。正透镜中心总是比边缘厚，又称为凸透镜；负透镜中心总是比边缘薄，又称为凹透镜。进而可以得到空气中(物方、像方折射率相等时)薄透镜成像的高斯公式如下：

$$\frac{1}{s'} + \frac{1}{s} = \frac{1}{f} \tag{1.5.10}$$

同样可得薄透镜成像的牛顿公式。我们约定物点在 F 之左，x 为正；物点在 F 之右，x 为负。像点在 F'之左，x'为负；像点在 F'之右，x'为正。则 x、x'(从焦点算起的物距、像距)与 s、s'的关系如下：

$$x = s - f, \quad x' = s' - f' \tag{1.5.11}$$

将上面两式代入高斯公式$\frac{f'}{s'} + \frac{f}{s} = 1$，得牛顿公式：

$$xx' = ff' \tag{1.5.12}$$

1.6　球面反射成像

以上我们讨论的都是球面系统傍轴折射成像，在实际应用中还有反射的凹面镜成像。从光线的角度来看，反射成像与折射成像的不同之处仅在于经界面反射的光线方向倒转，变为从右向左传播。因此，对于反射情形，需将前面像距的规定改变：若 S'在顶点 O 之左方则为实像，实像为经过光学系统变换(反射)的会聚的同心光束的心，由实际光线会聚而成，像距 s'为正；若 S'在顶点 O 之右方则为虚像，像距 s'为负。同时，反射球面的球心 C 在顶点 O 的左侧时，曲率半径为正；在右侧则为负。同样，在牛顿公式中，若像点在像方焦点左侧，则 $x'>0$；反之，$x'<0$。其他符号规定同折射成像符号规定。

对于球面反射系统也是考察近轴成像，如图 1.38 所示，则有如下几何关系：

$$-i=i',\quad -i=\phi-u,\quad i'=u'-\phi$$
$$u\approx\frac{h}{s},\quad \phi=\frac{h}{r},\quad u'=\frac{h}{s'}\tag{1.6.1}$$

即可得到$\frac{h}{r}-\frac{h}{s}=\frac{h}{s'}-\frac{h}{r}$，所以球面反射系统成像公式为

$$\frac{1}{s'}+\frac{1}{s}=-\frac{2}{r}\tag{1.6.2}$$

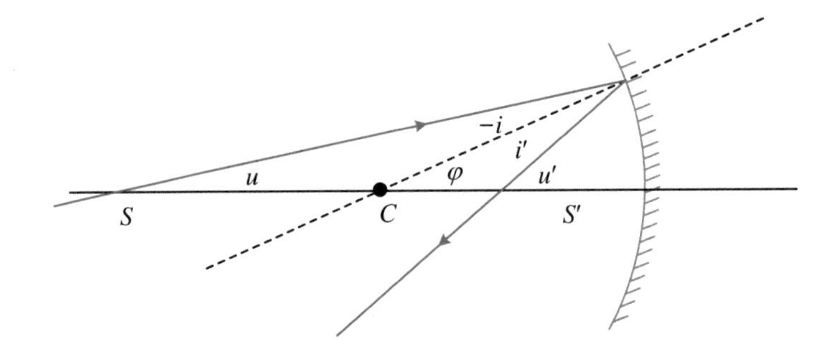

图 1.38 球面反射系统

同理，可得物方、像方焦距

$$f=f'=\frac{r}{2}\tag{1.6.3}$$

球面反射镜物方焦点与像方焦点重合。可以想象，入射光线、反射光线在镜面同一侧，故其物方、像方焦距相等。其成像公式可表示为与薄透镜空气中的成像公式一样的形式：

$$\frac{1}{s'}+\frac{1}{s}=\frac{1}{f}$$

同样，对于反射球面，高斯公式和牛顿公式的形式仍然不变。对于凹面反射镜，$r>0$，所以 $f=f'>0$，对光线有会聚作用；对于凸面反射镜，$r<0$，所以 $f=f'<0$，对光线有发散作用。

1.7 光线变换矩阵

大多数实际的光学系统都含有多个折射(或反射)球面。如果所有球面的

中心都在一条直线上，该结构为共轴球面系统，这条直线称为系统的主光轴。最简单的共轴球面系统即为薄透镜。在傍轴条件下共轴球面系统可近似看成理想光学系统。从几何光学的观点来看，描述一成像过程，首先要有一参考轴——光轴。有了参考的点、线，光学行为就取决于这些参考线的横向距离及每个点的方向性。光线可通过多个光学元件由离轴的横向距离及其方向性得到。光线在共轴球面系统中传播就是在介质分界面上折射和在同一均匀介质中做平移运动，而平移和折射时光线状态的变化是线性的，所以很适合矩阵运算。

由于光的直线传播，光线的特征可以用其方向和线上一点离轴的位置表示。光线经各种光学介质的行为，或各种光学器件对光线的变换，可用一些简单的 2×2 矩阵$\begin{bmatrix} A & B \\ C & D \end{bmatrix}$来描述。

在均匀介质中，光线沿直线传播。考虑一近轴光线，如图 1.39 所示，有 $\sin\theta \approx \tan\theta \approx \theta$，因此，在任意位置 z 处的光线可表示为列向量：

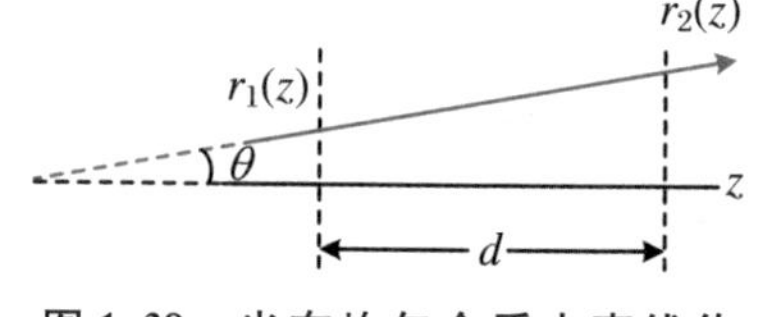

图 1.39 光在均匀介质中直线传播的光线变换矩阵的推导

$$r(z) = \begin{bmatrix} r(z) \\ r'(z) \end{bmatrix} \tag{1.7.1}$$

其中 $r(z)$表示 z 点光线离轴的距离，$r'(z)$表示光线在 z 点的斜率。光线在均匀各向同性介质（如空气）中传播，则有

$$r_2(z) = r_1(z) + r'_1 d$$
$$r'_2 = r'_1$$

可写为矩阵形式：

$$\begin{bmatrix} r_2 \\ r'_2 \end{bmatrix} = \begin{bmatrix} 1 & d \\ 0 & 1 \end{bmatrix} \begin{bmatrix} r_1 \\ r'_1 \end{bmatrix} \tag{1.7.2}$$

因此，均匀各向同性介质的光线矩阵（距离为 d）为

$$\begin{bmatrix} 1 & d \\ 0 & 1 \end{bmatrix} \tag{1.7.3}$$

同理，我们可得到薄透镜对光线的变换矩阵。如图 1.40 所示，设薄透镜的焦距为 f，从光轴上 S_1 处发出的任一近轴光线，经透镜折射后会聚于 S_2。从初始位置到透镜前以及从透镜后到 S_2，分别相当于厚度为 S_1、S_2 的均匀各向同性介质的光线矩阵（式(1.7.3)）。只要找到透镜前与透镜后的光线间的关系，就可得到透镜对光线的操控，即其对光线的变换矩阵。

由于是近轴光线，且为薄透镜，所以透镜前、透镜后光线离轴的横向距离没有变，即 r_1、r_2 没变，两者相等，则经透镜变换前后光线的位置和方向关系有

$$r_1 = r_2$$
$$\frac{r_1}{s_1} = r'_1, \quad \frac{r_2}{s_2} = -r'_2$$

进一步可改写为

$$r_1 = r_2$$
$$\frac{1}{s_1} = \frac{r'_1}{r_1}, \quad \frac{1}{s_2} = -\frac{r'_2}{r_2} \tag{1.7.4}$$

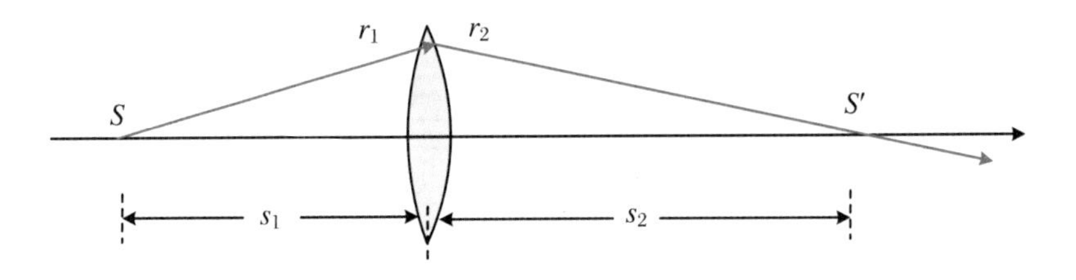

图 1.40 薄透镜光线变换矩阵的推导

对该透镜有$\frac{1}{s_1}+\frac{1}{s_2}=\frac{1}{f}$,因此又可进一步表示为

$$r_1 = r_2$$
$$r'_2 = r'_1 - \frac{r_1}{f} \tag{1.7.5}$$

可写为如下的矩阵形式:

$$\begin{bmatrix} r_2 \\ r'_2 \end{bmatrix} = \begin{bmatrix} 1 & 0 \\ -\frac{1}{f} & 1 \end{bmatrix} \begin{bmatrix} r_1 \\ r'_1 \end{bmatrix} \tag{1.7.6}$$

因此,焦距为 f 的薄透镜的光线变换矩阵为

$$\begin{bmatrix} 1 & 0 \\ -\frac{1}{f} & 1 \end{bmatrix} \tag{1.7.7}$$

($f>0$ 时光线会聚,$f<0$ 时光线发散)。式(1.7.7)即表示焦距为 f 的透镜对透镜前的光线的偏折能力,但离轴的横向距离没有发生变化,只发生方向偏折。

类似地,可引入其他光学元件和介质界面的光线变换矩阵,如表 1.1 所示。

表 1.1 常见的光线变换矩阵

1. 距离为 l 的自由空间，$n=1$	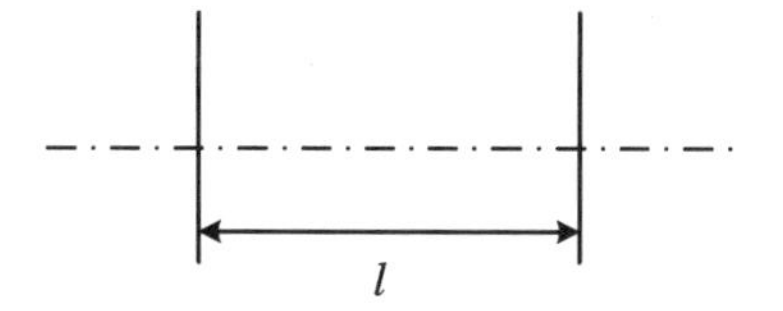	$\begin{bmatrix} 1 & l \\ 0 & 1 \end{bmatrix}$
2. 界面折射	n_1 n_2	$\begin{bmatrix} 1 & 0 \\ 0 & n_1/n_2 \end{bmatrix}$
3. 折射率 n，长 l 的均匀介质	n l	$\begin{bmatrix} 1 & l/n \\ 0 & 1 \end{bmatrix}$
4. 薄透镜	f	$\begin{bmatrix} 1 & 0 \\ -1/f & 1 \end{bmatrix}$
5. 球面反射镜	ρ	$\begin{bmatrix} 1 & 0 \\ -2/\rho & 1 \end{bmatrix}$
6. 球面折射	n_1 ρ n_2	$\begin{bmatrix} 1 & 0 \\ \dfrac{n_2-n_1}{n_2\rho} & \dfrac{n_1}{n_2} \end{bmatrix}$
7. 平面反射		$\begin{bmatrix} 1 & 0 \\ 0 & 1 \end{bmatrix}$
8. 离焦望远镜	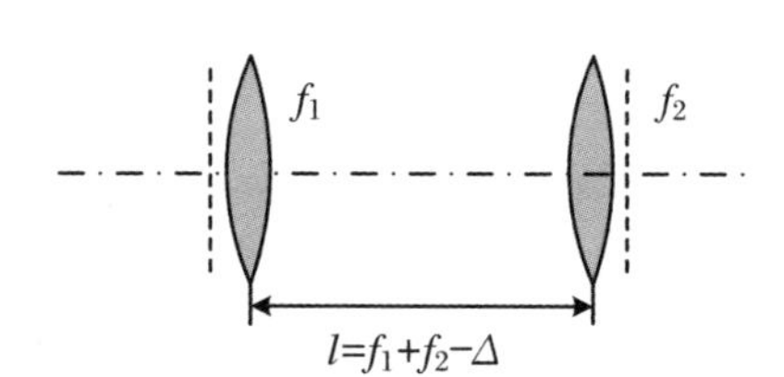	$\begin{bmatrix} M_T+\Delta/f_1 & l \\ -\Delta/(f_1f_2) & 1/M_T+\Delta/f_2 \end{bmatrix}$

光线依次通过几个光学元件或介质时，有

$$\begin{bmatrix} r_{\text{out}} \\ r'_{\text{out}} \end{bmatrix} = \begin{bmatrix} A_n & B_n \\ C_n & D_n \end{bmatrix} \cdots \begin{bmatrix} A_2 & B_2 \\ C_2 & D_2 \end{bmatrix} \begin{bmatrix} A_1 & B_1 \\ C_1 & D_1 \end{bmatrix} \begin{bmatrix} r_{\text{in}} \\ r'_{\text{in}} \end{bmatrix} \tag{1.7.8}$$

由矩阵变化特点，一定是第一个单元器件先与初始条件作用，作用结果又作为第二个单元器件的初始条件……出射端面由作用矩阵顺序相乘而得到，即最后作用的矩阵放在最前面。因此，通过矩阵相乘可方便地求出光线通过多个光学元件后的路径。

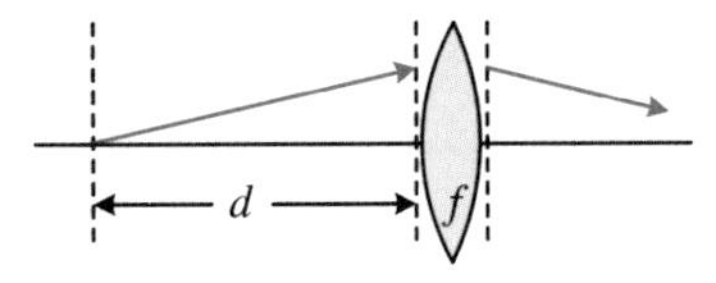

图 1.41　组合系统光线矩阵的求解

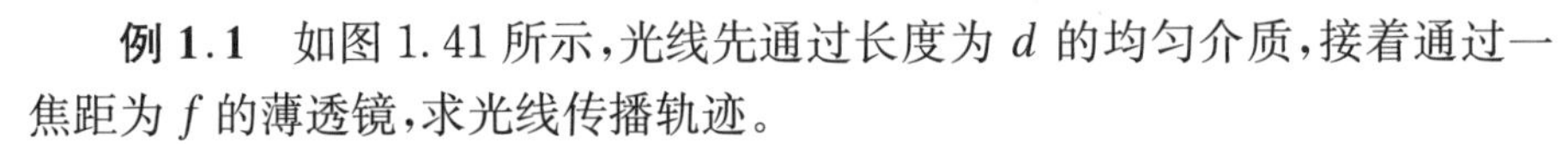

例 1.1　如图 1.41 所示，光线先通过长度为 d 的均匀介质，接着通过一焦距为 f 的薄透镜，求光线传播轨迹。

解　由式(1.7.8)，输出和输入的关系可通过光线矩阵表示为

$$\begin{bmatrix} r_{\text{out}} \\ r'_{\text{out}} \end{bmatrix} = \begin{bmatrix} 1 & 0 \\ -\dfrac{1}{f} & 1 \end{bmatrix} \begin{bmatrix} 1 & d \\ 0 & 1 \end{bmatrix} \begin{bmatrix} r_{\text{in}} \\ r'_{\text{in}} \end{bmatrix} \tag{1.7.9}$$

$$\begin{bmatrix} r_{\text{out}} \\ r'_{\text{out}} \end{bmatrix} = \begin{bmatrix} 1 & d \\ -\dfrac{1}{f} & \left(1 - \dfrac{d}{f}\right) \end{bmatrix} \begin{bmatrix} r_{\text{in}} \\ r'_{\text{in}} \end{bmatrix} \tag{1.7.10}$$

光线由轴上一点发出，入射角为 6°，即 $r_{\text{in}} = 0$，$r'_{\text{in}} = \dfrac{\pi}{30}$，代入式(1.7.10)即可得经焦距为 f 的薄透镜折射后的光线轨迹 r_{out}、r'_{out}，与几何作图法得到的结果是一致的。

1.8　像差的基本概念及分类

1.8.1　像差的基本概念

在成像时，人们总是希望光学成像系统要成像清晰而且物和像一致，即理想成像。从几何的观点来看，如要理想成像则需要满足：① 物方每一个物点发出的同心光束在像方仍保持为同心光束，即每一个物点都存在一个清晰的共轭像点；② 垂轴平面物的所有共轭像点必须位于同一垂轴平面上，即具有相同的像距；③ 各像点所对应的横向放大率应保持不变，即与横向位置无关。通过前

几节的分析可以看到，在傍轴条件下，单色光照明的共轴球面成像系统是能满足以上理想成像条件的。另一方面，实际成像往往多是用白光（复色光）照明，要理想成像，像的各部分应保持与物有相同的颜色，即无色散成像。从折射系统成像公式来看，系统的焦距是与材料的折射率相关的，由于介质的色散，自物方同一物点发出的不同波长的光，也将不可能交于像方的同一点。实际的光学系统常常不满足傍轴条件，在拍摄大视场的景物时物体本身和它发出的光线都不是傍轴的，这就导致点物不能成点像，而形成为一个弥散斑，且多是白光照明。因此，实际光学系统与理想成像之间总是存在偏差的，实际成像与理想成像的这种差异称为像差。设法将像差减小到最低程度，是设计各种成像光学仪器时必须重点考虑的主要问题之一。一般光学仪器结构之所以很复杂，主要原因之一就是为了减小其在成像时可能引起的各种像差，以提高成像的清晰度与保真度。

同光学研究一样，分析各种像差的特点、规律等，主要有从几何的观点出发和从波动的观点出发，分别称为几何像差和波像差。几何像差分析通常采用的方法有：① 代数分析法。通过分析实际像斑的分布形状与光学系统的结构关系，计算大量的非傍轴实际光线，对各种像差导出具体的数学表达式，但大量公式给运算带来了很多麻烦。② 光线追迹方法。应用矩阵追迹方法和计算机运算，直接追迹大量的实际光线，可摆脱繁琐的代数公式。该方法多用于实际的光学设计过程。波像差是从波动观点出发，分析出射光的波面相对于入射光波面的畸变。几何像差和波像差之间存在一定的对应关系，两者可以互相求得。对像差比较小的光学系统，波像差比几何像差更能反映系统的成像质量。几何像差则具有分析相对简单、简明的特点。

下面以单一透镜这一最简单的光学成像系统为例，简单介绍各种几何像差的形成原因、现象和大概的消除途径。在讨论某种像差时，假定其他像差都不存在，实际成像系统中各种像差常常是同时存在的。

1.8.2　几何像差的分类

光学系统的几何像差可分为两类：一类是由单色光所产生的，称为单色像差，包括球差、彗差、像散、场曲、畸变五种；另一类是由于光学材料对不同波长的光有不同的折射率，因而不同波长的光的成像位置和大小都不同，称为色像差。

1. 球差

由光轴上的一物点发出的单色光束，经过透镜折射后，不同的光线与光轴交于不同的位置，即轴上物点发出的同心宽光束经光学系统后，不再是同心光束，对于不同孔径角（入射高度）的光线，将会聚在光轴不同的位置，相对于理想像点有不同程度的偏离，而形成一个弥散的光斑。这种由轴上物点发出的大角度光线经球面透镜成像而引起的像差，称为球面像差，简称球差。如图1.42所示，轴上物 Q 对应的理想像点为 Q_0'（傍轴光线的会聚点），当成像系统存在球差时，物点 Q 实际对应像点变为各不同折射光线叠加而成的像斑，即为出射光束的束腰 Q'（通常称之为明晰圆）。为定量表征不同光学系统球差的大小，通常用轴（纵）向球差来表征，即倾角最大的入射光线（即入射点在透镜边缘的光线）的会聚点 Q_h' 到 Q_0' 点间的相对距离：

$$\delta s_h = s_h' - s_0' \tag{1.8.1}$$

若 Q_h' 在 Q_0' 左侧，即 $\delta s_h<0$，称为负球差；若 Q_h' 在 Q_0' 右侧，即 $\delta s_h>0$，称为正球差。一般来说，透镜的轴向球差与透镜的折射率及其表面的曲率半径有关。由几何关系分析，当透镜的材料和形状给定时，轴向球差的大小与透镜通光孔径（半径）的平方成正比；会聚（正）透镜的轴向球差为负球差，发散（负）透镜的球差为正球差。

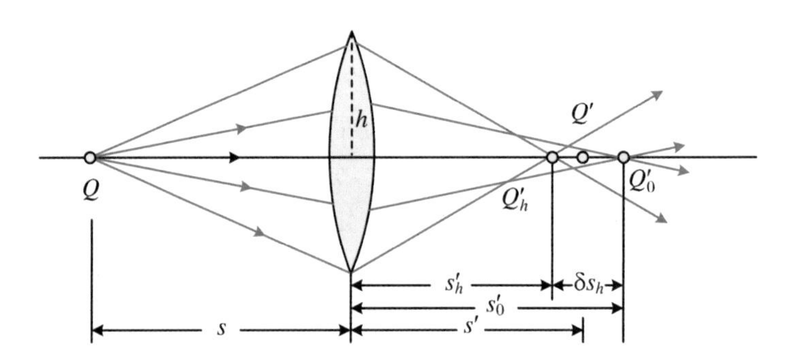

图 1.42 球差

球差起因于大孔径角光束的成像，因此消除球差最有效的方法是利用光阑限制成像透镜的通光孔径，使参与成像的光线尽可能满足傍轴条件，但是通光孔径的变小会使成像的分辨率降低；也可以通过改变透镜表面形状，即将球面改为非球面，以保证出射光束中的大角度光线与傍轴光线能够会聚到轴上同一点；或者通过改变前、后两个球面的曲率半径的比值，使球差得到最大限度的减小；还可以利用凸透镜与凹透镜球差正、负相反的特点，将不同材料的正、负透镜配合起来使用，构成一个复合透镜，称为消球差透镜。

2. 慧差

轴外傍轴物点发出的宽光束经透镜折射后，在理想像平面上不再交于一点，而是形成状如彗星的亮斑，称为彗差。如图1.43所示，对于轴外傍轴物点发出的宽光束，它们中满足傍轴条件的同心光束（环形光带）对应通过透镜不同区域，这些不同通光环带的光线将会聚于透镜后不同垂轴平面的不同高度点，这样在系统的理想共轭像平面上表现为一系列圆斑，且彼此逐渐错开，半径越大圆斑离光轴越远，这些不同心的圆斑部分重叠就形成了前部最亮的彗星状的光斑。

彗差与球差同属于远轴宽光束成像所致，消除的途径也基本类似，如可利用光阑减小通光孔径、改变透镜的形状或采用复合透镜等。但是消除彗差与球差所要求的条件往往不一致，因而两者一般不能同时消除。也就是说，即使光学成像系统的轴向球差已通过某种途径得到消除，但傍轴物点的彗差可能依然存在。并且，由于彗差往往和球差混在一起，只有当轴上物点的球差已经得到消除时，才能明显地观察到傍轴物点的彗差。

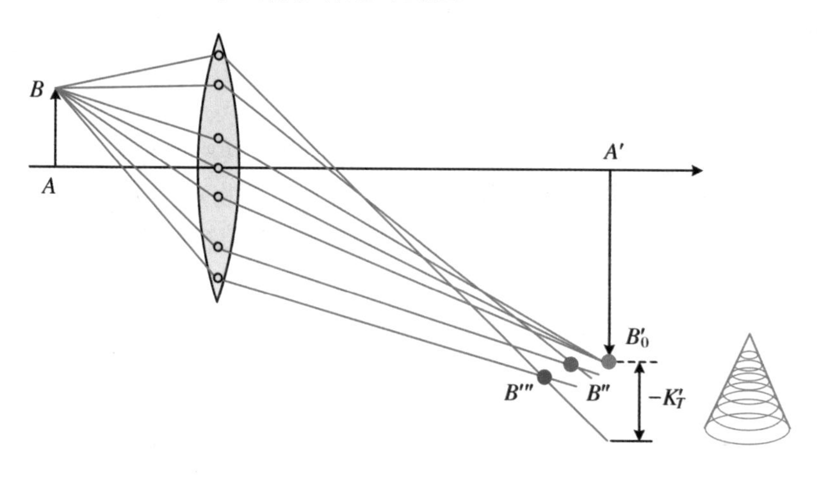

图 1.43　慧差

与消除球差方法一样，可以用配曲法部分消除单个透镜的慧差，也可以利用复合透镜或胶合透镜消除慧差。消除球差和慧差要求的条件往往不一致，所以两种像差不易同时消除。在实际操作中慧差对望远镜影响较大。

3. 像散

对于已消除球差和彗差的光学成像系统，当物点离轴较远时，入射光束的倾斜度较大，即使它发出的是细光束，经过透镜后仍不能交于一点，而是变成像散光束，由此引起的像差称为像散。像散光束的特点是，光束截面一般为椭圆，在纵向两个不同位置处表现为直线段，称为焦散线。两焦散线相互错开且正交，分别称为子午焦线（水平）和弧矢焦线（竖直）。两焦线之间某处，光束截面最小，且呈圆形（明晰圆）。过明晰圆的垂轴平面就是通常情况下系统的共轭像平面。如图 1.44 所示。

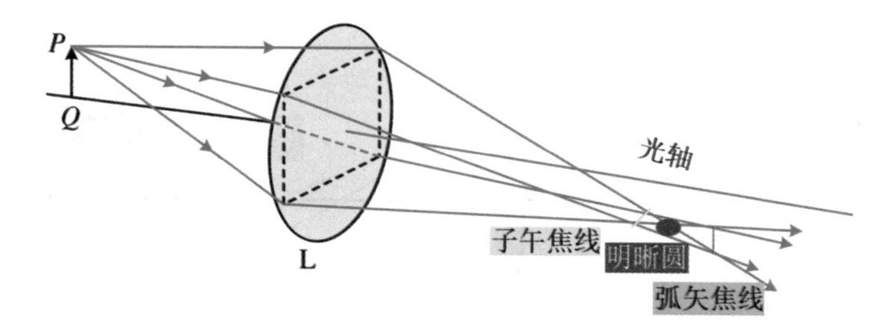

图 1.44　像散及像平面附近的像散光斑

4. 场曲

垂直于光轴的一个平面物体，只有在傍轴区域中才可以近似地成像于一个平面，对于较大的物平面，经透镜后所成的清晰像面不是平面而是一个抛物面，这种现象称为像场弯曲，简称场曲。由于场曲的存在，在平面屏幕上观察不到整个平面物体比较清晰的像，一部分像变清晰而另一部分却变得模糊。利用凹镜、凸镜的相反性质，把它们适当组合起来，可以有效地消除场曲。

5. 畸变

当物体发出的光线和光轴成较大角度时，即使是狭窄的光束，像和物也不能保持几何相似，这种现象称为畸变。这是一种由于物点离主光轴的高度不同，其垂轴放大率也不同而引起的像差。横向放大率随物点离轴距离而增大，形成枕形(正)畸变；横向放大率随物点离轴距离而减小，形成桶形(负)畸变。如图 1.45 所示，(a)图是正常成像的正方形网状物，(b)图是枕形畸变，(c)图是桶形畸变。

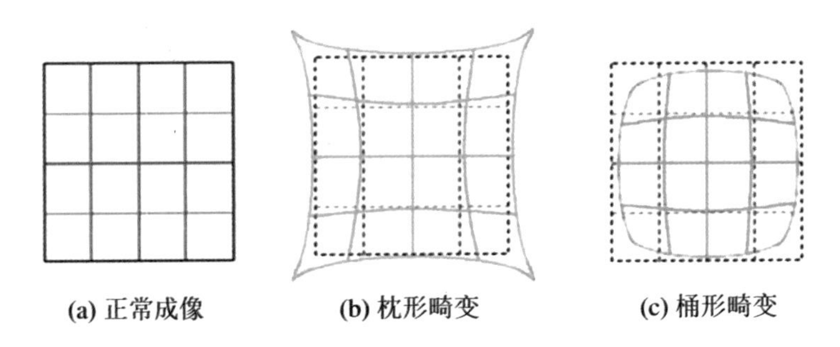

图 1.45　畸变

与其他像差不同，畸变并不破坏光束的同心性，因而不影响像的清晰度。一般消除或矫正畸变的有效方法是在适当位置加孔径光阑并采用对称透镜组。

6. 色像差

同一透镜对不同波长的单色光有不同的折射率，因而不同色光有不同的焦距，从物点发出的不同色光经透镜折射后不能在一点成像，这种现象称为色像差，简称色差。如图 1.46 所示。

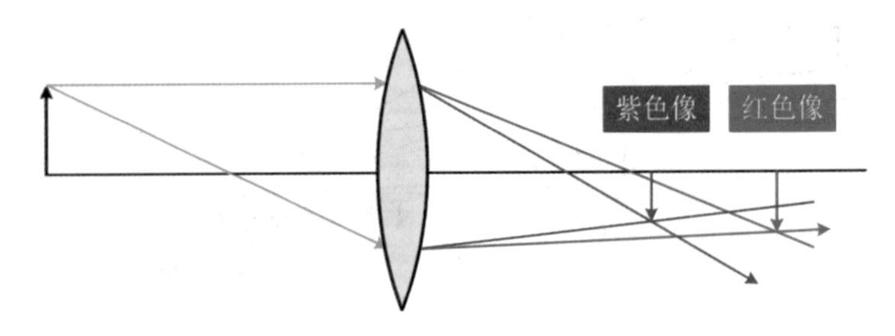

图 1.46　色差

几乎所有的光学材料都具有不同程度的色散特性，对折射成像系统，即使所有单色像差都已经完全消除，也不能经透镜会聚于同一点，单个透镜的色差是无法消除的。只有完全消除单色像差的反射系统，才是一个无色差成像系统。但把一对用不同材料制成的凹镜、凸镜胶合起来，就可以对两种特定波长进行消除色差处理。色差得到矫正的光学系统称为消色差系统。一般的消色差系统只能对两种不同颜色的光有相同的成像位置。能使三种颜色的光同时实现消色差的系统，称为复消色差系统。能使四种颜色的光同时实现消色差的系统，称为超消色差系统。

1.9 常用的几种光学成像仪器简介

1.9.1 人眼

人眼的生理结构如图 1.47 所示。

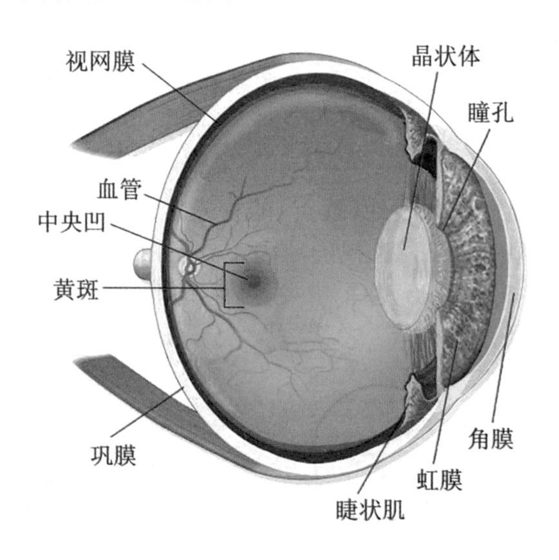

图 1.47 人眼的生理结构

眼球的最外面是一层坚硬的保护膜，叫作巩膜，巩膜的前方有一透明部分称为角膜，巩膜的内壁是一层脉络膜，这层膜延伸到眼睛的前方与角膜挨着的那一部分叫虹膜。虹膜中央有一透光的圆孔，称为瞳孔，随着被观察物体的亮暗变化，瞳孔的大小会自动改变，其变化范围大致为 2～8 mm。角膜和虹膜包围的区域叫前房，内中充满了折射率约为 1.336 的水状液，称为前房液(房水)。

虹膜后面是透明的晶状体，称为眼珠，其形状如双凸透镜。眼珠附着在睫状肌上，其表面的曲率大小可由睫状肌控制，因此它的焦距可以改变。眼珠和巩膜之间的区域称为后房，内中充满了折射率为 1.336 的玻璃状液（玻璃体），紧挨着视网膜。眼底部分的视网膜上布满了感光的细胞。在视网膜的中部有一个直径为 2.5～3 mm 的小区域，叫作黄斑，黄斑的中心有一个直径为 0.25 mm 的凹部，叫作中央凹，这是视觉最灵敏的地方。

正常人的眼睛就是一架结构极为复杂而又能够理想成像的变焦距光学成像系统。角膜和晶状体相当于成像物镜；虹膜和瞳孔相当于孔径光阑、入射和出射光瞳；巩膜和脉络膜相当于暗箱；视网膜相当于感光芯片。每个人的眼睛都有三个特征点，即远点、近点和明视距离。所谓远点，是指眼睫肌处于完全松弛状态时，眼睛能看到的最远点。与远点相反，近点是指眼睫肌处于最紧张状态时，眼睛能看到的最近点。明视距离是指眼睛在正常状态下能十分清楚地看清物体时，物到眼睛之距离。正常人的眼睛，其远点在无限远处，明视距离约为 25 cm。

进入人眼的光线经眼珠折射后在视网膜上成一倒像，但由于神经系统内部的作用人们感觉为正立的。在观察物体时，眼珠在睫状肌的作用下适当地改变曲率，即改变其焦距，使远近的物都能成像在视网膜上。当眼睛观察很远处的物体时，眼睫肌处于最松弛状态，眼珠呈现其自然的焦距；当看近处物体时，睫状肌收缩，焦距变小。久看近物，睫状肌长时间处于收缩状态，会使人容易感到疲劳，特别是对于伏案工作的人更是如此。有效的调节方法是每隔一定时间，停下手中的工作，将视线移向远处，以使眼睛睫状肌得到松弛。

1. 近视

当睫状肌完全松弛时，远处（远点）的物成像在视网膜之前，如图 1.48 所示，这种现象称为近视。出现近视的原因主要是由于眼球长时间处于紧张状态，以致眼球的折射球面变形，曲率增大，焦距变短。矫正近视的方法是在眼前加一个适当焦距的负透镜。

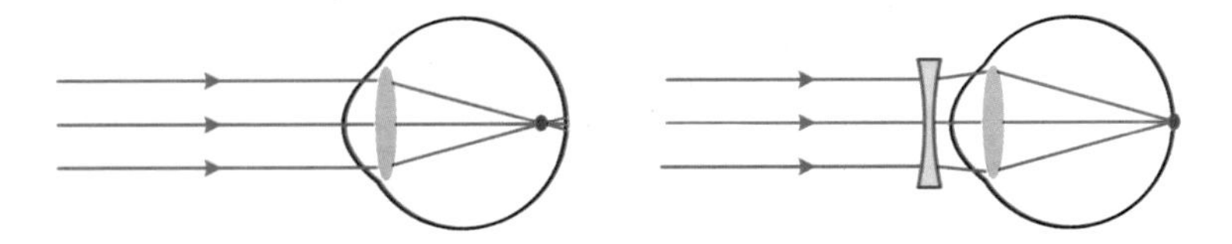

图 1.48　近视及其矫正

2. 远视

当睫状肌完全松弛时，无限远处的物点成像于视网膜之后，如图 1.49 所示，并且当眼球最紧张时，近于 25 cm 处的物点也只能成像于视网膜后，这种现象称为远视。出现远视的原因主要是睫状肌收缩范围缩小，以致眼球变平，折

射球面曲率减小，从而焦距增大。矫正远视的方法是在眼前加一个适当焦距的正透镜。

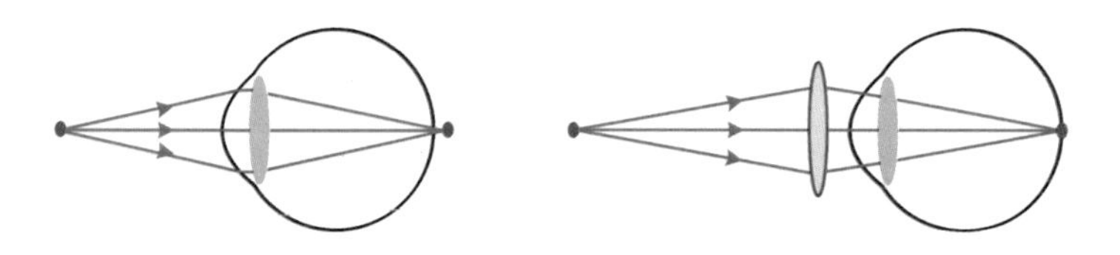

图 1.49 远视及其矫正

3. 散光

所谓散光，是指由于眼睛的角膜曲面不对称，使得折射球面变为非球面，且沿不同主截面上的焦距大小不同，从而导致不同方向的成像清晰度不同的现象。一般的，常规散光可用一个柱面透镜进行矫正，非常规散光因角膜曲面的不规则而无法进行矫正。

空间两物点对人眼所张开的视角越大，则这两物点在视网膜上形成的像分开的距离越大，就越容易看清楚。当两个物点对人眼所张的视角很小时，在视网膜上所成的两个像点非常靠近，当两个像点近到它们落在同一个视觉细胞上时，人眼就无法分辨了。人眼能分辨出最靠近的两物点对眼睛的张角称为眼睛的最小分辨角，其值大约为 $1'$。由于有一些物体细节很小，视角太小，人眼无法识别，所以需要有光学仪器将物体的像放大，使其各部分和细节对人眼的视角足够大而被看清楚。

1.9.2 放大镜

为观察微小的物体或物体的细节，通常可在眼睛前方附加一个光学成像装置，利用该装置将物体预放大，预放大的像位于眼睛的明视距离 s_0 处，并对眼睛瞳孔中心保持较大的张角，以便人眼能清晰分辨，这种成像装置称为放大镜。凸透镜就是一种最简单的、常用的放大镜，其原理、成像过程可用前面讲的透镜成像公式、横向放大率公式来分析。如图 1.50 所示，QP 为被观察物体，y 为物高，$Q'P'$ 为物体经放大镜所成像，y' 为物体经放大镜所成像高，w' 表示物体经放大镜所成像对眼睛瞳孔中心所张视角，w 表示物体直接放在经放大镜所成像的位置时，对眼睛瞳孔中心所张视角，其他参数如图中标注。

由几何关系及横向放大率定义，可得

$$V = \frac{y'}{y} = -\frac{x'}{f'} = -\frac{1}{f'}(x'_0 - s_0) \tag{1.9.1}$$

$$w' = -\frac{y'}{s_0} = -\frac{y}{f'}\left(1 - \frac{x'_0}{s_0}\right) \tag{1.9.2}$$

若将物 QP 直接放置在放大镜的成像面处，则物对眼睛瞳孔中心所张角度为

$$w=-\frac{y}{s_0}$$

所以放大镜的视角放大率为

$$M=\frac{w'}{w}=\frac{s_0}{f'}\left(1-\frac{x_0'}{s_0}\right)\tag{1.9.3}$$

当眼睛位于放大镜像方焦点 F' 处，即 $x_0'=0$ 时，有

$$M=\frac{s_0}{f'}\tag{1.9.4}$$

当眼睛紧靠放大镜，即 $x_0'=-f'$ 时，则有

$$M=\frac{s_0}{f'}+1\tag{1.9.5}$$

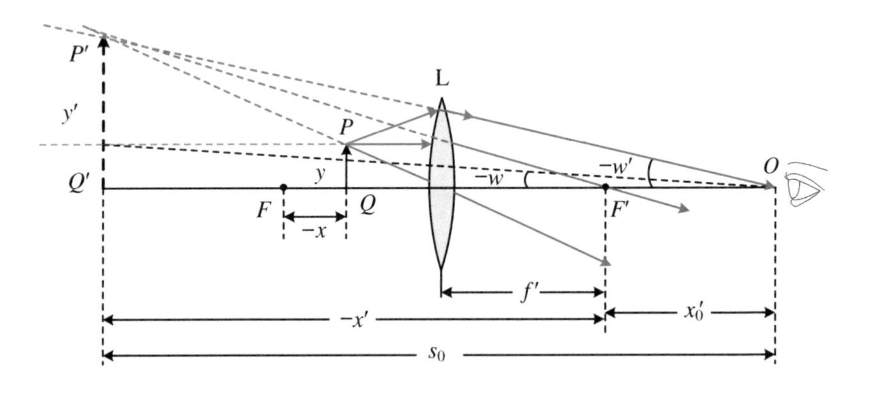

图 1.50　放大镜基本光路

此外，需要注意的是简单放大镜的放大倍数非常有限，一般最大为 3 倍左右。

1.9.3　显微镜

为了观察近处更细小物体，通常使用显微镜。显微镜的基本放大原理如图 1.51 所示，实物如图 1.52 所示。其放大功能主要由焦距很短的物镜和焦距较长的目镜来实现。物镜收集物发出的光，放大物体，起分辨作用；目镜对像进行放大，便于眼睛（探测器）观察。为了减少像差，显微镜的目镜和物镜都是由透

镜组构成的复杂光学系统，其中物镜的构造尤为复杂。为了便于说明，图1.51中的物镜和目镜都简化为单透镜。物体 AB 位于物镜的前焦点外但很靠近焦点的位置，经过物镜形成一个倒立放大的实像 $A'B'$，$A'B'$ 位于目镜的物方焦距内但很靠近焦点的位置，作为目镜的物体。目镜将物镜放大的实像 $A'B'$ 再放大成虚像 $A''B''$，位于观察者的明视距离（$s_0 = 25$ cm）处，供眼睛观察，在视网膜上最终成便于视分辨的实像 $A'''B'''$。

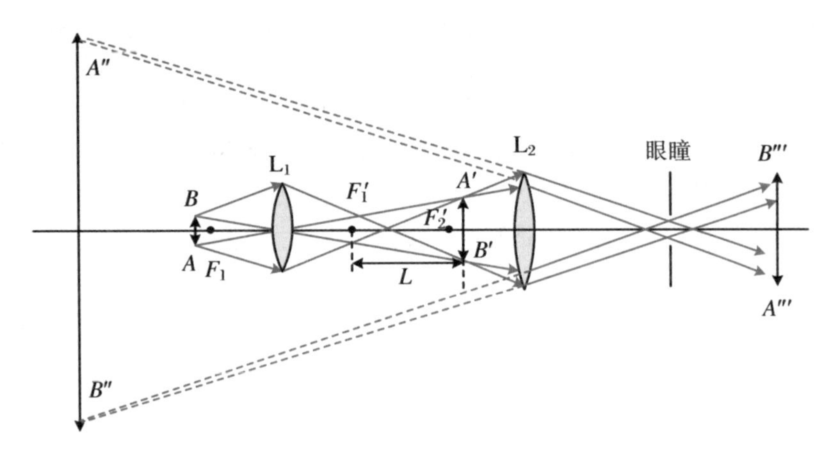

图1.51 显微镜的基本放大原理

显微镜的放大率 M 等于物镜的线放大率 M_1 与目镜的角放大率 M_2 的乘积，即

$$M = M_1 M_2 \tag{1.9.6}$$

物镜放大率为

$$M_1 = -\frac{L}{f_1} \tag{1.9.7}$$

式中，L 为显微镜的光学镜筒长度，即从物镜的后焦点 F_1' 到所成实像 $A'B'$ 的距离；f_1 为物镜的焦距；负号表示所成的像是倒立的。同理，目镜的放大率为

$$M_2 = \frac{D}{f_2}$$

式中，D 为人眼睛的明视距离，f_2 为目镜的焦距。所以

$$M = -\frac{LD}{f_1 f_2} \tag{1.9.8}$$

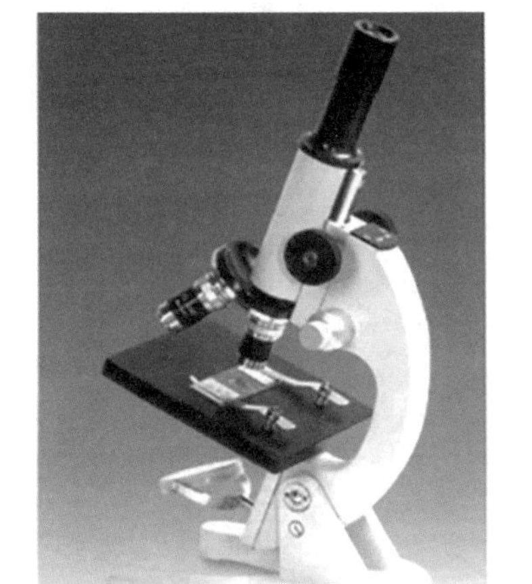

图1.52 显微镜实物

显微镜的放大率与光学镜筒的长度成正比，与物镜、目镜的焦距成反比。由于物镜的放大率是在一定的光学镜筒长度下得出的，因而同一物镜在不同的光学镜筒长度下其放大率是不同的。

物镜对小物上各点的光收集得越多，成像质量就越好。物镜对光线的收集能力，通常用数值孔径 $N.A.$ 的大小来表示：

$$N.A. = n\sin\phi \tag{1.9.9}$$

式中，n 为物镜与物体之间介质的折射率，ϕ 为物镜孔径角的一半。ϕ 角越大，物镜前透镜收集光线的能力就越大。ϕ 角的大小取决于前透镜的尺寸和物镜的工作距离，即显微镜成像清晰时，从物体表面到前透镜之间的距离。对于干系物镜（物镜与小物之间的介质为空气），由于 $n=1$，因而物镜的数值孔径不大于1，一般只能到0.9左右。对于油浸物镜，由于物镜与试样之间填充了折射率较大的介质，因而进入物镜的光线增加，物镜的数值孔径可大于1。

显微镜的分辨率用它能清晰地分辨物体上两点间的最小距离表示。分辨率决定了显微镜分辨物体上细节的程度。需要注意的是，显微镜的物镜是使物体放大成一实像，目镜的作用是使这个实像再次放大，这就是说，目镜只能放大物镜已分辨的细节，物镜未能分辨的细节绝不会通过目镜放大而变得可分辨。物镜数值孔径越大，其收集光线的能力就越强，分辨率就越高。关于分辨率的概念，我们在波动光学中再详细介绍。

1.9.4 望远镜

与显微镜不同，望远镜是用来观察很远处物体的光学成像仪器。但它们的光学系统十分相似，都是由物镜和目镜两部分组成。常见望远镜可简单分为伽利略型望远镜和开普勒型望远镜。伽利略发明的望远镜在人类认识自然的历史中占有重要地位，它由一个凹透镜（目镜）和一个凸透镜（物镜）构成，如图1.53所示。其优点是结构简单，能直接成正像。开普勒望远镜由两个凸透镜构成，如图1.54所示，两者之间有一个实像，可方便地安装刻度板，目前一些专业级的望远镜都采用此种结构。但这种结构成像是倒立的，所以要在中间增加正像系统。还有一类是反射式望远镜，该类镜最早由牛顿发明，其物镜是凹面反

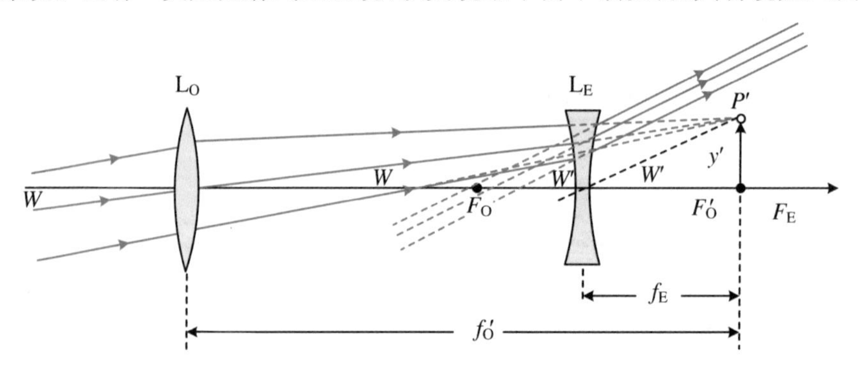

图1.53 伽利略型望远镜

射镜，没有色差，而且将凹面制成旋转抛物面还可消除球差。反射式望远镜镜筒较短，而且易于制造更大的口径，所以现代大型天文望远镜几乎都是反射结构。

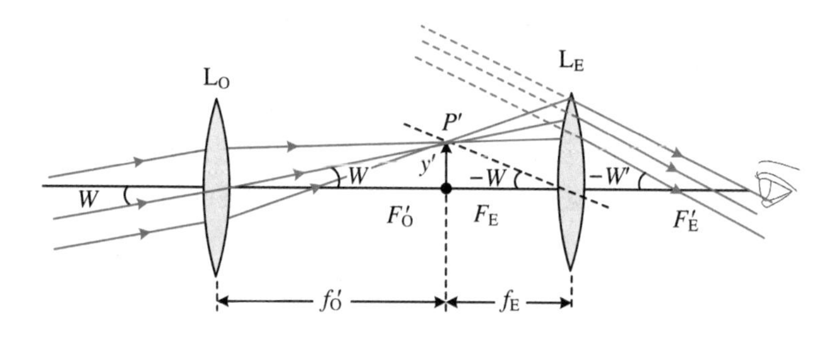

图 1.54　开普勒型望远镜

我们以开普勒型望远镜为例来说明望远镜成像原理。如图 1.54 所示，远方天体发出的平行光线经过物镜 L_O 后，在物镜焦点 F'_O外距焦点很近的地方得到天体的倒立、缩小的实像 y'。目镜的前焦点 F_E 和物镜的后焦点 F'_O是重合在一起的，所以经物镜 L_O 所成实像 y'位于目镜L_E 的前焦点 F_E 附近。所成实像再经过目镜成像为一正立放大的虚像。这样，当我们对着目镜进行观察的时候，所看到的是天体的倒立、放大的虚像。

与显微镜类似，望远镜的放大本领也用视角放大率表征。设无限远处物经物镜所成像的高度为 y'，考虑到望远镜的镜筒长度远小于物距，故对于任一种望远镜，都有

$$W \approx \frac{y'}{f'_O}, \quad W' \approx -\frac{y'}{f_E} = -\frac{y'}{f'_E} \tag{1.9.10}$$

所以望远镜的视角放大率为

$$M = \frac{W'}{W} = -\frac{f'_O}{f'_E} = -\frac{f_O}{f_E} \tag{1.9.11}$$

式中负号说明成像的倒、正。开普勒型望远镜目镜为凸透镜（$f_E = f'_E > 0$），所成像为倒立；伽利略型望远镜目镜为凹透镜（$f_E = f'_E < 0$），所成像为正立。由式(1.9.11)可知，望远镜的放大率等于物镜焦距同目镜焦距之比。物镜的焦距越长，目镜的焦距越短，望远镜的放大率就越大。但一般来说，目镜的焦距不能太短，否则会产生严重的像差；物镜的焦距也不能太长，否则在望远镜里看到的天空范围太窄小，即望远镜的视场变小，这样在望远镜里寻找要观测的天体会很困难。也就是说望远镜的放大倍数要适中才好，个人使用的小型手持式望远镜一般以 3～12 倍为宜，倍数过大时，成像清晰度就会变差，同时抖动严重。超过 12 倍的望远镜一般需用三脚架等方式加以固定。

与显微镜物镜的数值孔径类似，望远镜的相对口径反映了望远镜物镜的聚光本领，即其分辨能力的大小。因为望远镜是用于观察遥远处空中目标的，物

方折射率 $n \approx 1$,所以其相对口径为物镜的口径与物镜的焦距的比。望远镜的相对口径大,其聚光能力就强,同时看到的天体就明亮;相对口径小,其聚光能力就小,同时在望远镜里看到的天体就灰暗。同显微镜类似,一般用望远镜的分辨角(即其像点刚刚能够分辨开的2个点的角距离)来表征望远镜对遥远处相邻两物(两天体)的分辨能力。因此,望远镜物镜的相对口径决定了它能清晰地分辨遥远处两物(两天体)间的最小距离。同样,望远镜目镜的作用是使物镜能分辨的物体再次放大,也就是说,目镜只能放大物镜已分辨的细节,物镜未能分辨的细节绝不会通过目镜放大而变得可分辨。望远镜的相对口径越大,分辨率就越高。故实际提高望远镜集光本领的有效途径只能是增大物镜的孔径。关于分辨率的概念,我们在波动光学中再详细介绍。

1.9.5 投影机

投影机是一种用来放大显示图像的投影装置,目前已广泛应用于会议室、家庭影院、电影院等场景。基本上所有类型的投影机原理都一样:先将光线照射到图像显示组件上来产生影像,然后通过镜头进行放大投影。投影机的图像显示组件主要有透过型(利用透光产生图像)和反射型(利用反射光产生图像)两种类型。无论哪一种类型,都是将投影灯的光线分成红、绿、蓝三色,再产生各种颜色的图像。因为组件本身只能进行单色显示,因此要利用3枚组件分别生成3色成分,然后通过棱镜将这3色图像合成为一个图像,最后通过镜头投影到屏幕上。

在目前市场中,液晶屏(Liquid Crystal Display,LCD)或基于DMD的数字光处理(Digital Light Processing,DLP)是投影显示的主流技术。DLP是美国德州仪器公司以DMD芯片作为成像器件,通过调节反射光实现投射图像的一种投影技术。与LCD投影机有很大的不同,它的成像是通过成千上万个微小的镜片反射光线来实现的,如图1.55所示,其中给出了调制式数字微镜的结构示意图。

这些微镜片在数字驱动信号的控制下能够迅速改变角度,一旦接收到相应信号,微镜片就会倾斜10°,从而使入射光的反射方向改变。处于投影状态的微镜片被示为"开",并随数字信号而倾斜+10°;如果微镜片处于非投影状态,则被示为"关",并倾斜-10°。"开"状态下被反射出去的入射光通过投影透镜将影像投影到屏幕上,而"关"状态下反射在微镜片上的入射光被光吸收器吸收。本质上来说,微镜片的角度只有两种状态:"开"和"关"。微镜片在两种状态间切换的频率是可以变化的,这使得DMD反射出的光线呈现出黑与白之间的各种灰度。DLP是一种独创的、可靠性极高的全数字显示技术,可在各类产品(如

大屏幕数字电视、公司/家庭/专业会议投影机、数码相机、微透显示等)中提供最佳图像效果。随着微纳元件加工工艺的提高,在可预见的未来,DLP投影技术会得到更大的发展。

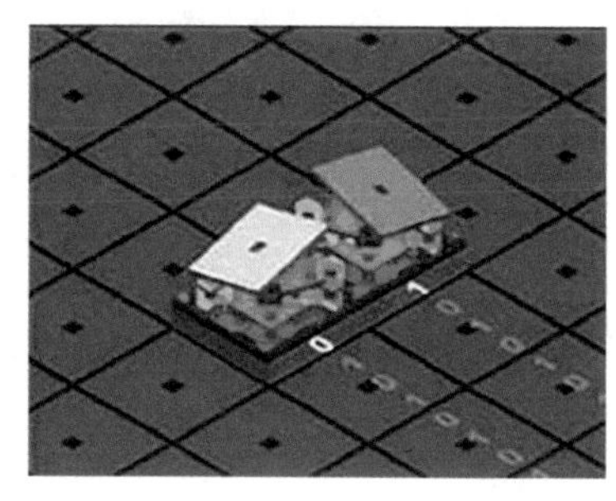

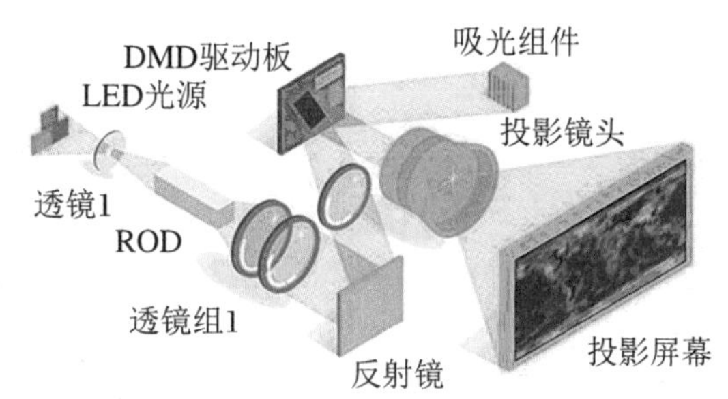

图1.55 调制式数字微镜

第2章 光的电磁波描述及叠加

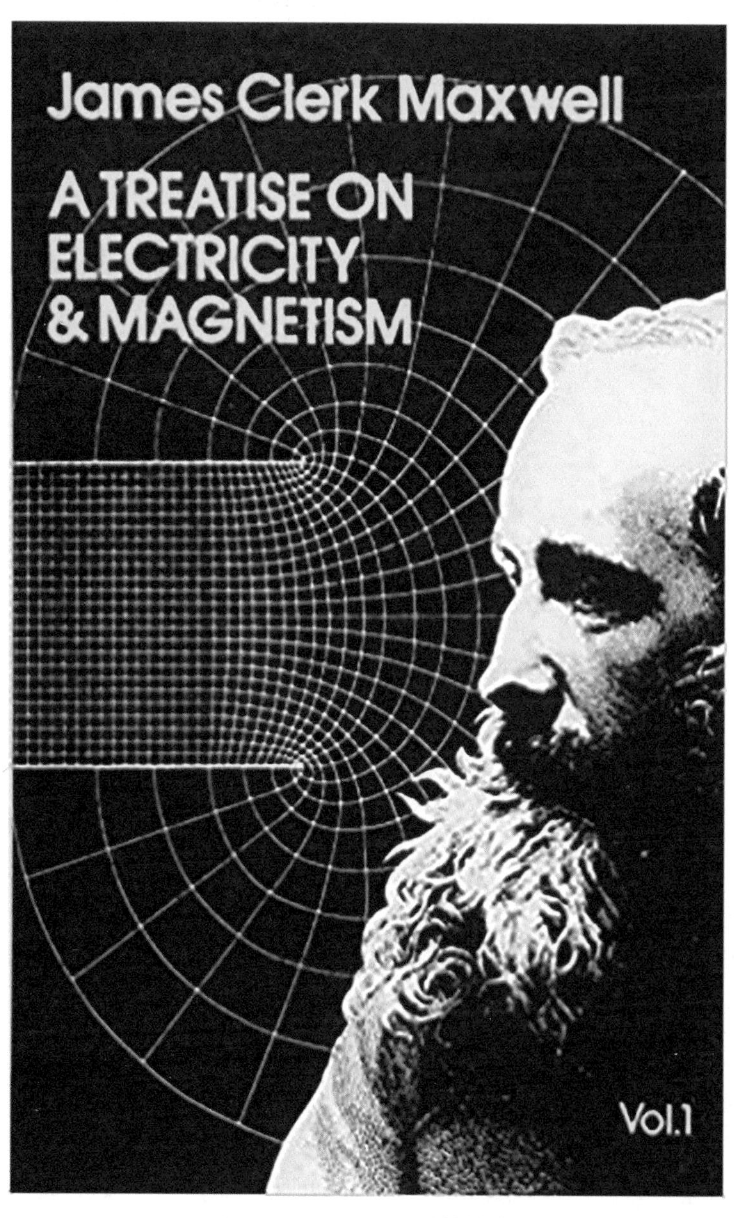

麦克斯韦《电磁学通论》(图片来自网络)

本章提要　由最简单的振动——简谐振动出发，用简谐振动的单色平面波作为波的基本模型，建立波的数学描述（波函数）；进而以复数表示，引出复振幅概念以及波前函数；进一步给出球面波的数学表示式，以及球面波和平面波两者的特点和转化条件。19 世纪下半叶，麦克斯韦电磁场理论建立以后，光的电磁理论便随之诞生。光是一种特定波段的电磁波，麦克斯韦方程组给出了光的电磁波动特性。给出描述光空间传播的惠更斯原理、惠更斯-菲涅耳原理以及处理空间某处同时存在多个光波情况的叠加原理；基于光矢量的叠加，由频率相同、振动方向相互垂直的两光波叠加，说明不同偏振态的形成；基于光矢量的分解，从光的电磁场理论导出界面处的菲涅耳公式，从菲涅耳公式出发讨论光在各向同性介质界面反射和折射的主要特性；介绍半波损、布儒斯特角、反射率与透射率、全内反射与隐失波，以及界面电磁特性的相关应用等。

2.1　波的基本概念、特点、数学描述

2.1.1　振动与波动

本节主要介绍波动的有关概念、特点、数学描述等。由简谐振动给出最基本的波函数：单色简谐波，根据其特点又可分为单色球面简谐波和单色平面简谐波。在波动光学中，最简单、最基本、最核心的描述光波场的函数形式是球面波，即波函数的等值面是一个球面。平面是简化的理想形式。

1. 振动

物理量（矢量、标量）在其平衡值（某一数值）附近周期性变化，称之为振动。其中简谐振动是最基本、最简单的振动，其特征是振动的物理量随时间 t 的变化具有周期性，振动方程可以写为

$$x(t) = A\cos(\omega t + \varphi_0)$$

$$x(t) = A\cos\left(\frac{2\pi}{T}t + \varphi_0\right) \tag{2.1.1}$$

式中，A 为振幅；$(\omega t + \varphi_0)$是简谐振动的相位（又称位相，此时是为了表明与空间位置或空间传播有关），在 $t = 0$ 时刻，相位$(\omega t + \varphi_0)$的值 φ_0 称为初相位；T 为时间周期，$\nu = 1/T$ 为时间频率，表示单位时间内的振动次数；ω 称为时间圆频率，或称为角频率，表示在 2π 时间内的振动次数。ω、ν、T 三者之间的关

系为

$$\omega = 2\pi\nu = 2\pi/T \tag{2.1.2}$$

简谐振动的特点：① 是等幅振动；② 是周期振动，即有 $x(t)=x(t+T)$。

简谐振动的旋转矢量表示法：如图 2.1 所示，T 时刻最大振幅没有发生变化，但是在 x 轴上的投影发生变化。

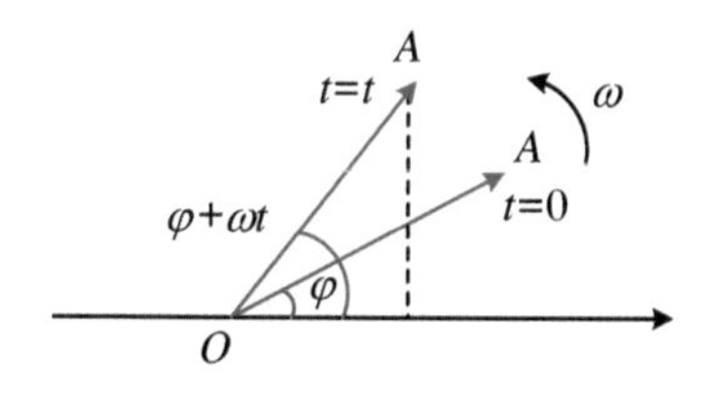

图 2.1 简谐振动的旋转矢量表示法

2. 波动(波函数)

振动在空间的传播形成波。波动是由振动的传播造成的，被传播的物理量在某一空间范围内是变化的，又是随时间变化的。所以，与振动不同，波动不但是时间的函数，也是空间的函数，波动的基本特点就是它具有时空双重周期性。一个波动过程也称为波场，波场中各点的振动之间存在着相互关联性。描述波动过程的函数称为波函数，波函数 $\psi(\boldsymbol{r},t)$是空间位置 $\boldsymbol{r}$ 和时间 t 的函数，描述被传播的物理量随时空的变化。

由振动方向与传播方向垂直还是与传播方向一致，可把波分为横波、纵波。根据所考察的振动物理量是矢量还是标量，波分为矢量波、标量波。电磁波是横波、矢量波。

最简单的波是由最简单的振动产生的，最简单的振动为简谐振动，最简单的波即为简谐波。下面我们给出一维简谐波的表达式(波函数)。

讨论 沿 $+z$ 方向传播的一维简谐波(V,ω)如图 2.2 所示，假设媒质无吸收(振幅均为 A)，已知参考点 a 的振动表达式为 $U_a(t)=A\cos(\omega t+\varphi_a)$。

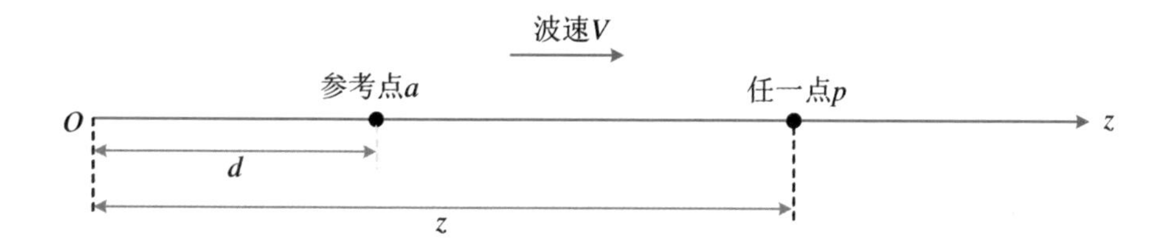

图 2.2 沿 z 方向传播的一维简谐波

$+z$ 方向任一位置 p 点处，A、ω 均与 a 点的相同，时间落后$\left(t-\dfrac{z-d}{V}\right)$，所以有

$$U(z,t) = A\cos\left[\omega\left(t-\frac{z-d}{V}\right)+\varphi_a\right]$$

$$U(z,t) = A\cos\left[2\pi\left(\frac{t}{T}-\frac{z-d}{\lambda}\right)+\varphi_a\right],\quad \lambda = VT$$

$$U(z,t) = A\cos[\omega t-k(z-d)+\varphi_a],\quad k=\frac{2\pi}{\lambda} \tag{2.1.3}$$

选原点为参考点，初相 φ_a 为零，则有

$$U(z,t)=A\cos\left(\omega t-\frac{2\pi}{\lambda}z\right)$$
$$U(z,t)=A\cos(\omega t-kz) \quad (2.1.4)$$

式中，$\frac{2\pi}{\lambda}$称作波数（空间角频率/传播常数），它表示沿传播方向 2π 长度内的波长数；A 为振幅，是波函数的最大值；ω 为角(圆)频率，有 $\omega=\frac{2\pi}{T}=2\pi\nu$；$\lambda$ 为波长(空间周期)，相隔为波长 λ 的整数倍的两点具有相同的振动状态。

波动的一个重要特点是其具有时空周期性：

$$U(z,t)=A\cos\left[2\pi\left(\frac{t}{T}-\frac{z}{\lambda}\right)\right],\quad \lambda=VT \quad (2.1.5)$$

(1) z 每变化λ 相位改变 2π，波函数复原；

(2) t 每变化 T 相位改变 2π，波函数复原。

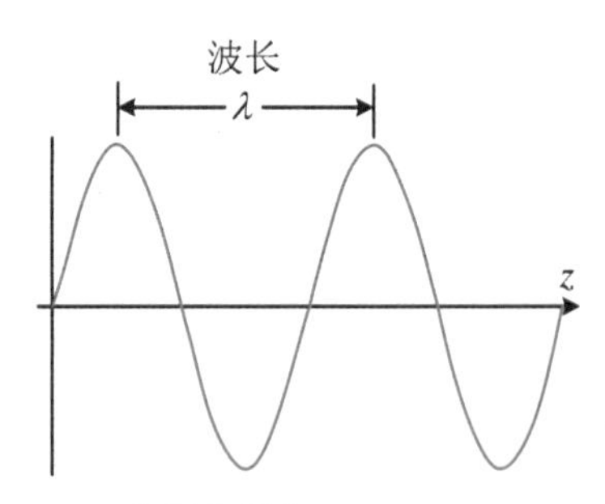

图 2.3　波的空间周期性

表达式反映了波的时间、空间双重周期性，T、λ 分别表示波的时间周期和空间周期，$\nu=1/T$、$f=1/\lambda$ 分别称为波的时间频率和空间频率，$\omega=2\pi\nu=2\pi/T$ 为时间角频率，$k=2\pi f=2\pi/\lambda$ 为空间角频率(波数)。

空间角频率表示在同一时刻沿波的传播方向经过单位距离间隔振动相位的改变量。如图 2.3 所示，空间的周期性是“一眼望去”，时间固定在一个时刻“看”空间变化。

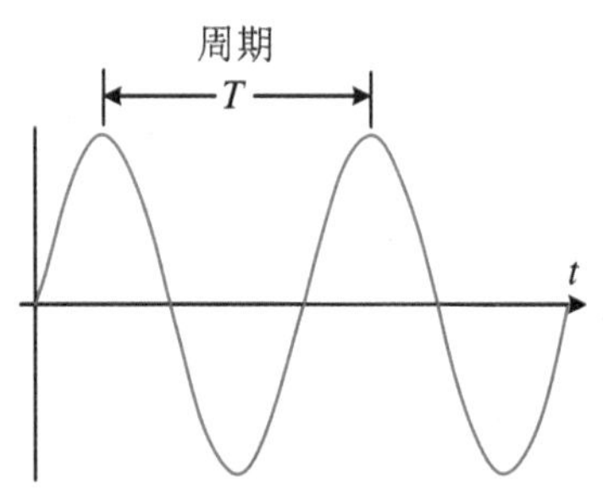

图 2.4　波的时间周期性

时间角频率则表示在空间同一位置经过单位时间间隔振动相位的改变量。如图 2.4 所示，时间周期性是在特定位置处“守株待兔”，此时空间不变“看”时间变化。

图 2.5　拥挤的“人浪”

对于波的传播，如图 2.5 所示“人浪”，可见“人”(质元/振源)并未“随波逐流”，所以波的传播不是质元的传播，某时刻某质元的振动状态将在较晚时刻于“下游”某处出现，波是振动状态的传播；同相点——振动状态相同的点，相邻波长 λ，相位差 2π；沿波的传播方向，相位依次落后；波是相位的传播。由波函数 $U(z,t)=A\cos(\omega t-kz)$可见，其唯一变量是相位，相位恒定的状态，其振动状态也一定，波动过程中，振动状态的传播就是恒定相位状态的传播。跟踪某一振动状态，它在不同时刻 t 出现的不同地点 z 都应满足：

$$\omega t-kz=\text{常数}$$

对上式两边取微分得 $\omega\mathrm{d}t-k\mathrm{d}z=0$，此振动状态沿 z 轴传播的速度则是

$$\frac{\mathrm{d}z}{\mathrm{d}t}=\frac{\omega}{k}=V$$

这里的 V 就是我们常说的波速，更确切一点应该叫相速，它是波的恒定相位状态的传播速度，波动的时间周期性和空间周期性通过相速 V 相联系，即有 $\lambda = VT$。

波的时空周期性关系如表 2.1 所示。

表 2.1 波的时空周期性

波 $U(z,t)=A\cos(\omega t-kz+\varphi_0)$ 的时空周期性	
波的时间周期性物理量	波的空间周期性物理量
周期 T	空间周期 λ
频率 $\nu=1/T$	空间频率 $f=1/\lambda$
角频率 $\omega=2\pi\nu=2\pi/T$	空间角频率 $k=2\pi f=2\pi/\lambda$
时空联系：$V=\lambda/T=\lambda\cdot\nu=\omega/k$	

3. 波面或等相面

波场(空间)中相位(状态)相同的点的集合(或使波函数函数值相同的点集合，即等值面)，称为波面或等相面，$\varphi(P)$ 为常数。

波场空间中任意一点 P 的位置矢量场点为

$$P(x,y,z) = x\boldsymbol{e}_x + y\boldsymbol{e}_y + z\boldsymbol{e}_z$$

一般的，波面表现为空间三维曲面族。设想波场中绘出一线族，它们每点的切线方向代表该点波扰动传播的方向或能量流动的方向，这样的线族称为波线。

在各向同性介质中，波线和波面处处垂直。可见，一个点振源发出的波，在各向同性的均匀媒质中的波面是以振源为中心的球面(球面波)；在离振源很远的地方，波面趋于平面(平面波)。如图 2.6 所示。

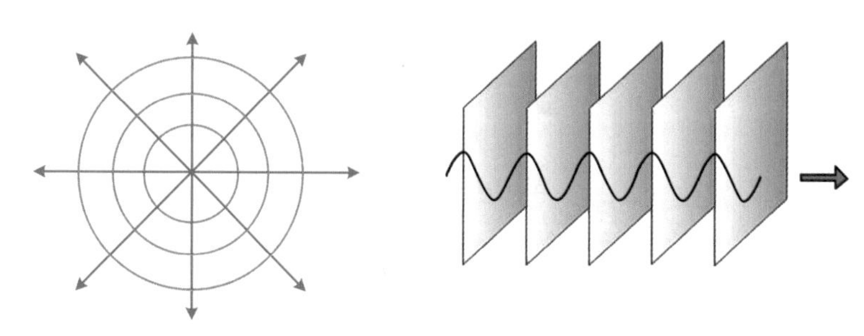

图 2.6 球面波与平面波

2.1.2 波函数的实数、复数描述及复振幅

1. 单色平面波的实数描述

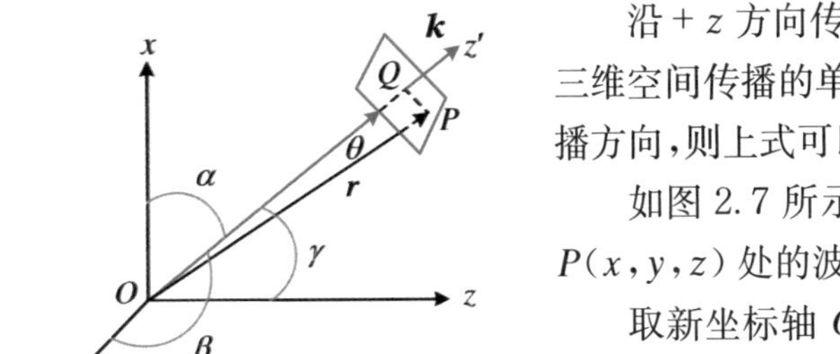

图 2.7 沿 k 方向传播的平面波

沿 $+z$ 方向传播的(一维)平面简谐波为 $U(z,t)=A\cos(\omega t-kz)$。对于三维空间传播的单色光波,若定义一个矢量 $\boldsymbol{k}$,其大小等于 k,而方向为波的传播方向,则上式可以推广到沿任意方向传播的平面简谐波。

如图 2.7 所示,考察当一平面波沿任意方向 $\boldsymbol{k}$ 传播时,空间中任一场点 $P(x,y,z)$ 处的波场。

取新坐标轴 Oz',其与 $\boldsymbol{k}$ 方向一致,该平面波可看作沿 Oz' 轴正向传播的一维平面波。过 P 作平面 $\perp Oz'(Q)$,则 Σ 为波的等相面,$\varphi(P)=\varphi(Q)$。

$$\varphi(Q)=\omega t-kz',\quad kz'=\boldsymbol{k}\cdot\boldsymbol{r}=k_x x+k_y y+k_z z \tag{2.1.6}$$

平面波场中任意点的振幅均为常数,故 P 点的波场可表示为

$$U(\boldsymbol{r},t)=A\cos\varphi(P)=A\cos\varphi(Q)=A\cos(\omega t-\boldsymbol{k}\cdot\boldsymbol{r}) \tag{2.1.7}$$

式中,$\boldsymbol{r}=x\boldsymbol{e}_x+y\boldsymbol{e}_y+z\boldsymbol{e}_z$ 是空间任一点的位置矢量,$\boldsymbol{e}_x$、$\boldsymbol{e}_y$、$\boldsymbol{e}_z$ 是 x、y、z 轴上的单位矢量;$\boldsymbol{k}=\dfrac{2\pi}{\lambda}\boldsymbol{\kappa}$ 为波矢,其方向指向波的传播方向。

可见在任意时刻三维平面波的等相面是 $\boldsymbol{k}\cdot\boldsymbol{r}=$ 常数的平面,它垂直于波的传播方向。

若记波矢与 x、y、z 轴的正向夹角分别为 α、β、γ,则有

$$k_x=k\cos\alpha,\quad k_y=k\cos\beta,\quad k_z=k\cos\gamma$$

$$U(\boldsymbol{r},t)=A\cos(\omega t-\boldsymbol{k}\cdot\boldsymbol{r})=A\cos\left[2\pi\left(\frac{\cos\alpha}{\lambda}x+\frac{\cos\beta}{\lambda}y+\frac{\cos\gamma}{\lambda}z-\frac{t}{T}\right)\right] \tag{2.1.8}$$

若 x、y、z 分别改变 $d_x=\dfrac{\lambda}{\cos\alpha}$,$d_y=\dfrac{\lambda}{\cos\beta}$,$d_z=\dfrac{\lambda}{\cos\gamma}$,则波的相位改变 2π,波函数复原,故将 d_x、d_y、d_z 分别称为波场在 x、y、z 方向的空间周期。$f_x=\dfrac{1}{d_x}=\dfrac{\cos\alpha}{\lambda}$、$f_y=\dfrac{1}{d_y}=\dfrac{\cos\beta}{\lambda}$、$f_z=\dfrac{1}{d_z}=\dfrac{\cos\gamma}{\lambda}$ 分别称为波场在 x、y、z 方向的空间频率。

$$\cos^2\alpha+\cos^2\beta+\cos^2\gamma=1$$

$$f = (f_x^2 + f_y^2 + f_z^2)^{1/2} = \frac{1}{\lambda}$$

$$k = (k_x^2 + k_y^2 + k_z^2)^{1/2} = \frac{2\pi}{\lambda} \tag{2.1.9}$$

对于给定波长的三维平面波，f、k 的三个分量中只有两个是独立的。

平面波波函数的特点：

(1) 振幅 $A(P)$ = 常数，它与场点坐标 P 无关。

(2) 位相 $\varphi(P)$是直角坐标的线性函数：

$$\varphi(P) = \boldsymbol{k} \cdot \boldsymbol{r} = k_x x + k_y y + k_z z \tag{2.1.10}$$

解析几何：波面方程 $\varphi(P)$ = 常数，确定一个以 $\boldsymbol{k}$ 方向为法线的平面。由线性相因子系数可知波的传播方向。

2. 单色球面波的实数描述

所有的光的基本模型都是围绕球面波展开的，单色球面波波函数是最基本的波函数。

单色发散球面波的波函数为

$$U(r,t) = \frac{a}{r}\cos(\omega t - kr) \tag{2.1.11}$$

单色会聚球面波的波函数为

$$U(r,t) = \frac{a}{r}\cos(\omega t + kr) \tag{2.1.12}$$

其中振幅 $A(P) = a/r$，r 是振源 p_0 到场点 p 的距离。

球面波波函数的特点：

(1) 振幅 $A(P) = a/r$ 反比于场点到振源的距离 r（这是能量守恒的要求）。

(2) 位相分布的形式为 $\varphi(P) = kr$。

解析几何：波面方程 $\varphi(P)$ = 常数，确定以振源为中心的球面。

3. 波函数的复数表示及复振幅

我们知道波函数是时间和空间的函数，具有时空双重周期性。对于简谐波而言，人们更关注波场空间的分布，即与空间有关的振幅、位相。这样可通过对简谐波的复数表示，引入复振幅这一重要的概念。

利用等式 $e^{i\theta} = \cos\theta + i\sin\theta$，可将沿 $+z$ 方向传播的（一维）平面简谐波改写为

$$U(z,t) = \mathrm{Re}\{A e^{i(\omega t - kz)}\} \tag{2.1.13}$$

为了表示的简单，常省去表示实部含义的符号 Re，将上式写成

$$U(z,t)=Ae^{i(\omega t-kz)}=Ae^{-ikz}e^{i\omega t}$$

也可写为

$$U(z,t)=Ae^{-i(\omega t-kz)}=Ae^{i(kz-\omega t)}=Ae^{ikz}e^{-i\omega t} \tag{2.1.14}$$

可以看到，在采用复指数表示的波函数中，包含时间变量和空间变量的两部分完全分离开了，波场中各点谐振动的频率相同，它们有相同的时间因子，常常略去不写，所以不含时间的空间分布为

$$\widetilde{U}(z)=Ae^{ikz},\quad \widetilde{U}(P)=Ae^{i\varphi(p)} \tag{2.1.15}$$

上述表达式称为复振幅，模 A 代表振幅在空间的分布，其辐角代表相位在空间的分布，集波场中的两个空间分布于一身。

在用复振幅表示波场的时候应当注意，用复指数函数和用正、余弦函数表示简谐波之间只是一个对应关系，而不是相等关系，是取相应的实部或虚部。由 $\cos\theta=\cos(-\theta)$，取 $-\varphi(z,t)=kz-\omega t$ 作为相位，而不对波函数 $U(z,t)$ 的描述带来任何变化。此表示方法表征波的传播方向与观察点位置矢量的方向一致，表示沿 z 轴正向传播的波动。但是其传播一段距离 z 的相位仍落后于 $t=0$ 时刻的振源的振动相位。

利用复振幅表示波函数，进行同频率波函数的线性运算(包括加、减与常数相乘，对空间坐标的微分与积分)时会比较便利，可直接用复振幅计算。例如，两波函数分别为 $U_1(\boldsymbol{r},t)$、$U_2(\boldsymbol{r},t)$，其叠加函数为 $U(\boldsymbol{r},t)$。

$$U_1(\boldsymbol{r},t)=\mathrm{Re}\{\widetilde{U}_1(\boldsymbol{r})e^{i\omega t}\},\quad U_2(\boldsymbol{r},t)=\mathrm{Re}\{\widetilde{U}_2(\boldsymbol{r})e^{i\omega t}\}$$
$$U(\boldsymbol{r},t)=\mathrm{Re}\{\widetilde{U}(\boldsymbol{r})e^{i\omega t}\},\quad \widetilde{U}(\boldsymbol{r})=\widetilde{U}_1(\boldsymbol{r})+\widetilde{U}_2(\boldsymbol{r}) \tag{2.1.16}$$

利用复振幅，做乘法或微积分运算比较便利：$U(\boldsymbol{r},t)=Ae^{-i(\omega t-\boldsymbol{k}\boldsymbol{r})}=Ae^{i\boldsymbol{k}\boldsymbol{r}}\cdot e^{-i\omega t}$，求时间微分等效于函数前乘上 $-i\omega$，求空间微分等效于乘上 $i\boldsymbol{k}$。

利用复振幅计算光强特别方便，因为复数的模就是振幅，要计算复数模的平方只需将该复数与其共轭复数相乘即可，因而光强可用复振幅计算如下：

$$I=\widetilde{U}\cdot\widetilde{U}^*=|A|^2 \tag{2.1.17}$$

这是求光强的一个常用方法。

复振幅的矢量表示如图 2.8 所示。

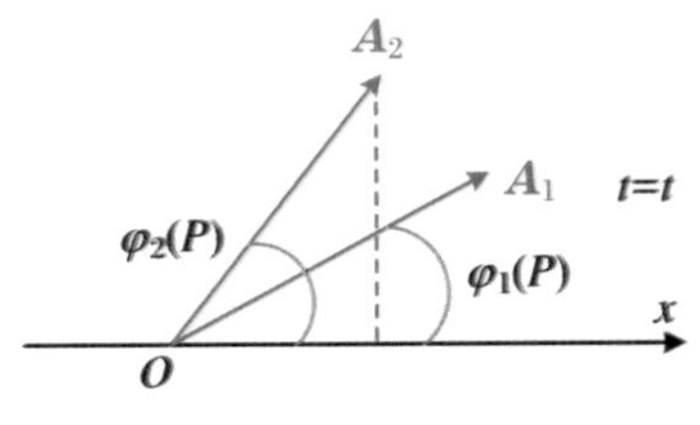

图 2.8　复振幅的矢量表示

矢量的长度及其与参考方向的夹角分别代表复振幅的模和幅角，该矢量称波函数的相幅矢量。这种矢量图法一般用来求相同频率简谐波的合成，各矢量的相对位置不随时间发生变化，各矢量不再考虑旋转问题。

依传播方向与观察点的位置矢量方向一致与否，平面波、球面波的复振幅可表示如下：

沿 z 方向传播平面波的复振幅：

$$\widetilde{U}(z)=A\mathrm{e}^{\mathrm{i}kz} \tag{2.1.18}$$

三维空间中平面波的复振幅：

$$\widetilde{U}(P)=A\exp(\mathrm{i}\boldsymbol{k}\cdot\boldsymbol{r})=A\exp[\mathrm{i}(k_x x+k_y y+k_z z)] \tag{2.1.19}$$

球面波的复振幅：

(1) 发散球面波的复振幅(如图 2.9 所示)：

$$\widetilde{U}(x,y,z)=\frac{a}{r}\exp(\mathrm{i}kr) \tag{2.1.20}$$

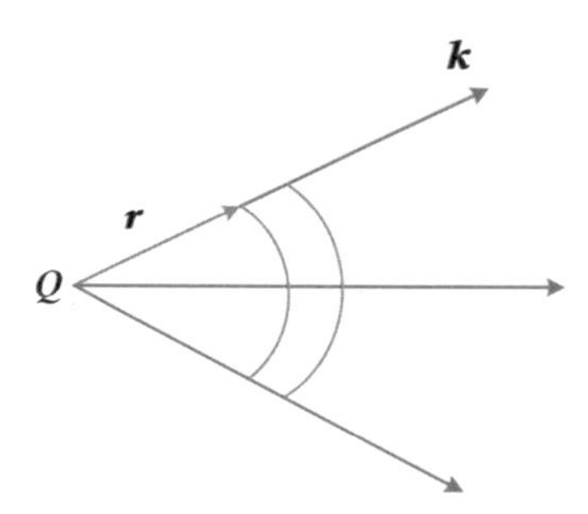

图 2.9 发散球面波的传播

$\mathrm{i}kr$ 表示传播方向与观察点的位置矢量方向一致。用直角坐标可表示为

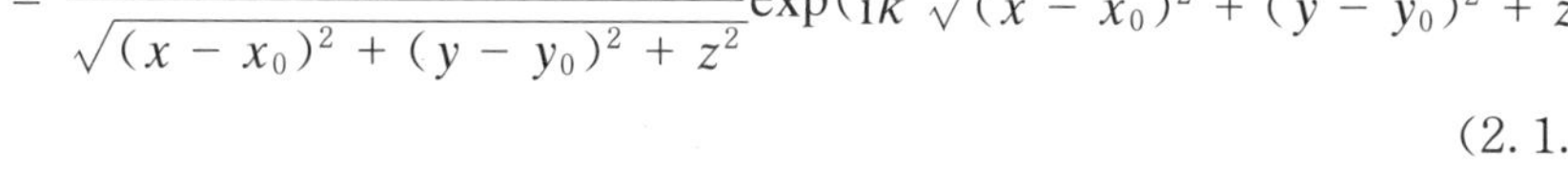

$$\widetilde{U}(x,y,z)=\frac{a}{\sqrt{(x-x_0)^2+(y-y_0)^2+z^2}}\exp\left(\mathrm{i}k\sqrt{(x-x_0)^2+(y-y_0)^2+z^2}\right) \tag{2.1.21}$$

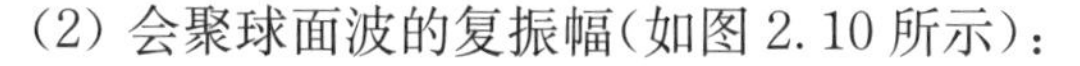

(2) 会聚球面波的复振幅(如图 2.10 所示)：

$$\widetilde{U}(x,y,z)=\frac{a}{r}\exp(-\mathrm{i}kr) \tag{2.1.22}$$

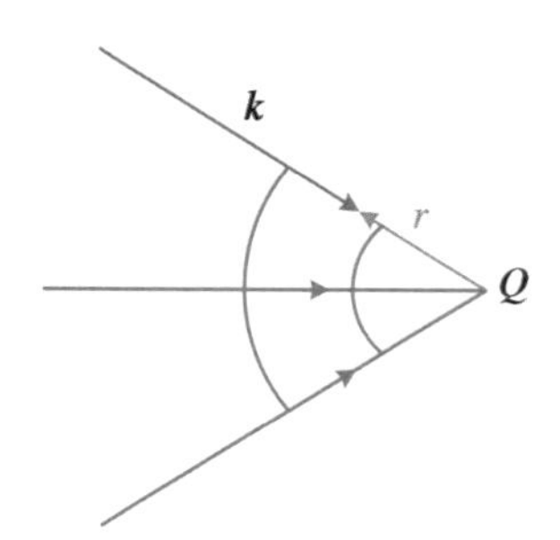

图 2.10 会聚球面波的传播

$-\mathrm{i}kr$ 表示传播方向与观察点的位置矢量方向相反。用直角坐标可表示为

$$\widetilde{U}(x,y,z)=\frac{a}{\sqrt{(x-x_0)^2+(y-y_0)^2+z^2}}\exp\left(-\mathrm{i}k\sqrt{(x-x_0)^2+(y-y_0)^2+z^2}\right) \tag{2.1.23}$$

所以球面波的复振幅可表示为

$$\widetilde{U}(x,y,z)=\frac{a}{r}\exp(\pm\mathrm{i}kr) \tag{2.1.24}$$

相因子的符号反映了球面波的聚散性。聚散中心位置为(x_0,y_0,z_0)，“+”对应发散的球面波，“-”对应会聚的球面波。

4. 复振幅在平面上的二维分布

多数情况下，人们往往只关心在某一平面上的光波复振幅分布。通常光学元件只和波场的波前打交道，与此有关的只是这个波前上的信息。波前泛指波场中任一曲面，更多的是指一个平面(x,y)，如记录介质、感光底片、接收屏幕、观察屏等所在的平面。所以，有必要讨论三维空间的复振幅在某一平面（Oxy）上的分布，该光场复振幅的分布函数 $\widetilde{U}(x,y)$ 也称为波前函数。

单色定态波所携带的信息，如 ω、λ 和传播方向、振幅分布、位相分布、传播速度等，全部包含在三维的复振幅分布函数中。如对以下波函数：

$$\widetilde{U}(x,y,z) = A\mathrm{e}^{\mathrm{i}k(x\sin\theta+z\cos\theta)} \tag{2.1.25}$$

由该复振幅表达式可知，其 $k_x = k\sin\theta$，$k_z = k\cos\theta$，$k_y = 0$，表示在 Oxz 面内与 z 轴夹角为 θ 传播的平面波。其在 $z=0$（Oxy）平面上的复振幅分布，即波前函数 $\widetilde{U}(x,y)$ 为

$$\widetilde{U}(x,y) = A\mathrm{e}^{\mathrm{i}k(x\sin\theta)} \tag{2.1.26}$$

波前函数仍包含振幅部分、位相部分。由该波前函数可知 $k_x = k\sin\theta$，$k_y = 0$，所以 $k_z = k\cos\theta$，同样可知，该光场为在 Oxz 面内与 z 轴夹角为 θ 传播的平面波。所以由波前函数即可描述波场特性。位相部分称为波前（函数）相因子。

对于平面波，其复振幅为

$$\widetilde{U}(x,y,z) = A\mathrm{e}^{\mathrm{i}\boldsymbol{k}\cdot\boldsymbol{r}} = A\mathrm{e}^{\mathrm{i}(k_x x+k_y y)}\mathrm{e}^{\mathrm{i}k_z z}$$

所以平面波的波前函数为

$$\widetilde{U}(x,y) = A\mathrm{e}^{\mathrm{i}(k_x x+k_y y)}$$

平面波的波前相因子为

$$\mathrm{e}^{\mathrm{i}(k_x x+k_y y)}$$

对于球面波，其复振幅为

$$\widetilde{U}(x,y,z) = \frac{A}{r}\mathrm{e}^{\pm\mathrm{i}kr} = \frac{A}{r}\mathrm{e}^{\pm\mathrm{i}k\sqrt{x^2+y^2+z^2}}$$

在大多数情况下，观察平面距光源比较远，在 Oxz 面内的观察范围比较小，即 $(x^2+y^2) \ll z^2$，所以

$$\widetilde{U}(x,y,z) = \frac{A}{r}\mathrm{e}^{\pm\mathrm{i}k\sqrt{x^2+y^2+z^2}} = \frac{A}{z}\mathrm{e}^{\pm\mathrm{i}k\left(z+\frac{x^2+y^2}{2z}\right)}$$

球面波的波前函数为

$$\widetilde{U}(x,y) = \frac{A}{z}\mathrm{e}^{\pm\mathrm{i}k\left(\frac{x^2+y^2}{2z}\right)}$$

球面波的波前相因子为

$$\mathrm{e}^{\pm\mathrm{i}k\left(\frac{x^2+y^2}{2z}\right)}$$

由上可见，通过波前函数即可判断波的类型和特征。相因子告诉我们波源之所在，平面波的线性相因子系数即为波的传播方向。由此可见位相信息的重要性。

2.1.3 球面波向平面波的转化

在光场中，次波源的光波函数是球面波，平面波是球面波在一定条件下的近似，近似后位相因子是线性的。光的干涉、衍射基于球面波的叠加，是球面波衍射理论。球面波面在傍轴条件下可近似为二次抛物面波面，或者说光的干涉、衍射可看作二次抛物面波函数的叠加。若用平面波代替球面波，光的处理问题可用傅里叶变换工具分析，也就诞生了傅里叶光学，其基元函数是平面波函数，是平面波衍射理论。因此要了解球面波向平面波的转化。要分析球面波向平面波的转化或在什么条件下可用平面波来近似球面波，需从球面波、平面波的特点即它们各自的振幅特点和位相特点来分析，即所谓的振幅条件（傍轴条件）、位相条件（远场条件）。

如图 2.11 所示，Q 是球面波的源点（Q 在 z 轴上），场点 P 在 Oxy 平面上，距离 z 轴的横向距离为 ρ，从 Q 到 P 的距离为 r。

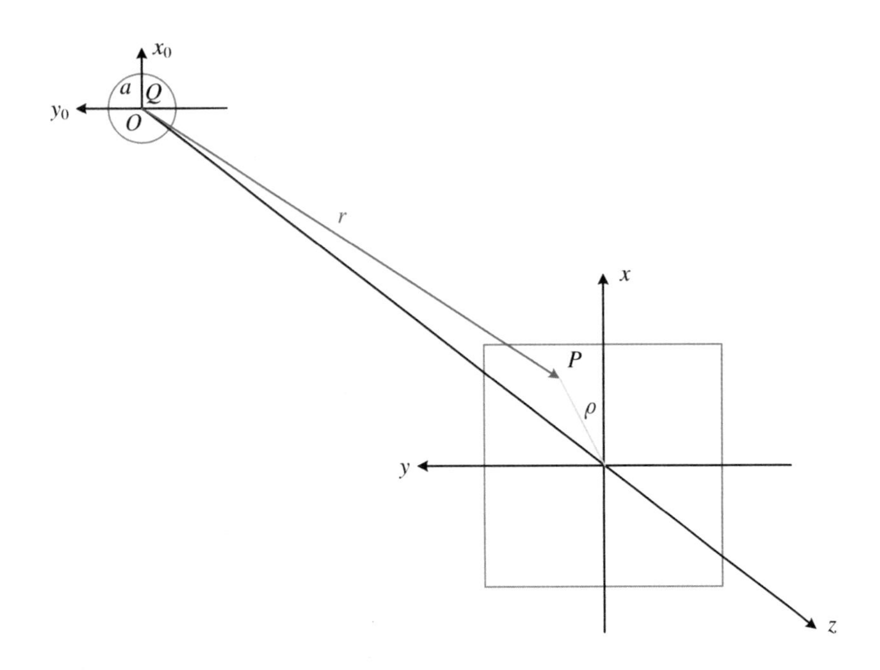

图 2.11 轴上物点的傍轴条件和远场条件

设 $\varphi_0=0$，则 P 点光场的复振幅为

$$\widetilde{U}(P)=\frac{A}{r}\cdot e^{ikr} \tag{2.1.27}$$

现将式(2.1.27)中的 $r=\sqrt{x^2+y^2+z^2}$展开成如下的级数：

$$r=z+\frac{x^2+y^2}{2z}-\frac{(x^2+y^2)^2}{8z^3}+\cdots \tag{2.1.28}$$

在实际观测情况下，分别来看振幅和位相的近似条件。

1．振幅条件

若 $z^2 \gg x^2+y^2$，式(2.1.27)中的振幅可写成$\frac{a}{r}\approx\frac{a}{z}$，即 Oxy 平面上的振幅分布与(x,y)无关，为一常数，具有平面波振幅的特点。

但在复指数中 r 是和$k=2\pi/\lambda$ 相乘的，它影响的是光波的位相。因为光波长 λ 很小，因此 k 很大，r 的微小变化可引起远大于 2π 的位相变化，因此复指数上的 r 不能简单地用z 代替。保留在位相因子中 r 的第二项，可得到在傍轴条件下，接收面(x,y)的场波前函数：

$$\widetilde{U}(x,y)=\frac{A}{z}\exp\left[ik\left(z+\frac{x^2+y^2}{2z}\right)\right] \tag{2.1.29}$$

由式(2.1.29)可见，此时波前函数具有平面波前的振幅特点，振幅为一常数，与场点(x,y)无关，但不具备平面波的线性相因子特点，因此称为振幅条件。该情况是在 $z^2\gg x^2+y^2$ 条件下近似的，即观察屏离点源的距离较远，观察点离 z 轴的横向距离较小在z 轴附近很小的区域，故又称为傍轴条件。在通常情况下，该条件是满足的。式(2.1.29)中的位相因子近似称为二次曲面近似，即用二次曲面近似球面，又称菲涅耳近似。

2．位相条件

位相因子决定了函数的周期性，每当位相因子改变 π 时，函数反号，这种变化是不可忽略的。二次位相因子只有远远小于 π 的项才可忽略：

$$k\frac{x^2+y^2}{2z}\ll\pi,\quad \text{即 } z\lambda\gg x^2+y^2 \tag{2.1.30}$$

这时得到接收面(x,y)光场的波前函数：

$$\widetilde{U}(x,y)=\frac{A}{z+\frac{x^2+y^2}{2z}}=\frac{A}{z+\frac{x^2+y^2}{2z}}\cdot e^{i(k_x x+k_y y)}\Big|_{k_y=0}^{k_x=0} \tag{2.1.31}$$

波前函数的相因子与横向位置(x,y)无关，相当于一列正入射的平面波，而

振幅系数并不保持为一常数，因此称为位相条件。因为光波长 λ 很小，若满足 $z\lambda \gg x^2+y^2$，则 z 很大，故又称为远场条件。

当振幅条件和位相条件均满足时，可实现球面波向平面波的转化，此时观察点处的波场可看作平面波：

$$\widetilde{U}(P) = \frac{A}{r}\exp(\mathrm{i}kr) \Rightarrow \widetilde{U}(P) = \frac{A}{z}\cdot \mathrm{e}^{\mathrm{i}kz} \tag{2.1.32}$$

例如，$\lambda = 0.5\ \mu\mathrm{m}$，横向观测的限度范围 $\rho \approx 1\ \mathrm{mm}$，求傍轴距离 z_1 和远场距离 z_2。远远大于条件设为 100 倍。

$$z^2 \gg \rho^2 \leftrightarrow z_1 = 10\rho = 10\ \mathrm{mm}$$
$$z\lambda \gg \rho^2 \leftrightarrow z_2 = 100\rho^2/\lambda = 200\ \mathrm{m}$$

在实验室空间范围直接实现远场条件是不现实的，通常利用透镜实现远场条件。由于光波长 λ 很短：$z\lambda \gg \rho^2 \Rightarrow z^2 \gg \rho^2$，所以在光学中远场条件往往蕴涵了傍轴条件。

2.1.4 薄透镜的透过率函数(屏函数)

透镜是光学中重要的光学器件之一，在光学成像、波面变换中具有重要的作用。在几何光学成像中，我们从外形特征上对各种透镜进行了认识。现在我们要从其透过函数形式上再做本质的认识。如图 2.12 所示，平行光正入射一薄透镜后，将向透镜的焦点会聚。从波面变化的角度看，一平面波经透镜后将变为球面波，自然可以认为该球面波的波前函数是透镜附加的，也就说透镜应具有球面透过函数的形式。下面我们就由费马原理来给出透镜的透过率函数。

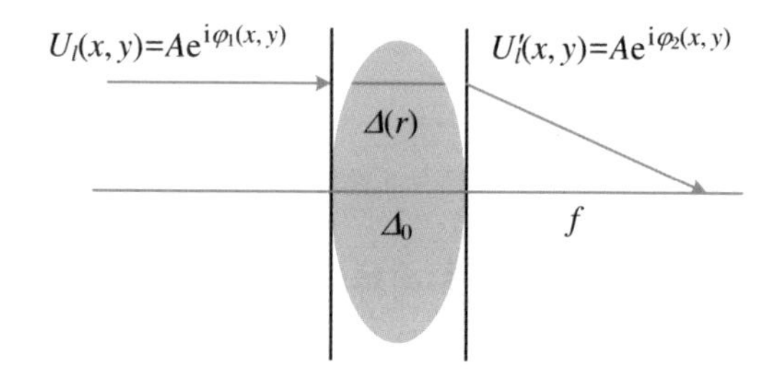

图 2.12 透镜的透过率函数

由于其光学透明，光通过薄透镜的透过率大小近似为 1，因此，其透过率函数可写为一个纯位相函数：

$$t(x,y)\equiv\begin{cases}e^{i\varphi(x,y)}, & r<D/2\\ 0, & r>D/2\end{cases} \tag{2.1.33}$$

式中 D 为透镜的口径大小。由图 2.12 可见，任一光线经透镜后，其位相改变为

$$\varphi(x,y)=\varphi_2-\varphi_1=k(n\Delta+\Delta_0-\Delta) \tag{2.1.34}$$

由费马原理，有

$$n\Delta+\Delta_0-\Delta+\sqrt{f^2+r^2}=n\Delta_0+f \tag{2.1.35}$$

考虑傍轴情况，即 $r\ll f$，则有

$$n\Delta+\Delta_0-\Delta=n\Delta_0+f-f(1+r^2/2f^2) \tag{2.1.36}$$

$$\begin{aligned}\varphi(x,y)&=k(n\Delta+\Delta_0-\Delta)=k\left(n\Delta_0-\frac{r^2}{2f}\right)\\&=kn\Delta_0-k\frac{x^2+y^2}{2f}\end{aligned} \tag{2.1.37}$$

$kn\Delta_0$ 是一个与(x,y)无关的常数，不影响波前位相分布，常略去不写，所以透镜的透过率函数为

$$t(x,y)=\exp\left[-ik\frac{(x^2+y^2)}{2f}\right] \tag{2.1.38}$$

所以，无论元件的外在形式如何，只要有如上透过率函数形式就具有透镜的功能。同样，若焦距为正，则为会聚透镜；焦距为负，则为发散透镜。需要注意的是，以上二次位相变换是在傍轴条件下得到的，也就是球面透镜将一个入射平面波变为球面波，很大程度上依赖傍轴近似。

2.1.5 光的电磁理论基础

图 2.13 麦克斯韦

麦克斯韦(J. C. Maxwell，1831—1879)(图 2.13)，一位伟大的物理学家。他是英国两所著名大学爱丁堡大学和剑桥大学的研究生，有着深厚的数学根基和高超的逻辑推理能力。当他读到法拉第的《电学实验研究》之后，立刻被书中的新颖见解所吸引，敏锐地领会到了法拉第的“力线”和“场”的概念的重要性。麦克斯韦是一位富有想象力的科学家，他把场、力线与流体、流线做类比，即把正、负电荷比作流体的源与汇，电力线比作流线，电场强度比作流速等，从而可以用研究流体的数学方法来描述电场或磁场，把法拉第的物理“翻译”成了数学。1856 年他发表了他的第一篇论文《论法拉第的力线》，把法拉第的直观力学

图像用数学形式表达了出来。1861年，麦克斯韦深入分析了变化磁场产生感应电动势的现象，独创性地提出了“涡旋电场”和“位移电流”两个著名假设。这些内容发表在1862年他的第二篇论文《论物理力线》中。这两个假设已不仅仅是法拉第物理的数学反映，而是对法拉第电磁学做出了实质性的补充和发展。1864年麦克斯韦发表了他的第三篇重要论文《电磁场的动力学理论》，在这篇论文里，他导出了电场与磁场的波动方程以及电场和磁场的传播速度正好等于光速。这启发他提出了光的电磁学说，从而进一步认识了光的本质：“光是一种电磁波！”

麦克斯韦深刻地认识到电场和磁场在“变化”的情况下，形成不可分割的和谐统一体——电磁场，并把电磁场的基本规律用极其精辟的数学语言——四个方程表达出来，这就是著名的麦克斯韦方程组！

麦克斯韦的理论是如此的深刻、完美和新颖，以致它问世以后的相当长时间里并不为人们所接受。甚至像德国著名的物理学家亥姆霍兹（H. L. F. Helmhotz，1821—1894）这样有才能的人，为了理解它也花费了好几年的时间。1878年的夏天，身为柏林大学教授的亥姆霍兹出了一个竞赛题，要求学生用实验方法来验证麦克斯韦的电磁理论。他的一位学生，后来成为著名物理学家的赫兹从此开始了这方面的研究。1886年10月，赫兹在做一个放电实验时，偶然发现在其近旁的一个线圈也发出了火花，他敏锐地想到这可能是电磁共振。随后他又做了一系列实验，证实了猜想。接着赫兹又用类似实验证明电磁波具有类似光的特性，如反射、折射、衍射、偏振等，证实了麦克斯韦电磁理论的正确性。

1873年，麦克斯韦全面系统地总结了电磁学研究的成果，建立了电磁学理论，用极其精辟、深刻、完美的数学语言——四个方程，把电荷、电流和电场、磁场之间的普遍联系、基本规律表达出来，这就是著名的麦克斯韦方程组。其微分形式如下：

$$
\begin{aligned}
\nabla \times \boldsymbol{E} &= -\frac{\partial \boldsymbol{B}}{\partial t} \\
\nabla \times \boldsymbol{H} &= \frac{\partial \boldsymbol{D}}{\partial t} + \boldsymbol{J}_0 \\
\nabla \cdot \boldsymbol{D} &= \rho_0 \\
\nabla \cdot \boldsymbol{B} &= 0
\end{aligned}
\tag{2.1.39}
$$

麦克斯韦方程组最重要的特点是它揭示了电磁场的内部作用和运动，一个重要结果是预言了电磁波的存在，揭示了光波是一种电磁波，即电磁扰动的传播。不仅电荷和电流可以激发电磁场，而且在电荷和电流为零的区域变化的电场和磁场也可通过本身的相互激发而运动传播，形成电磁波。电磁场可以独立于电荷之外而存在，使人们认识到场的物理实在！

考虑远离波源的自由空间中传播的电磁波（自由空间是既没有自由电荷，也没有传导电流，且空间无限大即不考虑边界的影响的空间。空间可以是真

空,也可以充满均匀介质),有

$$\rho_0 = 0, \quad j_0 = 0$$

结合介质的物质方程:

$$\begin{aligned} \boldsymbol{D} &= \varepsilon \boldsymbol{E} = \varepsilon_r \varepsilon_0 \boldsymbol{E} \\ \boldsymbol{B} &= \mu \boldsymbol{H} = \mu_r \mu_0 \boldsymbol{H} \\ \boldsymbol{J}_0 &= \sigma \boldsymbol{E} \end{aligned} \tag{2.1.40}$$

对式(2.1.39)第一个方程求旋度,并利用矢量公式$\nabla \times (\nabla \times \boldsymbol{E}) = \nabla(\nabla \cdot \boldsymbol{E}) - \nabla^2 \boldsymbol{E}$,则有

$$\nabla \times (\nabla \times \boldsymbol{E}) = -\mu_r \mu_0 \frac{\partial}{\partial t}(\nabla \times \boldsymbol{H}) = -\mu_r \mu_0 \varepsilon_r \varepsilon_0 \frac{\partial^2 \boldsymbol{E}}{\partial t^2}$$

$$\nabla^2 \boldsymbol{E} = \mu_r \mu_0 \varepsilon_r \varepsilon_0 \frac{\partial^2 \boldsymbol{E}}{\partial t^2}$$

$$\xrightarrow{\text{令 } V = \frac{1}{\sqrt{\mu_r \mu_0 \varepsilon_r \varepsilon_0}}} \nabla^2 \boldsymbol{E} = \frac{1}{V^2} \frac{\partial^2 \boldsymbol{E}}{\partial t^2} \tag{2.1.41}$$

同理可得

$$\nabla^2 \boldsymbol{B} = \frac{1}{V^2} \frac{\partial^2 \boldsymbol{B}}{\partial t^2} \tag{2.1.42}$$

这是典型的波动方程(矢量),描述电场和磁场的运动方程,电磁场时空上是波动的,随时间变化的电场和磁场是以波的形式传播的,这就是电磁波的传播方程。

在真空中则有

$$\nabla^2 \boldsymbol{E} = \mu_0 \varepsilon_0 \frac{\partial^2 \boldsymbol{E}}{\partial t^2}, \quad c = \frac{1}{\sqrt{\mu_0 \varepsilon_0}}, \quad \nabla^2 \boldsymbol{E} - \frac{1}{c^2} \frac{\partial^2 \boldsymbol{E}}{\partial t^2} = 0 \tag{2.1.43}$$

方程的解代表一种传播速度为 c 的波动,也就是说电磁场是以波动的形式存在的。

$$\left.\begin{aligned} \mu_0 &= 4\pi \times 10^{-7}\ \mathrm{H/m} \\ \varepsilon_0 &= 8.85 \times 10^{-12}\ \mathrm{F/m} \end{aligned}\right\} \Rightarrow c = 299792458\ \mathrm{m/s}$$

c 是电磁波在真空中的传播速度。1864 年 12 月 8 日,麦克斯韦在英国皇家学会宣读了他的论文《电磁场的动力学理论》,在这篇论文中他用醒目的斜体字写道:“我们不可避免地推论,光是一种电磁波”。

E、B 都满足一样的波动方程,一般只需讨论其中之一。实际上,由于光对

物质的作用主要是电场的作用,因为电场振幅是磁场振幅的 V 倍,电场振幅远远大于磁场振幅,所以通常用电矢量 E 表示光场,叫作光矢量。电磁波动方程,有各种形式的电磁波解,其中单色平面光波、单色球面光波是最基本的解。

单色光波可用如前的波函数来表示。光波是电磁波,是矢量波。因此,对于一维单色平面光波,可表示为

$$\begin{aligned} \boldsymbol{E}(z,t) &= \boldsymbol{E}_0\cos(\omega t - kz) \\ \boldsymbol{E}(z,t) &= \boldsymbol{E}_0\exp[-\mathrm{i}(\omega t - kz)] = \boldsymbol{E}(z)\mathrm{e}^{-\mathrm{i}\omega t} \\ \boldsymbol{E}(z) &= \boldsymbol{E}_0(z)\mathrm{e}^{\mathrm{i}kz} \end{aligned} \tag{2.1.44}$$

三维空间单色平面光波:

$$\begin{aligned} \boldsymbol{E}(\boldsymbol{r},t) &= \boldsymbol{E}_0\exp[-\mathrm{i}(\omega t - \boldsymbol{k}\cdot\boldsymbol{r})] = \boldsymbol{E}(r)\mathrm{e}^{-\mathrm{i}\omega t} \\ \boldsymbol{E}(\boldsymbol{r}) &= \boldsymbol{E}_0(r)\mathrm{e}^{\mathrm{i}\boldsymbol{k}\cdot\boldsymbol{r}} = \boldsymbol{E}_0(r)\mathrm{e}^{\mathrm{i}(k_x x + k_y y + k_z z)} \end{aligned} \tag{2.1.45}$$

式中,$\boldsymbol{k}=\dfrac{2\pi}{\lambda}\boldsymbol{\kappa}_0$ 为波矢,方向为沿波的传播方向,垂直于平面波的等位相面。

如果电磁场是 $\mathrm{e}^{-\mathrm{i}\omega t}$ 时谐的($\boldsymbol{E}(r,t)=\boldsymbol{E}(r)\mathrm{e}^{-\mathrm{i}\omega t}$;$\boldsymbol{B}(r,t)=\boldsymbol{B}(r)\mathrm{e}^{-\mathrm{i}\omega t}$),可将麦克斯韦方程组(2.1.39)式中$\dfrac{\partial}{\partial t}\to-\mathrm{i}\omega$,即可得到复振幅满足的麦克斯韦方程组:

$$\begin{aligned} \nabla\times\boldsymbol{E} &= \mathrm{i}\omega\mu\boldsymbol{H} \\ \nabla\times\boldsymbol{H} &= -\mathrm{i}\omega\varepsilon\boldsymbol{E} \\ \nabla\cdot\boldsymbol{D} &= 0 \\ \nabla\cdot\boldsymbol{B} &= 0 \end{aligned} \tag{2.1.46}$$

其中 $\boldsymbol{E},\boldsymbol{D},\boldsymbol{B},\boldsymbol{H}$ 均表示复振幅。

特别的,对于单色平面光波,可将

$$\nabla\to\mathrm{i}\boldsymbol{k} \quad \left(\frac{\partial}{\partial x}\to\mathrm{i}k_x,\frac{\partial}{\partial y}\to\mathrm{i}k_y,\frac{\partial}{\partial z}\to\mathrm{i}k_z\right) \tag{2.1.47}$$

可以得到光波的基本特性:

$$\begin{aligned} &\nabla\cdot\boldsymbol{D} = 0\to\boldsymbol{k}\cdot\boldsymbol{E} = 0 \\ &\nabla\cdot\boldsymbol{B} = 0\to\boldsymbol{k}\cdot\boldsymbol{B} = 0 \\ &\nabla\times\boldsymbol{H} = \frac{\partial\boldsymbol{D}}{\partial t}\to\boldsymbol{k}\times\boldsymbol{H} = -\omega\varepsilon\boldsymbol{E} \\ &\nabla\times\boldsymbol{E} = -\frac{\partial\boldsymbol{B}}{\partial t}\to\boldsymbol{k}\times\boldsymbol{E} = \omega\boldsymbol{B} \end{aligned} \tag{2.1.48}$$

由上可见 $\boldsymbol{E}$ 和 $\boldsymbol{B}$ 都与传播方向 k 垂直,所以光波是横波,具有偏振性质,

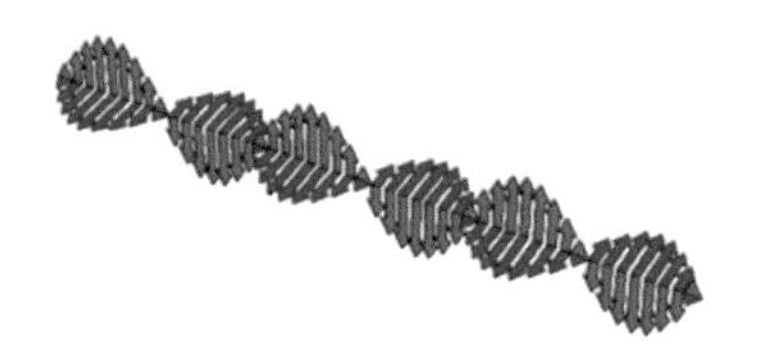

图 2.14 光波的电场分量和磁场分量及传播方向

也就是具有偏向性的振动状态，称为偏振，偏振是横波所特有的一个属性。E、B、k 相互垂直，满足右手螺旋。如图 2.14 所示。

概括(电磁)光波的特性如下：

(1) 光波是横波，$\boldsymbol{E}$ 和 $\boldsymbol{B}$ 都与传播方向 k 垂直。

(2) $\boldsymbol{E}$ 和 $\boldsymbol{B}$ 相互垂直，$\boldsymbol{E}\times\boldsymbol{B}$ 沿波矢 k 方向，构成右手螺旋系。

(3) $\boldsymbol{E}$ 和 $\boldsymbol{B}$ 同相(同时达到极大值和极小值)，振幅比为 V。

电磁波的基本性质(参量)：

1. 光在真空中的速率 c

$$c = \frac{1}{\sqrt{\mu_0 \varepsilon_0}} \approx 3 \times 10^8 \text{ m/s} \tag{2.1.49}$$

真空介电常数 ε_0 和真空磁导率 μ_0 都是物理学中的常数，与参照系的运动速度无关。真空中无色散，在真空中，一切电磁波都以速度 c 传播。c 是最基本的物理常数之一，在任何一个惯性参照系中总是为同一常数，这是狭义相对论的前提之一。光速是一切具有质量的物体运动速率的最高极限。

2. 折射率

折射率是表征介质光学特性的一个重要的参量，是光在真空中的速度 c 与在该介质中的速度 V 之比值，即

$$n = \frac{c}{V} \tag{2.1.50}$$

光在均匀各向同性介质中的速率：

$$V = \frac{1}{\sqrt{\mu_r \mu_0 \varepsilon_r \varepsilon_0}}, \quad c = \frac{1}{\sqrt{\mu_0 \varepsilon_0}}, \quad n = \sqrt{\mu_r \varepsilon_r} \tag{2.1.51}$$

常见的光学材料几乎都是非铁磁介质，即

$$\mu_r \simeq 1, \quad n = \sqrt{\varepsilon_r} \tag{2.1.52}$$

3. 光强(平均电磁能流密度)

由麦克斯韦方程组可得到电磁波的能流密度矢量(坡印廷矢量)：

$$\boldsymbol{s} = \boldsymbol{E} \times \boldsymbol{H} \tag{2.1.53}$$

代表单位时间内通过垂直于波传播方向的单位面积的能量，方向是波能量的传播方向。

真空中：

$$\boldsymbol{B} = \mu_0 \boldsymbol{H}$$

$$|E|/|B| = c$$

$$\boldsymbol{s} = \frac{1}{\mu_0}\boldsymbol{E}\times\boldsymbol{B} = c^2\varepsilon_0\boldsymbol{E}\times\boldsymbol{B}$$

$$s = \frac{1}{\mu_0}EB = c\varepsilon_0 E^2 \tag{2.1.54}$$

各向同性非铁磁性介质中：

$$|E|/|B| = V,\quad s = nc\varepsilon_0 E^2$$

$$\boldsymbol{E} = \boldsymbol{E}_0\cos(\omega t - \boldsymbol{k}\cdot\boldsymbol{r} + \varphi_0)$$

$$\boldsymbol{s} = c\varepsilon_0\boldsymbol{E}_0^2\cos^2(\omega t - \boldsymbol{k}\cdot\boldsymbol{r} + \varphi_0) \tag{2.1.55}$$

E、s 都是瞬时值，可见光的振荡频率约为 10^{14} Hz，在 0 和极大值间很快变化。人眼响应时间 $\Delta T\sim$ms，光检测器响应时间 $\Delta\tau\sim$ns，探测到的都是 s 在长时间的平均值。

$$\langle s\rangle = c\varepsilon_0 E_0^2\langle\cos^2(\omega t - \boldsymbol{k}\cdot\boldsymbol{r} + \varphi_0)\rangle \tag{2.1.56}$$

$$\langle\cos^2(\omega t - \boldsymbol{k}\cdot\boldsymbol{r} + \varphi_0)\rangle = \frac{1}{2\pi}\int_0^{2\pi}\cos^2 x\,\mathrm{d}x = \frac{1}{2} \tag{2.1.57}$$

s 的时间平均值称为辐照度，也称光强。在各向同性介质中：

$$s = nc\varepsilon_0 E^2,\quad I \equiv \langle s\rangle = \frac{1}{2}nc\varepsilon_0 E_0^2 \tag{2.1.58}$$

光强正比于电场振幅的平方，在同一介质中不同位置的光强(波的强度)往往只写等于振幅的平方，而略去共同的常数，即有

$$I = E_0^2 \tag{2.1.59}$$

光强的复振幅表示：

$$I(P) = \widetilde{E}(P)\cdot\widetilde{E}^*(P) \tag{2.1.60}$$

上式是由复振幅求波强度分布的常用公式。

在真空中光场的能量是守恒的，所以球面光波函数可表示为

$$\boldsymbol{E}(r,t) = \frac{E_0}{r}\cos(\omega t - kr)$$

所以光强为

$$I = \frac{E_0^2}{r^2}$$

则功率

$$W = 4\pi r^2 I = 4\pi E_0^2 \tag{2.1.61}$$

由式(2.1.61)可见,能量是守恒的。

4. 光波的偏振态

由式(2.1.48),光的传播方向,$\boldsymbol{E}$、$\boldsymbol{B}$ 的振动方向满足如下关系:

$$\boldsymbol{k}\cdot\boldsymbol{E}=0,\quad \boldsymbol{k}\cdot\boldsymbol{B}=0,\quad \boldsymbol{k}\times\boldsymbol{B}\rightarrow-\boldsymbol{E},\quad \boldsymbol{k}\times\boldsymbol{E}\rightarrow\boldsymbol{B} \tag{2.1.62}$$

由上可见 E 和 B 都与传播方向 k 垂直,光波是横波,具有偏振性质,偏振是横波所特有的一个属性。光波的横波性只规定了光矢量 E 位于与传播方向垂直的平面内,并没有限定 E 在该平面内的具体振动方式,这种具体的、多样的振动方式(振幅与相位随时空方向的分布)称为光的偏振态。

5. 可见光及其产生

我们知道电磁波谱有非常宽的范围,通常按照波长将其分为不同的波段,如图 2.15 所示。

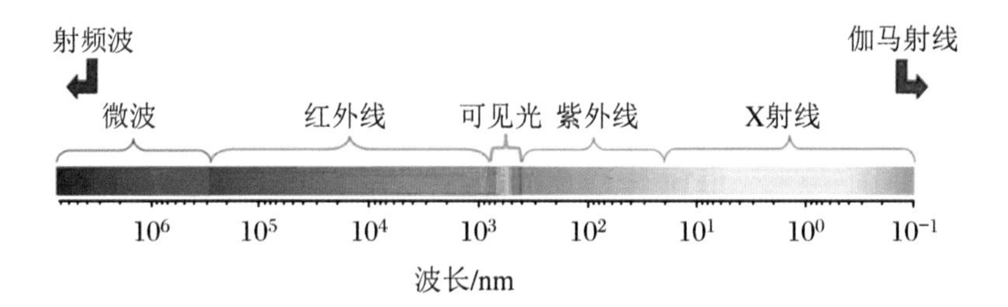

图 2.15 电磁波频谱分段

其中波长大于 1 mm、频率低于 300 GHz 的部分称为射频波(radio wave),射频波中的短波部分,即波长在 1 mm~1 m、频率在 300 MHz~300 GHz 范围内的波段称为微波(microwave)。波长在 760 nm~1 mm、频率在 430 THz~300 GHz 范围的称为红外线(infrared ray),红外线又可分为近红外(near infrared,0.76~1.4 μm)、短波红外(short-wave infrared,1.4~3 μm)、中红外(middle infrared,3~8 μm)、长波红外(long-wave infrared,8~15 μm)和远红外(far infrared,15 μm~1 mm)。波长在 10~380 nm 范围的是紫外线(ultraviolet ray)。(**生活小常识** 根据紫外线的生物效应的不同,UV 可以分为 UVA、UVB、UVC。其中 UVA 的波长为 320~400 nm,UVB 的波长为 275~320 nm,UVC 的波长为 180~275 nm。UVC 在到达地球之前就被臭氧层吸收了,没有被臭氧层吸收掉的 UVA 和 UVB 会照射到地球表面,给我们的肌肤带来伤害,让皮肤过早老化,给眼睛带来伤害,甚至造成皮肤癌。所以在日常生活中

要注意防晒，要保护环境。）波长更短的电磁辐射还有X射线（X-ray，波长范围0.01～10 nm）和γ射线（γ-ray，波长短于0.01 nm）。

电磁波谱中，能为人眼所感受的只有380～760 nm的极小范围，对应的频率范围是 $\nu=(3.9\sim7.9)\times10^{14}$ Hz，这一波段内的电磁波叫可见光。在可见光范围内，不同频率的光波引起人眼不同的颜色感觉。如图2.16所示。

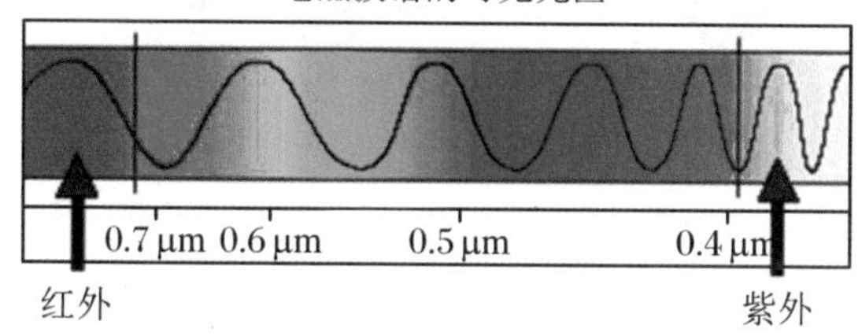

图2.16 电磁波中的可见光波段

我们通常所说的光，多指可见光。当然光学所研究的范围通常还包括红外和紫外部分，它们在成像、干涉、衍射等物理过程中具有和可见光相似的特性。任何发光物体都可以称作光源。

可见光和紫外线一般是受激发的原子退激时所发出的原子光谱，而且这种光谱是来自原子中外层电子能级之间的跃迁。而波长较长的红外谱线主要来自受激发的分子退激时所发出的分子光谱，包括分子振动能级之间和转动能级之间的跃迁所辐射的光谱。X射线是原子中内层电子被电离产生空穴的情况下，外层电子向内壳层跃迁时所辐射出来的，其频率高、波长短。波长更短的γ射线则是处于激发态的原子核退激时所辐射出来的。

原子、分子发光的物理过程主要有热辐射和跃迁辐射。热运动是一随机无规的普遍运动。原子、分子都有热运动，每个粒子的运动状态不断变化，即会向外辐射电磁波。这种由热运动导致的电磁辐射被称为热辐射。日光、白炽灯、火光等属于热辐射。热辐射发射的是连续光谱，其谱的特征是由辐射体的温度决定的。按照玻尔原子模型理论，原子吸收能量后（受激）可以跃迁到激发态，由于激发态不稳定（寿命～10^{-8} s），所以原子很快从激发态跃迁回到基态或低激发态，在跃迁过程中，以电磁辐射的形式释放能量（发光），这个过程称为辐射跃迁。辐射跃迁发出的光谱是线光谱或带光谱，不同的化学成分都有自己的特征谱线。

原子辐射跃迁是一种自发过程，光源中原子的数量是十分巨大的，哪个处于激发态的原子在何时跃迁是完全无法预计的。原子发光是一个复杂的量子过程。粗略地讲，原子（或分子）在其寿命时间内辐射发光（发光时间），对应波在空间有个长度（光速乘以其发光时间），称为波列长度，都是有限长的。波列的长度与它们所处的环境有关，受其他原子作用越强，发射波列越短。即使在稀薄的气体中，外界作用可忽略情况下，发射的波列持续时间也不会大于10^{-8} s。每个原子（或分子）先后发射的不同波列，以及不同原子发射的各个波列,彼此间在振动方向和相位上没有什么联系,因此普通光源发光是不相干的,普通光源又称为非相干光源。但激光是受激辐射过程,是受激辐射的光放大,是相干光源。如图 2.17 所示。

普通光源:自发辐射(一种随机过程)
激光光源:受激辐射

图 2.17　自发辐射与受激辐射

实际上,在量子理论产生之前,原子发光可用电荷振荡模型来描述。即原子若由于某种原因吸收能量,原子内正、负电荷中心将发生位移(极化),类似一电偶极子,而库仑力又要使正、负电荷恢复原来的状态,于是电偶极子便会振荡,从而产生电磁辐射。其辐射过程可用如下方程来描述:

$$\boldsymbol{D} = \varepsilon\boldsymbol{E} = \varepsilon_0\boldsymbol{E} + \boldsymbol{P}$$

$$\boldsymbol{P}(t) = Nq\boldsymbol{x}_q(t)$$

$$\nabla \times \boldsymbol{B} = \mu_0\varepsilon_0\frac{\partial \boldsymbol{E}}{\partial t} + \mu_0\frac{\partial \boldsymbol{P}}{\partial t} \tag{2.1.63}$$

$$\nabla^2\boldsymbol{E} - \frac{1}{c^2}\frac{\partial^2\boldsymbol{E}}{\partial t^2} = \mu_0\frac{\partial^2\boldsymbol{P}}{\partial t^2} \tag{2.1.64}$$

式中,N 为电荷数,q 为电荷电量,$\boldsymbol{x}_q$ 为位移量。由式(2.1.64)可见,波动方程右边出现了一极化项,即为产生光辐射的源。

由于不同的原子具有各自的偶极振荡固有频率,因而每种原子都有独特的发射光谱。吸收能量而受激发的原子,在不同的激发态下偶极矩不同,振荡模式也会有所不同,所以有不同的光谱线。光源中的每个原子,每次受激发后,经过短暂的振荡过程,将所吸收的能量通过辐射释放后,会停止振荡发光,只有再次受到激发才能进行下一次振荡过程。每个原子的发光过程都是断续的,波列是有限长的。不同的原子以及同一原子先后不同时刻的振荡没有关联,即使这些原子的振荡频率相同,但初始相位是随机的。因此,普通光源发出的光波是由大量的随机的波列组成的,不同波列间的相位是随机的、无关联的。如图 2.18 所示。

图 2.18　普通光源

2.2 光波的叠加

波动光学的主要内容是光的传播、干涉、衍射、偏振，其共同的基础是波的叠加性质（有时需要先采取适当方式分解再进行叠加）。波的叠加研究两列或多列波的重叠区域波场的行为，即每个分波的特征（振动方向、振幅、相位、频率）如何影响和决定合成扰动的最终形式。叠加原理在物理学中是一个具有普适性而经常被应用的重要原理。我们知道由线性微分方程描述的系统，都是线性系统。线性齐次微分方程的一个重要特征就是它的解满足叠加原理。光波是满足麦克斯韦方程组的解。无疑，叠加原理在光学中占有十分重要的地位，可解释绝大部分重要的波动光学现象。当然，这里所讨论的叠加原理属于线性的叠加。

2.2.1 光波的线性叠加原理

在几列光波相遇而互相交叠的区域中，某点的光矢量是各列光波单独在该点的光矢量的合成，即

$$\boldsymbol{E}(\boldsymbol{r},t) = \boldsymbol{E}_1(\boldsymbol{r},t) + \boldsymbol{E}_2(\boldsymbol{r},t) + \cdots \tag{2.2.1}$$

这就是光波的线性叠加原理。式中，E_1，E_2，…分别表示各列波单独存在时，某时刻 t 在某一确定场点 r 处产生的振动矢量，E 则表示该场点在该时刻的合成扰动的振动矢量。波的叠加就是空间每点振动的合成问题。若只考虑几列波的同一分量（相同振动方向）的叠加问题，即将光场看成标量场，则是标量的叠加：

$$E(\boldsymbol{r},t) = E_1(\boldsymbol{r},t) + E_2(\boldsymbol{r},t) + \cdots \tag{2.2.2}$$

叠加原理可以看作是波的独立传播原理的必然结果。光波的线性叠加原理在真空中是严格成立的，在介质中其适用性则是有条件的：一是线性介质，二是光强。光波在其中遵从叠加原理的介质，称为线性介质。如果光强很强，比如高功率激光，线性介质会变成非线性的，由此产生的现象称为非线性光学现象。

2.2.2 惠更斯-菲涅耳原理

由几何光学可知最基本的发光单元是点源(次波源),从波动观点看其发出球面波,单色球面波实际上是基本的光波函数。由前面分析可知单色平面波是极端条件下的单色球面波。单色平面波是最简单、最基本的理想光波。在实际应用中,多是考虑光波在空间的传播以及多个次波在空间某处同时相遇的问题。讨论该问题多基于惠更斯-菲涅耳(Huygens-Fresnel)原理,实质上惠更斯-菲涅耳原理也是光的叠加原理或者说次波的线性叠加,通常以标量场叠加,多用来处理光的传播、干涉、衍射现象。

1. 惠更斯原理

图 2.19 惠更斯

光是最重要的一种自然现象,与人类的生活密切相关。在古代和中世纪的漫长岁月里,不论是在东方还是西方,光始终是人们十分关注的问题。17世纪起,分别以牛顿和惠更斯(Christian Huygens,1629—1695)(图 2.19)为代表,展开了一场关于光的粒子说和波动说的争论。惠更斯于1690年出版了他的《光论》一书,正式提出了光的波动说,建立了著名的惠更斯原理。在此原理基础上,他推导出了光的反射和折射定律,圆满地解释了光速在光密介质中减小的原因,解释了光进入冰洲石所产生的双折射现象。惠更斯原理是光学中一个重要的基本理论,菲涅耳对惠更斯的光学理论做了进一步补充和发展,创立了惠更斯-菲涅耳原理,合理地解释了光的衍射现象,完善了光的波动说的理论。

惠更斯原理是为了解释光的衍射现象,由惠更斯在1678年法国科学院的一次演讲中提出的,其核心是提出了"次波"(secondary wavelet)的概念。惠更斯认为,波在空间的传播,是扰动的传播,波在空间各处都引起扰动。除了真实的光源之外,波场中的一个面(通常被称为波前)上的任一点都可视为新的扰动中心,这些扰动中心进一步所发出的波,称为次波。由于扰动中心是一个一个的点源,所以发出的次波可视为球面波,后续的波面(或波前)就是这些球面次波的包络面(envelope)。在包络面上的各点,又可以被视为新的扰动中心,又在其周围引起新的扰动,即次波又可以产生新的扰动中心,继续发出次波,由此使得扰动不断地向前传播。波场中除波源之外的扰动中心称为次波源。这种依据次波的不断传播并衍生出新的次波的分析方法后来被称为惠更斯原理(Huygens's principle)。

惠更斯原理可以看作是关于波面传播的理论,过程描述为:波面上的每一面元可以认为是次波的波源,即都可看作开始发射子波的子波源(次波源);在

以后的任一时刻，这些子波面的包络面就是实际的波在该时刻总扰动的波面。

在各向同性介质中，波线与波面处处垂直，因此由惠更斯原理可对光的直线传播、衍射(偏离直线传播)进行定性描述，如图2.20所示。

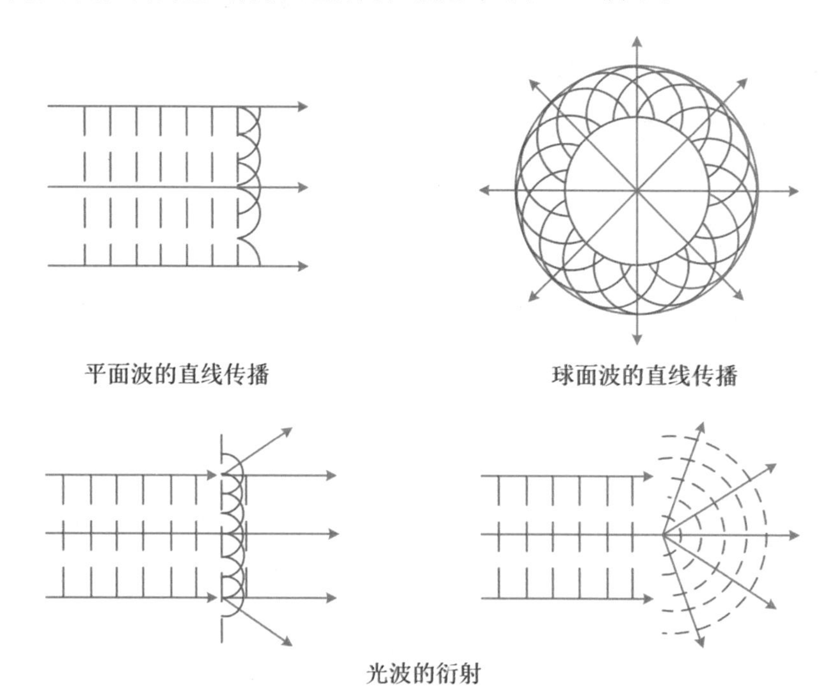

图2.20 光直线传播、衍射的惠更斯原理

惠更斯原理的局限性：没有涉及波动的时空周期特性及其特征参量(即振幅、偏振、波长、相位等)，虽然可以用于确定光的传播方向，但无助于确定沿不同方向传播的光波的振幅和位相大小。

2. 惠更斯-菲涅耳原理

惠更斯-菲涅耳原理描述的就是次波的线性叠加。如图2.21所示，实际的点光源为S，在S所产生的光波场中的某一点Q周围取一个面元$\mathrm{d}\Sigma$，该面元所发出的次波在某一场点P处的复振幅为$\mathrm{d}\tilde{E}(P)$，那么空间P点处的场为所有面元

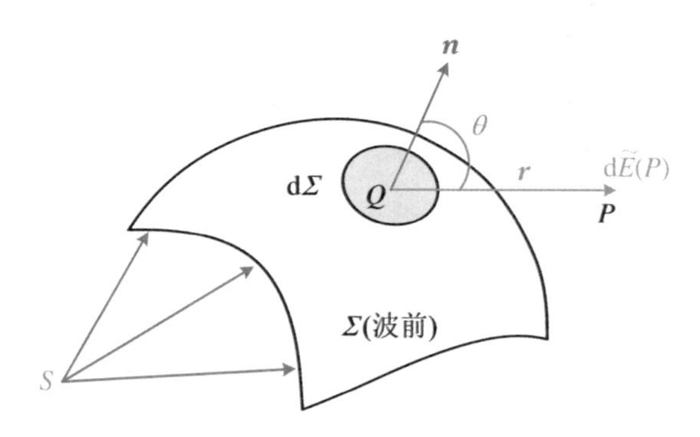

图2.21 面元发出的次波在场点P的叠加

所发出次波的叠加，即 $\widetilde{E}(P)=\oiint\limits_{\Sigma}\mathrm{d}\widetilde{E}(P)$。所以惠更斯-菲涅耳原理可表述为：波前 Σ 上每个面元 $\mathrm{d}\Sigma$ 都可以看成是新的振动中心，在空间某一点 P 处的振动是所有这些次波在该点的相干叠加。

关于次波场我们可以想象：次波场是面元 $\mathrm{d}\Sigma$ 作为新的振动中心发出的，P 点处的次波场复振幅符合球面波的特征。所以次波场 $\mathrm{d}\widetilde{E}(P)$ 应为球面次波函数 $\propto\dfrac{\mathrm{e}^{\mathrm{i}kr}}{r}$；应与面源振幅有关 $\propto\widetilde{E}(Q)$；与面源面积有关 $\propto\mathrm{d}\Sigma$。另外，考虑到光是横波，具有偏振特性，因而 P 点处次波场还与面源的相对位置有关，即 $\mathrm{d}\widetilde{E}(P)\propto F(\theta_0,\theta)$（倾斜因子表征面源与点源、场点的位置关系。以面源相对光源的位矢与面源法线夹角 θ_0 以及面源相对场点的矢量与面源法线夹角 θ 的关系来表示）。菲涅耳根据直觉判断，随着角度 θ_0、θ 的增大，倾斜因子 $F(\theta_0,\theta)$ 逐渐减小。若选 Σ 为以点源 S 为中心的球面，$\theta_0=0$，则 $F(\theta)$：$\theta=0$，$F=F_{\max}=1$，$\theta\uparrow\rightarrow F(\theta)\downarrow$，$\theta\geqslant 90^\circ$，$F=0$。

上述 $\widetilde{E}(Q)$、$\dfrac{\mathrm{e}^{\mathrm{i}kr}}{r}$、$\mathrm{d}\Sigma$ 以及 $F(\theta_0,\theta)$ 称为次波复振幅的四要素。综合考虑上述所有因素，P 点处的光场用具体的积分形式可以表示为

$$\widetilde{E}(P)=K\oiint\limits_{\Sigma}\widetilde{E}(Q)F(\theta_0,\theta)\frac{\mathrm{e}^{\mathrm{i}kr}}{r}\mathrm{d}\Sigma \tag{2.2.3}$$

可见，P 点处的光场分布就是大量球面次波场的叠加。单色球面波是次波源的波函数。

前面我们分析了单色球面波、单色平面波的特点及其转化条件。单色平面波是最简单的理想光波，是极端的单色球面波。从惠更斯-菲涅耳原理来看：波的传播过程就是波面的传播，实际上就是不同近似条件下的波面的变化，也就是说在一定的条件下，某观察面处的场可以看作球面波 $\mathrm{e}^{\mathrm{i}kr}$ 的叠加、“二次抛物面波”$\mathrm{e}^{\mathrm{i}k\frac{x^2+y^2}{2z}}$ 的叠加、平面波 $\mathrm{e}^{-\mathrm{i}\left(k\frac{x}{z}x_0+k\frac{y}{z}y_0\right)}$ 的叠加。

在波动光学的学习中，我们建议牢牢抓住惠更斯-菲涅耳原理这“一个中心”，要理解其本质就是波的叠加原理。我们可以利用这一原理，基于光场的振幅、偏振、位相三个参量，通过对光场的分解、叠加等，分析光的偏振、干涉、衍射等特性。学习框架如图 2.22 所示。

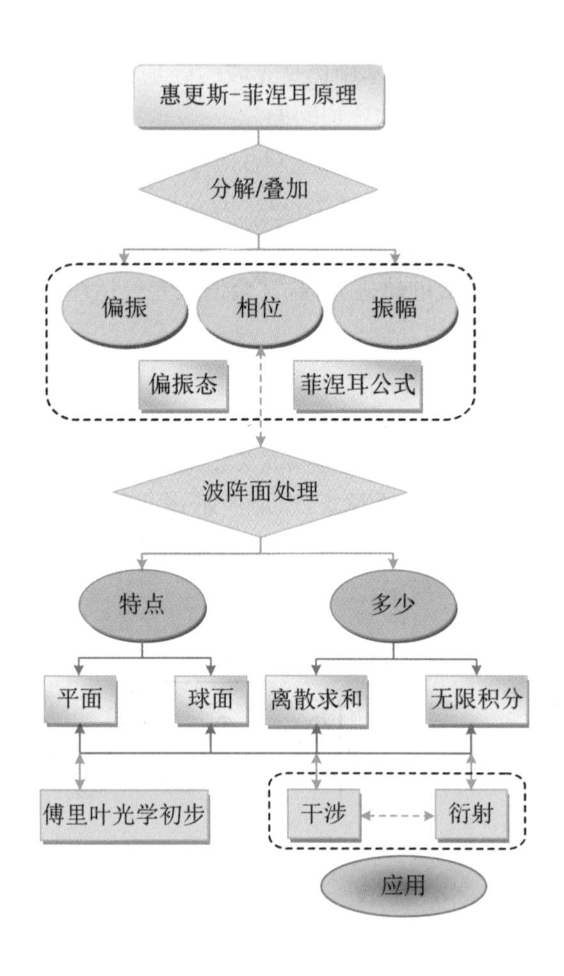

图 2.22 波动光学学习框架

2.3 频率相同、振动方向相互垂直的两光波的叠加——光的偏振状态

2.3.1 光的偏振态

由麦克斯韦方程组知，光矢量 $\boldsymbol{E} \perp \boldsymbol{K}$（光传播方向），即光矢量在垂直光传播方向的面内振动，光波具有横波性（偏振性）。在与传播方向垂直的平面内，光矢量 $\boldsymbol{E}$ 还可能有各式各样的振动状态，该平面内的具体振动方式称为光的偏

振态。光的偏振态分为完全偏振光、非偏振光(即自然光)及部分偏振光。

研究光不同偏振态形成的基础仍是光波的叠加原理,它涉及的是两个同频率、振动方向相互垂直的光波的叠加问题。

设光的传播方向为沿 z 轴,E 位于 Oxy 平面,根据正交分解法,任何形式的光振动总可分解为两相互垂直振动 E_x、E_y 的叠加。如果这两个相互垂直分振动完全相关,即有完全确定的相位关系,则相应的光称为完全偏振光。根据 E_x、E_y 在 Oxy 平面内合成的轨迹方程,完全偏振光包括线偏振光、圆偏振光、椭圆偏振光。

1. 线偏振光

线偏振光:若固定某一位置 Z 考察光矢量的时间变化,则其末端在 Oxy 平面上扫描出一个确定的线段,如图 2.23(a)所示;若固定某一时刻 t 考察光矢量的空间变化,光矢量 E 的振动方位保持不变,则各处的光矢量位于一个取向确定的平面内,如图 2.23(b)所示。

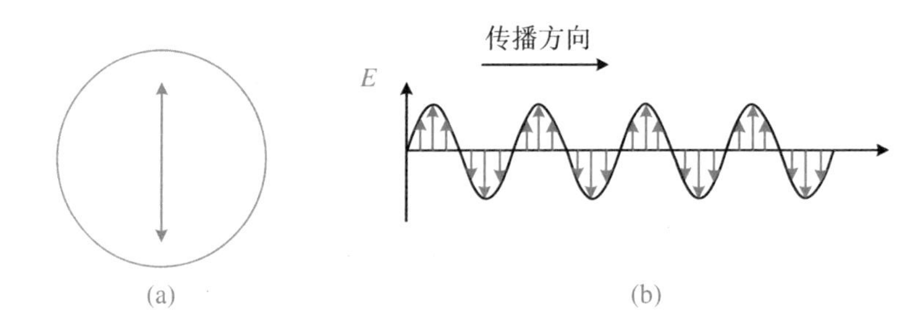

图 2.23 线偏振光的振动方向

线偏振光的表示法如图 2.24 所示。

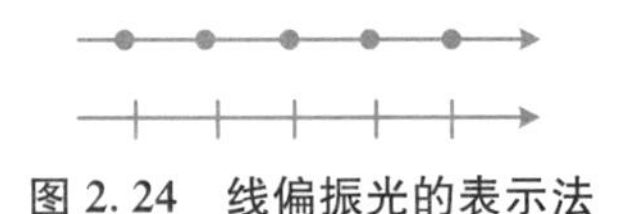

图 2.24 线偏振光的表示法

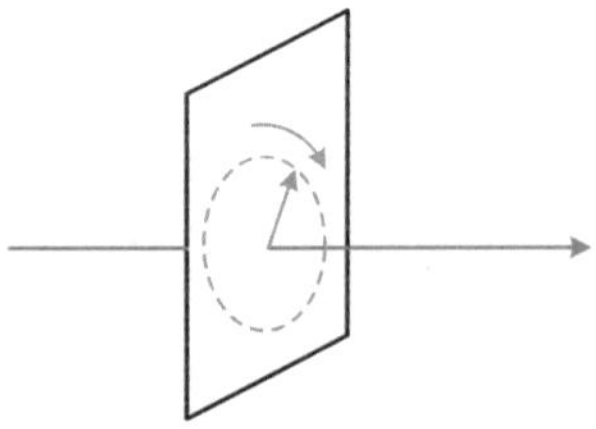

2. 圆偏振光

圆偏振光:在任一位置,光矢量 E 的末端随时间变化在 Oxy 平面上扫描出一个圆的光。光矢量 E 在 Oxy 平面内运动的特点:其瞬时值的大小不变,方向以角速度 ω(波的圆频率)匀速旋转。迎着光束的传播方向观察,根据 E 的旋向又可分为左旋圆偏振光(光矢量 E 按逆时针方向旋转)和右旋圆偏振光(光矢量 E 按顺时针方向旋转)。如图 2.25 所示。

图 2.25 右旋圆偏振光

3. 椭圆偏振光

椭圆偏振光:在任一位置,光矢量 E 的末端随时间变化在 Oxy 平面上扫描出一个椭圆的光。迎着光束的传播方向观察,根据 E 的旋向又可分为左旋椭圆偏振光(光矢量 E 按逆时针方向旋转)和右旋椭圆偏振光(光矢量 E 按顺时针方向旋转)。如图 2.26 所示。

根据振动的分解、合成原则,以上三种偏振态都可以看作是两个垂直的同

频率振动 E_x 和 E_y 的合成，合成波的振动方式取决于两个分振动的振幅比 E_{x0}/E_{y0} 和相位差 $\Delta\varphi=\varphi_y-\varphi_x$。

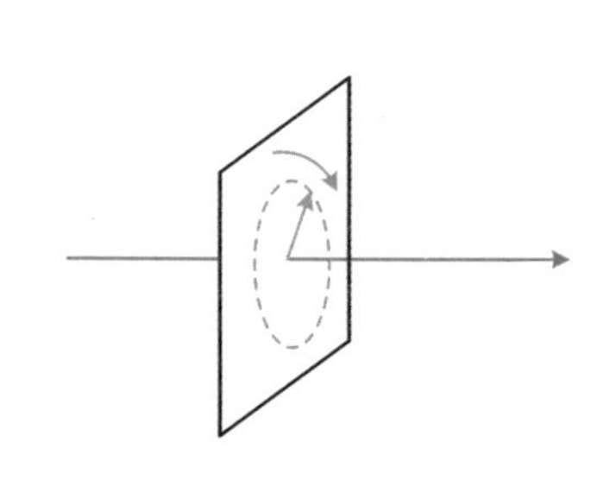

图 2.26 右旋椭圆偏振光

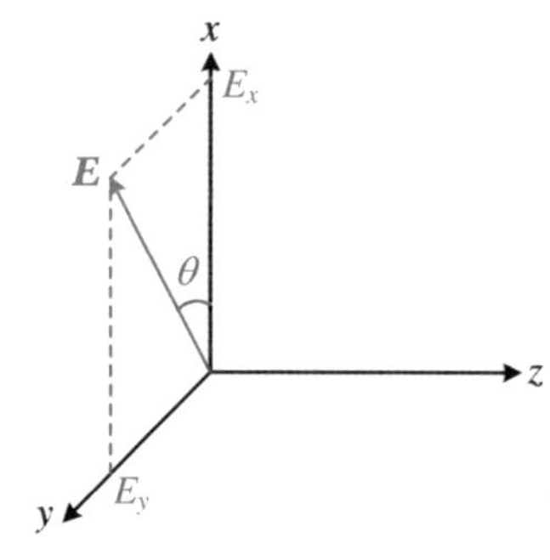

图 2.27 偏振光电场在 x、y 方向上的分解

下面我们从两列同频率、振动方向相互垂直、同向传播的平面光波的叠加，来分析偏振光的形成及特征。如图 2.27 所示，两个相互垂直的振动方向分别取为 x、y 轴，波的传播方向为 z，不失一般性，取 $\varphi_{x0}=0$，并记 y 振动相对于 x 振动的相位差为 $\Delta\varphi=\varphi_y-\varphi_x$。

x、y 方向的光矢量 E 的波函数分别为

$$\begin{aligned}\boldsymbol{E}_x(z,t)&=\boldsymbol{E}_{x0}\cos(\omega t-kz)\\ \boldsymbol{E}_y(z,t)&=\boldsymbol{E}_{y0}\cos(\omega t-kz+\Delta\varphi)\end{aligned}\tag{2.3.1}$$

波场中任意位置和时刻的波函数(合振动)为

$$\boldsymbol{E}(z,t)=\boldsymbol{E}_x(z,t)+\boldsymbol{E}_y(z,t)\tag{2.3.2}$$

合成光矢量 E 仍在 Oxy 平面内，仍保持其横波性。如图 2.28 所示，以 θ 表示 E 与 x 轴正向所成的角，其表达式为

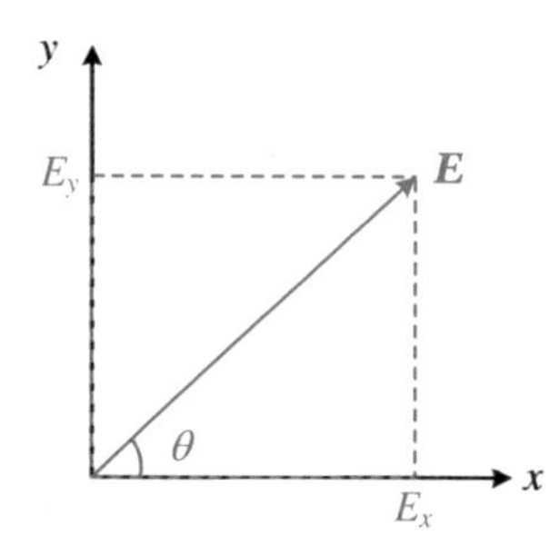

图 2.28 波函数的分解

$$\tan\theta=\frac{E_y}{E_x}=\frac{E_{y0}\cos(\omega t-kz+\Delta\varphi)}{E_{x0}\cos(\omega t-kz)}\tag{2.3.3}$$

由式(2.3.3)可知 θ 的大小，即 E 在 Oxy 平面内的指向将随位置 z 和时间 t 而变化(旋转性)。

1) 光矢量 E 的时间变化(z 为定值，可取 $z=0$，振动的合成)

$$\Delta\varphi\Leftrightarrow\Delta\varphi+2m\pi\quad(m=\pm1,\pm2,\cdots),\quad\Delta\varphi\in[-\pi,\pi]$$

下面我们分别讨论相位差为 $0,\pm\pi,\pm\pi/2$ 和任一确定值 $\Delta\varphi$ 的情况。

(1) $\Delta\varphi=0$

$$\tan\theta=\frac{E_{y0}\cos(\omega t-kz+\Delta\varphi)}{E_{x0}\cos(\omega t-kz)}=\frac{E_{y0}}{E_{x0}}\tag{2.3.4}$$

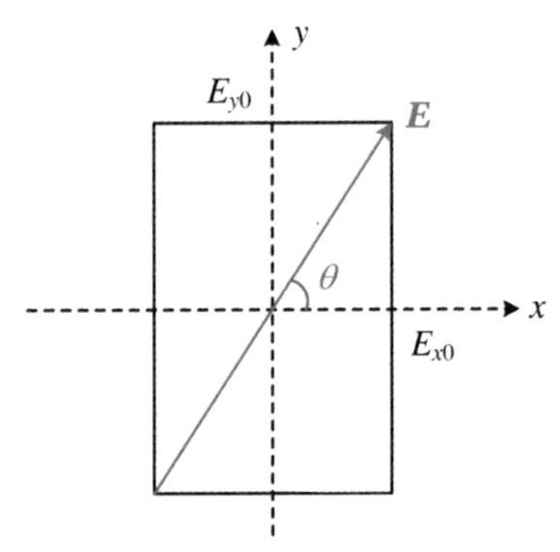
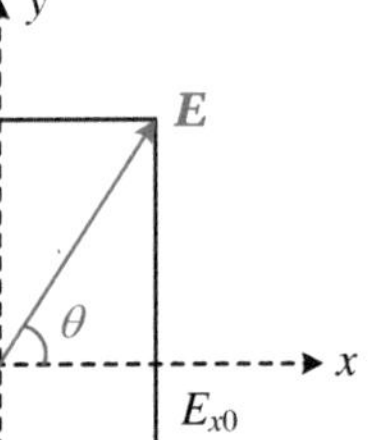

图 2.29　$\Delta\varphi=0$ 时的光矢量

$\tan\theta$ 为一正常数，E 位于一、三象限中一个确定的平面(振动面)内，振动面与 Oxy 平面的交线为一方向确定的线段，如图 2.29 所示，为线偏振光。

(2) $\Delta\varphi=\pm\pi$

$$\tan\theta=-\frac{E_{y0}}{E_{x0}}$$

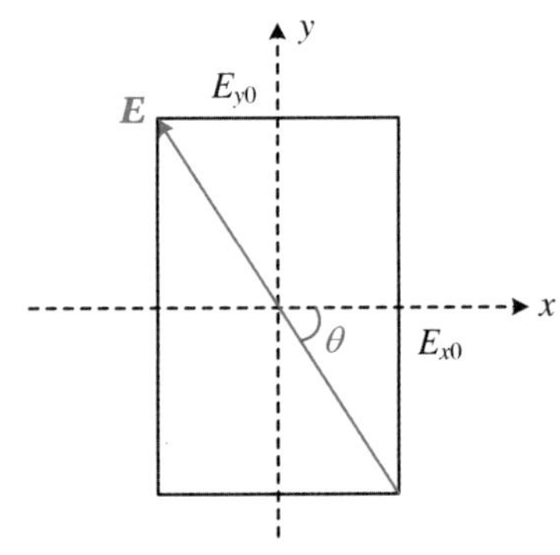

图 2.30　$\Delta\varphi=\pm\pi$ 时的光矢量

$\tan\theta$ 为一负常数，E 位于二、四象限中一个确定的平面(振动面)内，振动面与 Oxy 平面的交线为一方向确定的线段，如图 2.30 所示，为线偏振光。

由相互垂直振动合成叠加关系，合成振动的大小为 $E=\sqrt{E_{x0}^2+E_{y0}^2}$，即 $I=E_{x0}^2+E_{y0}^2=I_x+I_y$，叠加的强度等于各自强度之和。

(3) $\Delta\varphi=\pi/2$

$$\tan\theta=\frac{E_{y0}\cos(\omega t-kz+\Delta\varphi)}{E_{x0}\cos(\omega t-kz)}=-\frac{E_{y0}}{E_{x0}}\tan(\omega t-kz)$$

令 $z=0$，则 θ 是 t 的函数：

$$\tan\theta=-\frac{E_{y0}}{E_{x0}}\tan(\omega t)\tag{2.3.5}$$

合矢量 E 的空间指向将随时间变化发生旋转，由上式即可分析其旋转方向，随着 t 增大，θ 减小。当迎着光的传播方向观察时，将会“看到”光矢量 E 沿顺时针方向转动(右旋)。如图 2.31 所示。

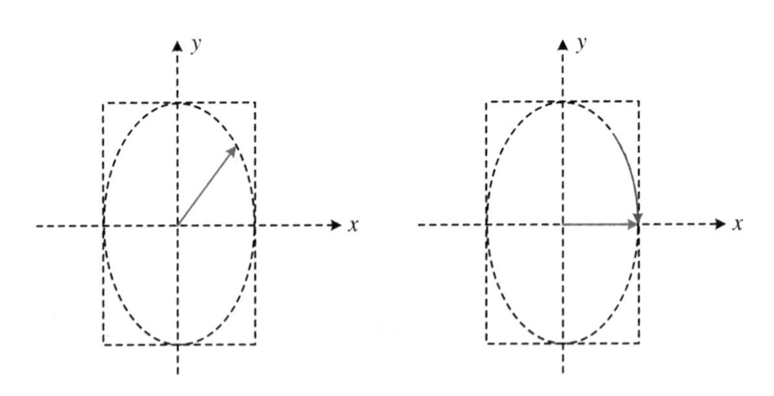

图 2.31　光矢量的旋转

将 $\Delta\varphi=\pi/2$ 代入以下公式：

$$\boldsymbol{E}_x(z,t)=\boldsymbol{E}_{x0}\cos(\omega t-kz)$$
$$\boldsymbol{E}_y(z,t)=\boldsymbol{E}_{y0}\cos(\omega t-kz+\Delta\varphi)$$

得

$$\left(\frac{E_x}{E_{x0}}\right)^2 + \left(\frac{E_y}{E_{y0}}\right)^2 = 1 \tag{2.3.6}$$

可见,E 的末端随时间变化在 Oxy 平面上扫描出的轨迹是一个正椭圆,两半轴分别位于 x 轴和 y 轴,两半轴长分别为 E_{x0}、E_{y0},如图 2.32 所示。

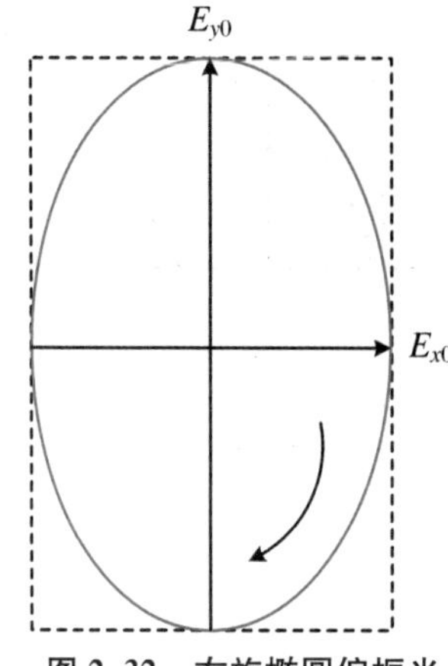

图 2.32 右旋椭圆偏振光

当 $\Delta\varphi=\pi/2$ 时,两同频率、振动方向相互垂直光波的叠加为右旋椭圆偏振光。

(4) $\Delta\varphi=-\pi/2, 3\pi/2$

$$\tan\theta = \frac{E_{y0}\cos(\omega t - kz + \Delta\varphi)}{E_{x0}\cos(\omega t - kz)} = \frac{E_{y0}}{E_{x0}}\tan(\omega t - kz)$$

$$\tan\theta = \frac{E_{y0}}{E_{x0}}\tan(\omega t) \tag{2.3.7}$$

随着 t 增大,θ 增大。当迎着光的传播方向观察时,将会“看到”光矢量 E 沿逆时针方向转动(左旋)。E 的末端随时间变化在 Oxy 平面上扫描出的轨迹亦是一个正椭圆(左旋椭圆偏振光),如图 2.33 所示。

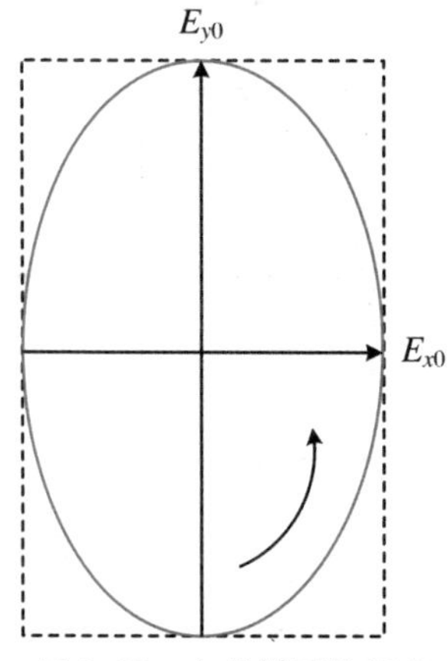

图 2.33 左旋椭圆偏振光

(5) $\Delta\varphi$ 为任意值(一般情况)

$$\boldsymbol{E}_x(z,t) = E_{x0}\cos(\omega t - kz) = E_{x0}\cos(\omega t)$$
$$\boldsymbol{E}_y(z,t) = E_{y0}\cos(\omega t - kz + \Delta\varphi) = E_{y0}\cos(\omega t + \Delta\varphi)$$

整理:

$$\frac{E_x}{E_{x0}} = \cos\omega t$$

$$\frac{E_y}{E_{y0}} = \cos\omega t\cos\Delta\varphi - \sin\omega t\sin\Delta\varphi$$

$$\frac{E_x}{E_{x0}}\sin\Delta\varphi = \cos\omega t\sin\Delta\varphi$$

$$\frac{E_x}{E_{x0}}\cos\Delta\varphi - \frac{E_y}{E_{y0}} = \sin\omega t\sin\Delta\varphi$$

可得

$$\frac{E_x^2}{E_{x0}^2} + \frac{E_y^2}{E_{y0}^2} - 2\frac{E_x}{E_{x0}}\frac{E_y}{E_{y0}}\cos\Delta\varphi = \sin^2(\Delta\varphi) \tag{2.3.8}$$

由方程可见这是一个椭圆,其特点如下:

① 是在 $2E_{x0}$(x 向)、$2E_{y0}$(y 向)范围内的一个“斜椭圆”(两半轴的方位不与 x、y 轴重合)。

② 椭圆的性质(方位,左、右旋)在 E_{x0}、E_{y0} 确定之后,主要决定于 $\Delta\varphi=\varphi_y-\varphi_x$。

基于方程即可分析 E 的旋向和方位。例如，在第一象限 $\left[0,\frac{\pi}{2}\right]$，取两时间点：$t=0$，$t=T/4$。

当 $t=0$ 时，有

$$E_x = E_{x0}\cos\omega t = E_{x0}$$
$$E_y = E_{y0}\cos(\omega t + \Delta\varphi) = E_{y0}\cos\Delta\varphi > 0$$

表明 E 的末端处在椭圆轨迹与 $E_x=E_{x0}$ 的直线相切的切点，切点在 x 轴的上方，长轴朝第一、三象限倾斜。如图 2.34 所示。

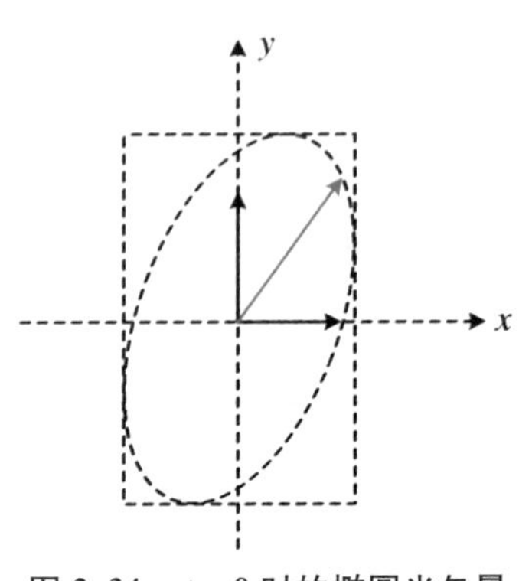

图 2.34　$t=0$ 时的椭圆光矢量

当 $t=T/4$，即 $\omega t=\pi/2$ 时，有

$$E_x = E_{x0}\cos\frac{\pi}{2} = 0$$
$$E_y = E_{y0}\cos\left(\frac{\pi}{2} + \Delta\varphi\right) < 0$$

表明此时合成矢量在 y 负半轴，如图 2.35 所示。所以当 $\Delta\varphi\in I$ 时，合成为右旋椭圆偏振光。

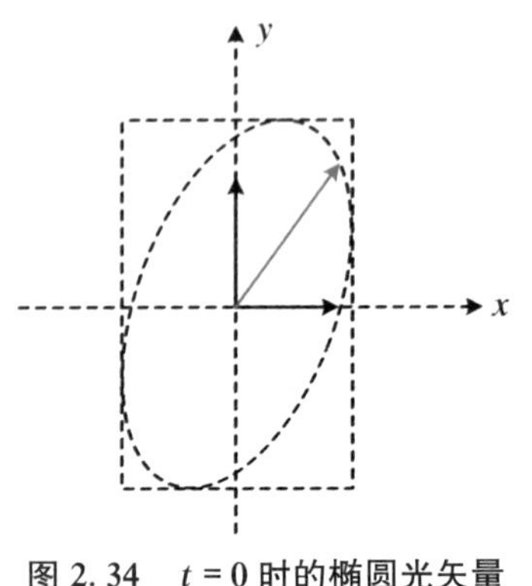

图 2.35　$t=T/4$ 时的光矢量

综合分析可得

$$\begin{cases}\Delta\varphi \in \text{Ⅰ、Ⅱ 象限，右旋} \\ \Delta\varphi \in \text{Ⅲ、Ⅳ 象限，左旋}\end{cases}$$

综上，若两同频率、振动方向相互垂直光场有确定的相位关系，则叠加为椭圆偏振光或者说完全偏振光为椭圆偏振光，线偏振光和圆偏振光是其特例。

① $\Delta\varphi=0,\pm\pi$ 或 $E_{x0}=0$ 或 $E_{y0}=0$：椭圆偏振光⇒线偏振光。

② $\Delta\varphi=\pm\frac{\pi}{2}$，$E_{x0}=E_{y0}=A$：椭圆偏振光⇒圆偏振光。

从另一方面而言，圆偏振光可看作两个相互垂直、振幅相等、相位差 $\pm\pi/2$ 的线偏振光的合成：

$$I = E_{x0}^2 + E_{y0}^2 = 2A^2 \tag{2.3.9}$$

椭圆偏振光可看作两个相互垂直但振幅不相等、有固定相位差 $\Delta\varphi$ 的线偏振光的合成。线偏振光可看作两个相互垂直，$\Delta\varphi=0,\pm\pi$ 的线偏振光的合成。线偏振光和圆偏振光都可看作椭圆偏振光的特例。

对于两个垂直振动的合成，不论相位差 $\Delta\varphi$ 为何值，$E_x\perp E_y$，总有 $I=I_x+I_y$，即合振动的强度简单地等于两个垂直分振动的强度之和，这对线偏振光、圆偏振光、椭圆偏振光都是适用的。

2）光矢量 E 的空间变化

在给定时刻 t（可取 $t=0$），光矢量 E 在不同位置 z 的取向变化为

$$\tan\theta = \frac{E_{y0}\cos(\omega t - kz + \Delta\varphi)}{E_{x0}\cos(\omega t - kz)} = \frac{E_{y0}\cos(-kz + \Delta\varphi)}{E_{x0}\cos(-kz)} \quad (2.3.10)$$

$\Delta\varphi = 0, \pm\pi$(线偏振光)时,振动平面的空间取向不变,其他情况 θ 将随位置 z 的变化而变化。

由前面的分析,对右旋圆偏振光(时间)则有:$E_{x0} = E_{y0}, \Delta\varphi = \frac{\pi}{2}$,代入方程,得

$$\tan\theta = \tan kz, \quad \theta = kz$$

可见,当 z 值从零增大时,θ 值将线性增大,故 E 矢量将沿着光的传播方向做逆时针依此排列,即所谓"一眼望去"的空间变化。由于 E 的长度不变,其在以 Oxy 平面上半径为 E 的圆为底、以 z 轴为轴线的正圆柱的侧面上绘出一条螺旋线。该螺旋是右手螺旋,即用右手握圆柱,四指沿螺线的转动方向,拇指即指向螺旋的进动方向。如图 2.36 所示。

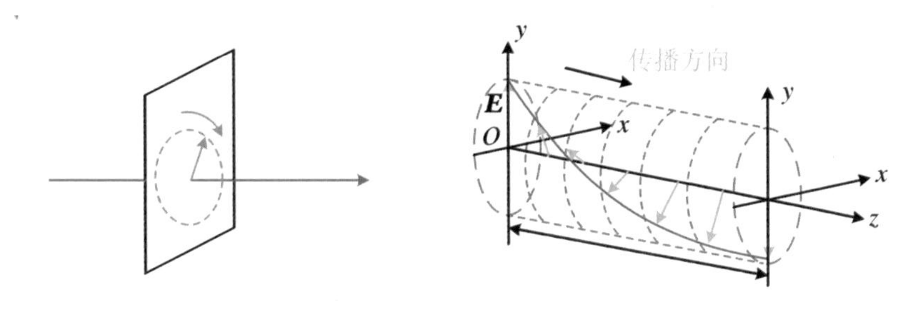

图 2.36 某时刻右旋圆偏振光 E 随 z 的变化

其过程也好理解:我们所说右旋圆偏振光,是迎着光"看"某一位置(如 $z = z_0$)处(x, y)面内光矢量随时间的变化(旋转),即所谓的"守株待兔",这样只有光矢量的空间逆时针排列,依次经过"株"($z = z_0$)时,在(x, y)面内"看"到光矢量右旋。这是由光场时间、空间双重周期性的内在物理禀性决定的。

4. 自然光

对于自然光,其发光来自大量原子的光辐射,每个原子一次发出的光波相互独立、彼此无关、振动方向各不相同、各次随机但机会均等,就其平均效果来说,任何方向上都具有相同的平均振幅和能量,如图 2.37 所示。由以上完全偏振光的分解、叠加,以及自然光的发光特征可知,自然光可分解为两束振动方向相互垂直的、等幅的、相位无关(不相干)的线偏振光。虽然与圆偏振光分解类似,但是圆偏振光的两相垂直振动间有固定的相位关系,而自然光的两相垂直振动间相位无关。

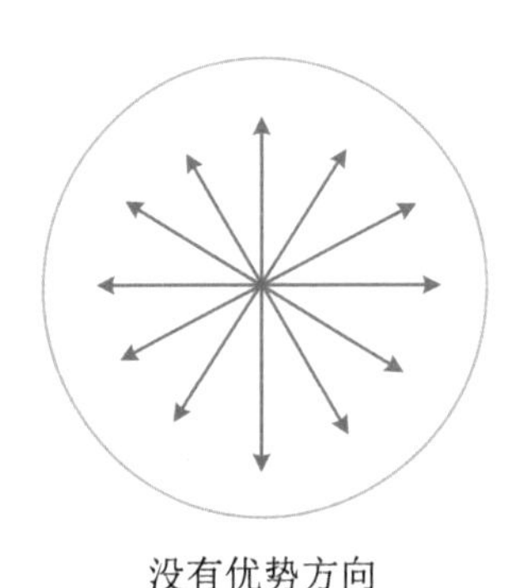
没有优势方向

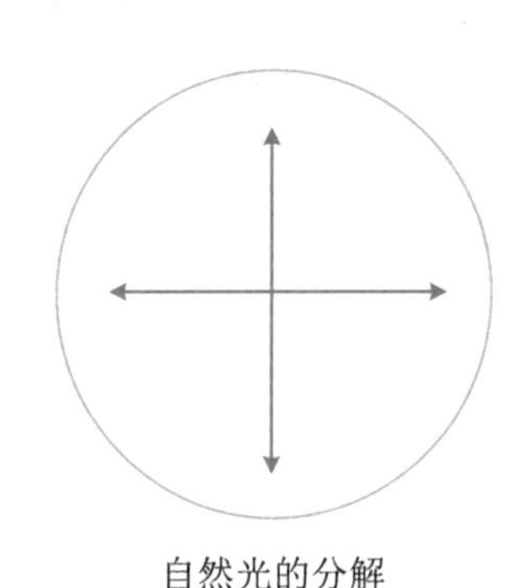
自然光的分解

图 2.37　自然光及其分解

自然光通常用如图 2.38 所示的记号来表示。

图 2.38　自然光的记号表示

该记号表示向右传播的自然光，短线段和小圆点表示光的振动方向，其短线段数目与小圆点数目一样多，表示自然光中两相垂直振动成分相等。

5. 部分偏振光

在自然光与完全偏振光之间有一种部分偏振光，它既不是完全偏振光也不是自然光。其光矢量的振动方向也是随机地迅速变化的，但是在某一方向的振动占有优势，振幅最大，与之垂直方向的振幅最小，其振幅情况如图 2.39 所示。同理，部分偏振光可以分解为两束振动相互垂直的、不等幅的、相位无关（不相干）的线偏振光。虽然与椭圆偏振光的分解类似，但是其两相垂直振动相位无关。

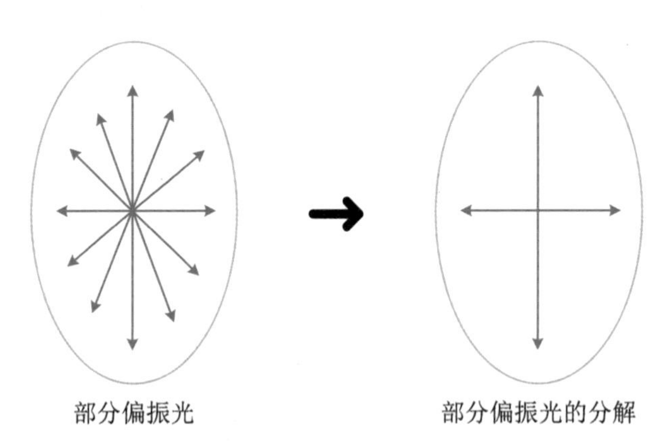
部分偏振光　　部分偏振光的分解

图 2.39　部分偏振光及其分解

部分偏振光的记号表示如图 2.40 所示。

(a) 表示平行纸面的振动占优势　　(b) 表示垂直纸面的振动占优势

图 2.40　部分偏振光的记号表示

6. 偏振度

为衡量光偏振态的偏正程度，需定义一参量——偏振度。通常是基于可测量的量来定义的，如最大振幅和最小振幅对应的光强 $I_{\max}$ 和 $I_{\min}$，则偏振度 P 定义式如下：

$$P = \frac{I_{\max} - I_{\min}}{I_{\max} + I_{\min}} \tag{2.3.11}$$

由其定义式及光的偏振态特征可知：$P=1$ 时对应线偏振光；$0<P<1$ 时对应部分偏振光或椭圆偏振光；$P=0$ 时对应自然光或圆偏振光。即凭借一检偏器，可明确测量检验出线偏振光，但只能将 5 种偏振态区分为 3 种，不能区分部分偏振光和椭圆偏振光、自然光和圆偏振光。我们知道，这些偏振态都可分解为两振动相互垂直、相位相关或无关的线偏振光的叠加，既然能测量检验出线偏振光，那么在相位上“作文章”，根据相位差特点，就可能区分之。我们将在“光在晶体中传播”一章中分析。

2.3.2 偏振光的产生和检偏

1. 偏振片的起偏和检偏

在自然界中见到的光大多是自然光、部分偏振光。例如，普通光源发出的光是自然光，月光、湖面反射的阳光则是部分偏振光。但在许多实际应用中，需要理想的完全偏振光。如何从自然光产生获得偏振光？该过程称为起偏，即从自然光获得偏振光。要得到偏振光，往往要通过光与物质的相互作用使自然光的偏振形态产生某种改变，起偏的光学器件，称为起偏器。起偏的原理是利用某种光学的不对称性，因此，各种起偏器的作用过程都必须包含某种不对称性，它可以是介质在不同作用条件(例如不同的入射角)下的不同响应，更多的则是介质本身的各向异性。

2. 偏振片

偏振片通常指常用的线起偏器，主要有：

(1) 微晶型

基于某些晶体的二向色性、双折特性。如电气石、硫酸碘奎宁晶体(塞璐璐基片)对不同方向的电磁振动具有不同吸收的性质。缺点是吸收会产生热，如果光的强度较强、功率较高，产生的热量会破坏材料。如图 2.41 所示。

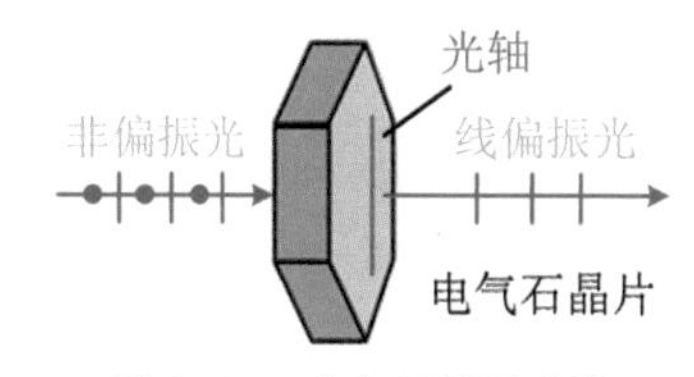

图 2.41 电气石型偏振片

(2) 分子型

含有传导电子(某碘的化合物)的聚合物分子长链，如线栅模型(细金属丝)。如图 2.42 所示。

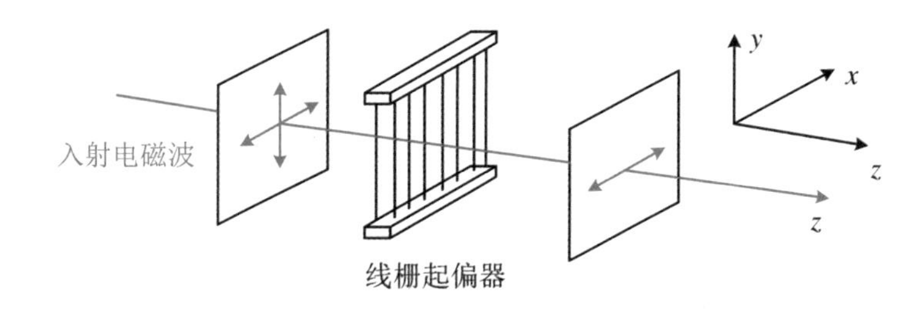

图 2.42 线栅型偏振片

偏振片使某一方向振动透过的方向，称为偏振化方向、振透方向，也称为起偏方向。

3. 偏振片的起偏与检偏作用

偏振片可以使自然光变为线偏振光——起偏，也可用来分析、检验光的偏振态——检偏，如图 2.43 所示。

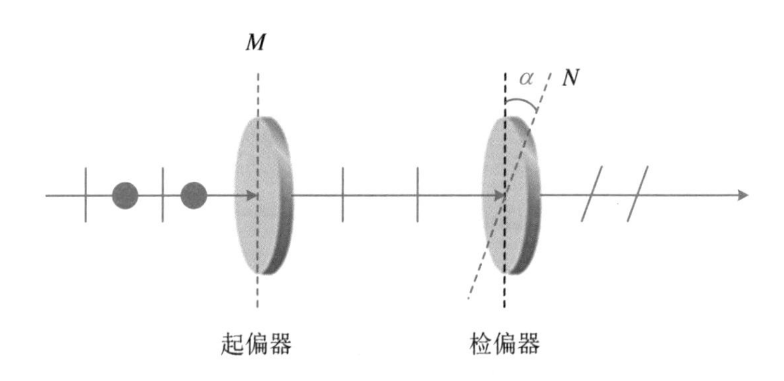

图 2.43 偏振片的起偏与检偏作用

若探测到的光强度有的较大，有的为零，则光是线偏振光；若旋转时强度不发生变化，则有可能为圆偏振光或自然光；若强度变大变小，则可能为椭圆偏振光或部分偏振光。

4. 偏振片对不同偏振态的光强响应

各种偏振结构的光通过理想偏振片时的光强变化：

(1) 线偏振光

由偏振片的工作原理可知，如果振动方向与振透方向(振动透过的方向)一致，则光全部通过；若垂直，则无光透过。因此透过偏振片的光是其振动在振透方向的投影。如图 2.44 所示。

所以有

$$I \propto E^2 = E_0^2 \cos^2 \alpha$$

$$I = I_0 \cos^2 \alpha \tag{2.3.12}$$

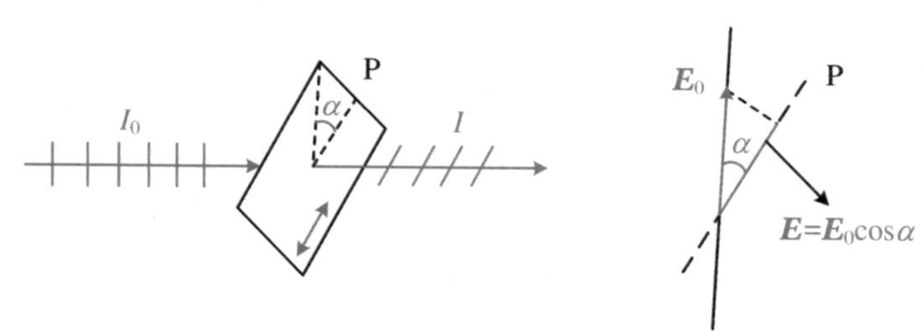

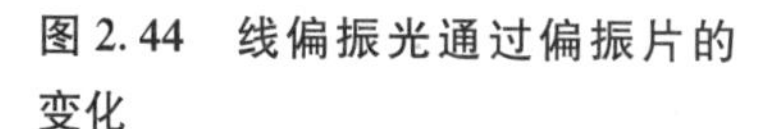
图 2.44 线偏振光通过偏振片的变化

该公式给出了线偏振光通过偏振片时透射光强随线偏振光偏振方向与偏振片振透方向间夹角的变化规律，称为马吕斯定律。

(2) 自然光

如图 2.45 所示，自然光通过偏振片时，有

$$I_0 = E_{\mathrm{P}}^2 + E_{\mathrm{P}\perp}^2 = 2E_{\mathrm{P}}^2 = 2I$$

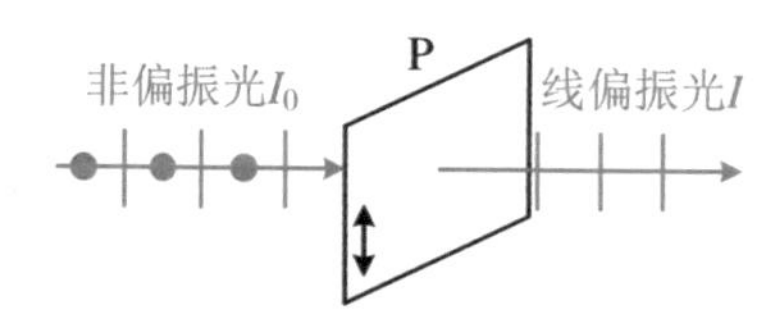

图 2.45 自然光通过偏振片的变化

当偏振片旋转时，透过光强是不变的：

$$I = I_0 \langle \cos^2 \alpha \rangle = I_0 \frac{1}{2\pi}\int_0^{2\pi} \cos^2 \alpha \, \mathrm{d}\alpha = \frac{1}{2} I_0 \tag{2.3.13}$$

(3) 圆偏振光

两个相互垂直、振幅相等、相位差 $\pm \pi/2$ 的线偏振光的合成：

$$I_0 = E_{\mathrm{P}}^2 + E_{\mathrm{P}\perp}^2 = 2E_{\mathrm{P}}^2$$

通过 P 后的光强为

$$I = \frac{1}{2} I_0$$

可见圆偏振光与自然光的光强透过率相同。圆偏振光是完全偏振光，两分量相干；自然光两分量非相干。由单一 P，无法判别自然光和圆偏振光。

(4) 椭圆偏振光

透过 P 的光强 I，是 E_{y0}、E_{x0} 在 P 的振透方向投影的合成，如图 2.46 所示。

$$E_{x0\mathrm{P}} = E_{x0} \mathrm{e}^{\mathrm{i}\varphi_x} \cos\alpha \tag{2.3.14}$$

$$E_{y0\mathrm{P}} = E_{y0} \mathrm{e}^{\mathrm{i}\varphi_y} \sin\alpha \tag{2.3.15}$$

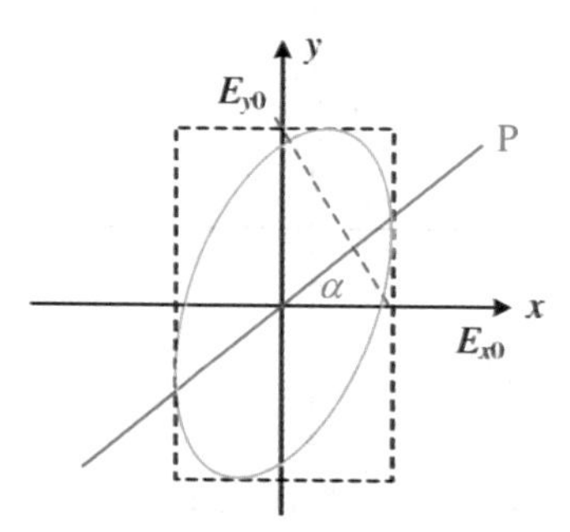

图 2.46 椭圆偏振光的分解

两投影振动方向相同，有确定的相位差，则有

$$\begin{aligned} I &= EE^* \\ &= (E_{x0\mathrm{P}} + E_{y0\mathrm{P}})(E_{x0\mathrm{P}} + E_{y0\mathrm{P}})^* \\ &= I_x \cos^2 \alpha + I_y \sin^2 \alpha + 2\sqrt{I_x I_y} \cos\alpha \sin\alpha \cos(\Delta\varphi) \end{aligned} \tag{2.3.16}$$

$I_x = E_{x0}^2, I_y = E_{y0}^2$分别表示椭圆偏振光中两个正交分量的强度。实验可以通过测量旋转偏振片时的光强变化(测出最大透射光强 I_{max}和最小透射光强 I_{min})来确定此二方向。由式(2.3.16)可见透射强度不再是两正交分量的强度之和,而是与该两相互垂直振动间的相位差有关。该叠加强度不再是两叠加场各自强度之和,成为干涉。

由前面的分析可知,圆偏振光、线偏振光可看作椭圆偏振光的特例,所以由式(2.3.16)可得圆偏振光、线偏振光透过偏振片后的光强。

对于圆偏振光,有 $I_x = I_y, \Delta\varphi = \pm\pi/2$。由

$$I = I_x \cos^2\alpha + I_y \sin^2\alpha + 2\sqrt{I_x I_y}\cos\alpha\sin\alpha\cos(\Delta\varphi)$$

可得圆偏振光透过偏振片的强度为

$$I = I_x \cos^2\alpha + I_y \sin^2\alpha = \frac{I_0}{2}\cos^2\alpha + \frac{I_0}{2}\sin^2\alpha = I_0/2$$

对于线偏振光,有 $I_x \neq I_y; \Delta\varphi = 0, \pm\pi$。同理,由

$$I = I_x \cos^2\alpha + I_y \sin^2\alpha + 2\sqrt{I_x I_y}\cos\alpha\sin\alpha\cos(\Delta\varphi)$$

可得线偏振光透过偏振片的强度为

$$I = I_x \cos^2\alpha + I_y \sin^2\alpha \pm 2\sqrt{I_x I_y}\cos\alpha\sin\alpha = (E_x\cos\alpha \pm E_y\sin\alpha)^2$$

即

$$\boldsymbol{E} = E_x\cos\alpha \pm E_y\sin\alpha$$

所以

$$I = I_0\cos^2\alpha$$

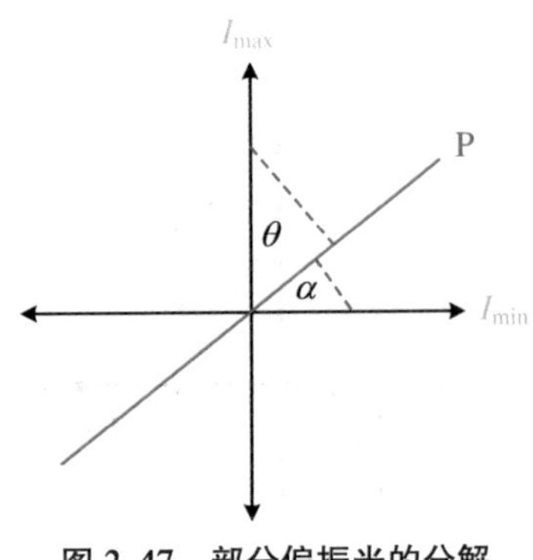

图 2.47 部分偏振光的分解

(5) 部分偏振光

对于椭圆偏振光,两不等振幅在P方向的投影有确定的相差,故干涉;对于部分偏振光,此二投影无确定相差,不发生干涉,总光强是二分量光强的直接叠加。如图2.47所示。

所以通过P后的光强为

$$\begin{aligned} I &= I_{min}\cos^2\alpha + I_{max}\sin^2\alpha \\ &= I_{min}(\cos^2\alpha + \sin^2\alpha) + (I_{max} - I_{min})\sin^2\alpha \end{aligned} \tag{2.3.17}$$

或

$$\begin{aligned} I &= I_{min} + (I_{max} - I_{min})\cos^2\theta \\ &= \frac{1}{2}I_n + I_l\cos^2\theta \end{aligned} \tag{2.3.18}$$

由此可见，部分偏振光是一自然光与一线偏振光的混合。通过以上分析，可进一步看到：由单一P，无法判别自然光和圆偏振光以及部分偏振光和椭圆偏振光。

5. 反射和折射时光的偏振

(1) 反射光的偏振

晴朗的日子里，蔚蓝色天空所散射的日光多半是部分偏振光。散射光与入射光的方向越接近垂直，散射光的偏振度越高。自然光反射时，可产生部分偏振光或完全偏振光。如图2.48所示。

太阳

水面

图2.48 太阳反射光的偏振状态

阳光斜入射时，反射光具有明显的偏振性质。用适当的偏振眼镜可减少前方太阳光通过路面(或水面)反射所致的眩目；拍摄水上景物，镜头前加偏振片也是为了消除反射光干扰。如图2.49所示。

(a) 有反射光干扰的橱窗

(b) 照相机镜头前加偏振片消除反射光干扰

图2.49 利用偏振片消除橱窗的反射光

(2) 布儒斯特定律

大量的实验观测表明：自然光照射在介质界面发生反射和折射时，反射光和折射光一般都是部分偏振光，反射光中垂直入射面的光振动占优势，而折射光中平行入射面的振动占优势。改变入射角时，反射光和折射光的偏振度也发生变化。当入射角等于某一角度时，反射光为线偏振光，且振动方向垂直入射面，此时反射光与折射光互相垂直。据此，布儒斯特在1811年根据实验总结出一个定律，称为布儒斯特定律：

反射光是完全偏振光时，反射光与折射光互相垂直，即入射角加折射角等于90°，则有

$$i_0 + \gamma = \frac{\pi}{2}$$

$$n_1 \sin i_0 = n_2 \sin\gamma = n_2 \sin\left(\frac{\pi}{2} - i_0\right) = n_2 \cos i_0$$

$$i_0 = \tan^{-1}\frac{n_2}{n_1} \tag{2.3.19}$$

此时的入射角称为布儒斯特角，也称为起偏角，以此角度入射可从自然光中获得线偏振反射光。如图 2.50 所示。

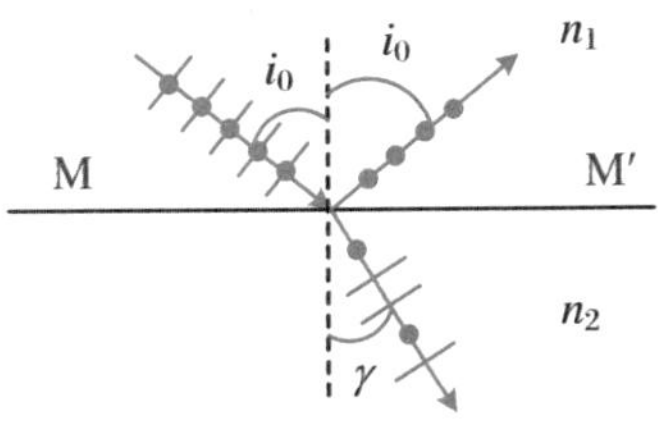

图 2.50　布儒斯特定律

(3) 折射光的偏振

由前知：自然光照射在介质界面上，当入射角等于某一角度时，反射光为线偏振光。但无论如何改变入射角，折射光都是部分偏振光。当入射角为布儒斯特角时，折射光的偏振度最高（平行入射面的振动占比最大）。利用布儒斯特角，可以得到线偏振的反射光，但往往光强较小，其光路反折，不方便实际应用。为了获得光强较强、便于使用的线偏振透射光，通常让自然光以布儒斯特角入射依次通过由多片介质组成的片堆，如图 2.51 所示。

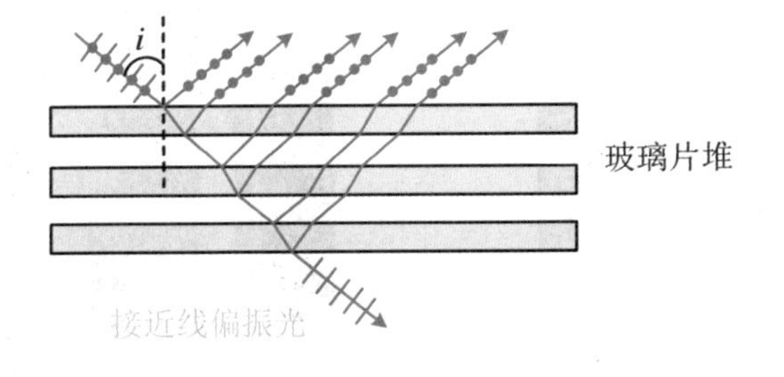

图 2.51　用玻璃片堆来获得线偏振光

例如，对于空气-玻璃界面，当光从空气入射到玻璃上时，布儒斯特角为 $i_0 = \tan^{-1}\frac{1.50}{1.00} = 56°18'$；而当光从玻璃入射到空气上时，布儒斯特角则为 $i_0 = \tan^{-1}\frac{1.00}{1.50} = 33°42'$，可以看到两个角度是互余的。因此对外、内反射都存在布儒斯特角这一特殊角，且两个角度成互余关系。但临界角只存在从光密介质到光疏介质界面入射的情况。

光波的横波性，只规定了光矢量 E 位于与传播方向垂直的平面内，并没有限定 E 在该平面内的具体振动方式。也就是说只要光矢量 E 在与光传播方向垂直的平面内振动，其波动可能都是满足麦克斯韦方程的，换句话说，除了我们所提到的线偏振光、圆偏振光、椭圆偏振光，还可存在其他偏振态光场！如径向偏振光场、角向偏振光场……

2.4 光在两种各向同性绝缘介质界面的反射、折射的电磁行为——菲涅耳公式

“天光云影共徘徊”“溪边照影行，天在清溪底”“疏影横斜水清浅”“鱼翔浅底”“潭清疑水浅”，这些日常生活中美妙的景象，都和界面处光的反射、折射现象有关。图 2.52 是荷兰著名版画大师埃舍尔（Maurits Cornelis Escher，1898—1972）1955 年所绘的石版画《三个世界》，画中描绘的是一个秋日的景象：远处岸边树木清晰的疏影，水面静静漂浮的落叶，近处游弋浅底清晰的鲤鱼。埃舍尔利用他精湛的画技描绘了这幅充满诗意的、真实的、美的画面，将艺术与科学完美地结合在一起。我们要“判天地之美”，更应“析万物之理”，在体味感受美的同时，也要问问为什么远处岸边树的倒影、近处水面下鲤鱼的画像那么清晰。

图 2.52 石版画《三个世界》

在前面的学习中，我们知道：当光从光密到光疏介质界面入射，入射角大于临界角时，光的能量全部反射到光密介质中。以大于临界角的不同入射角入射，反射光的电磁特性一样吗？光疏介质界面有电磁场吗？以布儒斯特角入射时反射光是线偏振光，且偏振方向垂直于入射面，为什么？由费马原理、惠更斯原理，可以得出界面处的反射和折射定律，但只是给出了入射光线、反射光线、折射光线间的几何关系，但是不清楚它们的振幅大小、偏振状态以及相位变化等。

本节我们将基于光的电磁理论，从界面处振动的分解、电磁场的边值关系，导出描述界面处反射、折射电磁特性的菲涅耳公式，进而由菲涅耳公式讨论反射光、折射光的振幅反射率、透射率、偏振态的变化、相位的跃变（半波损）、布儒斯特角、临界角、隐失波、斯托克斯定律以及与入射光的关系等。

2.4.1 各向同性介质界面上振动的分解

考虑两绝缘介质分界面，设平面无限大，透明（无吸收）。

电磁场边值关系：绝缘介质（无表面电流）电场强度 E 和磁场强度 H 的切线分量在界面上连续；（无表面电荷）电位移矢量 D 和磁感应强度 B 的法向分量在界面上连续。

$$\begin{cases} E_{1t} = E_{2t}, & H_{1t} = H_{2t} \\ D_{1n} = D_{2n}, & B_{1n} = B_{2n} \end{cases} \tag{2.4.1}$$

基本关系式：

$$\begin{cases} D = \varepsilon E = \varepsilon_0 \varepsilon_r E \\ B = \mu H = \mu_0 \mu_r H \end{cases} \tag{2.4.2}$$

$$\begin{cases} V = 1/\sqrt{\mu_0 \varepsilon_0 \mu_r \varepsilon_r} \\ c = 1/\sqrt{\mu_0 \varepsilon_0} \end{cases} \tag{2.4.3}$$

$$\begin{cases} E = BV = \mu H/\sqrt{\mu\varepsilon} \\ H = \dfrac{\sqrt{\varepsilon}}{\sqrt{\mu}} E = \dfrac{\sqrt{\varepsilon_0 \varepsilon_r}}{\sqrt{\mu_0 \mu_r}} E \end{cases} \tag{2.4.4}$$

$$V = \frac{\omega}{k}, \quad \frac{|E|}{|B|} = V, \quad k = \frac{2\pi}{\lambda} = \frac{\omega}{c} n, \quad n = \sqrt{\mu_r \varepsilon_r} \cong \sqrt{\varepsilon_r} \tag{2.4.5}$$

分析光在两种各向同性绝缘介质界面的反射、折射的电磁行为，可遵循分解、叠加的步骤，即界面处入射光的振动矢量先分解为两正交的振动分量，介质界面对入射光的两正交振动分量的响应不同，响应后的两正交振动分量叠加形成反射光、折射光。也就是说反射光、折射光可认为是界面对入射光响应后的同频率、振动相互垂直两光场的叠加。

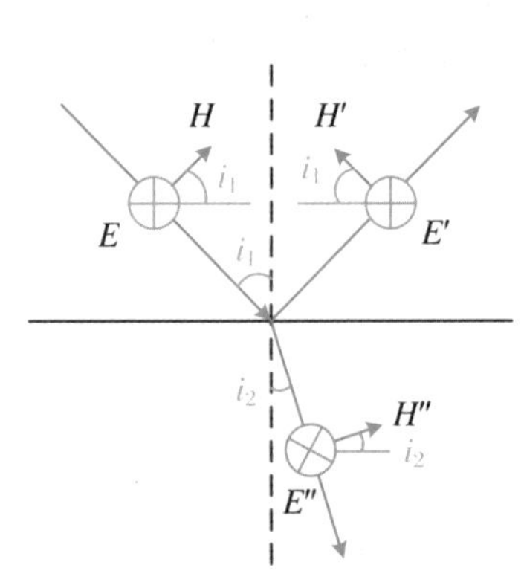

图 2.53　入射光在界面处的分解

以入射面为基准，任一振动矢量可以分解为两个正交的振动分量：一振动方向垂直于入射面，称为 S 振动或 S 态（senkrecht）；另一振动方向平行于入射面，称为 P 振动或 P 态（parallel）。对于光矢量 E 而言，可分解为 s 分量和 p 分量（E_s，E_p），即总可以把入射光分解成振动垂直于入射面的分量 E_s 和振动平行于入射面的分量 E_p。

但由光的电磁场理论：电场、磁场、能流方向（波矢）的关系（$\boldsymbol{E} \times \boldsymbol{H} = \boldsymbol{S}$），若 E 和 H 中的一个为 S 态，则另一个必为 P 态。也就是说 E 的 s 分量 E_s 一定和 H 的 p 分量 H_p 对应，E 的 p 分量 E_p 一定和 H 的 s 分量 H_s 对应。

在有关课程中也有把 E 为 S 态、H 为 P 态的波称为横向电偏振波（S 波、TE 波），H 为 S 态、E 为 P 态的波称为横向磁偏振波（P 波、TM 波）。这样，也就是说，总可以把入射光分解为 TE 波（S 波）和 TM 波（P 波）这两种线偏振光。如图 2.53 所示，其右手方向关系是由麦克斯韦方程组确定的。

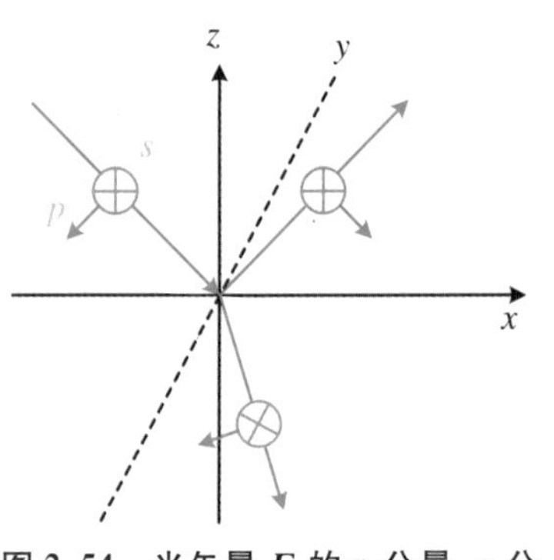

图 2.54　光矢量 E 的 p 分量、s 分量与光传播方向的约定右手关系

对光矢量 E 的 p 分量（E_p）、s 分量（E_s）与光传播方向的关系，我们做如下约定：s 正方向沿 y 正方向。光矢量 E 的 p 分量（E_p）、s 分量（E_s）的正方向以 p、s、k 组成右手正交系来确定。如图 2.54 所示。

E、H 的各分量与光传播方向的关系，我们是不能约定的，它们是由麦克斯韦方程组决定的，必须满足电磁场 E、H、k 右手正交系（E_s、H_p、k，E_p、H_s、k）。

2.4.2 菲涅耳公式

1. 振幅关系

(1) 光矢量振动垂直于入射面(即 s 分量,TE 波)的情况

如图 2.55(a)所示,入射光、反射光、折射光的光矢量都垂直于入射面,且我们规定光矢量的正向都垂直入射面向里。根据各光波波矢的方向和麦克斯韦方程组确定的右手关系,可分别定出入射光、反射光、折射光的磁振动的正方向。再由电磁场边界条件:切向分量连续,得

$$E_{1s} + E'_{1s} = E_{2s} \tag{2.4.6}$$

$$H_{1p}\cos i_1 - H'_{1p}\cos i'_1 = H_{2p}\cos i_2 \tag{2.4.7}$$

$$H/E = \sqrt{\varepsilon_0\varepsilon_r}/\sqrt{\mu_0\mu_r} \tag{2.4.8}$$

$$\begin{cases}\sqrt{\varepsilon_{1r}}(E_{1s}\cos i_1 - E'_{1s}\cos i'_1) = \sqrt{\varepsilon_{2r}}E_{2s}\cos i_2 \\ E_{1s} + E'_{1s} = E_{2s}\end{cases} \tag{2.4.9}$$

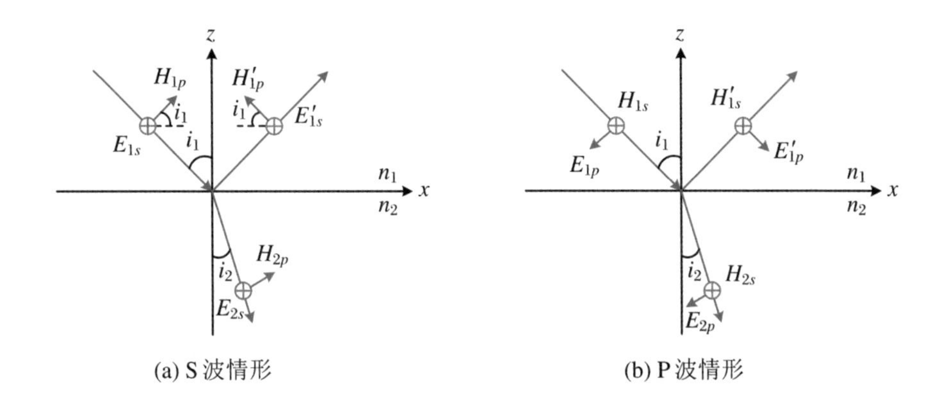

(a) S 波情形　　(b) P 波情形

图 2.55 菲涅耳公式的推导

(2) 光矢量 E 振动平行于入射面(p 分量,TM 波)的情况

如图 2.55(b)所示,有

$$H_{1s} + H'_{1s} = H_{2s} \tag{2.4.10}$$

$$-E_{1p}\cos i_1 + E'_{1p}\cos i'_1 = -E_{2p}\cos i_2 \tag{2.4.11}$$

$$\begin{cases}-E_{1p}\cos i_1 + E'_{1p}\cos i'_1 = -E_{2p}\cos i_2 \\ \sqrt{\varepsilon_{1r}}E_{1p} + \sqrt{\varepsilon_{1r}}E'_{1p} = \sqrt{\varepsilon_{2r}}E_{2p}\end{cases} \tag{2.4.12}$$

由以上公式,得

$$r_s = \frac{E'_{1s}}{E_{1s}} = \frac{n_1\cos i_1 - n_2\cos i_2}{n_1\cos i_1 + n_2\cos i_2} \tag{2.4.13}$$

$$t_s = \frac{E_{2s}}{E_{1s}} = \frac{2n_1\cos i_1}{n_1\cos i_1 + n_2\cos i_2} \tag{2.4.14}$$

$$r_p = \frac{E'_{1p}}{E_{1p}} = \frac{n_2\cos i_1 - n_1\cos i_2}{n_2\cos i_1 + n_1\cos i_2} \tag{2.4.15}$$

$$t_p = \frac{E_{2p}}{E_{1p}} = \frac{2n_1\cos i_1}{n_2\cos i_1 + n_1\cos i_2} \tag{2.4.16}$$

式(2.4.13)表示界面上反射波中 E 矢量的 s 分量的振幅与入射波中 E 矢量的 s 分量的振幅之比,称为 S 光的振幅反射率;式(2.4.14)表示界面上透射波中 E 矢量的 s 分量的振幅与入射波中 E 矢量的 s 分量的振幅之比,称为 S 光的振幅透射率;式(2.4.15)表示界面上反射波中 E 矢量的 p 分量的振幅与入射波中 E 矢量的 p 分量的振幅之比,称为 P 光的振幅反射率;式(2.4.16)表示界面上透射波中 E 矢量的 p 分量的振幅与入射波中 E 矢量的 p 分量的振幅之比,称为 P 光的振幅透射率。

在界面处,利用折射定律$\left(\frac{\sin i_1}{\sin i_2} = \frac{n_2}{n_1}\right)$,以上各式可进一步写成如下形式:

$$\begin{cases} r_s = -\dfrac{\sin(i_1 - i_2)}{\sin(i_1 + i_2)} \\ t_s = \dfrac{2\cos i_1 \sin i_2}{\sin(i_1 + i_2)} \\ r_p = \dfrac{\tan(i_1 - i_2)}{\tan(i_1 + i_2)} \\ t_p = \dfrac{2\cos i_1 \sin i_2}{\sin(i_1 + i_2)\cos(i_1 - i_2)} \end{cases} \tag{2.4.17}$$

利用菲涅耳公式很容易解释反射、折射时的反射率、透射率,偏振态,相位的变化以及布儒斯特定律、临界角等。例如正入射时 $i_1 = i_2 = 0$,求复振幅反射率和透射率:

$$\begin{cases} r_p = \dfrac{n_2 - n_1}{n_2 + n_1} = -r_s \\ t_p = \dfrac{2n_1}{n_2 + n_1} = t_s \end{cases} \tag{2.4.18}$$

① 光从空气(1.0)到玻璃(1.5),则 $r_p = 0.20, r_s = -0.20, t_p = t_s = 0.80$。

② 光从玻璃(1.5)到空气(1.0),则 $r_p = -0.20, r_s = 0.20, t_p = t_s = 1.20$。

复振幅反射率出现负值,是因为由菲涅耳公式得到的是复数,则与规定的

方向有个 π 的改变。复振幅透射率大于 1，则是因为由菲涅耳公式得到的是复振幅的分量之间的依赖关系，不违背"光强守恒"。

2．光强(能流密度)反射率和透射率

由光强的表达式 $I \equiv \langle s \rangle = \frac{1}{2} cn\varepsilon_0 E_0^2$，可以得到以下公式。

S 光的光强反射率：

$$R_s = \frac{I'_{1s}}{I_{1s}} = \frac{n_1 \left| E'_{1s} \right|^2}{n_1 \left| E_{1s} \right|^2} = \left| r_s \right|^2 \tag{2.4.19}$$

P 光的光强反射率：

$$R_p = \frac{I'_{1p}}{I_{1p}} = \frac{n_1 \left| E'_{1p} \right|^2}{n_1 \left| E_{1p} \right|^2} = \left| r_p \right|^2 \tag{2.4.20}$$

S 光的光强透射率：

$$T_s = \frac{I_{2s}}{I_{1s}} = \frac{n_2 \left| E_{2s} \right|^2}{n_1 \left| E_{1s} \right|^2} = \frac{n_2}{n_1} \left| t_s \right|^2 \tag{2.4.21}$$

P 光的光强透射率：

菲涅耳公式的几点说明与思考：

光振动的分解，是以光和物质相互作用的具体规律为依据的，与物质的微观结构有关。或者说，光的特定偏振状态通过光学介质时其偏振状态不变化(该偏振状态即对应介质的本征振动)，即光振动的分解以介质的本征振动来分解。如，对于介质界面就是 P 偏振光、S 偏振光；晶片：o 光、e 光；旋光晶片：左旋圆偏振光，右旋圆偏振光。

① 适用于绝缘介质(相对于导电介质而言)。

金属表面→自由电子→金属光学→表面等离子体波→表面等离激元光学(plasmonics)

② 适用于各向同性介质(相对各向异性介质而言)。

各向异性介质→介电张量 ε→各向同性＋异性界面光学

③ 适用于光频段。光频段 $\mu \approx 1, n \approx \sqrt{\varepsilon}$。若计及磁导率，菲涅耳公式包含$(\varepsilon_1, \mu_1)$、$(\varepsilon_2, \mu_2)$形式。

考虑 ε、μ 为负→负折射(metamaterials)

④ E_s 和 E_p 是同一矢量 E 的 s 分量和 p 分量，具有相同的频率；公式中各 E_s 和 E_p 既可看作是复振幅，也可看作是瞬时值。

⑤ 在不同的正向规定下，某些公式的符号可能有所变化，但不会影响问题的物理实质。若在某种正向规定下求得某个量为正值，表明该分量的实际方向与所规定的正向方向相同，负值则表示相反。

⑥ 反射波和透射波的 s 分量只与入射波的 s 分量有关，p 分量只与入射波的 p 分量有关。即 S 态线偏振光与 P 态线偏振光是彼此独立的，互不交混，各有自己不同的传播特征，这是电磁场边值关系所要求的。

设想，当入射光只是 P 光，而反射光和折射光中不仅有 P 光还有 S 光成分。与反射光和折射光 S 振动相联系的磁场成分为 H_p。两磁场在界面的切向分量是反向的，违背边值关系：$H_{1t} = H_{2t}$。

$$T_p = \frac{I_{2p}}{I_{1p}} = \frac{n_2 \mid E_{2p} \mid^2}{n_1 \mid E_{1p} \mid^2} = \frac{n_2}{n_1} \mid t_p \mid^2 \tag{2.4.22}$$

例 2.1 当一束光从空气($n_1 = 1.0$)入射到玻璃($n_2 = 1.5$)时,设入射角 $i_1 = 60°$,求 R_s,R_p,T_s,T_p。

解 有

$$\sin i_1 = \sqrt{3}/2, \quad \cos i_2 \approx 0.82$$
$$R_s = \mid r_s \mid^2 \approx 0.178$$
$$R_p = \mid r_p \mid^2 \approx 0.002$$
$$T_s = \frac{n_2}{n_1} \mid t_s \mid^2 \approx 0.501$$
$$T_p = \frac{n_2}{n_1} \mid t_p \mid^2 \approx 0.609$$

对于 S 光,$(R_s + T_s) < 1$,即 $(I'_{1s} + I_{2s}) < I_{1s}$;同样对于 P 光,$(R_p + T_p) < 1$,即 $(I'_{1p} + I_{2p}) < I_{1p}$。反射光强与透射光强之和不等于入射光强之和,在斜入射条件下总是如此。光强是垂直于传播方向单位面积上的光功率密度,不违背“能量守恒”。

3. 能流(光通量)反射率和透射率

如图 2.56 所示,由光通量的表达式 $W = IS$,有

$$W_1 = I_1 A_1 = I_1 A \cos i_1$$
$$W'_1 = I'_1 A_1 = I'_1 A \cos i'_1$$
$$W_2 = I_2 A_2 = I_2 A \cos i_2$$

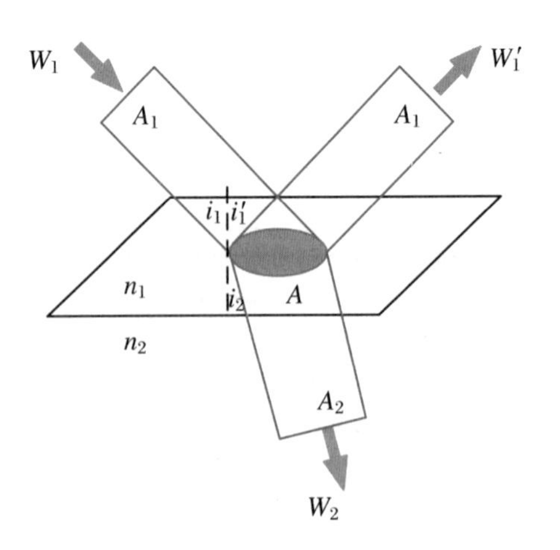

图 2.56 能流与光通量

因而能流的反射率和透射率可以分别表示为

$$
\begin{aligned}
\mathfrak{R}_s &= \frac{W'_{1s}}{W_{1s}} = \frac{I'_{1s}}{I_{1s}} = R_s \\
\mathfrak{T}_s &= \frac{W_{2s}}{W_{1s}} = \frac{I_{2s}\cos i_2}{I_{1s}\cos i_1} = \frac{\cos i_2}{\cos i_1} T_s \\
\mathfrak{R}_p &= \frac{W'_{1p}}{W_{1p}} = \frac{I'_{1p}}{I_{1p}} = R_p \\
\mathfrak{T}_p &= \frac{W_{2p}}{W_{1p}} = \frac{I_{2p}\cos i_2}{I_{1p}\cos i_1} = \frac{\cos i_2}{\cos i_1} T_p
\end{aligned} \tag{2.4.23}
$$

对折射光，能流透射率与光强透射率一般不一样。因为透射光进入第二种介质时，光束截面积会发生变化，只有在正入射时相同。

例 2.2 当一束光从空气($n_1 = 1.0$)入射到玻璃($n_2 = 1.5$)时，设入射角 $i_1 = 60°$，求 $\mathfrak{R}_s, \mathfrak{R}_p, \mathfrak{T}_s, \mathfrak{T}_p$。

解 有

$$
\begin{aligned}
&\sin i_1 = \sqrt{3}/2 \rightarrow \cos i_2 \approx 0.82 \\
&R_s \approx 0.178, \quad R_p \approx 0.002, \quad T_s \approx 0.501, \quad T_p \approx 0.609 \\
&\mathfrak{T}_s = \frac{\cos i_2}{\cos i_1} T_s \approx 82.2\% \\
&\mathfrak{R}_s = R_s \approx 17.8\% \\
&\mathfrak{T}_p = \frac{\cos i_2}{\cos i_1} T_p \approx 99.9\% \\
&\mathfrak{R}_p = R_p \approx 0.2\% \\
&\mathfrak{T}_s + \mathfrak{R}_s \approx 100\% \\
&\mathfrak{T}_p + \mathfrak{R}_p \approx 100\%
\end{aligned}
$$

也可由菲涅耳公式得到结果：

$$
\begin{aligned}
\mathfrak{R}_s &= \frac{W'_{1s}}{W_{1s}} = \frac{I'_{1s}}{I_{1s}} = R_s \\
\mathfrak{T}_s &= \frac{W_{2s}}{W_{1s}} = \frac{I_{2s}\cos i_2}{I_{1s}\cos i_1} = \frac{\cos i_2}{\cos i_1} T_s \\
R_s &= \frac{I'_{1s}}{I_{1s}} = \frac{n_1 \,|E'_{1s}|^2}{n_1 \,|E_{1s}|^2} = |r_s|^2 \\
T_s &= \frac{I_{2s}}{I_{1s}} = \frac{n_2 \,|E_{2s}|^2}{n_1 \,|E_{1s}|^2} = \frac{n_2}{n_1} |t_s|^2
\end{aligned}
$$

$$r_s = \frac{E'_{1s}}{E_{1s}} = \frac{n_1\cos i_1 - n_2\cos i_2}{n_1\cos i_1 + n_2\cos i_2}$$

$$t_s = \frac{E_{2s}}{E_{1s}} = \frac{2n_1\cos i_1}{n_1\cos i_1 + n_2\cos i_2}$$

得

$$\mathfrak{R}_s + \mathfrak{I}_s = 1$$

$$\mathfrak{R}_p + \mathfrak{I}_p = 1$$

反射与折射是S态光与P态光各自的能量守恒关系，反射的 s 分量与折射的 p 分量没有关系。菲涅耳公式与光通量守恒一致。

4. 反射率和透射率的变化规律

以光从空气（$n_1 = 1.0$）入射到玻璃（$n_2 = 1.5$）界面为例。

（1）正入射 $i_1 = i_2 = 0$

$$\begin{cases} r_p = \dfrac{n_2 - n_1}{n_2 + n_1} = -r_s \\ t_p = \dfrac{2n_1}{n_2 + n_1} = t_s \end{cases} \tag{2.4.24}$$

$$\begin{cases} R = R_p = R_s = \left(\dfrac{n_2 - n_1}{n_2 + n_1}\right)^2 = \mathfrak{R}_s = \mathfrak{R}_p \\ T = T_p = T_s = \dfrac{4n_1 4n_2}{(n_2 + n_1)^2} = \mathfrak{I}_s = \mathfrak{I}_p \end{cases} \tag{2.4.25}$$

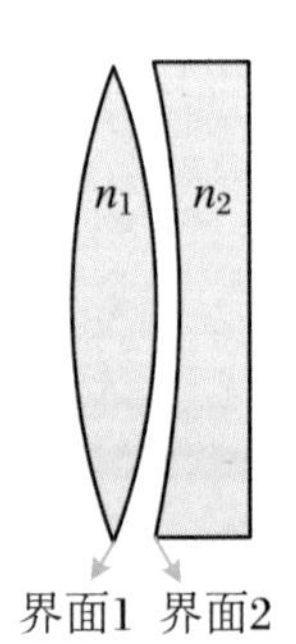

图 2.57　复合透镜

代入后可以得到 $R = 4\%$，$T = 96\%$。在几何光学中，为了减少像差，常把不同折射率的两种材料做成曲率相同的一凸一凹两个透镜，组合成复合透镜，如图2.57所示。这种复合透镜要用折射率与透镜材料接近的光学树脂胶胶合来减少反射损失。

设凸透镜 L_1 的折射率 $n_1 = 1.7$，凹透镜 L_2 的折射率 $n_2 = 1.5$，以 $n = 1.6$ 的树脂胶合。

若是空气隙，则 $R_1 = \left(\dfrac{1-1.7}{1+1.7}\right)^2 = 6.7\%$，$R_2 = \left(\dfrac{1-1.5}{1+1.5}\right)^2 = 4\%$，约有10%的能量损失；若采用胶合，则 $R'_1 = \left(\dfrac{1.6-1.7}{1.6+1.7}\right)^2 = 0.1\%$，$R'_2 = \left(\dfrac{1.6-1.5}{1.6+1.5}\right)^2 = 0.1\%$，只有约0.2%的能量损失。

（2）斜入射

利用折射定律，消去 i_2，将菲涅耳公式表示为入射角 i_1 的函数，如下：

$$\begin{cases} r_s = \dfrac{\cos i_1 - \sqrt{n_{21}^2 - \sin^2 i_1}}{\cos i_1 + \sqrt{n_{21}^2 - \sin^2 i_1}} \\ t_s = \dfrac{2\cos i_1}{\cos i_1 + \sqrt{n_{21}^2 - \sin^2 i_1}} \\ r_p = \dfrac{n_{21}^2 \cos i_1 - \sqrt{n_{21}^2 - \sin^2 i_1}}{n_{21}^2 \cos i_1 + \sqrt{n_{21}^2 - \sin^2 i_1}} \\ t_p = \dfrac{2n_{21}\cos i_1}{n_{21}^2 \cos i_1 + \sqrt{n_{21}^2 - \sin^2 i_1}} \end{cases} \tag{2.4.26}$$

反射光随入射角变化的情况如图 2.58 所示。由图 2.58 可见:两种情况下,在正入射和入射角较小时,R_p 与 R_s 差别不大。随入射角的增大,s 分量的光强反射率总是增加的,但 p 分量的光强先下降至零后再增加,p 分量的反射为零时的入射角就是布儒斯特角。在 i_B 附近,R_p 与 R_s 差别极大。外反射(从光疏到光密)入射角接近 90°或内反射(从光密到光疏)入射角接近临界角时,s、p 分量的光强都趋近 100%。

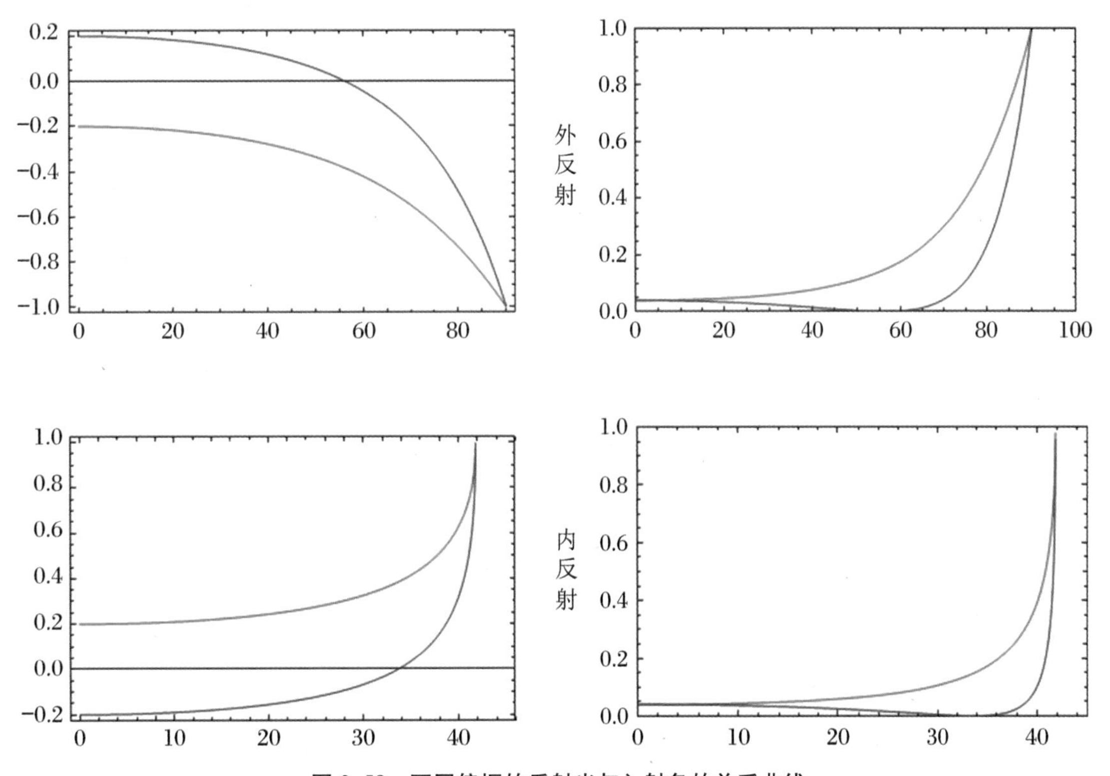

图 2.58 不同偏振的反射光与入射角的关系曲线

(红为 S 偏振,蓝为 P 偏振;左列为振幅反射率,右列为光强反射率)

所以，阳光斜入射时，反射光具有明显的偏振性质。用适当的偏振眼镜可以大大减少前方太阳光通过路面（或水面）反射所致的眩目，有利于驾驶员安全驾驶。当自然光射在两种透明介质的分界面上时，不会发生只有透射而无反射的情况，因为 s 分量始终存在。

2.4.3 反射光、折射光的相位变化与半波损

E_s 和 E_p 是同一矢量 E 的 s 分量和 p 分量，具有相同的频率。菲涅耳公式中各 E_s 和 E_p 通常看作是复振幅。复振幅之比亦是复数，其模表示实振幅之比，其辐角表示反射波、折射波相对于入射波的相位变化（相位差）。

$$E_{1s} = E_{1s0}\exp(\mathrm{i}\varphi_{1s})$$

$$E'_{1s} = E'_{1s0}\exp(\mathrm{i}\varphi_{1s'})$$

$$r_s = \frac{E'_{1s}}{E_{1s}} = \frac{E'_{1s0}\exp(\mathrm{i}\varphi_{1s'})}{E_{1s0}\exp(\mathrm{i}\varphi_{1s})} = \left|\frac{E'_{1s0}}{E_{1s0}}\right| \cdot \mathrm{e}^{\mathrm{i}(\varphi_{1s'}-\varphi_{1s})} \tag{2.4.27}$$

由菲涅耳公式（振幅关系）可见各分量都是实数：

$$r_s = -\frac{\sin(i_1 - i_2)}{\sin(i_1 + i_2)}$$

$$t_s = \frac{2\cos i_1 \sin i_2}{\sin(i_1 + i_2)}$$

$$r_p = \frac{\tan(i_1 - i_2)}{\tan(i_1 + i_2)}$$

$$t_p = \frac{2\cos i_1 \sin i_2}{\sin(i_1 + i_2)\cos(i_1 - i_2)}$$

正、负说明相应的 E 分量的实际方向与规定的正方向一致或相反。从复振幅来看，表示相位没有变化或相位改变 π（附加相移为 $\pm\pi$，$\mathrm{e}^{\pm \mathrm{i}\pi} = -1$）。相位跃变 $\pm\pi$ 相当于光程跃变 $\pm\lambda/2$，习惯称为半波损失或半波损。物理性质的跃变对应物理量的跃变，界面处对两个振动方向互相垂直的光响应不一样。

下面我们利用菲涅耳公式，来讨论反射光、折射光的相位变化。

1. 外反射和 $i_1 < i_c$ 时的内反射情况

1）折射光（s、p）的相位变化

$$t_s = \frac{2\cos i_1 \sin i_2}{\sin(i_1 + i_2)}, \quad t_p = \frac{2\cos i_1 \sin i_2}{\sin(i_1 + i_2)\cos(i_1 - i_2)}$$

由于$0\leqslant i\leqslant\pi/2$，$i_1+i_2$ 与 i_1-i_2 的变化范围分别不超过 $0°\sim180°$和$\pm(0°\sim90°)$。不论 i_1 为何值，恒有 $t_s>0$，$t_p>0$，说明透射光中的电磁矢量与图示规定是一致的，即透射光与入射光永远同相，无半波损，而折射光永无相移。

2) 反射光（s、p）的相位变化

$$r_s=-\frac{\sin(i_1-i_2)}{\sin(i_1+i_2)},\quad r_p=\frac{\tan(i_1-i_2)}{\tan(i_1+i_2)}$$

(1) 外反射：$n_1<n_2$，$i_1>i_2$

对于S光，有 $r_s<0$，表示 E'_{1s}与E_{1s}反相。

对于P光，则有

$$\begin{aligned}i_1<i_B&\Rightarrow i_1+i_2<90^\circ, r_p>0\\ i_1=i_B&\Rightarrow i_1+i_2=90^\circ, r_p=0\\ i_1>i_B&\Rightarrow i_1+i_2>90^\circ, r_p<0\end{aligned}$$

(2) 内反射：$n_1>n_2$，$i_1<i_2$

对于S光，有 $i_1<i_c\Rightarrow r_s>0$，表示 E'_{1s}与E_{1s}同相。

对于P光，则有

$$\begin{aligned}i_1<i_B&\Rightarrow i_1+i_2<90^\circ, r_p<0\\ i_1=i_B&\Rightarrow i_1+i_2=90^\circ, r_p=0\\ i_1>i_B&\Rightarrow i_1+i_2>90^\circ, r_p>0\end{aligned}$$

反射光 s、p 分量的相位变化，可用图2.59表示。

3) 关于半波损失问题的讨论

(1) 单个界面的反射和折射

在某些情况下，界面上反射波的 E 矢量相对于入射波的E 矢量可以发生方向的反转（半波损）。两个正交分量（s，p）均发生方向反转，E 矢量才可以发生方向的反转。在一般斜入射时，反射光和折射光中的 p 分量和入射光中的p 分量互成一定的角度，即不同向也不反向，不涉及 E 矢量的反转问题。只有在正入射或掠入射的情况下，才有可能发生 E 矢量方向的反转。

正入射（$i=0$）时，对 s、p 分量的反射光，有

$$r_s=\frac{n_1-n_2}{n_1+n_2},\quad r_p=\frac{n_2-n_1}{n_2+n_1}$$

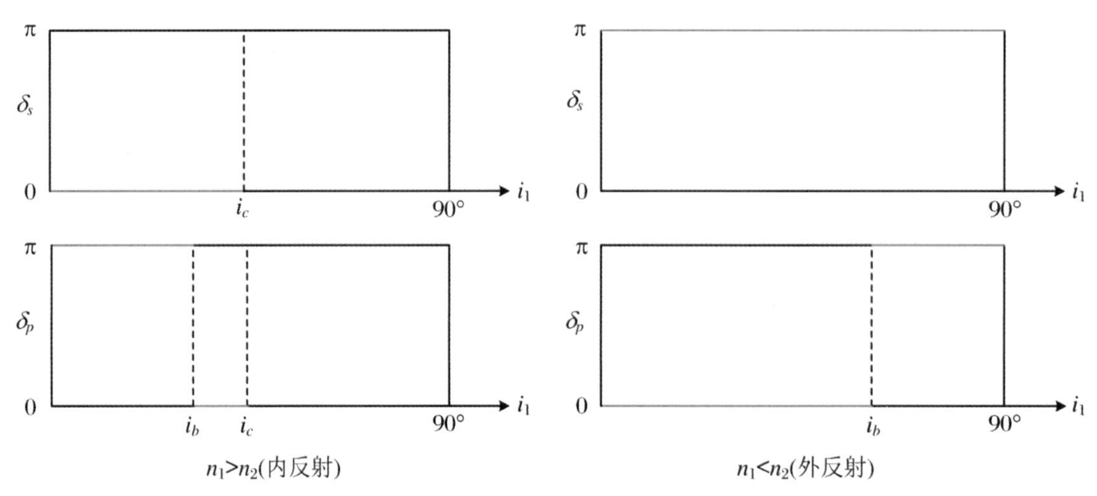

图 2.59　反射光相位变化

正向规定如图 2.60(a)所示,界面处入射波的实际方向与所规定的正向一致。当光从光疏介质到光密介质界面、光密介质到光疏介质界面正入射时,反射光、透射光各分量的正、负如表 2.2 所示。

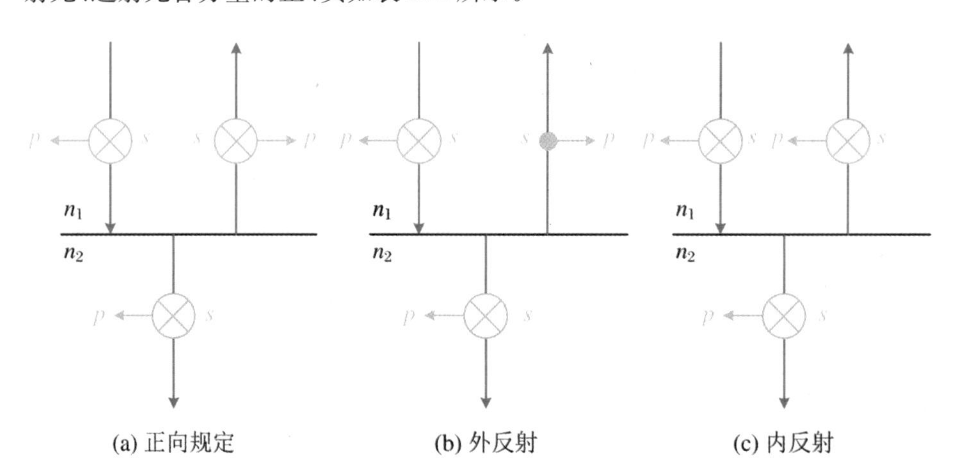

图 2.60　反射光分量方向

表 2.2　不同反射振动分量的符号

	外反射	内反射
r_s	−	+
r_p	+	−
t_s	+	+
t_p	+	+

正、负号表示 E 分量的实际方向与规定的正方向一致或相反。所以,反射光、透射光各分量的实际正向方向,分别如图 2.60(b)、(c)所示。

可见,外反射时反射光 E 的 s、p 分量相对入射光的 s、p 分量都发生了方向反转,所以反射光 E 矢量相对入射光 E 矢量发生了方向反转,故反射光相对入射光产生了半波损。而对于内反射与透射光则并不存在半波损。

掠入射($i_1 \to 90^\circ$)时,此时只考虑外反射($n_1 < n_2$)。

由菲涅耳公式 $r_s = \dfrac{\cos i_1 - \sqrt{n_{21}^2 - \sin^2 i_1}}{\cos i_1 + \sqrt{n_{21}^2 - \sin^2 i_1}}$, $r_p = \dfrac{n_{21}^2 \cos i_1 - \sqrt{n_{21}^2 - \sin^2 i_1}}{n_{21}^2 \cos i_1 + \sqrt{n_{21}^2 - \sin^2 i_1}}$,有

$$r_s < 0, \quad r_p < 0, \quad |r_s| = |r_p| \approx 1$$

如图 2.61 所示,掠入射(外反射)反射光 E 的 s、p 分量相对入射光的 s、p 分量都发生了方向反转,所以反射光 E 矢量相对入射光 E 矢量发生了方向反转,故反射光相对入射光产生了半波损。

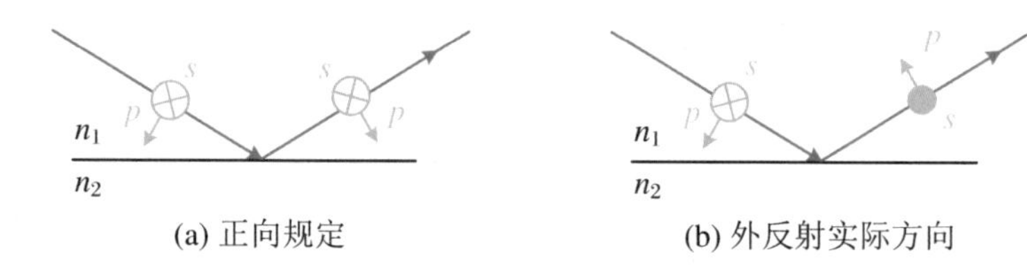

图 2.61 单个界面的反射

(2) 介质层上、下表面的反射和折射

分析结果如图 2.62 所示,经薄膜上、下界面反射的光束 1、2 之间的光程差需引入附加半波程差,而经相同界面反射的光束 2,3,4,…之间无需引入。

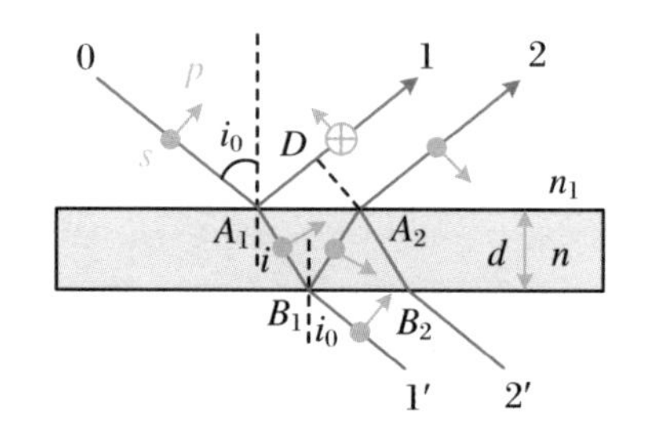

图 2.62 介质各表面的反射与折射

综上,对是否要引入半波损可以得出以下结论:

① 对单一界面:

当光从光疏介质到光密介质,正入射及掠入射时反射光相对入射光均有半波损。

当光从光密介质到光疏介质,正入射时反射光无半波损(掠入射时发生全反射)。

② 介质板放于均匀媒质中：

$n_1<n>n_2$ 或 $n_1>n<n_2$ 时，任何情况入射，经薄膜上、下界面反射的光束1、2之间的光程差需引入附加半波程差，而反射光束2，3，4，…之间无需引入。

$n_1>n>n_2$ 或 $n_1<n<n_2$ 时，任何情况下透射光均无半波损。

2. 全反射时的相位变化

以上讨论内反射（$n_1>n_2$）均在 $i_1<i_c$ 的情况下，接下来我们讨论 $i_1\geqslant i_c$ 即全反射时的相位变化。

当 $i_1=i_c$ 时，有 $\sin i_1=n_{21}$，此时 $r_s=r_p=1$。

当 $i_1>i_c$ 时，r_s、r_p 都成为复数，此时有

$$\tilde{r}_s=r_s e^{i(\varphi_{1s'}-\varphi_{1s})}=\frac{\cos i_1-\sqrt{n_{21}^2-\sin^2 i_1}}{\cos i_1+\sqrt{n_{21}^2-\sin^2 i_1}}=\frac{\cos i_1-i\sqrt{\sin^2 i_1-n_{21}^2}}{\cos i_1+i\sqrt{\sin^2 i_1-n_{21}^2}} \tag{2.4.28}$$

$$\tilde{r}_p=r_p e^{i(\varphi_{1p'}-\varphi_{1p})}=\frac{n_{21}^2\cos i_1-\sqrt{n_{21}^2-\sin^2 i_1}}{n_{21}^2\cos i_1+\sqrt{n_{21}^2-\sin^2 i_1}}=\frac{n_{21}^2\cos i_1-i\sqrt{\sin^2 i_1-n_{21}^2}}{n_{21}^2\cos i_1+i\sqrt{\sin^2 i_1-n_{21}^2}} \tag{2.4.29}$$

可得全反射时S光、P光相移分别为

$$\delta_s=-2\tan^{-1}\frac{\sqrt{\sin^2 i_1-n_{21}^2}}{\cos i_1},\quad \delta_p=-2\tan^{-1}\frac{\sqrt{\sin^2 i_1-n_{21}^2}}{n_{21}^2\cos i_1} \tag{2.4.30}$$

在全反射时，反射光分量和入射光分量的实际相位差应为上述相位差值的负值，因为我们以上的讨论中光场选取了 $e^{-i\omega t}$ 的表示形式。在此我们强调正、负号的问题，因为全反射时，反射光分量具有相同的振幅，但有一定的相位差，一般 $\delta_s\neq\delta_p$，正、负号旨在帮助正确判断两反射分量合成的反射光的旋向。

2.4.4 反射和折射时的偏振现象

由界面处振动的分解、叠加可知，要想使自然光经界面反射或折射变为线偏振光，则要使反射光或折射光中的某一个分量为0。

由菲涅耳公式，当 $i_1+i_2=\dfrac{\pi}{2}$ 时，$\tan(i_1+i_2)\to\infty$，故有

$$r_p=\frac{\tan(i_1-i_2)}{\tan(i_1+i_2)}\to 0$$

此时反射光中只包含 s 分量,所以反射光为S偏振的线偏振光,此时的入射角称为布儒斯特角:

$$i_1 = i_B = \tan^{-1}\frac{n_2}{n_1} \tag{2.4.31}$$

布儒斯特角的存在,可以用振荡电偶极子的电磁辐射强度分布的特点、光的横波性来解释。光入射到介质,激励介质分子中的电子做受迫振动↔电偶极子,向周围辐射电磁波(子波),这些子波的叠加就形成了反射光和折射光,而沿偶极子振动方向的辐射强度为零。如图2.63所示。

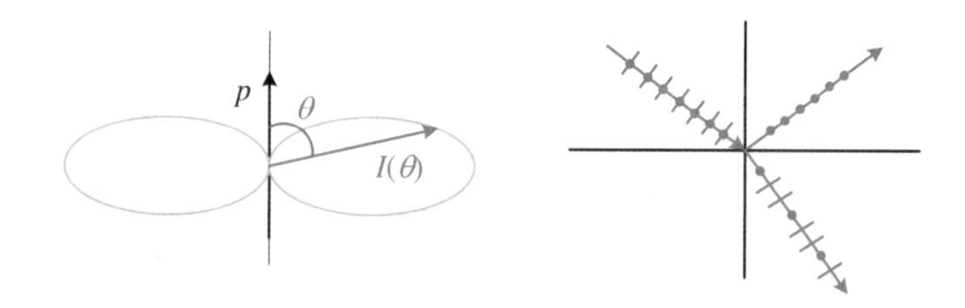

图2.63 电偶极子辐射

入射角为 i_B 时,反射光线垂直折射光线。电子振动的 p 分量与反射光线的传播方向相同,只有 s 分量始终与反射光线垂直。

例如,对于空气-玻璃界面,当光从空气入射到玻璃上时,布儒斯特角为 $i_0=\tan^{-1}\frac{1.50}{1.00}=56°18$;而当光从玻璃入射到空气中时,布儒斯特角则为 $i_0=\tan^{-1}\frac{1.00}{1.50}=33°42$,可以看出两个角度是互余的。因此对外、内反射都存在布儒斯特角这一特殊角,且两个角度成互余关系。

利用布儒斯特角可获得很好的线偏振激光输出。图2.64为一激光器的谐振腔的结构示意图,M_1 为全反射镜,M_2 为部分反射镜,B_1、B_2 为透明平板介质,均以布儒斯特角放置,即其法线与谐振腔的轴线间的夹角为布儒斯特角,这样一对透明平板介质称为布儒斯特窗或布氏窗。激光器介质受激辐射发出的光在谐振腔中往返反复无数次振荡,s 分量被反射出谐振腔,结果只有 p 分量出射,所以输出的激光为P偏振的线偏振光。

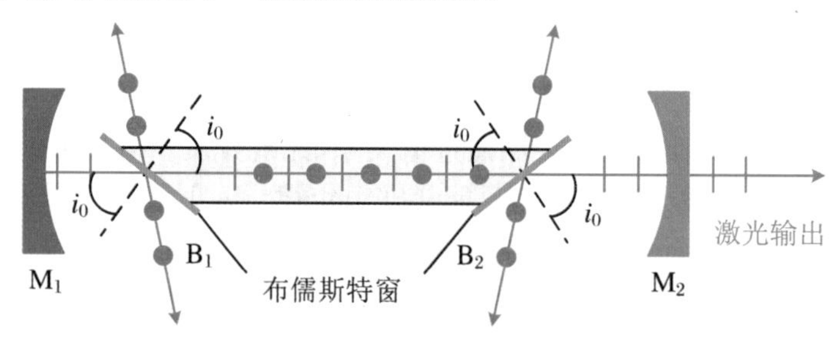

图2.64 采用布儒斯特窗的激光器

由菲涅耳公式，结合入射光的偏振态，我们可以知道界面处光的偏振态的变化，因为反射光、折射光的偏振态是其各自正交 s、p 分量叠加形成的。

外反射和 $i_1<i_c$ 内反射：自然光入射，由于 s、p 分量反射率、透射率大小不同，则反射光和折射光一般是部分偏振光；当入射角为布儒斯特角时，此时 p 分量反射率为 0，则反射光为线偏振光，且线偏振方向垂直入射面。圆偏振光入射，则反射光和折射光一般是椭圆偏振光。线偏振光入射，则反射光和折射光仍是线偏振光，但电矢量相对入射面的方位将发生变化。

全内反射：反射光的 s、p 分量相对入射光的 s、p 分量的相位跃变随入射角改变而改变（见公式），介于 0、π 之间。所以，线偏振光入射，则反射光（s、p 分量反射率为 1，s、p 分量间的相位差随入射角可调）一般是椭圆偏振光。调整入射角使 s、p 分量间的相位差为 $\pm\frac{\pi}{2}$，此时反射光为圆偏振光。

2.4.5 全内反射与隐失波

众所周知，光由光密介质（n_1）入射到光疏介质（n_2）界面，当入射角大于临界角时，将发生全内反射。以大于临界角的不同入射角入射，此时反射光强等于入射光强，也就是说看似光的能量都反射到光密介质，那么反射光的电磁特性一样吗？光疏介质界面有电磁场吗？由前分析：全内反射时反射光的 s、p 分量相对入射光的 s、p 分量的相位跃变随入射角改变而改变。由此也可看出些“端倪”，也就是以大于临界角的不同入射角入射时反射光的电磁特性是不一样的，光疏介质界面应存在电磁场。那么全反射时的折射光波又有什么特点呢？

由菲涅耳公式：$r_s=-\frac{\sin(i_1-i_2)}{\sin(i_1+i_2)}$，$t_s=\frac{2\cos i_1\sin i_2}{\sin(i_1+i_2)}$，$r_p=\frac{\tan(i_1-i_2)}{\tan(i_1+i_2)}$，$t_p=\frac{2\cos i_1\sin i_2}{\sin(i_1+i_2)\cos(i_1-i_2)}$出发，当入射角以临界角入射，即 $i_1=i_c$，$i_2=\pi/2$ 时，则有

$$r_p=1,\quad r_s=1,\quad t_p=\frac{2}{\sin i_1}\neq 0,\quad t_s=2\neq 0$$

由此可进一步看到：全反射情况下，光仍然要进入第二介质。由电磁理论可知，电磁场在两介质界面上要满足边值关系，光疏介质 1 有反射波，则介质 2 界面必须存在电磁波。这并不违反能量守恒定律。入射波的能量不是在严格的界面上全反射的，而是穿透介质 2 内一定深度后逐渐反射的（这也可以进一步说明为什么全反射相移存在。另一方面，入射角不同相移大小不同，是否也表明以不同的角度入射折射波穿透介质 2 内深度也不一样？）。

介质 2 存在电磁波，其表达式可写为

$$\boldsymbol{E}_2=\boldsymbol{E}_{20}\exp[\mathrm{i}(k_{2x}x+k_{2z}z)]\mathrm{e}^{-\mathrm{i}\omega t}$$

如图 2.65 所示，从电磁场的边界条件，可得

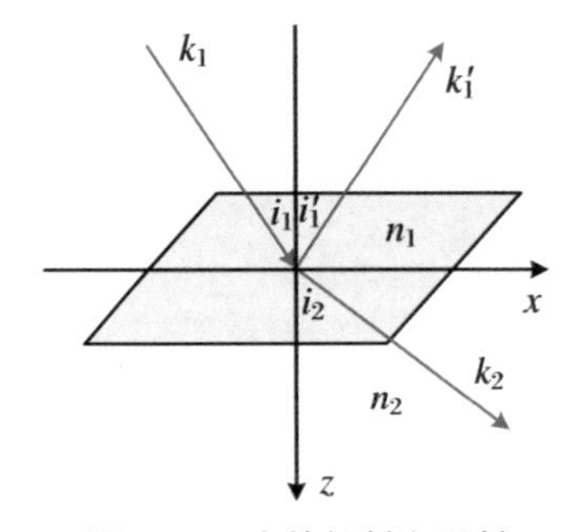

图 2.65 光的折射和反射

$$k_{1x}=k_1\sin i_1=k_{2x}=k_2\sin i_2$$

由折射定律，有

$$\sin i_1/\sin i_2=n_2/n_1=n_{21}$$

所以

$$\begin{aligned}k_{2z}&=\sqrt{k_2^2-k_{2x}^2}=\sqrt{(n_2/n_1)^2k_1^2-k_{1x}^2}\\&=\sqrt{(n_2/n_1)^2k_1^2-k_1^2\sin^2 i_1}=k_1\sqrt{(n_2/n_1)^2-\sin^2 i_1}\end{aligned}$$

有

$$i_2=90^\circ\rightarrow\sin i_c=n_2/n_1$$

所以

$$k_{2z}=k_1\sqrt{\sin^2 i_c-\sin^2 i_1}=\frac{2\pi}{\lambda_1}\sqrt{\sin^2 i_c-\sin^2 i_1}\qquad(2.4.32)$$

由上式可见：当 $i_1>i_c$ 时，发生全内反射，k_{2z} 为纯虚数，令 $k_{2z}=\mathrm{i}\kappa$，则有

$$\kappa=\frac{2\pi}{\lambda_1}\sqrt{\sin^2 i_1-\sin^2 i_c}\qquad(2.4.33)$$

所以介质 2 界面处的折射波为

$$\boldsymbol{E}_2=\boldsymbol{E}_{20}\exp[\mathrm{i}(\boldsymbol{k}_2\cdot\boldsymbol{r}-\omega t)]=\boldsymbol{E}_{20}\mathrm{e}^{-\kappa z}\exp[\mathrm{i}(k_{2x}x-\omega t)]\qquad(2.4.34)$$

可见，折射波在 x 方向(沿界面)仍具有行波的形式，但沿 z 方向(纵深方向)按指数急剧衰减，称为隐失波(evanescent wave)，或称倏逝波、衰逝波。

通常定义第二介质中波的振幅衰减到最大值(界面处)的 1/e 时的深度为穿透深度：

$$d_z=\frac{1}{\kappa}=\frac{\lambda_1}{2\pi\sqrt{\sin^2 i_1-n_{21}^2}}\qquad(2.4.35)$$

可见，穿透深度只有波长数量级。隐失波只存在光疏介质中分界面附近厚度为波长量级的表面层内，随深度的增加衰减很快，且穿透深度随大于临界角入射角的增大而减小。隐失波的出现说明，不能简单地认为 $i_1>i_c$ 时介质 2 中不存在波场，实际上在界面附近波长数量级的厚度内仍然有波场。

隐失波的特点：

(1) 其波矢的一个分量为实数，另一个为虚数。波矢分量数值大于波矢总量：$k_{2x}=\sqrt{k_2^2-k_{2z}^2}>k_2$。

(2) 其波动性体现在沿界面 x 方向为行波，而沿纵深 z 方向无波动性。其等幅面与等相面并不一致，两者正交。

(3) 介质 2 中存在电磁场(隐失波)，但沿 z 方向的平均电磁能流密度为零：

$$\langle S_z(t)\rangle=\langle \boldsymbol{E}_x(t)\times \boldsymbol{H}_y(t)\rangle=-\langle \boldsymbol{E}_y(t)\times \boldsymbol{H}_x(t)\rangle=0$$

(4) 隐失波不具有辐射场性质，是一种局域性的特殊波场。

由上可知，在光疏介质一侧隐失波只限制在光疏介质表面上，不可能向远处传播，它对应的场被称为非辐射场。而不被限制，能在空间传播的是传播波，对应的是辐射场。通常把离物体表面的距离 z 远小于光波波长区域称为近场区域。因此，要把近场区的非辐射场转换为传播场需要通过一定的转换机制，如近场隧穿、近场扰动、近场散射等。

如图 2.66 所示，两相同的玻璃棱镜以一定距离的空气隙隔开，入射光以大于临界角入射到其中一棱镜－空气界面上，若空气隙的厚度大于隐失波在棱镜－空气界面的衰减深度($h>d_z$)，则全反射；当另一棱镜逐渐靠近($h<d_z$)时，反射光减弱，且有光穿过空气隙从第二个棱镜射出；随着空气隙越来越小，反射光进一步减弱，而透射光增强；当两块棱镜完全吻合时，入射光全部透射。这种现象称为受抑全反射或光子隧道效应。

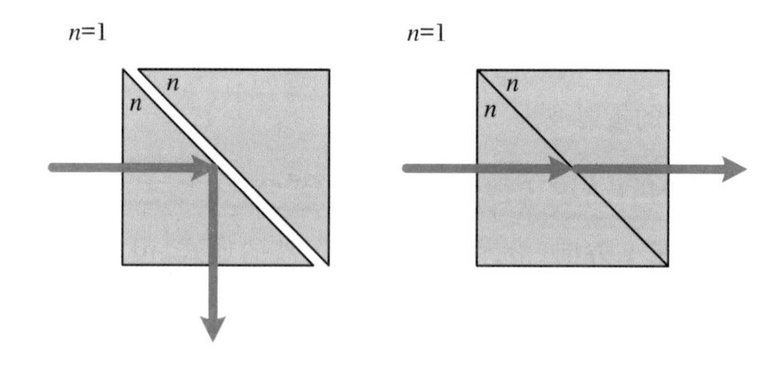

图 2.66　双棱镜受抑全反射

在受抑全反射过程中，隐失波转换成传播场强烈地依赖光疏介质的厚度或其折射率，利用这一特征，可发展基于隐失波的各种应用。比如基于上图构型的光调制、光开关以及图 2.67 所示的指纹识别系统。

另外，受抑全反射还经常用于棱镜-平面波导耦合器件。平面光波导是集成光学器件中的一个基本元件，如何将光能高效耦合到平面波导中或将波导中传播的光高效耦合出来是平面光波导应用涉及的一个基本问题。如图 2.68 所示，当光在棱镜-空气界面发生全内反射时，在空气隙产生隐失波，通过空气-波导界面将隐失波转换为波导中传播的传播波。同样，也可将波导中的能量耦合

出来。通过受抑全反射，耦合效率可达90%以上。

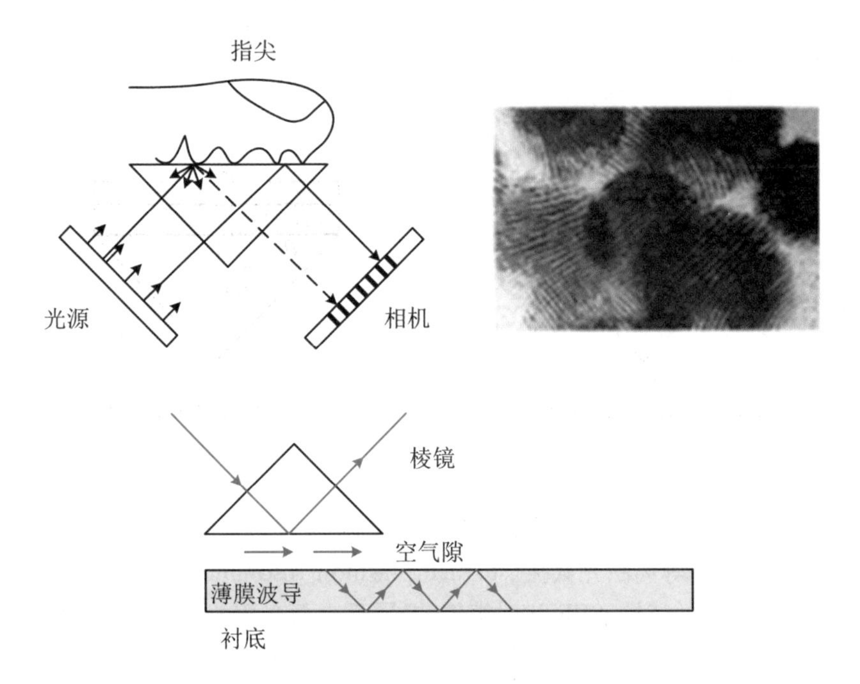

图2.67 指纹识别系统

图2.68 隐失波与波导的耦合

受抑全反射也可用来激发其他表面波，如表面等离激元(SPPs)，它是局域在介质和金属界面传播的电磁波，是金属表面的自由电子和入射光子之间耦合形成的非辐射的电磁模式。金属表面的自由电子受到外界入射光场的激励后，会产生集体的相干振荡，这种共振相互作用产生了SPPs并赋予了它独特的性质。SPPs的波长小于入射光波长，因此需要采用一些结构来实现表面等离激元的光激发，如图2.69所示，该结构称为Otto结构，棱镜与金属之间存在空气间隙(或低折射率介质层)，入射光在高折射率棱镜与空气(介质层)界面处发生全内反射，产生的隐失波隧穿通过空气间隙，隐失波的横向波矢与空气(介质)-金属界面产生SPPs的横向波矢匹配，从而激发产生SPPs。SPPs具有更小的空间分辨尺度和更高的局域场增强，在微纳光子器件及集成、高分辨显微成像、纳米激光、光伏电池以及传感等领域有着广阔的应用前景。关于表面等离激元的物理机制和相关应用研究取得了丰硕的成果，已成为一个完整、系统的研究体系，形成了一门新的学科——表面等离激元光子学(Plasmonics)。

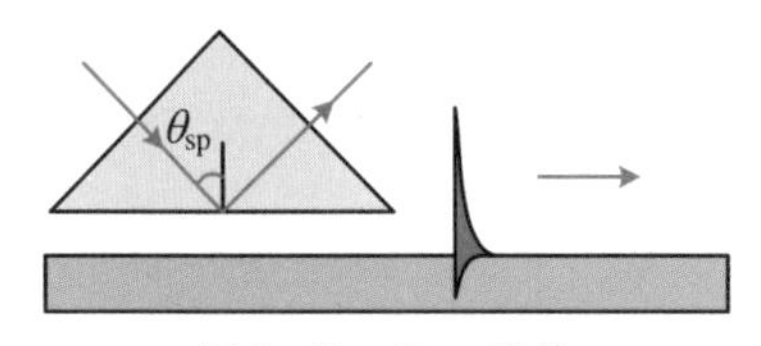

图2.69 Otto结构

如果在棱镜的底边上镀一层极薄的金属膜(膜厚小于光在其中的隧穿深度)，则在该面上的全反射情况也会发生明显变化，在某些大于临界角的角度下，光线不发生全反射，这种情况称为衰减全反射(attenuation total reflection，简写为ATR)，即此时激发了金属-空气界面的SPPs。这也是常用的SPPs激发方法之一。如图2.70所示，该结构称为Kretschmann结构，由棱镜提供大波矢与金属-空气界面的SPPs进行匹配；图2.70(b)为双层Kretschmann结构，在金属薄膜与棱镜之间增加一层折射率低于棱镜的介质层，这样棱镜提供的波矢可以分别在两个角度激发金属上表面与下表面的 SPPs。Kretschmann 装置是将共振的光子通过隧穿效应穿越金属薄膜耦合激发 SPPs，所以此时要求金属膜厚度要远小于光在其中的隧穿深度。

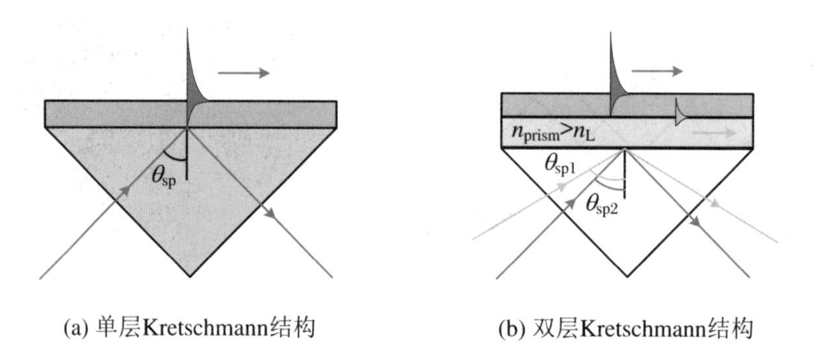

图 2.70　Kretschmann 结构

衰减全反射的情况与金属膜的光学特性（折射率、吸收系数、厚度等）密切相关，因而可通过衰减全反射来精确测量金属膜的光学特性。进一步也可利用棱镜-金属膜表面等离激元共振（surface plasmon resonance，SPR）来测量其界面处的介质的光学特性，SPR 谱对棱镜-金属膜表面介质的特性极其敏感，精度很高，因此基于 ATR 的 SPR 在生物分子、新型薄膜材料等高灵敏传感、探测等方面有很多的应用。

全内反射的另一种重要应用是全内反射荧光显微镜（TIRF），其实现是通过改变激光的入射角在介质另一面产生隐失波来激发荧光分子，因激发光（隐失波）呈指数衰减，所以只观察荧光标定样品的极薄区域，极大地降低了背景光噪声干扰，且观察区域可通过改变入射角而“切片”选择，观测的动态范围通常在百 nm 以下。

按产生衰逝波的方式，TIRF 显微镜分为两种：棱镜型和物镜型。棱镜型 TIRF 显微镜采用棱镜产生衰逝波，并用物镜收集荧光成像。物镜型 TIRF 显微镜采用大数字孔径物镜产生衰逝波，同时采用物镜收集荧光成像。与棱镜型 TIRF 相比，物镜型 TIRF 的应用更为广泛。相关工作构型如图 2.71 所示。TIRF 显微镜主要用于微小结构、单分子成像、细胞表面物质的动态观察等。

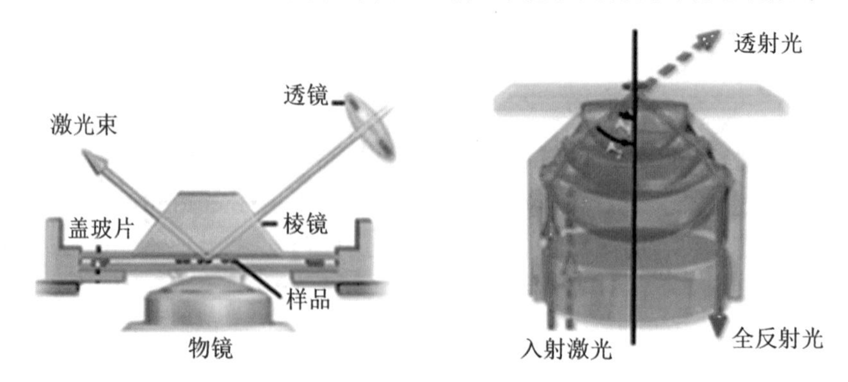

图 2.71　TIRF 显微镜

此外,全内反射还可应用于近场扫描隧道光学显微镜。它用大于全反射临界角的光照明样品,在样品表面形成的隐失波与表面的形状结构有关,通过探测隐失场的分布,进而推测样品本身的结构、形貌及材料特性。近场显微术包括两个转换过程:入射光波被样品转化成隐失波,该隐失波再被纳米探针(纳米散射单元)转换成传播波。

附 斯托克斯定律

斯托克斯定律是斯托克斯利用光的可逆性原理得到的介质界面处反射与透射的振幅关系:

$$tt' = 1 - r^2, \quad r' = -r \tag{2.4.36}$$

式中,r、t 是光从介质1到介质2时的振幅反射率和振幅透射率,r'、t'是光从介质2到介质1时的振幅反射率和振幅透射率。斯托克斯定律在处理薄膜多光束干涉时将会使用到。

斯托克斯利用光的可逆性原理推论其关系过程如下:如图2.72所示,设入射光的振幅为 A,从介质1射向介质2,则反射光振幅为 Ar,透射光振幅为 At。现设想有振幅为 At 和 Ar 的两束光如图所示入射,分别经界面反射、折射将产生四束光。根据光的可逆性原理,应有

$$Arr + Att' = A, \quad Atr' + Art = 0$$

所以有

$$tt' = 1 - r^2, \quad r' = -r$$

式中"-"表示从界面两边反射的光波有 π 相位差。

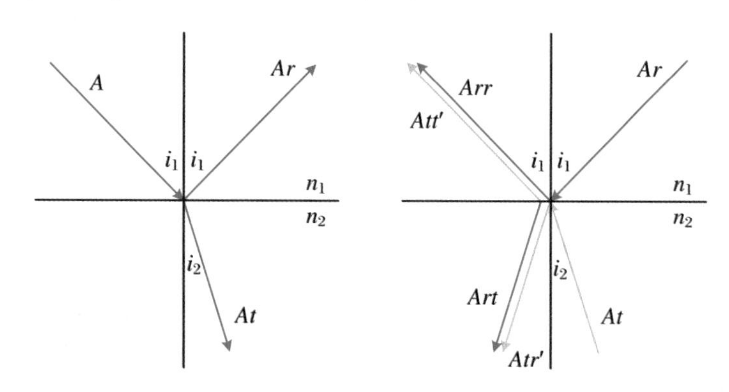

图2.72 斯托克斯定理推论图

斯托克斯利用光的可逆性原理进行推导,这种推导相当巧妙,但不是严格

的证明。我们可从菲涅耳公式出发严格证明斯托克斯定律：

$$r_p = -r'_p,\quad r_s = -r'_s$$
$$1 - r_p^2 = t_p t'_p,\quad 1 - r_s^2 = t_s t'_s \tag{2.4.37}$$

2.5 超表面与广义折射定律

我们前面所讲的界面都是连续、均匀的，如果界面是非均匀、离散的，将会是怎样的呢？这就是当前光学研究的热点之一——超表面(metasurface)。超表面是一种结构尺度小于波长的电磁表面结构，其通过改变电磁边界条件来实现对电磁波振幅、位相、偏振等多个参量的有效调控。相比于传统光学元件大多通过光传播过程中积累的位相延迟来实现对光场的调控，超表面结构上的每一个颗粒都能独立地对入射光场进行调控，因此超表面结构拥有比传统光学元件更加灵活强大的光场调控能力。

根据之前所学的惠更斯-菲涅耳原理，波前上的每一点都能视为一个次波源，其所发出的次波组成的包络面将形成新的波阵面。超表面中的每一个亚波长颗粒都能看成是一个次波源，通过调节颗粒的结构参数就能使得每一个次波源具有不同的振幅、位相突变，因此在理论上可以用超表面实现对光场的完全控制。

位相调控是超表面的一项重要功能，超表面的位相突变对于光束传播方向的影响可以用广义折反射定律来表示。经典的折反射定律描述的是不同介质材料界面处发生折射时入射角与反射角的关系，广义折反射定律是在经典的折反射定律的基础上，在两介质交界面处引入突变位相的影响。如图 2.73 所示为引入突变位相后的折射现象。

如图 2.73 所示，沿界面 x 方向 $\mathrm{d}x$ 间距的位相变化为 $\mathrm{d}\varphi$，根据费马原理，A、B 两点之间各路径的光程相等，即

$$k_0 \Delta L_i = k_0 \Delta L_t$$

$\mathrm{d}x$ 为界面横向一小量，所以

$$[k_0 n_i \sin(\theta_i)\mathrm{d}x + (\varphi + \mathrm{d}\varphi)] - [k_0 n_t \sin(\theta_t)\mathrm{d}x + \varphi] = 0 \tag{2.5.1}$$

式中，θ_i 为入射角，θ_t 为折射角，φ 和 $\varphi + \mathrm{d}\varphi$ 分别为两条路径在交界面处的突变位相，n_i 和 n_t 分别为入射与折射介质的折射率，$\mathrm{d}x$ 为两条路径与交界面交点的微小间距，k_0 为真空波矢。将式(2.5.1)化简后就能得到广义折射定律：

$$n_t\sin(\theta_t)-n_i\sin(\theta_i)=\frac{\lambda_0}{2\pi}\frac{d\varphi}{dx} \tag{2.5.2}$$

同理，也可以得到广义反射定律：

$$\sin(\theta_t)-\sin(\theta_i)=\frac{\lambda_0}{2\pi n_i}\frac{d\varphi}{dx} \tag{2.5.3}$$

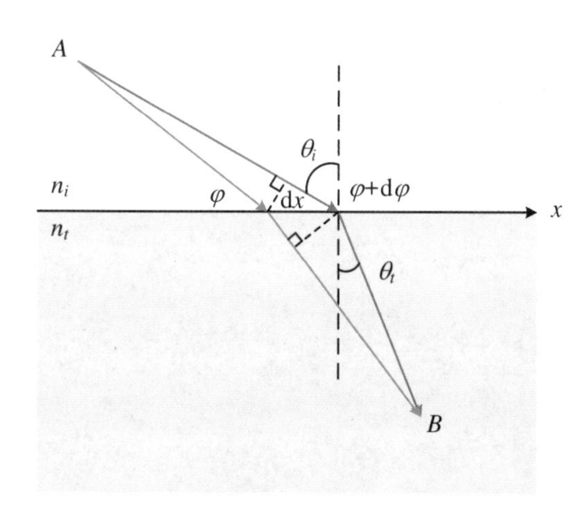

图 2.73 广义折射定律光路示意图

由式(2.5.2)和式(2.5.3)可以看出，通过在交界面处引入合适的位相变化梯度，就可以实现对光场传播方向的完全调控。基于上述原理，人们设计了多种形状的亚波长颗粒引入突变位相，实现了包括光束偏折、聚焦、透镜成像等多种功能。图 2.74 所示的是一种由金属 V 形颗粒构成的超表面，其通过改变 V 字两臂的夹角来实现 2π 范围内的位相调控，并通过对颗粒的排列实现了对光传播方向的偏转。

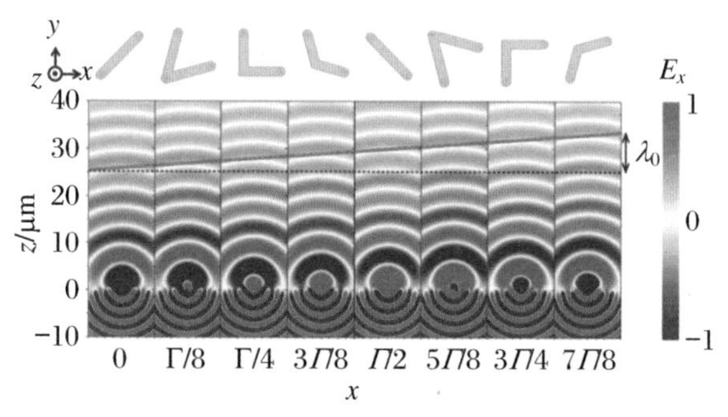

(a) 不同夹角的V形颗粒对应的突变位相

(b) 实现光传播方向的偏转

图 2.74 超表面①

① Yu Nanfang, et al. Light propagation with phase discontinuities: generalized laws of reflection and refraction[J]. Science, 2011, 334(6054): 333-337.

第3章　光的干涉

多彩的肥皂泡(图片来自网络)

本章提要 从光波叠加原理出发，首先讨论稳定干涉的相干条件；重点介绍杨氏干涉实验及其干涉特点，以杨氏干涉实验为例引入光的空间相干性和时间相干性概念；以薄膜干涉为典型分析了等倾干涉与等厚干涉的特点及应用，以及多光束干涉的特点，重点介绍了迈克耳孙干涉仪、法布里-珀罗干涉仪和光学薄膜的构造原理以及它们的应用。

3.1 光的干涉初步分析

3.1.1 光的干涉现象

在历史上，干涉现象曾是奠定光的波动性的基石。1655 年，意大利科学家格里马第(Francesco Maria Grimaldi，1618—1663)设计了一个实验：让一束光穿过两个小孔后，照到暗室里的同一个屏幕上，得到了有明暗条纹的图像，这是最早被观察和研究的干涉现象。约 1663 年，英国科学家波义耳(R. Boyle，1627—1691)第一次记载了肥皂泡和玻璃球中的彩色条纹，他指出物体的颜色可能不是物体本身的性质，而是光照射在物体上产生的效果。随后，英国物理学家胡克(Robert Hooke，1635—1703)观察了肥皂泡膜上的颜色。1801 年，托马斯·杨设计了著名的杨氏双缝干涉实验，实验使用的白屏上出现了明暗相间的黑白条纹，从而证明了光是一种波。

以上现象，都是光波在一定条件下相互叠加而形成的。两个(或多个)光波在一定的条件下相遇而叠加，重叠区域某些点的振动始终加强，另一些点的振动始终减弱，从而在重叠区域在一定的观察时间内形成了稳定的、不均匀的光强分布，出现了明暗相间或彩色的条纹，这种现象称为光的干涉现象。干涉现象是光的波动性的重要特征之一。光的干涉现象不但证实了光具有波动性，也给我们提供了认识光空间周期特性的一种直观途径，而且在科学技术上有着重要的广泛的应用。

对于机械波和无线电波，很容易实现相干而观察到干涉现象，而光波的相干却只有采用特殊的装置才能实现，干涉现象需要用特殊的手段来实现。下面我们就从光波叠加原理出发，讨论光波稳定干涉的相干条件。

3.1.2 两单色简谐波叠加及干涉条件分析

在第2章中,我们讨论了光矢量瞬时值的叠加问题,以两列同频率、振动方向相互垂直、同向传播的平面波的叠加分析了偏振光的形成及特征。而实际中大多数光的接收器(包括我们的眼睛)只对光强响应,"看到"的是强度分布。因此,从光场叠加原理出发导出交叠区光强的特点、规律、条件等是研究分析干涉现象的关键。

首先考虑两个同频率的单色波场的叠加,给出干涉过程的一般性分析。设两单色波场为

$$\boldsymbol{E}_1(P,t)=\boldsymbol{E}_{10}\cos[\omega t-\varphi_1(P)],\quad \boldsymbol{E}_2(P,t)=\boldsymbol{E}_{20}\cos[\omega t-\varphi_2(P)] \tag{3.1.1}$$

(需注意:$\varphi(P)=\boldsymbol{k}\cdot\boldsymbol{r}+\varphi_0(t)$应包含传播位相和初始相位。暂时我们假定初始相位为零或固定)相应复振幅为

$$\widetilde{E}_1(P)=\boldsymbol{E}_{10}\exp[\mathrm{i}\varphi_1(P)],\quad \widetilde{E}_2(P)=\boldsymbol{E}_{20}\exp[\mathrm{i}\varphi_2(P)] \tag{3.1.2}$$

波场交叠区某点 P 的光场为两列波在P 点的各自复振幅的叠加:

$$\widetilde{E}(P)=\widetilde{E}_1(P)+\widetilde{E}_2(P) \tag{3.1.3}$$

则 P 点的光强(时间平均物理量)为

$$\begin{aligned}I(P)&=\widetilde{E}(P)\widetilde{E}^*(P)=[\widetilde{E}_1(P)+\widetilde{E}_2(P)]\cdot[\widetilde{E}_1{}^*(P)+\widetilde{E}_2{}^*(P)]\\&=E_{10}^2(P)+E_{20}^2(P)+2\boldsymbol{E}_{10}(P)\cdot\boldsymbol{E}_{20}(P)\cos[\varphi_2(P)-\varphi_1(P)]\end{aligned}$$

$$I(P)=I_1(P)+I_2(P)+2\boldsymbol{E}_{10}(P)\cdot\boldsymbol{E}_{20}(P)\cos\Delta\varphi(P) \tag{3.1.4}$$

$$I_1(P)=E_{10}^2(P),\quad I_2(P)=E_{20}^2(P),\quad \Delta\varphi(P)=\varphi_2(P)-\varphi_1(P)$$

式中,$I_1(P)$、$I_2(P)$、$\Delta\varphi(P)$分别表示两列波在 P 点产生的光强和两列波在P点的位相差。

两波叠加 P 点强度不是简单地等于每列波单独在点P 产生的强度之和,而是出现了与两光场偏振、位相差有关的交叉项:$2\boldsymbol{E}_{10}(P)\cdot\boldsymbol{E}_{20}(P)\cos\Delta\varphi(P)$,通常称为干涉项。

$\Delta\varphi(P)$与观察点的位置有关,是位置的函数,不同位置 $\Delta\varphi(P)$ 大于等于或者小于0。可见 $I(P)$在不同观察点强度变化。

因波的叠加而引起强度空间重新分布的现象,叫作波的干涉。交叠区域中光强随空间位置变化的分布称为干涉图样。

波的叠加原理并不意味着两列波交叠时强度一定是相加。光的干涉现象

是波叠加的结果之一。

1. 相干条件

相干条件即为产生干涉的必要条件,从叠加场强度表达式而言,即干涉项具有不为零的稳定贡献。所谓稳定贡献可理解为长时间观察,我们观察到光强就是光场瞬时值叠加的统计结果(长时间平均的结果)。

简单归纳起来,产生干涉的必要条件(相干条件)有三条:

(1) 频率相同。

(2) $\boldsymbol{E}_{10}(P)\cdot\boldsymbol{E}_{20}(P)\neq 0$,即两光场振动方向不垂直,存在有相互平行的振动分量。

(3) 对给定点 P,有稳定的(初)位相差。

其实这三条并非处于同等地位,一般来说只要两光场振动方向不垂直就有干涉,剩下的就是干涉场的稳定性问题,稳定与否和探测器的响应时间、观测时间等有关。通常来说第(3)条是实现稳定干涉的最关键条件,而第(1)条实际上是有稳定的位相差需满足的条件之一。下面就如何有稳定的位相差做具体分析。

2. 稳定的位相差

稳定的位相差与光源发光微观机制的特点(非相干、相干光源)以及几个时间尺度有关! 由前面的分析,我们知道普通光源是自发辐射(一种随机过程),具有间歇性、随机性,光源一次持续发光时间($\tau_0\propto 10^{-11}\sim 10^{-8}$ s)对应一定的波列长度($L=\tau_0 c$),也就说一次持续发光时间内初始相位是一定的,即同一波列初相位是一定的。

与观测有关的几个时间尺度如下:

(1) 光振动的时间周期 T(振动频率),可见光波段 $T\sim 10^{-15}$ s。

(2) 实验观测时间 τ。

(3) 探测器的时间响应(可分辨的最小时间间隔),人眼:$\Delta t\sim 10^{-1}$ s,光电探测器:$\Delta t\sim 10^{-9}$ s。

(4) 光源一次持续发光的时间(一个波列的持续时间)(能级寿命)$\tau_0\sim 10^{-8}$ s。

通常来说,有 $\tau>\Delta t\gg T$,对于常用探测器而言,$\Delta t>\tau_0$。

下面我们就以不同频率的光及相互独立的光源能否干涉来具体分析。如图 3.1 所示,两单色点光源在波场中某点 P 的振动分别为

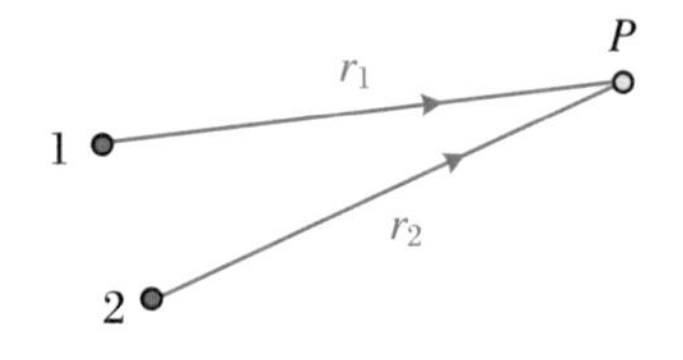

图 3.1 两单色光源叠加

$$\begin{cases}\boldsymbol{E}_1(P,t)=\boldsymbol{E}_{10}(P)\cos(\omega_1 t-k_1 r_1+\varphi_{10}(t))\\ \boldsymbol{E}_2(P,t)=\boldsymbol{E}_{20}(P)\cos(\omega_2 t-k_2 r_2+\varphi_{20}(t))\end{cases}\tag{3.1.5}$$

则 P 点的瞬时合振动为

$$\begin{aligned}
\boldsymbol{E}(P,t) &= \boldsymbol{E}_1(P,t) + \boldsymbol{E}_2(P,t) \\
E^2(P,t) &= (\boldsymbol{E}_1 + \boldsymbol{E}_2)\cdot(\boldsymbol{E}_1 + \boldsymbol{E}_2) \\
&= \boldsymbol{E}_{10}^2 \cos^2(\omega_1 t - k_1 r_1 + \varphi_{10}(t)) + \boldsymbol{E}_{20}^2 \cos^2(\omega_2 t - k_2 r_2 + \varphi_{20}(t)) \\
&\quad + \boldsymbol{E}_{10}\cdot\boldsymbol{E}_{20}\cos[(\omega_1+\omega_2)t - (k_2 r_2 + k_1 r_1) + \varphi_{10}(t) + \varphi_{20}(t)] \\
&\quad + \boldsymbol{E}_{10}\cdot\boldsymbol{E}_{20}\cos[\Delta\omega t - (k_2 r_2 - k_1 r_1) + \Delta\varphi_0(t)]
\end{aligned} \tag{3.1.6}$$

式中，$\Delta\omega = \omega_2 - \omega_1$，$\Delta\varphi_0(t) = \varphi_{20}(t) - \varphi_{10}(t)$。

光的振动频率极高，E 的瞬时值无法测定，实际可观测量是在某段时间间隔 τ 中的平均值（光强）：

$$I(P) = \frac{1}{\tau}\int_0^\tau E^2(P,t)\mathrm{d}t = \langle E^2(P,t)\rangle \tag{3.1.7}$$

因振荡频率 ω_1、ω_2 极高，所以有 $(\omega_1+\omega_2)\tau \gg 2\pi$。

$$\langle\cos[(\omega_1+\omega_2)t - (k_2 r_2 + k_1 r_1) + \varphi_{10} + \varphi_{20}]\rangle_\tau = 0 \tag{3.1.8}$$

假定光场1、光场2的振动方向相同：$\boldsymbol{E}_1 /\!/ \boldsymbol{E}_2$，可得

$$I(P) = I_1(P) + I_2(P) + 2\sqrt{I_1(P)I_2(P)}\langle\cos\Delta\varphi(P,t)\rangle \tag{3.1.9}$$

$$\Delta\varphi(P,t) = \Delta\omega t - (k_2 r_2 - k_1 r) + \Delta\varphi_0(t) \tag{3.1.10}$$

能够看到干涉效应，则在时间间隔 τ 中 $\langle\cos\Delta\varphi(P,t)\rangle \neq 0$，即 $\langle\Delta\varphi(t)\rangle = \langle\Delta\omega t + \Delta\varphi_0(t)\rangle \neq 0$。

(1) 设 $\Delta\varphi_0$ 在时间 τ 中保持恒定，$\cos\Delta\varphi(t)$ 的变化周期为 $T_b = 2\pi/\Delta\omega$。

若 $\tau \ll T_b$，则在观测时间 τ 中 $\Delta\varphi$ 的变化量 $\Delta\omega\cdot\tau \ll 2\pi$。在时间间隔 τ 中 $\langle\cos\Delta\varphi\rangle \neq 0$，可记录到干涉效应，即暂态干涉。

若 $\tau \gg T_b$，$\Delta\omega\cdot\tau \gg 2\pi$，则相应的 $\langle\cos\Delta\varphi(t)\rangle$ 趋近于0，此时不存在干涉。

(2) 若 $\Delta\omega = 0$，即频率相同（该条件是容易满足的），则 $\Delta\varphi(t)$ 等价于 $\Delta\varphi_0(t)$。

普通光源发射的光波是一系列间断的、彼此无关的波列，只有在一个波列的持续时间 τ_0 中波的初相才保持恒定。在每一个 τ_0 时间间隔中，$\langle\cos\Delta\varphi(P,t)\rangle = \cos\Delta\varphi(P)$。此时，交叠区强度分布只与 P 点的位置有关，空间不同点具有不同的光强，即形成干涉条纹，是暂态干涉。

在下一个 τ_0 间隔内 $\Delta\varphi_0$ 已变成另一个值，干涉条纹则在空间中产生了某种随机平移。若 $\tau \gg \tau_0$，暂态干涉条纹在空间迅速（10^8/s）随机错动叠加，此时无干涉现象。所以，对于任意两个同频率普通光源（或同一光源的两个不同部分），发出的光波的相位之差 $\Delta\varphi(P)$ 可表示为

$$\Delta\varphi(P)=(kr_2-kr_1)+[\varphi_{20}(t)-\varphi_{10}(t)]\propto[\varphi_{20}(t)-\varphi_{10}(t)]$$

这个相位之差是不固定的。$\cos(\Delta\varphi)$的数值在±1之间迅速地改变(τ/τ_0)，测量(观测)的是时间的平均值：$\langle\cos\Delta\varphi\rangle=0$，$I=I_1+I_2$，这个光源是非相干光源，属于强度非相干叠加。$\langle\cos\Delta\varphi\rangle=\cos\Delta\varphi$，是相干光源，属于复振幅相干叠加。

由以上分析可知，讨论相干条件不能离开观测条件，干涉场稳定性问题可归纳如下：

(1) 干涉问题实质上是一个时域中的统计平均问题。探测器无法追踪光场的即时振动，而只能追踪时间平均效应——光强。

(2) 即时交叉项能否转化为可以被观察和记录的不为零的时间平均交叉项(干涉项)，取决于观测时间τ中两光场相位差$\Delta\varphi$能否基本上保持恒定。

(3) 在τ值充分小时，可以得到暂态干涉，它并不要求两光波的频率完全相同及其相差完全恒定，只要在τ时间中干涉项不为零即可。

(4) 若τ较大，即远大于$\omega_1\neq\omega_2$时拍的周期T_B或光源恒定初相时τ_0，则各暂态干涉效果被匀化而消失。

干涉的形成过程可依所考察的时间不同而分为三个层次：

场的瞬时叠加⇒暂态干涉⇒稳定干涉

以上层次本质上是一致的，除对振动方向的要求之外，起关键作用的是在所考察点各振动之间的相位关系。若在所考察时间间隔τ内各振动相位具有较好的相关性，则它们是相干的，否则不相干。$\tau\to\infty$即稳定干涉。

若要在充分长的时间中观测到稳定的干涉效应，由$\Delta\varphi(P,t)=k_2r_2-k_1r_1-\Delta\omega t+\Delta\varphi_0$可得，需要$\Delta\omega=0$且$\Delta\varphi_0=$恒量。所以，稳定干涉的必要条件(相干条件)是：

(1) 频率相同。

(2) 存在有相互平行的振动分量。

(3) 有稳定的(初)位相差。

以后的讨论只考虑稳定干涉。在光场满足稳定干涉三条件时，则有

$$\begin{aligned}I(P)&=I_1(P)+I_2(P)+2\boldsymbol{E}_{10}(P)\cdot\boldsymbol{E}_{20}(P)\cos\Delta\varphi(P)\\&=I_1(P)+I_2(P)+2\sqrt{I_1(P)I_2(P)}\cos\theta\cos\Delta\varphi(P)\end{aligned}\quad(3.1.11)$$

其中θ为两振动分量的夹角。凡是两个正交振动必定是非相干的(不论是否同频率、有稳定的位相差)；干涉项位相差$\Delta\varphi(P)$，旨在强调它是场点位置的函数，正是$\Delta\varphi(P)$的空间变化决定了干涉条纹的形状和分布。所以强度在重叠区再分布，呈现强弱变化的干涉图样。

3. 干涉条纹的反衬度

相干条件为什么说是稳定干涉的必要条件而不是充要条件？干涉现象是可观测测量的现象，虽然满足上述三个条件时有稳定的干涉，但也不一定能观测/测量到，也就是说这些条件尚不足以保证干涉现象显著。所以需引入一量来描述干涉现象的显著程度，即干涉条纹的反衬度（对比度、衬比度）γ，其定义如下：

$$\gamma = \frac{I_{\max} - I_{\min}}{I_{\max} + I_{\min}} \tag{3.1.12}$$

式中 $I_{\max}$、$I_{\min}$ 分别是干涉场中光强的极大值和极小值。所以 γ 的取值范围为

$$0 \leqslant \gamma \leqslant 1 \tag{3.1.13}$$

当 $I_{\min} = 0$ 时，干涉相消，$\gamma = 1$；当 $I_{\max} = I_{\min}$ 时，光强均匀，$\gamma = 0$。

γ 值越大，条纹亮暗对比越清晰。影响干涉条纹反衬度大小的因素有很多，如振幅比（光强比）、偏振性；光源的单色性、光源的宽度，这在讨论光场的时间、空间相干性时我们再分析。下面我们先分析振幅比（光强比）、偏振性对干涉条纹反衬度大小的影响。

当光场满足稳定干涉三条件时，则有 $I(P) = I_1(P) + I_2(P) + 2\sqrt{I_1(P)I_2(P)}\cos\theta\cos\Delta\varphi(P)$，此时分以下两种情况：

(1) 当 $\Delta\varphi(P) = 2m\pi$（m 为整数）时，光强可写为

$$I_{\max} = I_1 + I_2 + 2\sqrt{I_1 I_2}\cos\theta \tag{3.1.14}$$

(2) 当 $\Delta\varphi(P) = (2m+1)\pi$（$m$ 为整数）时，光强可写为

$$I_{\min} = I_1 + I_2 - 2\sqrt{I_1 I_2}\cos\theta \tag{3.1.15}$$

所以，反衬度可进一步写为

$$\gamma = \frac{2\sqrt{I_1 I_2}\cos\theta}{I_1 + I_2} = \frac{2\sqrt{K}\cos\theta}{1 + K} \tag{3.1.16}$$

$$K = I_1/I_2 \tag{3.1.17}$$

由式(3.1.16)可得，当 $\theta = 0$，$K = 1$ 时，$\gamma = 1$。即要获得明显的干涉现象：① 两束光的振动方向要尽可能一致；② 两束光的光强（振幅）要尽可能接近。

以后我们均考虑振动方向完全一致，则

$$\begin{aligned} I(P) &= I_1(P) + I_2(P) + 2\sqrt{I_1(P)I_2(P)}\cos\Delta\varphi(P) \\ &= E_{10}^2(P) + E_{20}^2(P) + 2E_{10}(P)E_{20}(P)\cos\Delta\varphi(P) \end{aligned} \tag{3.1.18}$$

$\Delta\varphi(P)=2m\pi$（m 为整数）时，有

$$I_{max} = I_1 + I_2 + 2\sqrt{I_1 I_2} = (E_{10} + E_{20})^2 \tag{3.1.19}$$

$\Delta\varphi(P)=(2m+1)\pi$（$m$ 为整数）时，有

$$I_{min} = I_1 + I_2 - 2\sqrt{I_1 I_2} = (E_{10} - E_{20})^2 \tag{3.1.20}$$

所以

$$\gamma = \frac{2E_{10}E_{20}}{E_{10}^2 + E_{20}^2} \tag{3.1.21}$$

令 $2I_0 = I_1 + I_2 = E_{10}^2 + E_{20}^2$，则有

$$I = 2I_0(1 + \gamma\cos\Delta\varphi) \tag{3.1.22}$$

这是双光干涉光强分布的另一表达式。该表示形式在讨论光场空间相干性和时间相干性时将用到，即通过 γ 的大小来分析相干性。

4. 极值条件光程差表示

根据光强分布表示式(3.1.18)式，可知凡满足 $\Delta\varphi(P)=2m\pi$（m 为整数）的点，都符合如下条件：$I_{max}=(E_{10}+E_{20})^2$，光强达极大值，称为相干相长；凡满足 $\Delta\varphi(P)=(2m+1)\pi$（$m$ 为整数）的点，都有 $I_{min}=(E_{10}-E_{20})^2$，光强达极小值，称为相干相消。

在实际分析讨论相关干涉现象时，往往是针对具体的实验装置（结构），此时用位相差来分析判断重叠区内空间点的光强极大还是极小，不能有效地和实验装置结构布局关联起来，因此通常用光程差来表示极值条件。

两列波经不同的介质，在重叠区 P 点的位相差为

$$\Delta\varphi = \frac{2\pi}{\lambda_1}r_1(P) - \frac{2\pi}{\lambda_2}r_2(P) \tag{3.1.23}$$

介质中波长 $\lambda_n = \dfrac{\lambda}{n}$，其中 λ 为真空中波长，则有

$$\Delta\varphi(P) = \frac{2\pi}{\lambda}(n_1r_1 - n_2r_2) = \frac{2\pi}{\lambda}\Delta L(P) \tag{3.1.24}$$

所以，位相差和光程差的关系为

$$\Delta\varphi = \frac{2\pi}{\lambda}\Delta L \tag{3.1.25}$$

例 3.1　有如图 3.2 所示的结构，试计算 S_1、S_2 在 P 点的位相差。

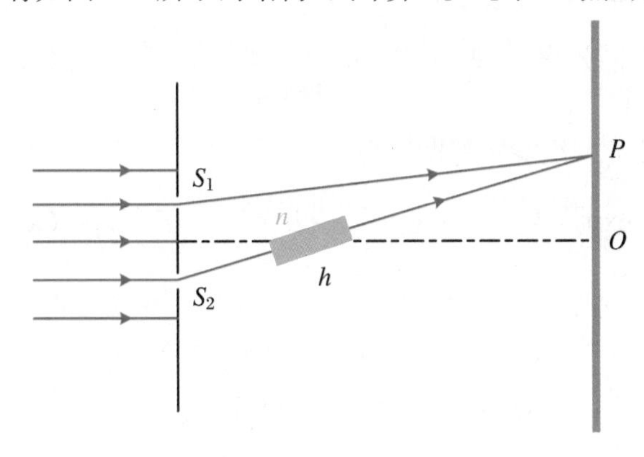

图 3.2　相位差的计算

解　在 P 点，有

$$\Delta\varphi = \frac{2\pi}{\lambda}[L_2 - L_1] = \frac{2\pi}{\lambda}\{[(r_2 - d) + nd] - r_1\}$$
$$= \frac{2\pi}{\lambda}[(r_2 - r_1) + (n-1)d]$$

综合以上分析，两光波在相遇点的位相差 $\Delta\varphi(P)$ 或光程差 $\Delta L(P)$ 决定了该点的叠加光强。或者说，干涉场中位相差或光程差相等的点的叠加光强相等。因此，干涉图样即为干涉光场中等位相差或等光程点的空间轨迹。

当 $\Delta\varphi = \pm 2m\pi$，即 $\Delta L = \pm m\lambda$（$m = 0,1,2,\cdots$）时，为相长干涉（明）极大：

$$I = I_{\max} = I_1 + I_2 + 2\sqrt{I_1 I_2} = (E_{10} + E_{20})^2 \tag{3.1.26}$$

当 $\Delta\varphi = \pm(2m+1)\pi$，即 $\Delta L = \pm(2m+1)\dfrac{\lambda}{2}$（$m = 0,1,2,\cdots$）时，为相消干涉（暗）极小：

$$I = I_{\min} = I_1 + I_2 - 2\sqrt{I_1 I_2} = (E_{10} - E_{20})^2 \tag{3.1.27}$$

因此，研究双光束干涉的具体规律时主要有两点：

(1) 光强分布基本公式可以推导计算出光强分布：

$$I(P) = I_1(P) + I_2(P) + 2\sqrt{I_1(P) I_2(P)}\cos\Delta\varphi(P) \tag{3.1.28}$$

(2) 位相差或光程差判据可以确定明暗条纹位置：

$$\Delta\varphi = \pm 2m\pi, \quad \Delta L = \pm m\lambda \tag{3.1.29}$$

$$\Delta\varphi = \pm(2m+1)\pi, \quad \Delta L = \pm(2m+1)\frac{\lambda}{2} \tag{3.1.30}$$

5. 两平面波的干涉

我们以两列同频率、同振动方向的平面波的相干叠加,分析一下其干涉场的特征(干涉图样)。

设两平面波的三维空间复振幅为

$$\widetilde{E}_1(\boldsymbol{r}) = E_{10}\exp[\mathrm{i}(\boldsymbol{k}_1 \cdot \boldsymbol{r} + \varphi_{10})], \quad \widetilde{E}_2(\boldsymbol{r}) = E_{20}\exp[\mathrm{i}(\boldsymbol{k}_2 \cdot \boldsymbol{r} + \varphi_{20})] \tag{3.1.31}$$

叠加强度为

$$I = I_1 + I_2 + 2\sqrt{I_1 I_2}\cos\Delta\varphi \tag{3.1.32}$$

$\Delta\varphi = (\boldsymbol{k}_2 - \boldsymbol{k}_1) \cdot \boldsymbol{r} + \varphi_{20} - \varphi_{10}$,因其满足相干条件,可令 $\varphi_{20} - \varphi_{10} = 0$,所以

$$\Delta\varphi = [(k_{2x} - k_{1x})x + (k_{2y} - k_{1y})y + (k_{2z} - k_{1z})z] = k_x x + k_y y + k_z z$$

$\Delta\varphi$ 相同的点的集合构成了三维空间中的等强度面,且为平面。

$$\begin{aligned}\Delta\varphi &= k[(\cos\alpha_2 - \cos\alpha_1)x + (\cos\beta_2 - \cos\beta_1)y + (\cos\gamma_2 - \cos\gamma_1)z] \\ &= \begin{cases} 2m\pi & (\max) \\ (2m+1)\pi & (\min) \end{cases}\end{aligned}$$

其中,α_1、β_1、γ_1,α_2、β_2、γ_2 分别为 $\boldsymbol{k}_1$、$\boldsymbol{k}_2$ 的方位角。

可见,随 x、y、z 的变化,$\cos\Delta\varphi$ 具有周期性,进而 I 具有周期性。所以干涉图样是三维空间中一族光强极大、极小相间排列的平行平面。

(x、y、z 方向上)空间周期 $(k_{2x} - k_{1x})\Delta x = 2(m+1)\pi - 2m\pi$。干涉图样(光强分布)沿 x、y、z 方向条纹间距(相邻光强极大或极小平面的间距)分别为

$$\begin{cases} \Delta x = \dfrac{\lambda}{\cos\alpha_2 - \cos\alpha_1} \\ \Delta y = \dfrac{\lambda}{\cos\beta_2 - \cos\beta_1} \\ \Delta z = \dfrac{\lambda}{\cos\gamma_2 - \cos\gamma_1} \end{cases} \tag{3.1.33}$$

干涉图样(光强分布)沿 x、y、z 方向条纹间距的倒数代表单位长度内的条纹数→空间频率。

光强分布在 x、y、z 方向的空间频率分别为

$$\begin{cases} f_x = \dfrac{\cos\alpha_2 - \cos\alpha_1}{\lambda} = \dfrac{k_{2x} - k_{1x}}{2\pi} = f_{2x} - f_{1x} \\ f_y = \dfrac{\cos\beta_2 - \cos\beta_1}{\lambda} = f_{2y} - f_{1y} \\ f_z = \dfrac{\cos\gamma_2 - \cos\gamma_1}{\lambda} = f_{2z} - f_{1z} \end{cases} \tag{3.1.34}$$

可见:两相干的平面波干涉,其干涉图样在观察屏(某一平面)上的分布是明暗相间的等周期分布的直线。

例 3.2 分析如图 3.3(a)所示两相干平面波在 Oxy 平面上的干涉图样。

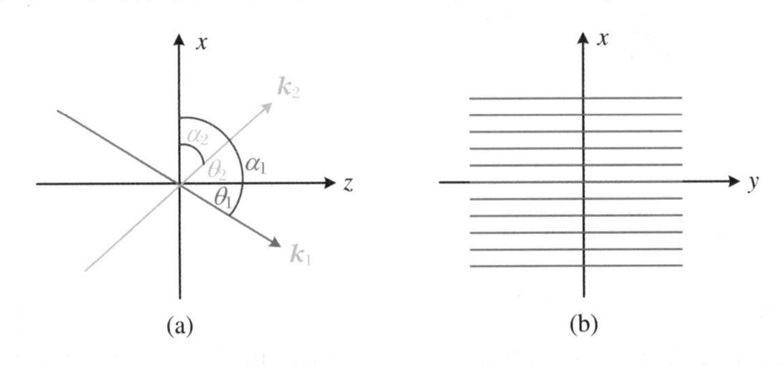

图 3.3 两束平行光的干涉

解 (1) 由图 3.3(a)可知:$\boldsymbol{k}_1, \boldsymbol{k}_2 \subset$平面 xz,$\alpha_1 = \dfrac{\pi}{2} + \theta_1$,$\alpha_2 = \dfrac{\pi}{2} - \theta_2$,$\beta_1 = \beta_2 = \dfrac{\pi}{2}$,$z = 0$,根据式(3.1.34)的结果可直接得到

$$f_x = \frac{\cos\alpha_2 - \cos\alpha_1}{\lambda} = \frac{\sin\theta_2 + \sin\theta_1}{\lambda}, \quad f_y = 0$$

$$d_x = \frac{1}{f_x} = \frac{\lambda}{\sin\theta_2 + \sin\theta_1}, \quad d_y = \infty$$

k_1, k_2 分居 z 轴两侧时,$(\sin\theta_2 + \sin\theta_1)$;$k_1, k_2$ 处于 z 轴同侧时,$(\sin\theta_2 - \sin\theta_1)$。

(2) 由图示可写出两光波场的波函数:

$$\widetilde{E}_1(x,y) = E_{10}\mathrm{e}^{\mathrm{i}(-k\sin\theta_1 x + \varphi_{10})}, \quad \widetilde{E}_2(x,y) = E_{20}\mathrm{e}^{\mathrm{i}(k\sin\theta_2 x + \varphi_{20})}$$

$$I(x,y) = I_1 + I_2 + 2\sqrt{I_1 I_2}\cos(\Delta\varphi)$$

所以

$$\Delta\varphi = k_{2x} - k_{1x} = k(\sin\theta_2 + \sin\theta_1)x + \varphi_{20} - \varphi_{10}$$

位相差的分布与 y 无关,条纹平行于 y 轴,如图 3.3(b)所示。

$$\delta(\Delta\varphi) = 2\pi \Rightarrow k(\sin\theta_2 + \sin\theta_1)\Delta x = 2\pi$$

$$\Delta x = \frac{\lambda}{\sin\theta_2 + \sin\theta_1} = d_x$$

$$(\theta_2 + \theta_1)\downarrow \Rightarrow \Delta x\uparrow;\quad (\theta_2 + \theta_1)\uparrow \Rightarrow \Delta x\downarrow;\quad \theta_2 \approx \theta_1 \approx \frac{\pi}{2} \rightarrow \Delta x = \frac{\lambda}{2}$$

3.2 杨氏干涉

3.2.1 相干光的获得

由前面的讨论可以看出,实现干涉的关键是如何获得两相干光场。进一步来说,如何通过普通光源而观察到干涉现象?即如何获得有稳定的初相位差的两光场?我们知道:普通光源(非相干光源)在不同时间所发出的不同波列其初相位独立无关,不同部分所发出的光其初相位独立无关。或者说,两个实际点光源或面光源的两个独立部分或同一点源不同时刻不相关。对于普通光源,只有在一个波列的持续时间 τ_0 中波的初相才保持恒定。因此,把普通光源发出的同一波列设法在空间分割开,使其经过不同的传播路径后又在空间某处相遇,在重叠区就能产生干涉。这是因为分开的两束光具有相同的初始相位,由 $\Delta\varphi(P) = k(r_2 - r_1) + \varphi_{20}(t) - \varphi_{10}(t)$,可知此时 $\varphi_{20}(t) - \varphi_{10}(t) = 0$,在叠加点位相差完全取决于所经历的光程差。在一定实验结构下,光程差是稳定的,即可实现稳定干涉。所以,普通光源获得相干光的途径是:同一波列→分割→再相遇(叠加)。按照同一波列上不同的分光方法,主要有分波前干涉和分振幅干涉。前者以杨氏双孔(缝)干涉实验为代表,基于惠更斯原理,通过精巧的实验结构从同一波前上提取两个相干次波;后者以薄膜干涉实验为代表,基于介质界面处的菲涅耳公式,将同一波列按振幅比例分成两个或多个相干次波。

分波前法:杨氏实验,光束分裂在波前不同位置(横向),如图 3.4 所示。

分振幅法:薄膜干涉,迈克耳孙干涉仪,光束分裂在波前同一位置(纵向),如图 3.5 所示。

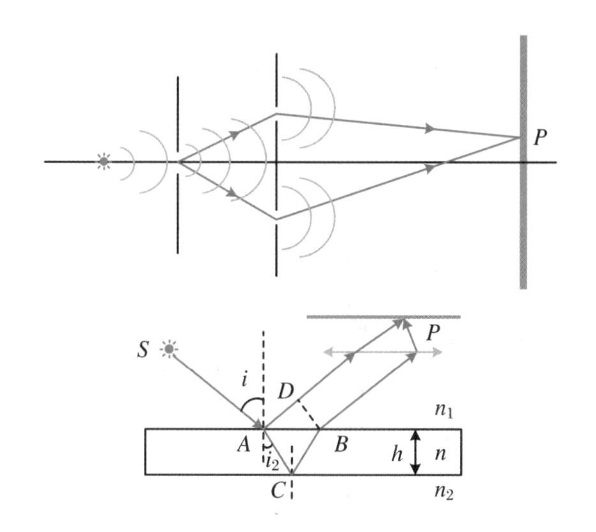

图 3.4　分波前法

图 3.5　分振幅法

3.2.2　杨氏双孔干涉实验

托马斯·杨(Thomas Young,1773—1829)(图 3.6),英国医生、物理学家、考古学家。1801 年,托马斯·杨进行了著名的杨氏双孔(缝)干涉实验,观察到了光的干涉现象,从而证明了光是一种波。同年,托马斯·杨在英国皇家学会的《哲学会刊》上发表论文,分别对"牛顿环"实验和自己的实验进行解释,首次提出了光的干涉的概念和光的干涉定律。面对光的偏振现象和布儒斯特偏振定律的发现,托马斯·杨对光学再次进行了深入的研究,1817 年,他放弃了惠更斯的光是一种纵波的说法,提出了光是一种横波的假说,成功地解释了光的偏振现象。托马斯·杨建立的光波动理论,在波动学说的发展史上有着重要意义。

图 3.6　托马斯·杨

1. 杨氏干涉装置及其特点

1801 年,托马斯·杨采用一个简洁、巧妙的装置获得了相位差稳定的两个点光源,进而观察到了光的干涉现象,这就是著名的杨氏双孔干涉实验。其装置如图 3.7 所示,在一个普通准单色面光源(比如钠光灯)前面,放置一个开有一小孔 S_0 的不透明屏。按惠更斯原理,波前上每一点都可看作一个次波源,当 S_0 的孔径足够小时,在面光源照明下小孔 S_0 成为一个点光源,发出球面光波(普通面光源不同部分所发出的光其相位独立无关,也就是说小孔 S_0 保证了提取普通面光源的同一部分);在与小孔 S_0 屏相距 R 处再平行放置一个开有两个相同小孔 S_1 和 S_2 的不透明屏,小孔 S_0 发出的球面波前经双孔 S_1 和 S_2 透射后,两个小孔又作为次波源分别发出两列球面波,该两列波是相干的(设置 S_1

和 S_2 是为了从同一波前上提取两个相干次波)，即 S_1 和 S_2 可看成是两相干光源，该两光场在远处空间可相互交叠而发生干涉。在离双孔屏稍远距离 D 处平行放置一接收屏，其上便会出现清晰可见的干涉条纹。可以说，杨氏双孔干涉实验就是在惠更斯-菲涅耳原理描述的波前 Σ 上，通过小孔 S_1、S_2 提取两个次波，接收屏 P 处光场即为该两球面次波的相干叠加。

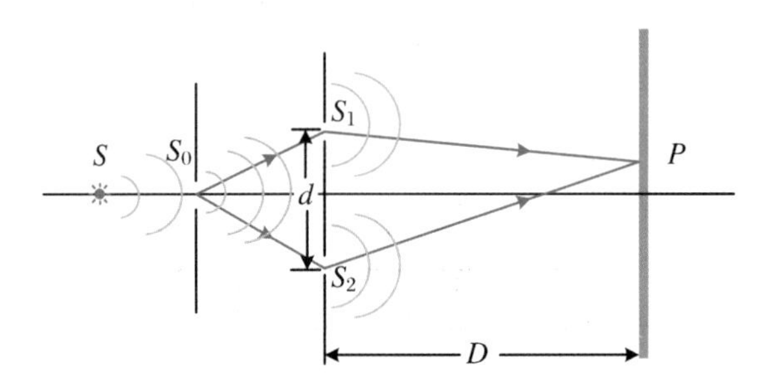

图 3.7　杨氏双缝干涉实验装置

其微观物理过程也可分析如下：光源发出的大量光波，其中的每一列经过上述装置分为两相干光，干涉叠加形成一光强分布；同一时间总是有大量的原子跃迁发出大量的互不干涉的波列，每一个波列到达 P 点都经历一个自我干涉的过程，不同的波列间不相干直接为强度相加。由于不同的波列都经过同一装置自身分裂自我干涉，S_1 和 S_2 到 P 点的位相差只由 S_1、S_2 和 P 点三者的空间位置关系所决定，每一波列各自的干涉图样在同一点是一样的。所以有

$$I(P) = \sum_{i=1}^{N} I_i = \sum_{i=1}^{N} (A_{i1}^2 + A_{i2}^2 + 2A_{i1}A_{i2}\cos\Delta\varphi_i(P)) \tag{3.2.1}$$

式中 i 表示 t 时刻光源中的第 i 个原子跃迁；$\Delta\varphi_i(P)$ 与究竟是哪一波列无关，仅与从点源 S_0 通过双孔 S_1、S_2 到 P 的光程差有关，即只与场点 P 的位置有关。

也就是说，在杨氏干涉中，既有同一波列分割后的自我相干叠加，也有不同波列间的非相干叠加。由于每一波列经同一装置干涉在接收屏上形成的干涉图样都是相同的，因此，不同波列的相同干涉图样的强度叠加，干涉图样的对比度没有变化，反而使干涉图样更明亮、更易于观察。

2. 光强分布和干涉条纹特点

下面我们来分析杨氏双孔干涉（空气中）的强度分布特点。在如图 3.7 所示的杨氏双孔干涉中，P 点的位相差为

$$\Delta\varphi(P) = k(r_2 - r_1) + \varphi_{20} - \varphi_{10} \tag{3.2.2}$$

其中 $\varphi_{20} = \varphi_0(t) + \frac{2\pi}{\lambda}R_2$，$\varphi_{10} = \varphi_0(t) + \frac{2\pi}{\lambda}R_1$，$\varphi_0(t)$是小孔 S_0 发出的初始位

相。又 $R_1=R_2$，所以 $\Delta\varphi(P)=k(r_2-r_1)$，光程差为

$$\Delta L = r_2 - r_1$$

可见位相差是稳定的，仅取决于光程差。这表明 φ_{10} 与 φ_{20} 除来源于 S_0 经 R_1、R_2 的传播位相外，更主要的是其随时间变化的随机相位受 S_0 的初始相位 $\varphi_0(t)$ 支配，但通过上述实验构架它在位相差 $\Delta\varphi(P)$ 中巧妙地被消除了，从而保证了场点的稳定性。因此，在该实验中处于普通面光源与双孔之间的单孔 S_0（点源）是必不可少的！或者说在激光诞生之前小孔 S_0 是十分必要的。若在杨氏干涉实验中采用激光光源，由于其本就是相干光源，则无需再加小孔 S_0。

P 点位置满足：$r_2-r_1=\pm m\lambda$，则干涉极大，即为亮区（面）；$r_2-r_1=\pm(2m+1)\dfrac{\lambda}{2}$，则干涉极小，即为暗区（面）。由此可得干涉图样在三维空间中是以 S_1、S_2 为焦点的旋转双曲面族，亮面、暗面相间排列，如图 3.8 所示。如在干涉场中放置一观察屏（平面），则旋转双曲面族与观察屏相交，在观察屏上得到一系列明暗交替分布的曲线，即为杨氏干涉在接收屏上的干涉图样。在观察屏上离轴横向很小的范围内，干涉图样近似为明暗相间的直线。由两平面光波场干涉知，观察屏上为明暗相间的直线的干涉图案，是平面波干涉的特点。也就是说在观察屏上离轴横向很小的范围内两球面波场可用两平面波场近似（球面波向平面波转化）。

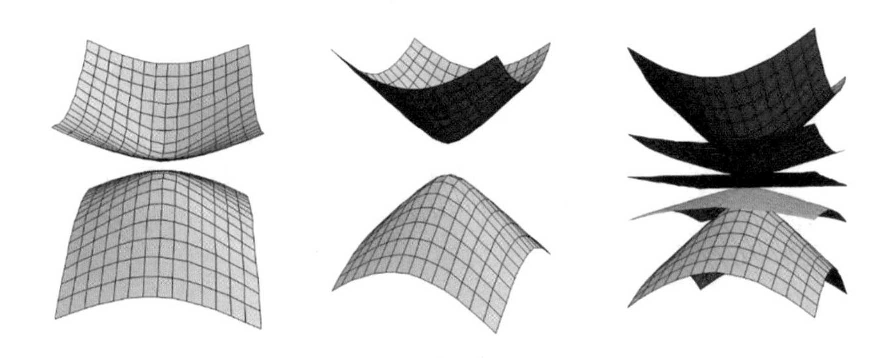

图 3.8 杨氏双缝干涉结果的三维空间分布

对于实际的杨氏双孔干涉实验而言，其实验装置的典型数据如下：双孔间距 $d\sim$mm，接收范围 $\rho\sim$ cm，双孔至屏幕距离 $D\sim$m。也就说此实验条件下，在观察屏离轴横向距离不大的范围内，可以近似看作两平面光波干涉，如图 3.9 所示。所以，由 S_1 向 r_2 作垂线（平面波的波阵面（等相面）垂直光传播方向），即可得两近似平面波场的光程差：

$$\Delta L = d\sin\theta$$

又因为 $x=D\tan\theta\approx D\sin\theta$，所以 $\sin\theta\approx\dfrac{x}{D}$，可得

$$\Delta l = d\frac{x}{D} = \begin{cases} m\lambda \\ (2m+1)\dfrac{\lambda}{2} \end{cases} \Rightarrow x = \begin{cases} m\dfrac{D}{d}\lambda & \leftrightarrow I_{max} \\ \left(m+\dfrac{1}{2}\right)\dfrac{D}{d}\lambda & \leftrightarrow I_{min} \end{cases} \quad (m = 0, \pm 1, \pm 2, \cdots) \tag{3.2.3}$$

干涉图样的强度分布为

$$I = I_1 + I_2 + 2\sqrt{I_1 I_2}\cos\Delta\varphi \tag{3.2.4}$$

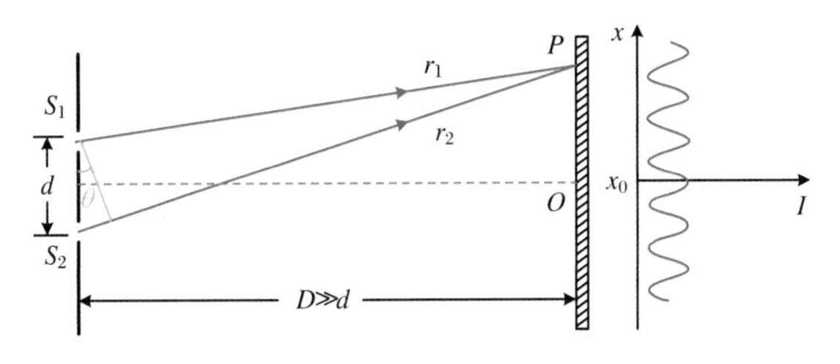

图 3.9　杨氏双缝干涉简化装置及条纹强度分布

S_1、S_2 小孔相同，令 $I_1 = I_2 = I_0$，则有 $I = 4I_0\cos^2\dfrac{\Delta\varphi}{2}$。

令 $\beta = \dfrac{1}{2}\Delta\varphi$，可以得到 I 关于 β 的关系：

$$I = 4I_0\cos^2\beta$$

其中 $\beta = \dfrac{\pi}{\lambda}d\sin\theta$（为便于记忆，可记为“两次波源对应位相差的一半”）。

又因为 $\sin\theta \approx \dfrac{x}{D}$，所以可得

$$I = 4I_0\cos^2\left(\frac{\pi d}{D\lambda}x\right) \tag{3.2.5}$$

如图 3.10 所示。

根据以上讨论，在傍轴条件下，可得杨氏干涉的主要特征如下：

(1) 由式(3.2.5)可知，光强变化平稳、缓和，即随位相差缓慢变化，这也是两光束干涉的特点。当干涉装置和波长一定时，干涉图样是一系列平行的明暗相间的条纹，垂直双孔连线方向。

(2) 对相邻两条明(暗)纹的间距，由式 (3.2.3)，可得

$$\Delta x = x_{m+1} - x_m = (m+1)\frac{D}{d}\lambda - m\frac{D}{d}\lambda$$

$$= \left(m + 1 + \frac{1}{2}\right)\frac{D}{d}\lambda - \left(m + \frac{1}{2}\right)\frac{D}{d}\lambda$$

或由式(3.2.5)，$\frac{\pi d}{D\lambda}\Delta x = \pi$，可得

$$\Delta x = \frac{D}{d}\lambda \tag{3.2.6}$$

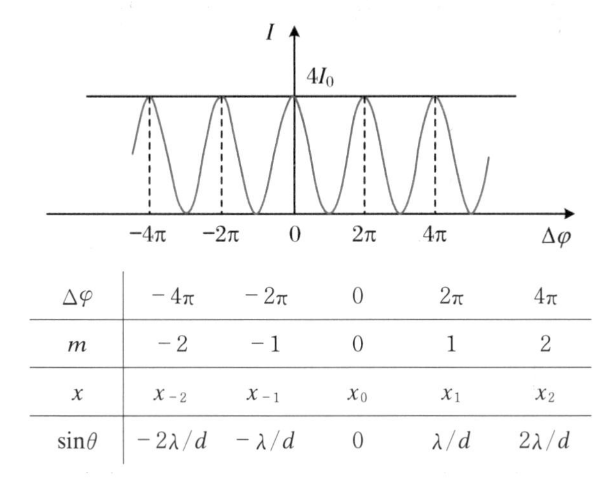

$\Delta\varphi$	-4π	-2π	0	2π	4π
m	-2	-1	0	1	2
x	x_{-2}	x_{-1}	x_0	x_1	x_2
$\sin\theta$	$-2\lambda/d$	$-\lambda/d$	0	λ/d	$2\lambda/d$

图 3.10 杨氏双孔干涉的光强曲线及各参量间的对应关系

可以看出干涉条纹的周期性是波长周期性的放大表现！

(3) 中间级次低。某条纹级次等于该条纹相应的$(r_2 - r_1)/\lambda$。

(4) $\Delta x \propto \lambda/d$。$d$ 变小，λ 变大，Δx 变大，条纹越清晰。

当 D 和 λ 一定时，干涉条纹间距与两小孔间距 d 成反比。这要求观察杨氏干涉现象时两小孔的间距不宜过大，否则会因干涉条纹太密而无法分辨。由于可见光的波长很短，d 一般都比较小。例如，若所用光波的波长 $\lambda = 500$ nm，$D = 1$ m，若希望条纹间隔 $\Delta x > 1$ mm，则应使 $d < 0.5$ mm。

(5) $\lambda = (\Delta x \cdot d)/D$，据此可测出各种光波的波长。

(6) $x_m \propto \lambda$，若用非单色光(例如白光)入射，除 0 级外，可得彩色条纹分布。

另外，此实验条件下，在观察屏离轴横向距离不大的范围内，既然可以近似看作两平面光波干涉，这样干涉条纹的周期也可由前面分析的两平面波干涉结果直接给出，如图 3.11 所示。

下面给出一些相关的公式，读者可自行推导：

$$\Delta x = d_x = \frac{\lambda}{\sin\theta_2 - \sin\theta_1},\quad \sin\theta_2 - \sin\theta_1 \approx \frac{d + x'}{D} - \frac{x'}{D}$$

即有 $\Delta x = \frac{D}{d}\lambda$。

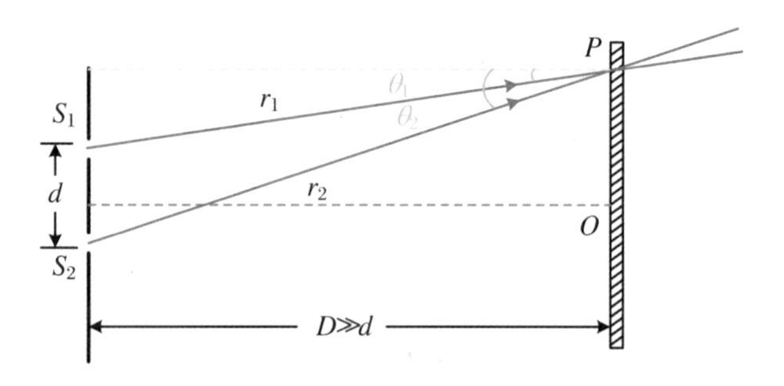

图 3.11 杨氏双缝干涉傍轴时等价于两平面波干涉

3. 干涉条纹的变动(光程变化对条纹的影响)

在基于干涉效应的实际应用中,往往关注干涉条纹的移动,如通过干涉条纹的移动可判断或测量某物理量的改变。由干涉光强表达式可知,任何原因引起的光程差变化必导致干涉条纹的移动!在具体分析时,我们需定级考察。

如图 3.12 所示,我们来看看 0 级干涉条纹如何变化。

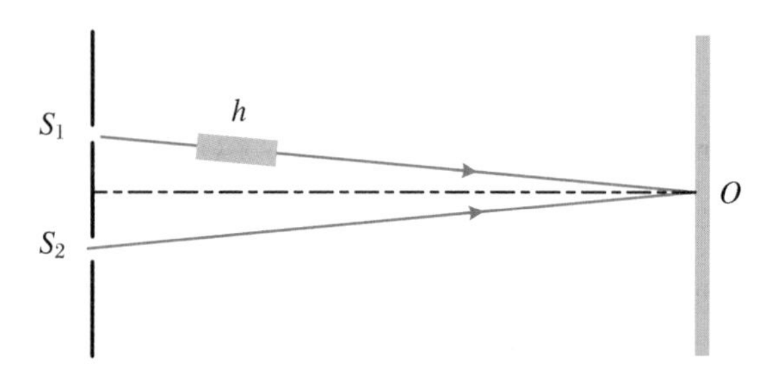

图 3.12 光程变化导致条纹的移动

此时光程差为 $\Delta L = nh + (r_1 - h) - r_2 = (n-1)h$,所以 0 级(向上)移动的条纹数为

$$m = \frac{\Delta L}{\lambda} = \frac{(n-1)h}{\lambda} \tag{3.2.7}$$

若小孔 S_0(点光源)沿 x 方向横向移动,如图 3.13 所示,由 0 级光程差关系:$\Delta L = (R_2 + r_2) - (R_1 + r_1) = 0$,点光源 S_0 向上(下)移动,则 0 级向下(上)移动。

条纹位移 δx 与点源位移 δs 的关系,可通过图 3.14 得出。

由杨氏干涉装置的几何关系,有 $R \gg \delta s, D \gg d$。

傍轴近似时有 $R_1 - R_2 \cong d\dfrac{\delta s}{R}, r_2 - r_1 \cong d\dfrac{\delta x}{D}$。

定点考察 0 级,其光程差满足 $\Delta L = (R_2 + r_2) - (R_1 + r_1) = 0$,则有

$$\delta x = -\frac{D}{R}\delta s \tag{3.2.8}$$

“-”表明干涉条纹移动的方向和点源移动的方向相反。

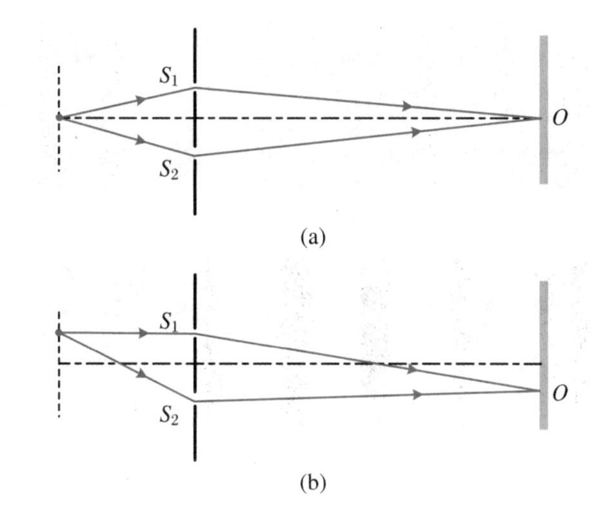

图 3.13 光源移动导致条纹的移动

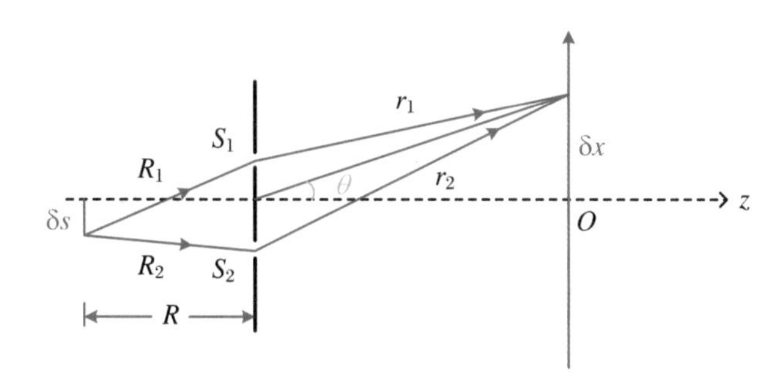

图 3.14 光源移动量和条纹移动量的关系

由上可见:若中心小孔(点源)移至轴外,则将引起条纹的移动,但不改变条纹间距,它依然由 $\Delta x=\dfrac{D}{d}\lambda$ 决定;点源沿 y 平移不会引起干涉条纹的移动! 所以杨氏双孔干涉实验可改进为杨氏双缝干涉实验,可有效提高条纹的亮度,这是因为小孔光功率太小。为了提高亮度而又不降低衬比度,这三个缝应当严格平行且与 x 轴正交。当然,对杨氏双缝干涉的分析依然以双孔干涉模型为基础。红光和白光入射的杨氏干涉图样如图 3.15 所示。

在白光入射的情况下,可看到 0 级明纹中心为白色,其他级次出现彩色条纹,但第 2 级开始出现了重叠。白光入射时,因为 0 级($m=0$)等光程,所有波长都会落在 $x=0\left(x_m=m\dfrac{D}{d}\lambda\right)$ 的位置处,因此零级无色散,亦可用来定 0 级位置。第 2 级开始出现重叠,这是由于光的非单色性对干涉条纹的影响,因为不同的波长干涉条纹的周期不同,除 0 级都位于中央点 $x=0$ 外,其他同一级次干涉极大的位置不同,而是错开一点,而且级次越高错移越大,也越模糊。当长波限($\lambda+\Delta\lambda$)的 m 级次与短波限 λ 的($m+1$)级次重合时,也表示第 m 级次的彩色亮带已和第 $m+1$ 级次彩色亮带衔接起来,没有暗区隔开。基于此,可定出最高可分辨的级次。

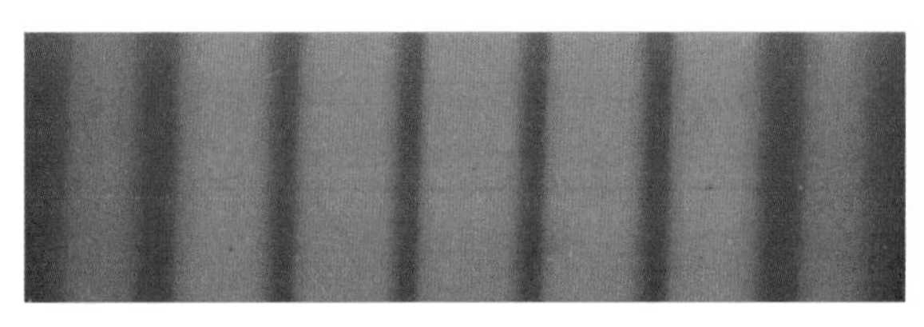

(a) 红光入射

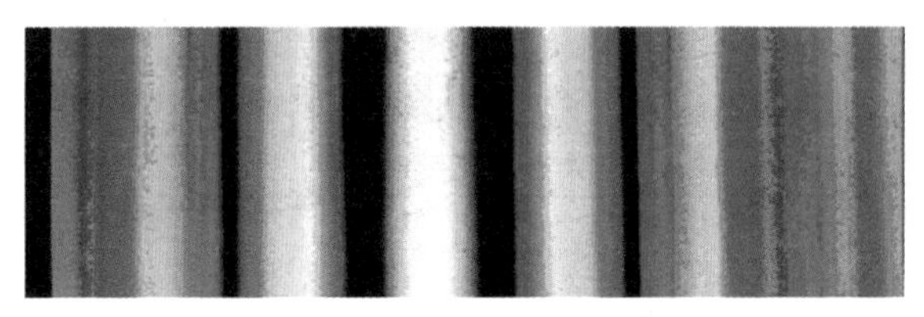

(b) 白光入射

图 3.15　杨氏双缝干涉照片

由$(m+1)\frac{D}{d}\lambda = m\frac{D}{d}(\lambda+\Delta\lambda)$，可得

$$m = \frac{\lambda}{\Delta\lambda} \tag{3.2.9}$$

由此可见，入射光的单色性越差（即 $\Delta\lambda$ 越大），可分辨的级次越低。所以用白光看到的条纹最少。

杨氏双孔干涉实验验证了惠更斯原理中的次波概念的实在性，并进一步证明了波前上各次波源的相干性，这为光波衍射理论的形成准备了思想基础，在光学发展史上有着重要意义！其装置质朴、设计精妙，之后相继出现的各种分波前干涉装置均可视为其衍生。

3.2.3　其他分波前干涉实验

在分析其他分波前干涉实验时，应参照杨氏干涉模型，明确相干光（S_1，S_2）是如何获得的；由光路几何结构，计算光程差（明、暗纹条件）；由光强分布公式，搞清条纹特点（形状、位置、级次分布、移动）。

1. 劳埃德镜

劳埃德镜装置光路示意图如图 3.16 所示。

S 与其像 S' 等效于杨氏双缝，若 S 和 S' 是杨氏双缝时屏上为明条纹的地方，现在应为暗条纹。条纹间距：

$$\Delta x = \frac{\lambda D}{d} \tag{3.2.10}$$

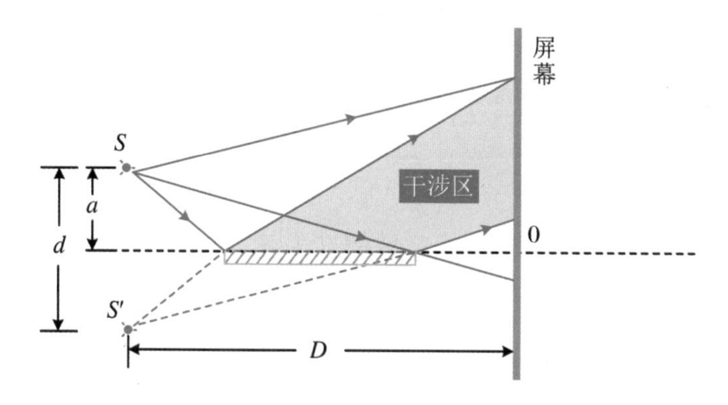

图 3.16 劳埃德镜光路示意图

劳埃德镜实验说明，由光源 S 和 S' 发出的光波在空间传播时发生了大小为 π 的位相突变。光波在自由空间传播时发生这样的位相突变，只能是镜面反射所致，即当光波掠射至镜面上时，反射光波相对于入射光波发生了大小为 π 的位相突变，从而使两者在该反射点处发生相消干涉。

2. 菲涅耳双棱镜

菲涅耳双棱镜装置光路示意图如图 3.17 所示。

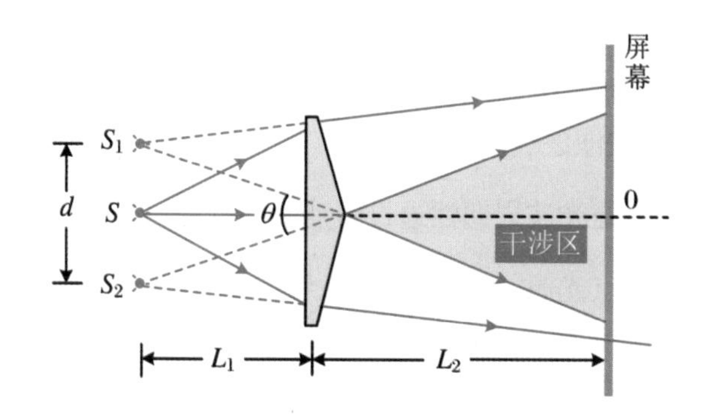

图 3.17 菲涅耳双棱镜光路示意图

像 S_1、S_2 相当于杨氏干涉中的双孔，$L_1 + L_2 = D$。双棱镜的顶角 α 非常小，偏向角 $\delta = (n-1)\alpha$，$\theta = 2\delta$，点光源 S 的像在其上方或下方的距离：

$$X = L_1(n-1)\alpha$$

双像间距及屏幕上条纹间距分别为

$$d = 2L_1(n-1)\alpha \tag{3.2.11}$$

$$\Delta x = \frac{\lambda(L_1 + L_2)}{2L_1(n-1)\alpha} \tag{3.2.12}$$

3. 菲涅耳双面镜

菲涅耳双面镜装置光路示意图如图 3.18 所示。

两虚像等效于杨氏双孔：

$$d = L_1 2\varphi,\quad D = L_1 + L_2$$

条纹间距为

$$\Delta x = \frac{\lambda(L_1 + L_2)}{2L_1\varphi} \tag{3.2.13}$$

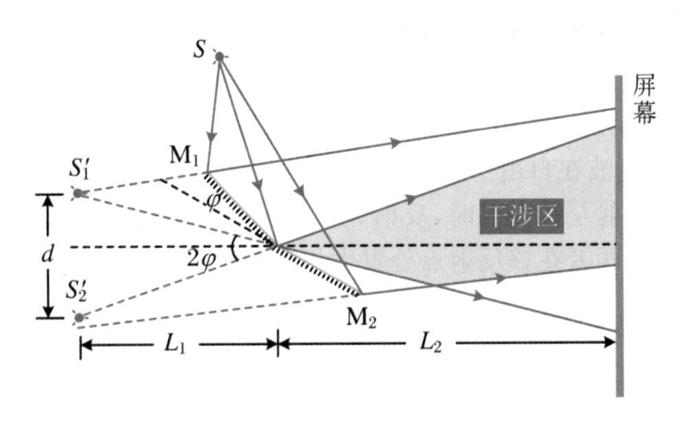

图 3.18　菲涅耳双面镜光路示意图

几点小结：

(1) 能量在空间重新分布(能量守恒)。

(2) 傍轴近似,干涉条纹平行等间距。

(3) 条纹周期性是光波周期性通过干涉效应的另一种表现形式：$\Delta x = \dfrac{D}{d}\lambda$。

(4) 线光源代替点光源,可提高干涉条纹的亮度。

(5) 高相干性的激光,可直接照明双孔而产生好的干涉条纹。

分析干涉问题的要点：

(1) 搞清发生干涉的光束 P(何处干涉)。

(2) 由光路几何结构计算光程差。

(3) 求出光强分布公式。

(4) 搞清条纹特点：形状、位置、级次分布、条纹移动等。

附　杨氏干涉实验思考

对如图 3.19 所示结构,以无任何偏振片的杨氏干涉条纹为参考($\gamma \approx 1$),试

就以下情况考量干涉场的变化(是否出现干涉条纹;干涉场的衬比度是否减少;亮纹的亮度是否降低):

(1) 仅有偏振片 P_0。

(2) 有(P_1,P_2),$P_1||P_2$。

(3) 有(P_1,P_2),$P_1\perp P_2$。

(4) 有(P_1,P_2)和 P_3,$P_1\perp P_2$。

(5) 有 P_0,(P_1,P_2)和 P_3,$P_1\perp P_2$。

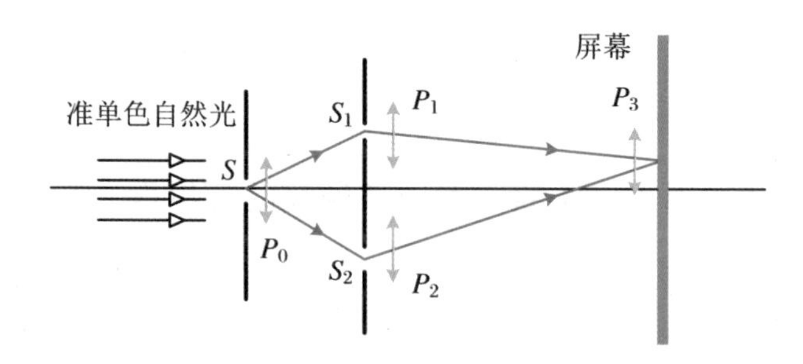

图 3.19 杨氏双缝干涉实验中加入偏振片

无任何偏振片时,干涉条纹的生成机制为:

$$\left.\begin{array}{l}E_x(t)\to(E_{1x}(t),E_{2x}(t))\to\text{相干叠加于屏}\\E_y(t)\to(E_{1y}(t),E_{2y}(t))\to\text{相干叠加于屏}\end{array}\right\}\Rightarrow\text{非相干叠加。}$$

我们可以认为一波列即是一特定偶极子的辐射,对应一特定偏振方向,所以图 3.19 所示杨氏双缝干涉过程分别如下:

(1) 仅有偏振片,只保留一套干涉条纹,$\gamma\approx1$,$I=\dfrac{1}{2}I_0$。

(2) 有(P_1,P_2),$P_1||P_2$,干涉效果同(1)。

(3) 有(P_1,P_2),$P_1\perp P_2$,非相干叠加,$\gamma=0$,均匀一片。

(4) 有(P_1,P_2)和 P_3,$P_1\perp P_2$,P_3 是为了提取两个振动方向一致的情况,此时仍是白茫茫一片。这一现象类同著名的阿拉果(Arago)偏振光干涉实验(1816 年)。从 P_1、P_2 透过的是自然光的两正交振动 E_{1x}、E_{2y},相位差是一随机量。这也说明自然光可分解为两相位无关相互垂直线偏振光的叠加。

(5) 有 P_0,(P_1,P_2)和 P_3,$P_1\perp P_2$,满足一定条件可以产生干涉,P_0 保证有稳定的位相差。

3.3 光场的时空相干性

在讨论杨氏双孔干涉实验时,都是在理想条件下分析的,即假设光源(S_0)是单色的点光源或线光源(S_0 是很小的针孔或无限窄的缝),实际上光源通常有一定的大小(S_0 有一定的直径或缝宽),且发出的光也不可能是严格的单色光,即有一定的光谱宽度。下面我们仍以杨氏实验为基础,来分析光源的展宽(空间、光谱)对干涉条纹的影响,即所谓光场的空间相干性和时间相干性。分析一种展宽的效果时假定另一种展宽并不存在。

3.3.1 光源的宽度对干涉条纹可见度的影响——空间相干性

1. 两分离非相干点源照明时干涉条纹的可见度

具有一定发光面积的扩展光源可以看成是许多不相干的理想点源的集合。在具体分析面光源(点光源、线光源(S_0)沿 x 方向扩展)对干涉条纹反衬度的影响时,先分析两个独立的不相干点光源同时照明 S_1、S_2 的情况。

可考虑在扩展光源上,任取两独立点源,如图 3.20(a)所示。由于各独立点光源(线光源)是不相干的,当两点光源同时照明时,在屏上光强分布是各点光源单独产生的强度分布之和,亦即沿 x 方向错动距离为 δx 的两套干涉条纹的强度之和。可以根据图 3.20(b)所示的几何结构进行相应的计算。

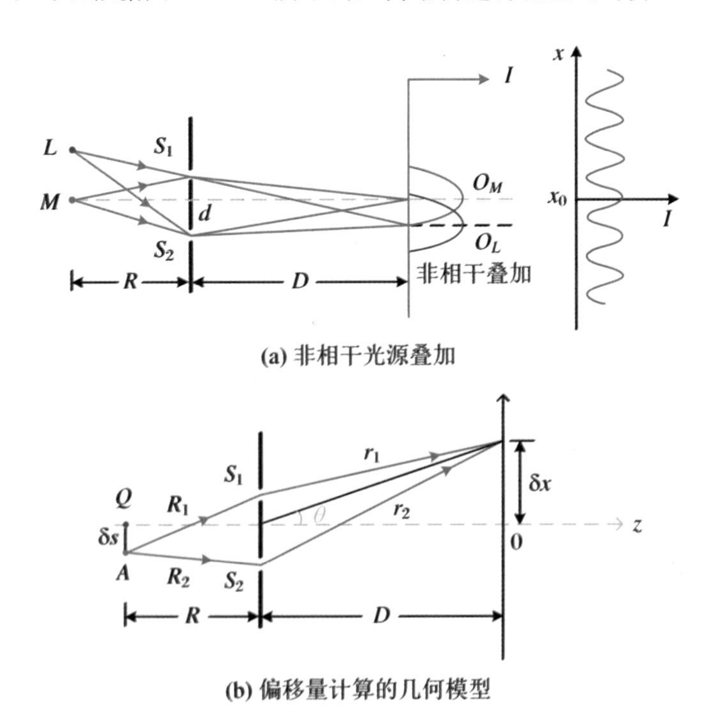

图 3.20 两个非相干光源同时照明

可得 Q 点源、A 点源在屏上光强分别为

$$I_Q(x,y) = 2I_{QS_{12}}\left[1+\cos\left(\frac{2\pi}{\lambda}\Delta L\right)\right]$$

$$= I_{Q0}\left[1+\cos\left(\frac{2\pi}{\lambda}d\frac{x}{D}\right)\right] \xlongequal{\Delta x = \frac{D}{d}\lambda} I_{Q0}\left[1+\cos\left(\frac{2\pi}{\Delta x}x\right)\right]$$

$$I_A(x,y) = I_{A0}\left\{1+\cos\left[\frac{2\pi}{\lambda}\left(d\frac{x}{D}-d\frac{\delta s}{R}\right)\right]\right\} = I_{A0}\left[1+\cos\left(\frac{2\pi}{\Delta x}x+\varphi_0\right)\right]$$

其中 $I_{QS_{12}}$ 表示 Q 点源在 S_1、S_2 处的光强；$\varphi_0 = -\frac{2\pi}{\lambda}d\frac{\delta s}{R} \xlongequal{\delta x = -\frac{D}{R}\delta s} \frac{2\pi}{\lambda}\frac{d}{D}\delta x = \frac{2\pi}{\Delta x}\delta x$，体现了点源 A 的位移导致的条纹移动。

两分离非相干点源照明时，屏上强度分布为各自单独照明产生的两套干涉条纹非相干叠加，所以有

$$I(x,y) = I_Q(x,y) + I_A(x,y)$$

$$\xlongequal{I_{Q0} = I_{A0} = 2I_0 = 2I_{QS_{12}}} 2I_0\left[1+\cos x\left(\frac{2\pi}{\Delta x}x\right)\right]$$

$$+ 2I_0\left[1+\cos\left(\frac{2\pi}{\Delta x}x+\varphi_0\right)\right]$$

$$I(x,y) = 4I_0\left[1+\cos\frac{\varphi_0}{2}\cdot\cos\left(\frac{2\pi}{\Delta x}x+\frac{\varphi_0}{2}\right)\right]$$

$$= 4I_0\left[1+\cos\frac{\varphi_0}{2}\cdot\cos(\Phi)\right] \tag{3.3.1}$$

对比式(3.1.22)：$I = 2I_0(1+\gamma\cos\Delta\varphi)$，有

$$\gamma = \left|\cos\frac{\varphi_0}{2}\right| = \left|\cos\frac{\delta x}{\Delta x}\pi\right| \leqslant 1 \tag{3.3.2}$$

所以移动$\frac{1}{2}$个条纹时，$\delta x = \frac{\Delta x}{2}$，$\varphi_0 = \pi$，$\gamma = 0$；移动 1 个条纹时，$\delta x = \Delta x$，$\varphi_0 = 2\pi$，$\gamma = 1$。

从上面的推导结果可以得出如下结论：原来衬比度为 1 的两套条纹，叠加的结果不再为 1。干涉场的衬比度随着两点源距离的增加而出现周期性的变化。

2. 光源宽度对干涉条纹反衬度的影响

设中心点在光轴上、发光强度均匀的一光源沿双孔连线方向(x)的扩展宽

度为 b，如图 3.21 所示。

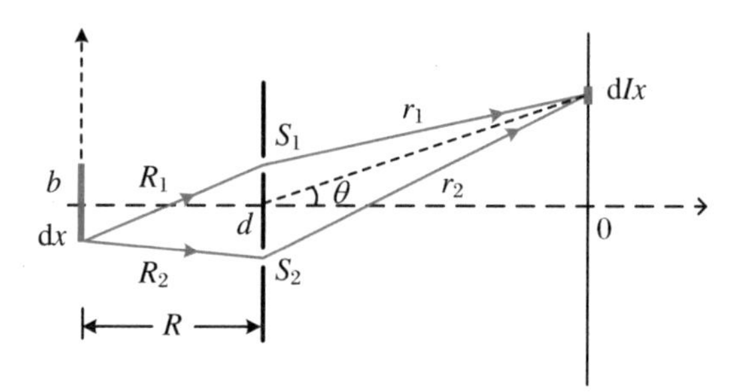

图 3.21　光源宽度对干涉的影响

由上分析可得，扩展光源上一单元点源(dx')在屏上 P 点(x)产生的光强 $dI_x(P)$ 为

$$dI_x(P)=2I_0dx'\left[1+\cos\frac{2\pi}{\lambda}\Delta L\right]$$

$$\Delta L=(R_2-R_1)+(r_2-r_1)=d\frac{x'}{R}+d\frac{x}{D}$$

$$dI=2I_0dx'\left[1+\cos\frac{2\pi}{\lambda}\left(\frac{d}{R}x'+\frac{d}{D}x\right)\right]$$

所以

$$I=\int_{-\frac{b}{2}}^{\frac{b}{2}}2I_0dx'\left[1+\cos\frac{2\pi}{\lambda}\left(\frac{d}{R}x'+\frac{d}{D}x\right)\right]$$

$$=2I_0b+2I_0\frac{\lambda R}{\pi d}\sin\frac{\pi bd}{\lambda R}\cos\frac{2\pi d}{\lambda D}x$$

令 $\frac{\pi bd}{\lambda R}=u$，$\frac{d}{R}=\beta$，可得

$$I=2I_0b\left(1+\frac{\sin u}{u}\cos\frac{2\pi d}{\lambda D}x\right)\tag{3.3.3}$$

对比式(3.1.22)：$I=2I_0(1+\gamma\cos\Delta\varphi)$，可得出对比度的表达式：

$$\gamma=\left|\frac{\sin u}{u}\right|\tag{3.3.4}$$

其中，$u=\frac{\pi bd}{\lambda R}=\frac{\pi b\beta}{\lambda}$。

上式表明照明光源沿双孔连线宽展(b)影响干涉图样的对比度。干涉图样衬比度 γ 随 u 的变化关系如图 3.22 所示。因 $u=\frac{\pi bd}{\lambda R}$，故图上实际反映的是干涉图样衬比度 γ 随光源宽度 b 的变化关系。

由图3.22可见，只有光源宽度 b 等于0的情况下，干涉图样的衬比度 γ 才等于1，其余条件下干涉图样的衬比度均小于1。γ 第一次为0出现在 $u=\pi$，此时 $b_c=R\lambda/d$ 称为光源极限宽度。超过此极限时，γ 的数值还有多次回升和起伏，但越来越小。需注意的是，因 $b_c=R\lambda/d$，杨氏干涉图样的衬比度实际上是由 b_c、R、d 这几个参数共同决定的，所以说需要科学布局实验装置结构参数，才能获得明显的干涉现象。

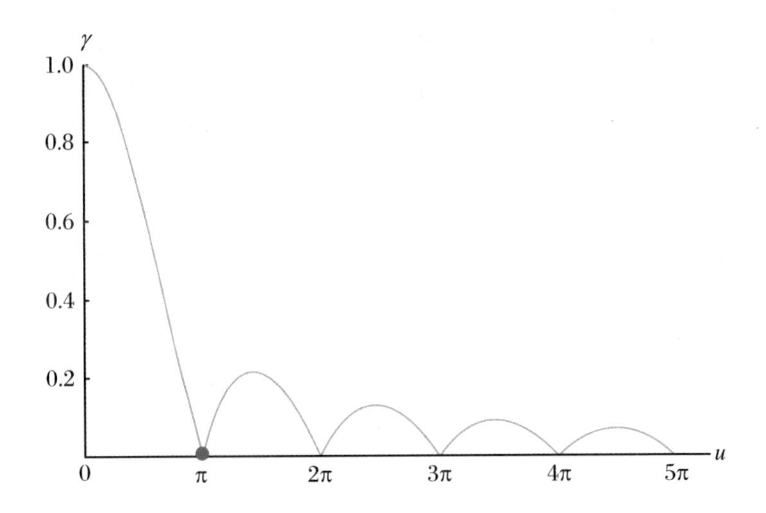

图3.22 衬比度 γ 随 u 的变化

与 b、R、d 这几个参数有关的光场空间中横向位置的两点处光场的相关程度，称为光场的空间相干性。如杨氏实验中，次波源 S_1、S_2 处的光场是左方光源 S 所激发的，S_1、S_2 的连线与 S 光的传播方向垂直或基本垂直，S_1、S_2 处光场的空间相干性常称为横向空间相干性。其相干程度，用所产生干涉条纹的 γ 的大小来衡量。

具体而言：

(1) S_1、S_2 位置给定，该两点光场的空间相干性取决于光源 S 的宽度。

由 $b_c=R\lambda/d$ 可以得到以下关系：

① $b\leqslant\dfrac{b_c}{4}$，$\gamma\sim1$，S_1、S_2 相干度较高。

② b 增大，γ 小于1，S_1、S_2 相干度下降。

③ $b=b_c$，$\gamma=0$，S_1、S_2 完全不相干。

④ $b\geqslant b_c$，γ 变小趋近于0，认为 S_1、S_2 不相干。

若 S 为点光源，$\gamma=1$，次波源 S_1、S_2 是完全相干的；若 S 为扩展光源，次波源 S_1、S_2 是部分相干的，$0<\gamma<1$。

(2) 给定光源 S 的宽度，在其照明空间中的波前上一定范围内提取出来的两个次波源 S_1、S_2 是相干的。

由 $b<b_c=\dfrac{R}{d}\lambda$，可得 $d\leqslant\dfrac{R}{b}\lambda$，$d=\dfrac{R}{b}\lambda$ 称为横向相干间隔，是光场中正对光

源的平面上能够产生干涉的两个次波源间的最大距离。如图 3.23 所示。

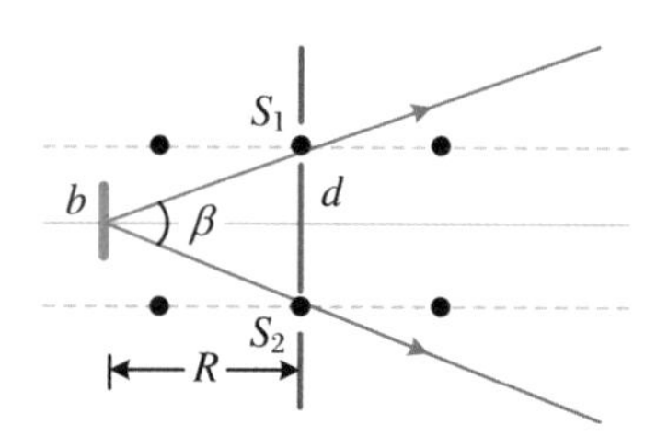

图 3.23 横向相干间隔与相干孔径角

d 给出了光场中相干范围内的横向线度。由上可见 d 与 R 有关，为了更清楚地表示扩展光源 S 照明空间中的光场的空间相干性，通常用相干孔径角（d 对光源中心的张角，见图 3.23）表示：

$$\beta = \frac{d}{R} = \frac{\lambda}{b} \tag{3.3.5}$$

在 β 范围内的光场中，正对光源的平面上的任意两点的光振动是相干的。β 越大空间相干性越好。$\beta b = \lambda$，这是空间相干性的反比公式。可见 b 越小空间相干性越好，理想点光源照明的空间里（横向范围）波面上各点是完全相干的。所以在杨氏双孔干涉实验中常借助针孔（S_0）来获得空间相干性较好的光场（S_1、S_2）。

在上面讨论的基础上，我们可以将图 3.23 后面的部分也画出来，如图 3.24 所示，从而可以得到一组相应的反比关系：

$$\begin{cases} b\beta = \lambda \\ d\alpha = \lambda \\ \Delta x\theta = \lambda \end{cases} \tag{3.3.6}$$

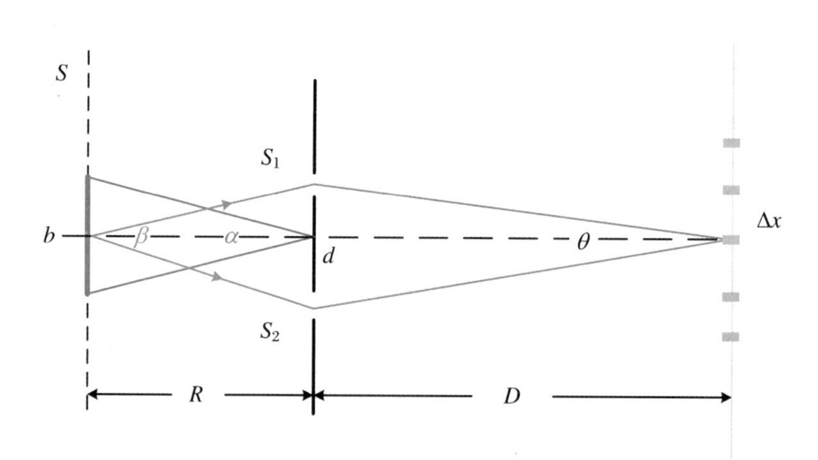

图 3.24 反比关系示意图

$b\beta = \lambda$，$d\alpha = \lambda$ 用于相干性刚好消失的临界情况，常用来在给定光源 b 情况下求相干孔径角 β 及横向相干宽度 d，或给定 S_1、S_2 间距 d 或 β 情况下求光源的临界宽度 b。

利用空间相干性可以测遥远星体的很小的角直径。1890 年，迈克耳孙提出了迈克耳孙测星干涉仪，利用干涉条纹的可见度随扩展光源的线度增加而下降的原理，将恒星看作一个平面非相干光源，从而很巧妙地测量出恒星的角直径。

3.3.2 光源的非单色性对干涉条纹可见度的影响——时间相干性

由前面的分析可知:光场空间相干性问题源于普通光源的不同部分不相干。理想点光源照明的空间里波面上各点是完全相干的。扩展光源只在波前的一定范围内各点才是相干的。普通光源的空间展宽越大,其光场的空间相干范围越小。空间相干性问题是光场中的横向范围光场相干性,来源于光源的宽度扩展性。有无光场中纵向范围光场相干性问题?这就是我们要讨论的光场的时间相干性问题,其来源于光源的非单色性。我们知道单色光是一种理想情况,任何谱线都有一定的宽度,并不是严格单色的。谱线宽度与能级寿命的关系为:$\Delta\nu\cdot\tau\approx1$,由 $\nu=\frac{c}{\lambda}$,有 $\Delta\nu=\frac{c}{\lambda^2}\Delta\lambda$。所以谱线宽度为 $\Delta\lambda$ 的光源所发波列的持续时间为

$$\tau=\frac{1}{\Delta\nu}=\frac{\lambda^2}{c\Delta\lambda}\tag{3.3.7}$$

谱线宽度为 $\Delta\lambda$ 的光源所发波列的长度为

$$L_c=c\tau=\frac{\lambda^2}{\Delta\lambda}\tag{3.3.8}$$

由此可以得出结论:非理想单色波其波列都是有限的。

我们知同一波列中的光场是相干的,所以光场的时间相干性讨论的问题是:在点光源的波场中沿波线相距多远的两点是相干的?即沿纵向不同位置处两点光场的空间相干性,也称纵向空间相干性。

如图 3.25 所示,P_2,P_1 两点光程差:$\Delta L=(SP_2)-(SP_1)$。

$\Delta L>L_c$,P_1,P_2 不可能属于同一波列,不可能相干。

$\Delta L<L_c$,P_1,P_2 可能属于同一波列,可能相干。

其中 $L_c=\frac{\lambda^2}{\Delta\lambda}$波列长度就是相干长度,光通过相干长度所需时间叫相干时间。P_1、P_2 两点光场的相关程度取决于该两点在多大程度上(例如相对时间是多少)处于同一波列中。理想单色波的波列是无限长的,P_1、P_2 相距再远也属

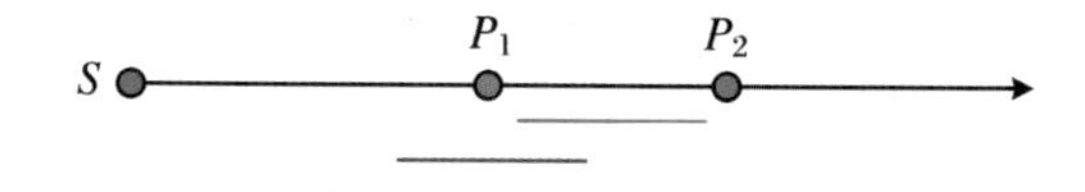

图 3.25 两点间的光程示意图

于同一波列，所以总是相干的。

光场的时间相干性也可由杨氏干涉装置来说明，如图 3.26 所示。非理想单色波照明时，只有同一波列分成的两部分经不同的光程再相遇时才能发生干涉。

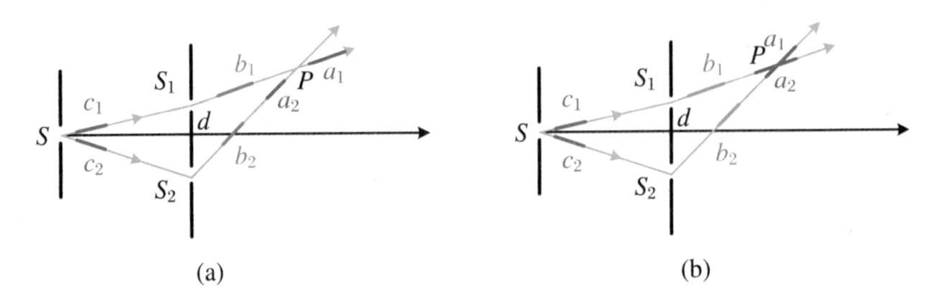

图 3.26 光场的时间相干性

只有在 ΔL（光程差）$\leqslant L_c$（波列长度）时，观察屏上同一点 P 才能接收到光源 S 发出的同一波列；当 $\Delta L > L_c$ 时，P 点所接收到的从 S_1、S_2 分别传播来的光波已经属于 S 在相继时间所发出的不同波列，而不同波列的初相独立无关，故不相干。所以可得：两列波能发生干涉的最大光程差⇔相干长度⇔波列长度。

下面我们仍以杨氏干涉，用反衬度 γ 来分析光源光谱宽度对干涉条纹衬比度的影响。

1. 双线光谱点源对干涉条纹可见度的影响

双线光谱的光源（钠灯 589.0 nm，589.6 nm）在 P 点产生的光强为

$$I_1(P) = 2I_{10}[1 + \cos(k_1\Delta L)], \quad k_1 = 2\pi/\lambda_1 \tag{3.3.9}$$

$$I_2(P) = 2I_{20}[1 + \cos(k_2\Delta L)], \quad k_2 = 2\pi/\lambda_2 \tag{3.3.10}$$

设两谱线等强：$I_{10} = I_{20} = I_0/2$，总强度是它们的非相干叠加，如图 3.27 所示。

$$I(P) = I_1(P) + I_2(P) = 2I_0\left[1 + \cos\left(\frac{\Delta k}{2}\Delta L\right)\cos(\bar{k}\Delta L)\right] \tag{3.3.11}$$

$$\Delta k = k_1 - k_2 \ll \bar{k}, \quad \bar{k} = (k_1 + k_2)/2 \tag{3.3.12}$$

$\gamma(\Delta L) = \left|\cos(\dfrac{\Delta k}{2}\Delta L)\right|$，可见干涉条纹的反衬度将随光程差的改变做周期性变化。

ΔL 的周期为$\dfrac{\pi}{\Delta k/2}$，可以利用下面两式对周期进行改写：

$$\Delta k = k_1 - k_2 = 2\pi\frac{\lambda_2 - \lambda_1}{\lambda_1\lambda_2} \approx 2\pi\frac{\Delta\lambda}{\bar{\lambda}^2} \tag{3.3.13}$$

$$\Delta\lambda = \lambda_2 - \lambda_1 \ll \lambda \approx \lambda_1 \approx \lambda_2 \tag{3.3.14}$$

通过式(3.3.13)、式(3.3.15)可得，ΔL 的周期为

$$\frac{\pi}{\Delta k/2} = \frac{\lambda^2}{\Delta\lambda} = L_c \tag{3.3.15}$$

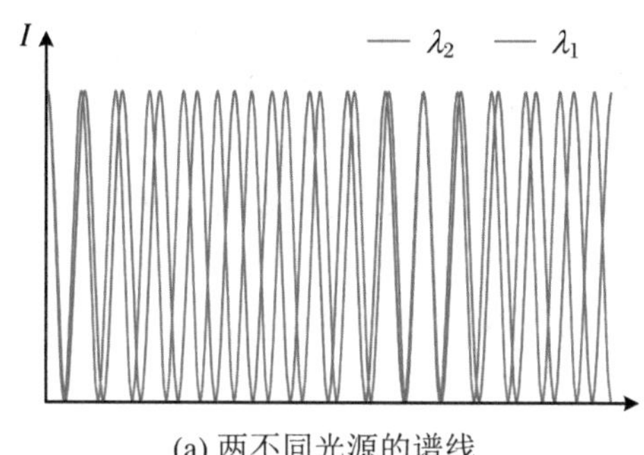

(a) 两不同光源的谱线

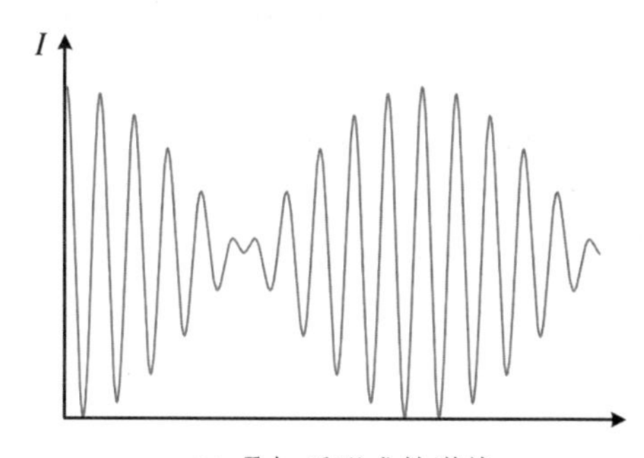

(b) 叠加后形成的谱线

图 3.27 双谱线光波叠加情况

2．一定光谱宽度的非单色性光源对可见度的影响

光强谱密度分布 $i(\lambda)=\mathrm{d}I(\lambda)/\mathrm{d}\lambda$，$\mathrm{d}I(\lambda)$是在 λ 附近、$\lambda\sim\lambda+\mathrm{d}\lambda$ 区间中的辐射光强。由 $k=2\pi/\lambda$，$i(\lambda)\to i(k)$函数；$k\sim k+\mathrm{d}k$ 的无限窄带光形成的干涉强度为

$$\mathrm{d}I(k) = 2i(k)\mathrm{d}k[1+\cos(k\Delta L)] \tag{3.3.16}$$

不同色光是不相干的，P 点光强非相干叠加：

$$\begin{aligned} I &= \int_0^\infty \mathrm{d}I(k) = \int_0^\infty 2i(k)[1+cos(k\Delta L)]\mathrm{d}k \\ &= 2I_0 + 2\int_0^\infty i(k)\cos(k\Delta L)\mathrm{d}k \end{aligned} \tag{3.3.17}$$

其中 I_0 为干涉场中的平均强度。

考虑光谱分布在 $k_0-\frac{\Delta k}{2}\sim k_0+\frac{\Delta k}{2}$ 的光源，光强分布表达式为

$$i(k)=\begin{cases} I_0/\Delta k, & k_0-\Delta k/2\leqslant k\leqslant k_0+\Delta k/2 \\ 0, & k\text{ 为其他值} \end{cases} \tag{3.3.18}$$

P 点总光强：

$$I=2\int_{k_0-\Delta k/2}^{k_0+\Delta k/2} i(k)[1+\cos(k\Delta L)]\mathrm{d}k$$

利用公式 $\int\cos ax\,\mathrm{d}x=\frac{1}{a}\sin ax$，$\sin\alpha-\sin\beta=2\sin\frac{\alpha-\beta}{2}\cos\frac{\alpha+\beta}{2}$，得

$$I=2I_0\left[1+\frac{\sin(\Delta k\Delta L/2)}{\Delta k\Delta L/2}\cos(k_0\Delta L)\right] \tag{3.3.19}$$

其中 $\gamma(\Delta L)=\frac{\sin(\Delta k\Delta L/2)}{\Delta k\Delta L/2}$ 也称为慢变调制因子(包络)。当 $\sin(\Delta k\Delta L/2)=0$ 时，可得 $\Delta L_{\max}=\frac{2\pi}{\Delta k}=\frac{\lambda^2}{\Delta\lambda}$。

时间相干性问题的产生来源于光源所发波列长度的有限性，亦即光源的非单色性。它可以由相互等价的三个量来描述：

(1) 相干长度 L_c，即波列长度。

(2) 相干时间 τ，即光源辐射一个波列的时间。

(3) 光源的光谱宽度 $\Delta\lambda$ 或 $\Delta\nu$。

$$L_c=c\tau=\frac{\lambda^2}{\Delta\lambda},\quad \Delta\nu\cdot\tau\approx 1,\quad \Delta\nu=\frac{c}{\lambda^2}\Delta\lambda\quad\text{(时间相干性反比公式)}$$

波列长度是有限的(发光机制的断续性)⇔光是非单色的(光谱)。

光的单色性好，相干长度和相干时间就长，时间相干性也就好。

光场的相干性小结：

(1) 空间相干性和时间相干性都着眼于光波场中各点(次波源)是否相干的问题。

空间相干性问题来源于扩展光源不同部分发光的独立性；时间相干性问题来源于扩展光源发光过程在时间上的断续性。

空间相干性问题表现在波场的横方向(波前)上；时间相干性问题表现在波场的纵方向(波线)上。

(2) 反比公式：$b\beta=\lambda$，$\Delta\nu\cdot\tau\approx 1$，$L_c\frac{\Delta\lambda}{\lambda}=\lambda$。

3.3.3 干涉的定域问题

在相干光波场的交叠区，由于空间相干性和时间相干性的影响，不同的干涉条件下，干涉条纹的分布区域将受到影响，这就是干涉定域问题。如果在相干光波的交叠区处处有干涉条纹，则这种干涉是不定域干涉，如单色点光源照明下的杨氏干涉；如果在相干光波的交叠区，干涉条纹只是分布在交叠区域中的某些地方（反衬度最大区域），则这种干涉是定域干涉。

产生定域干涉还是非定域干涉与照明光源的几何特征有关。我们知道单色点光源照明下，形成的是非定域干涉，但点光源产生的干涉条纹亮度很弱。实际上，光源不可能是严格的点光源。另一方面，真正在实际应用干涉方法进行测量时要求干涉图样要有足够的亮度，往往采用有一定宽度的单色面光源照明。在扩展面光源照明情况下，每个点光源都将形成一套非定域干涉图样，一般情况下，这些干涉图样并非严格重合在一起，而是交错重叠。大量非定域干涉图样的交错非相干叠加，使得某些区域的光强分布变得均匀，导致干涉图样消失或者说可见度 $\gamma\sim0$。也就是说，在扩展光源形成的光场交叠区域中并非处处都能观察到干涉现象。空间不同区域干涉场的可见度是变化的，但存在一个特定区域，这里的可见度下降最慢或不下降，可见度不因光源扩展而降低的特定区域（曲面），称为定域中心，定域中心前后可看到干涉图样的范围称为定域深度。

在实际观察、分析干涉现象时，通常关注定域中心区域的干涉场。干涉条纹的定域问题，实质上是空间相干性问题，起源于普通扩展光源不同部分的不相干性。因此，针对一具体结构的干涉，其定域中心在什么地方，可用空间相干性反比公式来分析。如图 3.28 所示为单色面光源照明薄膜干涉，设扩展光源的横向有效宽度为 b，考虑来自扩展光源中心一点源发出的任意光束经薄膜上、下表面反射后分成两束交于空间某点 P，设相应入射光线的夹角为 β，根据空间相干性反比公式，要使 P 点有一定的可见度，须有 $b\beta<\lambda$。当 $b=\dfrac{\lambda}{\beta}$ 时，P 点处的条纹消失。

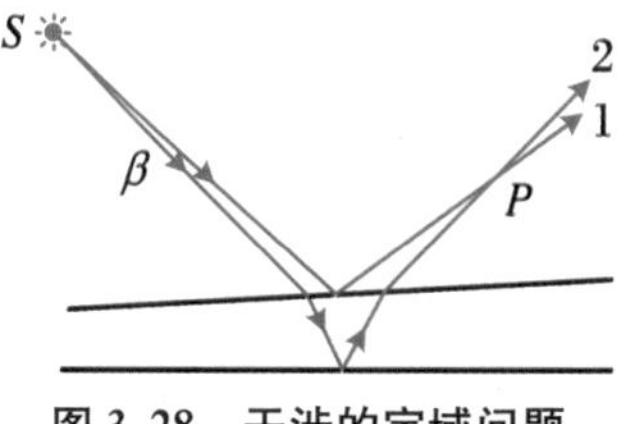

图 3.28 干涉的定域问题

如 $\beta\approx0$ 导致 $b\beta\approx0<\lambda$，P 点可见度不因光源扩展而降低，即可用 $\beta=0$ 来“找”定域中心。$\beta=0$ 即为同一入射光线经薄膜上、下表面反射的情况，因此此时两反射光线的相交处即为定域中心，在该处可见度接近 1，并允许光源有任意的宽度 b。薄膜干涉的定域中心如图 3.29 所示。

对于厚度不均匀的薄膜，同一入射光线经薄膜分束的两反射光线交于薄膜前、后表面附近，此区域干涉条纹的可见度不因光源的扩展而降低。此时，将眼睛、放大镜或显微镜等观察仪器调节在薄膜的前或后表面，即可看到足够亮度而又非常清晰的干涉条纹；对于厚度均匀的薄膜，同一入射光线经薄膜分束的两反射光线彼此平行，定域中心为无穷远。根据物像等光程，可通过透镜（观察系统）将无穷远处的干涉场共轭到透镜（系统）的焦平面上观察。

对于接下来要分析的薄膜干涉，我们就关注薄膜干涉定域中心的场，即薄膜表面附近的干涉场或远处的干涉场。下面具体分析薄膜干涉的特点。

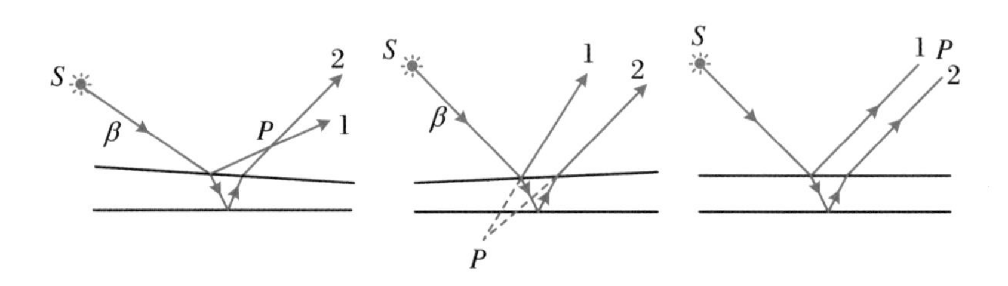

图 3.29　$\beta=0$ 时干涉的定域中心

3.4　分振幅干涉

利用透明薄板的上表面和下表面对入射光束依次进行反射，将入射光波的振幅分解为两束光或多束，在空间相遇交叠而形成干涉，称为分振幅干涉。相对杨氏在一个波列上取两个或几个点的低的能量利用效率，该方法将整个波列光的能量（振幅）分解再相遇，能量利用效率高。实现分振幅干涉主要是薄膜干涉。对于薄膜干涉我们主要关注其定域中心干涉场。由前面的分析：面光源照明下的厚度变化的薄膜干涉，干涉定域在薄膜表面附近，此情况下干涉图样将随薄膜厚度的不同而变化，称为等厚干涉；面光源照明下的厚度均匀的薄膜干涉，干涉定域在无穷远处或观察系统的焦平面上，此情况下干涉图样将随入射角的不同而变化，称为等倾干涉。

3.4.1　程差关系

为了研究薄膜干涉在定域中心干涉条纹的分布情况，应给出在定域中心某点 P 交叠的两束光的光程差公式，进而分析干涉特点，即所谓“由结构找程差，以不变应万变”。设有一均匀透明的两表面近似平行薄膜，其折射率为 n，厚为 h，放在折射率为 n_1 的透明介质中，如图 3.30 所示。用一单色扩展光源照射该薄膜，若薄膜厚度均匀，反射光束 1 和 2 是相互平行的，它们只有在无穷远处才

能相交,也即干涉条纹定域于无穷远。用一个会聚透镜就可将原来在无穷远处的干涉图样变换到透镜焦平面上观察。若薄膜厚度不均匀,反射光束1和2在薄膜表面附近相交,也即干涉条纹定域在薄膜表面附近。

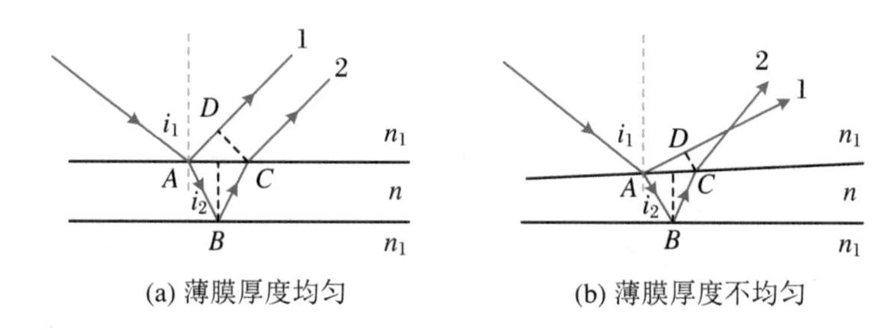

图 3.30　光源照射薄膜情况分析

由图3.30所示,可得两反射光束的光程差为

$$\Delta L = n(AB + BC) - (n_1 AD - \lambda/2) \tag{3.4.1}$$

式中 $\lambda/2$ 是由于两相干光在性质不同的界面上反射而引起的半波损。若 $n > n_1$,上表面是从光疏介质到光密介质的界面,而下表面是从光密介质到光疏介质的界面,两者具有相干的性质。实验和理论证明,当光在性质相反的两界面反射时,两反射光之间产生 π 的附加位相差,即 $\lambda/2$ 的半波损(详见第2章)。为处理方便,在下面计算光程差时,我们暂不考虑半波损。在具体讨论干涉图样时,我们根据薄膜特点,再看是否需要引入半波损($n_1 < n > n_2$; $n_1 > n < n_2 + \lambda/2$)。所以有

$$AB \approx BC \approx h/\cos i_2, \quad AD \approx AC\sin i_1 \approx 2h\tan i_2 \sin i_1 \tag{3.4.2}$$

$$\Delta L = \frac{2nh}{\cos i_2} - 2n_1 h \frac{\sin i_2}{\cos i_2}\sin i_1 = \frac{2nh}{\cos i_2}\left(1 - \frac{n_1}{n}\sin i_1 \sin i_2\right) \tag{3.4.3}$$

由界面处折射定律 $n_1 \sin i_1 = n\sin i_2$,光程差可进一步表示为

$$\Delta L = 2nh\cos i_2 = 2h\sqrt{n^2 - n_1^2 \sin^2 i_1} \tag{3.4.4}$$

由式(3.4.4)可见,对于一定波长 λ 的单色光而言,光程差 ΔL 是 n、h、i 的函数。一般说来,薄膜可能是不均匀的,即各处厚度 h 可能不一样,各处折射率 n 也可能不相同,而入射也有可能从各个方向射到薄膜上,即入射角 i 也有各种值,这时 n、h、i 都不是常数,薄膜干涉整个交叠区内任意平面上的干涉图样自然比较复杂。好在实际应用中多是厚度不均匀薄膜表面的等厚条纹和厚度均匀薄膜在无穷远处产生的等倾条纹。以上式(3.4.4)就是研究等厚干涉和等倾干涉的基本公式。

3.4.2 等厚干涉(n、i 为常量)

由式(3.4.4)可知,对于厚度不均匀的薄膜,若入射角固定(如垂直入射 $i=0$)、薄膜的折射率均匀不变(n 一定),则光程差只依赖于薄膜的厚度 h,因此,凡薄膜厚度一样区域的反射光束在相交处有相同的光程差,必定属于同一干涉级次,即同级干涉条纹与薄膜的等厚线相对应,将这种干涉称为等厚干涉。

下面研究两种典型的等厚干涉现象:劈尖干涉和牛顿环。

1. 劈尖干涉(空气隙劈尖)

如图 3.31(a)所示,两片很平的透明光学平板一端接触,构成一极小的夹角 θ(顶角),两平面之间便形成一个尖劈形的空气层,即为空气隙劈尖。以单色平行光正入射到薄膜上($i=0$),如图 3.31(b)所示。

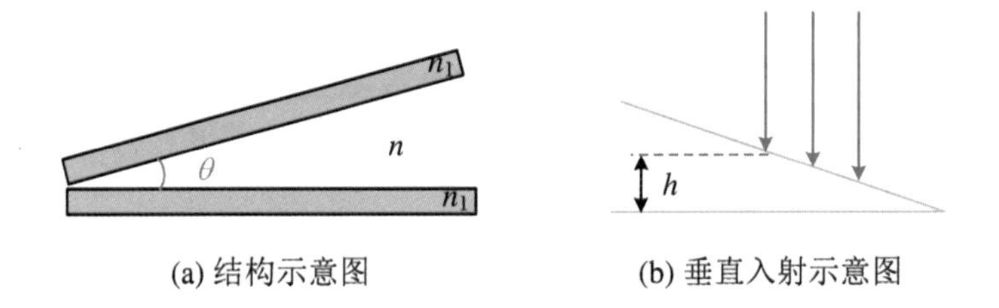

图 3.31 等厚干涉

此时薄膜干涉的光程差为

$$\Delta L = 2h + \frac{\lambda}{2} \tag{3.4.5}$$

($\lambda/2$ 是否需要,由薄膜上、下表面反射的半波损条件来决定)

根据光程差判据,等厚干涉产生的明暗条纹的位置应满足下列条件:

$$2h + \frac{\lambda}{2} = \begin{cases} m\lambda, & m = (1,2,\cdots),\text{最大值} \\ (2m+1)\lambda/2, & m = (0,1,\cdots),\text{最小值} \end{cases} \tag{3.4.6}$$

$$2h = \begin{cases} (2m-1)\lambda/2, & m = (1,2,\cdots),\text{最大值} \\ m\lambda, & m = (0,1,\cdots),\text{最小值} \end{cases} \tag{3.4.7}$$

可见:同一厚度 h 对应同一级条纹,故称为等厚条纹。劈尖的等厚干涉条纹是一些与棱边相互平行的明暗相间的直条纹,如图 3.32 所示。

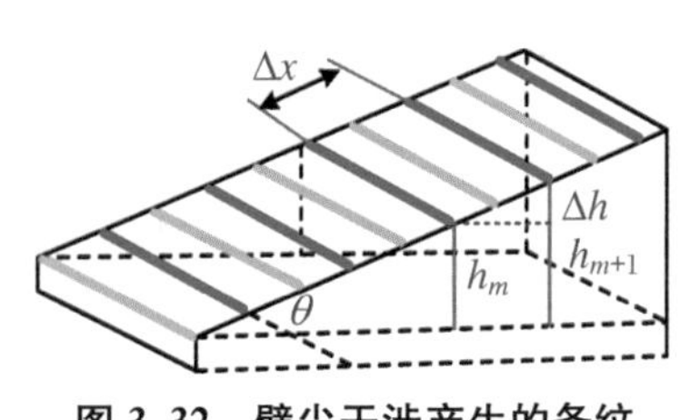

图 3.32 劈尖干涉产生的条纹

相邻明(暗)条纹对应厚度差:

$$2n\Delta h = \lambda \tag{3.4.8}$$

$$\Delta h = \lambda/2n(,\lambda/2) \tag{3.4.9}$$

明(暗)条纹间距:

$$\Delta h = \Delta x\sin\theta \approx \Delta x\theta \tag{3.4.10}$$

$$\Delta x = \frac{\lambda}{2n\sin\theta} \approx \frac{\lambda}{2n\theta} \tag{3.4.11}$$

$$\theta \approx \frac{\lambda}{2n\Delta x} \tag{3.4.12}$$

讨论:

(1) 劈尖愈厚处,条纹级别愈高。

(2) 棱边处 $h=0$,对应着暗纹。

(3) 相邻两明(暗)纹间对应的厚度差为

$$\Delta h = \lambda/2n \tag{3.4.13}$$

(4) 相邻两明(暗)纹间距:

$$\Delta x = \frac{\lambda}{2n\sin\theta} \approx \frac{\lambda}{2n\theta} \tag{3.4.14}$$

θ 越小,λ 越大,条纹越清晰。

(5) 动态反应:θ 增加,Δx 降低,θ 减小,Δx 增大,h 变大(平移提升),条纹移向棱边(厚度小的方向)。如图 3.33 所示,定级考察 m,等厚,所以需要向等"厚"看齐。

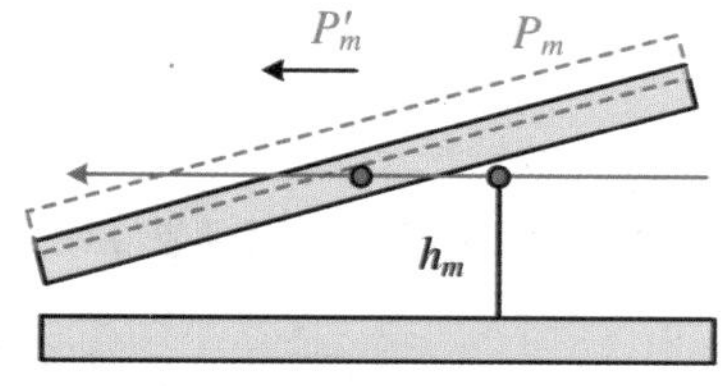

图 3.33 厚度改变时对等厚条纹的影响

(6) 复色光入射得彩色条纹。同一级次,短波靠近棱边,长波远离棱边。

利用薄膜等厚干涉原理可以进行各种精密测量与观测。在精密测量和元件加工中,常利用等厚条纹的条纹形状、条纹数目、条纹移动以及条纹间距等特征,检验元件的表面质量、局部误差,测量微小角度、长度及其变化等。

$$\Delta x = \frac{\lambda}{2n\theta}, \quad \Delta h = \lambda/2$$

(1) 测波长:已知 θ、n,测 Δx 可得 λ。

(2) 测折射率:已知 θ、λ,测 Δx 可得 n。

(3) 测细小直径、厚度,微小变化,如图 3.34 所示。

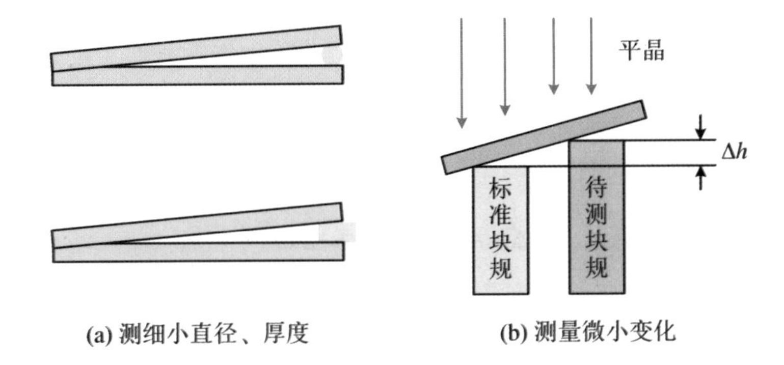

图 3.34 劈尖干涉

(4) 检测光学表面的平整度。

光学元件的表面质量要求很高,通常要求加工面与理想几何形状间的误差不超过光波波长的数量级,通常用等厚干涉原理来检测远小于波长的误差。向"厚"看齐:工件表面沿薄膜增厚的方向有突出物,如图 3.35 所示。

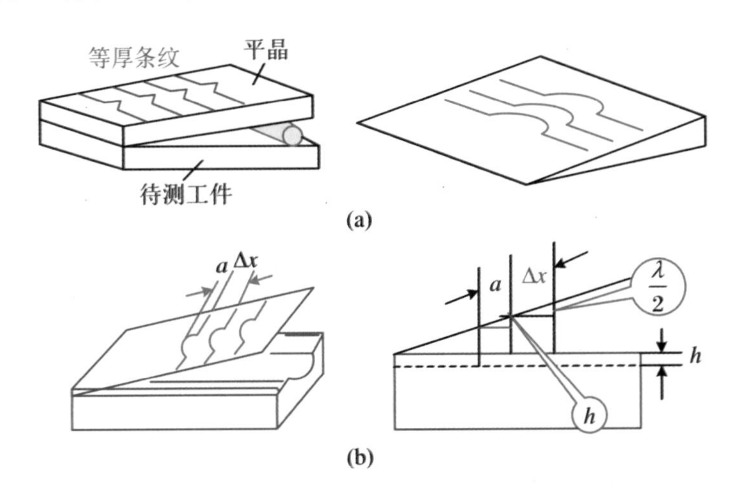

图 3.35 测表面不平度

如图 3.35(b)所示,判断图中工件表面的平整程度,可以得到下面这组公式:

$$\frac{h}{a}=\frac{\frac{\lambda}{2}}{\Delta x},\quad h=\frac{a\lambda}{2\Delta x} \tag{3.4.15}$$

如图 3.36 所示,可利用劈尖干涉判断两个直径相差很小的滚珠的大小:

$$\Delta x\approx\frac{\lambda}{2\theta} \tag{3.4.16}$$

在靠近"1"端轻压:若发现等厚条纹间隔变密,说明 θ 变大,1 珠小;若发现等厚条纹间隔变宽,说明 θ 变小,1 珠大。

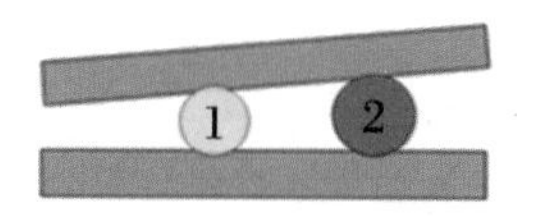

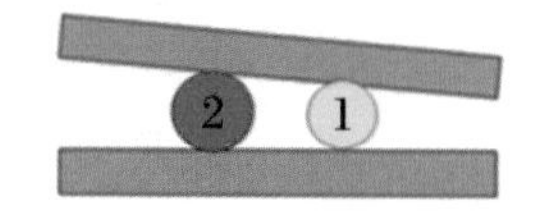

图 3.36　判断两滚珠的大小

2. 牛顿环

另一种等厚干涉装置是牛顿环。如图 3.37 所示，在一块平板玻璃上放一个凸面向下的平凸透镜，透镜凸面的曲率半径 R 很大，在透镜与平板玻璃间形成很薄的、厚度不均匀的空气层，这就是牛顿环装置。空气薄层的等厚线是以接触点 O 为中心的同心圆，所以干涉条纹也是一组以 O 点为中心的同心圆，称为牛顿环。

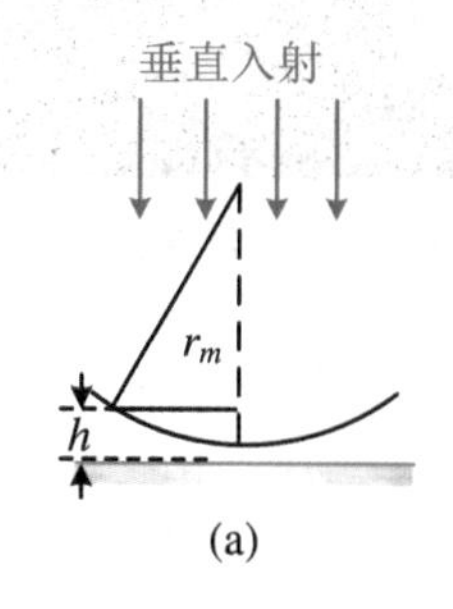

(a)

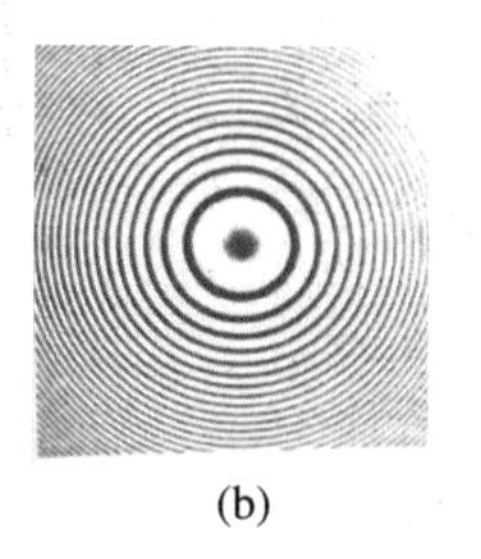

(b)

图 3.37　牛顿环的实验装置及干涉条纹

明暗条件（空气隙）：

$$2h+\frac{\lambda}{2}=\begin{cases} m\lambda & m=(1,2,\cdots),\text{最大值} \\ (2m+1)\dfrac{\lambda}{2} & m=(0,1,\cdots),\text{最小值} \end{cases} \tag{3.4.17}$$

$$r_m^2=R^2-(R-h_m)^2=2Rh_m-h_m^2 \tag{3.4.18}$$

因为 $R\gg h_m$，$h_m=\dfrac{r_m^2}{2R}$，则

$$r_m=\begin{cases} \sqrt{\dfrac{(2m-1)R\lambda}{2}} & m=(1,2,\cdots),\text{最大值} \\ \sqrt{mR\lambda} & m=(0,1,\cdots),\text{最小值} \end{cases} \tag{3.4.19}$$

$$r_1 : r_2 : r_3\cdots=\sqrt{1}:\sqrt{2}:\sqrt{3}\cdots \tag{3.4.20}$$

由上可得：在第 m 个暗环处，相邻暗（或亮）纹的间距为

$$\Delta r_m=\frac{\mathrm{d}r_m}{\mathrm{d}m}=\frac{1}{2}\sqrt{\frac{R\lambda}{m}}=\frac{R\lambda}{2r_m} \tag{3.4.21}$$

同时也可以根据不同的两个条纹，$r_m^2=mR\lambda$，$r_{m+N}^2=(m+N)R\lambda$，计算得

出曲面半径 R：

$$R = \frac{r_{m+N}^2 - r_m^2}{N\lambda} \tag{3.4.22}$$

牛顿环装置简图如图 3.38 所示。

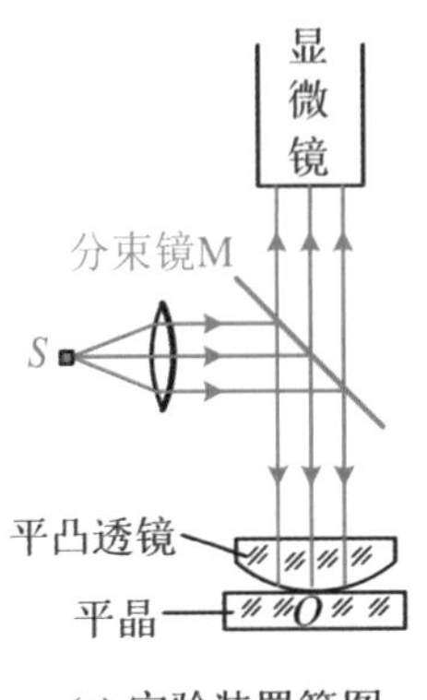

(a) 实验装置简图

T
M
S
L
A
O
B
反射环
透射环

(b) 透射反射干涉条纹

图 3.38　牛顿环

平凸透镜向上移，条纹怎样移动？透射光条纹情况如何？白光入射条纹情况如何？

讨论：

(1) 牛顿环中心是暗点，$\Delta L = 2h + \dfrac{\lambda}{2}$。

(2) 愈往边缘，条纹级别愈高；愈往边缘，条纹愈密。

(3) 复色光入射，得彩色圆环（内紫外红），如图 3.39 所示。

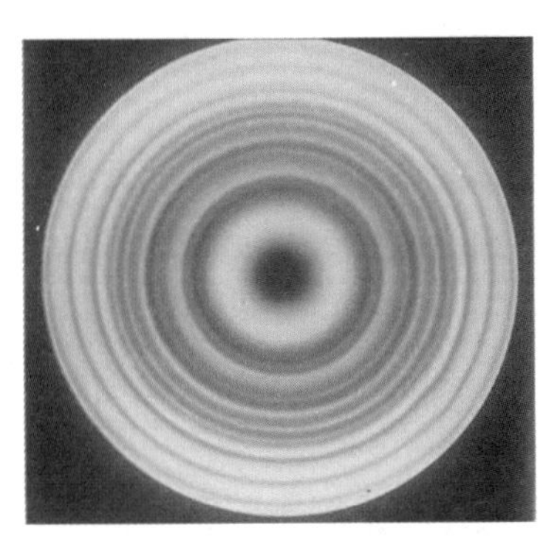

图 3.39　白光入射的牛顿环照片

(4) 透射光与之互补，透射永无半波损。

(5) 动态反应。

连续增加薄膜的厚度（定点提升或下降），视场中条纹（见前分析）向“厚”看齐：h 增大缩入；h 减小冒出。

① 中心点呈亮暗交替的周期性变化。

② (提升)各圆环均向中心点收缩而渐次“吞没”；(降低)各圆环渐次从中心“吐出”。

③ (提升或降低)各点引起的光程差变化均是相同的，故任意点(r 固定)处条纹的间距并不改变，即条纹的整体形状及疏密保持不变：

$$\Delta r_m = \frac{R\lambda}{2r_m} \tag{3.4.23}$$

牛顿环的应用：

(1) 测透镜球面的半径 R。利用式(3.4.22)：

$$R=\frac{r_{N+m}^2-r_m^2}{N\lambda}$$

已知 λ，测 N、r_{N+m}、r_m，可得 R。即只要测出任意两暗环半径，并数出它们的级数差 N，利用上式就可求出透镜的曲率半径。

(2) 测波长 λ。同样利用式(3.4.22)，已知 R，测出 N、r_{N+m}、r_m，可得 λ。

(3) 检验透镜球表面质量。例如为了检测透镜表面的加工质量，将玻璃样板与待测透镜表面紧贴，在反射光中观察其形成的牛顿环(俗称“光圈”)。我们可由光圈的形状判别透镜表面有没有不规则的起伏；根据光圈的多少确定透镜的曲率与样板的曲率偏差的大小。若条纹如图 3.40(a)所示，说明待测透镜球表面不规则，且半径有误差；一圈条纹对应 $\lambda/2$ 的球面半径误差。

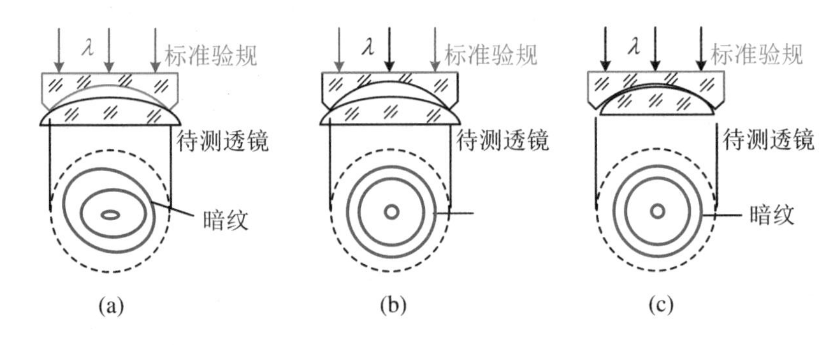

图 3.40　检验透镜球质量

如图 3.40(b)、(c)所示，如何区分如下两种情况？

在改变厚度时，等厚条纹是向“厚”看齐！用手轻压上方的样板(空气隙厚度变小)，若看到条纹向中心收缩(图(b))，即“向中心看齐”，说明中间厚，则透镜表面曲率偏小，应进一步研磨透镜的边缘；反之，若条纹向外扩大(图(a))，即“向两边看齐”，说明两边厚，表示透镜表面曲率偏大，应进一步研磨中心部分。

3. 薄膜表面条纹偏离等厚线的情况(为什么要“薄”膜)

以上讨论基于平行光垂直入射，垂直观察。

(1) 若照明光有一定的发散度，如图 3.41 所示，则条纹形状偏离等厚线。

对同一等厚条纹，则有

$$\Delta L=2nh\cos i_2 \text{ 为定值} \tag{3.4.24}$$

$$2nh_{p_1}\cos i_{p_1}=2nh_{p_2}\cos i_{p_2} \tag{3.4.25}$$

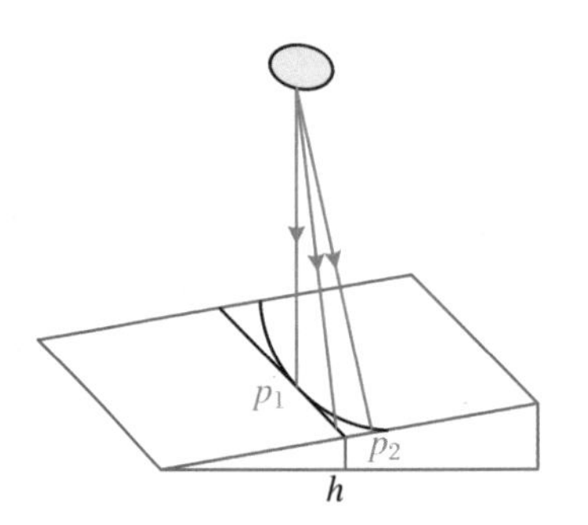

图 3.41　照明光有一定发散度形成的条纹

$i_{p_2}>i_{p_1}$，$\cos i_{p_1}>\cos i_{p_2}$，所以有 $h_{p_1}<h_{p_2}$。即倾角增大引起的光程差的减小必须由厚度的增大来补偿。

同一等厚条纹上，膜厚的变化与倾角的变化是相关的：

$$\delta(\Delta L)=-2nh\sin i\,\delta i+2n\cos i\,\delta h=0 \tag{3.4.26}$$

$$\frac{\delta h}{\delta i}=h\tan i \tag{3.4.27}$$

$\frac{\delta h}{\delta i}$表示同一条纹上膜厚随光线倾角的变化率，$\frac{\delta h}{\delta i}$增加，表面条纹偏离等厚线的程度越严重。可见，倾角相同的情况下（窄光束、平行光照明），膜越厚，偏离度越大。

(2) 另一方面，扩展光源照明时，面光源中各点源的一套表面条纹非相干错杂叠加，表面条纹反衬度下降。当光程差变化一个波长，我们认为反衬度趋近零。即

$$\delta(\Delta L) = \lambda \rightarrow \gamma \sim 0 \tag{3.4.28}$$

$$\delta(\Delta L) = \delta(2nh\cos i) = -2nh\sin i\Delta i \tag{3.4.29}$$

$$2nh\sin i\Delta i \sim \lambda \tag{3.4.30}$$

$$\Delta i \sim \frac{\lambda}{2nh\sin i} \propto \frac{1}{h} \tag{3.4.31}$$

从式(3.4.31)可以看出，当 h 的值相对较小时，可以对光源限制放宽，所以要“薄”膜干涉。

3.4.3 等倾干涉(n、h 为常量)

由式(3.4.4)可知，对于厚度均匀的薄膜，光程差只依赖于光照射薄膜的入射角 i，因此，凡具有相同入射角的光束所形成的两束平行反射光在远场交叠区有相同的光程差，必定属于同一干涉级次，即入射光相等的入射倾角对应同级干涉条纹，这种干涉称为等倾干涉。实际观察等倾干涉，是用一个会聚透镜将原来在无穷远处的干涉图样变换到透镜焦平面上，相同倾角的光在透镜的焦平面上会聚于同一圆环上，图样为一组同心圆环状条纹。

图 3.42(a)是观察等倾干涉的实验装置，M 为 45°放置的半反半透分束镜，从扩展光源某点 S 发出不同倾角的入射光经半透半反分束镜反射照射到薄膜上，相同倾角的入射光经平行薄膜上、下表面反射的两相干平行光被透镜会聚在其焦面的同一圆环上。不同倾角的入射光将会在屏幕上产生其他各级次的同心干涉圆环。扩展光源上其他点发出的光束最终也会在屏幕上形成一套相应的干涉同心环。但是不论哪一点，只要 i 相同，都将会聚在同一个干涉环上，此时总光强为扩展光源上各个点源产生干涉同心圆环光强的非相干叠加，如图3.42(b)所示，因此明暗对比更鲜明。所以观察等倾条纹，没有光源宽度和条纹衬比度的矛盾！通常在照明光路中插入毛玻璃以扩展光源扩大视场。

明暗条件：

$$2h\sqrt{n^2-n_1^2\sin^2 i}+\frac{\lambda}{2}=\begin{cases} m\lambda, & m=(1,2,3,\cdots),\text{最大值} \\ (2m+1)\dfrac{\lambda}{2}, & m=(0,1,2,\cdots),\text{最小值} \end{cases} \tag{3.4.32}$$

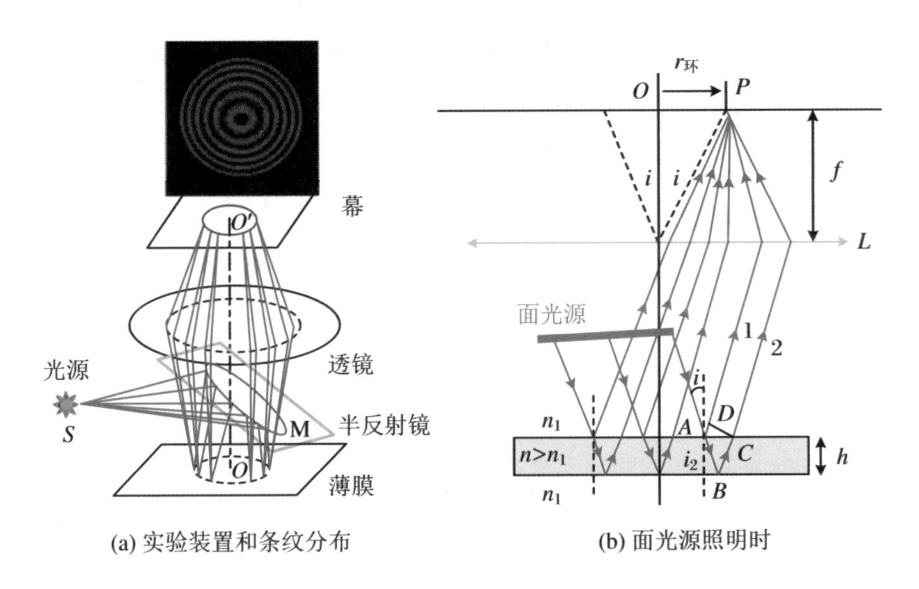

(a) 实验装置和条纹分布　(b) 面光源照明时

图 3.42　等倾干涉

可见：相同倾角的光在透镜的焦平面上会聚于同一圆环上，故称等倾条纹。

讨论：

(1) 式(3.4.32)的适用条件：$\lambda/2$，当上、下表面反射性质不同时，两束反射光之间存在 π 的相移，程差公式中需考虑相应的额外光程差$\dfrac{\lambda}{2}$。取正或取负的差别仅仅在条纹的干涉级相差一级，对条纹的其他特征(形状、间距、可见度等)并无影响。而且在实际应用中，通常都是考虑干涉级数的变化，取正取负并不重要。

(2) 透射光也有干涉现象，反射光加强的点，透射光正好减弱(互补)。

$$\Delta L'=2h\sqrt{n^2-n_1^2\sin^2 i}=\begin{cases} m\lambda, & m=(1,2,3,\cdots),\text{最大值} \\ (2m+1)\dfrac{\lambda}{2}, & m=(0,1,2,\cdots),\text{最小值} \end{cases} \tag{3.4.33}$$

(3) 若光垂直入射(无变量)，有

$$2nh+\frac{\lambda}{2}=\begin{cases} m\lambda, & m=(1,2,3,\cdots),\text{最大值} \\ (2m+1)\dfrac{\lambda}{2}, & m=(0,1,2,\cdots),\text{最小值} \end{cases} \tag{3.4.34}$$

单色光垂直入射，薄膜表面或全亮或全暗，没有干涉条纹。复色光垂直入射，薄膜表面上有的颜色亮，有的颜色消失，没有干涉条纹。

(4) 条纹特征(注意与牛顿环比较):

① 等倾条纹是一组同心圆(中心点特征)。

② 愈往中心,条纹级别愈高:

$$2h\sqrt{n^2-n_1^2\sin^2 i}+\frac{\lambda}{2}=\begin{cases}m\lambda, & m=(1,2,3,\cdots),\text{最大值}\\(2m+1)\dfrac{\lambda}{2}, & m=(0,1,2,\cdots),\text{最小值}\end{cases}\tag{3.4.35}$$

越往中心,相应的 i 减小,使得上式左边增大,对应的 m 增大。

③ 愈往边缘,圆环的间隔愈密(中疏外密)。

从中心数起第 N 个条纹附近相邻两圆环间角间距(对透镜中心)为 $\Delta i_N=\dfrac{n\lambda}{2n_1^2 h i_N}$,则间隔为

$$\Delta r_N=f\Delta i_N=\frac{fn\lambda}{2n_1^2 h i_N}\tag{3.4.36}$$

由式(3.4.36)可知,N 增大即 r_N 增大,i_N 增大,从而导致 Δr_N 减小。

④ 动态反应(考察中心点):

$$\Delta L_0=2nh=m_0\lambda$$

若 h 增加则 m 增大。

$$h\xrightarrow{\Delta}\frac{\lambda}{2n}\ \text{中心级次}\rightarrow m_0+1\tag{3.4.37}$$

如图 3.43 所示,原来是第 4 级条纹的位置现在是第 5 级,4、3、2、1 级分别向外移动一条,故看到条纹自内向外“冒”出。

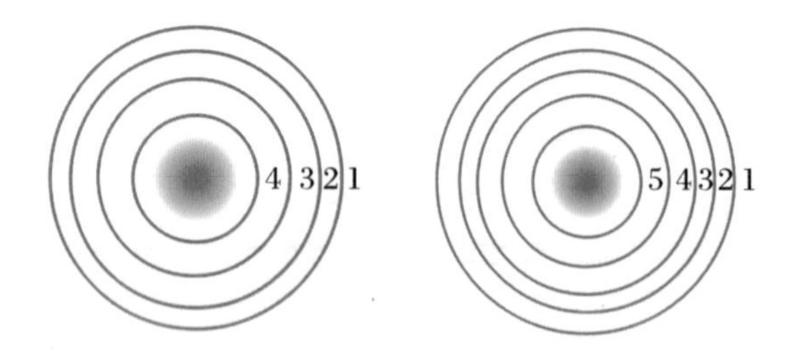

图 3.43 等倾干涉中条纹的动态变化

连续增加薄膜的厚度,视场中条纹自里向外冒出,反之缩入(与牛顿环比较)。根据冒出的条纹数 N,可测定微小厚度的变化:

$$\Delta h=N\frac{\lambda}{2n}\tag{3.4.38}$$

面光源照明时，对干涉条纹的影响：同一级干涉条纹与光在薄膜上入射点的位置无关，光源上不同点发出的光，只要入射角 i 相同，都将会聚在同一个干涉环上，光强非相干叠加，明暗对比更鲜明。观察等倾条纹，没有光源宽度和条纹衬比度的矛盾！扩展光源可使干涉图样总的光强增加、亮度更亮。

波长对条纹分布的影响：由式(3.4.35)可知，m 一定，λ 增加，使得 i 减小，相应的 r_m 也变小，所以复色光照明，长波长在里，短波长在外。

利用薄膜的反射干涉相消或相长原理可以制作增透膜(消反射膜)或增反膜(增反射膜)。其一般是由单层或多层透明介质薄膜构成，镀在某些光学基片或光学元件表面，使特定波长或一定波长范围的光入射时有很高的透射率或反射率。例如，成像光学仪器(照相机)的镜头通常由多个复合透镜组成，此时因界面反射而损失的光能很高，利用镀干涉膜的办法，可以使反射光大大减少，从而极大增强透射光的能量；在一些光学实验或仪器系统中(激光谐振腔)经常用到高反射率的反射镜，其通常是用增反射干涉做成的介质膜反射镜。

增透膜或者增反膜的有效光学厚度均选定 $\lambda/4$，但是膜层的折射率选取不同。对于增透膜，其折射率 n_2 比衬底的折射率低，满足 $n_1<n_2<n_g$，称为低膜；对于增反膜，其折射率 n_2 比衬底的折射率高，满足 $n_1<n_2>n_g$，称为高膜。它们实现增透射、增反射的示意图如图 3.44 所示。

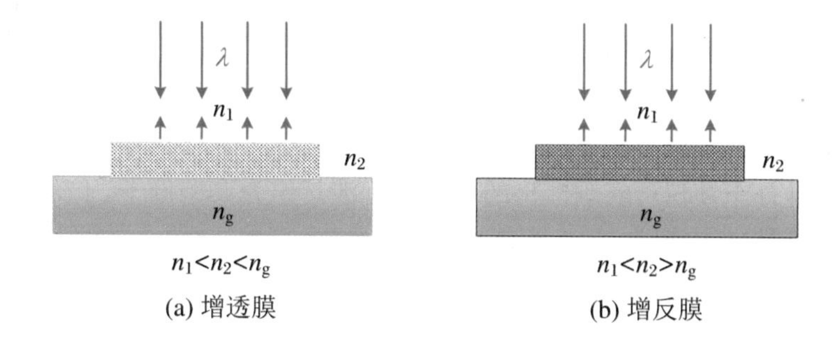

图 3.44　增透射、增反射示意图

为了更好地说明两者间的区别，在表 3.1 中给出了增透膜、增反膜的区别和联系。

表 3.1　增透膜与增反膜的比较

	增透膜	增反膜
原理	如图 3.44(a)	如图 3.44(b)
膜的选择	低膜(L) $n_1<n_2<n_g$	高膜(H) $n_1<n_2>n_g$
光学厚度	$n_2h=\lambda/4$	$n_2h=\lambda/4$
半波损	无	有
两反光程差	$\Delta L=\Delta L_0=\lambda/2$	$\Delta L=\Delta L_0+\lambda/2=\lambda$
效果	相干相消 消反射增透射	相干相长 增反射

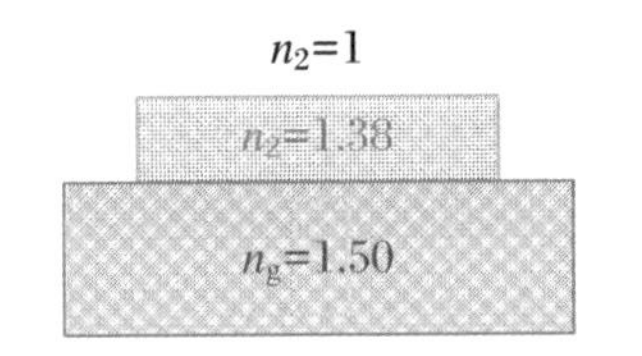

图 3.45　镜头镀(黄绿光)增透膜

例 3.1　如果我们观察照相机的镜头,通常可以看到镜头表面呈蓝紫色。这也是由于在镜头表面镀上了一层适当厚度的透明介质膜,使得可见光中对视觉最灵敏的黄绿光(550 nm)在薄膜上、下表面反射光的光程差满足干涉极小条件,而使其透射的能量增强,故镜头表面呈其互补色——蓝紫色。若在折射率为 1.50 的照相机玻璃镜头表面镀一层透明氟化镁薄膜（MgF2,$n_2=1.38$),如图 3.45 所示,这层膜应为多厚?

解　对于此折射率分布情况,反射光无附加光程差。假定光垂直入射,反射干涉相消条件为

$$\Delta L = 2nh = (2m+1)\lambda/2 \quad (m=0,1,2,\cdots)$$

最薄的膜为当 $m=0$ 时,此时

$$h = \frac{\lambda}{4n} = \frac{5500}{4\times 1\cdot 38} \approx 1000\ (\text{Å})$$

m 取其他值亦可,此时 h 相应为 3000 Å,5000 Å,…,但 h 不能太大。

在以上薄膜干涉分析中,我们是基于双光束干涉处理的,实质上这是近似处理,在薄膜的反射率较低时,可近似为两反射光束干涉。若薄膜表面的反射率较大,此时薄膜干涉必须按不等强度的多光束叠加处理。实际上,对于增透膜或增反膜,为实现极大的消反射或增反射,应由菲涅耳公式、多光束叠加而得到膜层的折射率选取($n_2=\sqrt{n_1 n_g}$)。

迈克耳孙干涉仪可实现严格的双光束干涉。作为典型例子,下面我们将详细介绍迈克耳孙干涉仪。

3.4.4　迈克耳孙干涉仪

图 3.46　迈克耳孙

迈克耳孙干涉仪是迈克耳孙(Albert Abraham Michelson,1852—1931)(图 3.46)在 1879 年发明的一种最典型的分振幅双光束干涉装置,是世界上著名的干涉仪,许多现代使用的干涉仪都是在它的基础上发展起来的。迈克耳孙用这种干涉仪做了历史上极有价值的三个实验:迈克耳孙-莫雷实验;由可见度曲线进行光谱精细结构分析;米标准原理与波长的比较。1887 年他与莫雷(Morley)合作,完成了非常著名的“迈克耳孙-莫雷实验”,即用迈克耳孙干涉仪测定地球相对“以太”的运动,这是一个重大的否定性实验,据此洛伦兹提出了长度收缩假说,也为爱因斯坦创立狭义相对论奠定了坚实的基础;1892 年,迈克耳孙首次系统地研究了光谱线的精细结构,这在现代原子理论中起到了重要作

用；他还首倡用光波波长作为长度基准，1893年提出用镉红线波长(643.84696纳米)为单位来表示国际长度单位(米)，为用自然基准(光波波长)代替实物基准(铂铱米原理)准备了条件。迈克耳孙"因创造精密光学仪器，并用以进行光谱学和度量学的研究工作"，获得了1907年诺贝尔物理学奖，成为第一位获得诺贝尔物理学奖的美国人。

1. 迈克耳孙干涉仪的结构、光路

其基本光路结构如图3.47所示，M_1 和 M_2 为两块相同的平面全反射镜，其中 M_2(定镜)的位置固定，M_1(动镜)通过精密控件控制，可沿水平光线方向精密平移。G_1 和 G_2 是两块厚度和折射率完全相同的平行平晶体，两者平行安装，与光线成45°角。G_1(分束镜)右表面镀有半透半反膜，起分光作用，使入射光分成强度相等的两束(反射光和透射光)；G_2(补偿板)补偿两臂的附加光程差以及补偿色散(白光照明)。这样，面光源 S 发出的光线，入射到分束镜 G_1 上分成等强度的两束光，其中反射光束2经定镜 M_2 反射再次经 G_1 透射后到达观测装置。透射光束1依次经过补偿板 G_2 透射和动镜 M_1 反射，再经过 G_2 透射和 G_1 反射后到达观测装置。显然，从观测装置"看"，光束1是由虚反射镜 M_1' 射来的，M_1' 即 M_1 的虚像。这样，M_1' 和 M_2 的反射面之间构成一空气层，观测装置观察到的场即等效空气"薄膜"干涉。"薄膜"厚度 d 即为两反射镜 M_2(M_1')到分束镜 G_1 中心的距离之差(即两臂的距离差)。如图3.47所示结构中若无 G_2，则经 M_2 反射的光三次穿过 G_1 分束板，而经 M_1 反射的光通过 G_1 分束板只有一次，G_2 补偿板的设置是为了消除这种不对称，此时，"薄膜"厚度 d 才为两臂的距离差。当然，在使用单色光源时，可以利用空气光程来补偿，不一定要补偿板；但在复色光源照明时，由于玻璃和空气的色散不同，补偿板则是不可或缺的。

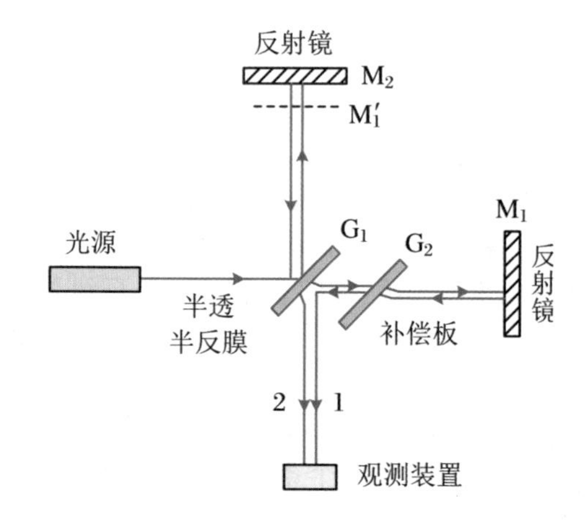

图3.47 迈克耳孙干涉仪

2. 干涉条纹特点

迈克耳孙干涉仪是严格的双光束干涉装置(光束1和2发生干涉)。干涉

等效于空气中的空气“薄膜”干涉，相应的特点如图 3.48 所示。

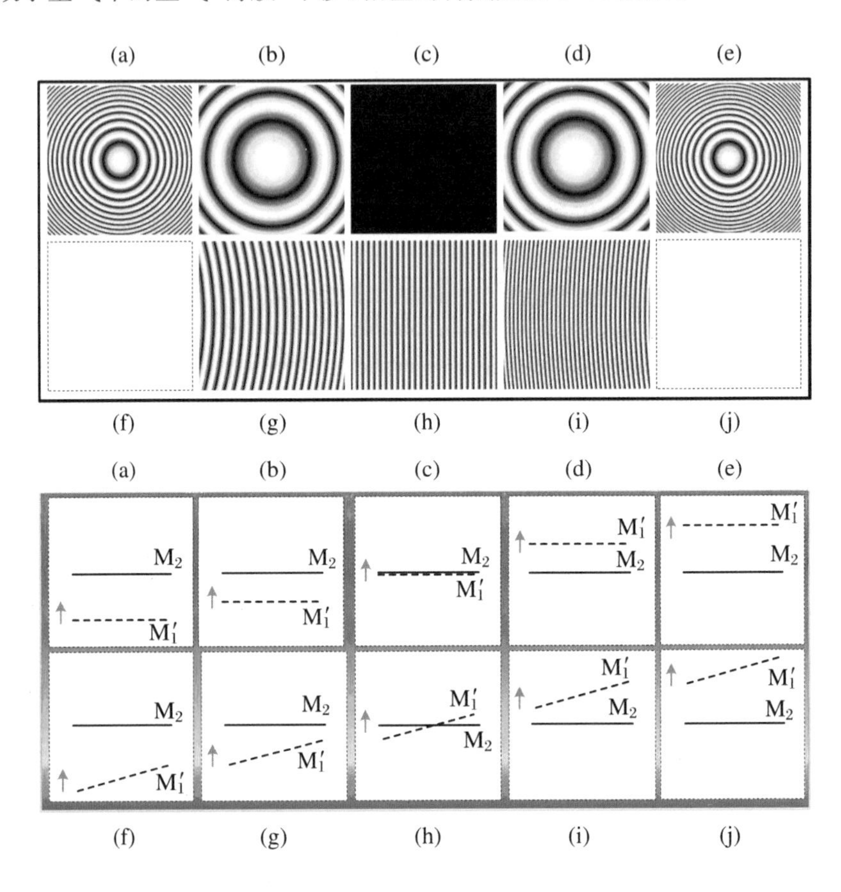

图 3.48 迈克耳孙干涉仪条纹变化及 M_1' 和 M_2 的相应位置

1）当 M_2 和 M_1 严格垂直时（$M_2 /\!/ M_1'$），可实现薄膜等倾干涉→等倾干涉的圆环形条纹

（1）条纹特征同前（中疏边密；中高边低）。

（2）等倾圆条纹的变化：

起初若 M_1' 放在离 M_2 较远（几个厘米）的位置，这时条纹较密（见图 3.48(a)）。将 M_1' 逐渐向 M_2 移近，我们将看到各圈条纹不断缩进中心。当 M_1' 靠得和 M_2 较近时，条纹逐渐变得愈来愈稀疏（见图 3.48(b)）。直到 M_1' 与 M_2 完全重合时（$\Delta L=0$），中心斑点扩大到整个视场（见图 3.48(c)）。假若我们沿原方向继续推进 M_1'，它就穿 M_2 而过，我们又可看到稀疏的条纹不断由中心生出（见图 3.48(d)）。随着 M_1' 到 M_2 的距离不断加大，条纹又重新变密（见图 3.48(e)）。

d 每减少 $\lambda/2$：视场中心内陷一个条纹，视场内条纹向中心收缩，条纹变稀疏。

d 每增加 $\lambda/2$：视场中心外冒一个条纹，视场内条纹向外扩张，条纹变稠密。

每移动半个波长，则外冒（或内陷）一个条纹，若移动 N 个，则移动距离 D 为

$$D = N\frac{\lambda}{2} \tag{3.4.39}$$

能够数的条纹数决定了测长精度。若可以数出 1/20 个条纹的变化，则测长精度为 $\lambda/40$。

(3) 等倾圆条纹中心为暗场。

M_1'、M_2 重合漆黑一片。1、2 光束在平晶 G_1 背面外侧和背面内侧各反射一次，两者位相突变正好相反，即存在半波损。

2）当 M_2 和 M_1 不严格垂直时(M_2 和 M_1' 交叉)，可实现薄膜等厚干涉→等厚干涉条纹

(1) 平移动镜 M_1，即改变薄膜厚度 d

若 d 增大，即 M_1' 距 M_2 较远时，由于使用的是扩展光源，空间相干性差，条纹的反衬极小，甚至看不到(见图 3.48(f))；移动动镜 M_1，此时"薄膜"(M_1' 和 M_2)厚度 d 减小，开始出现愈来愈清晰的条纹，不过最初这些条纹不是严格的等厚线，而是出现凸向空气膜薄边、弧状的干涉条纹(同一等厚线，因照明角度的发散(变大)造成的光程变小，要通过厚度增加来补偿)(见图 3.48(g))。随着动镜 M_1 的移动，即在 d 逐渐减小的过程中，这些条纹不断朝背离交线的方向平移(向"厚"看齐)；随着动镜 M_1 移动，d 继续减小，当 M_1'、M_2 相交时，出现等厚直条纹(见图 3.48(h))；若动镜 M_1 沿原方向继续移动，此时 d 变为逐渐增大，则又出现凸向空气膜薄边、弧状的条纹(见图 3.48(i))，朝交线的方向平移。当 M_1' 距 M_2 的距离太大时，条纹的反衬逐渐减小，直到看不见(见图 3.48(j))。

(2) 白光做光源

在 M_1'、M_2 的相交处，两光等光程，即干涉仪两臂等光程，不论哪种波长，交点(线)处都是等光程点，该处是暗线，周围是中心对称的彩色直条纹，常用来确定等光程点的位置(即通常用白光照明，通过观察干涉彩色条纹，判断干涉仪两臂调等长)。

3. 时间相干性的再说明

由前面分析知：实际光源并不是理想的单色光，其发出的波列都是有限长的。只有同一波列分割再相遇才可产生干涉，也就是说叠加处光场的光程差要小于波列长度才可实现干涉，即最大相干长度等于波列长度，这就是前面所讨论的时间相干性问题。以图 3.49 所示的迈克耳孙干涉仪的光路可清楚地说明这个问题。

(1) 两光场的光程差小于波列长度($\Delta < L$)

光源先后发出两列波 a、b，波列的长度 $L = c\tau$，每个波列都被分光板分为两个同振幅、同样长的波列(波列 a 分为 a_1、a_2，波列 b 分为 b_1、b_2)。光程差 $\Delta < L$，分裂的这样两列波各自可以相遇交叠，即(a_1，a_2)相遇，(b_1，b_2)相遇，

可以相干，如图 3.49(a)所示。

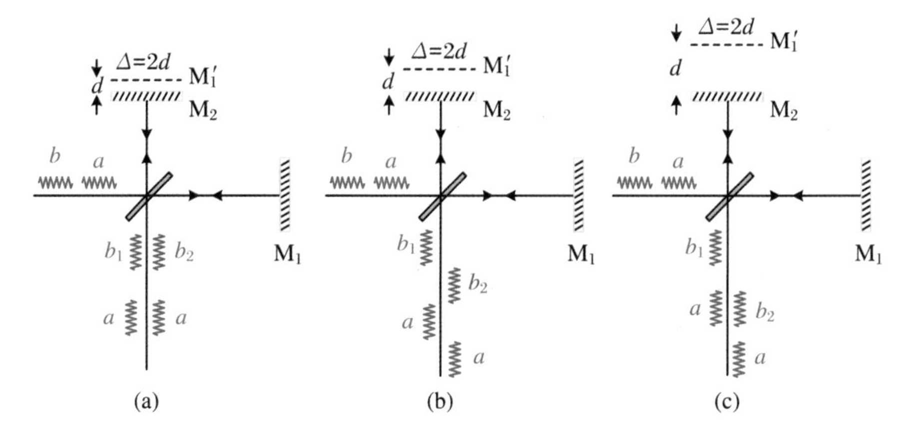

图 3.49　迈克耳孙干涉仪光路图

(2) 若两光场的光程差大于等于波列长度($\Delta \geqslant L$)

如果 $\Delta = L$，则分开的两列波 a_1 和 a_2 或 b_1 和 b_2"首尾相连"刚刚相遇，此时两光场相干的最大光程差 Δ_M(即最大相干长度)等于波列长度，如图 3.49(b)所示。如果 $\Delta > L$，各自不能相遇，无干涉。虽然 b_1、a_2 可以相遇，但因为它们是来自不同原子的波列，故不相干，如图 3.49(c)所示。因此，波列长度通常定义为相干长度。把光通过相干长度所需要的时间称为相干时间。显然，一点光源在相干时间 τ 内发出的光，经过不同的路径到达干涉场将产生干涉，否则将不会产生干涉。光的这种特性称为时间相干性。

受光源非单色性的影响，若 Δ 加大，干涉条纹可见度会下降。当 $\Delta = L$ 时，干涉条纹消失，这就限制了干涉测长量程。由此可知，干涉仪的测长量程为

$$l_M \leqslant \frac{1}{2}\Delta_M = \frac{1}{2}L = \frac{\lambda^2}{2\Delta\lambda} \qquad (3.4.40)$$

光源发出的波列越长，即相干时间越长，两列波相互重叠的可能性就越大，干涉条纹越清晰，我们就说时间相干性越好。时间相干性的好坏可由波列的长度或光源的单色性来标志。所以说"光是由有限长的波列组成"和"光是非单色的"完全是等效的，它们是光源同一性质的不同表述。

4. 迈克耳孙干涉仪的应用

(1) 测量微小位移

$$\Delta d = N \cdot \frac{\lambda}{2} \qquad (3.4.41)$$

该式表明，若已知波长，用迈克耳孙干涉仪可以精确测定长度；反之，也可通过测定平移距离来测量波长。

长度是最基本的物理量之一，它的标准单位原来是用保存在巴黎国际度量衡局的一把铂铱合金的“米原器”来确定的，然而这把标准尺可能会形变。早在19世纪初，就有人建议用光的波长这把不变形的“尺子”来作为标准，但限于历史条件，难以实行。

1892年，迈克耳孙首次用他的干涉仪测定了镉灯红线的波长（波长643.846 96 nm），同时用红镉线的波长作为单位对米原器进行测定，标出了标准米的长度。以后因发现氪^{86}Kr的橙色光谱线具有更好的单色性（波长605.780 210 5 nm），1960年，国际上规定1 m的长度是1 650 763.73 ^{86}Kr的辐射波长。

由于光速和时间的测量精度越来越高，1983年第17届国际计量大会对标准米给出了新的标准：“光在真空中1/299 792 458 s时间间隔内所经路径的长度”。

（2）测长

单色光：

$$l = N \cdot \frac{\lambda}{2} \tag{3.4.42}$$

非单色光：

$$l_m \leqslant \frac{1}{2}\Delta L_M = \frac{\lambda^2}{2\Delta\lambda} \tag{3.4.43}$$

（3）测折射率

光路1中插入待测介质，产生附加光程差：

$$\delta = 2(n-1)l \tag{3.4.44}$$

（4）测量波长接近的双谱线的波长差

迈克耳孙干涉仪不仅可以精确测定波长，还能测量波长接近的两光谱的波长差。在激光发明前，实际光源的光谱线，常会遇到一些双线结构。例如钠黄光是由589.0 nm、589.6 nm两谱线组成的。

如果用具有双线光谱的光源照明，则每条谱线产生的干涉强度分别为

$$I_1(P) = 2I_{1ss}[1+\cos(k_1\Delta L)] = I_{10}[1+\cos(k_1\Delta L)], \quad k_1 = 2\pi/\lambda_1 \tag{3.4.45}$$

$$I_2(P) = 2I_{2ss}[1+\cos(k_2\Delta L)] = I_{20}[1+\cos(k_2\Delta L)], \quad k_2 = 2\pi/\lambda_2 \tag{3.4.46}$$

假设两谱线等强：

$$I_{10} = I_{20} = 2I_0$$

总强度是它们的非相干叠加：

$$
\begin{aligned}
I(P) &= I_1(\Delta L) + I_2(\Delta L) \\
&= 4I_0\left[1 + \cos\left(\frac{\Delta k}{2}\Delta L\right)\cos(\bar{k}\Delta L)\right]
\end{aligned}
\tag{3.4.47}
$$

式中，$\bar{k} = (k_1 + k_2)/2$，$\Delta k = k_1 - k_2 = 2\pi\dfrac{\lambda_2 - \lambda_1}{\lambda_1\lambda_2} \approx 2\pi\dfrac{\Delta\lambda}{\bar{\lambda}^2} \ll \bar{k}$。

由此可得，叠加强度分布的反衬度为

$$
\gamma(\Delta L) = \left|\cos\left(\frac{\Delta k}{2}\Delta L\right)\right| \tag{3.4.48}
$$

可见，当用双谱线的光照射迈克耳孙干涉仪时，干涉条纹的反衬度将随光程差的改变做周期变化。若 M_1 平移即改变两臂的光程差，由于光程差变化，反衬度也随之变化，即干涉条纹的清晰度不断变化。

ΔL 的周期为$\dfrac{\pi}{\Delta k/2} = \dfrac{\lambda^2}{\Delta\lambda}$，即为波列长度。

一个周期和反射镜移动的距离关系有 $\Delta L = 2h$，所以

$$
\Delta\lambda = \frac{\bar{\lambda}^2}{2h} \tag{3.4.49}
$$

在以上讨论的基础上，提炼了以下两个公式，我们可以对三种条纹进行梳理，比较它们之间的异同。具体结果如表 3.2 所示。

$$
2nh\cos i_2 = m\lambda \tag{3.4.50}
$$

$$
2nh = m\lambda \tag{3.4.51}
$$

表 3.2　三种干涉条纹的比较

条纹种类	等倾圆环条纹	牛顿环	等厚条纹
形成条件	扩展光源	θ 很小，正入射（点光源准直）	
定域	无穷远处或透镜焦平面	膜表面附近	
形状	同心圆环		平行等距直线
动态变化 H 增大	中心亮暗交替；条纹从中心涌出并向外扩散；条纹变密	中心亮暗交替；条纹向中心收缩并吞没；条纹密度不变	条纹向棱边平移；条纹密度不变；H 大时条纹向棱边凸出
白光条纹	$H=0$，均匀暗场；H 很小时条纹为彩环，内红外紫	$H=0$，暗点；中心附近数条彩环，内紫外红	$H=0$，暗线；两侧数条对称彩带，内（靠近棱边）紫外红

3.5 多光束干涉

3.5.1 平行平面薄膜的多光束干涉

前面讨论的干涉现象都是双光束干涉，其光强分布是$\cos^2(\Delta\varphi/2)$的函数，光强随位相差变化缓慢，干涉亮纹较宽。而对于干涉的实际应用来说，最好是亮条纹很细很窄，亮条纹被暗的间隔分开。利用多光束干涉，能得到光强急剧变化、亮条纹细锐且明亮、暗条纹较宽的干涉条纹，从而被用以分辨超精细光谱结构，用作滤波器、激光器谐振腔等。所谓多光束，是指一组彼此平行的光束，而且任意相邻两束光的光程差相同。一单色光入射平面平板情况下，即可获得这种相干多光束。如图3.50所示，一透明介质板，其折射率为n，光学厚度为nh，其上方、下方透明介质折射率均为n_1，入射光束经上、下界面多次反射和透射，形成反射相干多光束(1,2,3,…)和透射相干多光束(1′,2′,3′,…)。由透射和反射分别聚焦而实现相干叠加，分别形成反射干涉场和透射干涉场，即为前面讲到的薄膜等倾干涉。不过前面只讨论了反射光1、2间的叠加，这是在薄膜反射率比较低的情况下，依次经多次反射，其他反射光束越来越弱，可忽略不计。例如，假设薄膜表面的反射率为5%，那么光束1的强度为入射光强的5%，光束2的强度为入射光的4.5%，而反射光束3仅为入射光强的0.01%。所以前面在处理薄膜干涉问题时，近似地只考虑了1、2两束光的干涉。如果薄膜表面的反射率比较高，则其他光束的作用就不可忽略了，即所谓的多光束干涉，亦为薄膜表面反射率较高时的等倾干涉。

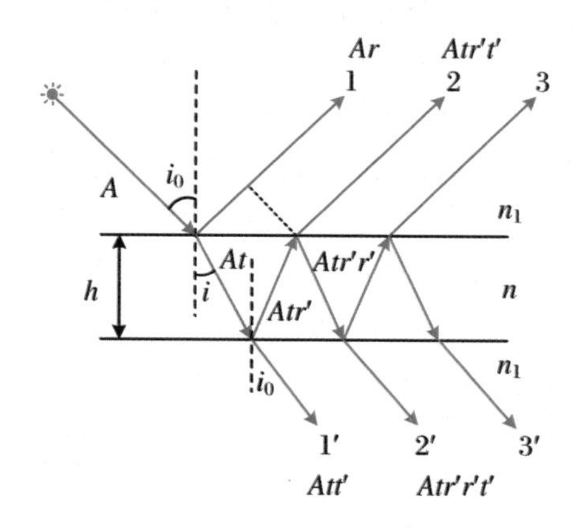

图3.50 薄膜中的多光束干涉示意图

常见情况多为薄膜两边折射率相等。设光束从周围介质(折射率为 n_1)入射薄膜界面时,振幅反射系数为 r,振幅透射系数为 t;从薄膜射出时相应的系数分别为 r'和 t'。设入射光的振幅为 A。根据斯托克斯倒逆关系,有

$$tt' = 1 - r^2, \quad r' = - r \tag{3.5.1}$$

该薄膜结构相邻光束间的光程差、位相差分别为:$\Delta L = 2nh\cos i$,$\Delta\varphi = \frac{4\pi}{\lambda} \cdot nh\cos i$,反射、透射多光束的振幅分别为

$$\begin{cases} A_1 = Ar \\ A_2 = Atr't' \\ A_3 = Atr'r'r't' = Atr'^3 t' \\ \cdots\cdots \end{cases}, \quad \begin{cases} A_1{}' = Att' \\ A_2{}' = Atr'r't' = Atr'^2 t' \\ A_3{}' = Atr'r'r'r't' = Atr'^4 t' \\ \cdots\cdots \end{cases} \tag{3.5.2}$$

反射、透射多光束的复振幅分别为

$$\begin{cases} \widetilde{U}_1 = - Ar' \\ \widetilde{U}_2 = Atr't'\mathrm{e}^{\mathrm{i}\Delta\varphi} \\ \widetilde{U}_3 = Atr'^3 t'\mathrm{e}^{\mathrm{i}2\Delta\varphi} \\ \cdots\cdots \end{cases}, \quad \begin{cases} \widetilde{U}'_1 = Att' \\ \widetilde{U}'_2 = Atr^2 t'\mathrm{e}^{\mathrm{i}\Delta\varphi} \\ \widetilde{U}'_3 = Atr^4 t'\mathrm{e}^{\mathrm{i}2\Delta\varphi} \\ \cdots\cdots \end{cases} \tag{3.5.3}$$

叠加处的场及相应的光强分别为

$$\begin{cases} \widetilde{U}_R = \sum_{j=1}^{\infty} \widetilde{U}_j \\ \widetilde{U}_T = \sum_{j=1}^{\infty} \widetilde{U}'_j \end{cases}, \quad \begin{cases} I_R = \widetilde{U}_R \widetilde{U}_R^* \\ I_T = \widetilde{U}_T \widetilde{U}_T^* \end{cases} \tag{3.5.4}$$

从以上复振幅系列中可以看到,透射光系列恰好为一等比级数,公比为 r^2;而反射光系列,从 $\widetilde{U}_2$ 开始才构成一等比级数,其公比为 r'^2(即 r^2)。对于低反射率的情形,即 $r \ll 1$,$tt' \approx 1$ 情形,可看到反射系列中前两个反射光场振幅十分接近,且远大于后续的振幅,$A_1(Ar) \approx A_2(Att'r') \gg A_3(Att'r'^3) \gg \cdots$,从 $\widetilde{U}_3$ 开始的其他光束对反射干涉场的影响可被忽略,这时反射多光束干涉近似为 $\widetilde{U}_1$ 与 $\widetilde{U}_2$ 的双光束干涉,在前面讨论薄膜干涉问题时即是这样处理的。而对于透射系列,在低反射率情形下,可看到第一束透射光场的振幅值远远大于其他透射光束,即 $A'_1(Att') \gg A'_2(Att'r'^2) \gg A'_3(Att'r'^4) \gg \cdots$,此时透射干涉场的衬比度是相当低的,条纹比较模糊。所以在上节分析薄膜干涉时,没有详细讨论透射一方的干涉现象。当薄膜界面的反射率较高时($r' \approx r'^2 \approx r'^4 \approx \cdots$),情况正好相反,透射多光束的振幅虽然依次递减但却相差不大,即 $A'_1(Att') \approx A'_2(Att'r'^2) \approx A'_3(Att'r'^4) \approx \cdots$,可以预料,透射干涉条纹将十分细锐清晰,此时人们往往乐意观察透射干涉场。

下面我们就基于复振幅叠加，给出具体的分析。

透射多光束的干涉场为

$$\widetilde{U}_T = \sum_{j=1}^{\infty} \widetilde{U}'_j = Att'(1 + r^2 e^{i\Delta\varphi} + r^4 e^{2i\Delta\varphi} + \cdots) \tag{3.5.5}$$

借助无穷等比级数求和公式，有

$$\widetilde{U}_T = \frac{Att'}{1 - r^2 e^{i\Delta\varphi}} \tag{3.5.6}$$

于是，透射多光束干涉强度为

$$I_T = \widetilde{U}_T \widetilde{U}_T^* = \frac{A^2 (tt')^2}{(1 - r^2 e^{i\Delta\varphi})(1 - r^2 e^{-i\Delta\varphi})} = \frac{I_0 (1 - r^2)^2}{1 - 2r^2 \cos\Delta\varphi + r^4} \tag{3.5.7}$$

用光强反射率 $R = r^2$ 来表示，则多光束干涉透射光强可写为

$$I_T = \frac{I_0}{1 + \dfrac{4R \sin^2(\Delta\varphi/2)}{(1 - R)^2}} \tag{3.5.8}$$

两边折射率相等：$I_R + I_T = I_0$，则反射多光束干涉强度公式为

$$I_R = I_0 - I_T = \frac{I_0}{1 + \dfrac{(1 - R)^2}{4R \sin^2(\Delta\varphi/2)}} \tag{3.5.9}$$

定义精细度：$F = \dfrac{4R}{(1 - R)^2}$，则有

$$I_T = \frac{I_0}{1 + F \sin^2(\Delta\varphi/2)} \tag{3.5.10}$$

$$I_R = \frac{I_0}{1 + \dfrac{1}{F \sin^2(\Delta\varphi/2)}} \tag{3.5.11}$$

其中，$\Delta\varphi = \dfrac{4\pi}{\lambda} nh\cos i$。

图 3.51 给出了不同 R 值下的 $I_T - \Delta\varphi$、$I_R - \Delta\varphi$ 曲线。

式(3.5.10)和式(3.5.11)以及图 3.51 中的曲线都表明 I_T、I_R 随 R 和 $\Delta\varphi$ 而变，在特定 R 的情况下，仅随 $\Delta\varphi$ 而变化，又 $\Delta\varphi = \dfrac{4\pi}{\lambda} nh\cos i$，所以光强只与入射光倾角有关。倾角相同的光束形成同一干涉条纹，正是等倾条纹的特征，因此，平行平面薄膜上产生的多光束干涉也称为多光束等倾干涉。由图 3.51

可见，透射干涉强度分布和反射干涉强度分布互补，干涉极大亮纹的宽度由薄膜的反射率 R 决定，位置由位相差 $\Delta\varphi$ 决定。

比较多光束等倾干涉与双光束等倾干涉图样可以看出，两者同为同心圆环状，且整体形状及疏密程度完全相似。因为决定条纹形状及间距的光程差公式 $\Delta\varphi=\frac{4\pi}{\lambda}nh\cos i$ 是相同的。唯一的区别是多光束干涉图样的亮条纹比双光束干涉图样要细锐得多。好比齐步走，队列行进时若两人一排，步调有些差别，一致性还好；若 100 人一排，则相邻步调有稍微差别，整体差别就很大，要求步调状态要高度一致。

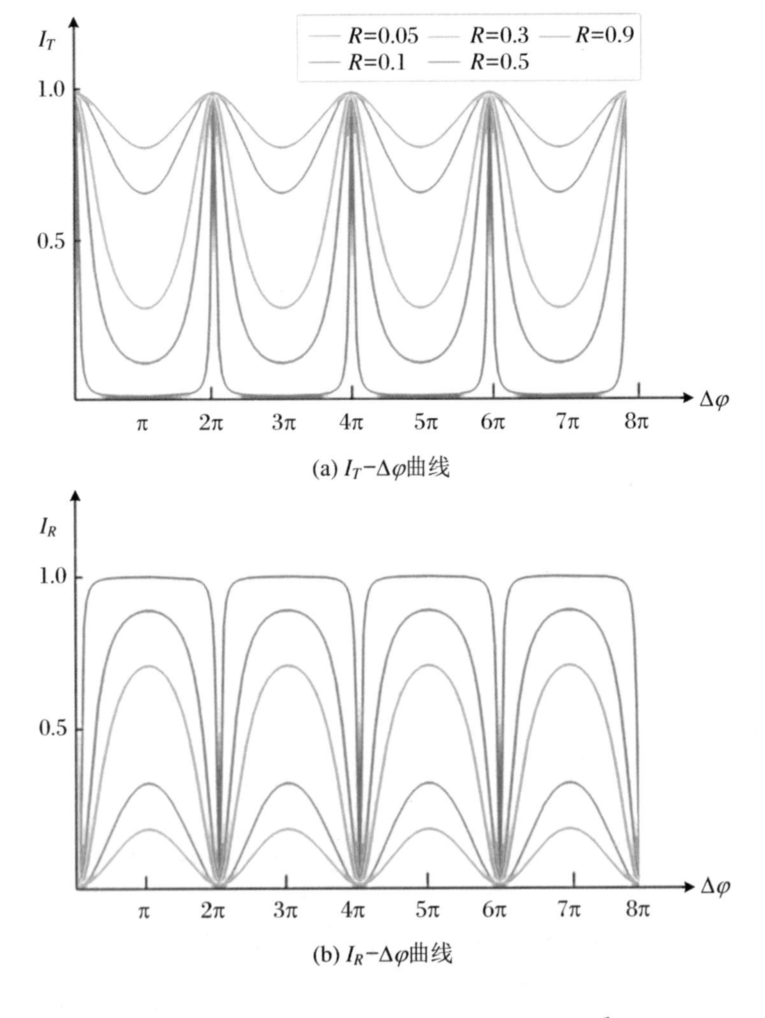

图 3.51 多光束干涉强度的分布曲线

当 R 较小时，如 $R\leqslant 5\%$，可认为 $(1-R)^2\approx 1$，$\frac{1}{1+4R\sin^2(\Delta\varphi/2)}\approx 1-4R\cdot\sin^2(\Delta\varphi/2)$，由此可得此时透射光和反射光的强度分别为：$I_T=I_0[1-2R(1-\cos\Delta\varphi)]$，$I_R=2RI_0(1-\cos\Delta\varphi)$，即为双光束干涉情况。

当 R 增大时，透射光的强度分布曲线变得很陡峭，当位相 $\Delta\varphi$ 稍稍偏离 $2m\pi$ 时，I_T 便从极大值急剧下降。当 R 趋近于 1 时，透射光干涉图样由几乎全黑的背景上的一组极细的亮纹组成。

由透射光的强度分布公式，即式(3.5.8)可见，当 R 趋近于 1 时，$4R/(1-R)^2 \gg 1$，此时透过光的强度极其敏感地依赖 $\Delta\varphi$，位相稍微改变，光强就急剧变化，形成的亮纹宽度极其细锐。R 的增大意味着无穷多光束中的后面光束的作用越来越不可忽略，即参与干涉的光束数目越来越多，对位相变化的要求越苛刻，其结果是形成干涉条纹的锐度变大，这一特征是多光束干涉的普遍规律。由此可见前面定义的 $F=\dfrac{4R}{(1-R)^2}$，即谓精细度系数，是表征自身能力/本领的一个量！

综上，多光束干涉的条纹特征可归结如下：

(1)(定 I_0、R、h)$\Delta\varphi=\dfrac{4\pi}{\lambda}nh\cos i$——等倾条纹(一组同心圆)。反射条纹、透射条纹是互补的。

(2) 对于条纹表观，由图 3.51 可以得到：R 增大时，反射条纹的亮线越来越宽，透射条纹的亮线越来越窄。$R\to 1$ 时，反射条纹是亮背景中的暗纹(好比一盆米，其中几粒米的变化是很难察觉的)，透射条纹是暗背景中的亮纹(好比一空盆，其中几粒米的变化是极易察觉的)。所以在实际应用中都是采用透射条纹。

(3) 透射亮纹的锐度：为了表示多光束干涉条纹的明锐这一特征，仅使用条纹的反衬度这个量是不够的，还需要引入定量描述条纹锐度的物理量。条纹的锐度可用条纹的半值宽度(半宽度)来描述，其定义为光强等于极大值一半时曲线上相应两点的间隔。透射光的强度分布 I_T 是位相 $\Delta\varphi$ 的函数，显然，条纹的锐度可直接用条纹的位相差半值宽度描述，但其并不能直观描述亮条纹强度随空间位置的变化特征，即条纹的实际空间展开宽度。又 $\Delta\varphi=\dfrac{4\pi}{\lambda}nh\cos i$，取不同的量作为自变量，就有不同的半值宽度($\delta$，$i$，$\lambda$)表示。所以，实际应用中通常用干涉条纹的半角宽度或半值谱线宽度来表示。如图 3.52 所示。

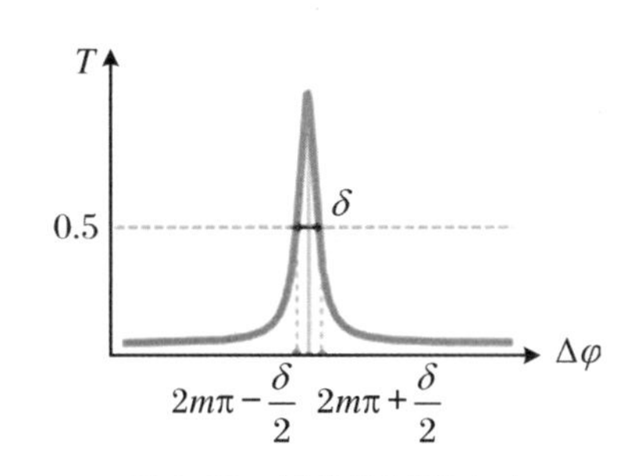

图 3.52　半值(谱线)宽度

以位相差半值宽度来描述，对于第 m 级条纹，两个半值强度点对应的位相差分别为 $2m\pi-\dfrac{\delta}{2}$，$2m\pi+\dfrac{\delta}{2}$，则有

$$\frac{I_T}{I_0}=\frac{1}{1+F\sin^2\left(m\pi\pm\dfrac{\delta}{4}\right)}=\frac{1}{2} \tag{3.5.12}$$

因为多光束干涉条纹细锐，$\delta\ll 2\pi$，所以 $\sin^2\left(\dfrac{\delta}{4}\right)\approx\left(\dfrac{\delta}{4}\right)^2$，代入上式可得条纹的

位相差半值宽度：

$$\delta = \frac{4}{\sqrt{F}} = \frac{2(1-R)}{\sqrt{R}} \tag{3.5.13}$$

可见条纹的细锐即由精细度系数来表征，是自身本领的体现。R 越大，δ 越小，透射亮纹越细，当 $R\to1$ 时，δ 将趋于零，条纹变得极其细锐。

以 i 作自变量表示半值角宽度：

根据

$$\Delta\varphi = \frac{4\pi}{\lambda}nh\cos i_m, \quad \delta = (\Delta\varphi)' = \left(\frac{4\pi}{\lambda}nh\cos i_m\right)'$$

有

$$\delta = \frac{4\pi}{\lambda}nh\sin i_m \Delta i_m \tag{3.5.14}$$

又 $\delta = \dfrac{4}{\sqrt{F}} = \dfrac{2(1-R)}{\sqrt{R}}$，可得

$$\Delta i_m = \frac{\lambda}{2\pi nh\sin i_m}\frac{1-R}{\sqrt{R}} \tag{3.5.15}$$

Δi_m 称为半值角宽度，表示某一级透射亮纹的两个半强度点的角距离（只在特定的方向 i_m 上出现干涉极强）。可见随着厚度 h、入射角 i 的增大，Δi 越小，亮环条纹越细锐。干涉场中越向外，亮纹越细锐。

以 λ 为变量，透射亮纹的半值谱线宽度：

根据

$$\Delta\varphi = \frac{4\pi}{\lambda}nh\cos i_m, \quad \delta = \frac{4\pi nh\cos i_m}{\lambda^2}\Delta\lambda$$

又 $\delta = \dfrac{4}{\sqrt{F}} = \dfrac{2(1-R)}{\sqrt{R}}$，可得

$$\Delta\lambda_m = \frac{\lambda^2}{2\pi nh\cos i_m}\cdot\frac{1-R}{\sqrt{R}} = \frac{\lambda}{\pi m}\cdot\frac{1-R}{\sqrt{R}} \tag{3.5.16}$$

或

$$\Delta\nu_m = \frac{c}{\lambda^2}\Delta\lambda = \frac{c}{\pi m\lambda}\cdot\frac{1-R}{\sqrt{R}} \tag{3.5.17}$$

可见随着厚度 h 的增加，亮环条纹越细锐。

3.5.2 法布里-珀罗干涉仪

法布里-珀罗(F-P)干涉仪是实施多光束等倾干涉的重要仪器,在精密测量和光谱分析等方面有广泛的应用。

1. 仪器结构

如图3.53所示,干涉仪的主要结构是一对结构相同且平行放置的玻璃板 G_1 和 G_2。两玻璃板内表面镀金属膜或其他具有较高反射率的多层介质膜,相对的两个镀膜表面必须精确到和理想几何平面的偏差不超过1/20到1/100个波长,同时两表面应严格保持平行。外表面则与镀膜面有一很小的角度使玻璃板成楔形,目的是为了消除玻璃板外侧面发射光的干涉对所观察的干涉图样的影响。这样具有很高反射率的表面之间的空气层即为产生多光束干涉的平行平面薄膜。若将两平行高反射面间的间隔采用某种热膨胀系数很小的材料(如铟钢)做成的空心圆柱环完全固定,则该仪器称为法布里-珀罗(F-P)标准具;若两者的间距可精密可调(扫描),则通常称为法布里-珀罗(F-P)干涉仪。

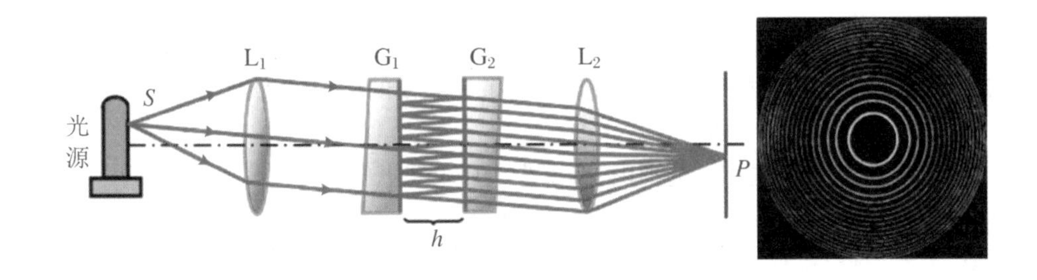

图3.53 法布里-珀罗干涉仪

2. 选频作用

若非单色光垂直入射F-P标准具(也可是由高反射的平行薄膜构成——干涉滤波片,光学厚度 nh),只有满足 $2nh = m\lambda$ 的特定色光才能形成透射极大。F-P作为滤光器具有选频作用,它可以将具有连续光谱的入射光变成一些谱线很窄的分离光谱,这样可大大提高透射光的单色性。这一特性已在激光技术中得到重要应用:激光器的光学谐振腔就是一类常见的F-P标准具。

(1) 中心波长或中心频率

哪些波长的光能透过F-P干涉仪呢?对于正入射,由光程极值条件,只有满足 $2nh = m\lambda$ 的特定色光才能形成透射极大。所以透射极强的光波长 λ_m 和频率 ν_m 为

$$\lambda_m = \frac{2nh}{m}, \quad \nu_m = \frac{c}{\lambda_m} = m\frac{c}{2nh} \tag{3.5.18}$$

频率间隔：$\delta\nu = \dfrac{c}{2nh}$，各中心频率等间距分布，透射光是分立谱。在激光器特性描述中，每一透射谱线称为一个纵模。如图 3.54 所示。

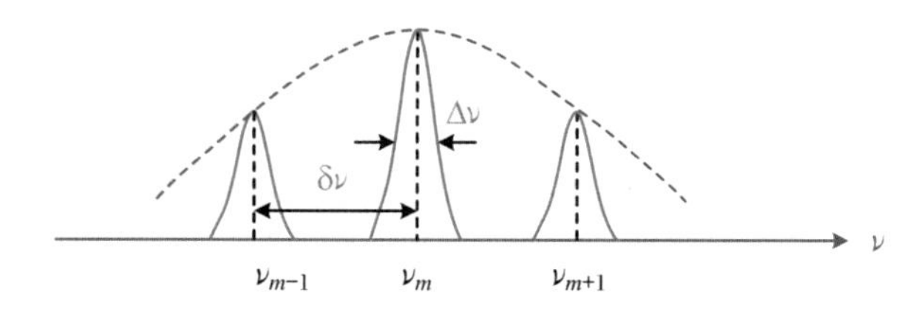

图 3.54　法布里-珀罗干涉仪的透射谱

(2) 透射亮纹(谱线)的半值谱线宽度

我们已得到多光束干涉条纹的半值宽度(见式(3.5.16)或式(3.5.17))，当非单色平行光正入射 F-P 干涉仪时，透过纵模的波长或频率宽度为

$$\Delta\lambda_m = \frac{\lambda^2}{2\pi nh}\cdot\frac{1-R}{\sqrt{R}} = \frac{\lambda}{\pi m}\cdot\frac{1-R}{\sqrt{R}} \tag{3.5.19}$$

$$\Delta\nu_m = \frac{c}{\lambda^2}\Delta\lambda = \frac{c}{\pi 2nh}\cdot\frac{1-R}{\sqrt{R}} = \frac{c}{\pi m\lambda}\cdot\frac{1-R}{\sqrt{R}} \tag{3.5.20}$$

以上结果表明，法布里-珀罗(F-P)干涉仪或光学谐振腔的纵模间隔与腔长成反比。镜面的反射率越高或腔越长，则每个纵模的谱线宽度越窄。

(3) 透射谱线的个数

若入射光能量在 $\Delta\lambda'$ 范围内，有多少个中心波长透过？

中心频率间隔：

$$\delta\nu = \frac{c}{2nh} \tag{3.5.21a}$$

中心波长间隔：

$$\delta\lambda = \frac{\delta\nu\lambda^2}{c} = \frac{\lambda^2}{2nh} \tag{3.5.21b}$$

中心波长数：

$$N = \frac{2nh}{\lambda^2}\Delta\lambda' = \frac{m}{\lambda}\Delta\lambda' \tag{3.5.21c}$$

一方面透过谱线的半值谱线宽度尽可能的窄，要求 m 越大越好，光学厚度越大越好；另一方面要使中心波长个数尽可能的少，这要求 m 越小越好，光学

厚度越小越好。

3. 光谱分析

由 $\Delta\varphi=\dfrac{4\pi}{\lambda}nh\cos i_m$ 可知，对于一确定的 F-P 干涉仪(即 nh 给定)，波长仅仅与角度(位置)有关。这表明，当照明光源包含多种波长成分时，不同波长的同一级次($m\neq 0$)亮纹中心的角位置不同，也就是说不同的波长经 F-P 干涉仪后在空间不同位置散开，因此其可作为光谱仪用于光谱分析。对于两个十分接近的波长，它们产生的等倾干涉条纹，虽然同一级次亮纹中心的角位置不同，但如果每根干涉条纹的宽度较大，而它们同级条纹又相距太近，则两个波长的干涉条纹就可能重叠在一起而无法分辨。由于 F-P 干涉仪的条纹很细，因此可作为分度值极其小的"尺子"用于超精细光谱分辨测量。作为光谱仪的分光特性通常用色散本领、色分辨本领、自由光谱范围来描述。

(1) 色散本领

对于存在一定波长差 $\delta\lambda$ 的两谱线，光谱仪在位置上(中心)将它们区分开的能力称为色散本领，用 D_i 表示，则 $D_i=\dfrac{\delta i}{\delta\lambda}$。对于 F-P 干涉光谱仪，干涉极大有 $\Delta L=2nh\cos i=m\lambda$，所以波长微小变化引起的微分有 $\lambda'=(2nh\cos i)'$，所以

$$D_i=\frac{\delta i}{\delta\lambda}=\frac{m}{2nh\sin i}\quad(\text{角色散本领})\tag{3.5.22}$$

m 增大(或者 i 减小)，会导致 $|D_i|$ 增大，$|D_i|$ 越大表示该光谱仪的色散本领越强。

对于给定波长差 $\delta\lambda$ 的两谱线，越靠近干涉图样的中心其分离量越大。由前面分析 $\Delta\lambda_m=\dfrac{\lambda}{\pi m}\cdot\dfrac{1-R}{\sqrt{R}}$ 知，越靠近干涉图样的中心形成干涉主极大的半宽度也越大，因此还需引入色分辨本领来表征干涉仪的谱线分辨能力。

(2) 色分辨本领

色散本领只能反映光谱仪将两相近谱线的中心分离的程度，但位置拉开并不等于可以分辨，能否分辨此两谱线还取决于每一谱线本身的宽度。如图 3.55 所示，色散本领是一样的，但红色所示谱线不可分辨。

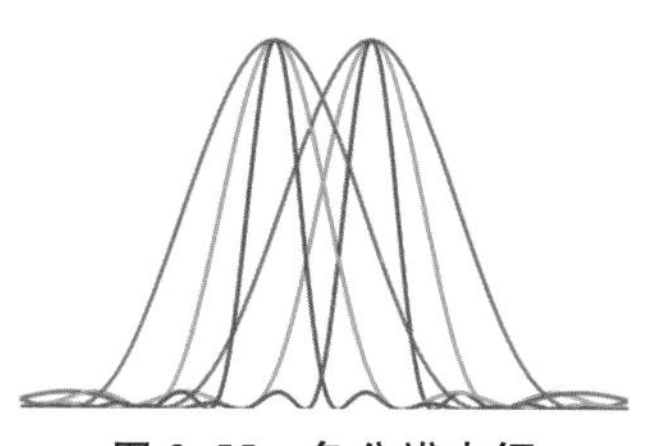

图 3.55 色分辨本领

那么，究竟两条亮纹要错开多大才能被分辨呢？对此有泰勒(瑞利)判据：假定两种波长的光强相同，若两条强度曲线在半强度点交叉，此时使得交叠处叠加的总强度等于任一条曲线最大强度的 82%左右，交叠处形成一"鞍峰"，则认为这两条谱线刚好可以分辨。如图 3.56 所示。

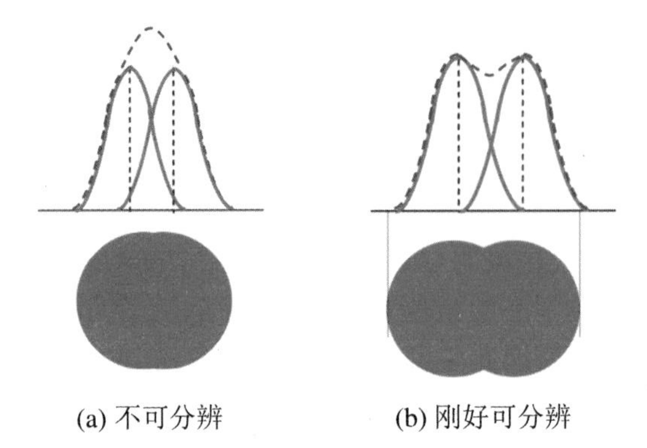

图 3.56 泰勒判据

根据泰勒判据，两谱线中心的距离恰等于每一谱线的半值宽度时，刚好可以分辨。如图 3.57 所示，分析可知，能够分辨两谱线的最小波长差(间隔)$\delta\lambda$即为谱线的半值谱线宽度 $\Delta\lambda$。分辨极限为 $\delta\lambda=\Delta\lambda=\frac{\lambda^2}{2nh\pi}\cdot\frac{1-R}{\sqrt{R}}$，它是由光谱仪自身的能力("分度值")来决定的!

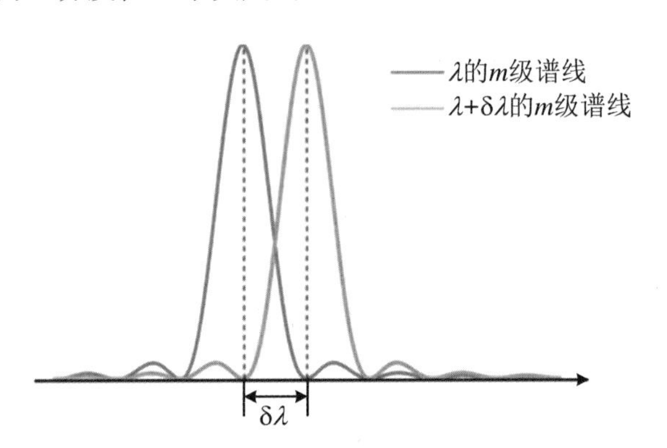

图 3.57 泰勒判据的谱线示意图

习惯上人们把$\frac{\lambda}{\delta\lambda}$叫作光谱仪的色分辨本领(缩写为 RP)，即有

$$RP\equiv\frac{\lambda}{\delta\lambda}=m\frac{\pi\sqrt{R}}{1-R} \tag{3.5.23}$$

可见，两平行平板间的间隔 h 越大，干涉条纹的级次 m 就越高；反射率 R 越高，RP 就越大，色分辨能力就越强。对于 F-P 干涉仪，相对薄膜而言，其间隔可以很大(如 10 cm)，反射率可以很高(如 99%)，使得其色分辨本领很大($RP\to 10^6$)，这对光谱的超精细结构研究是极其有利的。

3.5.3 其他典型的干涉仪

1. 泰曼-格林(Twyman-Green)干涉仪

这是在迈克耳孙干涉仪的基础上发展起来的一种波面干涉仪。图3.58为其光路原理,与迈克耳孙干涉仪不同的是,这里的 M_1 为平整度很高的标准平面反射镜,M_2 则直接为待测量的光滑曲面,如球面反射镜、透镜、光学玻璃板等表面;光路中没有补偿板,光源一般是单色激光光源。由单色点光源S发出的球面光波经透镜L准直后,被半透射半反射镜G分成两等强度的平行光束,分别经反射镜 M_1 和待测表面 M_2 反射后,在观察屏P上相干叠加。这两束光中,一束光具有平面波前,另一束光具有与待测表面形状对应的曲面波前,其叠加结果在观察屏上形成一组类似于薄膜等厚干涉的等厚线或待测表面的等高线条纹。

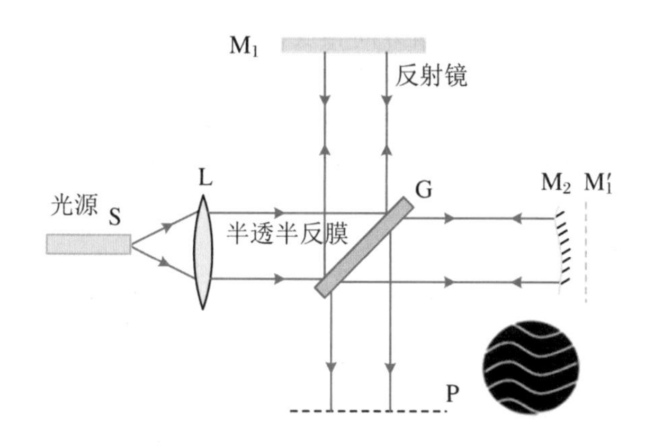

图3.58 泰曼-格林干涉仪

泰曼-格林干涉仪可用来检测光滑表面的平整度及透镜或球面镜表面的球面度、平行平板透明介质的光学均匀性以及微小振动等。

2. 马赫-曾德(Mach-Zehnder)干涉仪

这也是在迈克耳孙干涉仪基础上发展起来的一种分振幅双光束干涉仪。如图3.59所示,其基本结构为一个平行四边形(或矩形)光路。自激光器输出的细激光束经倒置望远镜BE扩束和准直后,经分束镜 BS_1 分为两束,反射光束1依次经 M_1 反射、BS_2 透射,透射光束2依次经 M_2 反射、BS_2 反射,在观察屏P处叠加干涉而接收到相应的干涉条纹图样。

马赫-曾德干涉仪的最大特点是将两束光在空间分得很开,并且光束无需像在迈克耳孙干涉仪中那样按原路返回,内部设置可以很容易更改,工作空间相当宽广，且可克服迈克耳孙干涉仪回波干扰的缺点，被广泛应用于精密测量、传感器、光调制器等。此外，马赫-曾德干涉仪光路也是制作全息光栅和记录离轴全息图的基本光路。

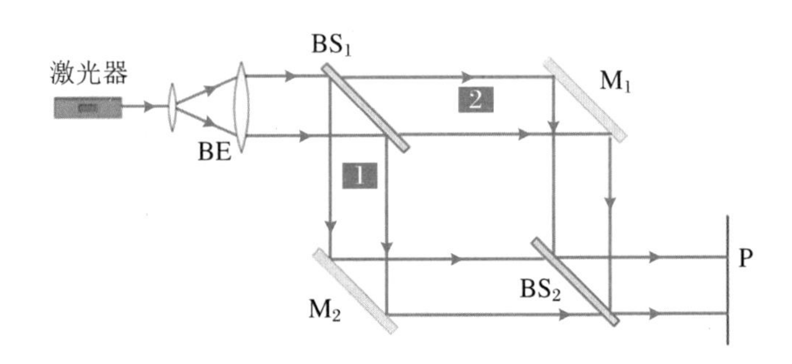

图 3.59 马赫-曾德干涉仪

3. 塞格纳克(Sagnac)干涉仪

这是由塞格纳克 1913 年发明的一种由环形闭合光路构成的环形干涉仪。目前塞格纳克干涉仪的基本光路有矩形、三角形及圆形等形式，图 3.60 所示为矩形塞格纳克干涉仪的光路原理。激光经分束器分为反射和透射两部分。这两束光均由反射镜反射形成传播方向相反的闭合光路，并在分束器上会合，送入光探测器(同时也会有一部分返回到激光器)。在这种干涉仪中，两光束的光程长度相等。根据双光束干涉原理，此时在光电探测器上探测不到干涉光强的变化。当干涉仪在环路平面内有旋转角速度时，探测器处干涉条纹将会发生移动。

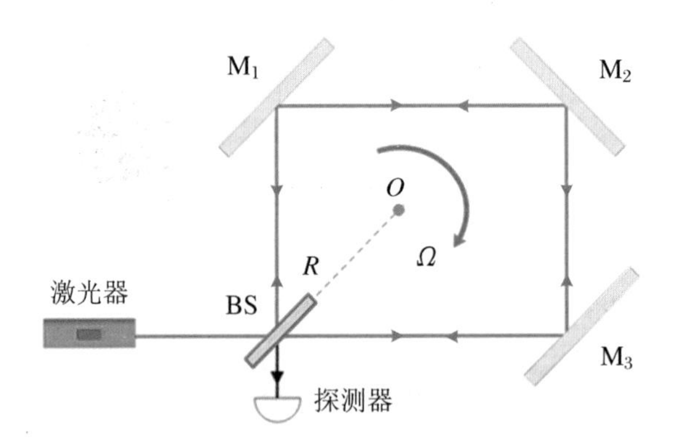

图 3.60 塞格纳克干涉仪

根据相对论原理，当干涉仪绕其中心在光路平面内以一定角速度 Ω 转动时，由于相对运动，两光束自分开到再次重合所经历的光程不同，从而产生一定的相位差。可以证明，该相位差为

$$\Delta\varphi = \frac{8\pi A}{\lambda c}\Omega \tag{3.5.24}$$

其中 A 为干涉仪环路包围的面积。式(3.5.24)表明两光束的相位差与干涉仪转动的角速度成正比,故通过探测两束光干涉的强度变化,测量出相位差 $\Delta\varphi$,就可得到干涉仪转动的角速度 Ω 或在给定时间间隔 τ 内的转角 θ:

$$\Delta\varphi = \frac{8\pi A}{\lambda c}\Omega, \quad \theta = \Omega\tau = \frac{\lambda c\tau}{8\pi A}\Delta\varphi \tag{3.5.25}$$

由于塞格纳克干涉仪整体无运动部件,并且只感知转动而对匀速平动没有任何反应,故可以用作角度或角速度传感器,是现代导航用激光陀螺的基础。

4. 傅里叶变换干涉仪

传统的光谱仪都是色散型的,其共同特点是把不同波长的光在空间上(角度上)分开。在前面的学习中,我们知道若光源的谱分布为 $i(k)$,则迈克耳孙干涉仪中光强随 ΔL 的函数关系为$I(\Delta L)$。自然,迈克耳孙干涉仪中 $I(\Delta L)$是可测得的,那么经过一定的变换,是可以获得光源的谱分布 $i(k)$的。傅里叶变换干涉仪就是以迈克耳孙干涉仪为构架,通过傅里叶变换把时间频谱转化为空间频谱,而发展起来的一种干涉光谱仪。

傅里叶变换干涉仪光路原理如图 3.61 所示,由宽带点光源 S 发出的球面光波经反射准直镜 L_1 准直后,经分束镜 BS 分成等强度的两平行光束,其中反射光束经固定反射镜 M_1 原路反射,透射光束经可移动反射镜 M_2 原路反射,两束反射光束再次经分束镜 BS 透射和反射后重合,并被反射聚光镜 L_2 会聚到光电探测器 D 上,探测到的叠加光强度信号经模/数(A/D)转换后输入计算机中进行数字处理。

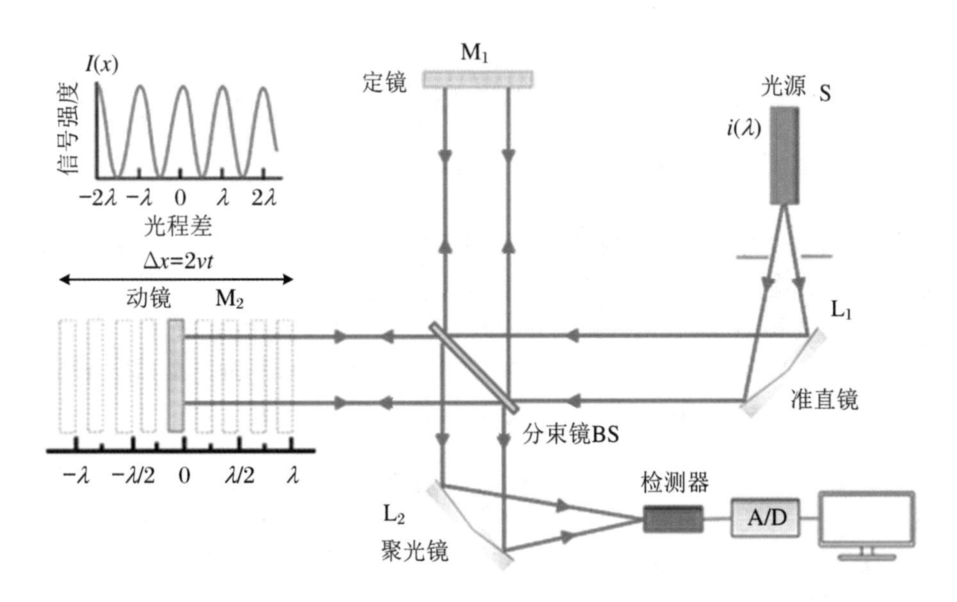

图 3.61 傅里叶变换干涉仪

按照双光束干涉原理,同频率、同振动方向且振幅相等的两束单色光波在

空间某点相遇而发生相干叠加，光强度可表示为

$$I = 2I_0\left(1 + \cos\left(\frac{2\pi}{\lambda}\Delta x\right)\right) \tag{3.5.26}$$

式中，I_0 为其中一束光的强度，λ 为光波波长，Δx 为两光波的光程差。现考虑参与叠加的两光束来自同一个具有一定光谱分布的任意点光源，其中波长为 λ 的单色光成分的相对强度（即光谱分布函数）为 $i(\lambda)$，则其叠加光强度可表示为

$$i(\lambda, \Delta x) = 2i(\lambda)\left[1 + \cos\left(\frac{2\pi}{\lambda}\Delta x\right)\right] \tag{3.5.27}$$

将式(3.5.27)对所有波长积分，得到总的叠加光强度：

$$I(\Delta x) = \int_0^{\infty} i(\lambda, \Delta x)\mathrm{d}\lambda = 2I_0 + 2\int_0^{\infty} i(\lambda)\cos\left(\frac{2\pi}{\lambda}\Delta x\right)\mathrm{d}\lambda \tag{3.5.28}$$

式(3.5.28)中的光谱分布函数 $i(\lambda)$ 也可以看成是波数 k 的函数，同时式中对波长 λ 的积分等效于对空间频率 k 的积分：

$$I(\Delta x) = 2I_0 + 2\int_0^{\infty} i(k)\cos(k\Delta x)\mathrm{d}k \tag{3.5.29}$$

在上式等号两端减去 $2I_0$，可得

$$I(\Delta x) - 2I_0 = 2\int_0^{\infty} i(k)\cos(k\Delta x)\mathrm{d}k \tag{3.5.30}$$

根据傅里叶变换关系，式(3.5.30)表明，光谱分布函数 $i(k)$ 实际上就是两光束的相干叠加强度 $I(\Delta x)$ 减去其强度之和的傅里叶余弦变换，即

$$i(k) = 2\int_0^{\infty} [I(\Delta x) - 2I_0]\cos(k\Delta x)\mathrm{d}(\Delta x) \tag{3.5.31}$$

显然，只要能够测量出两光束叠加强度随光程差的变化 $I(\Delta x)$ 及两光束的强度和 $2I_0$，就可以根据式(3.5.31)求出入射光信号的光谱分布函数。具体的做法是，首先移动 M_2 使两光束的光程差 $\Delta x = 0$，然后匀速移动 M_2 以改变两光束的光程差 $\Delta x = 2vt$（v 为反射镜移动速度，t 为时间），同时记录相应光程差 Δx 下的叠加光强度 $I(\Delta x)$ 即 $I(t)$。所以，式(3.5.31)可表示为

$$i(k) = 2\int_0^{\infty} [I(t) - 2I_0]\cos(kt)\mathrm{d}t \tag{3.5.32}$$

傅里叶变换干涉仪的特点在于：它巧妙地利用了干涉分光装置将光信号一分为二，使之经过不同的时间延迟后再次重合而发生干涉。通过测量在不同光程差时的叠加光强度，再经傅里叶变换处理解调出待测光信号的光谱分布函

数。其中第一步需借助光学干涉仪实现，第二步需借助计算机通过数值计算而实现。为了获得高分辨率光谱，动镜 M_2 的移动(扫描)范围应尽可能大，以获得尽可能大的光程差变化范围，故高分辨率傅里叶光谱仪要求具备较长的干涉仪移动臂。

3.5.4 多层介质高反射膜

在光学材料表面涂一层或多层薄膜后，将大大改变材料的光学性能(如反射率、折射率、偏振或光谱结构等)，由此可制造各种增透膜、增反膜、干涉滤波片、偏振分束器等重要光学元件，如图 3.62 所示。研究光在多层介质膜中的传播特性、光学薄膜的制备及其应用等是薄膜光学的重要内容。前面我们以薄膜双光束干涉简单介绍了增透膜和增反膜，实际上应以多光束干涉原理对其增透或增反特性进行分析，即多光束干涉的结果决定了薄膜的光学性质。如图 3.62 所示，计算单层膜反射率的方法与 F-P 干涉仪的反射率计算基本相同，只是现在上、下两界面的反射、折射振幅比不再相等而已(因为膜层是镀在衬底上的)。

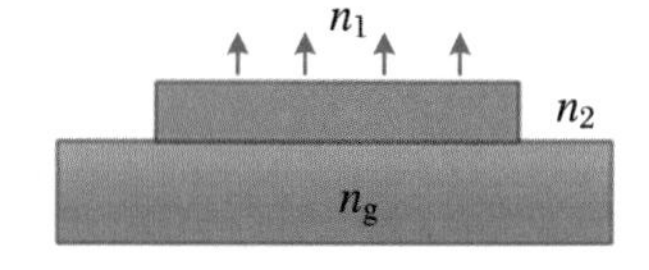

图 3.62 光学薄膜

同前，经薄膜界面多次反射而叠加后的反射光复振幅为

$$\widetilde{E}_r = A_0 \frac{r_1 + r_2(t_1 t_1' - r_1 r_1')e^{i\Delta\varphi}}{1 - r_1' r_2 e^{i\Delta\varphi}} \tag{3.5.33}$$

$\Delta\varphi = \dfrac{4\pi}{\lambda} nh\cos i$，为相邻两反射光束之间的位相差。

由斯托克斯关系 $r_1' = -r_1, r_1^2 + t_1 t_1' = 1$，可进一步得

$$\widetilde{E}_r = A_0 \frac{r_1 + r_2 e^{i\Delta\varphi}}{1 + r_1 r_2 e^{i\Delta\varphi}} \tag{3.5.34}$$

所以

$$I_R = \widetilde{E}_r \widetilde{E}_r^* = I_0 \frac{r_1^2 + 2r_1 r_2 \cos(\Delta\varphi) + r_2^2}{1 + r_1 r_2 \cos(\Delta\varphi) + r_1^2 r_2^2} \tag{3.5.35}$$

正入射情况下，即 $i_1 \approx i_2 \approx 0$ 时，$r_1 = \dfrac{n_1 - n}{n_1 + n}$，$r_2 = \dfrac{n - n_g}{n + n_g}$，所以

$$I_R = I_0 \frac{n^2(n_1 - n_g)^2 \cos^2\dfrac{\Delta\varphi}{2} + (n^2 - n_1 n_g)^2 \sin^2\dfrac{\Delta\varphi}{2}}{n^2(n_1 + n_g)^2 \cos^2\dfrac{\Delta\varphi}{2} + (n^2 + n_1 n_g)^2 \sin^2\dfrac{\Delta\varphi}{2}} \tag{3.5.36}$$

当 n_1、n_g 以及 λ 一定时，选定膜的材料 n，反射率只是膜层光学厚度 nh 的函数。

当薄膜的光学厚度 $nh=\lambda/4$ 时，有

$$I_R = I_0 \frac{(n^2 - n_1 n_g)^2}{(n^2 + n_1 n_g)^2} \tag{3.5.37}$$

若要实现消反射（$I_R=0$）增透射，则 $n=\sqrt{n_1 n_g}$；若考虑膜层折射率与衬底折射率的关系，即所谓的高膜、低膜，这时要考虑半波损，在相同的光学厚度时，可实现增反射或增透射（见 3.4 节的分析）。

下面我们取 $n_1=1$，$n_g=1.5$，$i=0$，在此情况下作出 I_R 与 n、h 的关系曲线，如图 3.63 所示，由图示曲线不难得出如下结论：

（1）要镀单层反射膜，就要用高折射率材料（$n>n_g$），而且膜层光学厚度 $nh=(2m+1)\lambda/4$（$m=0,1,2,\cdots$）。n 相对 n_g 越大，增反射效果越好。例如，在折射率 $n_g=1.50$ 的玻璃基板上镀 ZnS（$n=2.34$）的 $\lambda/4$ 膜层时，可算出反射率 $R\approx33\%$。

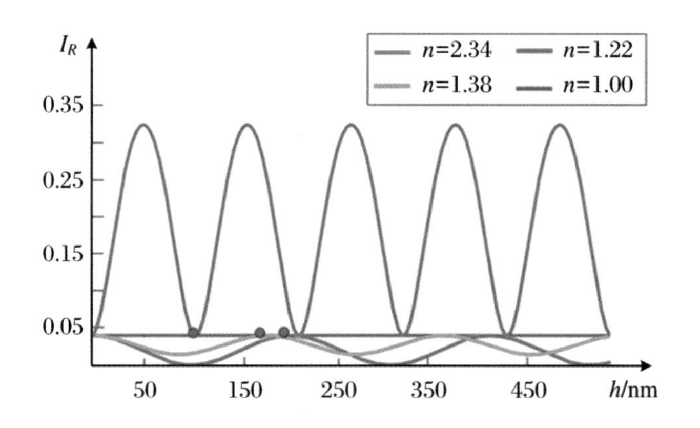

图 3.63　I_R 与 n、h 的关系曲线（入射波长为 500 nm）

（2）要镀单层透射膜，就要用低折射率材料（$n<n_g$），而且膜层光学厚度 $nh=(2m+1)\lambda/4$（$m=0,1,2,\cdots$）。但并不是 n 相对 n_g 越小，增透效果就越好，只有当 $n_1 n_g-n^2=0$ 时，才有 $I_R=0$，即应取

$$n = \sqrt{n_1 n_g} \tag{3.5.38}$$

据此，对于 $n_g=1.50\sim1.60$ 的光学玻璃，则要求 $n=1.22\sim1.27$，这样的材料太难找了，所以常用 $n=1.38$ 的 MgF_2。当 $n_g=1.50$ 时，镀 MgF_2 后，R 由原来的 4%降到 1.3%。

（3）单层膜的光学厚度 $nh=\lambda/2$ 时，对应于图 3.63 中的红点。不论 $n>n_g$ 还是 $n<n_g$，膜系的反射率和未镀膜时基底的反射率相同。

由以上分析知：单层增反射膜能提高反射率，若要进一步提高，则需增加介质膜的层数，多层介质膜具有反射率高、吸收小的特点。

图 3.64 是多层膜构成一个高反射膜的示意图。常用的高反射膜系是这样构成的：选取两种折射率相差尽可能大的材料，交替镀到基底(S)上，每层膜的光学厚度都是 $\lambda/4$，并且与空气(G)和基底(S)接触的都是高折射率的 H 膜，即 H 膜比低折射率的 L 膜多一层，这样膜的层数为奇数。这种 $\lambda/4$ 膜系通常用下列符号表示：

$$G - HLH\cdots LH - S = G - (HL)^n H - S, \quad n = 1,2,3,\cdots \tag{3.5.39}$$

膜的总层数为$(2n+1)$。层数越多，膜系的反射率 R 就越高，这是因为每层膜的光学厚度均为 $\lambda/4$，对于相邻两束反射光，每层膜引起的光程差为 $\lambda/2$，位相差为 π；又由于各个膜层上、下界面的物理性质不同(H 膜、L 膜交替)，故还存在半波损，所以各膜层反射出来的光波 1,2,3,…在空气中相遇时的位相都相同(2π 的整数倍)，干涉加强。层数越多，参与相干相长的反射光就越多，叠加光强就越强，反射率 R 就越高。例如，氦氖激光器谐振腔的全反射镜涂镀 15～19 层 $ZnS - MgF_2$ 的膜系，对于 632.8 nm 的波长，其反射率高达 99.6%。

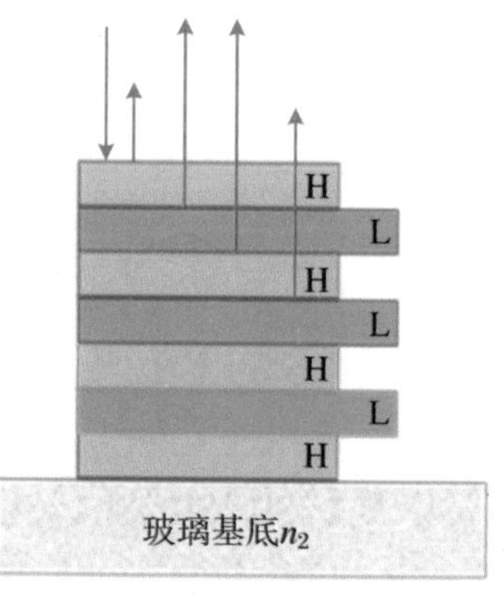

图 3.64 高反膜示意图

第4章 光的衍射

镜孔下的校园路灯(中国科学技术大学李子晗摄)

本章提要 同干涉一样,衍射也是波动的基本特征之一。本章从惠更斯-菲涅耳原理出发,给出描述光波衍射规律的菲涅耳-基尔霍夫衍射积分,进而分析两类重要的衍射现象(菲涅耳衍射和夫琅禾费衍射)及求解方法,引入光学仪器分辨本领、光栅色散等,重点介绍衍射的几个重要应用:波带片、光栅光谱仪和物质结构分析。

4.1 衍射现象及其分析基础

4.1.1 衍射现象

图 4.1 水波的衍射现象

日常生活中,我们经常有"未见其人,先闻其声""隔墙有耳"之类的表述。我们也会看到:水波会绕过水面上的障碍物而继续向前传播(图 4.1)。波动绕过障碍物偏离直线传播的现象称为衍射。衍射是波动的基本特征之一,反映了波动在传播过程中的一种边沿效应。任何波动在通过任何物体的边缘时,都会有衍射现象。只有当障碍物的横向几何尺度与波长可以比拟时,衍射现象才明显地表现出来。当障碍物的横向几何尺度远大于波长时,边沿效应变得不明显,表现出直线传播的特征。从本质上看,直线传播就是波动传播在一定条件下的近似。

然而,在日常生活中很难观察到光的衍射现象,这是因为可见光的波长很短,而衍射是满足一定位相关系的场的叠加,生活中的日光灯光、太阳光很难达到这些条件。图 4.2 是在一定条件下观察到的光衍射现象。

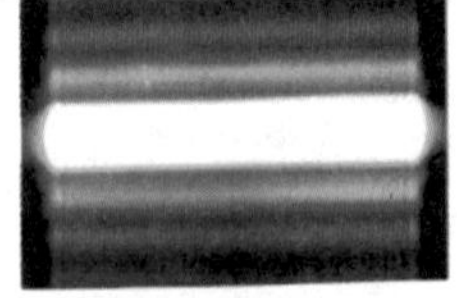

单缝衍射

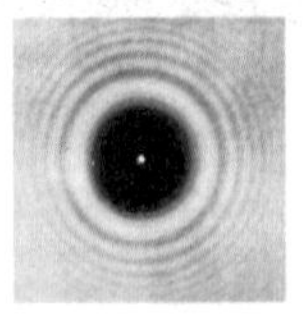

圆屏衍射(泊松点)

透镜衍射(爱里斑)

图 4.2 光的各类衍射现象

综上,衍射现象的表现为:

(1) 波动可以绕到几何阴影区。

(2) 衍射光强空间重新分布,出现明暗交替的条纹或圆环。

(3) 光束在某方向的空间限制越甚,该方向的衍射效应越强。

光的衍射现象:光波遇到小障碍物或小孔时,绕过障碍物(偏离直线传播)进入几何阴影区继续传播,并在障碍后的观察屏上呈现光强的不均匀分布的

现象。

几点说明：

(1) 衍射与干涉一般是同时存在的。

(2) 衍射是一切波动的固有特性。

(3) 障碍物(屏函数)可是振幅型的，也可是位相型的。

(4) 几何光学可看作是波动光学当 λ/a 趋近 0 时的极限情况。

4.1.2 菲涅耳衍射积分

在第 2 章中我们讲到，波动光学的理论基础是惠更斯-菲涅耳原理，衍射是光经过障碍物的传播，分析衍射的理论基础自然也是惠更斯-菲涅耳原理(波前 Σ 上的每个面元 $\mathrm{d}\Sigma$ 都可以看成是新的振动中心，在空间某一点 P 的振动是所有这些次波在该点的相干叠加)。P 点光场的菲涅耳衍射积分形式为

$$\widetilde{E}(P) = K\oiint_{\Sigma}\widetilde{E}(Q)F(\theta_0,\theta)\frac{\mathrm{e}^{ikr}}{r}\mathrm{d}\Sigma \tag{4.1.1}$$

P 点的光场分布就是大量球面次波场的叠加。

实际上，波前 Σ 并不限于等相面，凡是隔离实在的点光源 S 与场点 P 的任意闭合面都可以作为衍射积分的积分面。如图 4.3 所示。

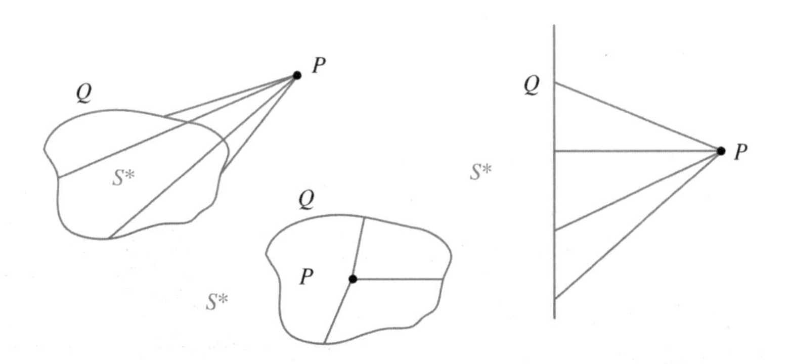

图 4.3 菲涅耳积分面的选取

立足场点 P 而环顾四周，茫茫然只“看到”包围面上的大量次波源，而不见真实光源，被包围的空间是无源的。这样，P 点的场是由边界上(闭合面)的场来决定的，即无源空间的边值定解(唯一性定理)。由此，基尔霍夫从波动方程出发，利用格林公式，建立了一个严格的数学求解过程，即只要已知光场中任一闭合曲面上的光矢量或光矢量的空间导数，就可以通过面积分求出封闭面内任一点 P 处的光矢量大小。据此，基尔霍夫具体给出了开有一小孔的无限大不透明平面光屏后某点衍射场的积分表达式。如图 4.4 所示。

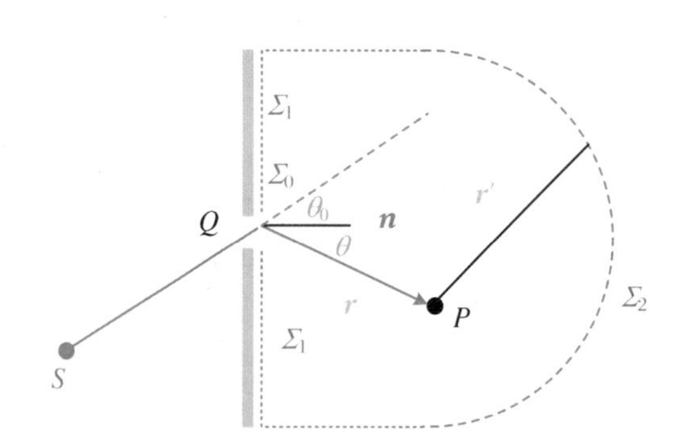

图 4.4 平面屏衍射的模型

基尔霍夫认为闭合面可由三部分构成:衍射屏光孔部分 Σ_0、衍射屏不透光部分 Σ_1 以及半径为无限大的半球面 Σ_2。同时他又进一步假设开孔处的场和场的法向导数为没有屏存在时照明光源自由传播到该处的值,屏后阴影处的场和场的法向导数为零,即

(1) $\varphi_{开孔} = \varphi_{无屏}, \left.\dfrac{\partial \varphi}{\partial n}\right|_{开孔} = \left.\dfrac{\partial \varphi}{\partial n}\right|_{无屏}$。

(2) $\varphi_{\Sigma_1} = \left.\dfrac{\partial \varphi}{\partial n}\right|_{\Sigma_1} = 0$。

以上假设称为基尔霍夫边界条件。在这样的边界条件下,$\oint\!\!\!\oint_{\Sigma} \cdots \mathrm{d}\Sigma = \iint_{\Sigma_0} \cdots \mathrm{d}\Sigma_0 + \iint_{\Sigma_1} \cdots \mathrm{d}\Sigma_1 + \iint_{\Sigma_2} \cdots \mathrm{d}\Sigma_2$,可得

$$\widetilde{E}(P) = \frac{-\mathrm{i}}{\lambda} \iint_{\Sigma_0} \widetilde{E}(Q) \frac{\mathrm{e}^{\mathrm{i}kr}}{r} \cdot \frac{1}{2} (\cos\theta_0 + \cos\theta) \mathrm{d}\Sigma_0 \tag{4.1.2}$$

此公式称为菲涅耳-基尔霍夫衍射公式。其与菲涅耳衍射积分的比较如下:

(1) 积分区域已按基尔霍夫边界条件转化为透光孔径 Σ_0。

(2) 具体求出了倾斜因子的形式。

(3) 具体求出了 K 的表达式:$K = \dfrac{-\mathrm{i}}{\lambda}$。

实质上两者没有本质的区别,观察点处的场都是大量球面次波的叠加。

在实际情况下,光孔比较小,观察屏距离衍射屏较远,观察范围较小,即光孔和接收范围满足傍轴条件,则有 $\theta \approx \theta_0 = 0$;场点到光孔中心的球面波可近似为 $\dfrac{1}{r}\mathrm{e}^{\mathrm{i}kr} \approx \dfrac{1}{z}\mathrm{e}^{\mathrm{i}kr}$。所以,傍轴条件下,菲涅耳-基尔霍夫衍射公式变为

$$\widetilde{E}(P) = \frac{-\mathrm{i}}{\lambda z} \iint_{\Sigma_0} \widetilde{E}(Q) \mathrm{e}^{\mathrm{i}kr} \mathrm{d}\Sigma_0 \tag{4.1.3}$$

这是定量计算衍射场的常用公式。实际应用时，通常以光波在衍射平面上的波前代替实际波前，Σ_0 表示衍射屏透光孔面积，函数 $\tilde{E}(Q)$ 则表示透过衍射屏开孔处的波前函数。在具体求解中，主要就是根据具体的实验条件近似处理球面 e^{ikr} 次波因子，即在一定的条件下，某处的衍射场可以看作球面波 e^{ikr} 的叠加、"二次抛物面波" $e^{ik\frac{(x-x_0)^2+(y-y_0)^2}{2z}}$ 的叠加（即所谓的菲涅耳衍射）、平面波 $e^{-i\left(k\frac{x}{z}x_0+k\frac{y}{z}y_0\right)}$ 的叠加（即所谓的夫琅禾费衍射）。

4.1.3 衍射系统及分类

如图 4.5 所示，衍射系统由光源、衍射屏和接收屏组成。由于有衍射屏的存在，把自由传播的空间分成所谓的照明空间和衍射空间。之所以有衍射，也是由于衍射屏的存在把自由传播的波前改变了。所以说，凡是使波前上的复振幅分布发生改变的物结构均可称为衍射屏，按照其结构或透光特性来看有所谓透、不透，周期、非周期，振幅、位相等类型的衍射屏。

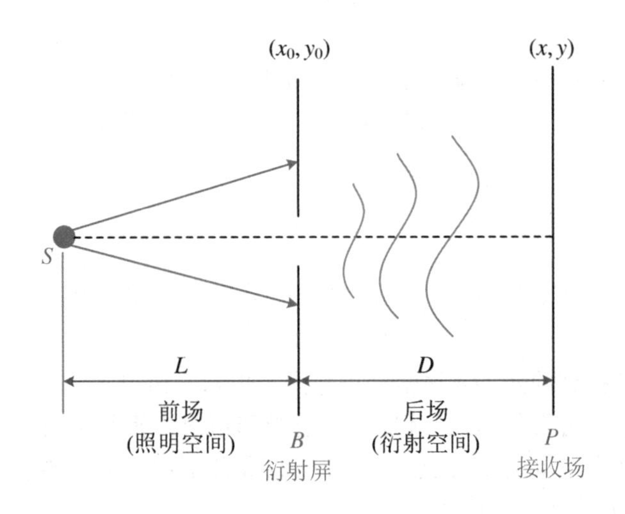

图 4.5 衍射系统示意图

衍射空间某点的衍射场则是由菲涅耳-基尔霍夫衍射公式求得的。假设光波在衍射屏平面透光孔径波前某次波源点 Q 和观察场点 P 的坐标分别为(x_0, y_0)和(x, y)，如图 4.6 所示，则 Q 点和 P 点的距离 r 可表示为

$$r = \sqrt{z^2 + (x - x_0)^2 + (y - y_0)^2} = z\left[1 + \frac{(x - x_0)^2 + (y - y_0)^2}{2z^2} + \cdots\right] \tag{4.1.4}$$

观察衍射的实际结构，可对 r 取不同的近似来处理分析该条件下的衍射现

象，即所谓的菲涅耳衍射和夫琅禾费衍射。

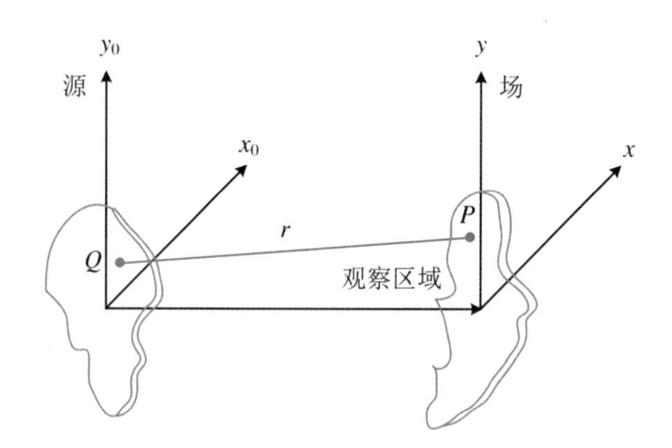

图 4.6　菲涅耳-基尔霍夫衍射公式示意图

当衍射屏相距光源及观察屏两者或两者之一为有限远，即场点 P 和次波源点 Q 满足傍轴条件时，观察点 P 处的场可看作大量“二次抛物面波” $e^{ik\frac{(x-x_0)^2+(y-y_0)^2}{2z}}$ 的叠加。菲涅耳-基尔霍夫衍射公式可变为

$$\widetilde{E}(P)=\frac{-\mathrm{i}e^{\mathrm{i}kz}}{\lambda z}\iint_{\Sigma_0}\widetilde{E}(Q)e^{\mathrm{i}k\frac{(x-x_0)^2+(y-y_0)^2}{2z}}\mathrm{d}x_0\mathrm{d}y_0 \tag{4.1.5}$$

由此衍射积分得到的光场复振幅分布称为菲涅耳衍射。

当衍射屏相距光源及观察屏均为无限远，即场点 P 和次波源点 Q 满足远场条件时，观察点 P 处的场可看作大量“平面波” $e^{-\mathrm{i}\left(k\frac{x}{z}x_0+k\frac{y}{z}y_0\right)}$ 的叠加。菲涅耳-基尔霍夫衍射公式可变为

$$\widetilde{E}(P)=\frac{-\mathrm{i}e^{\mathrm{i}kz}}{\lambda z}\iint_{\Sigma_0}\widetilde{E}(Q)e^{-\mathrm{i}\left(k\frac{x}{z}x_0+k\frac{y}{z}y_0\right)}\mathrm{d}x_0\mathrm{d}y_0 \tag{4.1.6}$$

由此衍射积分得到的光场复振幅分布称为夫琅禾费衍射。对于夫琅禾费衍射，光源和观察屏均为无限远，也就是说入射光和衍射光都是平行光，实际的实验装置可利用两个会聚透镜，让点光源和接收屏分别位于两个透镜的前、后焦距位置，衍射屏放置在两透镜间。

实现菲涅耳衍射和夫琅禾费衍射的装置如图 4.7 所示。

有关孔径的菲涅耳衍射（上行）、夫琅禾费衍射（下行）的仿真结果如图 4.8 所示。

关于衍射可总结如下：

(1) 菲涅耳衍射：近距离衍射——球面波衍射。

产生条件：衍射屏相距光源及观察点两者或两者之一为有限远。

图样特点：光强分布与场点到衍射屏的距离及衍射结构形状有关。

(2) 夫琅禾费衍射：远场衍射——平面波衍射。

产生条件:衍射屏距光源及观察点均为无限远。

图样特点:光强分布与照明方式及观察位置无关。

观察方式:远场或光源的共轭像平面上。

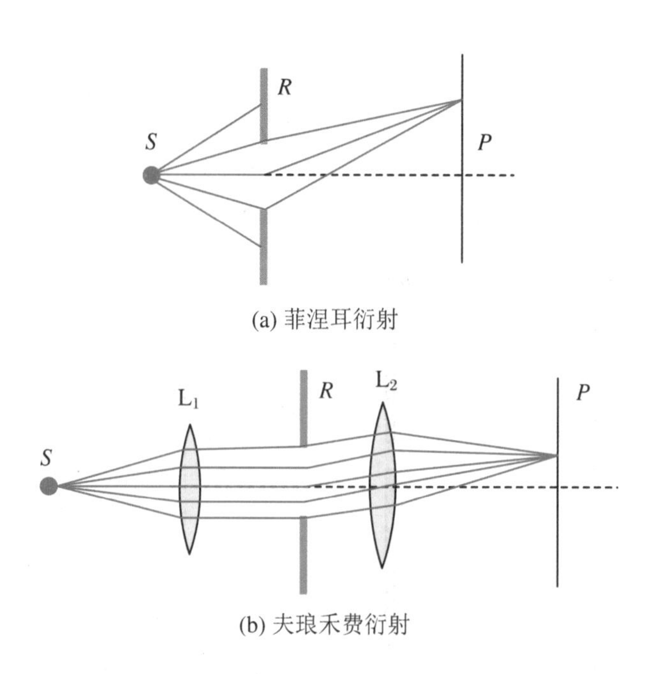

图 4.7　菲涅耳衍射和夫琅禾费衍射

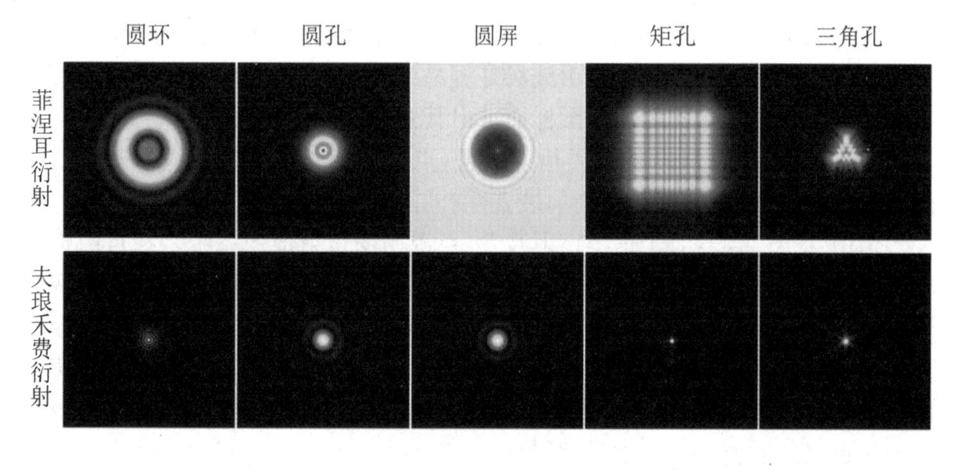

图 4.8　两种衍射的仿真结果

由衍射积分式原则上可以求解所有的衍射问题,但当波前及衍射屏形状较为复杂时,求解过程变得复杂、繁琐。处理菲涅耳衍射问题,大多采用半定量的菲涅耳半波带法或振幅矢量叠加法。处理夫琅禾费衍射问题,可通过对衍射屏函数做傅里叶变换而简单给出。衍射问题都可由菲涅耳-基尔霍夫衍射公式求得,菲涅耳衍射是普遍条件下的近似,夫琅禾费衍射是特殊条件下的近似。

4.1.4 巴比涅原理

从菲涅耳－基尔霍夫衍射积分公式可以导出一个有用的原理。考虑图 4.9 中的一对衍射屏 a、b，a 屏的透光部分正是 b 屏的不透光部分，即透光区域相反的衍射屏，这样的两块屏称为一对互补屏。显然 a 屏的透光积分区域与 b 屏的透光积分区域之和为自由空间的积分区域，$\Sigma_a+\Sigma_b=\Sigma_0$。

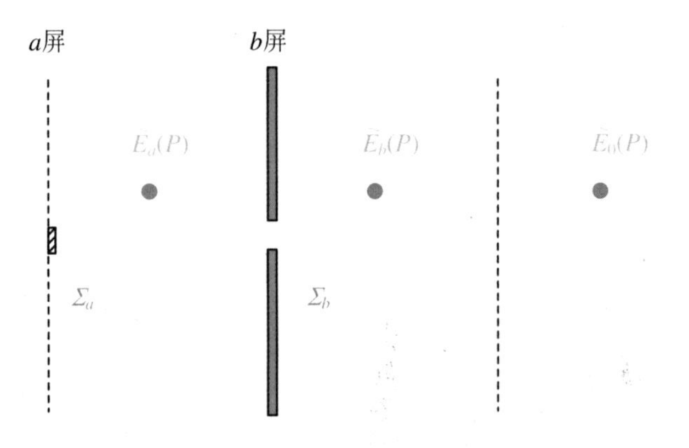

图 4.9　巴比涅原理

由菲涅耳-基尔霍夫公式可知：$\tilde{E}_a(P)+\tilde{E}_b(P)=\tilde{E}_0(P)$，即一对互补屏各自在衍射场中某点所产生的复振幅之和等于自由传播时该点的复振幅。这个结论称为巴比涅原理。由于自由波场是容易计算的，因此利用巴比涅原理可以较方便地由一种衍射屏的衍射图样而求出其互补屏的衍射图样。

对于如图 4.10 所示的一类衍射装置(点源照明衍射成像系统)，基于巴比涅原理，可很方便地知晓该类衍射装置互补屏的衍射场。

由图 4.10 可知，对于这类衍射装置(点源照明衍射成像系统)，在自由传播时(无衍射屏)观察平面上仅形成一个亮点 P_0，即照明点光源的像点，其他区域皆无光场，即 $\tilde{E}_0(P)=0$(P 为观察屏上点光源的像点之外的点)。由巴比涅原理，其各自互补屏的衍射场，满足 $\tilde{E}_a(P)+\tilde{E}_b(P)=0$，所以有 $I_a(P)=I_b(P)$。即该类衍射装置，其各自互补屏所形成的衍射图样的光强分布在除照明光源的几何像点之外的所有区域中均相同！

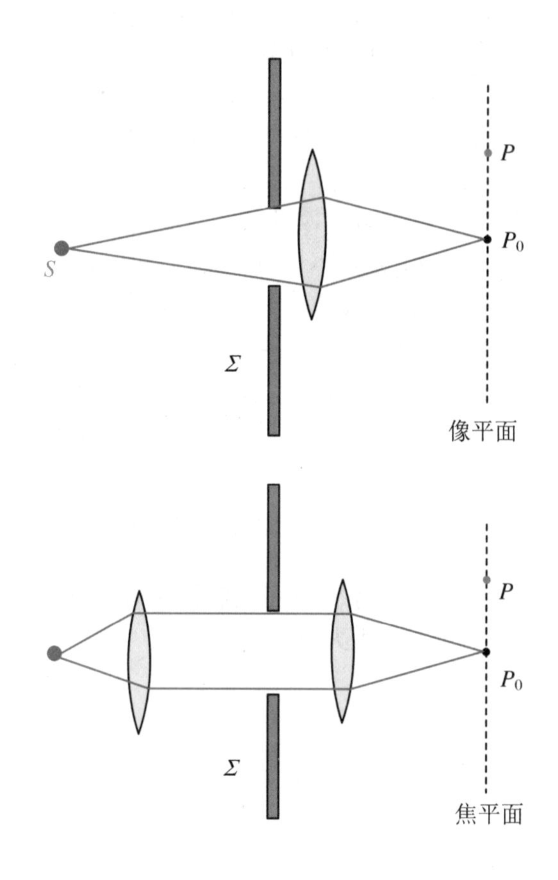

图 4.10 巴比涅原理的应用

4.2 圆孔和圆屏的菲涅耳衍射

由前面的分析可知，对于各种衍射均可由菲涅耳-基尔霍夫衍射积分公式求得，其要求对波前无限分割，积分过程相对比较复杂。实际上，在分析一些具体的衍射现象时，可采用离散求和的办法来处理。本节采用半波带法和矢量图解法来处理圆孔菲涅耳衍射和圆屏菲涅耳衍射。

4.2.1 菲涅耳衍射的实验现象

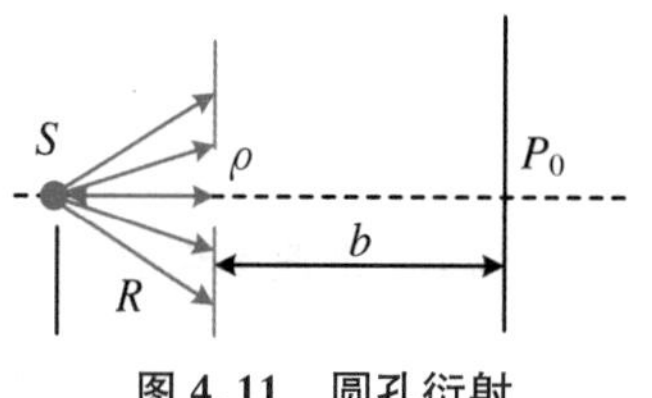

图 4.11 圆孔衍射

如图 4.11 所示，用单色点源(或激光)照射圆孔衍射屏，在较远的接收屏上即可观察到清晰的衍射图样。实验装置结构参数一般取为 $\rho \sim \mathrm{mm}$,$R \sim \mathrm{m}$,$b \sim \mathrm{m}$,其中 ρ 为圆孔的半径,R 为到达圆孔处的波面的曲率半径,b 为接收屏到衍射屏的距离。

衍射图样是以轴上场点 P_0 为中心的一套亮暗相间的同心圆环。中心点可能是亮的,也可能是暗的,它会随着衍射屏圆孔半径 ρ 和接收屏距离 b 的变化而变化。如若接收屏位置不变,改变圆孔半径 ρ 的大小,中心点亮暗交替变化敏感,即圆孔半径 ρ 的大小稍微改变,即可观察到中心点亮暗变化;若圆孔半径 ρ 的大小不变,前后移动接收屏的位置,中心点亮暗交替变化迟缓,即接收屏前后移动较大距离时才可观察到中心点亮暗变化。

如果用圆屏代替上述实验中的圆孔,观察到的衍射图样也是以 P_0 为中心的一套亮暗相间的同心圆环,与圆孔衍射显著不同的是,无论是改变圆屏半径 ρ 还是接收屏距离 b,衍射图样的中心总是亮点(即所谓的泊松亮斑)。泊松亮斑的存在,是几何光学直线传播定律所无法解释的,其证实了光的波动特性,也证实了惠更斯-菲涅耳原理。

如何理解、分析上述衍射现象?下面我们就用有限分割、离散求和的办法(半波带法)来处理菲涅耳-基尔霍夫衍射积分公式。

4.2.2 半波带法

半波带法是一种较粗略的波前分割方法,波前将被分割为一系列离散的次波源,相邻次波源到场点的程差为半个波长。通过对波前的巧妙分割,可将惠更斯-菲涅耳原理复杂的衍射积分用简单的离散求和来处理。此方法虽不够精细,但可较方便地得出衍射图样的某些基本定性特征。如单色点源照射一圆孔衍射屏时,分析衍射场中心轴上场点 P_0 的衍射特征。

如图 4.12 所示,以轴上场点 P_0 为中心,分别以 $b+\dfrac{\lambda}{2}$,$b+\lambda$,$b+3\dfrac{\lambda}{2}$,…

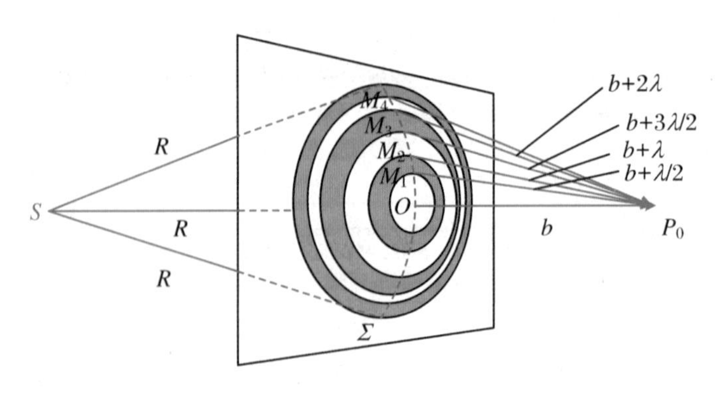

图 4.12 菲涅耳半波带

为半径作球面,将波前 Σ 分割为一系列环形带(次波源),则相邻环形带(次波源)到场点 P_0 的光程差为半个波长,第 n 个半波带(次波源)到轴上场点 P_0 的距离为 $r_n = b + n\dfrac{\lambda}{2}$。

我们分别用 $\delta E_1(P_0)$,$\delta E_2(P_0)$,$\delta E_3(P_0)$,…代表各半波带(次波源)发出的次波在场点 P_0 的复振幅,由于相邻环形带(次波源)到场点 P_0 的光程差为 $\dfrac{\lambda}{2}$,所以有

$$\begin{cases} \delta E_1(P_0) = A_1(P_0)\mathrm{e}^{\mathrm{i}\varphi_1} \\ \delta E_2(P_0) = A_2(P_0)\mathrm{e}^{\mathrm{i}(\varphi_1+\pi)} \\ \delta E_3(P_0) = A_3(P_0)\mathrm{e}^{\mathrm{i}(\varphi_1+2\pi)} \\ \cdots\cdots \end{cases} \tag{4.2.1}$$

P_0 点的合成振幅,即为以上半波带(次波源)在 P_0 点复振幅的叠加:

$$\begin{aligned} |E(P_0)| &= \left|\sum_{k=1}^{n}\delta E_k(P_0)\right| \\ &= A_1(P_0) - A_2(P_0) + A_3(P_0) - \cdots + (-1)^{n+1}A_n(P_0) \end{aligned} \tag{4.2.2}$$

其中 $A_1(P_0)$,$A_2(P_0)$,$A_3(P_0)$,…分别为各环形带(次波源)在场点 P_0 的振幅大小。由菲涅耳积分可知:

$$A_n \propto f(\theta_n)\frac{\Delta\Sigma_n}{r_n} \tag{4.2.3}$$

式中,$\Delta\Sigma_n$ 是第 n 个半波带的面积,r_n 是第 n 个半波带到场点 P_0 的距离,$f(\theta_n)$ 是其倾斜因子。现考察波面上分割出的第 n 个半波带,如图 4.13 所示。

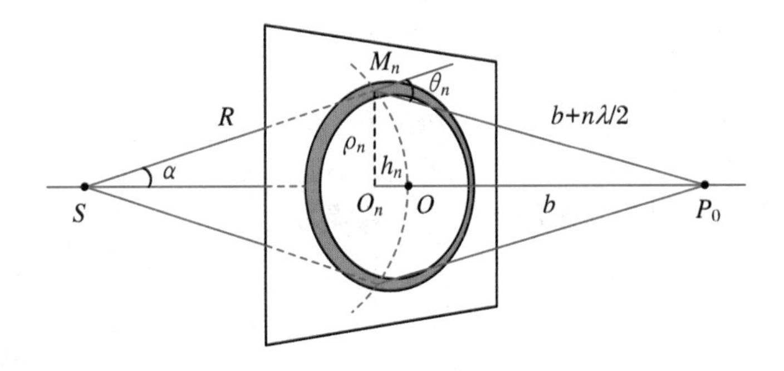

图 4.13 波面上第 n 个半波带

球帽的面积为

$$\Sigma = 2\pi Rh = 2\pi R(R - R\cos\alpha)$$

对其微分可得半波带的面积：

$$\Delta\Sigma = 2\pi R^2 \sin\alpha \, d\alpha$$

由图所示有

$$\cos\alpha = \frac{R^2 + (R+b)^2 - r_n^2}{2R(R+b)}$$

则

$$\sin\alpha \, d\alpha = \frac{r_n dr_n}{R(R+b)}$$

所以有

$$\frac{\Delta\Sigma_n}{r_n} = \frac{2\pi R dr_n}{R+b} \xlongequal{dr_n = \lambda/2} \frac{\pi R\lambda}{R+b} \tag{4.2.4}$$

可见 $\Delta\Sigma_n / r_n$ 与 n 无关，即每个半波带都是一样的。

这样，影响 A_n 大小的因素只剩下倾斜因子 $f(\theta_n)$ 了。对于圆孔衍射，因圆孔很小、观察屏距衍射屏较远，且由于相邻半波带到场点 P_0 的光程差为 $\lambda/2$，相邻 θ_n 变化甚微，$f(\theta_n)$ 随着 n 的增加而极其缓慢地减小。例如我们取 $R \sim 1$ m，$b \sim 1$ m，$\lambda \sim 600$ nm，$n = 10^4$，则

$$n\frac{\lambda}{2} = 3 \text{ mm} \ll R, b$$

$$\cos\theta_n = -\frac{R^2 + \left(b + n\dfrac{\lambda}{2}\right)^2 - (R+b)^2}{2R(R+b)} \approx 1 - 0.003$$

$$\cos\theta_1 = 1, \quad f(\theta_1) = 1$$

$$f(\theta_n) = \frac{1}{2}(1 + \cos\theta_n) = 1 - 0.0015$$

由此可见：$f(\theta_n)$ 和 A_n 随着 n 的增加而缓慢变化。

由上可知，每一波带片在 P_0 点振幅大小近似相等，相邻波带片的振幅正负交替变化，则 n 个波带片在 P_0 点叠加的振幅为

$$A(P_0) = A_1(P_0) - A_2(P_0) + A_3(P_0) - \cdots + (-1)^{n+1}A(P_0)$$

基于差分相消①，有

$$A(P_0) \approx \frac{1}{2}[A_1 + (-1)^{n+1} A_n] \tag{4.2.5}$$

其合成振幅也可用如图 4.14 所示上下交替的矢量相加来表示。

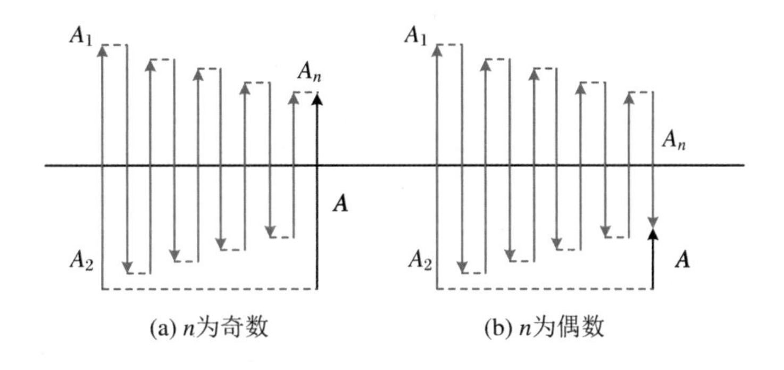

图 4.14 菲涅耳半波带合振幅的矢量表示

① 由于每一波带片在 P_0 点振幅大小近似相等，相邻波带片的振幅正负交替变化，n 个波带片在 P_0 点叠加的振幅为

$$A(P_0) = A_1 - A_2 + A_3 - \cdots \pm A_n$$

若 n 是奇数，这个级数可以用两种方式改写，一种方式是

$$A = \frac{A_1}{2} + \left(\frac{A_1}{2} - A_2 + \frac{A_3}{2}\right) + \left(\frac{A_3}{2} - A_4 + \frac{A_5}{2}\right) + \cdots + \left(\frac{A_{n-2}}{2} - A_{n-1} + \frac{A_n}{2}\right) + \frac{A_n}{2} \tag{1}$$

另一种方式是

$$A = A_1 - \frac{A_2}{2} - \left(\frac{A_2}{2} - A_3 + \frac{A_4}{2}\right) - \left(\frac{A_4}{2} - A_5 + \frac{A_6}{2}\right) - \cdots - \left(\frac{A_{n-3}}{2} - A_{n-2} + \frac{A_{n-1}}{2}\right) - \frac{A_{n-1}}{2} + A_n \tag{2}$$

这时有着两个可能：A_l 大于它的两个相邻项 A_{l+1} 和 A_{l-1} 的算术平均，或小于这个平均值。

当 $A_l > (A_{l-1} + A_{l+1})/2$ 时，每个括号中的项是负的，从(1)式得到

$$A < \frac{A_1}{2} + \frac{A_n}{2} \tag{3}$$

而从(2)式有

$$A > A_1 - \frac{A_2}{2} - \frac{A_{n-1}}{2} + A_n \tag{4}$$

由于倾斜因子经过很多的波带才从 1 变到 0，可以忽略相邻两个波带之间的任何变化，即认为 $A_1 \approx A_2$，$A_{n-1} \approx A_n$，则式(4)在同样的近似程度下有

$$A > \frac{A_1}{2} + \frac{A_n}{2} \tag{5}$$

从式(3)和式(5)可以得出结论：

$$A \approx \frac{A_1}{2} + \frac{A_n}{2} \tag{6}$$

当 $A_l < (A_{l-1} + A_{l+1})/2$ 时，也可以得到相同的结果。

若级数(4.2.5)式中最后一项 A_n 对应于偶数 n，采用同样的步骤可导出

$$A \approx \frac{A_1}{2} - \frac{A_n}{2} \tag{7}$$

因此

$$\begin{aligned} A(P_0) &= A_1(P_0) - A_2(P_0) + A_3(P_0) - \cdots + (-1)^{n+1} A_n(P_0) \\ &\approx \frac{1}{2}[A_1 + (-1)^{n+1} A_n] \end{aligned}$$

由式(4.2.5)可知,当圆孔中包含奇数个半波带时,衍射图样中心是亮点;包含偶数个半波带时,中心是暗点。因此,要想知道衍射场中心是亮还是暗,需计算出圆孔相对该场点所包含的半波带数目。如图 4.15 所示。

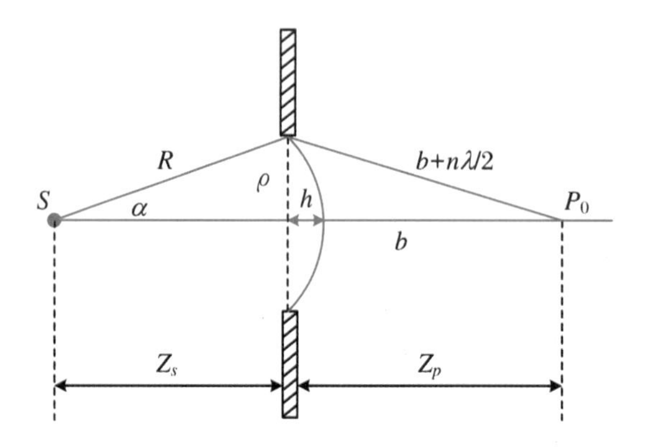

图 4.15 圆孔衍射

单色点源照射一圆孔衍射屏,圆孔的半径为 ρ,衍射屏距离光源的距离为 z_s,接收屏距衍射屏的距离为 z_p。针对实际衍射情况,考虑 $n\lambda$、ρ、$h \ll R$、b,忽略 $(n\lambda)^2$、h^2;$R \approx z_s$,$b \approx z_p$,则有

$$\rho^2 = r_n^2 - (b+h)^2, \quad r_n = b + n\lambda/2 \quad \Rightarrow \quad \rho^2 \approx n\lambda b - 2bh$$

$$\rho^2 = R^2 - (R-h)^2 = r_n^2 - (b+h)^2 \quad \Rightarrow \quad h = \frac{nb\lambda}{2(R+b)}$$

所以有

$$\rho = \sqrt{\frac{Rb}{R+b}n\lambda} \tag{4.2.6}$$

$$n = \left(\frac{1}{R} + \frac{1}{b}\right)\frac{\rho^2}{\lambda} = \left(\frac{1}{z_s} + \frac{1}{z_p}\right)\frac{\rho^2}{\lambda} \tag{4.2.7}$$

由上式可知,圆孔包含半波带数目和圆孔的半径、圆孔到轴上场点 P_0 的距离 $b(\approx z_p)$及入射光波的波长都有关系。可见光波段 λ 是小量,故随着 ρ 的稍微变化 n 改变明显,而随着 $R(z_s)$、$b(z_p)$的改变 n 变化不明显。这就解释了衍射图样中心点强度随孔径大小的改变而亮暗交替变化明显,随着观察屏距离的改变而亮暗交替变化缓慢的现象。当圆孔中包含奇数个半波带时,中心是亮点;当圆孔中包含偶数个半波带时,中心是暗点。

当圆孔孔径增大到无限大(或者说衍射屏不存在)时,即相当于一单色点源在自由空间传播的情况,由半波带法也可得到 P_0 点(空间任一点)的合成振幅。对于自由传播,n 无限大,$f(\theta_n) \to 0$,所以有 $A(P_0) = \frac{1}{2}A_1(P_0)$。即自由空间传播时整个波前在 P_0 点产生的振幅大小是第一个半波带的效果之半。

若非自由传播的情况，也就是说有圆孔存在时，因其孔径尺寸远大于光波波长，$\rho \gg \lambda$，由几何光学知识，我们知道此时光沿直线传播。该情况也可用半波带法来定性说明：当孔径大小远大于光波波长，以至圆孔处包含无限多个半波带时，$A_n(P_0)$约为0，因而 $A(P_0)=\frac{1}{2}A_1(P_0)$，$P_0$ 点光相当于从极细小的区域（中央第一半波带1/2面积）传播而来，所以光从点源 S 到 P_0 点的传播仿佛一极细的直线，视为直线传播。

当圆孔孔径较小，和光波波长可比拟时，圆孔处包含有限多半波带，以至 $A_n(P_0)$和 $A_1(P_0)$相比不能忽略，这时 P_0 点的光强或大或小，依赖于半波带的数目，表现出明显的衍射现象。一般来说，当障碍物的尺度远大于光波波长时，衍射效应可忽略，可近似认为光是沿直线传播的。

对圆屏衍射，半波带法也可很好地说明其衍射特征。若将上述讨论的圆孔换成半径相等的不透明圆盘，则对于 P_0 点而言，前 k 个半波带均被圆盘遮挡住了，从第 $k+1$ 个半波带起，一直到无限大波面的半波带（此时 $n\to\infty$，$A_n(P_0)\to 0$）均在 P_0 点参与叠加，所以

$$\begin{aligned}A(P_0)&=A_{k+1}(P_0)-A_{k+2}(P_0)+\cdots+(-1)^{n+1}A_n(P_0)\\&=\frac{1}{2}A_{k+1}(P_0)\end{aligned}\tag{4.2.8}$$

根据巴比涅原理，对于半径为 ρ 的不透明圆屏，其在 P_0 点的振幅应等于自由空间波场在 P_0 点的振幅与该波场透过同样大小半径的圆孔后在 P_0 点的振幅之差，即

$$\begin{aligned}A(P_0)&=\frac{1}{2}A_1(P_0)-\frac{1}{2}\left[A_1(P_0)+(-1)^{k+1}A_k(P_0)\right]\\&=(-1)^k\frac{A_k(P_0)}{2}\\&\approx(-1)^k\frac{A_{k+1}(P_0)}{2}\end{aligned}\tag{4.2.9}$$

以上分析表明，无论圆盘大小和位置如何，其几何阴影中心始终为一亮点，并且随着圆盘半径的减小，该亮点的强度增大。这一现象由泊松(Possion)从理论上得出，故称之为泊松亮点。泊松亮点的存在，是几何光学直线传播定律所无法解释的，但却进一步证实了光的波动特性。泊松亮点的存在，也表明利用一直径很小的圆盘（圆球）可以将从点源发出的球面波会聚于轴上一点，即可实现所谓的“无透镜”成像。图4.16为圆盘的菲涅耳衍射。

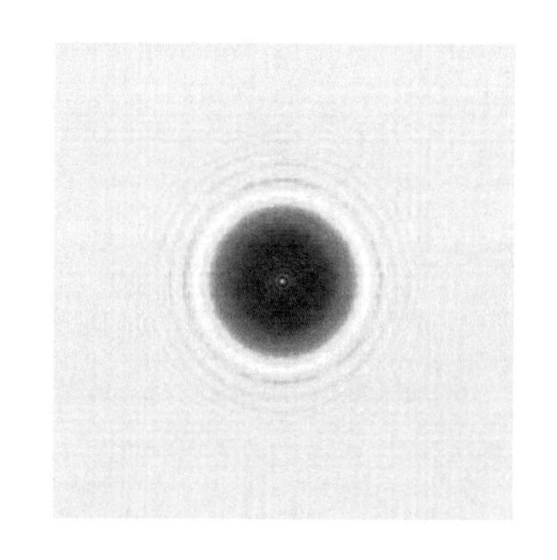
图4.16 圆盘的菲涅耳衍射

以上讨论中，均假定观察场点位于圆孔的轴上。当观察场点不在轴上时，仍可借助上述方法分割波带，只是此时分割出的各个波带的面积不再相等，从而使精确地估计该点的合振动振幅及强度变得困难。如图4.17所示，为了确

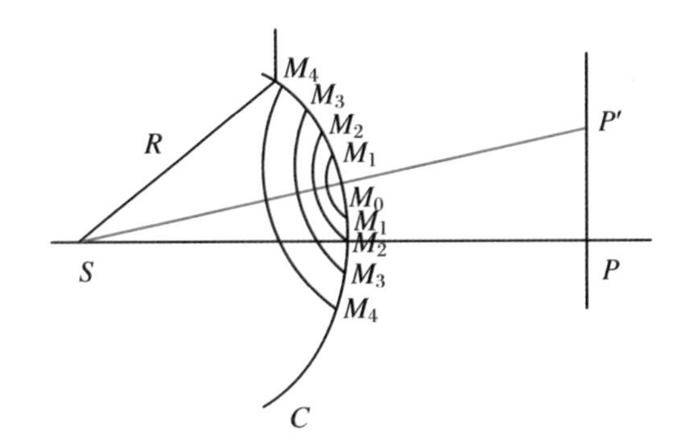

图 4.17　离轴点的波带分割方法

图 4.18　离轴点波带的分布

定衍射光场在任意离轴点 P' 的光强度，可以先设想衍射屏不存在，连接 P' 与 S，取该连线与波面的交点为 M_0，以 P' 点为球心，再分别以 $P'M_0+\lambda/2, P'M_0+\lambda, P'M_0+3\lambda/2, \cdots$ 为半径作球面，同样可将波面分割成一系列环状波带。插入衍射屏后，由于透过圆孔的波面相对于 P' 点不对称，导致所分割出的波带与该波面不同心。图 4.18 显示了被圆孔限制的波面相对于 P' 点所分割出的波带形状，其中深色环带表示偶数级波带，白色环带表示奇数级波带。显然，这些波带在 P 点引起振动的振幅大小，不仅取决于波带的数目，还取决于每个波带漏出部分的面积大小。但可以粗略地估计出，当 P' 点逐渐偏离 P 点时，衍射光仍会交替地出现亮暗起伏。同时，由于整个装置是轴对称的，观察屏上距离 P 相等的点应具有同样的衍射光强。因此，可以想像出圆孔的菲涅耳衍射图样应是一组亮暗相间的同心圆环条纹。需要说明的是，由于衍射图样与光源点的相对位置有关，而实际光源总有固定的面积大小，故当光源面积较大时，其不同点引起的衍射光场的非相干叠加结果，将使得衍射图样的亮暗分布变得模糊甚至消失。因此，观察菲涅耳衍射时，要求照明光源的面积必须很小，以保证各光源点引起的衍射图样不致因空间上相互错开而消失。

4.2.3　矢量图解法（振动矢量合成）

半波带法直观、简便，但是分割较为粗糙、近似性较大，只能给出定性结果。如若圆孔内包含的不是整个半波带，用半波带法进行讨论存在困难。此时，每个半波带需要进一步细分，分割为 m 个更窄的环带（“次波源”）。其分割过程同前：对于第一个半波，以 P_0 为中心，再分别以 $b+\dfrac{\lambda}{2m}, b+\dfrac{2\lambda}{2m}, b+\dfrac{3\lambda}{2m}, \cdots$ 为半径作球面。如图 4.19 所示。

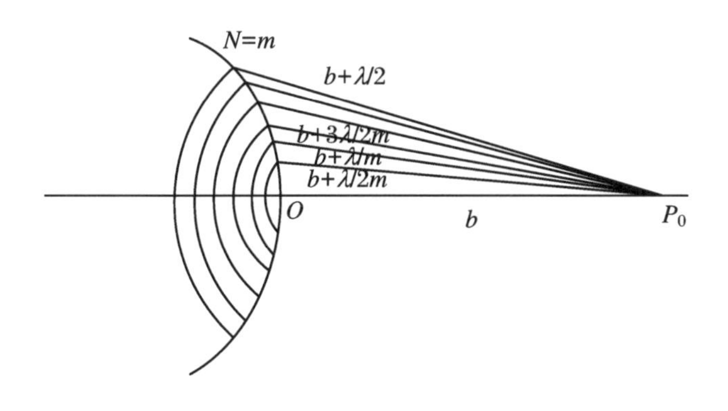

图 4.19 半波带分割方法

如此分割后，相邻小环带（“次波源”）在轴上 P_0 点贡献的振动位相差为 π/m，各小环带对 P_0 的振幅为 ΔA_m。（暂不考虑 $f(\theta)$）第一个半波带中各小环带在 P_0 点的合振动可用如图 4.20 所示的矢量图来表示。各小环带长度相等，首尾相连，方向逐个转过 π/m 角度。当 ΔA_m 刚好转过角度，达到第一个半波带的边缘点。合成矢量 A_1，其长度就是整个第一个半波带在 P_0 贡献的振幅。若 $m\to\infty$，则 $\Delta \boldsymbol{A}_k\to 0$，图 4.20(a)中的折线矢量图过渡到图 4.20(b)中的光滑曲线（半圆）。这种方法称为振幅矢量叠加法（又称矢量图解法）。

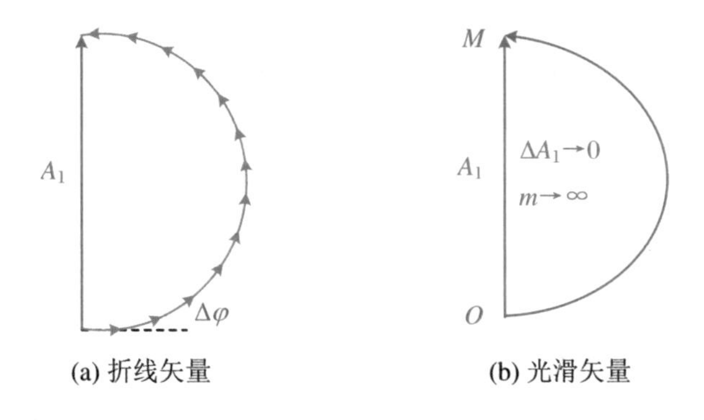

(a) 折线矢量　(b) 光滑矢量

图 4.20 振幅矢量叠加法

上面我们对第一个半波带进行了细致的分割，其余的半波带可做同样的处理，于是在振动矢量图上将依次添加一个又一个的半圆。若考虑倾斜因子 $f(\theta_n)$，则每一半波片振幅对应圆的半径将逐渐收缩，形成如图 4.21(a)所示的螺旋卷线。在自由传播情况下，这条螺旋卷线一直旋绕到半径趋于 0 为止，最后到达圆心 C。由 O 到 C 引合成矢量 $\boldsymbol{A}$，其长度即为整个波前在 P_0 点产生的振幅。比较可得：$A = A_1/2$，即自由传播时整个波前在 P_0 点产生的振幅是第一个半波带的效果之半，这便是半波带法$\left(A(P_0)=\dfrac{1}{2}[A_1+(-1)^{n+1}A_n]\right)$的结果。图 4.21(b)为螺旋卷线与半波带对应关系示意。

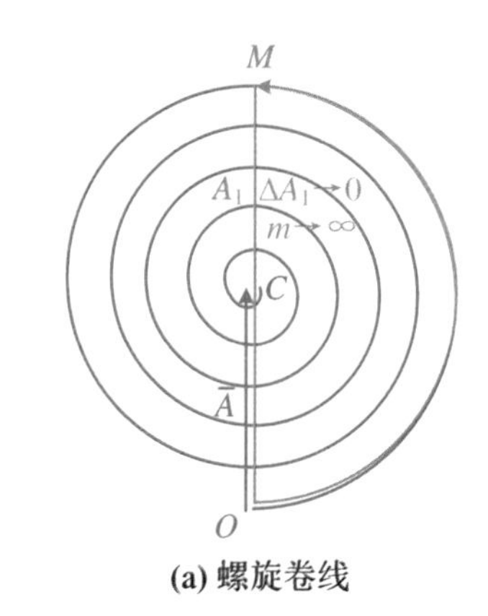

(a) 螺旋卷线

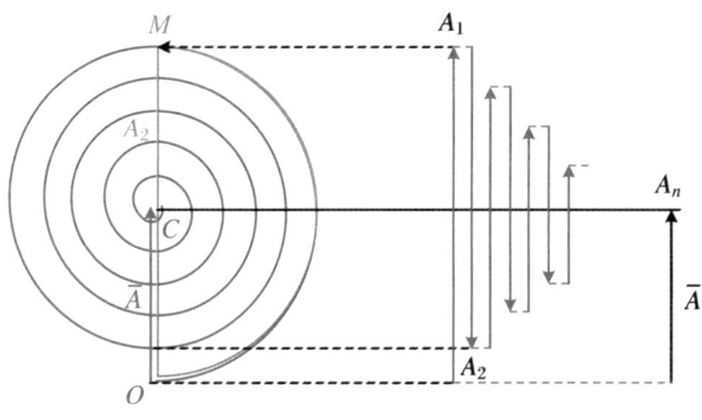

(b) 螺旋卷线与半波带的对应关系

图 4.21　螺旋卷线

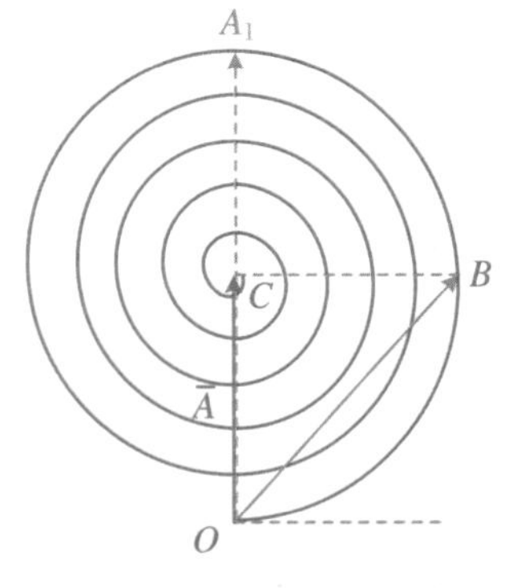

图 4.22　利用螺旋卷线图求衍射强度

利用螺旋卷线图可以较方便地求出任何半径的圆孔和圆屏在轴上产生的振幅和光强。例如，求圆孔包含 1/2 个半波片时轴上的衍射强度，可知圆孔边缘与中心光程差为 $\lambda/4$，位相差为 $\pi/2$，即此时小矢量方向（竖直）与初始小矢量方向（水平）垂直，图 4.22 所示的振动曲线应取 OB 一段，则 $A_{OB}=\sqrt{2}A$，光强为自由传播时的两倍。

利用 $A(P_0)=\dfrac{1}{2}A_1(P_0)$ 这一关系，可得自由传播时惠更斯-菲涅耳衍射积分系数 K 值的计算公式：

$$K=-\frac{\mathrm{i}}{\lambda}$$

如图 4.23 所示，S 为一单色点源，发出球面波，则有

$$\tilde{E}(Q)=\frac{A}{R}\mathrm{e}^{\mathrm{i}kR}$$

$$\tilde{E}(P)=\frac{A}{R+b}\mathrm{e}^{\mathrm{i}k(R+b)}$$

$$\widetilde{E}(P) = \frac{1}{2}\widetilde{E}_1(P)$$

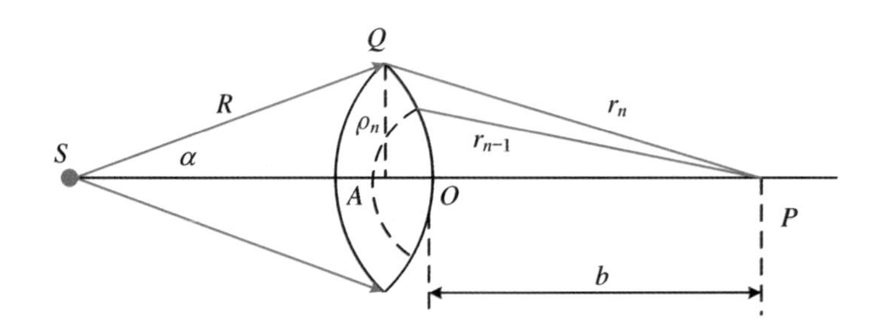

图 4.23 菲涅耳衍射公式的推导

用菲涅耳衍射积分公式计算 $\widetilde{E}_1(P)$,即第一个半波带的贡献:

$$\widetilde{E}_1(P) = K\iint\limits_{第一个半波带}\widetilde{E}(Q)F(\theta_0,\theta)\frac{\mathrm{e}^{\mathrm{i}kr}}{r}\mathrm{d}\Sigma \tag{4.2.10}$$

对第一个半波带,$F(\theta_0,\theta)\approx 1$,$\frac{\mathrm{d}\Sigma}{r}=\frac{2\pi R}{R+b}\mathrm{d}r$,则有

$$\begin{aligned}\widetilde{E}_1(P) &= K\int_b^{b+\frac{\lambda}{2}}\frac{A}{R}\mathrm{e}^{\mathrm{i}kR}\mathrm{e}^{\mathrm{i}kr}\frac{2\pi R}{R+b}\mathrm{d}r = \frac{2\pi AK}{R+b}\mathrm{e}^{\mathrm{i}kR}\int_b^{b+\frac{\lambda}{2}}\mathrm{e}^{\mathrm{i}kr}\mathrm{d}r \\ &= -\frac{2\lambda AK}{\mathrm{i}(R+b)}\mathrm{e}^{\mathrm{i}k(R+b)}\end{aligned}$$

$$\widetilde{E}(P) = -\frac{\lambda AK}{\mathrm{i}(R+b)}\mathrm{e}^{\mathrm{i}k(R+b)} \tag{4.2.11}$$

则有 $\widetilde{E}(P)=\frac{A}{R+b}\mathrm{e}^{\mathrm{i}k(R+b)}\to -\frac{\lambda K}{\mathrm{i}}=1\to K=-\frac{\mathrm{i}}{\lambda}$。

4.2.4 菲涅耳波带片

基于半波带法对圆孔衍射的讨论,可以想象若能制备一特殊的衍射屏,即按比例“画”出各半波带片,只让奇(偶)序数半波带透光,此时奇-奇或偶-偶半波带对 P 点的光程差为波长的整数倍,干涉相长,故可在 P 点形成很强的亮点,有极强的聚光作用。这种特殊的衍射屏称为菲涅耳波带片。

由式(4.2.6)可知,半波带的半径

$$\rho_n = \sqrt{\frac{Rb}{R+b}n\lambda} = \sqrt{n}\rho_1, \quad n = 1,2,\cdots \tag{4.2.12}$$

式中 $\rho_1 = \sqrt{\frac{Rb\lambda}{R+b}}$,为第一个半波带的半径。

由式(4.2.12)可得

$$\frac{n\lambda}{\rho_n^2} = \frac{R+b}{Rb} \tag{4.2.13}$$

令 $f = \frac{\rho_n^2}{n\lambda} \xlongequal{\rho_n = \sqrt{n}\rho_1} \frac{\rho_1^2}{\lambda}$,则上式可写为

$$\frac{1}{R} + \frac{1}{b} = \frac{1}{f} \tag{4.2.14}$$

此式与透镜的成像公式形式相同,R 相当于物距,b 相当于像距,f 相当于主焦距(是一个与 n 无关的量,完全可以用 ρ_1 表示)。

由上述公式,确定出平行光入射($R \to \infty$)菲涅耳波带片时轴上产生焦点的位置($f = b$),由此即可制作出波带片。首先要确定工作波长 λ 及所需的主焦距 f($f = \rho_1^2/\lambda$),进而确定各半波带的半径$\left(\rho_1 = \sqrt{\lambda f}, \rho_n = \sqrt{\frac{Rb}{R+b}n\lambda} = \sqrt{n}\rho_1\right)$,并将各个环带相间调制,使相邻位相差为 2π。其制作方法常用的主要有缩微照相制版方法、干涉记录方法。

波带片与透镜的区别:

(1) 波带片有多个焦点(亮点)。

其焦距分别为 f(主焦点),$f/3$,$f/5$,$f/7$,…,次焦距都小于主焦距。对于次焦点 f_n,每一个透光带必分割为奇数($2m-1$)个半波带。对半径为 ρ_n 的波带片,当平行光正入射时,其边缘与中心点的光程差对于 f_1 而言为 $n\lambda/2$,对于 f_n 而言变为了 $n(2m-1)\lambda/2$。如图 4.24 所示。

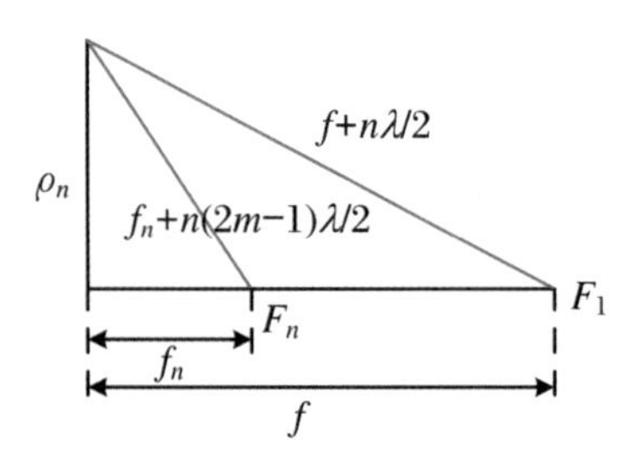

图 4.24　菲涅耳波带片的多重焦点

由图 4.24 有

$$\rho_n^2 + f_n^2 = \left[f_n + n(2m-1)\frac{\lambda}{2}\right]^2$$

忽略 λ^2 项,有

$$f_n = \frac{1}{(2m-1)} \cdot \frac{\rho_n^2}{n\lambda} = \frac{f}{(2m-1)} \tag{4.2.15}$$

(2) 波带片的色散关系与普通玻璃透镜相反:

$$f \propto 1/\lambda, \quad f_{\text{lens}} \propto \lambda \to \text{消色差}$$

(3) 波带片的成像原理与普通透镜不同。

普通透镜:从物点到像点是等光程的,这种成像过程也可看作是一种各光束光程相等的相长干涉过程。

波带片:由物点通过不同透光环带到达像点的光程各不相同,但其差值均为波长的整数倍,形成亮点,是一种各光束光程不相等的相长干涉过程。

由此可见,菲涅耳波带片可实现传统透镜的功能,且具有薄、轻、易集成等特点,在现代光学器件、光学技术中具有重要的应用。菲涅耳波带片的实现方法对于人们有意识地通过调控波前以实现所需的光场具有很好的启发和借鉴意义。现代变换光学、微纳光学的发展,重新唤起了人们对古老的菲涅耳波带片的兴趣。从变换光学、微纳光学的角度来看,菲涅耳波带片的思想开创了利用微纳结构调制波前改变(衍射)场的先河,是经典光学的一个杰作。有关菲涅耳波带片的制作已经发展成为一种专门技术,并得到越来越广泛的应用,极大地推进了微纳光学的发展。

4.3　夫琅禾费衍射

由 4.1.3 节知,为了观察夫琅禾费衍射,要求光源和观察场点相对于衍射屏同时满足远场近似条件。最简单的做法是用单色平面光波照射衍射屏,并在距离衍射屏无限远的屏上观察衍射图样。在实验中该过程往往借助两个透镜来实现。图 4.25 即为常用的观察夫琅禾费衍射的实验装置。

4.3.1　实现夫琅禾费衍射的实验装置

为观察夫琅禾费衍射,要求光源和观察场点相对于衍射屏同时满足远场近似条件,最简单的做法是,用单色平面光波照射衍射屏,并在无限远的垂轴平面上观察衍射图样。实际上不可能在无限远处观察,但是我们可把无限远处的光场通过透镜共轭在其焦平面处。为此,一般采用如图 4.25 所示光路观察夫琅禾费衍射图样。单色点光源 S 位于透镜 L_0 的物方焦点 F_0 上(或单色线光源过焦点 F_0 且沿垂直于纸平面的方向展开),其所发出的球面(或柱面)光波经透镜 L 准直后,变为沿主光轴方向传播的平面波并垂直投射在衍射屏 C 上,进而由透镜 L 将衍射屏的无限远处的夫琅禾费衍射图样成像在 L 的像方焦平面上。

图 4.25 中的光源平面与衍射图样观察平面是一对共轭平面，即对于透镜 L 而言，其可将无穷远处的点源 S 成像于其后焦面。这给我们以启示，夫琅禾费衍射图样所处平面就是照明光源的共轭像平面。或者进一步地说，用一球面波照明衍射屏（衍射屏在一球面波场中），在球面波的会聚点处即可观察到衍射屏的夫琅禾费衍射。因此，也可以利用图 4.26 所示光路观察夫琅禾费衍射（即在照明点源的像面处观察）。由单色点光源 S 发出的球面波直接（或经透镜 L 会聚后）照射衍射屏 C，夫琅禾费衍射图样则出现在光源经透镜 L 所成的共轭像面上。

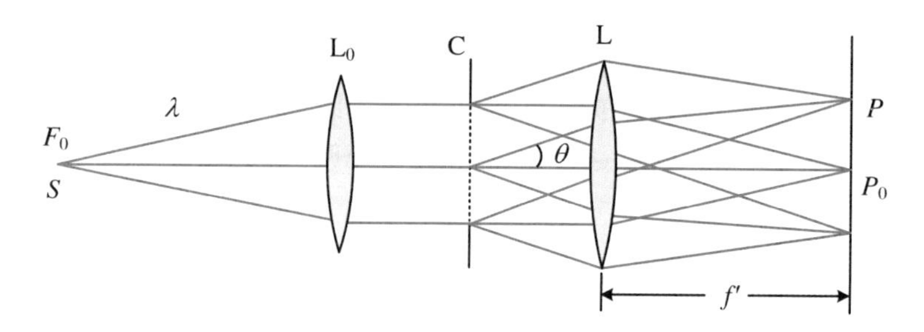

图 4.25　夫琅禾费衍射实验装置

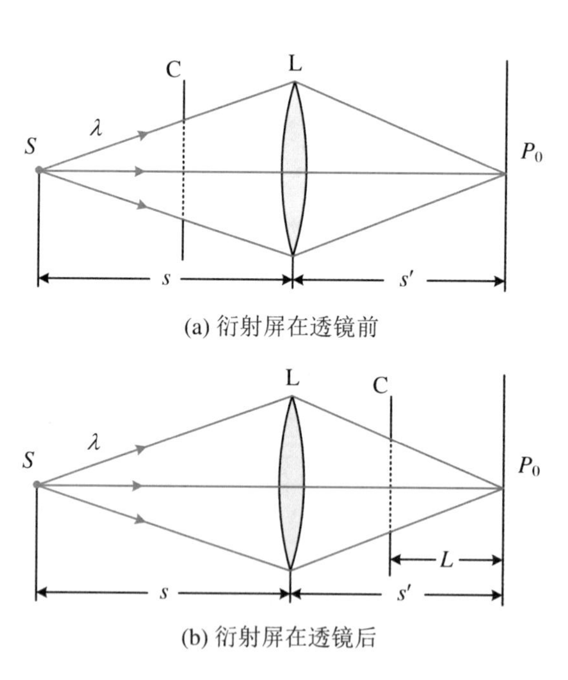

图 4.26　球面光波照明下的夫琅禾费衍射

此外，当衍射屏上的开孔很小时，还可以利用细激光束直接照射衍射屏，并在衍射屏后较远处的任一垂轴平面上观察夫琅禾费衍射图样，如图 4.27 所示。这种观察方式的原理是，由于细激光束近似可看作是平行光，且衍射屏上被照射区域的横向尺寸很小，与之相比，观察屏到衍射屏的距离就可以近似认为是无限远，因而满足远场条件。

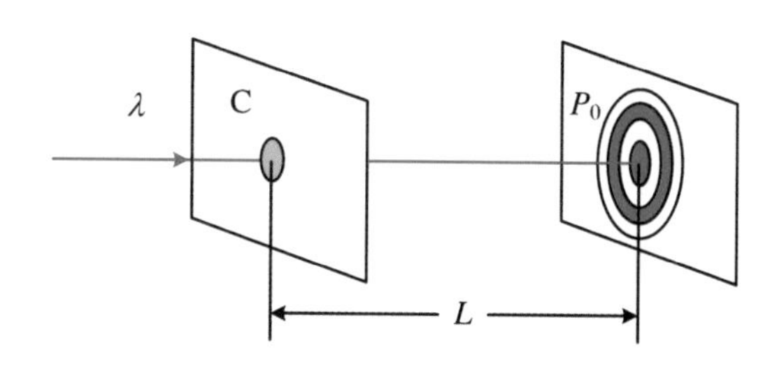

图 4.27 细激光束照明下的夫琅禾费衍射

4.3.2 单缝的夫琅禾费衍射

1. 实验装置和实验现象

单缝的夫琅禾费衍射实验装置如图 4.28(a)所示。在透镜 L_1 的前焦点上放置单色点光源,点光源发出的光经透镜折射后变成平行光,再垂直入射到开有一条狭缝的衍射屏上,缝的宽度为 $a(a \approx \lambda)$,狭缝长度远大于宽度 a。入射光在狭缝上发生衍射,透镜 L_2 把无限远处的衍射图样聚焦在它的后焦面上,从放在后焦面上的观察屏上就能观察到如图 4.28(b)所示的衍射图样。由于狭缝的长度远远大于波长而缝宽很小,所以只在垂直狭缝的方向发生明显的衍射现象,即观察屏上的衍射图样只在 x 方向上展开。如果用与狭缝平行的线光源替代点光源,则在观察屏上会看到一组平行狭缝的明暗衍射条纹,如图 4.28(c)所示。

2. 衍射图样分析

下面分别用振幅矢量图解法和菲涅耳-基尔霍夫衍射公式来计算接收屏上的光强分布(衍射图样)。

1) 振幅矢量图解法

夫琅禾费衍射是平行光的衍射,又因为平行光垂直照明衍射屏,这样基于波前分割的处理办法,可将单缝限制的波面等分成 N 个宽度为 Δx 的细小窄带(线状“次波源”),各细小窄带(次波源)发出的同方向 θ 的平行子波经透镜会聚于其焦平面上 P_θ 点,各细小窄带在 P_θ 点的振幅近似相等为 ΔE_0,如图 4.29 所示,则相邻窄带次波源到 P 点的位相差为

$$\Delta\varphi = \frac{2\pi}{\lambda} \cdot \Delta x \sin\theta = \frac{2\pi}{\lambda} \cdot \frac{a\sin\theta}{N} \tag{4.3.1}$$

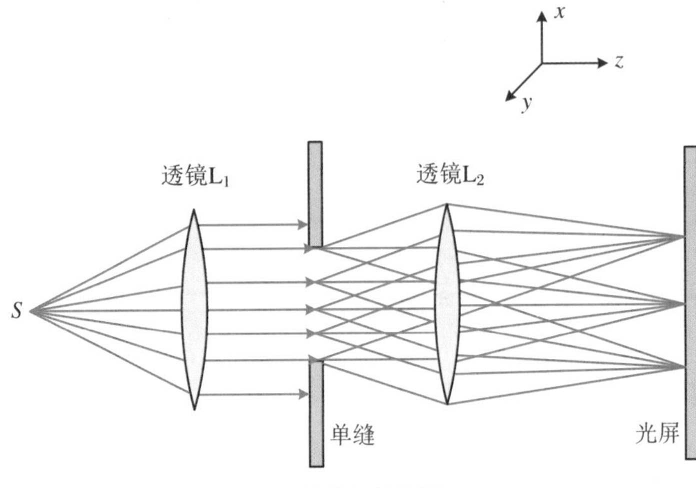

(a) 单缝衍射装置

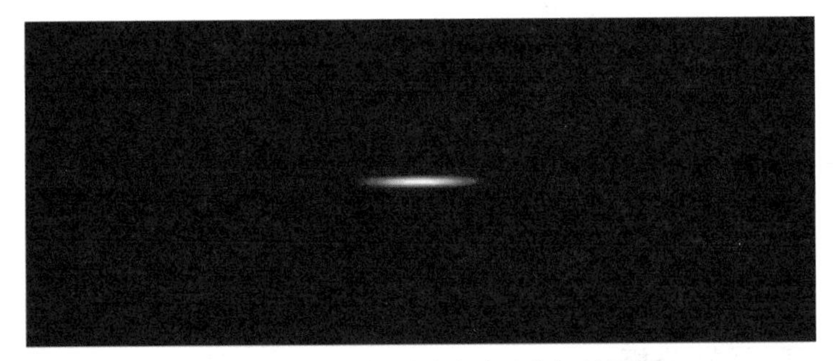

(b) S为点光源时的单缝夫琅禾费衍射图样

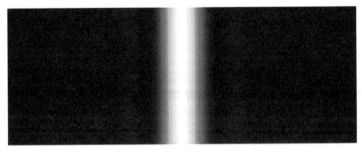

(c) S为线光源时的单缝夫琅禾费衍射图样

图 4.28　单缝衍射装置和衍射图样

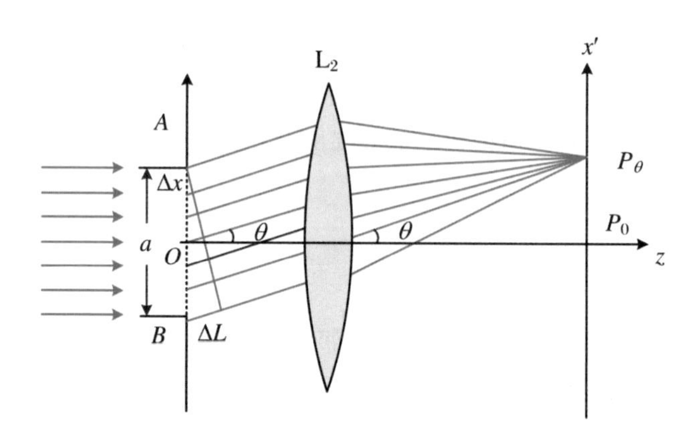

图 4.29 单缝夫琅禾费衍射

由惠更斯-菲涅耳原理，P 点即为 N 个相同频率与振幅、相差依次为 $\Delta\varphi$ 的子波的叠加（矢量合成），P 点的合振幅 E_P 就是各子波的振幅矢量和的模，相邻矢量间的夹角为各子波间振动的位相差。对于轴上的观察屏 P_0 点（衍射图样中心点），$\theta=0$，$\Delta\varphi=0$，其合成矢量如图 4.30 所示。可以得到，$\boldsymbol{E}_0=N\Delta\boldsymbol{E}_0$。

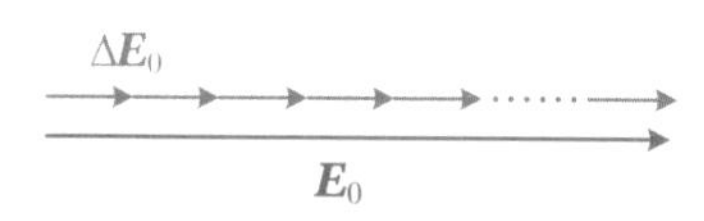

图 4.30 轴上观察点的合成矢量图

对于离轴的观察屏上其他点 P_θ（衍射图样中心点），$\theta\neq 0$，$\Delta\varphi=\dfrac{2\pi}{\lambda}\cdot\dfrac{a\cdot\sin\theta}{N}$，则其合成矢量如图 4.31 所示。

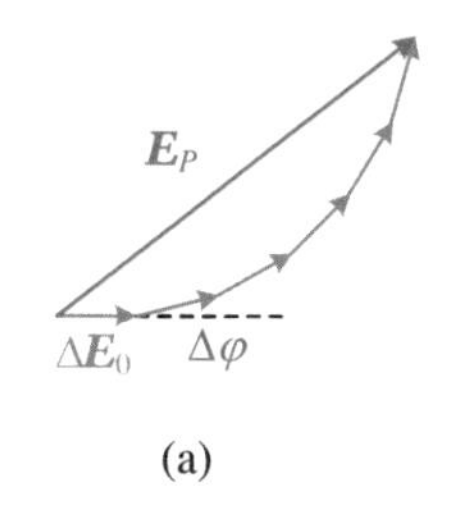

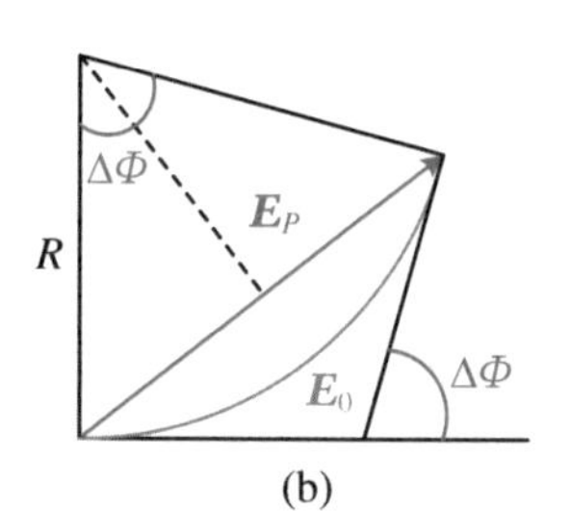

图 4.31 离轴观察点的合成矢量图

$N\to\infty$ 时，$\Delta E_0\to 0$，N 个相接的折线将变为一个圆弧，$E_P<E_0$，如图 4.31(b)所示，可得

$$\Delta\Phi = N\Delta\varphi = \frac{a\sin\theta}{\lambda}2\pi \tag{4.3.2}$$

由几何关系可知 $E_P=2R\sin\dfrac{\Delta\Phi}{2}$，$E_0=R\Delta\Phi$（弧长），则有

$$E_P = 2\frac{E_0}{\Delta\Phi}\sin\frac{\Delta\Phi}{2} = \frac{E_0}{\Delta\Phi/2}\sin\frac{\Delta\Phi}{2} \tag{4.3.3}$$

令 $\alpha=\dfrac{\Delta\Phi}{2}=\dfrac{\pi a\sin\theta}{\lambda}$，可得

$$E_P = E_0 \frac{\sin\alpha}{\alpha} \tag{4.3.4}$$

所以 P 点的光强(单缝夫琅禾费衍射的强度分布公式)$I(P) = I_0 \left(\frac{\sin\alpha}{\alpha}\right)^2$，$I_0 = |E_0|^2$ 为衍射场中心的强度。

2) 菲涅耳-基尔霍夫衍射公式

单缝的夫琅禾费衍射分布，也可由菲涅耳-基尔霍夫衍射积分公式求得。考虑单色平行光垂直单缝时的夫琅禾费衍射，取坐标系如图 4.32 所示，z 轴沿光轴，y 轴沿狭缝的走向，x 轴与之垂直。如前所述，衍射只在 Oxz 平面内进行，计算光程时我们只需作 Oxz 平面图。按惠更斯-菲涅耳原理，我们把缝内的波前 AB 分割为许多等宽的窄条 $\mathrm{d}x$("次波源")，可认为这些"次波源"发出不同方向的平面波。由于接收屏幕位于透镜 L_2 的后焦面上，角度 θ 相同的衍射光线会聚于幕上同一点 P_θ。现在我们就用菲涅耳-基尔霍夫衍射公式来计算 P_θ。P_θ 的光矢量的复振幅，在傍轴条件下，按式(4.1.3)可以得到下式：

$$E_0(P_\theta) = \frac{-\mathrm{i}}{\lambda z_0}\iint_{\Sigma_0} \widetilde{E}_0(Q)\mathrm{e}^{\mathrm{i}kr}\mathrm{d}x\mathrm{d}y \tag{4.3.5}$$

式中，r 是波前上坐标为 x 的点 Q 到场点 P_θ 的光程，由图 4.32 可知它与波前上 O 点到 P_θ 的光程差为

$$\Delta r = r - r_0 = -x\sin\theta \tag{4.3.6}$$

Δr 与 y 无关，z_0 是固定长度，当 L_2 靠近衍射屏时约等于 L_2 的焦距 f，于是式(4.3.5)可改写为

$$E_0(P_\theta) = \frac{-\mathrm{i}}{\lambda f}\iint_{\Sigma_0} \widetilde{E}_0(Q)\mathrm{e}^{\mathrm{i}kr}\mathrm{d}x\mathrm{d}y \tag{4.3.7}$$

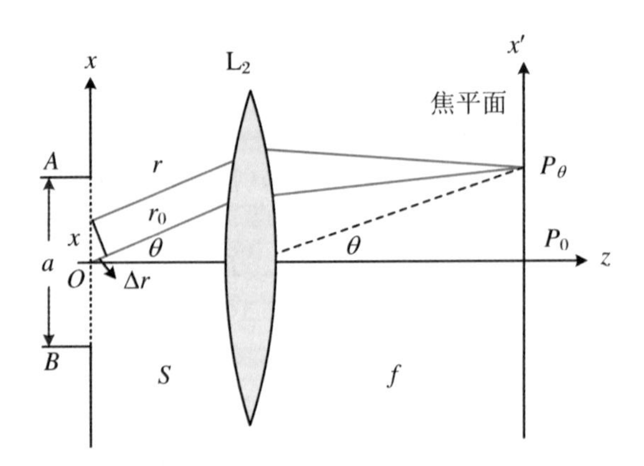

图 4.32 单缝的夫琅禾费衍射简图

在入射光正入射情况下，$\widetilde{E}_0(Q)$具有相同的振幅和位相，因而是与 x、y 无关的常数(可用 E_0 表示)。将式(4.3.7)对 y 积分并把所有的常数因子归并到一个复常数C 中，于是得

$$E_0(P_\theta) = C\int_{-\frac{a}{2}}^{\frac{a}{2}} e^{ik\Delta r}dx = C\int_{-\frac{a}{2}}^{\frac{a}{2}} \exp(-ikx\sin\theta)dx$$
$$= C\frac{\exp(-ikx\sin\theta)}{-ikx\sin\theta}\Bigg|_{x=-\frac{a}{2}}^{x=\frac{a}{2}} = 2C\frac{\sin(ka\sin\theta/2)}{k\sin\theta} = aC\frac{\sin\alpha}{\alpha} \tag{4.3.8}$$

其中 $\alpha=\frac{ka\sin\theta}{2}=\frac{\pi a\sin\theta}{\lambda}$。当 $\theta=0$ 时，$\alpha=0$，此时 $\sin\alpha/\alpha=1$，$E_0(P_0)=aC$，相应的 $I_0=|E_0(P_0)|^2$ 为衍射场中心的强度。所以有

$$I = I_0\left(\frac{\sin\alpha}{\alpha}\right)^2,\quad \alpha = \frac{\pi a\sin\theta}{\lambda} \tag{4.3.9}$$

由以上两种方法我们均得到了单缝夫琅禾费衍射的强度分布公式。由公式可以看出，衍射场强度分布(衍射图样)是由$\left(\frac{\sin\alpha}{\alpha}\right)^2$决定的，这个因子称为单缝衍射因子。同杨氏双孔干涉公式中的 β，α 可记为“缝上边缘、下边缘次波源对应位相差的一半”。

3) 单缝衍射因子的讨论(单缝夫琅禾费衍射强度分布的特点)

单缝夫琅禾费衍射场的强度分布(衍射图样)是由单缝衍射因子决定的。为了分析衍射图样的特点，必须研究该函数的性质。在图 4.33 中我们用虚线画出了振幅因子 $\sin\alpha/\alpha$ 的变化曲线，实线表示光强因子$(\sin\alpha/\alpha)^2$ 的变化曲线，横坐标为$\frac{a\sin\theta}{\lambda}$。下面着重分析光强因子。

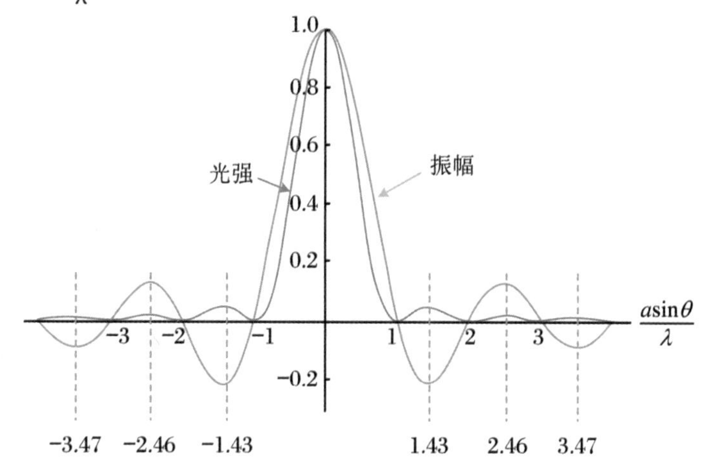

图 4.33　单缝衍射因子

由图 4.33 可见，在 $\sin\theta=0$ 的地方光强有个主极大(或称中央极大)，两侧都有一系列次极大和极小，它们分别代表衍射图样中主极强、次极强和暗纹的位置。下面我们分几个方面讨论。

(1) 主极大(中央明纹中心)位置(零级衍射斑或主极强)

零级衍射斑主极强出现在 $\theta=0$ 的地方。$\theta=0$ 相当于各衍射光线之间无光程差，根据费马原理，这就是几何光学像点的位置。由此我们可以看到“物像等光程性”的物理意义。几何光学中认为点光源发出的光线通过透镜后仍交于一点，这一点即点光源的像点。但从波动光学的角度看，点光源的像点是各衍射光线之间等光程而保证了到达像点的各光线有相同的位相，从而产生最大的强度。费马原理中所谓的“实际光线”就是零级衍射光线，而零级衍射斑中心就是几何光学的像点，这是具有普遍意义的结论。利用它我们可较容易地找到零级衍射斑的位置。即当 $\theta=0$ 时，$\alpha=0$，此时 $\sin\alpha/\alpha=1$，所以 $I=I_0=I_{\max}$，$\theta=0$，所有光线等光程——费马原理。零级衍射斑即为几何光学的像点。

在此基础上，读者可以思考：在点光源/狭缝上下或左右移动时，零级衍射斑的位置及强度是如何变化的?

(2) 极小(暗斑)位置

由单缝衍射因子知，当 $\alpha=\pm k\pi(k=1,2,3,\cdots)$ 时，$\sin\alpha=0$，此时 $I(P)=0$，即暗纹的位置。

因 $\alpha=\dfrac{\pi a\sin\theta}{\lambda}=\pm k\pi$，可得 $a\sin\theta=\pm k\lambda$，可进一步表示为 $\sin\theta=\pm k\dfrac{\lambda}{a}$，也就是说暗纹出现在此系列角度位置。因 $\alpha=\dfrac{\Delta\Phi}{2}$，当 $\Delta\Phi=2\alpha=\pm k2\pi$ 时，相当于振幅矢量绕圆周转过一圈回到原点，模长为 0，即暗纹位置，此时 $\alpha=\pm k\pi$，即 $a\sin\theta=\pm k\lambda$，所以可得 $\sin\theta=\pm k\dfrac{\lambda}{a}$。

基于菲涅耳半波带法，也可大致给出暗纹的位置：在 θ 处分割单缝处波面，若包含偶数个半波带，则此处为暗纹，即 $a\sin\theta=\pm 2k\dfrac{\lambda}{2}\rightarrow\sin\theta=\pm k\dfrac{\lambda}{a}$。

(3) 次极大位置(高级衍射斑)

次极强出现在 $\dfrac{\mathrm{d}}{\mathrm{d}\alpha}\left(\dfrac{\sin\alpha}{\alpha}\right)=0$ 的位置处，它们是超越方程 $\tan\alpha=\alpha$ 的根，作图求解这一超越方程可确定各级次极大点的角位置，如图 4.34 所示，$\alpha=\pm1.43\pi,\pm2.46\pi,\pm3.47\pi,\cdots$，对应的 $\sin\theta$ 值为 $\sin\theta=\pm1.43\dfrac{\lambda}{a},\pm2.46\dfrac{\lambda}{\alpha},\pm3.47\dfrac{\lambda}{a},\cdots$。

同样基于菲涅耳半波带法，也可大致给出次极大的位置：在 θ 处分割单缝处波面，若包含奇数个半波带，则此处为亮纹，即 $a\sin\theta=\pm(2k+1)\dfrac{\lambda}{2}$，可得

$\sin\theta\approx\pm1.5\dfrac{\lambda}{a},\pm2.5\dfrac{\lambda}{a},\pm3.5\dfrac{\lambda}{a},\cdots$。由图4.34可见,用菲涅耳半波带法得到的结果与上述结果略有差异,这是因为半波带法是粗略分割波前,是一种近似方法,但其直观、简洁,也可给出衍射图样定性半定量的分析。

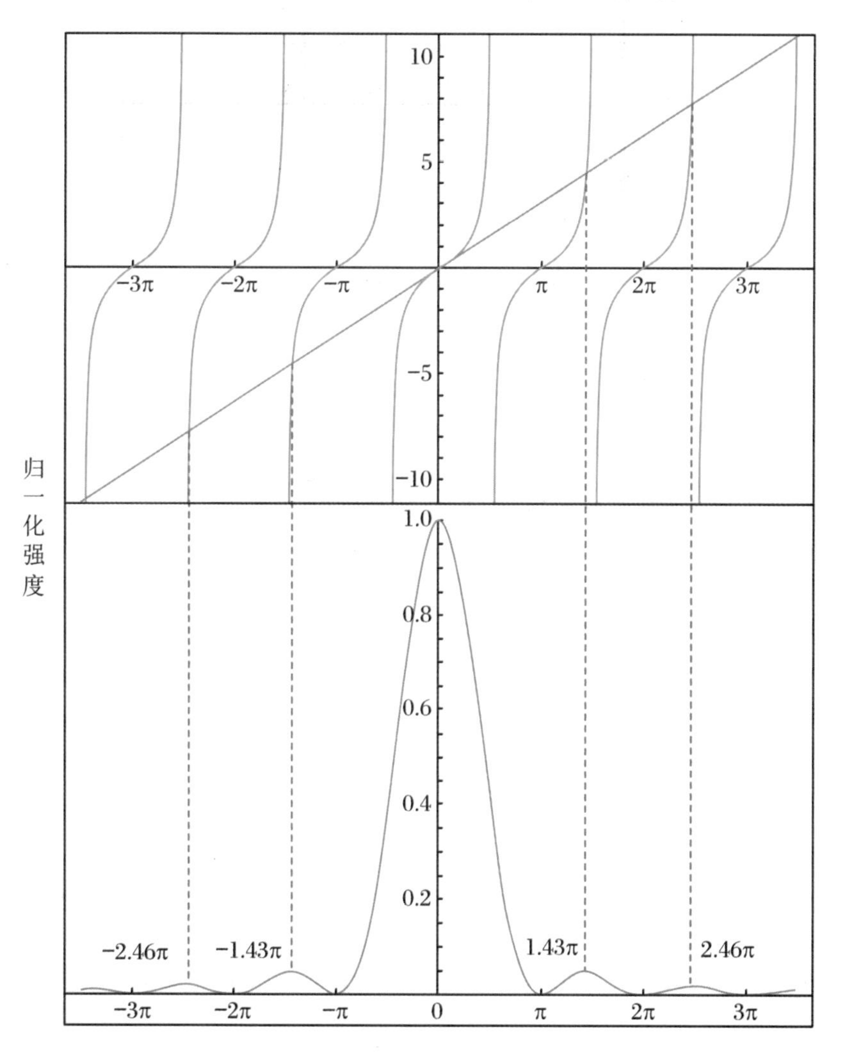

图4.34 单缝衍射因子(横坐标为 α)

将 $\alpha=0,\pm1.43\pi,\pm2.46\pi,\pm3.47\pi,\cdots$ 代入单缝夫琅禾费衍射光强分布公式 $I=I_0\left(\dfrac{\sin\alpha}{\alpha}\right)^2$,即可得到主极强和各级次极大的光强值:从中央往外各次极大的光强依次为 $0.0472I_0,0.0165I_0,0.0083I_0,\cdots$,可见高级衍射斑的光强比零级小得多,经衍射后,绝大部分光能集中在零级衍射斑内。

(4) 条纹宽度

单缝夫琅禾费衍射图样分布函数如图4.35所示。

以相邻两暗条纹中心对透镜光心的张角作为其间亮斑的角宽度。傍轴条件下，可分别定义出零级主极大亮斑和次极大亮斑的宽度。

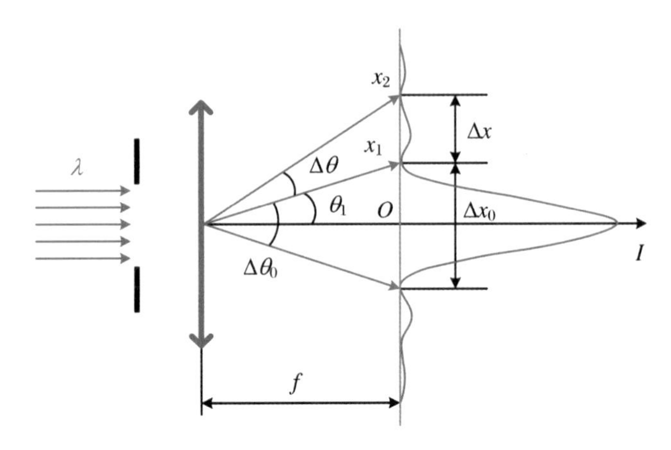

图 4.35 夫琅禾费衍射图样的分布函数

① 零级主极大亮斑宽度

零级斑相邻两侧暗纹的位置为 $\sin\theta_1 = \pm\dfrac{\lambda}{a}$，由傍轴条件，有 $\sin\theta_1 \approx \theta_1$，所以零级主极大半角宽度为 $\Delta\theta \approx \lambda/a$，角宽度为 $2\Delta\theta \approx 2\dfrac{\lambda}{a}$，线宽度为

$$\Delta x_0 = 2f\cdot\tan\theta_1 = 2f\Delta\theta = 2f\frac{\lambda}{a} \propto \frac{\lambda}{a} \tag{4.3.10}$$

可见，衍射具有"光学变换"的放大作用，由此可用来测量细丝的直径。

② 次极大亮斑宽度

已知当 θ 较小时，$\tan\theta \approx \sin\theta \approx \theta$，$x_k \approx f\sin\theta_k = f\dfrac{k\lambda}{a}$，所以可得

$$\Delta x \approx f\frac{\lambda}{a} = \frac{1}{2}\Delta x_0 \tag{4.3.11}$$

可见零级亮斑的宽度比其他级次的宽度大一倍。这也是单缝夫琅禾费衍射明纹宽度的特征。

③ 缝宽变化对条纹的影响

零级亮斑集中了绝大部分光能，因此可用它的半角宽度 $\Delta\theta = \dfrac{\lambda}{a}$ 的大小作为衍射效应强弱的标志。通常把 $a\Delta\theta = \lambda$ 称为衍射反比公式。可知，对于给定的波长，缝宽越小，衍射效应越明显，亮纹宽度展宽越厉害。当缝宽接近或小于波长时 $\left(a\sin\theta_1 = \pm\lambda, a = \lambda\right.$，可得 $\theta_1 \approx 90°$；当 $a \ll \lambda$ 时，可得 $\dfrac{a}{\lambda} \sim 0$，又因为 $\alpha = \dfrac{\pi a\sin\theta}{\lambda} \sim 0$，可得 $\left.I_\theta = I_0\left(\dfrac{\sin\alpha}{\alpha}\right)^2 = I_0\right)$，则零级衍射斑展宽至整个观察屏。此

时即相当于杨氏双缝干涉实验中的双缝，每缝出射光强度相等（均为 I_0），即等光强的双光束干涉，显然此时透光强度则较弱。双缝还是要有一定的宽度以保障观察面上有足够的光强。当每个缝宽到一定程度而表现出衍射（夫琅禾费衍射），此时杨氏双缝干涉可认为是两个衍射光的干涉。

当缝足够宽，或波长足够小时，$\Delta x(\Delta\theta) \propto \dfrac{\lambda}{a} \to 0$，无衍射效应，光沿直线传播，观察屏上只显示出单一的明条纹，即单缝的几何光学像。所以说几何光学适用障碍物的尺度远大于波长的情况，换句话也可说几何光学是波动光学在波长趋于零时的近似。

3．矩孔的夫琅禾费衍射

前面我们分析给出了单缝夫琅禾费衍射的特点，基于此很容易得到矩孔夫琅禾费衍射的规律。矩孔可以看成两个单缝的正交叠置，设矩孔边长分别为 a、b，则可得其夫琅禾费衍射强度分布公式为两单缝衍射因子的乘积：

$$I(P) = I_0\left(\frac{\sin\alpha}{\alpha}\right)^2\left(\frac{\sin\beta}{\beta}\right)^2 \tag{4.3.12}$$

其中 I_0 为衍射场中心的光强，$\alpha = \dfrac{ka\sin\theta_1}{2} = \dfrac{\pi a\sin\theta_1}{\lambda}$，$\beta = \dfrac{kb\sin\theta_2}{2} = \dfrac{\pi b\sin\theta_2}{\lambda}$，且两个方向各自满足衍射反比公式 $a\Delta\theta_1 = \lambda$，$b\Delta\theta_2 = \lambda$。由衍射分析可知，波前在哪个方向上受到的限制较大，则衍射斑在该方向上展开得越宽。当衍射矩孔的某个边很大（如 $b \to \infty$）时，矩孔过渡到单缝。若具有中心对称性，则矩孔过渡到圆孔。

4.3.3 圆孔的夫琅禾费衍射及光学仪器的分辨本领

1．圆孔的夫琅禾费衍射

光学实验和光学仪器中的光学元件几乎都是圆形通光孔，圆孔的衍射是常见的光学现象。由矩孔的夫琅禾费衍射特征，结合圆孔的对称性，我们不难想象圆孔夫琅禾费衍射图样应该是由一中央亮斑及周围的一组同心圆环条纹组成。只要将观察单缝夫琅禾费衍射的实验装置中的单缝衍射屏换成开有圆孔的衍射屏，即为观察圆孔夫琅禾费衍射的实验装置，如图 4.36 所示。

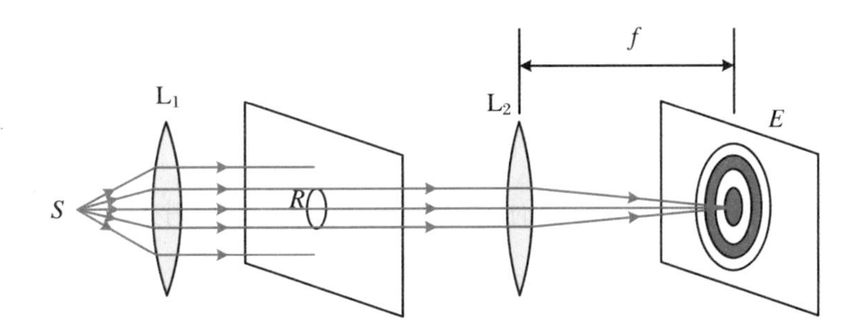

图 4.36　圆孔夫琅禾费衍射示意图

由于系统的轴对称性，只需讨论在任意一个包含光轴的平面内的衍射情况即可，我们考虑 Oxz 平面内的衍射场分布。如图 4.37 所示，从圆孔中心 C 点发出的平面波的方向以 r_0 表示，其在 Oxz 平面内与光轴的夹角为 θ，经透镜后到达接收屏(焦平面)上 P_θ 点，该点也在 Oxz 面内。由其衍射过程可知，通光孔波前上任一点 $Q(\rho,\varphi)$ 发出的与 r_0 平行的光都会聚到 P_θ 点，到场点 P_θ 的光程为 r_Q，过 r_Q 作一平面垂直于 Oxz 面，与通光孔面的交线为 QQ'(Q'是与 x 轴的交点)，与 Oxz 面的交线为 $r_{Q'}$，可知 Q、Q'到场点 P_θ 的光程 r_Q、$r_{Q'}$ 相等，r_Q 与 r_0 的光程差即为 Oxz 面内 $r_{Q'}$ 与 r_0 的光程差 $\Delta r = r_Q - r_0 = r_{Q'} - r_0 = \rho\cos\varphi\sin\theta$。这样即可将傍轴条件下的菲涅耳－基尔霍夫衍射公式积分化为极坐标形式而计算 P_θ 点的复振幅。因平行光正入射照明圆孔，所以波前复振幅 $\widetilde{E}(Q)$的分布为常数(设为 E_0)，则有

$$\begin{aligned}\widetilde{E}(\theta) &= \frac{-\mathrm{i}E_0}{\lambda z}\iint\limits_{x^2+y^2\leqslant a^2}\mathrm{e}^{\mathrm{i}kr}\,\mathrm{d}x\,\mathrm{d}y \\ &= \frac{-\mathrm{i}E_0}{\lambda f}\iint\limits_{x^2+y^2\leqslant a^2}\mathrm{e}^{\mathrm{i}k(r_0+\rho\cos\varphi\sin\theta)}\rho\,\mathrm{d}\varphi\,\mathrm{d}\rho \\ &= \frac{-\mathrm{i}E_0\mathrm{e}^{\mathrm{i}kr_0}}{\lambda f}\int_0^{2\pi}\mathrm{e}^{\mathrm{i}k\rho\cos\varphi\sin\theta}\,\mathrm{d}\varphi\int_0^a\rho\,\mathrm{d}\rho\end{aligned}\tag{4.3.13}$$

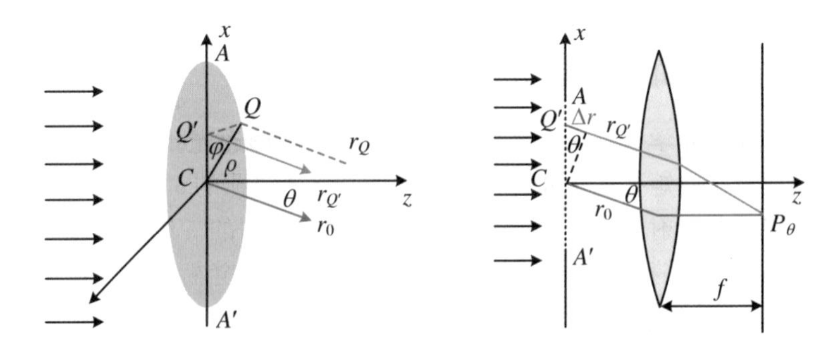

图 4.37　圆孔夫琅禾费衍射示意图

上述积分过程相对比较复杂，要利用一些恒等式。这里我们只给出结果如下：

$$\widetilde{E}(\theta)=\frac{-\mathrm{i}E_0\pi a^2\mathrm{e}^{\mathrm{i}kr_0}}{\lambda f}\left[\frac{2\mathrm{J}_1(u)}{u}\right] \tag{4.3.14}$$

式中，θ 为衍射角，a 为圆孔的半径，$u=\dfrac{2\pi}{\lambda}a\sin\theta$（同双孔干涉公式中的 β、单缝衍射因子中 α）表示孔径边缘相应的最大位相差之半（$2a$），$\mathrm{J}_1(u)$ 是一阶贝塞尔函数。进一步我们可得到强度分布公式为

$$I(\theta)=I_0\left[\frac{2\mathrm{J}_1(u)}{u}\right]^2 \tag{4.3.15}$$

式中，I_0 是 $\theta=0$ 处的强度，即衍射图样中心点 P_0 的光强。由式（4.3.15）可见，圆孔夫琅禾费衍射图样是由 $\left[\dfrac{2\mathrm{J}_1(u)}{u}\right]^2$ 来决定的，称其为圆孔衍射因子。由圆孔夫琅禾费衍射强度公式，其强度分布如图 4.38 所示。纵轴为相对强度 $I(\theta)/I_0$，横轴为 $u\left(\dfrac{2\pi}{\lambda}a\sin\theta\right)$。图 4.38（a）、（b）分别为衍射强度的三维分布、二维分布，（c）给出了实验中的衍射图样。

(a) 衍射强度的三维分布

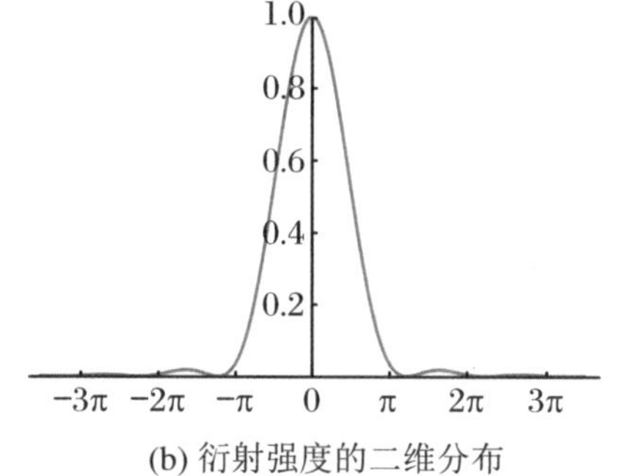

(b) 衍射强度的二维分布

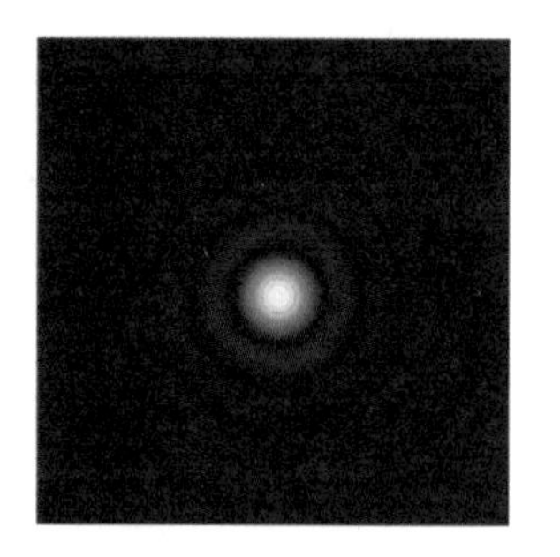

(c) 屏上的衍射图样

图 4.38 圆孔夫琅禾费衍射

根据仿真计算和实验结果，可知圆孔夫琅禾费衍射图样有以下特点：

① 光强分布具有对中心点的圆对称性。

② 零级主极强是圆斑，其光能约占全部光能的 84%，称为艾里斑，其中心即为几何光学像点。

③ 从艾里斑向外，衍射图样形成一组亮暗交替的同心圆环，随半径的增大各亮环的亮度急剧下降。

圆孔夫琅禾费衍射效应的弥散程度可用艾里斑的大小，即艾里斑的角半径 $\Delta\theta$（第一暗环对应的角半径）来衡量。由圆孔衍射因子表示式，当 $u=1.22\pi$ 时为第一暗环位置，则有 $\dfrac{2\pi}{\lambda}a\sin\Delta\theta=1.22\pi$，又 $\sin\Delta\theta\approx\Delta\theta$，得

$$\Delta\theta = 0.61\frac{\lambda}{a} = 1.22\frac{\lambda}{D} \tag{4.3.16}$$

式中 $D=2a$ 是圆孔的直径。上式即为圆孔夫琅禾费衍射的反比关系:艾里斑的角半径大小与圆孔半径成反比,与照明波长成正比。若采用上述夫琅禾费衍射装置,艾里斑线半径可表示为

$$r = 0.61\frac{\lambda f}{a} = 1.22\frac{\lambda f}{D} \tag{4.3.17}$$

由以上分析可知,对于圆孔的夫琅禾费衍射,其零级主极强始终是亮斑,即为等光程干涉极大。该过程也可由圆孔菲涅耳衍射的半波带法来说明:对于观察场点 P_0,有

$$n = \left(\frac{1}{R}+\frac{1}{b}\right)\frac{\rho^2}{\lambda} \tag{4.3.18}$$

因采用平行光照明圆孔,在远场观察,此时 R 趋近于 ∞,b 足够远,则 $n\approx 0$,说明不论圆孔半径的大小如何,圆孔上各次波源到场点的光程差$\left(\approx n\dfrac{\lambda}{2}\right)$远小于一个波长,直至 b 接近 ∞ 成为等光程,圆孔的菲涅耳衍射过渡到夫琅禾费衍射。

2. 光学仪器的分辨本领

在如图 4.36 所示的衍射装置中,我们观察到圆孔的夫琅禾费衍射图样是在第二个透镜的焦平面上,该焦平面就是照明光源的像面。进一步分析可知,在照明光源的像面处即可观察到"衍射屏"的夫琅禾费衍射图样。对透镜成像而言,"衍射屏"即为该透镜的有效孔径,那么每一物点经透镜成像在像面上不再是一个像点而是一个像斑(即透镜孔径(圆孔)的夫琅禾费衍射斑)。下面我们来看看几何光学和波动光学所描述的成像过程(经透镜),如表 4.1 所示。

表 4.1　几何光学和波动光学的成像过程(经过透镜)

几何光学	物点 物(物点集合)	像点 像(像点集合)
波动光学	物点 物(物点集合)	像斑 像(像斑集合)

这样波动光学所描述的物的像不是由几何像点构成的,而是由众多像斑的重叠构成的。那么问题就来了,当两物点距离较近时,两个艾里斑也靠得太近而相互重叠,以至不能分辨是两个艾里斑,进而也就不能判定有两个物点了,如图 4.39 所示。究竟两物点靠得多近时其像斑尚可分辨?成像系统的分辨本领即指该系统分辨两个相邻物点的像的能力。

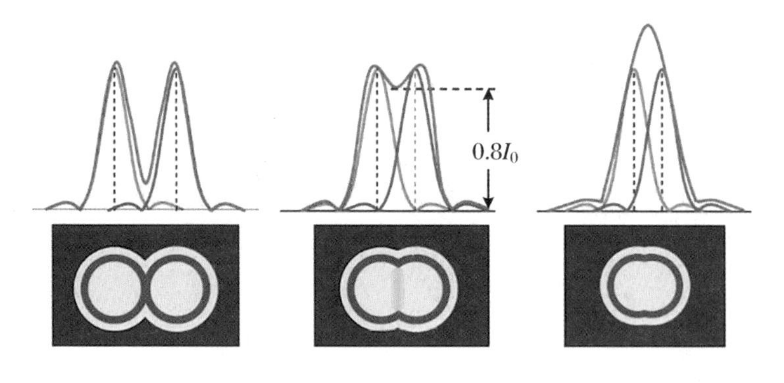

图 4.39　两艾里斑间的分辨判据（瑞利判据）

关于分辨本领的讨论中假定：

① 成像系统是无像差的理想光学系统，其分辨本领仅受衍射这一因素限制。

② 各物点发光是非相干的，这时像平面光强分布是每一物点单独所形成的像斑的强度叠加。

③ 设待分辨的两物点亮度相同。

为了给出两个艾里斑是否能分辨较为客观的标准，英国科学家瑞利提出了一个判据：如果一个物点所产生的衍射图样的艾里斑中心恰与另一物点的衍射图样的第一零点位置重合，则这两个像斑或物点是刚好可以分辨的。这被称为瑞利判据。相应的两个像点或物点的（角）间距，即光学系统的分辨极限。在满足瑞利判据的条件下，两个艾里斑重叠的结果使得叠加后光强分布在两个艾里斑之间形成一"鞍点"，鞍点中心的光强约为艾里斑中心光强的 80%，该光强差别刚好为一般人眼所能分辨。

事实上，即使达到 90%，乃至更高，也有部分人或探测器能够分辨，但瑞利判据的物理本质是一样的，所以其被应用于各种光学系统中，这样即可给出成像仪器的分辨本领。下面以单透镜成像为例进行介绍，如图 4.40 所示。根据瑞利判据，两个像斑中心的最小分辨角恰等于每一艾里斑的半角宽度，所以对于像方（λ'为像方波长），最小分辨角与最小分距离分别为

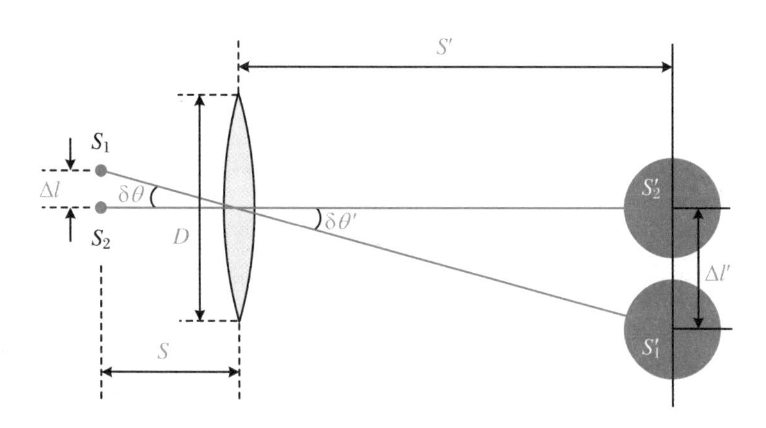

图 4.40　单透镜成像的分辨本领

$$\delta\theta' = \Delta\theta = 1.22\frac{\lambda'}{D} \tag{4.3.19}$$

$$\delta l' = S'\delta\theta = 1.22\frac{\lambda' S'}{D} \tag{4.3.20}$$

利用傍轴折射定律 $n\delta\theta = n'\delta\theta'$，可得物方最小分辨角与最小分距离分别为

$$\delta\theta = \frac{n'}{n}\delta\theta' = 1.22\frac{\lambda}{nD} \tag{4.3.21}$$

$$\delta l = S\delta\theta = 1.22\frac{\lambda S}{nD} \tag{4.3.22}$$

可见像方、物方的最小分辨角和最小分距离公式形式完全相同。如果像方、物方的折射率一样，如都处于空气中，则最小分辨角为

$$\delta\theta = \delta\theta' = 1.22\frac{\lambda}{D} \tag{4.3.23}$$

由瑞利判据给出的最小分辨通常称为瑞利分辨极限，分辨受限的根源是由于光的波动性（衍射），因此也被称为分辨的衍射极限，其在传播一定距离（远大于波长）的条件下是无法克服的。

下面我们从波动光学的观点，给出常用的光学仪器——“人眼”、望远镜、显微镜的分辨本领。

（1）人眼

我们以正常人眼为例，人眼瞳孔的直径约为 $D = 2$ mm，焦距为 $f' = 2.2$ cm，设人眼瞳孔的直径为 $D = 2$ mm，焦距为 $f' = 2.2$ cm，物、像方介质的折射率分别为 $n = 1$，$n' = 1.336$，则对于平均波长 $\lambda_0 = 550$ nm，可算出物、像方的角分辨极限分别为 $\Delta\theta \approx 3.355\times10^{-4}$ rad，$\Delta\theta' \approx 2.511\times10^{-4}$ rad。对明视距离处物点的线分辨极限为 $\delta y = 84\times10^{-2}$ mm，而对无限远物点在视网膜上所成像点的线分辨极限为 $\delta y' = 5.5\times10^{-3}$ mm。

（2）望远镜

对于望远镜，$n = n' = 1$，物点可认为在无穷远处，$S' \approx f$，所以其分辨本领为

$$\delta\theta = \delta\theta' = 1.22\frac{\lambda}{D},\quad \delta l' = 1.22\frac{\lambda f}{D} \tag{4.3.24}$$

对于望远镜，λ 不可选择。望远镜分辨本领的提高本质上依赖于物镜的口径，通过目镜来增大仪器的放大率是不能提高其分辨本领的。如图 4.38 所示，光学仪器在将像放大的过程中是几何整体放大，艾里斑也相应被放大，两个艾里斑的角距离和角宽度并没有改变，所以分辨本领没有改变。

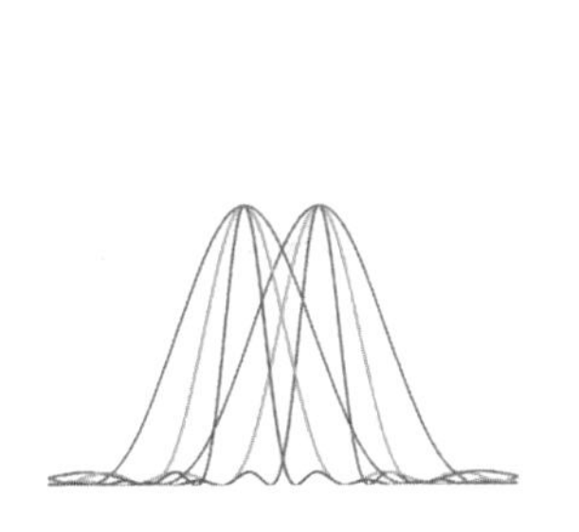

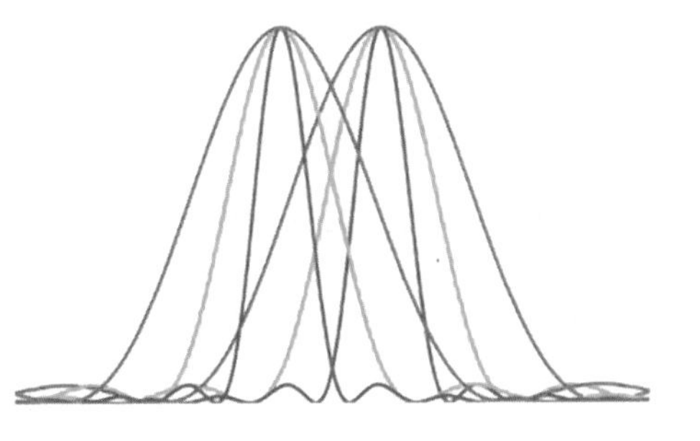

图 4.41 像放大,不改变成像的分辨本领

欧洲极大望远镜主镜直径 39 米,是目前世界上最大的光学/近红外陆基望远镜,是地面上观测太空的“最大眼睛”,将在智利北部建造,预计 2024 年建造完成。这一项目不仅包含 85 米直径的旋转圆顶结构,质量达到 5000 吨,还有望远镜座架和筒体结构,移动质量达到 3000 吨。欧洲极大望远镜的光学系统由独创的 5 个镜面组成,这种先进的自适应光学系统可以减少大气湍流的影响,提高图像的光学质量。

目前世界上最大口径的射电望远镜是我国的 500 米口径球面射电望远镜(Five-hundred-meter Aperture Spherical Telescope),简称 FAST,位于贵州省黔南布依族苗族自治州平塘县克度镇大窝凼的喀斯特洼坑中(图 4.42)。500 米口径球面射电望远镜被誉为“中国天眼”,由我国天文学家南仁东先生于 1994 年提出构想,历时 22 年建成,于 2016 年 9 月 25 日落成启用。FAST 是具有我国自主知识产权的世界最大单口径、最灵敏的射电望远镜,综合性能是著名的射电望远镜阿雷西博的 10 倍。

图 4.42 500 米口径球面射电望远镜

(3) 显微镜

对于显微镜,常用如下公式来表征其分辨本领(物方分辨极限):

$$\delta l = 0.61\frac{\lambda}{n\sin u} = 0.61\frac{\lambda}{N.A.} \tag{4.3.25}$$

其中 $N.A.$ 为物镜的数值孔径。上述公式实质上是瑞利分辨极限的另一种表示形式，由 $\delta l = 1.22\frac{\lambda f}{nD}$，定义 $\sin u = \frac{D/2}{f}$，表征物镜对光线的收集能力，则其分辨本领可表示为

$$\delta l = 0.61\frac{\lambda}{N.A.} \tag{4.3.26}$$

由上可知欲提高显微镜的分辨能力，可增大数值孔径，如油浸显微成像，通过折射率匹配油可使物镜的数值孔径达到 1.5，此时分辨率达到半个波长，$\delta l = \frac{0.61}{1.5}\lambda \approx 0.4\lambda$；也可通过减小照明波长来实现，如电子显微镜（电子波长为 $10^{-2} \sim 10^{-1}$ nm）。

由上面的讨论，我们可知分辨受限的根源是光的波动性（衍射）。光的波动性在光波传播一定距离（大于波长）时才有表现，因此在光的波动性没有表征时即进行探测，可突破衍射极限，这就是所谓的近场扫描光学显微镜（Near-field Scanning Optical Microscope，NSOM）。

顾名思义，我们就可知道近场扫描光学显微镜的工作原理，要工作在近场、要扫描，才可实现显微成像。所谓近场即探测距离远小于光波长，在这种情况下无衍射效应。从光场分布来看，近场区域内包含：① 辐射场：是可向外传输的光场成分。② 非辐射场：是被限制在样品表面并且在远处迅速衰减的光场成分，又称为倏逝场或倏逝波。倏逝波与物体超衍射极限的结构密切相关，所以可通过探测倏逝波来探测样品的亚波长结构和光学信息。传统的光学显微镜由光学镜头组成，通过收集传播光来放大成像，必会遇到光波衍射极限这一障碍。近场扫描光学显微镜不同于传统的光学显微镜，它由探针、信号传输器件、扫描控制、信号处理和信号反馈等系统组成，主要是采用孔径远小于光波长的探针代替光学镜头。

近场扫描光学显微镜的工作过程可描述如下：入射光照射到表面有许多微小细微结构的物体上，这些细微结构在入射光场的作用下，产生的散射波包含与物体亚波长结构相关的倏逝波和传向远处的传播波。如果将一个非常小的散射中心作为纳米探测器（如探针），放在离物体表面足够近的地方，将倏逝波扰动，使它再次辐射，这样就可完成倏逝波与传播波之间的线性转换，传播波准确地反映出倏逝波的变化，而倏逝波的变化是与探针点点对应的，因此要完整地“看”到物体的像就必须扫描。所以，NSOM 是由探针在样品表面（近场）逐点扫描和逐点记录，再通过数字成像而得到一幅二维图像的。其成像过程可形象地类比为“盲人摸象”（摸：接触（近场）；扫描）。实际具体的测量中有三种不同

的照明探测方法，如图 4.43 所示。

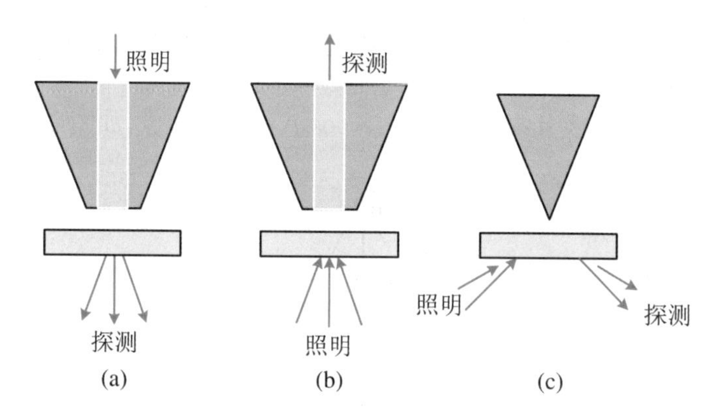

图 4.43 NSOM 测量的三种方式

综上，由于近场光学显微镜能克服传统光学显微镜分辨率低以及扫描电子显微镜和扫描隧道显微镜对生物样品产生损伤等缺点，因此得到了越来越广泛的应用，在生物医学、纳米材料和微电子学等领域有着广阔的应用前景。

4.3.4 光栅的夫琅禾费衍射

1. 双缝的夫琅禾费衍射

在具体分析光栅的夫琅禾费衍射前，我们先分析下双缝的夫琅禾费衍射：在前面的夫琅禾费衍射装置中将单缝或圆孔衍射屏换为双缝衍射屏，如图 4.44 所示。假设每个狭缝的宽度为 a，两狭缝的间距为 d。

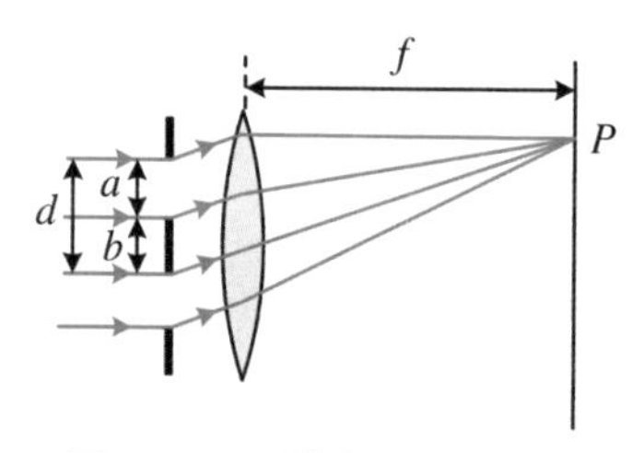

图 4.44 双缝夫琅禾费衍射

该装置类似杨氏双缝干涉装置，若每个狭缝（"次波源"）的透射光均为 E_0，即为杨氏双缝干涉（强度不变的两个次波场间的干涉），干涉场特点取决于两次波场间的程差 $d\sin\theta$，观察屏上强度分布为

$$I(P) = 4I_0\cos^2\frac{\Delta\varphi}{2} = 4I_0\cos^2\beta \quad \left(\beta = \frac{\Delta\varphi}{2} = \frac{\pi d\sin\theta}{\lambda}\right) \tag{4.3.27}$$

现透过每个狭缝的光为夫琅禾费衍射场 $E_0\dfrac{\sin\alpha}{\alpha}$，因此双缝的夫琅禾费衍射即为两束单缝夫琅禾费衍射场（"次波源"）间的干涉（强度变化的两个次波场间的干涉）。干涉场特点取决于两次波场间的程差 $d\sin\theta$。因此根据双光束干涉和单缝夫琅禾费衍射，自然可得到双缝夫琅禾费衍射的强度分布：

$$I_\theta = 4I_0\left(\frac{\sin\alpha}{\alpha}\right)^2\cos^2\beta \quad \left(\beta = \frac{\pi d\sin\theta}{\lambda}, \alpha = \frac{\pi a\sin\theta}{\lambda}\right) \tag{4.3.28}$$

上式表明,双缝夫琅禾费衍射图样的分布由单缝衍射因子和双光束干涉因子(缝间干涉因子)的乘积决定。下面我们分别绘出单缝衍射因子$\left(\frac{\sin\alpha}{\alpha}\right)^2$、双光束干涉因子$\cos^2\beta$及其乘积$\left(\frac{\sin\alpha}{\alpha}\right)^2\times\cos^2\beta$的函数图像,如图4.45所示。

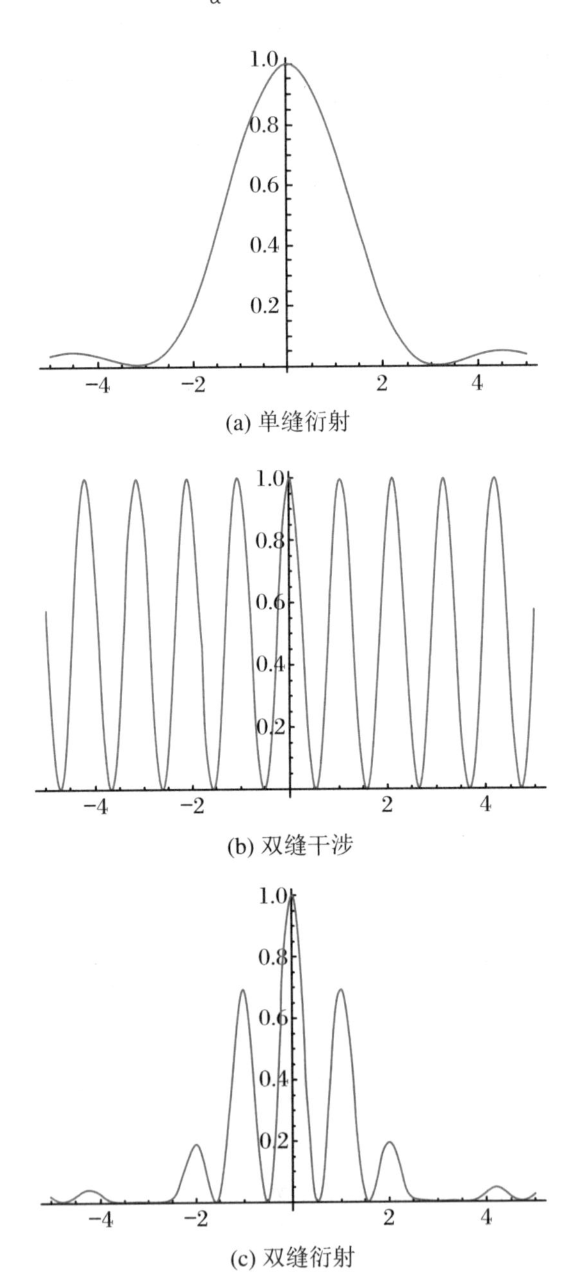

图4.45 单缝衍射、双缝干涉以及双缝衍射的函数图像

显然：

(1) 双缝衍射的强度曲线是单缝夫琅禾费衍射强度对双缝干涉强度进行调制的结果。这种调制表现在以变化的 $I_{单衍}$ 代替不变的 I_0，即双缝干涉的强度分布要在单缝衍射的强度范围内再分配。

(2) 在 $a \ll \lambda$ 时，双缝衍射的强度分布情况变为理想的杨氏干涉的强度分布情况：

$$\alpha = \frac{\pi a \sin\theta}{\lambda} \to 0$$

$$4I_0\left(\frac{\sin\alpha}{\alpha}\right)^2 = 4I_0$$

$$I_{\theta双衍} = 4I_0\left(\frac{\sin\alpha}{\alpha}\right)^2\cos^2\beta \to I_\theta = 4I_0\cos^2\beta \tag{4.3.29}$$

双缝衍射明暗条纹的位置由前分析可知，双缝的夫琅禾费衍射可视为两束单缝夫琅禾费衍射场（“次波源”）间的干涉，因此双缝衍射明暗条纹的位置由两次波场间的程差 $d\sin\theta$ 决定。所以，双缝衍射明条纹（双缝干涉干涉相长）的位置为

$$d\sin\theta = k\lambda \quad (k = 0, \pm 1, \pm 2, \cdots)$$

即

$$\sin\theta = k\frac{\lambda}{d} \quad (k = 0, \pm 1, \pm 2, \cdots) \tag{4.3.30}$$

双缝衍射暗条纹（双缝干涉干涉相消）的位置为

$$d\sin\theta = (2k+1)\frac{\lambda}{2} \quad (k = 0, \pm 1, \pm 2, \cdots)$$

即

$$\sin\theta = (2k+1)\frac{\lambda}{2d} \quad (k = 0, \pm 1, \pm 2, \cdots) \tag{4.3.31}$$

由前分析知，双缝衍射的强度分布是单缝夫琅禾费衍射强度对双缝干涉强度进行调制的结果，那么就会出现如下情况：若某位置处满足双缝干涉极大条件，但此位置处为单缝衍射的极小，则出现强度为零的光场的干涉相长，即所谓的“缺级”。

也就是说观察场点处两束衍射光既满足单缝衍射极小，又满足缝间干涉极大，即

$$\begin{cases} a\sin\theta = m\lambda \quad (m = \pm 1, \pm 2, \cdots) & \min \\ d\sin\theta = k\lambda \quad (k = 0, \pm 1, \pm 2, \cdots) & \max \end{cases} \tag{4.3.32}$$

也就是此观察点处满足相干相长条件，但衍射光场在此处的光强度为零。可以认为是强度为零的衍射光相干，相长干涉的强度仍为零——缺级。由上式，可知缺级条件为：$\frac{m}{k}=\frac{a}{d}=\frac{j}{n}$，其比为最简分数$\frac{j}{n}$，则缺第 n 级及其整数倍级。如$\frac{m}{k}=\frac{a}{d}=\frac{2}{6}=\frac{1}{3}$，则缺第 3 级明条纹，以及第 6，9，12，…级明条纹。如图 4.45(c)所示。

2. 光栅的夫琅禾费衍射

一般而言，任何具有周期性的空间结构或光学性能（如透射率、折射率等）的衍射屏都可以称为光栅。按照不同的情况，光栅可分为透射光栅、反射光栅，平面型和体积型，振幅型、位相型和相幅型。常用光栅或讨论光栅夫琅禾费衍射的光栅有两类，一种是由许多平行且等间隔排列的等宽度狭缝构成的透射光栅（通常称为朗琴光栅，也是振幅型光栅），另一种是由一系列等间隔的多高反射率的平行槽面构成的反射光栅（通常称为闪耀光栅，也是位相型光栅）。如图 4.46 所示。

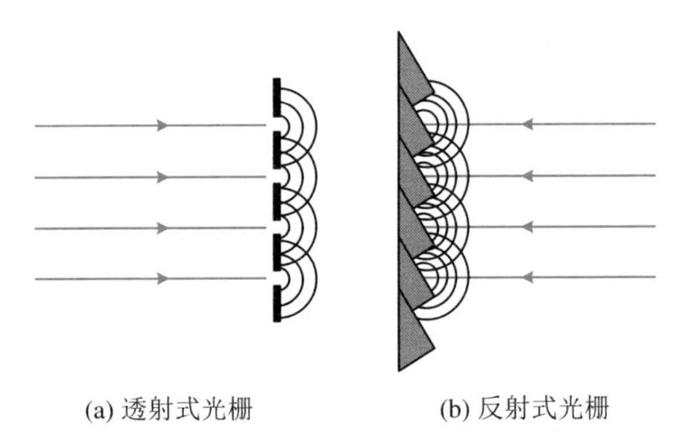

图 4.46　光栅

由上节分析，光栅的每个衍射单元（狭缝、槽面）均可看作一小面源而衍射出夫琅禾费衍射光——“次波源”，光栅的夫琅禾费衍射即可视为众多衍射光（“次波源”）之间的干涉。一般而言，光栅刻线为数十条/mm～数千条/mm，用电子束刻制可达数万条/mm，即参与干涉的衍射光很多，因而光栅的衍射场鲜明地表现出多光束干涉的特征——干涉主极大极其细锐。光栅上被入射光照射的衍射单元越多，衍射条纹就越细锐，所以利用光栅衍射可以进行光谱分析。

通常用光栅常数或光栅频率表征光栅的周期结构参数。光栅常数是指相邻两衍射单元（栅线、狭缝）的间距，反映了光栅的空间周期长度，故又称为光栅周期，用 d 表示。光栅频率是光栅周期的倒数 $1/d$，用 f_0 表示，反映了光栅衍射单元的密度。

1）衍射图样的强度分布

同样，在前面的夫琅禾费衍射装置中将单缝或圆孔衍射屏换为光栅，即为光栅的夫琅禾费衍射，如图4.47所示。假设每个狭缝的宽度为 a，两狭缝的间距为 d。当单色平行光垂直入射到 N 缝的透射光栅上时，每条狭缝都将发生衍射现象，凡衍射角相同的平行衍射光都将会聚到观察屏上相同的 P 点。

由前面的分析可知：光栅夫琅禾费衍射即是多束（各缝）衍射光（次波源）的干涉，P 点的光强取决于各束衍射光的光程差。由于各单缝的衍射，θ 不同时由各缝发出（次波源）的光强也不同，在不同角度是不同强度的光进行多光束干涉。

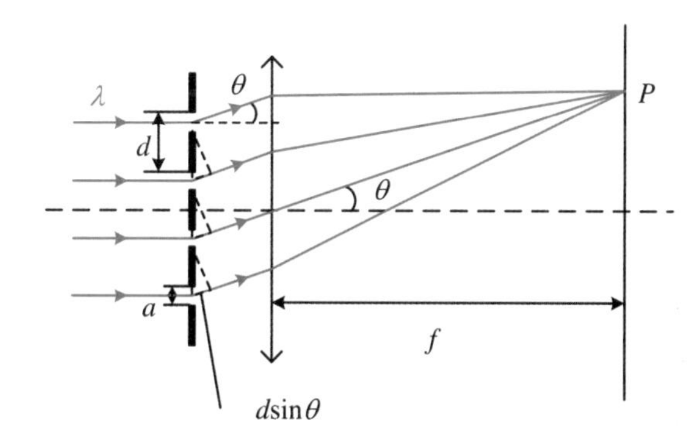

图4.47　光栅衍射

下面分别通过矢量图解法和复振幅法给出光栅夫琅禾费衍射的光强公式。

（1）矢量图解法

每个单缝在 P 点（对应衍射角 θ）均有

$$E_{P单} = E_{0单}\frac{\sin\alpha}{\alpha},\quad \alpha = \frac{\pi a}{\lambda}\sin\theta$$

由图4.48所示，有

$$E_{P单} = 2R\sin\frac{\Delta\varphi}{2}$$

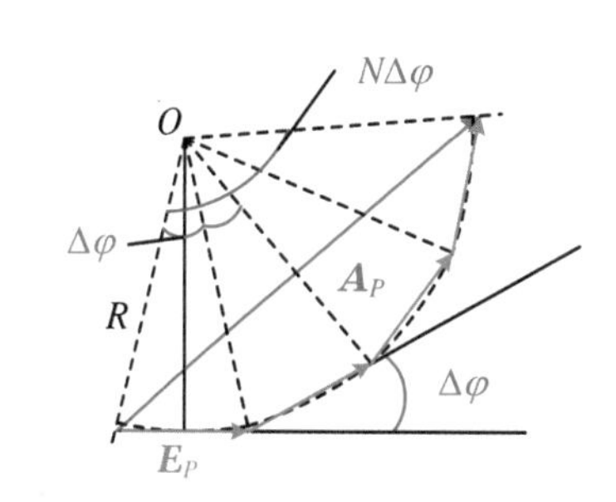

图4.48　夫琅禾费衍射的矢量图解

相邻缝衍射光在 P 点的位相差为

$$\Delta\varphi = \frac{2\pi}{\lambda}d\sin\theta$$

P 点合振幅为

$$A_P = 2R\sin\frac{N\Delta\varphi}{2}$$

故有

$$A_P = E_{P单} \cdot \frac{\sin N\frac{\Delta\varphi}{2}}{\sin\frac{\Delta\varphi}{2}} = E_{0单} \cdot \frac{\sin\alpha}{\alpha} \cdot \frac{\sin N\beta}{\sin\beta} \tag{4.3.33}$$

$$I_P = I_{0单}\left(\frac{\sin\alpha}{\alpha}\right)^2 \cdot \left(\frac{\sin N\beta}{\sin\beta}\right)^2 \tag{4.3.34}$$

此即为 N 缝光栅夫琅禾费衍射的振幅和强度分布公式。其中 $\beta = \frac{\Delta\varphi}{2} = \frac{\pi d}{\lambda} \cdot \sin\theta$，$\alpha = \frac{\pi a}{\lambda}\sin\theta$。

$I_{0单}$ 为单缝中央主极大光强。$\left(\frac{\sin\alpha}{\alpha}\right)^2$ 来源于单缝衍射，称为单缝衍射因子；$\left(\frac{\sin N\beta}{\sin\beta}\right)^2$ 来源于衍射光间的干涉，称为缝间干涉因子。

(2) 复振幅法

如图 4.49 所示，P 点可看作是 N 束平行的、振幅为 $E = E_{0单}\frac{\sin\alpha}{\alpha}$ 且相邻两束光的位相差相同$\left(\Delta\varphi = \frac{2\pi}{\lambda}d\sin\theta\right)$的多光束干涉，所以，各缝在 P 点衍射光场的复振幅可表示如下：

$$\begin{cases} E_P^1 = E \\ E_P^2 = E\mathrm{e}^{\mathrm{i}\Delta\varphi} \\ E_P^3 = E\mathrm{e}^{2\mathrm{i}\Delta\varphi} \\ \cdots\cdots \\ E_P^N = E\mathrm{e}^{\mathrm{i}(N-1)\Delta\varphi} \end{cases}$$

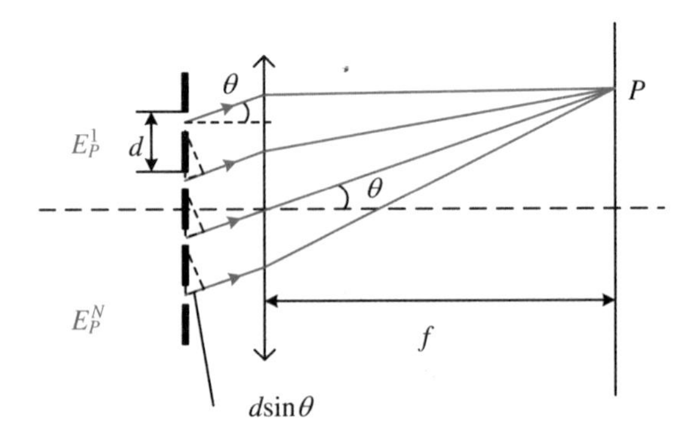

图 4.49　复振幅法求解光栅光强

P 点的合成复振幅为

$$E_P = E_{0单}\frac{\sin\alpha}{\alpha}(1 + \mathrm{e}^{\mathrm{i}\Delta\varphi} + \mathrm{e}^{2\mathrm{i}\Delta\varphi} + \cdots + \mathrm{e}^{\mathrm{i}(N-1)\Delta\varphi})$$

$$= E_{0单}\frac{\sin\alpha}{\alpha}\cdot\frac{1-(e^{i\Delta\varphi})^N}{1-e^{i\Delta\varphi}} = E_{0单}\frac{\sin\alpha}{\alpha}\cdot\frac{1-e^{iN\Delta\varphi}}{1-e^{i\Delta\varphi}} \tag{4.3.35}$$

由此，强度表示式为

$$I_P = E_P E_P^* = \left(E_{0单}\frac{\sin\alpha}{\alpha}\right)^2\cdot\frac{1-e^{iN\Delta\varphi}}{1-e^{i\Delta\varphi}}\frac{1-e^{-iN\Delta\varphi}}{1-e^{-i\Delta\varphi}} \tag{4.3.36}$$

利用公式 $e^{ix}+e^{-ix}=2\cos x$，$\cos x = 1-2\sin^2(x/2)$，则有

$$I_P = \left(E_{0单}\frac{\sin\alpha}{\alpha}\right)^2\cdot\frac{2-(e^{iN\Delta\varphi}+e^{-iN\Delta\varphi})}{2-(e^{i\Delta\varphi}+e^{-i\Delta\varphi})} \tag{4.3.37}$$

所以

$$I_P = I_{0单}\left(\frac{\sin\alpha}{\alpha}\right)^2\cdot\frac{\sin^2(N\Delta\varphi/2)}{\sin^2(\Delta\varphi/2)} = I_{0单}\left(\frac{\sin\alpha}{\alpha}\right)^2\left(\frac{\sin(N\beta)}{\sin\beta}\right)^2 \tag{4.3.38}$$

其中，$\beta=\frac{\Delta\varphi}{2}=\frac{\pi d}{\lambda}\sin\theta$，$\alpha=\frac{\pi a}{\lambda}\sin\theta$，$I_{0单}$为单缝中央主极大光强，$\left(\frac{\sin\alpha}{\alpha}\right)^2$ 为单缝衍射因子，$\left(\frac{\sin N\beta}{\sin\beta}\right)^2$ 为缝间干涉因子。

2）光栅夫琅禾费衍射的特点

由上分析可知：光栅夫琅禾费衍射的特点完全由单缝衍射因子和缝间干涉因子所确定，下面我们就来分析这两个因子的物理内涵及其所确定的衍射场的特点。

（1）缝间干涉因子的作用

在忽略各单缝衍射效应，即假定每缝出射光的强度均匀不变的情况下，图4.50分别给出了 $N=2、3、4、5、6、20$，$d=3a$ 时，缝间干涉因子表征的强度曲线。

由图4.50可见：当 $N=2$ 时即为杨氏双缝干涉。随着 N 的增加，表现出多光束干涉的强度分布特点，亮纹的半宽度越来越细锐；变化曲线存在一系列的主极大、零点和次极大。主极大的位置满足 $d\sin\theta=k\lambda$（$k=0,\pm1,\pm2,\cdots$），即相邻(缝)次波源间的光程差为波长的整数倍，满足干涉相长条件。每两个主极大之间有($N-1$)条暗线(零点)、($N-2$)个次极强。

（2）单缝衍射因子的作用

考虑各单缝衍射效应，单缝衍射因子曲线及光栅衍射强度分布分别如图4.51、图4.52、图4.53所示。

由图可见：单缝衍射因子没有改变主极大、次极大的位置，只是调制其强度，进而会出现缺级的现象，即在缝间干涉满足加强的位置上没有衍射光到达(单缝衍射在此位置上衍射强度为零)。

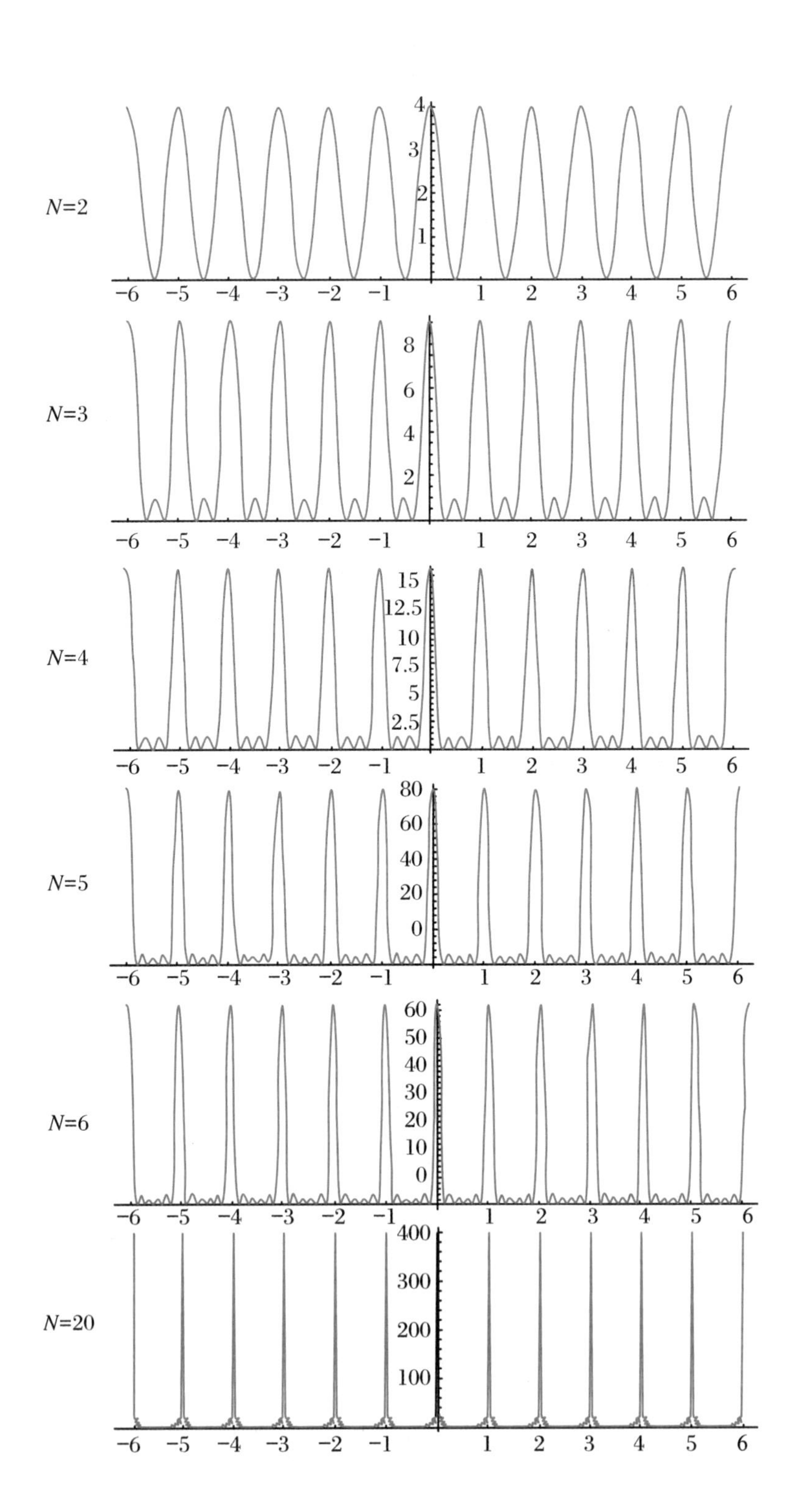

图 4.50 $N=2、3、4、5、6、20$ 时缝间干涉因子的强度曲线

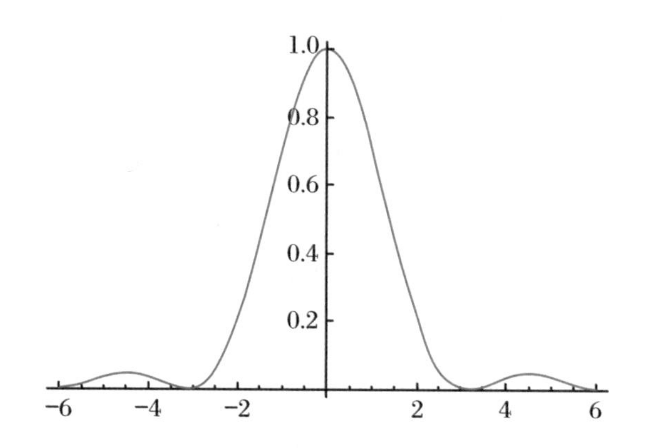

图4.51 单缝衍射因子曲线

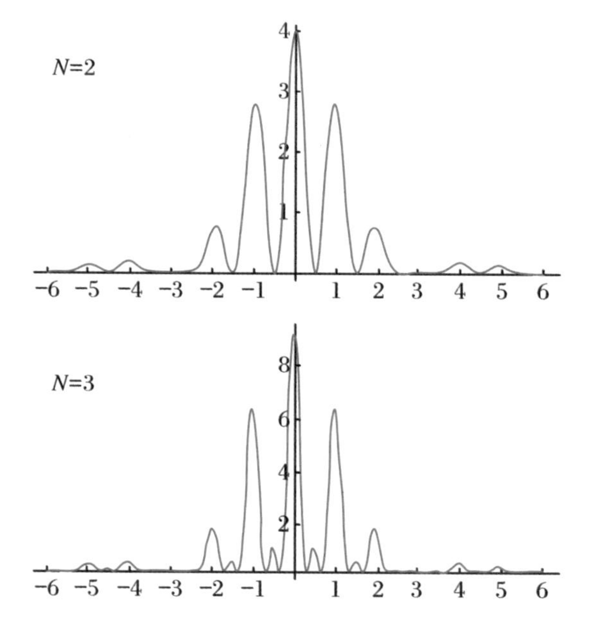

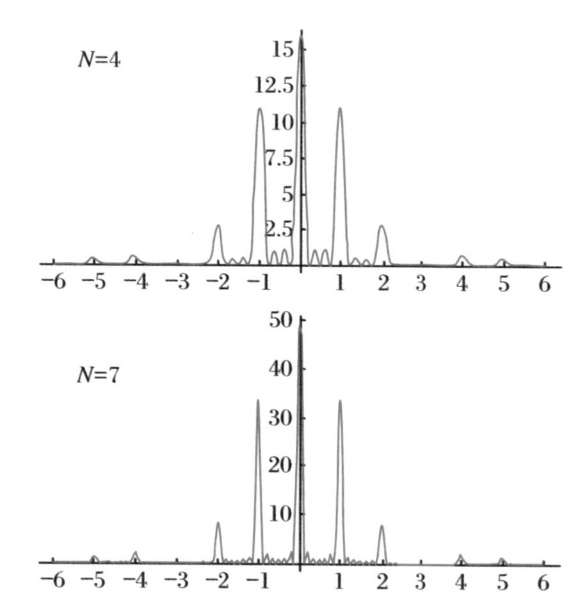

图4.52 光栅衍射强度分布曲线

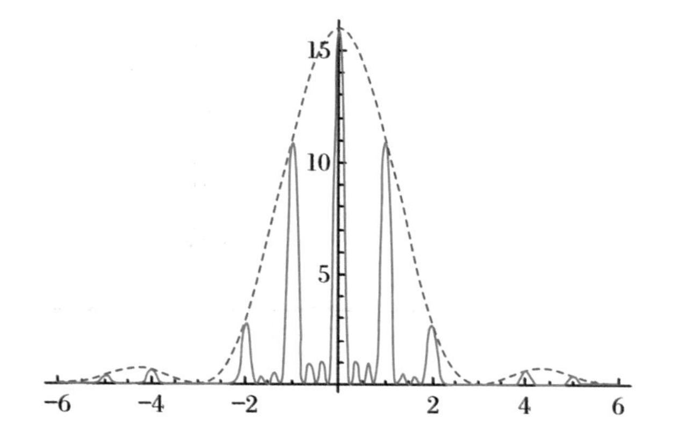

图4.53 光栅衍射强度分布曲线

综上，光栅夫琅禾费衍射（多束夫琅禾费衍射光的干涉）的特点可归纳如下：

① 光栅衍射的强度被单缝图样调制：

$$I_\theta = I_{0单}\left(\frac{\sin\alpha}{\alpha}\right)^2\left(\frac{\sin N\beta}{\sin\beta}\right)^2 \tag{4.3.39}$$

② 主极强是明亮纤细的亮纹，相邻亮纹间是一片宽广的暗区，暗区中存在一些微弱的明条纹，称次极强。

③ 主极强是各缝出来的衍射光干涉而成的，其衍射角方向满足光栅方程：

$$d\sin\theta = k\lambda \quad (k = 0, \pm 1, \pm 2, \cdots) \tag{4.3.40}$$

主极强的位置由缝间干涉因子$\left(\frac{\sin N\beta}{\sin\beta}\right)^2$决定。

$$\beta = \frac{\pi d}{\lambda}\sin\theta, \quad \beta = k\pi \ (k = 0, \pm 1, \pm 2, \cdots)$$

$$\sin N\beta = 0, \quad \sin\beta = 0$$

$$\sin N\beta/\sin\beta = N$$

$$d\sin\theta = k\lambda, \quad \sin\theta = k\frac{\lambda}{d}$$

在衍射角满足该式的方向上，出现一个主极强。位置与缝数 N 无关，强度是单缝在该方向强度的 N^2 倍。

主极强的数目：

$$|\sin\theta| < 1 \rightarrow |k| < \frac{d}{\lambda} \tag{4.3.41}$$

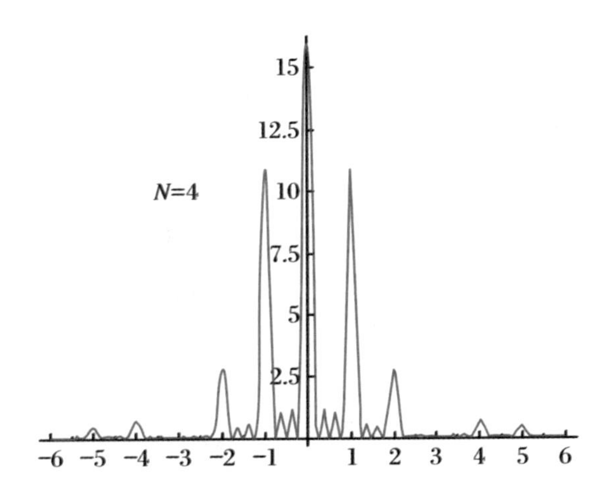

图 4.54 $N=4$ 时的光栅干涉强度分布曲线

当 $N\beta$ 等于 π 的整数倍，而 β 不是 π 的整数倍时：

$$\sin N\beta = 0, \quad \sin\beta \neq 0$$
$$\sin N\beta / \sin\beta = 0$$
$$\beta = \left(k + \frac{m}{N}\right)\pi$$

缝间干涉因子的零点 $\sin\theta = \left(k + \frac{m}{N}\right)\frac{\lambda}{d}$（$k = 0, \pm 1, \pm 2, \cdots; m = 1, \cdots, N-1$）。每两个主极强之间有（$N-1$）条暗线（零点），相邻暗线间有一个次极强，故共有（$N-2$）个次极强。

④ 主极强特别明亮而且尖细，是因为缝多。每个主极强的宽度以它两侧的暗线为界，它的中心到邻近的暗线之间的角距离为该级的半角宽度 $\Delta\theta_k$。

$$\sin\theta_k = k\frac{\lambda}{d}, \quad \sin(\theta_k + \Delta\theta_k) = \left(k + \frac{1}{N}\right)\frac{\lambda}{d}$$

$$\sin(\theta_k + \Delta\theta_k) - \sin\theta_k \approx (\sin\theta_k)'\Delta\theta_k = \cos\theta_k \cdot \Delta\theta_k = \frac{\lambda}{Nd}$$

$$\Delta\theta_k = \frac{\lambda}{Nd\cos\theta_k} \tag{4.3.42}$$

式中，N 为缝数，d 为缝间距，$\Delta\theta_k$ 为 k 级主极大的半角宽度（图 4.55）。

中央主极大（偏离屏中心点不远的主极强）处有 $\cos\theta \approx 1$，则

$$\Delta\theta_0 = \frac{\lambda}{Nd} \tag{4.3.43}$$

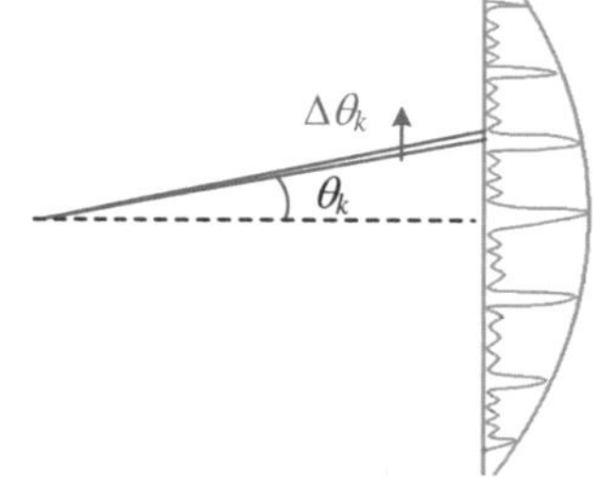

图 4.55　半角宽度示意图

缝间干涉因子决定主极强的位置、主极强的半宽度、光栅方程。

⑤ 存在缺级现象（图 4.56）。

图 4.56　光栅衍射图样

干涉明纹位置：

$$d\sin\theta = \pm k\lambda \quad (k = 0, 1, 2, \cdots)$$

衍射暗纹位置：

$$a\sin\theta = \pm k'\lambda \quad (k' = 1, 2, 3, \cdots)$$

若 d 和 a 满足：

$$\frac{d}{a}=\frac{k}{k'},\quad k=\frac{d}{a}k'$$

此时在应该干涉加强的位置上没有衍射光到达,从而出现缺级。

例如图 4.57 中 $d=4a$,其干涉条纹缺 ±4 级,±8 级……

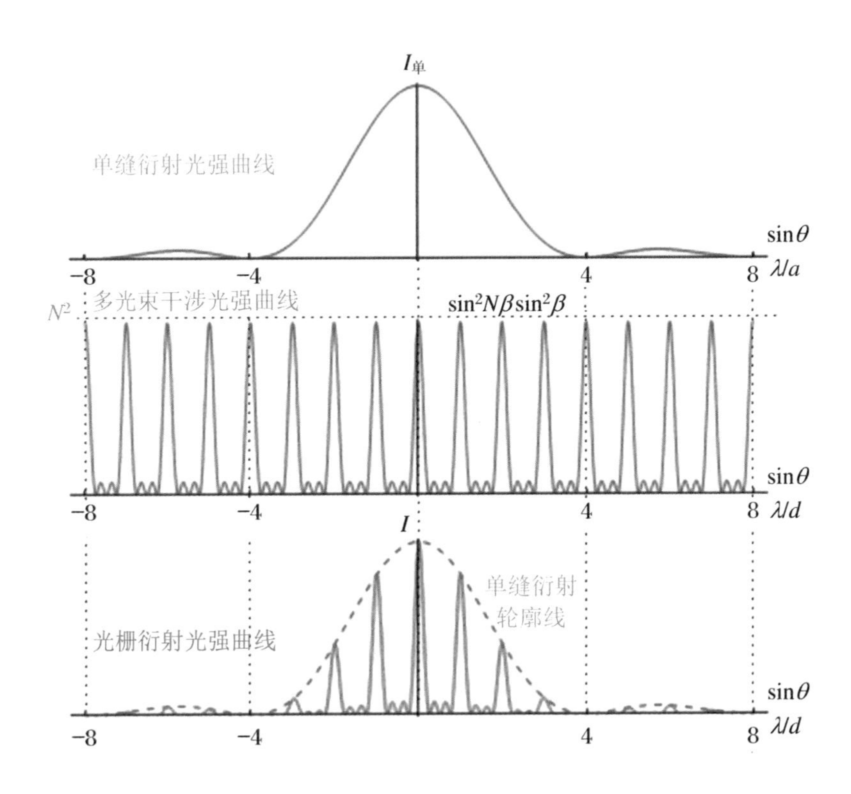

图 4.57 光栅衍射的缺级现象

小结:

单缝衍射因子的作用:影响强度在各级主极强间的分配,调制缝间干涉强度,不改变主极强的位置和半角宽度,造成缺级现象。

缝间干涉因子的作用:决定主极强的位置(光栅方程 $d\sin\theta=k\lambda$)以及主极强的半角宽度$\left(\Delta\theta_k=\dfrac{\lambda}{Nd\cos\theta_k}\right)$。

4.4 光 谱 仪

光谱仪是光学领域中重要的光学仪器之一,其应用领域极其广泛。现在常用的光谱仪主要有 F-P(干涉)光谱仪、光栅(衍射)光谱仪,其性能都是由色散本

领、色分辨本领、自由光谱范围来描述。色散本领只能反映出光谱仪将两相近谱线的中心在空间位置上分开的程度,但能否分辨出两条谱线还取决于每一谱线自身的宽度。色分辨本领表征光谱仪对两条相近谱线的分辨能力,其定义为波长 λ 与 λ 附近能够分辨的最小波长差 $\delta\lambda$ 的比。自由光谱范围则表示每套光谱间互不交叠("乱套")的光谱间隔。

4.4.1 光栅(衍射)光谱仪

1. 光栅的分光原理

正入射时光栅方程为

$$d\sin\theta = \pm k\lambda \quad (k = 0,1,2,\cdots)$$

θ 表示第 k 级谱线的角位置,可进一步表示为

$$\sin\theta = k\frac{\lambda}{d} \quad (k = 0,1,2,\cdots) \tag{4.4.1}$$

若入射光是包含不同波长的复色光,则每种波长在接收屏幕上将形成各自的衍射花样。由光栅方程(4.3.40)式可知,对一定的光栅,除零级主极大外,同一级次 k,不同波长的主极大对应不同的衍射角 θ,长波的衍射角大,短波的衍射角小,即不同波长落在空间不同位置,这种现象即为光栅色散。当用缝光源照明时,可以看到衍射花样中有几套不同颜色的亮线,它们各自对应一个波长(图 4.58)。这些主极大亮线就是谱线,各种波长的同级谱线集合起来构成光源的一套光谱。光栅光谱有许多级,每一级是一套光谱。如果光源发出的是具有连续谱的白光,则光栅光谱中除 0 级仍近似为一条白色亮线外,其他级各色主极大亮线都排列成连续的光谱带。

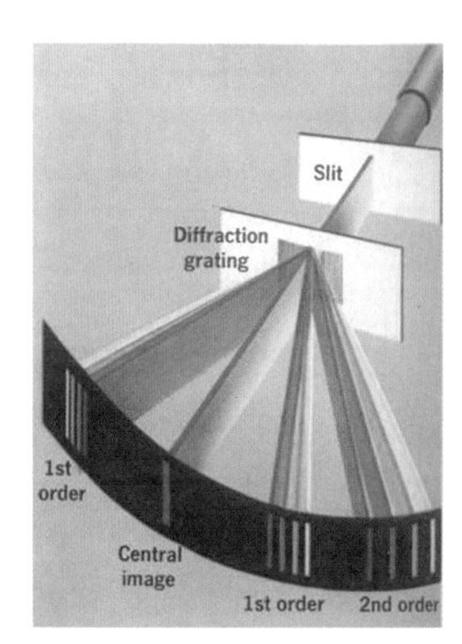

图 4.58 光栅光谱

基于光栅衍射分光原理可以制成多种高灵敏的光栅光谱仪。图 4.59 为透射式光栅光谱仪的原理结构。

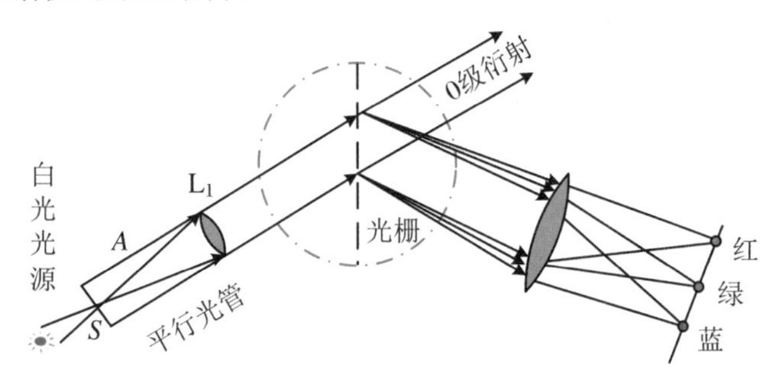

图 4.59 透射式光栅光谱仪的分光原理

表征光栅光谱仪的基本参数仍然是色散本领、色分辨本领及自由光谱范围。

2. 光栅的色散本领

两条不同谱线分开的程度与光栅本身的特性有关。通常用角色散本领来描述光栅对不同谱线中心位置分开的能力大小。设两光波的中心波长分别为 λ 和 $\lambda+\delta\lambda$，它们的 k 级谱线分开的角距离为 $\delta\theta$，由光栅方程：

$$\sin\theta_k = k\frac{\lambda}{d}$$

$$\sin(\theta_k+\delta\theta) = k\frac{\lambda+\delta\lambda}{d}$$

其中，θ_k 表示 λ 波长 k 级中心的角位置，$(\theta_k+\delta\theta)$ 表示 $(\lambda+\delta\lambda)$ 波长 k 级中心的角位置，有

$$\sin(\theta_k+\delta\theta)-\sin\theta_k \approx (\sin\theta_k)'\delta\theta = \cos\theta_k \cdot \delta\theta = k\frac{\delta\lambda}{d}$$

所以两波长 $(\lambda,\lambda+\delta\lambda)$ k 级条纹中心的角间距为

$$\delta\theta = k\frac{\delta\lambda}{d\cos\theta_k} \tag{4.4.2}$$

定义角色散本领为 $D_\theta \equiv \frac{\delta\theta}{\delta\lambda}$，即波长相差一个单位的两谱线中心所分开的角距离。

$$D_\theta \equiv \frac{\delta\theta}{\delta\lambda} \to D_\theta = \frac{k}{d\cos\theta_k} \tag{4.4.3}$$

则光栅的线色散本领：

$$D_l \equiv \frac{\delta l}{\delta\lambda} \xrightarrow{D_l = fD_\theta} D_l = \frac{kf}{d\cos\theta_k} \tag{4.4.4}$$

其中，f 为光谱仪中望远物镜的像焦距。

由上可见：光栅的角色散本领与光栅常数 d 成反比，为了增加角色散本领，所以光栅线条总是刻得很密；角色散本领还与光谱级次 k 成正比，对于给定的光栅，光谱级次越高，角色散本领也越大，不同波长的中心位置分得越开，但同时光谱强度随级次的增高减弱，且短波长的高级次和长波长的低级次有可能在位置上有交叠。因此，在实际应用中须兼顾取舍色散本领、谱线强度以及自由光谱范围。

3. 光栅的色分辨本领

由色散本领定义可知,它只反映光谱仪将两相近谱线中心(主极大)在空间位置上分开的程度,但能否分辨出两条谱线还取决于每一谱线自身的宽度,所以有必要引进另一量来描述光栅分辨谱线的能力,这个量称为色分辨本领。设光栅对波长在 λ 附近的谱线能够分辨的最小波长差为 $\delta\lambda$,则光栅的色分辨本领定义为

$$R \equiv \frac{\lambda}{\delta\lambda} \tag{4.4.5}$$

光栅的色分辨本领是由光栅本身的特性决定的。根据瑞利判据,光栅能够分辨两谱线的最小角间隔 $\delta\theta$,即为某级谱线(主极大)的半角宽度 $\Delta\theta_k$,如图4.60所示。所以有

$$\delta\theta = \Delta\theta_k = \frac{\lambda}{Nd\cos\theta_k} \tag{4.4.6}$$

将上式和 $D_\theta = \dfrac{k}{d\cos\theta_k}$ 代入角色散本领定义式 $\delta\lambda = \dfrac{\delta\theta}{D_\theta}$,则能够分辨的最小波长差为

$$\delta\lambda = \frac{\lambda}{kN} \tag{4.4.7}$$

所以,色分辨本领为

$$R \equiv \frac{\lambda}{\delta\lambda} = kN \tag{4.4.8}$$

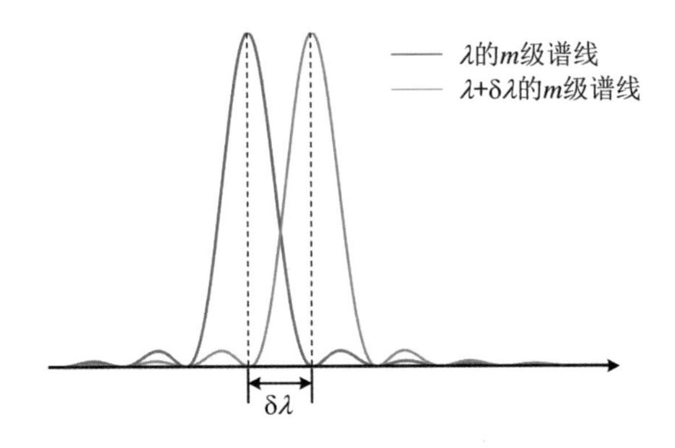

图4.60 光栅的瑞利判据

可见,光照区狭缝数 N 越多,则光栅光谱仪的色分辨本领越大,这一结论是显而易见的,因为 N 越多,意味着参与干涉的衍射单元个数越多,谱线就变

得越细锐。色分辨本领还随光谱级次的增高而增大，这是因为光谱的级次越高色散本领越大。

因此提高光栅光谱仪色分辨本领的有效途径是选取较高的衍射级次、较小的光栅常数及较大的光束(或光栅)宽度。但是光谱级次较高时，存在光谱强度减弱和不同套光谱间交叠的问题。

4. 光栅的自由光谱范围

由于垂直照射下光栅的衍射角最大不超过 90°，故满足光栅方程的最大波长小于光栅的周期，即 $\lambda_{\max} \leqslant d$，因此，一般光栅光谱仪的最大量程就是光栅常数 d。工作于不同波段的光谱仪要选用适当光栅常数的光栅。

另一方面，为使相邻级次光谱不至于出现重叠现象，要求光谱仪工作波段中第 k 级的上限波长(长波)λ_l 与第$(k+1)$级的下限波长(短波)λ_s 满足关系：

$$(k+1)\lambda_s > k\lambda_l \tag{4.4.9}$$

满足这一关系的波长范围，称为光谱仪在该衍射级的自由光谱范围。对于第 1 级光谱，则有

$$\lambda_s > \lambda_l/2$$

在光谱仪的实际使用中，需要注意的是由于透镜总是存在色差问题，实际光谱仪中都尽量采用凹面反射镜来会聚衍射光谱，因为反射镜系统是理想的消色差系统。有些集成式光栅光谱仪直接采用凹面反射式光栅，使分光器件和成像器件合而为一，大大简化了光路系统。

4.4.2 闪耀光栅

普通光栅衍射(透射光栅)光谱仪的缺点是中央 0 级主极大值条纹占有绝大部分光能量，仅有很少部分光能量分布于高级次条纹上，也就是说大部分能量集中在无色散缝间干涉 0 级主极强，即单缝衍射的零级主极强(调制强度)和缝间干涉的零级主极强重合(方向完全一致)，此时起不到分光的目的。好在光栅衍射可认为是很多单缝衍射光的干涉，这样单缝衍射的零级主极强和缝间干涉的主极强即可设法控制，也就是说可把单缝衍射的零级主要光能量转移并集中到缝间干涉所需要的某一级光谱上。将大部分光能(单缝衍射的零级(几何像))集中闪到所需光谱级(缝间干涉的非零级)上的光栅称为闪耀光栅。

如图 4.61 所示，闪耀光栅实际上是由一组锯齿状刻槽(衍射单元)构成的反射式光栅，各槽面的反射率是相同的，所以也是位相光栅。其特点是，刻槽的面法线与光栅的面法线之间成一夹角 θ_b，导致单槽衍射的中央 0 级(几何光学

的反射方向)与槽间干涉的中央0级在空间错开,从而把光能量转移并集中到所需要的某一级光谱上。

其工作方式有两种(光入射方式):(1) 沿槽面法线 n;(2) 沿光栅平面法线 N。如图4.61所示。

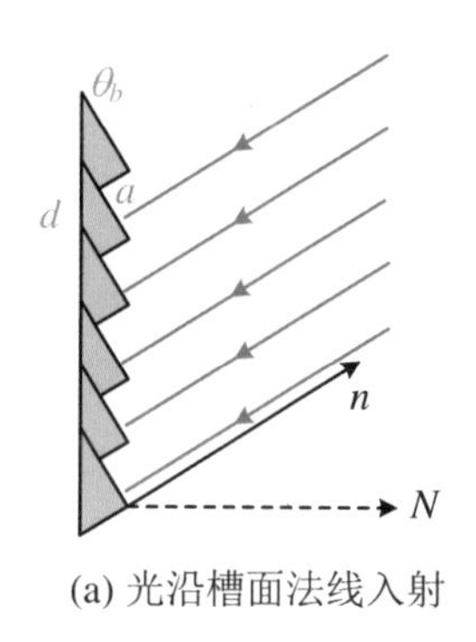

(a) 光沿槽面法线入射

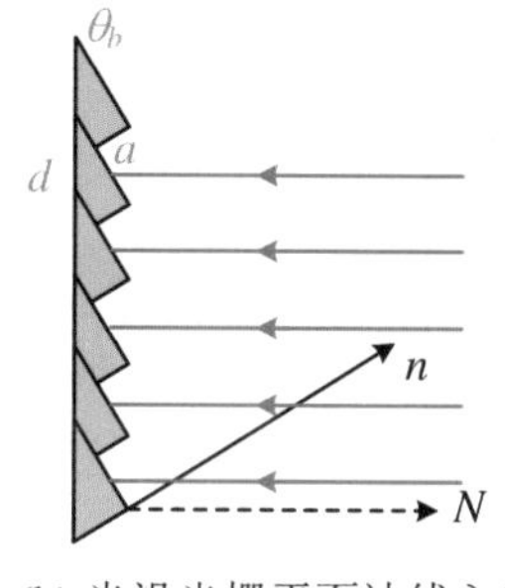

(b) 光沿光栅平面法线入射

图4.61 闪耀光栅

1. 沿槽面法线 n

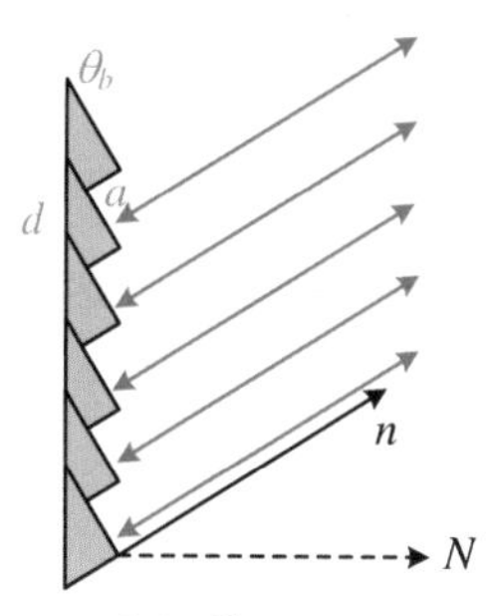

图4.62 光沿槽面法线方向入射的闪耀光栅

当平行光束垂直刻槽表面入射时,如图4.62所示。单槽面衍射的0级是几何光学的反射方向,沿原方向返回。槽面间干涉决定色散主极强:相邻槽面间的光程差 $\Delta L = 2d\sin\theta_b$,满足 $2d\sin\theta_b = k\lambda_{kb}$,光栅单缝衍射0级主极强正好落在 λ_{kb}光波的(缝间干涉)k 级谱线上。

2. 沿光栅平面法线 N

当平行光束垂直光栅平面入射时,如图4.63所示,单槽面衍射的0级是几何光学的反射方向,沿 $2\theta_b$ 方向反射。相邻槽面间的光程差 $\Delta L = d\sin2\theta_b$,满足 $d\sin2\theta_b = k\lambda_{kb}$,光栅单缝衍射0级主极强正好落在 λ_{kb}光波的 k 级谱线上。

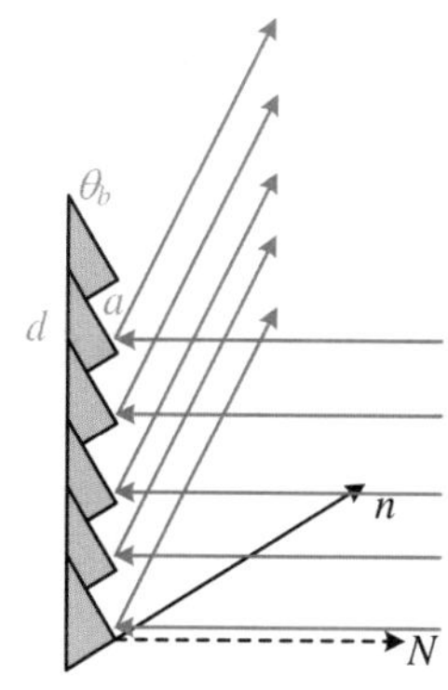

图4.63 光沿光栅平面法线方向入射的闪耀光栅

可见,满足以上槽面间干涉主极强确定的条件时,单槽衍射的0级极大值方向被闪到波长为 λ_{kb}的第 k 级谱线,从而可大大提高谱线的亮度。同时,由于光栅的单槽宽度 a(刻槽表面宽度)与刻槽间距 d 一般相差很小($a\approx d$),故其他光谱级次(包括中央0级)都几乎落在单槽衍射的极小值位置而形成缺级,从而将80%~90%的光能量都集中到了 λ_{kb}的第 k 级谱线上(图4.64),这也就是闪耀光栅的含义。

通常将 θ_b 称为光栅的闪耀角,λ_{kb}称为光栅的闪耀波长。其中 k 取1时表示1级闪耀波长,取2时表示2级闪耀波长。当 a 的取值很小时,单槽衍射的0级主极大分布很宽,从而可使位于闪耀波长附近波段的光谱强度都能得到提高,且 λ_{kb}光的闪耀方向不可能是其他中心波长的闪耀方向,故可分辨 λ_{kb}附近的谱线。通过对闪耀角的不同设计,可以使光栅适用于某一特定波段的某级光谱。图4.65所示为一种基于闪耀光栅分光的光栅单色仪光路。

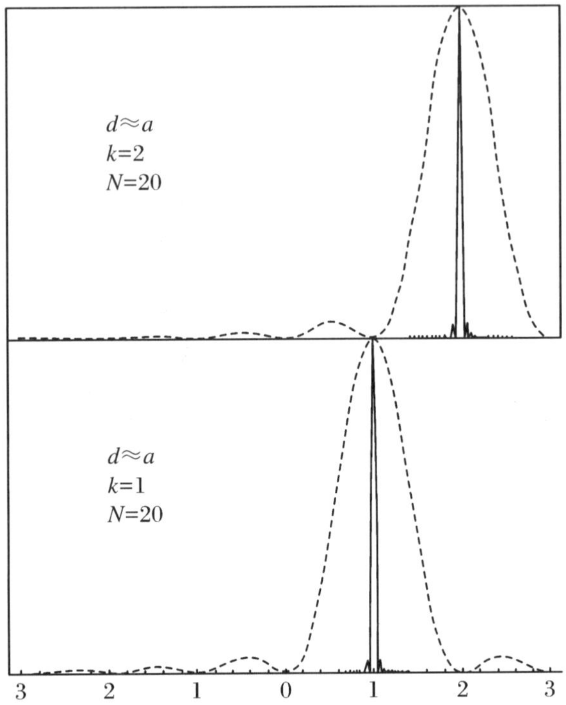

d≈a
k=2
N=20
d≈a
k=1
N=20
3 2 1 0 1 2 3

图 4.64　闪耀光栅的衍射原理

光源
狭缝S1
M1
闪耀光栅
G
凹面反射镜
M2
探测器
狭缝S2

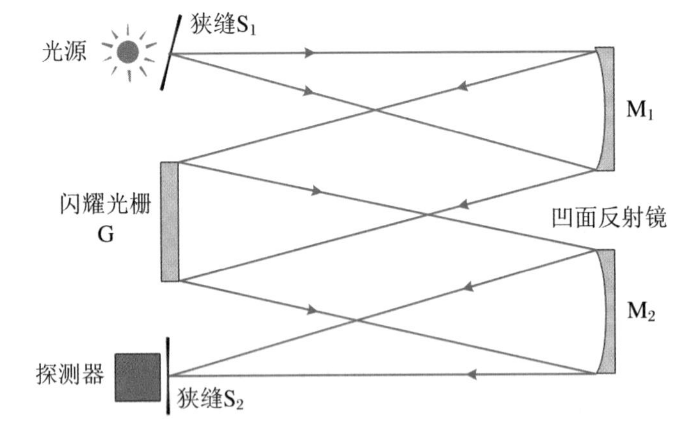

图 4.65　反射式光栅单色仪的结构光路

4.5 光栅效应

4.5.1 光栅的莫尔效应

莫尔条纹(Moire fringe)是18世纪法国研究人员莫尔首先发现的一种光学现象。当两个周期结构重叠在一起并且彼此之间转过或平移一定的角度时，人们会在其上看到明暗相间的条纹，此即莫尔条纹。莫尔条纹在生活中经常可见，如拿起两把梳子，将其重叠并相互转过一个小角度，便能看到明暗相间的条纹，或者用手机对着电脑拍照也能得到相似的条纹，如图4.66所示。莫尔条纹在艺术设计、纺织业、建筑学、图像处理、测量学和干涉仪等方面都有一些独特的应用。

图4.66 莫尔条纹举例

1874年，英国物理学家瑞利首先揭示出了莫尔条纹图案的科学和工程价值，指出了借观察莫尔条纹的移动来测量光栅相对位移的可能性，为在物理光栅的基础上发展出计量光栅的分支奠定了理论基础。

根据光栅叠置方式的不同，可将莫尔条纹分为两类。第一类莫尔条纹是指两个空间频率(或光栅常数)略有差异的光栅平行叠置时产生的条纹图样，条纹的排列方向平行于栅线的排列方向，如图4.67(a)所示；第二类莫尔条纹是指两个空间频率(或光栅常数)相同但栅线方向相对有一很小转角 α 的光栅叠置时产生的条纹图样，条纹的排列方向垂直于两光栅栅线的夹角平分线，如图4.67(b)所示。

莫尔条纹的实际应用主要在以下几个方面。

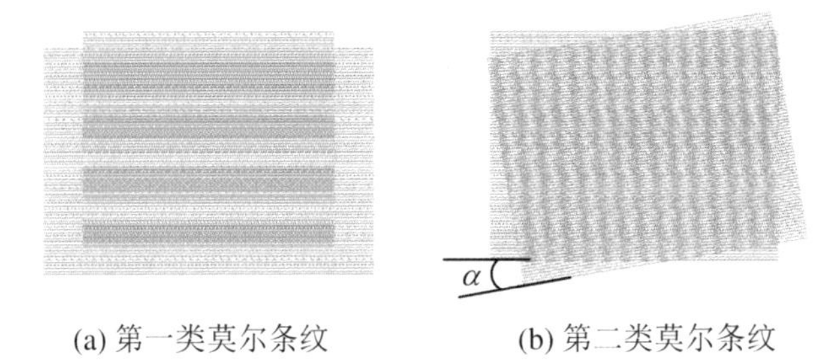

(a) 第一类莫尔条纹　(b) 第二类莫尔条纹

图 4.67　光栅的莫尔条纹

1. 检验光栅的光栅常数

从某种意义上来说,莫尔条纹可以看成是两列单色平面光波叠加时形成的干涉条纹。

第一类莫尔条纹相当于两列波长略有差异的单色平面波同向传播时叠加而形成的干涉条纹。若设两光栅常数分别为 d 和 d',则相邻(暗)亮条纹中心的间距为

$$\Delta x = \frac{dd'}{|d - d'|} \approx \frac{d^2}{\Delta d} \tag{4.5.1}$$

因此,利用一标准光栅(已知光栅常数 d),通过测量 Δx,得到待测光栅和标准光栅的差值 Δd,就可以测定待测光栅的光栅常数 d'。

2. 测量微小位移、微小角度

第二类莫尔条纹相当于两列传播方向略有差异的单色平面光波叠加时形成的干涉条纹。若设两光栅夹角为 α,光栅常数为 d,则相邻(暗)亮条纹中心的间距为

$$\Delta x = \frac{d}{2\sin\frac{\alpha}{2}} \tag{4.5.2}$$

当 α 很小时,可以改写为

$$\Delta x = \frac{d}{\alpha} \tag{4.5.3}$$

莫尔条纹反映了相互叠置的两光栅之间的微小差异。差异越小,所引起的莫尔条纹间距 Δx 越大。这样将光栅常数相等的两光栅,其中一块作为定光栅固定不动,另一块作为动光栅固定在被测的运动物体上,通过测量莫尔条纹间距 Δx 的变化,即可达到测量微小位移的目的。莫尔条纹的放大倍率仅取决于两个光栅之间的角度,在测量中可以根据测量精度的需要任意调整。

对式(4.5.3)做微分运算,并改写成有限变量的形式:

$$\Delta x = -\frac{d}{\alpha^2}\Delta\alpha \qquad (4.5.4)$$

根据式(4.5.4)可以得到动光栅与静光栅之间角度的微小变化量。例如,光栅常数为 $d=0.002\ \text{m}$,两块光栅的角度为 $\alpha=0.01°$。当动光栅与静光栅之间的角度发生 $\Delta\alpha=1''$的变化量时,莫尔条纹宽度从 11.459 变为 11.149。莫尔条纹的变化量为 $\Delta x=0.31$,这一变化量是很容易测量的。此即莫尔效应的光学放大原理。

3. 光栅传感器

光栅作为一种光学器件,不仅可利用其衍射效应进行光谱分析等,还可以利用莫尔条纹现象进行精密测量、传感等。光栅传感器的结构如图 4.68 所示,标尺光栅和指示光栅在平行光的照射下形成莫尔条纹,光栅的相对移动使透射光强度呈周期性变化,光电元件把这种光强信号变为周期性变化的电信号,由电信号的变化即可获得光栅的相对移动量。

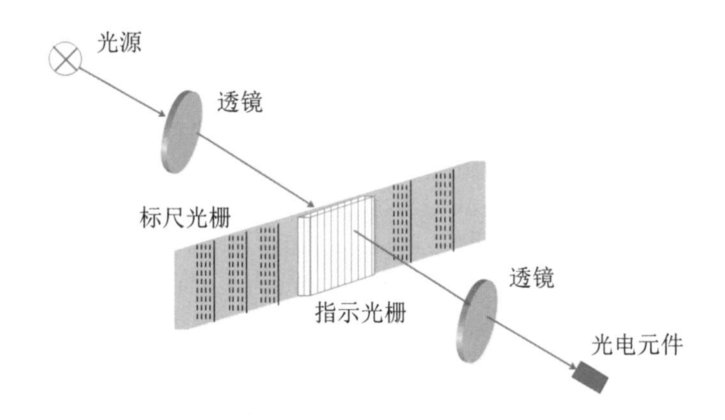

图 4.68 光栅传感器示意图

根据莫尔条纹原理可以实现直线位移和角位移的静态、动态测量,具有精度高、分辨力强的特点,能够满足接触、非接触,小量程、大量程,一维、多维等各种需求的测量与控制反馈,广泛应用在精密测量与定位、超精密加工、面形检测、振动检测以及大规模集成电路的设计与检测等方面。

4. 结构光照明显微镜

结构光照明显微镜(Structure Illumination Microscopy, SIM)最早是在2005 年由 Mats Gustafsson 开发并提出的,其基本原理是基于莫尔条纹的相关特性。结构光照明荧光显微镜是基于常规荧光显微镜,通过对其照明方式的改进,以特定结构光成像,从而可能突破衍射极限,获得高分辨率样品信息,进而由傅里叶变换获得样品显微图像的一种光学显微镜。在实际使用时,在照明光路中插入一个结构光的发生装置(如光栅、空间光调制器或者数字微镜阵列DMD等),照明光受到调制后,形成亮度规律性变化的图案,然后经物镜投影在样品上,调制光所产生的荧光信号再被相机接收,通过移动和旋转照明图案使其覆盖样本的各个区域,并将拍摄的多幅图像用软件进行组合和重建,在成像过程中把位于光学传递函数范围外的一部分信息转移到范围内,利用特定算法将范围内的高频信息移动到原始位置,就可以得到该样品的超分辨率图像了。由于需要组合多个图像,SIM的成像过程是需要一定时间的。

5. 莫尔超晶格

之前讨论的莫尔条纹基于人为制备出的周期性结构——光栅,这种概念和现象的引入,极大地提高了微小尺度测量和传感的精度。同样,在自然界中,周期性的结构随处可见,比如原子的周期性排布,假如我们将光栅用二维材料(二维的原子排布)代替,那么会产生什么新奇的实验现象呢?近些年来,二维材料由于其原子级厚度和特殊的光电效应,得到了广泛的关注。类比于传统的莫尔条纹,用材料中的晶格常数来替代光栅常数。原子层厚度的二维材料在较弱的范德华力作用下能通过垂直堆积进行组装,从而实现不共格、可任意相互旋转的两种晶体之间的耦合。当两个晶格常数或晶格转角不同的二维材料叠加在一起时,便会出现周期性的"莫尔条纹"——莫尔超晶格,进而形成一个新的二维周期势,可以大大改变原有体系的物理性质。

2018年3月,麻省理工学院的曹原等研究人员在《自然》上发表论文(Cao, Y, Fatemi, V, Fang S, et al. Unconventional superconductivity in magic-angle graphene superlattices[J]. Nature, 2018(556): 43-50),指出通过不断调试两层石墨烯的旋转角,发现其在特定角度(约1.1°)会表现出"莫特绝缘体"特性,而如果利用电场在石墨烯上吸附电子,这一体系则能表现出超导特性,这一新材料体系就此被称为魔角石墨烯,如图4.69所示。该发现获评《物理世界》"2018十大突破"之首,论文第一作者入选《自然》杂志评出的2018年度科学人物。这项研究的突破在于利用成一定旋转角的两层石墨烯观察到与铜氧化物超导类似的现象。魔角石墨烯的相关研究,也催生了被称为"转角电子学"(Twistronics)的这个新兴领域,在半导体器件能带工程、界面工程等领域有着广泛的应用前景。

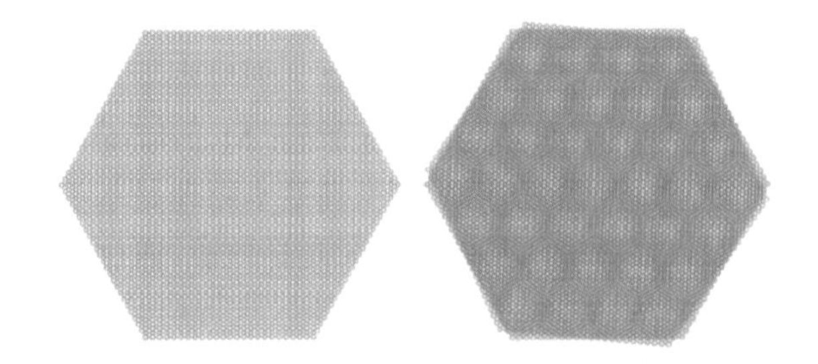

图4.69 魔角石墨烯

2019 年 12 月 8 日，上海交通大学叶芳伟等在《自然》上发表论文（Wang P, Zheng Y, Chen X, et al. Localization and delocalization of light in photonic moiré lattices[J]. Nature, 2020(577):42-46)，发现并揭示了基于光子莫尔超晶格的一种新的波包局域机制。相比于之前将波局域的方式，莫尔超晶格提供的局域方式更加简单易行。它既不需要较强的折射率反差，也不需要特殊的结构设计，更不依赖于较强的激光功率，但同时它又具有高度的可调性——通过简单的莫尔转角的调节。莫尔超晶格提供了对光进行控制的一种全新手段，为未来的光束控制、图像传输、信息处理提供了一种更加简单易行的手段。

4.5.2 光栅的泰保效应

泰保（Talbot）效应是泰保于 1836 年发现的。具有周期性结构的衍射屏在单色平面光波照射下，其衍射光场中将周期性地出现该周期结构的像，这种周期性衍射自成像现象称为泰保效应。若以波长为 λ 的单色平面光波垂直照射光栅常数为 d 的光栅，则在相距光栅

$$z_m = \frac{2md^2}{\lambda} \quad (m = 0,1,2,3,\cdots) \tag{4.5.5}$$

的平面上将得到光栅的像。

泰保效应的产生机制可由光栅的衍射过程来理解，透过光栅的衍射光波在满足泰保距离的平面上的衍射波分量间的位相关系正好与光栅平面处相同，其相干叠加的结果，再次形成类似光栅几何投影的条纹图样。

泰保效应是光栅衍射中的重要光学现象，在非接触测量、微光学技术等领域有着广泛而重要的应用。如，通过对具有周期结构的平面物的无透镜成像（泰保像），可实现对印刷电路板、光栅、阵列微光学器件的无畸变复制，或形成莫尔测量用的空间虚光栅等。泰保效应不仅在光学领域，而且在声学、表面等离子体光刻、X 射线成像、原子物理等研究领域也有应用。如表面等离子体的泰保效应可实现超衍射极限光刻，基于泰保效应的 X 射线成像、传感、检测等。当光波被物质波替代时，同样也将呈现类似的自成像现象，因此泰保效应也出现在如原子物理、凝聚态物理等许多重要的学科领域。

4.6 夫琅禾费衍射与傅里叶变换

光学的重要发展之一是将数学中的傅里叶变换和通信中的线性系统理论引入光学,形成了一个新的光学分支——傅里叶光学。傅里叶光学的产生导致了光学信息处理技术的兴起。我们知道,现今的无线电通信是将振幅或频率经过调制的电磁波发出去,其中包含的信息是时间的函数,而光学信息处理涉及的却是如何把光学系统的物平面上的光信息传播到系统的像平面,我们可以把物平面的复振幅分布和光强分布看成输入信息,而把像平面的复振幅分布和光强分布视为输出信息,所以光通信传递的是空间分布函数。但是从数学的角度来看,两者的数学变化规律有共同之处,即都能通过傅里叶变换对信息进行分析,从而能帮助我们从更高的角度来研究光学中的一些新理论与实际问题。傅里叶分析方法的引入,使我们对这些现象的内在规律获得了更深入的理解。

4.6.1 衍射场的分解与傅里叶变换

在介绍夫琅禾费衍射时,我们曾这样分析:将衍射场看成不同方向平面波的叠加,这些不同方向的平面波分量代表着给定波前上包含的不同空间频率成分。这就是说,任何一个复杂的单色波场的波前,都可以看作是一系列具有不同振幅和传播方向平面波的线性叠加。

按照傅里叶分析理论,一个任意的解析函数,均可以看作是一系列具有不同周期或频率的基元函数的线性组合。同样,一个具有二维分布的光波场复振幅 $E(x,y)$ 可分解成一系列具有不同空间频率的基元函数的线性叠加,即

$$E(x,y)=\iint_{-\infty}^{\infty}E(f_x,f_y)\exp[\mathrm{i}2\pi(f_xx+f_yy)]\mathrm{d}f_x\mathrm{d}f_y \qquad (4.6.1)$$

式中积分因子 $\exp[\mathrm{i}2\pi(f_xx+f_yy)]$ 表示沿 x 和 y 方向的空间频率分别为 f_x 和 f_y 的基元波的位相因子。我们从光场波前函数来看,实际上基元函数 $\exp[\mathrm{i}2\pi(f_xx+f_yy)]$ 代表了一个方向余弦为 $\cos\alpha=\lambda f_x$,$\cos\beta=\lambda f_y$ 的单色平面波的位相因子。因此可以说,透过衍射屏的光波场,实际上可看作是一系列具有不同传播方向或空间频率的单色平面波分量的线性叠加。每个平面波分量的空间取向和相对位相由其空间频率 (f_x,f_y) 决定,振幅由权重因子

$E(f_x,f_y)$ 决定,代表不同方向平面波占整个光波场 $E(x,y)$ 的权重,其大小等于

$$E(f_x,f_y)=\iint_{-\infty}^{\infty}E(x,y)\exp[-\mathrm{i}2\pi(f_x x+f_y y)]\mathrm{d}x\mathrm{d}y \tag{4.6.2}$$

数学上一般称 $E(f_x,f_y)$ 为 $E(x,y)$ 的傅里叶变换,称 $E(x,y)$ 为 $E(f_x,f_y)$ 的逆傅里叶变换,并分别记为

$$E(f_x,f_y)=\mathfrak{F}\{E(x,y)\} \tag{4.6.3}$$

$$E(x,y)=\mathfrak{F}^{-1}\{E(f_x,f_y)\} \tag{4.6.4}$$

这样,人们就可以用傅里叶变换理论来分析、讨论光的传播(衍射)、成像等问题,也就诞生了一门专门学科——傅里叶光学。

4.6.2 夫琅禾费衍射的再讨论

基于4.1节中给出的菲涅耳-基尔霍夫衍射公式(4.1.2)式,考虑夫琅禾费衍射条件(平面波照明、远场条件),可得夫琅禾费近似下的衍射积分式:

$$\widetilde{E}(x,y)=\frac{\mathrm{e}^{\mathrm{i}kz}}{\mathrm{i}\lambda z}\iint_{-\infty}^{\infty}\widetilde{E}(x_0,y_0)\mathrm{e}^{-\mathrm{i}k\left(\frac{x}{z}x_0+\frac{y}{z}y_0\right)}\mathrm{d}x_0\mathrm{d}y_0 \tag{4.6.5}$$

其中 $\widetilde{E}(x_0,y_0)$ 为衍射屏孔径后的波前函数,取 $f_x=x/\lambda z$,$f_y=y/\lambda z$,代入上式,得

$$\begin{aligned}\widetilde{E}(x,y)&=-\frac{\mathrm{i}\mathrm{e}^{\mathrm{i}kz}}{\lambda z}\iint_{-\infty}^{\infty}\widetilde{E}(x_0,y_0)\exp[-\mathrm{i}2\pi(f_x x_0+f_y y_0)]\mathrm{d}x_0\mathrm{d}y_0\\&=-\frac{\mathrm{i}\mathrm{e}^{\mathrm{i}kz}}{\lambda z}\mathfrak{F}\{\widetilde{E}(x_0,y_0)\}\Big|_{f_x=\frac{x}{\lambda z},f_y=\frac{y}{\lambda z}}\end{aligned} \tag{4.6.6}$$

上式表明,在夫琅禾费近似下,观察平面上的衍射光场复振幅正比于衍射屏透射光场复振幅 $\widetilde{E}(x_0,y_0)$ 的傅里叶变换。由于常数因子 $-\frac{\mathrm{i}\mathrm{e}^{\mathrm{i}kz}}{\lambda z}$ 并不影响衍射光场的强度分布特征,因此也可以说,所谓的夫琅禾费衍射过程,实际上就是光学系统对透过衍射屏的光波的傅里叶变换过程。若以单色平面波垂直照射衍射屏,则其衍射图样的相对光强分布,实际上就是衍射屏的傅里叶变换谱。

下面我们利用傅里叶变换再次推导狭缝的夫琅禾费衍射场。假设用单位振幅的平面波正入射到缝宽为 a 的单缝上,单缝的屏函数为 $t(x_0)$,可表示为

$t(x_0) = \text{rect}\,\frac{x_0}{a}$，即

$$t(x_0) = \begin{cases} 1, & |x_0| \leqslant \frac{a}{2} \\ 0, & \text{其他} \end{cases} \tag{4.6.7}$$

单位振幅平行光垂直照明狭缝，则屏后波前函数 $\widetilde{E}(x_0) = t(x_0)$，所以观察屏(透镜后焦面)上的衍射场为

$$\widetilde{E}(x) = C\int_{-\infty}^{\infty} \widetilde{E}(x_0)\mathrm{e}^{-\mathrm{i}k\frac{x}{z}x_0}\,\mathrm{d}x_0 \tag{4.6.8}$$

接收面上的空间坐标 x 与衍射角 θ 的关系为 $\sin\theta = x/z$，令 $f_x = \frac{x}{\lambda z} = \frac{\sin\theta}{\lambda}$，则有

$$\widetilde{E}(x) = C\int_{-\infty}^{\infty} \widetilde{E}(x_0)\mathrm{e}^{-\mathrm{i}2\pi f_x x_0}\,\mathrm{d}x_0 \tag{4.6.9}$$

可进一步表示为

$$\begin{aligned} \widetilde{E}(\theta) &= C\mathfrak{F}\{t(x_0)\} = C\int_{-a/2}^{a/2} \mathrm{e}^{-\mathrm{i}2\pi f_x x_0}\,\mathrm{d}x_0 = Ca\,\frac{\sin(\pi a f_x)}{\pi a f_x} \\ &= Ca\,\frac{\sin(\pi a\sin\theta/\lambda)}{\pi a\sin\theta/\lambda} = Ca\,\frac{\sin\alpha}{\alpha} \end{aligned} \tag{4.6.10}$$

所以

$$I(\theta) = I_0\left(\frac{\sin\alpha}{\alpha}\right)^2 \tag{4.6.11}$$

其中 $\alpha = \pi a\sin\theta/\lambda = \frac{1}{2}ka\sin\theta$。

显然这里得到了与前面推导完全相同的结果。利用傅里叶变换计算夫琅禾费衍射图样的复振幅和光强，其运算方法比传统的经典方法简便得多。rect(x)函数与 sinc(x)函数是基本的常用傅里叶变换对。

4.6.3 傅里叶光学的基本思想

数学上可以将一个复杂的周期函数做傅里叶级数展开，这一点在光学中表现为一个复杂的图像可以被分解为一系列的单频信息的合成，简言之，一个复

杂的图像可以被看作一系列不同频率、不同取向的余弦光栅之和。如果事情仅限于此,那图像的傅里叶分解只停留在纯数学的纸面上。为了将这种傅里叶分解在物理上付诸实现,必须找到相应的物理途径——物理效应、物理元件或物理装置。观察夫琅禾费衍射的实验过程也可以看出,透过衍射屏的光波场中的不同平面波分量将被透镜会聚到像方焦平面上不同点,因此,衍射图样反映了衍射屏透射光场中不同方向平面波衍射分量的分布。而不同方向的平面波代表不同的空间频率,这说明衍射图样实际上就是衍射屏透射光场的空间频谱分布。也就是说,当单色光入射于二维图像上,通过夫琅禾费衍射,使一定空间频率的光学信息由一对待定方向的平面衍射波传输出来;这些衍射波在近场区域彼此交织,到了远场区域彼此分离,从而达到分频的目的。常见的远场分频装置是利用透镜,将不同方向的平面衍射波会聚于后焦面的不同位置上,形成一个个衍射斑;衍射斑位置与图像空间频率一一对应,频率越高的成分衍射角越大,集中了这一频率成分所有的光学信息。

总之,在一个夫琅禾费衍射系统中,输入图像的傅里叶频谱直观地显示在透镜的后焦面上。换言之,这后焦面就是输入图像的傅里叶频谱面,简称傅氏面,因而那些夫琅禾费衍射斑也常被称为谱斑。从这个意义上看,夫琅禾费衍射装置就是一个图像的空间频谱分析器。这就是现代光学对经典光学中夫琅禾费衍射的一个重新评价——夫琅禾费衍射实现了屏函数的傅里叶变换。这种新认识或新联系,给光学和数学这两方面都带来了新进展,它为夫琅禾费衍射场的分析提供了一种强有力的傅里叶数学手段,同时开创了光学空间滤波与光学信息处理这一新技术。

由此可见:从数学意义上看,傅里叶变换是将一个函数转换为一系列周期函数来处理。从物理效果看,傅里叶变换是通过夫琅禾费衍射将图像从空间域转换(分解)到频率域,其逆变换是将图像从频率域转换(合成)到空间域。

综上所述,振兴于20世纪60年代的傅里叶光学,其基本思想和基本内容可以概括为两条:对图像产生的复杂波前的傅里叶分析,这意味着将复杂的衍射场分解为一系列不同方向、不同振幅的平面衍射波,故傅里叶光学就是一种平面波衍射理论;再者,特定方向的平面衍射波,作为一种载波,携带着特定空间频率的光学信息,并将其集中于夫琅禾费衍射场的相应位置,实现了分频。分频为选频即空间滤波开辟了可行的技术途径,故傅里叶光学也是一种关于空间滤波和光学信息处理技术的理论基础。

4.7 X射线晶体衍射

1895年12月28日,德国物理学家伦琴(Wilhelm Röntgen,1845—1923)

发现了“一种新的射线”。为了表明这是一种新的射线，伦琴采用表示未知数的X来命名。伦琴发现X射线后，认为它是一种波（短波长的电磁波，$10^{-2}\sim10$ Å），但无法证明。当时晶体的构造（内部原子的排列具有周期性，晶格常数～Å，如图4.70所示）也没有得到证明。

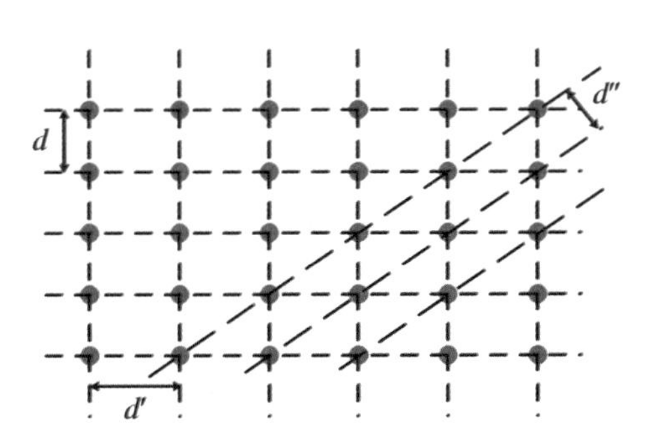

图4.70 晶面示意图（d 为晶格常数）

德国物理学家劳厄（Max von Laue，1879—1960）认为：X射线是极短的电磁波，晶体是原子（离子）的有规则的三维排列。那么，只要X射线的波长和晶体中原子（离子）的间距具有相同的数量级，当用X射线照射晶体时就应能观察到衍射现象。在劳厄的指导下，1912年索末菲的助教弗里德里奇和伦琴的博士研究生克尼平开始了这项实验。他们把一个垂直于晶轴切割的平行晶片放在X射线源和照相底片之间，结果在照相底片上显示出了有规则的斑点群——后来科学界称其为“劳厄相”（图4.71）。爱因斯坦曾称此实验为“物理学最美的实验”。*Nature* 把这一发现称为“我们时代最伟大、意义最深远的发现”。劳厄的X射线衍射有两个重大意义：(1) 证明了X射线是一种波，使对X射线的认识迈出了关键的一步，并可制作仪器对不同的波长加以分辨，确定相应波的波长。(2) 第一次对晶体的空间点阵假说做出了实验验证，使晶体物理学发生了质的飞跃，在该领域结出了更为丰硕的成果，诞生了X射线晶体衍射学。之后，布拉格父子使用X射线衍射在研究晶体原子和分子结构方面做出了杰出的贡献。

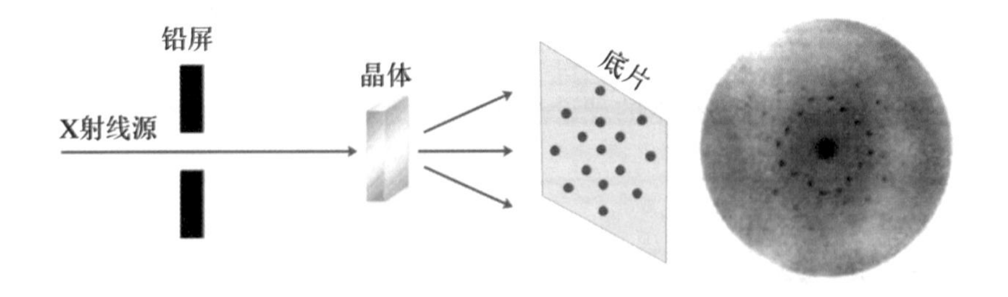

图4.71 X光射向硫化锌晶体的衍射图（劳厄相）

晶体对X射线的衍射，可从其晶格结构特点来分析。晶体中每个格点上的原子或离子都是散射子（次）波的波源，所以可以称之为衍射中心；同时每一层面上的点源衍射出的光可以形成干涉，称之为点间干涉，如图4.72

所示。

在图 4.72 中我们可以得到二维点阵干涉的 0 级主极大方向，就是以晶面为镜面的反射光方向。由于晶体是一个立体结构，所以衍射光不光能在同一层面上点间干涉，也能在不同层面上发生面间干涉。我们只考虑反射方向上的 0 级主极大，可以得到图 4.73 所示的情形。

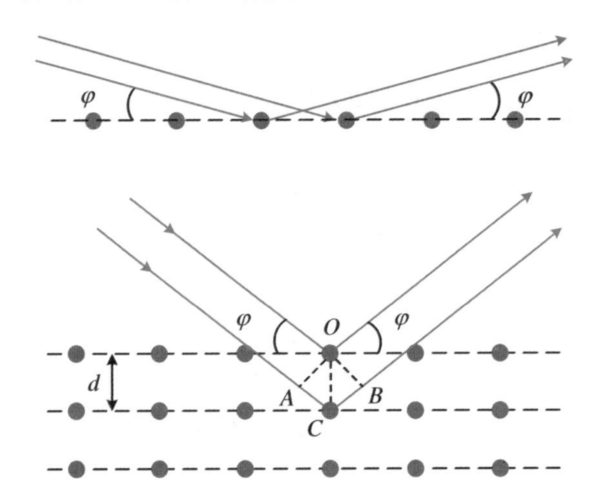

图 4.72 点间干涉的示意图

图 4.73 X 射线晶体衍射面间干涉(d 为晶格常数，φ 为掠射角)

由图 4.73 可以得到相邻界面反射的两束光波间的光程差 $\Delta L = \overline{AC} + \overline{CB} = 2d\sin\varphi$。故反射光波发生相长干涉的条件为

$$2d\sin\varphi = k\lambda \quad (k \text{ 是正整数}) \tag{4.7.1}$$

上式称为布拉格(W. L. Bragg)条件，是描述三维体光栅衍射的基本方程，又称布拉格方程，晶体的晶格点阵就是典型的体光栅。它表明，对于给定的光栅常数，要使不同波长的光能够满足布拉格条件，所要求的掠射角不同；或者说，给定波长情况下，只有方向满足布拉格条件的入射光波，才能发生衍射(反射)。另一方面，给定光栅常数和入射方向情况下，只有波长满足布拉格条件的入射光波，才能发生衍射(反射)。布拉格衍射的方向和波长选择特性，是体全息再现、声光调制器以及光纤光栅等的理论基础。

体光栅的三维结构特点，决定了其光栅常数往往不是唯一的。如图 4.74 中除了沿立方体棱边排列的正交体光栅外，也可以将结点沿 45°或其他方向的排列看作为一个体光栅，因此，对于给定波长，在给定入射光方向情况下，会出现多级布拉格衍射条纹，这些条纹的产生起源于不同取向且不同光栅常数的空间结构。

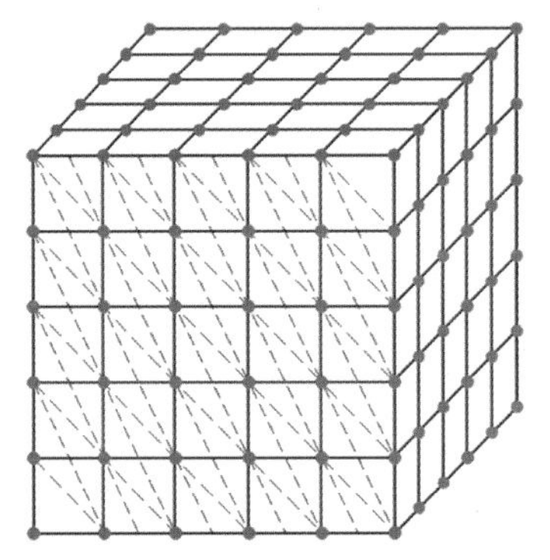

图 4.74 三维体光栅结构

在实际应用中，我们可以已知 φ 和 λ 来测 d，通过这样的途径，可以对晶体做结构分析；我们也可以已知 φ 和 d 来测 λ，进而对 X 射线做光谱分析。针对 X 射线衍射，会有一系列的布拉格条件，我们可以得到晶体内有许多晶面族，入射方向和 λ 一定，对第 i 个晶面族有

$$2d_i \sin\varphi_i = k_i \lambda \quad (i = 1,2,3,\cdots) \tag{4.7.2}$$

而一维光栅只有一个干涉加强条件，也就是我们平时提到的光栅方程 $d\sin\theta = \pm k\lambda$。晶体在 d_i 和 φ_i 以及 λ 都确定时，不一定能满足布拉格公式，而一维光栅在波长和入射方向确定时，就会有衍射角 θ 满足我们的光栅方程。

4.8 亚光波长结构衍射

顾名思义，亚波长微结构就是尺寸小于光波长的微纳结构，研究这个尺度的光学称之为亚波长光学或者微纳光学。微纳光学不仅是光电子产业的重要发展方向之一，也是目前光学领域的前沿研究方向。随着纳米制造技术的进步，出现了一些微纳光学的新概念：光子晶体（photonic crystal）、表面等离子体光学（plasmonics）、超材料（metamaterials）、光学天线（optical antennas）、超表面（metasurface）等。通过设计、制造一些微纳结构可控制光的衍射、传播等，实现对光波的人工调控，从而实现新的光学性能，如纳米尺度的光传输和聚焦、超高方向性辐射、超透镜效应、新型光场产生等。利用人工微纳结构对光场独特的调控能力，发展出了众多新颖的微纳光子器件，在信息的提取、处理、传输和探测方面都具有广泛的影响和重要的应用前景。从某种意义上来说，亚光波长结构衍射是衍射光学的新进展，可以看作是人为地控制或改变光的波前，从这个角度来讲，微纳光学结构的设计和制造是微纳光学发展的共性关键技术问题。

第5章 光的双折射

光通过晶体的双折射现象(图片来自网络)

本章提要　光波在介电常数各向异性的介质中传播时，将产生一系列新的光学现象。本章详细讨论单轴晶体中的光振动特点及双折射现象解释，介绍利用单轴晶体制成的各种晶体光学器件的原理、性能和应用，介绍偏振光的干涉及其应用、旋光现象和感应双折射。

5.1　晶体中的双折射现象

在以上各章的讨论中，都是假定介质是各向同性的。在各向同性介质中，光的传播方向由折射定律所确定，与光的偏振态（振动状态）无关。但在各向异性介质（晶体）中，光的传播方向一般会出现两种折射状态，其中一种不服从折射定律。这种双折射现象的产生与入射光的振动状态有关，反映了晶体对光波场响应的各向异性。

5.1.1　晶体简介

图 5.1　方解石晶体

图 5.2　石英晶体

晶体是物质的一种特殊凝聚态，一般呈固态，其特点是外形具有一定的规则性，而内部原子排列有序且具有周期性，两者互为表里。晶体微观结构上的周期性或对称性，导致了其宏观物性上的各向异性，比如，晶体热传导的各向异性，晶体电导、电极化和磁化的各向异性，以及传播于晶体中的光速的各向异性。

由固体物理学中的晶格几何理论，自然界中存在的晶体按其空间对称性可分为七种晶系：立方晶系；正方（四方、四角）晶系；六角（六方）晶系；三角（三方）晶系；正交（斜方）晶系；单斜晶系；三斜晶系。若按光学性质分类，这 7 种晶系又被分为 3 类：

（1）单轴晶体。三角晶系、四角晶系和六角晶系，均属单轴晶体，比如方解石、红宝石、石英、冰，等等。今后我们常常述及的冰洲石即是方解石的一种，分子式为 $CaCO_3$，其自然解离面呈现平行六面体形（斜六面体），菱面的锐角为 78°08′，钝角为 101°52′，如图 5.1 所示。纯质的方解石晶体呈无色透明状，且在天然状态下可以形成较大尺寸，是制造偏振光学器件的重要材料之一。常常述及的石英又称水晶，属三角晶系晶体，其分子式为 SiO_2，结构上自然解离成图 5.2 形式。纯质的石英晶体呈无色透明状，也是制造偏振光学器件的重要材料之一。

(2) 双轴晶体。单斜晶系、三斜晶系和正交晶系，均属双轴晶体，比如，蓝宝石、云母、正方铅矿、硬石膏，等等。

(3) 立方晶系。比如，食盐 NaCl 晶粒，它是各向同性介质。

5.1.2 单轴晶体中的双折射现象

我们知道，当一束自然光以一定角度入射到两种各向同性介质(如空气与水或玻璃等)的分界面上时，折射光线只有一束，并且遵守折射定律。实验发现，当一束自然光以一定角度入射到各向同性与各向异性介质(如空气与方解石晶体)或两种各向异性介质(如不同取向的方解石晶体)的分界面上时，折射光线一般有两束。如图 5.3 所示，若用某种各向异性晶体制成一块平行平板并置于空气中，则该介质平板可将一束入射的自然光分解成两束相互错开透射光波。如图 5.4 所示，若将该平板放置在一片纸上，则透过该平板会看到纸张上的文字出现相互错开的双重影像；当以入射光线为轴线旋转该介质平板时，会发现一个影像的位置会随之旋转。进一步透过检偏器来观察两束透射光波时，发现两者均为线偏振光。

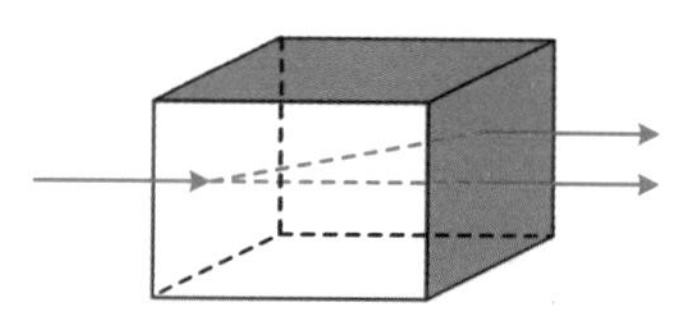

图 5.3 晶体中的双折射现象

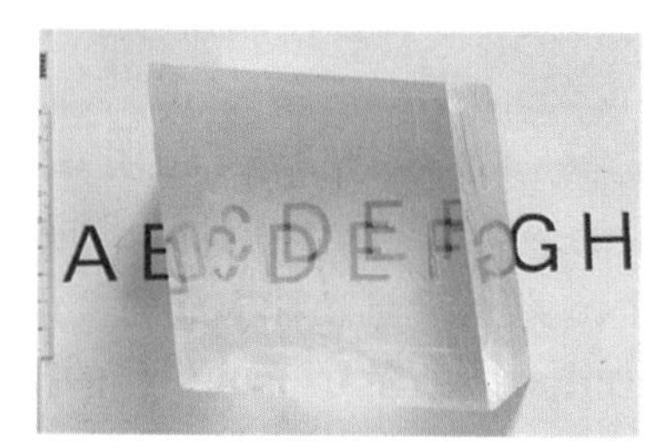

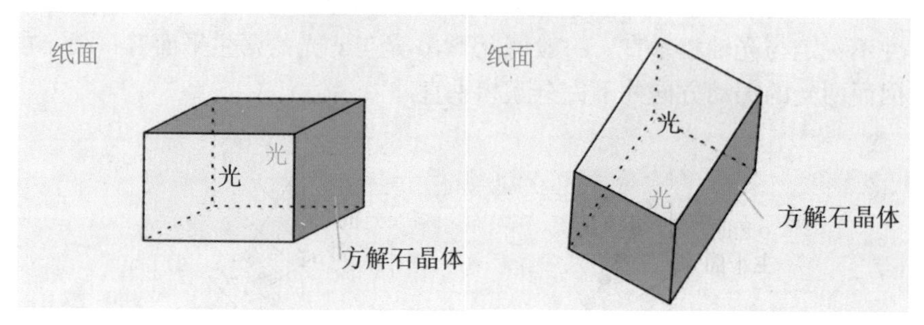

图 5.4 透过双折射晶体看纸面上的文字

一束自然光经各向异性晶体折射时，产生两束振动方向不同的线偏振光，这种现象称为双折射。双折射产生的两束折射光中，一束遵从折射定律，称为寻常光，简称为 o 光，在晶体中 o 光永远在入射面内；另一束不遵从折射定律，折射光线一般不在入射面内(在几个特殊方向上在入射面内)，并且当两种介质一定时，$\sin i_1/\sin i_2 \neq$ 常数，这束光称为非常光，简称为 e 光。应当注意，o 光和

e 光只在双折射晶体内才有意义，射出晶体后，就无所谓 o 光和 e 光了。当光在晶体内沿某个特殊方向传播时不发生双折射。

双折射现象的存在表明，折射定律一般仅适用于各向同性介质。对于各向异性晶体，在一般情况下，由双折射产生的两束折射光波中至少有一束不满足折射定律。入射光的方向不同、晶体结构及空间取向不同，双折射性质不同。为便于讨论，下面引入几个基本概念。

1. 晶体的光轴

在晶体中存在着一个特殊的方向，当光在晶体中沿这个方向传播时不发生双折射，o 光和 e 光的传播速度相同，这个特殊的方向称为晶体的光轴。光轴是一个特殊的方向，凡平行于此方向的直线均为光轴。

若晶体中只有一个光轴方向，称为单轴晶体，如方解石、石英、红宝石等。一般用英文字母 c 表示单轴晶体的方向。若晶体中同时存在着两个光轴方向，称为双轴晶体，如云母、蓝宝石、橄榄石、硫黄等。

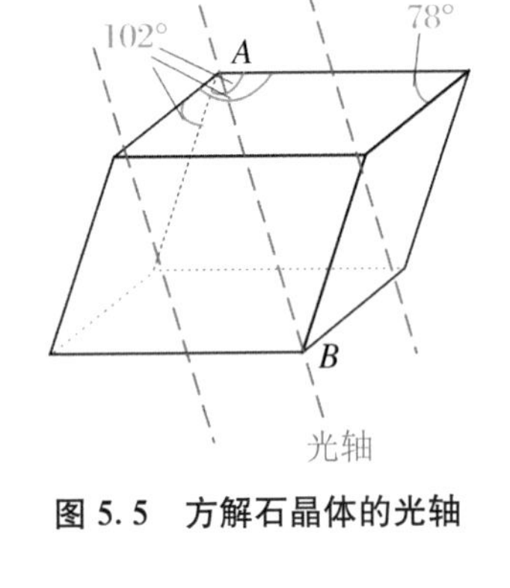

图 5.5　方解石晶体的光轴

例如，如图 5.5 所示，在方解石晶体（冰洲石）中，由三个钝角面会合而成的顶点引出的与三个棱边成等角的方向就是光轴。

2. 晶体的主截面和主平面

晶体光轴与晶面法线构成的平面称为晶体的主截面。主截面由晶体本身结构所决定。

双折射产生的两束光都是线偏振光，为了说明 o 光与 e 光的振动方向，引入主平面的概念。晶体中某条光线与晶体光轴构成的平面，称为该光线的主平面。晶体中有 o 光主平面（o 光光线与光轴构成的平面）和 e 光主平面（e 光光线与光轴构成的平面）。如图 5.6 所示，o 光光矢量的振动方向总和自己的主平面垂直，即始终与光轴方向相垂直；e 光光矢量的振动方向则在自己的主平面内，并不一定与光轴相垂直。一般情况下，o 光与 e 光的两主平面有一很小的夹角，因而两光的振动方向并不完全互相垂直。

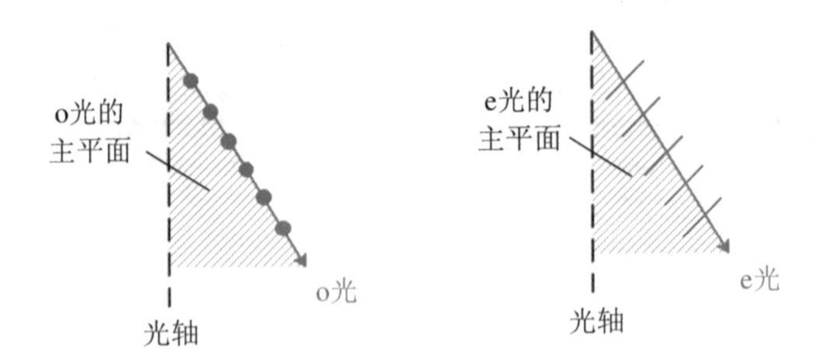

图 5.6　o 光和 e 光在主平面上的振动方向

当光轴位于入射面内（即晶体的主截面与光线的入射面重合）时，则 o 光主平面与 e 光主平面重合且与入射面重合，两折射光的振动方向互相垂直。在实

际中,都有意选择入射面与晶体主截面重合,以便简化所研究的双折射现象,本课程就主要讨论这种情况,包括:(1) 入射光在主截面内;(2) 主平面、主截面为同一平面;(3) o光振动方向和e光振动方向互相垂直。

5.1.3 双折射现象的惠更斯原理描述

1. 单轴晶体中光波的波面

第1章中介绍了惠更斯原理和惠更斯作图法来解释各向同性介质中的折射现象。同样,也可用惠更斯原理来讨论光在各向异性介质中传播的双折射规律。惠更斯原理描述光的传播实质上是基于波面的传播。惠更斯作图法中重要的一点是必须确定次波源的波面形状。我们知道,光在各向同性介质中传播时,沿各方向光传播的速度都相同,每一次波源传播形成的波面都是球面。

基于双折射现象的实验结果,单轴晶体中的波面应有如下特点:

(1) 根据有两条折射光这一事实,晶体中任一点发出的次波应该有两个,相应有两个波面。

(2) 根据o光总遵从折射定律,o光的次波面应该是球面;而e光通常不遵从折射定律,在晶体中沿各个方向传播的速度不同,它的波面显然不再是球面,而应是椭球面。

(3) 根据沿光轴方向传播(由光波的横波特性,此时e光的振动与o光的振动都垂直光轴)不发生双折射,即e光沿光轴方向的传播速度与o光一样,e光的波面应是以光轴为旋转轴的旋转椭球面,o光和e光两波面(球面和椭球面)在光轴方向上应是旋转相切的。

图5.7给出了次波源在晶体中的波面示意图。

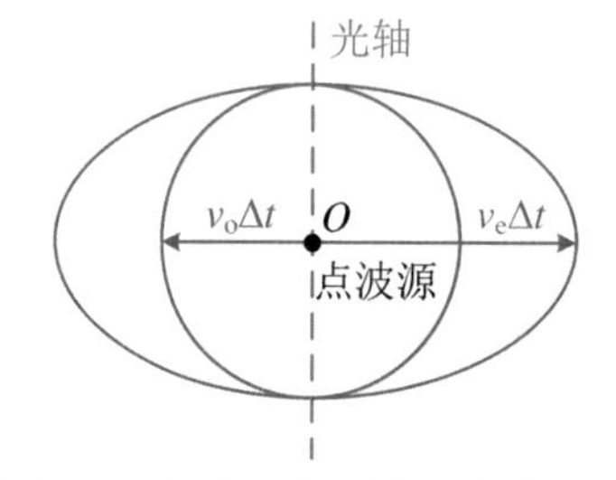

图5.7 次波源在晶体中的波面示意图

根据实验事实,惠更斯认识到晶体应存在两个波面,并对两个波面做了合理的描绘,可解释双折射现象。但是他没有进一步阐明为什么在晶体中会出现两个不同形状的波面,没有做出更本质的解释,形成的只是一种唯象的理论。

考虑光与物质的相互作用,按照经典的电磁理论,利用偶极振子模型可给出晶体双折射现象的物理解释。当光波入射晶体时,我们知道入射光波可分解为两振动方向相互垂直线偏振光的叠加,当入射波进入晶体时,构成晶体的原子、分子或离子被两相互垂直振动分量分别极化而偏离原来的平衡位置形成偶极振子。偶极振子在光波电场的作用下产生受迫振动(其振动频率与极化光波频率相同,振动方向与极化电场方向相同)而发射次级子波,次波频率与入射光波的振动频率相同,但次波的相位传播速度却与偶极振子沿不同方向的极化响应有关。各向同性介质的偶极振子沿任何方向的极化响应相同,所以辐射的次波也是各向同性的，没有双折射现象，只有单一折射；对于各向异性晶体，由于构成晶体的原子、分子或离子排列的各向异性，晶体中不同的方向极化大小不一样，即偶极振子沿不同方向的极化响应不同，极化响应的各向异性，导致入射光波中振动方向不同的成分在晶体中的传播速度不同，从而偏折方向不同，即出现双折射。

我们知道在介质界面，入射光波振动矢量可分解为垂直入射面的振动和在入射面内的振动的叠加。对于单轴晶体，我们分析光的入射面和晶体的主截面、主平面重合的情况，当入射光在晶体内时，即可认为与晶体光轴垂直（垂直主平面）的振动和与晶体光轴有一定夹角（在主平面内）的振动分别在晶体内极化产生偶极振子（$p_{\perp}$，$p_{/\!/}$）。如图 5.7 所示，晶体中的主平面平行于纸平面，光轴沿竖直方向，考察位于晶体中 O 点的次波源：对于振动方向垂直于主平面的入射光波，将引起偶极振子沿垂直于纸平面（始终垂直于光轴方向）做受迫振动，从而发出振动方向垂直于纸平面的次级子波。也就是说，振动方向垂直于光轴、在主平面内沿任意方向传播的入射光波均引起相同极化响应的偶极振子（$p_{\perp}$），因此该光波引起的子波在晶体中沿各个方向的传播速度相同（设为 v_o），相应的波面为球面，与主平面的交线为一个圆，见图 5.8(a)。对于振动方向与主平面平行的入射光波，沿不同方向传播时其振动方向与光轴夹角不同：当振动方向垂直于光轴，即沿光轴方向传播时，此时极化响应为 $p_{\perp}$，则相应的子波传播速度为 v_o；当振动方向平行于光轴，即沿垂直光轴方向传播时，此时极化响应为 $p_{/\!/}$，则相应的子波传播速度为 v_e。而对于沿任意方向传播的光波，其振动方向可分解为平行和垂直于光轴方向两个分量，因而相应的子波传播速度介于 v_o 和 v_e 之间，相应的波面应为椭球面，与主平面的交线为一个椭圆，见图 5.8(b)。

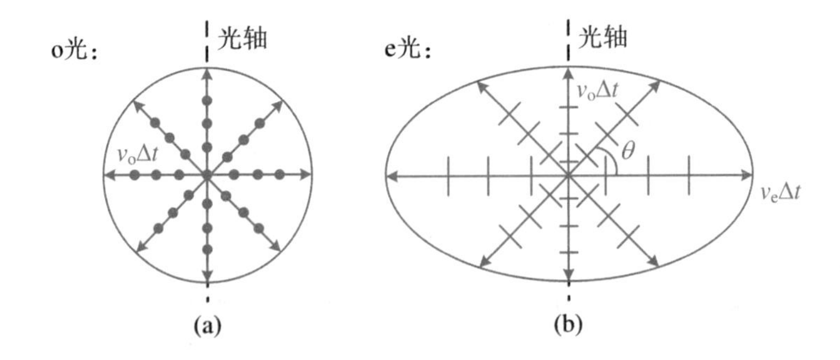

图 5.8　o 光和 e 光在主平面上的波面

由图 5.8 可见，在垂直光轴方向传播时，o 光和 e 光的光速差别最大，我们把垂直光轴方向上的 e 光光速记为 v_e。在单轴晶体中，o 光沿各方向传播的速度都相同，为 v_o。e 光沿各个方向传播的速度不同，沿光轴方向的传播速度与 o 光一样，也是 v_o，沿垂直光轴方向的传播速度与 o 光的光速差别最大为 v_e。

通过以上分析我们可以看到：着眼于光矢量振动分量（E_e，E_o）与晶体光轴的夹角，可加深对 e 光传播各向异性的理解。如图 5.8 所示，e 振动在主平面

内，对应不同的传播方向 θ 角，振动与光轴的夹角 $\beta=90^\circ-\theta$ 也改变。沿 x 轴传播，$\beta=0$，光速为 v_e；沿光轴 z 传播，$\beta=90^\circ$。o 振动与光轴的夹角总为 90°，故两光速相等。这也表明，单轴晶体中两种光波的子波波面在光轴方向相切，其切点连线方向即为光轴方向。

如图 5.9 所示，若 $v_o>v_e$，相应的单轴晶体为正单轴晶体，例如石英，子波波面为球面旋转外切椭球面；若 $v_o<v_e$，相应的单轴晶体为负单轴晶体，例如方解石，子波波面为椭球面旋转外切球面。

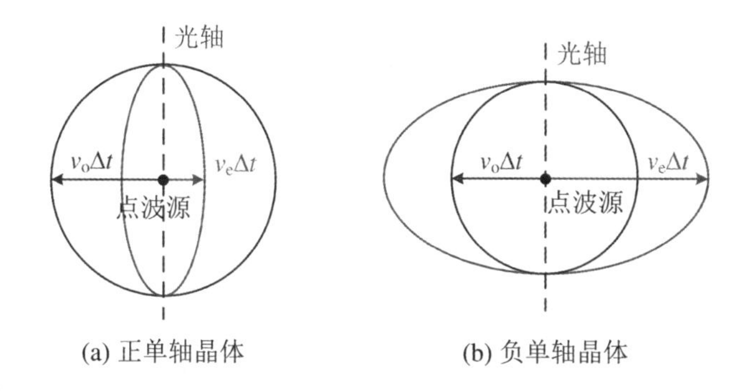

(a) 正单轴晶体　(b) 负单轴晶体

图 5.9　单轴晶体的子波波面

我们知道，真空中的光速 c 与介质中的光速 v 之比等于该介质的折射率 n，即 $n=c/v$。同样我们也可给出单轴晶体的折射率：对于 o 光，晶体的折射率 $n_o=c/v_o$；对于 e 光，在晶体中沿各个方向传播的速度不同，不能简单地用一个折射率来表示，通常把真空光速 c 与 e 光沿垂直于光轴传播的速度 v_e 之比叫作它的折射率，即 $n_e=c/v_e$，其与 n_o 的差别最大。在其他方向的 e 光折射率介于 n_o 与 n_e 之间。n_e 虽然不具有普通折射率的含义，但它与 n_o 一样是晶体的一个主要光学参量，因此将 n_o、n_e 称为单轴晶体的两个主折射率。对于 o 光，只有一个折射率；对于 e 光，有无数个折射率。o 光和 e 光在沿光轴方向传播时，它们的折射率相等，此时它们的振动都垂直光轴。

对于正晶体，$n_o<n_e$；对于负晶体，$n_o>n_e$，其对应折射率椭球面（速度倒数面）如图 5.10 所示。几种常用单轴晶体的主折射率如表 5.1 所示。

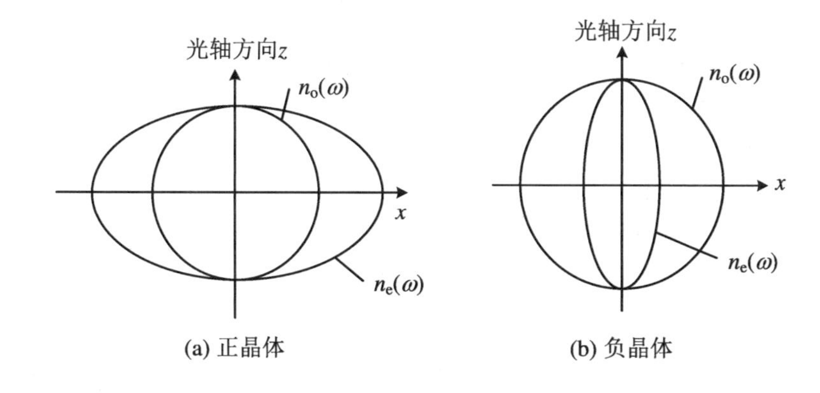

(a) 正晶体　(b) 负晶体

图 5.10　单轴晶体的折射率椭球面

表 5.1 几种单轴晶体的主折射率

晶体	入射光波长/nm	n_o	n_e	类别
方解石	589.3	1.65836	1.48641	负单轴晶体
电气石	589.3	1.669	1.638	负单轴晶体
红宝石	706.5	1.76392	1.75501	负单轴晶体
铌酸锂	632.8	2.2884	2.2019	负单轴晶体
石英	589.3	1.54424	1.55335	正单轴晶体
冰	589.3	1.309	1.310	正单轴晶体
金红石	589.3	2.616	2.903	正单轴晶体
锆石	589.3	1.923	1.968	正单轴晶体

2. 单轴晶体光传播的惠更斯作图法

利用晶体的波面图和惠更斯原理，通过作图法可以分析给出晶体中 o 光和 e 光的传播方向。在下面的分析中以负单轴晶体（$v_o < v_e$，$n_o > n_e$）为例，如方解石。假定入射平面波是自然光。

1）光轴在入射面内并与界面成一夹角

如图 5.11(a)所示，此时，晶体的主截面与光线的入射面重合，晶体中 o 光的主平面与 e 光的主平面以及晶体的主截面重合。按照惠更斯原理，作图步骤如下：

(1) 画出入射光的波面 AB。当 B 点传播到界面上 B' 点时，A 点已经在晶体中形成了两个波面：球面（垂直入射面的振动极化产生，即 o 光波面）和旋转椭球面（入射面内的振动极化产生，即 e 光波面），它们在光轴方向上相切，旋转椭球面外切球面。在相同时间内，A、B' 之间各点在晶体内依次形成较小的子波面。

(2) 过 B' 作球面的切面 $B'A'_o$ 和椭球面的切面 $B'A'_e$，这两个平面就是界面 AB' 上各点所发出的子波波面的包络面，它们分别代表晶体中 o 光和 e 光的折射波面。

(3) 连接 AA'_o 和 AA'_e，它们分别表示晶体中 o 光和 e 光的传播方向。用圆点表示 o 光的振动方向（垂直纸面），以短线表示 e 光的振动方向（平行纸面）。

同样，可作出入射光垂直界面入射时，晶体中 o 光和 e 光的传播方向及其振动方向，如图 5.11(b)所示。

由以上分析可以看到：o 光的光线方向与其波面正交，满足折射定律；e 光的光线方向偏离其波面法线方向，不满足折射定律。

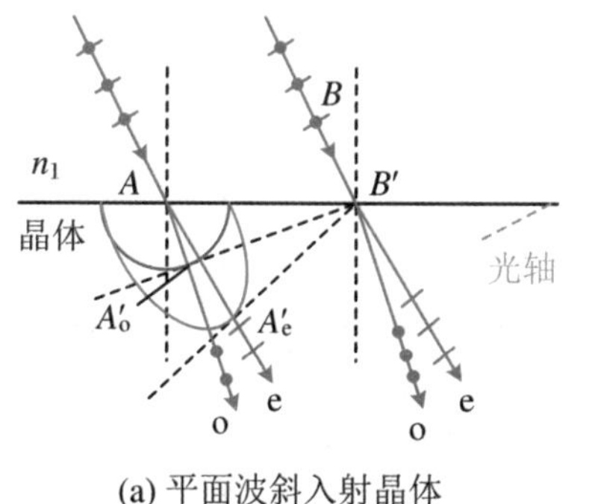

(a) 平面波斜入射晶体

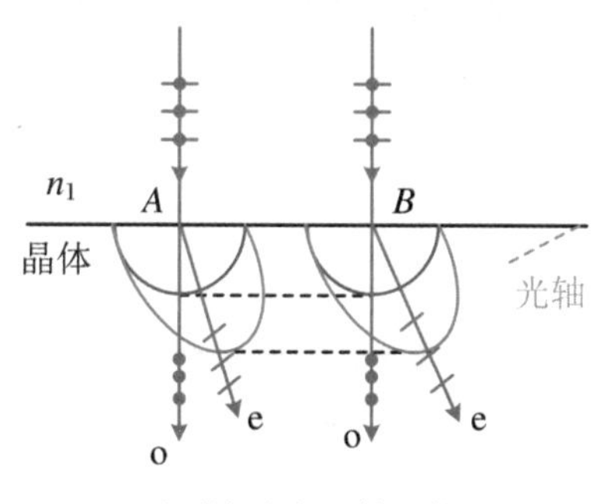

(b) 平面波垂直入射晶体

图 5.11 光轴在入射面内并与界面成一夹角

2）光轴平行晶体表面与入射面

晶体的主截面与光线的入射面重合，晶体中 o 光的主平面与 e 光的主平面以及晶体的主截面重合。

根据光的分解与叠加，入射光矢量可分解为垂直入射面和平行界面振动的两线偏振光的叠加。两振动分量入射晶体界面处分别极化两次波源：垂直入射面的振动在晶体中始终垂直晶体的光轴，其极化产生的是 o 光次波辐射；平行界面的振动在晶体中与晶体的光轴平行，其极化产生的是 e 光次波辐射。具体作图步骤如下：

(1) 在图 5.12(a)中画出入射光的波面，此时波面平行界面，以光束的两个边缘入射点作为次波源点（A、B），它们同时到达界面，并在晶体中形成两个次波面：球面（垂直入射面的振动极化产生，即 o 光波面）和旋转椭球面（入射面内的振动极化产生，即 e 光波面），它们在光轴方向上相切，旋转椭球面外切球面。在相同时间内，A、B 之间各点在晶体内依次形成相同的子波面。

(2) 分别作 o 光和 e 光的两个子波波面的公切面 $A'_oB'_o$、$A'_eB'_e$，这两个平面就是界面 AB 上各点所发出的子波波面的包络面，它们分别代表晶体中 o 光和 e 光的折射波面，切点分别为 A'_o、B'_o、A'_e、B'_e。

(3) 自入射点分别到 o 光和 e 光波面切点的连线方向，即为晶体中相应的 o 光和 e 光的折射光线方向（AA'_o、BB'_o，AA'_e、BB'_e）。用圆点表示 o 光的振动方向（垂直纸面），以短线表示 e 光的振动方向（平行纸面）。此时，o 光的光线方向、e 光的光线方向与其各自波面正交。

在此情况下，o 光和 e 光都沿同一方向传播，其光线方向在空间上没有分离，没有表现出所谓的两个折射光线。但是双折射效应依然存在，它们有不同的相速度，分别为 v_o、v_e，随着传播距离的增加，o 光和 e 光之间的程差也不断增加。透射晶体后的光场即为两振动方向相互垂直、同频率、沿同一方向传播线偏振光的叠加。该结构配置即下节中波片的工作方式。

当自然光斜入射时，同样可作出晶体中 o 光和 e 光的传播方向及其振动方向，如图 5.12(b)所示。o 光与 e 光的光线方向分开。o 光的光线方向依然与其波面正交，满足折射定律；e 光的光线方向偏离其波面法线方向，不满足折射定律。

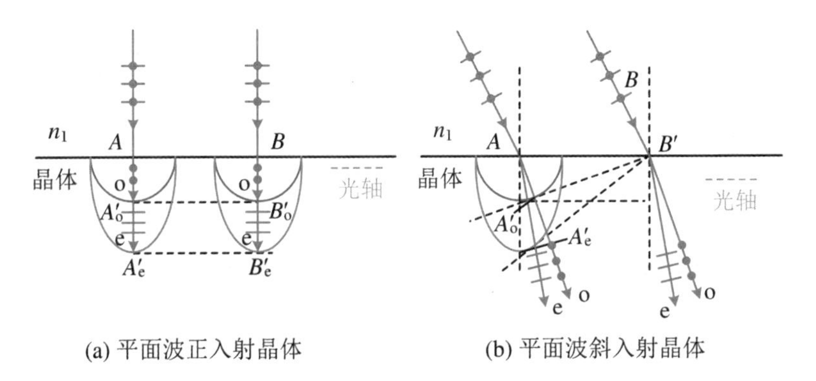

(a) 平面波正入射晶体　(b) 平面波斜入射晶体

图 5.12　光轴平行晶体表面与入射面

3）光轴平行晶体表面、垂直入射面

如图 5.13(a)所示，此时，晶体的主截面与光线的入射面正交，晶体中 o 光的主平面与 e 光的主平面不重合。

因 o 光与 e 光的子波波面在光轴方向旋转相切，此时 e 光波面也被入射面截成一个圆形，这个圆半径大于 o 光波面的圆半径（$v_e > v_o$）。在这种情形下，e 光的光线方向与其波面正交，也遵从折射定律，折射率为 n_e。

如图 5.13(b)所示，当自然光垂直入射时，o 光与 e 光的子波波面的公切线均平行于晶体表面，o 光和 e 光的传播方向相同，在空间上没有分开，但两者波速不同，分别为 v_o、v_e，因而两束光产生的相位延迟不同，仍是双折射效应。

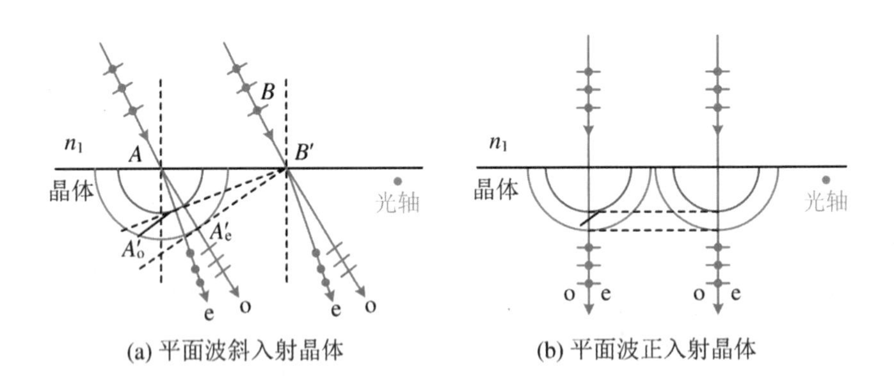

(a) 平面波斜入射晶体　(b) 平面波正入射晶体

图 5.13　光轴平行晶体表面、垂直入射面

4）光轴垂直晶体表面、平行入射面

晶体的主截面与光线的入射面重合，晶体中 o 光的主平面与 e 光的主平面以及晶体的主截面重合。

o 光和 e 光的子波波面与入射面的交线分别为圆和椭圆，且两者在竖直方

向相切。当自然光垂直入射时，o 光与 e 光的子波波面的公切面重合，且平行于晶体表面，相应的光线方向均沿光轴方向（此时，o 光与 e 光的振动方向均垂直光轴），并以同一速度 v_o 传播，空间上没有分开，也就是说没有发生双折射。当自然光斜入射时，o 光与 e 光的子波波面的公切面分开，光线方向也分开，e 光的光线方向不满足折射定律。如图 5.14 所示。

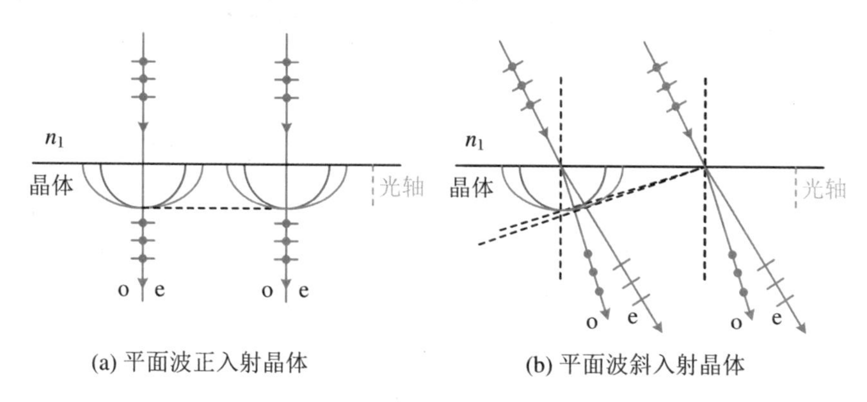

(a) 平面波正入射晶体　　(b) 平面波斜入射晶体

图 5.14　光轴垂直晶体表面、平行入射面

5.2　晶体光学器件

5.2.1　晶体偏振器

由上节内容可知，一束光射入双折射晶体时将分为 o 光和 e 光，它们都是完美的线偏振光。利用这一性质，可以制成质量优良的偏振分束器和起偏器/检偏器。双折射现象的重要应用之一就是制作偏振器件，这类偏光器件主要有尼科耳（Nicol）棱镜、格兰（Glan）棱镜、沃拉斯顿（Wollaston）棱镜、洛匈（Rochon）棱镜等。

下面分别来说明它们的结构和实现方式。在分析实现线偏振光的过程中，依然着眼于入射光的两正交分量振动方向与光轴方向的关系，即同一振动方向在晶体中极化而对应的折射率的变化。

1. 尼科耳棱镜

尼科耳棱镜是一种使用十分广泛的双折射偏振器件，它是由方解石加工而成的，如图 5.15 所示。当自然光在某个角度范围内入射到尼克尔棱镜上时，其出射光线为线偏振光。

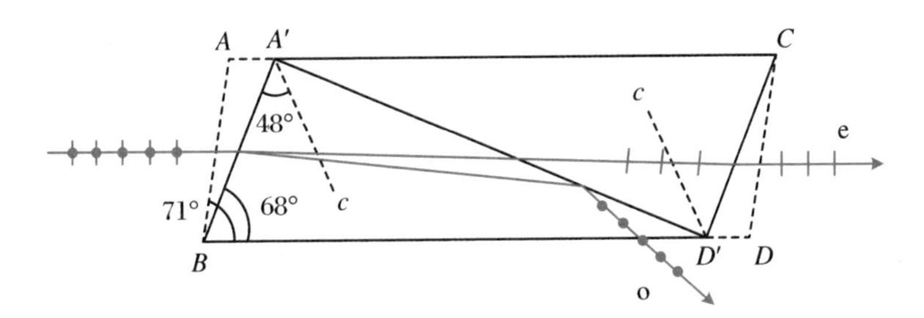

图 5.15 尼科耳棱镜

其具体实现过程为：取一方解石，长度约为宽度的三倍。把原来为 71°的两个端面 AB 和 CD 人工磨成 68°成为 $A'B$ 和 CD'，此时晶体光轴与两端面的夹角为48°。然后沿 $A'D'$ 面垂直于主截面把晶体"剖开"，即使$\angle BA'D'=\angle CD'A'=90°$。然后对"剖开"后的两个表面进行抛光，再用加拿大树胶把它们重新胶合在一起，所构成的胶合棱镜即为尼科耳棱镜。使用加拿大树胶的原因是它对可见光透明，且其对某一波段的折射率正好在方解石的 e 光主折射率与 o 光主折射率之间(例如，对于钠黄光，方解石的 $n_e=1.4864$，$n_o=1.6584$，而加拿大树胶的折射率为 1.550)。因此，对于该波长的 o 光和 e 光而言，加拿大树胶相对于晶体分别为光疏介质和光密介质。

当一束自然光以水平方向射入 $A'B$ 面时(入射角为 22°)，其可分解为垂直入射面振动(即 s 分量)和平行入射面振动(即 p 分量)的两线偏振光，进入晶体后垂直入射面的振动始终垂直光轴方向，其在晶体中极化对应 o 光；平行入射面的振动与晶体光轴方向有一定夹角，其在晶体中极化对应 e 光，它们的折射率不同($n_o=1.6548$，$n_e=1.4864$)，这样入射光将分开为两束方向略有不同的折射光，其中 e 光偏折较小，o 光偏折较大。当这两束光继续传播到胶合面时，对于 o 光，晶体的折射率大于树胶，o 光是从光密介质射向光疏介质界面，此时 o 光的入射角($i_o=76°$)大于全反射临界角($i_{oc}=70°$)，于是经树胶层全部反射至被涂黑的棱镜侧壁；而对于 e 光，晶体的折射率略小于树胶，不满足全反射条件，它将以很小的反射损失穿过树胶层进入后半个棱镜而从 CD'端面射出，于是得到一束振动方向平行入射面的线偏振光。振动方向平行入射面的线偏振光入射尼科耳棱镜，则将作为 e 光全部透过；振动方向垂直入射面的线偏振光入射，则将作为 o 光全部损耗掉。

当光束不是以水平方向入射时，到达树胶层的 o 光的入射角有可能小于其临界角而不发生全反射，e 光的入射角也有可能大于其临界角而发生全反射。因此，尼科耳棱镜对入射光的方向有一定要求，即不能偏离晶体长棱方向(水平方向)太大(在主截面内上下不超过 14°)，否则透射光的偏振度会降低。由此可见，要使尼科耳棱镜成为一个优良的起偏器或检偏器，入射光不能是高度会聚或高度发散的光束，而应该是接近于平行的光束，其入射角与水平方向的偏离应小于 14°。

尼科耳棱镜是一种优质的起偏器或检偏器，但它也有缺点。除了上述对入射光有较严格的要求外，由于入射角较大，调整困难，且反射能量损失很大，特别是

穿过尼科耳棱镜的透射光相对于入射光有较大的侧向偏移，转动棱镜时光束位置也会转动，这使得光路调整极为不便。当使用激光系统时，它的缺点更明显：一般激光功率较高，容易引起加拿大树胶的老化甚至烧毁而破坏整个偏光棱镜。其次，由于所用加拿大树胶对紫外光不透明，尼科耳棱镜不能应用于紫外光。

2. 格兰棱镜

格兰棱镜是尼科耳棱镜的一种改进形式。其特点是将构成尼科耳棱镜的两块菱形方解石棱镜改成两块直角棱镜，并根据两棱镜斜边之间填充介质不同，分为格兰-傅科棱镜（Glan-Foucault）棱镜和格兰-汤普森（Glan-Thompson）棱镜两种。

如图5.16所示，构成格兰-傅科棱镜的两个直角棱镜的光轴有两种配置方式：平行于棱镜端面，平行于入射面；平行于棱镜端面，垂直入射面。两棱镜的斜边之间以空气间隔代替加拿大树胶（空气隙厚度约几十微米），切角 α 与所用波长有关，通常为39°左右。自然光正入射(a)结构时，入射光的两个正交偏振分量（s 分量，即振动方向垂直入射面的偏振分量；p 分量，即振动方向平行入射面的偏振分量）在第一个棱镜中并不分开，但速度和折射率不同，此时，入射光的 s 分量垂直晶体光轴，因而极化产生o光，折射率为 n_o；入射光的 p 分量平行晶体光轴，因而极化产生e光，折射率为 n_e。到达空气隙时，由于e光折射率小于o光折射率（例如对波长为632.8 nm的氦氖激光，$n_e=1.485$，$n_o=1.655$），即e光临界角大于o光（$i_{ce}=39°19'$，$i_{co}=37°09'$），故有 $i_{ce}>\alpha>i_{co}$，所以e光将透过而o光发生全反射。穿过空气隙的e光进入第二个棱镜，由于空气隙极薄，它引起的光束位置偏移可以忽略，光束沿原方向传播。这样，在转动棱镜时，光束的偏振方向发生改变而光束的位置和方向都不变，光路调节十分方便。由于是空气隙，紫外光可以透过，透光波段可较宽（230～5000 nm），透过率也较高。

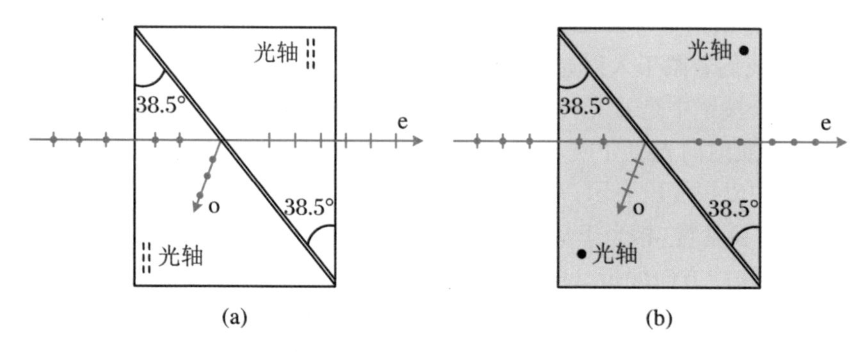

图5.16 格兰-傅科棱镜

同理，自然光正入射(b)结构时，与(a)结构相同，在晶体中o光仍是振动方向垂直晶体光轴的偏振分量，此时对应入射光的 p 分量；e光仍是振动方向平行晶体光轴的偏振分量，只是此时对应入射光的 s 分量。

构成格兰-汤普森棱镜的两个直角棱镜的光轴配置如同格兰-傅科棱镜，只是两棱镜的斜边之间为光学胶，具体如图 5.17 所示。当自然光入射棱镜时，由于晶体切角大于 o 光的临界角而小于 e 光的临界角，故 e 光可直接透射出来，即为振动方向平行于晶体光轴的线偏振光，且出射光束相对入射光束不产生横向平移。对于(a)结构，其入射光的 s 分量与光轴垂直，对应于晶体中的 o 光，p 分量对应于晶体中的 e 光；而对于(b)结构，其入射光的 s 分量对应于晶体中的 e 光，p 分量对应于晶体中的 o 光。

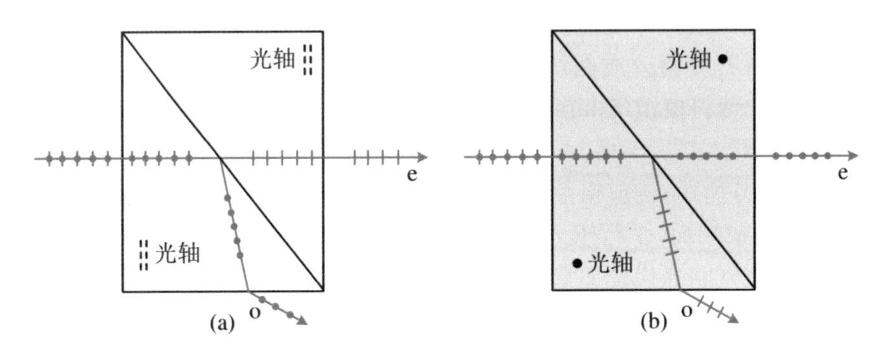

图 5.17　格兰-汤普森棱镜

3. 沃拉斯顿棱镜

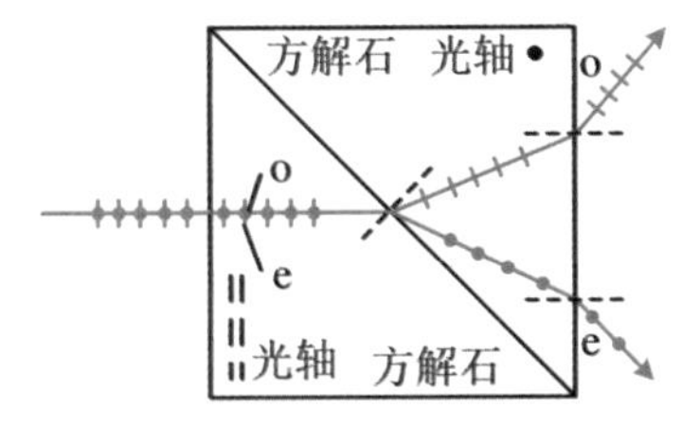

图 5.18　沃拉斯顿棱镜

如同格兰棱镜，沃拉斯顿棱镜仍是由两块方解石直角三棱镜胶合而成的，但是两直角棱镜的光轴相互垂直，如图 5.18 所示。

当自然光垂直入射时，与图 5.16(a)的情况相似，入射光的两个正交偏振分量(s 分量和 p 分量)在第一个棱镜中并不分开，但速度和折射率不同，此时，入射光的 s 分量(即垂直入射面的分量)垂直第一个晶体的光轴，因而极化产生 o 光，相应的折射率为 n_o；p 分量(即平行入射面的分量)平行第一个晶体的光轴，因而极化产生 e 光，相应的折射率为 n_e。当入射光通过胶合面到达第二个棱镜时，入射光的 s 分量则平行第二块晶体的光轴，因而极化产生 e 光，相应的折射率为 n_e；p 分量则垂直第二块晶体的光轴，因而极化产生 o 光，相应的折射率为 n_o。这样，我们着眼于入射光的两个正交偏振分量：对于 s 分量，图中以圆点表示，在第一个棱镜中是 o 光，而到第二个棱镜中变成 e 光，即速度要变快，相当于从光密介质射向光疏介质，于是该振动分量折射光必然远离法线而去；对于 p 分量，图中以短线段表示，在第一个棱镜中是 e 光，而到第二个棱镜中变成了 o 光，即速度要变慢，相当于从光疏介质射向光密介质，于是该振动分量折射光必然向靠近法线方向偏折。所以，通过胶合面后这两个正交偏振的光在方向上分开了，再次从第二个棱镜的直角面进入空气时，由于两入射角分别在法线的两侧，都是从光密介质射向光疏介质，因此入射光的两个正交振动分量在空间上分离得更开了，进而获得两束线偏振光。可以证明，当直角棱镜的切角 α 较小时，两出射偏振光束之间的夹角为

$$\varphi = 2\arcsin[(n_o - n_e)\tan\alpha] \tag{5.2.1}$$

当然，除方解石晶体外，也可用石英晶体（$n_o<n_e$）制作沃拉斯顿棱镜，相比上图由方解石构成的沃拉斯顿棱镜，同上可分析此时两束出射光束的偏振态互换，即 s 分量向上偏折，p 分量向下偏折。

着眼于入射光的两个正交偏振分量，它们分别通过第一块晶体和第二块晶体，可表示如下：

$$\bullet\, n_o \rightarrow \bullet\, n_e \quad \text{光密} \rightarrow \text{光疏}$$
$$\updownarrow n_e \rightarrow \updownarrow n_o \quad \text{光疏} \rightarrow \text{光密}$$

4．洛匈棱镜

如图 5.19 所示，洛匈棱镜的结构与沃拉斯顿棱镜相似，可以看成是沃拉斯顿棱镜的推广形式，只是第一块晶体的光轴垂直晶体界面。当自然光垂直界面入射时（即沿第一块晶体光轴入射），入射光的两个正交偏振分量（s 分量，p 分量）都垂直第一块晶体的光轴，在第一个棱镜中相应的折射率一样（均为 n_o），并不分开。进入第二块晶体时，入射光的 p 分量仍垂直第二块晶体的光轴，对应为 o 光，相应的折射率依然为 n_o，因而入射光的 p 分量"感受"的折射率始终一样而不发生偏折，自棱镜出射时光线方向亦不变，故其可以成为一个很好的起偏器或检偏器；s 分量在第二块晶体中相应的折射率为 n_e，则偏离法线向下偏折。

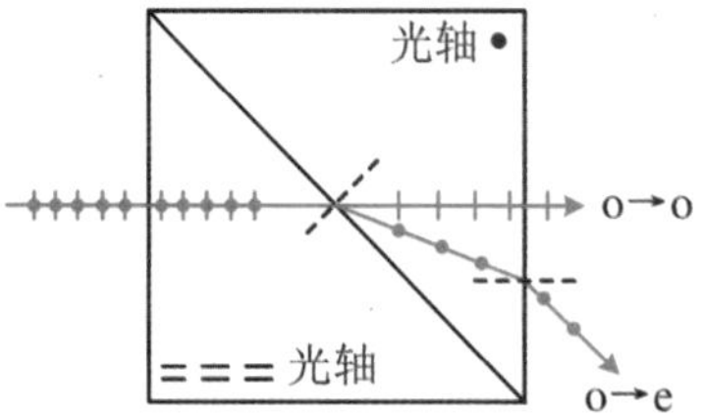

图 5.19 洛匈棱镜

注意晶体光轴的配置、振动（对应的折射率）的变化：

$$\text{沿光轴不产生双折射}(\updownarrow\ \bullet)\, n = n_o$$
$$\updownarrow n \rightarrow \updownarrow n_o \xrightarrow{\updownarrow\ \text{对应的折射率}} n_o \rightarrow n_o\ \text{不变}$$
$$\bullet\, n \rightarrow \bullet\, n_e \xrightarrow{\bullet\ \text{对应的折射率}} n_o \rightarrow n_e\ \text{光密} \rightarrow \text{光疏}$$

上述洛匈棱镜中的第一个直角棱镜也可换成各向同性的玻璃，构成如图 5.20 所示结构的洛匈棱镜。通常情况取玻璃的折射率与方解石晶体的 e 光主折射率相等，其起偏效果如图 5.20 所示。当自然光垂直界面入射时，由于第一块晶体为各向同性的玻璃，入射光的两个正交偏振分量在第一个棱镜中相应的折射率一样，并不分开。进入第二块晶体时，入射光的 s 分量平行于第二块晶体的光轴，对应为 e 光，相应的折射率与玻璃折射率相等，因而自棱镜出射时光线方向不变；p 分量在第二块晶体中相应的折射率 n_o 大于玻璃折射率，则靠近法线向上偏折。

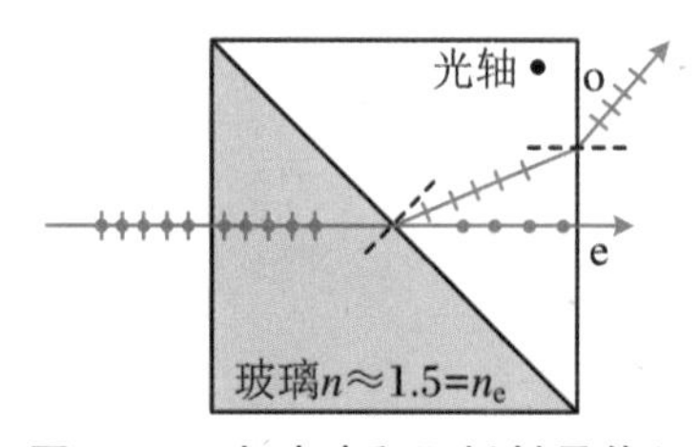

图 5.20 由玻璃和双折射晶体组成的洛匈棱镜

过程可简述如下：

$$\text{光在各向同性介质中传输}(\updownarrow\ \bullet)\, n = n(= n_e)$$
$$\bullet\, n \rightarrow \bullet\, n_e \xrightarrow{\bullet\ \text{对应的折射率}} n(n_e) \rightarrow n_e\ \text{不变}$$

$$\updownarrow n \rightarrow \updownarrow n_o \xrightarrow{\updownarrow \text{对应的折射率}} n(n_e) \rightarrow n_o \text{光疏} \rightarrow \text{光密}$$

5.2.2 晶体相移器

在第2章中我们了解到:光的偏振态均可看作沿同一方向、具有一定振幅和相位关系的两相互垂直线振动的叠加;利用一个检偏器不能分辨自然光和圆偏振光、部分偏振光和椭圆偏振光,但可以检验线偏振光;自然光和圆偏振光、部分偏振光和椭圆偏振光本质区别在相位关系上。

在本章上节的学习中我们了解到:当晶体的光轴平行其表面及入射面,一束光正入射时,在晶体内可分解为振动垂直光轴的o光和振动沿光轴的e光,在晶体内两者传播方向相同但经历的位相不同。因此适当地选择晶体厚度,可以使这两偏振正交的光束之间产生一定的相对位相延迟,可产生各偏振态。此种工作方式的晶体,称为波晶片。

可见,选择合适的波片即可使入射圆偏振光的两正交振动分量间附加一定的相对位相延迟(如$\pi/2$),这样出射光就变为线偏振光;而对于自然光,该波片同样可使其两正交振动分量间附加固有的相对位相延迟($\pi/2$),但自然光的两正交振动分量间的相位无关,即使通过波片附加有固有的位相延迟,出射光的两正交振动分量间的位相仍然无关,依然为自然光。

所以用双折射晶体除了可以制作偏振器件外,另一重要用途就是制作波片。下面我们就来分析一下波片的位相延迟特性。

1. 波片的位相延迟

波片是从单轴晶体中切割下来的平行平面薄片,其表面与晶体的光轴平行,其主截面与光线的入射面重合,如图5.21所示。

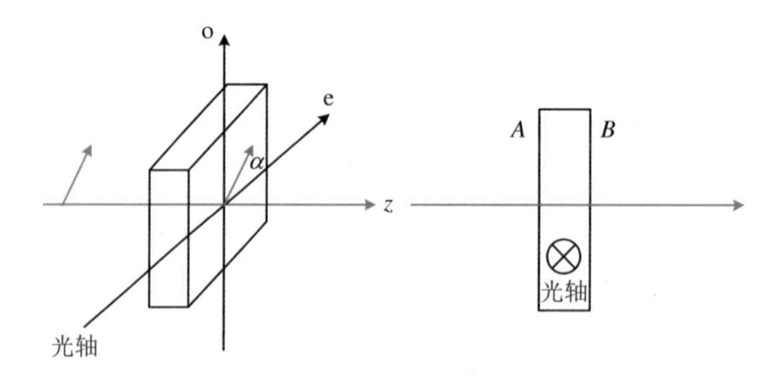

图5.21 波片及其光轴方向

波片的工作方式基于垂直光轴传播任何偏振态的光在晶体中总是可分解

为沿光轴方向振动(e)和垂直光轴振动(o)的两相互垂直的本征振动的叠加。为了便于分析,我们在波片中建立坐标系,一般情况建立 *Oek* 坐标,迎着光传播方向满足右手系,e 光振动方向对应于 x 轴,o 光振动方向对应于 y 轴。这也是为了与以前建立的光的偏振态判据自洽。那么从此 *Oek* 坐标来看,根据入射光的偏振态,进入晶体前,其两正交振动分量间的相位关系也就明确了(即 y 方向振动(o 光)相对 x 方向振动(e 光)的相位差)。于是一光束经波片后的偏振态由入射波片前相位差和经波片产生位相差的和,以及 o 光和 e 光的振幅大小决定。

如图 5.21 所示,设波片的厚度为 d,主折射率为 n_o 和 n_e,一束振幅为 A 的线偏振光正入射时,在波片内分解为 e 光和 o 光,则有

$$\begin{cases} E_e = A_e\cos(\omega t - k_e z) \\ E_o = A_o\cos(\omega t - k_o z) \end{cases} \tag{5.2.2}$$

振幅关系为

$$A_o = A\sin\alpha, \quad A_e = A\cos\alpha \tag{5.2.3}$$

式中 α 是振动方向与光轴的夹角。

相位关系如表 5.2 所示,则 o 光和 e 光经过波片产生的位相差(即波片提供的位相差)为

$$\Delta = -\frac{2\pi}{\lambda}n_o d - \left(-\frac{2\pi}{\lambda}n_e d\right) = \frac{2\pi}{\lambda}(n_e - n_o)d \tag{5.2.4}$$

表 5.2 波片的相位关系

	入射面 A	波片产生的相位延迟	输出面 B
o 相位	$\varphi_{o入}$	$\Delta_o = -\frac{2\pi}{\lambda}n_o d$	$\varphi_{oB} = \varphi_{o入} + \Delta_o$
e 相位	$\varphi_{e入}$	$\Delta_e = -\frac{2\pi}{\lambda}n_e d$	$\varphi_{eB} = \varphi_{e入} + \Delta_e$
o − e	$\Delta\varphi_入 = \varphi_{o入} - \varphi_{e入}$	$\Delta = \Delta_o - \Delta_e$	$\Delta\varphi = \Delta\varphi_入 + \Delta$

一线偏振光入射晶体表面时,在 *Oek* 坐标中来看, y 方向振动(o 光)相对 x 方向振动(e 光)的相位差为零,即 o 光和 e 光同相位,$\Delta\varphi_入 = 0$(即入射光束自身带的相位差)。所以这两束振动方向相互垂直、沿同一方向传播(在晶体内没有表现出双折射,空间没有分离)的光射出晶片时具有的相位差为

$$\Delta\varphi = \Delta\varphi_入 + \Delta = \frac{2\pi}{\lambda}(n_e - n_o)d \tag{5.2.5}$$

当 $n_o > n_e$(负晶体)时,表示 e 光超前;当 $n_o < n_e$(正晶体)时,表示 o 光超前。

研究光通过波片后偏振态变化的方法和步骤可归纳如下:

(1) 将入射光的电矢量 E 按照波片的 e 轴和 o 轴分解成 E_e 和 E_o，其振幅分别为 A_e 和 A_o，根据入射光的偏振态确定在波片输入面上 o 光对 e 光的位相差。

(2) 波片输出面出射的 o 光和 e 光的振幅仍为 A_e 和 A_o，但相差要附加上晶片所引起的 E_o 对 E_e 的位相差。

(3) 出射光的偏振态可根据以前建立的确定光的偏振态的判据判定。

由以上分析，选择适当的波片厚度 d，根据其提供的相位差大小，波片可分为全波片、1/2 波片和 1/4 波片。

1) 全波片

选择波片厚度 d 使 o 光和 e 光的光程差和位相差分别为

$$\begin{cases}\Delta L = (n_e - n_o)d = m\lambda \\ \Delta = 2m\pi \quad (m = \pm 1, \pm 2, \cdots)\end{cases} \tag{5.2.6}$$

这样的波片称为全波片。由于两光的相对位相延迟为 2π，o 光和 e 光又恢复到同相位，所以一束偏振光经过全波片后偏振态不改变。

2) 半波片

波片的厚度 d 满足

$$\begin{cases}(n_e - n_o)d = (2m+1)\dfrac{\lambda}{2} \\ \Delta = (2m+1)\pi \quad (m = 0, \pm 1, \pm 2, \cdots)\end{cases} \tag{5.2.7}$$

这样的波片称为 1/2 波片或半波片。对半波片，线偏振光入射，出射光仍为线偏振光，但振动面相对于原入射光振动面转过 2α 角，如图 5.22 所示。

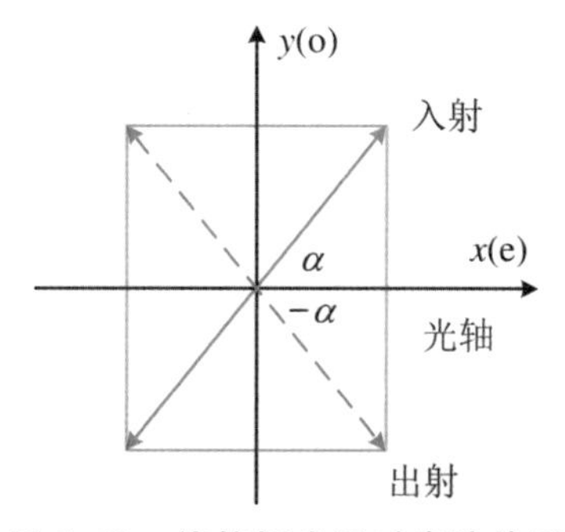

图 5.22　线偏振光通过半波片后的振动面转动

由于半波片提供了 π 的位相差，它也可把圆偏振光或椭圆偏振光由右旋变为左旋，或由左旋变为右旋，改变椭圆偏振光的椭圆取向。

3) 1/4 波片

选择晶片的厚度 d，使 o、e 光产生光程差和位相差为

$$\begin{cases}(n_e - n_o)d = (2m+1)\dfrac{\lambda}{4} \\ \Delta = (2m+1)\dfrac{\pi}{2} \quad (m = 0, \pm 1, \pm 2, \cdots)\end{cases} \tag{5.2.8}$$

这样的波片称为 1/4 波片。由上可知，1/4 波片的最小厚度为 $d = \dfrac{1}{|n_e - n_o|}\dfrac{\lambda}{4}$，满足该式的 1/4 波片的厚度 d 非常小，制作起来很困难。实际的 1/4 波片都采

用较厚的晶片，使产生的光程差为$(n_e-n_o)d=\frac{\lambda}{4}+m\lambda$，式中 m 为整数，光程差增加 $m\lambda$（位相差增加 $2m\pi$）对结果没有影响，其效果与真正的1/4波片完全相同。对于半波片和全波片也类似。在实际应用中，我们一般说其有效光程差或位相差为$\pm\frac{\lambda}{4}$、$\pm\frac{\pi}{2}$。

需要注意的是1/4波片的有效程差或相差的“±”号并不对应正、负晶体，与晶体的正、负性并没有必然的联系。例如：

对于某负晶体，$(n_e-n_o)d=-\frac{3\lambda}{4}$，$\Delta=-\frac{3\pi}{2}$，但其对应的有效光程差或位相差为$\frac{\lambda}{4}$、$\frac{\pi}{2}$；

对于某正晶体，$(n_e-n_o)d=\frac{3\lambda}{4}$，$\Delta=\frac{3\pi}{2}$，但其对应的有效光程差或位相差为$-\frac{\lambda}{4}$、$-\frac{\pi}{2}$。

但是若无其他特殊说明，一般情况下可将正晶体制成的1/4波片所提供的有效位相差理解为$\pi/2$，负晶体制成的1/4波片相应理解为$-\pi/2$。

1/4波片能提供$\pm\frac{\pi}{2}$的位相差，其可将线偏振光转换为圆偏振光或椭圆偏振光，也可将圆偏振光或椭圆偏振光转换为线偏振光。各种偏振光经过1/4波片后发生的变化如表5.3所示，表中 α 是线偏振光的振动方向与波片光轴方向的夹角，或椭圆偏振光的长轴（短轴）与波片光轴方向的夹角。

表5.3 偏振光经过1/4波片后偏振态的变化

入射光	1/4波片位置	出射光
线偏振	$\alpha=0°$或$90°$	线偏振
	$\alpha=45°$	圆偏振
	其他位置	椭圆偏振
圆偏振	任何位置	线偏振
椭圆偏振	$\alpha=0°$或$90°$（椭圆的长（短）轴与光轴平行或垂直）	线偏振
	其他位置	椭圆偏振

自然光和部分偏振光可看作相位无关、振动方向垂直的两线偏振光的叠加，虽然经过1/4波片可使其两正交振动分量间附加$\pi/2$的相位差，但出射光的两正交振动分量间的相位关系是入射光的相位关系加上1/4波片提供的固定相位关系，仍然是无关的，所以，总的出射光仍是自然光或部分偏振光。对于全波片、半波片等可做同样的分析而得到如下的结论：波片不能把非偏振光转

换成偏振光。

值得注意的是：全波片、半波片或1/4波片都是针对某一特定波长而言的。例如，若波片产生的光程差$\Delta L = 633\ \text{nm}$，那么对于波长为633 nm的光来说，它是全波片，但对于其他波长就不是全波片了。

由以上的讨论可知，一个1/4波片可以把线偏振光转换为椭圆偏振光；反之，也可以把各种椭圆偏振光转换为线偏振光。这样再用一检偏器就可检验区分自然光和圆偏振光、部分偏振光和椭圆偏振光了。一般的偏振态分析首先要判断一束未知偏振态的入射光是自然光、部分偏振光还是完全偏振光。为此，可以先用一个检偏器来鉴别：转动检偏器，如果出射光强不变，则入射光为自然光或圆偏振光；如果光强改变而不能为零，则入射光是部分偏振光或椭圆偏振光。对于第一种情况，在检偏器前加上一个1/4波片，再转动检偏器时光强可变为零的，则为圆偏振光，如光强仍不变，则为自然光；对于第二种情况，使1/4波片的光轴方向与光强最大处（或最小处）重合，再转动检偏器，若仍没有光强变为零的情况出现，则为部分偏振光，如果光强能变为零，则为椭圆偏振光。如图5.23所示。

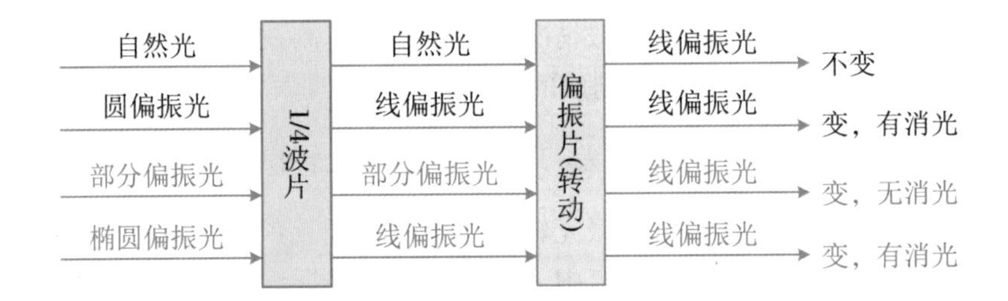

图5.23　用1/4波片和偏振片检验光的偏振态

椭圆偏振光是完全偏振光的普遍情况，其偏振状态的分析是偏振光分析中最主要的部分，下面我们就以椭圆偏振光为例，来看看椭圆偏振光偏振态的分析过程。如前，以波片的光轴方向为x轴，建立Oek坐标系。设椭圆偏振光的长轴与1/4波片的光轴重合（即1/4波片的光轴与光强最大处重合），其旋转方向为右旋，则该椭圆偏振光可表示为

$$\begin{cases} E_x = E_{x0}\cos\omega t \\ E_y = E_{y0}\cos(\omega t + \pi/2) \end{cases} \tag{5.2.9}$$

此椭圆偏振光经过该1/4波片时，光矢量的E_x分量为e光，而E_y为o光。在出射端面处，e光和o光分别为

$$\begin{cases} E'_x = E_{x0}\cos(\omega t + \Delta_e) \\ E'_y = E_{y0}\cos(\omega t + \pi/2 + \Delta_o) \end{cases} \tag{5.2.10}$$

其中

$$\begin{cases}\Delta_e = -kn_e d \\ \Delta_o = -kn_o d\end{cases} \tag{5.2.11}$$

若1/4波片是正波晶片，其提供的有效位相差为 $\Delta_o - \Delta_e = \pi/2$，则在出射端面处，$y$ 轴方向振动相对 x 轴方向振动的相位差为 π，则转换为位于所设坐标的第二、四象限的一束线偏振光。若1/4波片是负波晶片，则在出射端面处，y 轴方向振动相对 x 轴方向振动的相位差为0，则转换为位于所设坐标的第一、三象限的一束线偏振光。显然，如果入射的是左旋椭圆偏振光，那么转换的线偏振光在所设坐标中的位置与上述结论相反。

由以上分析可见：只要知道转换后的线偏振光的方向（这可以用检偏器来确定）及1/4波片的方位（光轴方向），就可以反过来推知椭圆偏振光的状态，这就是椭圆偏振光的分析技术。如果入射的是圆偏振光，那么无论1/4波片的方向如何放置，出射的都是一束与光轴成45°角或135°角的线偏振光，据此也可分析圆偏振光及其旋向。

4）可变位相延迟片

以上全波片、半波片、1/4波片是使透射的两个正交平面偏振光分量间产生恒定的相位差。但很多情况下，人们往往需要透过晶片的两个正交平面偏振光分量间的相位差能任意改变，这种晶体元件称为位相补偿器。常用的位相补偿器根据其结构特点分为巴比涅补偿器和所列尔补偿器。

如图5.24所示，巴比涅补偿器由两块石英制成的光楔叠置而成，两块光楔的光轴互相垂直，其楔角很小（约2°），厚度比较薄。通过使两块棱镜做横向平移，改变入射光束在两个棱镜中的传播路径长度，进而实现调节入射光束位相的目的。

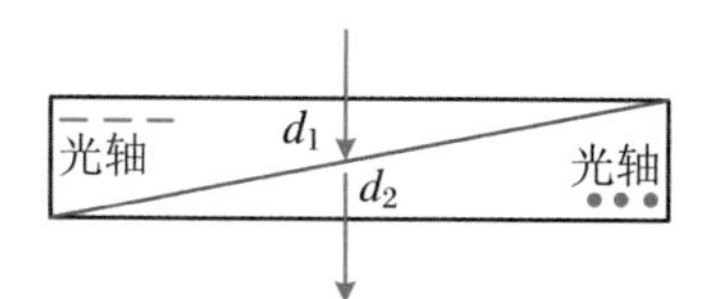

图5.24 巴比涅补偿器

分析其相位补偿特点，我们依然从振动分解及其振动分量与晶体光轴方向的关系出发：当光垂直入射时，光矢量可分解成垂直入射面的振动分量和平行界面的振动分量。由于楔角很小且厚度也不大，所以这两个分量经过叠置界面时没有分离，传播方向基本一致。设光在第一块光楔中通过的厚度为 d_1，在第二块光楔中通过的厚度为 d_2。垂直入射面的振动分量，在第一块光楔中极化对应o光而在第二块光楔中却是e光，它经历补偿器的总光程为 $(n_o d_1 + n_e d_2)$；同理，平行界面的振动分量经历补偿器的总光程为 $(n_e d_1 + n_o d_2)$。所以这两个垂直振动分量间的位相差为

$$\begin{aligned}\Delta\varphi &= -\frac{2\pi}{\lambda}[(n_o d_1 + n_e d_2) - (n_e d_1 + n_o d_2)] \\ &= \frac{2\pi}{\lambda}(n_e - n_o)(d_1 - d_2)\end{aligned} \tag{5.2.12}$$

可见，对于给定波长的光，从不同部位通过时 $(d_1 - d_2)$ 值不同，因此通过

使两块棱镜做横向平移，改变入射光束在两个棱镜中的传播路径长度，即可实现调节入射光束位相的目的。

由巴比涅补偿器结构可见，入射光束在两个棱镜中的相对传播路径长度随光束入射点不同而变化，另一方面存在倾斜界面且上、下折射率不同，两个正交振动分量经过倾斜界面存在空间分离的可能。故巴比涅补偿器中两块棱镜的楔角很小，厚度薄，位相延迟范围小，且只能用于细光束的位相补偿调节。

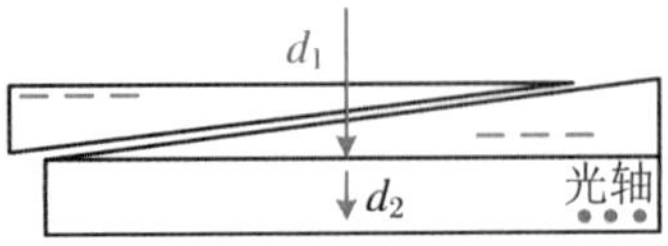

为克服巴比涅补偿器的缺点，人们提出了所列尔补偿器。它由两个光轴互相平行的石英楔和一块两表面平行的石英薄片组成，薄片的光轴与石英楔的光轴垂直，如图 5.25 所示。由于两块石英光楔的光轴方向相同，入射光的振动分量经过斜面时没有偏折，空间不会分离，且在重叠区域具有均匀的厚度，因而入射光束在棱镜中的相对传播路径长度不随光束入射点的不同而变化，故所列尔补偿器可用于宽光束的位相补偿。上楔借助于微调螺丝在下楔斜面上平行移动时，两楔总厚度连续变化，这使两楔总厚度与薄片厚度的差值连续改变，从而相位差也连续改变。

图 5.25　所列尔补偿器

5.2.3　琼斯矩阵

光学元件的作用是使透射光的偏振态变换成不同于入射光的偏振态。光的偏振态是用一个矢量来描述的，所以光从一种偏振态变换成另一种偏振态就是二维矢量的变换，光的偏振态和偏振光学元件都可以用琼斯(Jones. R. Clark)提出的矩阵来表示。利用琼斯矩阵求偏振光通过光学元件后的偏振态更为方便。

光矢量可写成列矢量的形式：

$$\boldsymbol{E} = \begin{bmatrix} E_{x0} \\ E_{y0} \end{bmatrix} \xlongequal[\mathrm{i}(\omega t - kz)]{\text{略去共同的复因子}} \begin{bmatrix} E_{x0} \\ E_{y0}\mathrm{e}^{\mathrm{i}\Delta\varphi} \end{bmatrix} \tag{5.2.13}$$

该列矢量即为表示偏振光的琼斯矢量。进一步可写为归一化的琼斯矢量：

$$\boldsymbol{E} = \frac{1}{\sqrt{E_{x0}^2 + E_{y0}^2}} \begin{bmatrix} E_{x0} \\ E_{y0}\mathrm{e}^{\mathrm{i}\Delta\varphi} \end{bmatrix} \tag{5.2.14}$$

对于线偏振光，$\Delta\varphi = 0$，所以

$$\boldsymbol{E} = \begin{bmatrix} \cos\alpha \\ \sin\alpha \end{bmatrix} \tag{5.2.15}$$

α 为振动矢量与 x 正方向的夹角，$\tan\alpha = E_{y0}/E_{x0}$。因而有：

（1）$\alpha=0$，线偏振光琼斯矢量为 $\boldsymbol{E}=\begin{bmatrix}1\\0\end{bmatrix}$。

（2）$\alpha=90^\circ$，线偏振光琼斯矢量为 $\boldsymbol{E}=\begin{bmatrix}0\\1\end{bmatrix}$。

（3）$\alpha=\pm45^\circ$，线偏振光琼斯矢量为 $\boldsymbol{E}=\frac{1}{\sqrt{2}}\begin{bmatrix}1\\\pm1\end{bmatrix}$。

对于圆偏振光，则有：右旋圆偏振光 $\Delta\varphi=\frac{\pi}{2}$，琼斯矢量为 $\boldsymbol{E}=\frac{1}{\sqrt{2}}\begin{bmatrix}1\\\mathrm{i}\end{bmatrix}$；左旋圆偏振光 $\Delta\varphi=-\frac{\pi}{2}$，琼斯矢量为 $\boldsymbol{E}=\frac{1}{\sqrt{2}}\begin{bmatrix}1\\-\mathrm{i}\end{bmatrix}$。

对于两个或多个偏振光的叠加合成，用矩阵加法即可方便求出。例如：

$$\frac{1}{\sqrt{2}}\begin{bmatrix}1\\\mathrm{i}\end{bmatrix}+\frac{1}{\sqrt{2}}\begin{bmatrix}1\\-\mathrm{i}\end{bmatrix}=\frac{2}{\sqrt{2}}\begin{bmatrix}1\\0\end{bmatrix} \tag{5.2.16}$$

上式表明，线偏振光可分解为等振幅左、右旋两圆偏振光的叠加。

同样，偏振光学元件都可用 2×2 的矩阵来表示：

$$\Omega=\begin{bmatrix}a_{11} & a_{12}\\a_{21} & a_{22}\end{bmatrix} \tag{5.2.17}$$

下面，我们以线起偏器为例，给出其琼斯矩阵。如图 5.26 所示，线起偏器与 x 轴的夹角为 α。

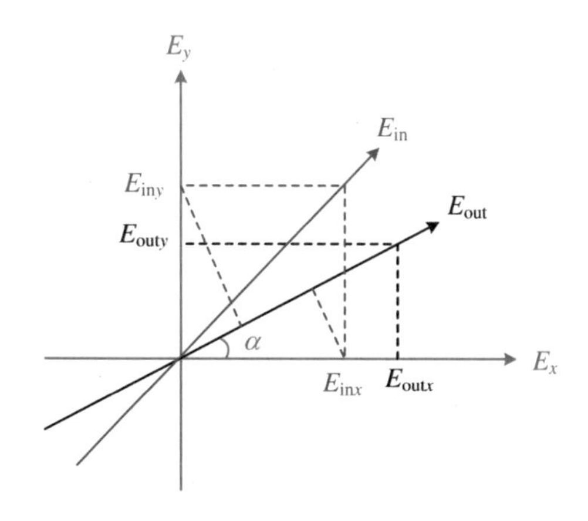

图 5.26 线偏振光入射一不同角度的偏振片

设入射光偏振为 $\boldsymbol{E}_{\mathrm{in}}=\begin{bmatrix}E_{\mathrm{in}x}\\E_{\mathrm{in}y}\end{bmatrix}$。透过线起偏器的光为

$$E_{\mathrm{out}}=E_{\mathrm{in}x}\cos\alpha+E_{\mathrm{in}y}\sin\alpha \tag{5.2.18}$$

透过线起偏器的光的分量为

$$\begin{cases} E_{\text{out}x} = E_{\text{out}}\cos\alpha = E_{\text{in}x}\cos^2\alpha + E_{\text{in}y}\cos\alpha\sin\alpha \\ E_{\text{out}y} = E_{\text{out}}\sin\alpha = E_{\text{in}x}\cos\alpha\sin\alpha + E_{\text{in}y}\sin^2\alpha \end{cases} \tag{5.2.19}$$

写成矩阵的形式，有

$$\begin{bmatrix} E_{\text{out}x} \\ E_{\text{out}y} \end{bmatrix} = \begin{bmatrix} \cos^2\alpha & \cos\alpha\sin\alpha \\ \cos\alpha\sin\alpha & \sin^2\alpha \end{bmatrix} \begin{bmatrix} E_{\text{in}x} \\ E_{\text{in}y} \end{bmatrix} \tag{5.2.20}$$

所以振透方向与 x 轴成 α 角的线偏振器的琼斯矩阵为

$$\Omega_\alpha = \begin{bmatrix} \cos^2\alpha & \cos\alpha\sin\alpha \\ \cos\alpha\sin\alpha & \sin^2\alpha \end{bmatrix}$$

振透方向沿 x 轴（$\alpha = 0$）的线偏振器的琼斯矩阵为

$$\Omega_{\alpha=0} = \begin{bmatrix} 1 & 0 \\ 0 & 0 \end{bmatrix}$$

振透方向沿 y 轴$\left(\alpha = \dfrac{\pi}{2}\right)$的线偏振器的琼斯矩阵为

$$\Omega_{\alpha=\pi/2} = \begin{bmatrix} 0 & 0 \\ 0 & 1 \end{bmatrix}$$

振透方向沿 $\pm 45^\circ$ 角（$\alpha = \pm 45^\circ$）的线偏振器的琼斯矩阵为

$$\Omega_{\alpha=\pm 45^\circ} = \frac{1}{2}\begin{bmatrix} 1 & \pm 1 \\ \pm 1 & 1 \end{bmatrix}$$

由此可分析一偏振光通过偏振器后光的偏振态。如求一偏振光通过振透方向沿 x 轴的偏振器后光的偏振态：任一偏振光可用琼斯矩阵表示为 $\boldsymbol{E}_{\text{in}} = \begin{bmatrix} E_x \\ E_y \end{bmatrix}$，根据 $\boldsymbol{E}_{\text{out}} = \Omega \boldsymbol{E}_{\text{in}}$，有 $\boldsymbol{E}_{\text{out}} = \begin{bmatrix} 1 & 0 \\ 0 & 0 \end{bmatrix}\begin{bmatrix} E_x \\ E_y \end{bmatrix} = \begin{bmatrix} E_x \\ 0 \end{bmatrix}$，即任一偏振态光通过振透方向沿 x 轴的偏振器后为沿 x 轴方向振动的线偏振光。若入射光依次通过多个偏振元件，则 $\boldsymbol{E}_{\text{out}} = \cdots \Omega_3 \Omega_2 \Omega_1 \boldsymbol{E}_{\text{in}}$，亦可求出其偏振态。

需要注意的是：矩阵乘法是不对易的。如将偏振光学元件的顺序颠倒，则输出光的偏振态是不同的。另一方面，我们知道，坐标轴方向的安放有任意性，即有无限多个可供选择的 Oxy 坐标系，也就是说 Ω_α 中的 α 具有任意性，但是，一旦规定好作为参照系的 Oxy 坐标系，角度 α 也就随之唯一地被确定了。在同一问题中，坐标系一旦规定就不能再随意更换。如需要转换成另一坐标系，则必须按照坐标变换的法则进行转换。

5.3 偏振光的干涉

5.3.1 平行偏振光的干涉

由光的相干条件、偏振态的分解与叠加以及上节的波片分析我们可知：当线偏振光通过一块单轴晶片时，出射光一般分解为频率相同且相位差恒定的两束线偏振光，但由于其振动方向正交，两束光不会发生干涉现象，而是合成为椭圆偏振光。然而，如果在晶片后插入一偏振片，则两束光在透过偏振片后，将变成振动方向平行的两线偏振光，于是两者将因满足相干条件而发生干涉叠加。这种获得相干光的方法不同于第3章中的波前分割法和振幅分割法，而是一种基于光的双折射原理的相同振动分量的提取，相应的干涉现象称为偏光干涉。下面我们通过一个典型装置来说明平行传播的偏振光的干涉是如何发生的以及它的基本过程。

平行偏振光干涉装置如图5.27所示，在一对起偏器 P_1 和检偏器 P_2 之间插入一块厚度为 d、光轴和表面平行的晶片 C，晶片光轴与 P_1 和 P_2 的透振方向之间的夹角分别为 α 和 β。强度为 I_0 的单色平行自然光正入射，忽略各元件的吸收和表面反射损耗。

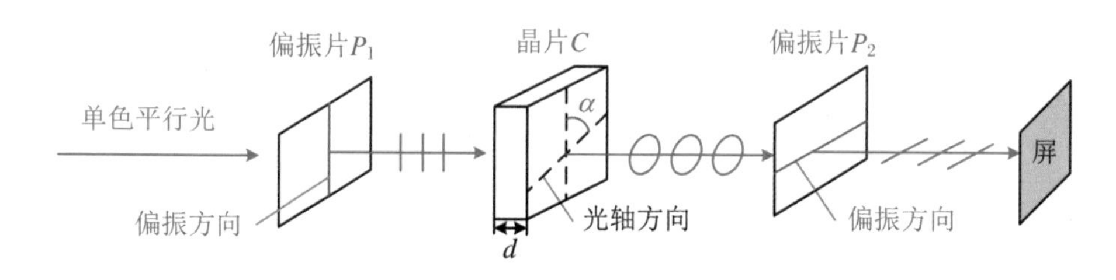

图5.27 平行偏振光干涉装置

若没有检偏器 P_2，这就是我们上节所讲的波片，从 C 出射的o光、e光将合成为椭圆偏振光，而不会产生干涉。结合以上各章分析，干涉装置中各元件作用如下：

(1) 偏振片 P_1：将单色平行自然光变成线偏振光。

(2) 晶片 C：① 将线偏振光分解为振动互相垂直的两束光；② 产生固定位相差，使两束光从晶片出射时附加位相差 $\Delta=\dfrac{2\pi}{\lambda}(n_e-n_o)d$。

(3) 偏振片 P_2：保证参与干涉的两个光矢量具有相同的振动方向。

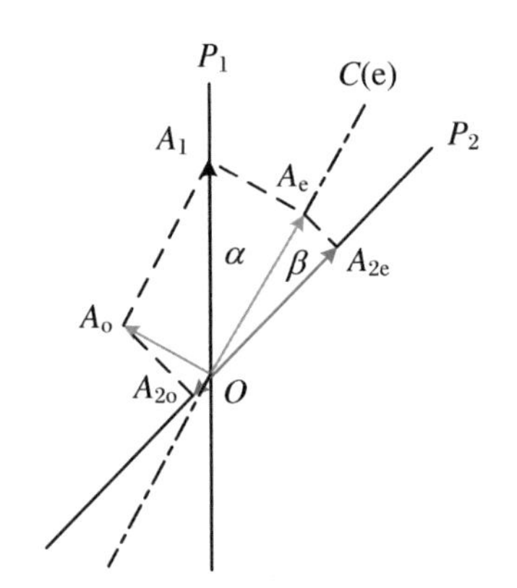

图 5.28　自然光透过 P_1、C、P_2 后的光矢量分解

下面我们就具体分析有检偏器 P_2 的情况下透过 P_2 的光场。单色平行自然光透过起偏器 P_1、晶片 C 及检偏器 P_2 的光矢量的分解、大小及方向关系如图 5.28 所示。

1. 振幅大小关系

在 C 中,有

$$A_o = A_1\sin\alpha,\quad A_e = A_1\cos\alpha$$

其中 A_1 为透过 P_1 后的振幅。

在 P_2 上,有

$$A_{o2} = A_o\sin\beta = A_1\sin\alpha\sin\beta$$
$$A_{e2} = A_e\cos\beta = A_1\cos\alpha\cos\beta$$

设从偏振片 P_2 出射两振动的位相差为 $\Delta\varphi$,则通过 P_2 后的光强为

$$I_2 = I_{o2} + I_{e2} + 2\sqrt{I_{o2}I_{e2}}\cos\Delta\varphi$$
$$I_{o2} = A_{o2}^2 = A_1^2\sin^2\alpha\sin^2\beta$$
$$I_{e2} = A_{e2}^2 = A_1^2\cos^2\alpha\cos^2\beta$$
$$I_2 = A_1^2(\cos^2\alpha\cos^2\beta + \sin^2\alpha\sin^2\beta + 2\cos\alpha\cos\beta\sin\alpha\sin\beta\cos\Delta\varphi) \tag{5.3.1}$$

注意:不要轻易和差化积、积化和差,因为存在坐标投影引入的相位差。

2. 相位关系

(1) 入射光在波片上分解为 o、e 光分量间的位相差 $\delta_入$ 取决于入射光的偏振态:

$$P_1 \rightarrow \delta_入 = \begin{cases}0\\ \pi\end{cases}$$

(2) 通过波片后的位相差 Δ(由波晶片引起的)为

$$\Delta = \frac{2\pi}{\lambda}(n_e - n_o)d$$

(3) 对于坐标轴投影引起的位相差 δ',若 o、e 轴正向对 P_2 轴的两个投影分量方向一致,则 $\delta' = 0$,否则 $\delta' = \pi$。

故最终有

$$\Delta\varphi = \delta_入 + \Delta + \begin{cases}0\\ \pi\end{cases} \tag{5.3.2}$$

平行偏振光干涉装置中 P_1 和 P_2 的关系，主要有透振方向正交（$P_1 \perp P_2$）和平行（$P_1 /\!/ P_2$）两种情况。

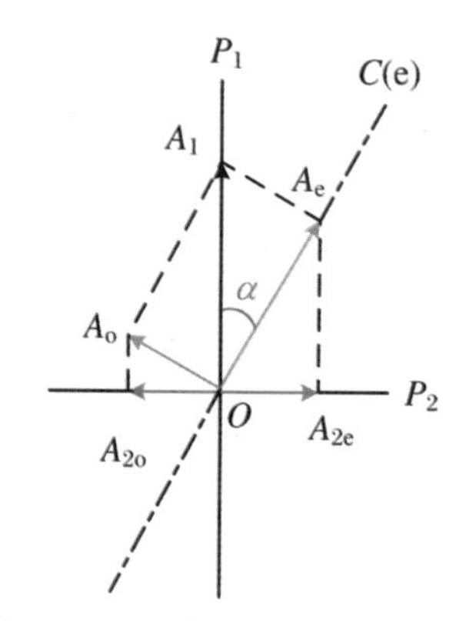

图 5.29 P_1 与 P_2 垂直时的光矢量分解

当 $P_1 \perp P_2$ 时，光矢量的分解、大小及方向关系如图 5.29 所示，则有

$$\Delta\varphi_{\perp} = 0 + \Delta + \pi = \frac{2\pi}{\lambda}(n_e - n_o)d + \pi$$

$$\begin{aligned} I_{2\perp} &= A_1^2(\cos^2\alpha\cos^2\beta + \sin^2\alpha\sin^2\beta + 2\cos\alpha\cos\beta\sin\alpha\sin\beta\cos\Delta\varphi_{\perp}) \\ &= 2A_1^2\sin^2\alpha\cos^2\alpha(1 + \cos\Delta\varphi_{\perp}) \\ &= 2A_1^2\sin^2\alpha\cos^2\alpha(1 - \cos\Delta) \\ &= 4A_1^2\sin^2\alpha\cos^2\alpha\sin^2\frac{\Delta}{2} \\ &= A_1^2\sin^2 2\alpha\sin^2\frac{\Delta}{2} \end{aligned} \tag{5.3.3}$$

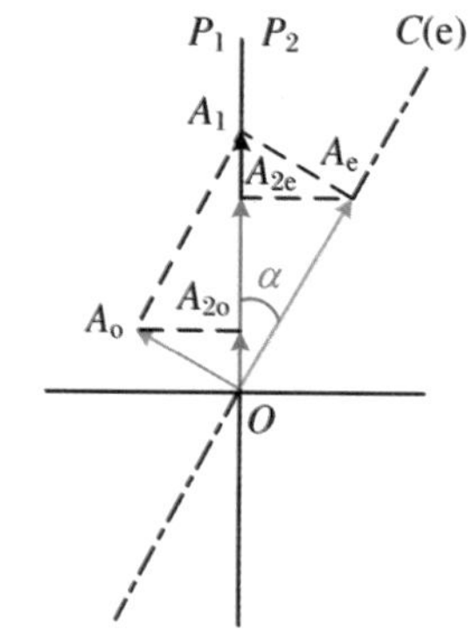

图 5.30 P_1 与 P_2 平行时的光矢量分解

当 $P_1 /\!/ P_2$ 时，光矢量的分解、大小及方向关系如图 5.30 所示，则有

$$\Delta\varphi_{/\!/} = \frac{2\pi}{\lambda}(n_e - n_o)d = \Delta$$

$$\begin{aligned} I_{2/\!/} &= A_1^2(\cos^2\alpha\cos^2\beta + \sin^2\alpha\sin^2\beta + 2\cos\alpha\cos\beta\sin\alpha\sin\beta\cos\Delta\varphi_{/\!/}) \\ &= A_1^2(\cos^4\alpha + \sin^4\alpha + 2\cos^2\alpha\sin^2\alpha\cos\Delta) \\ &= A_1^2\left[\cos^4\alpha + \sin^4\alpha + 2\cos^2\alpha\sin^2\alpha\left(1 - 2\sin^2\frac{\Delta}{2}\right)\right] \\ &= A_1^2 - 4A_1^2\sin^2\alpha\cos^2\alpha\sin^2\frac{\Delta}{2} \\ &= A_1^2 - A_1^2\sin^2 2\alpha\sin^2\frac{\Delta}{2} \end{aligned} \tag{5.3.4}$$

比较式(5.3.3)与式(5.3.4)，可以看出：

$$I_{\perp} + I_{/\!/} = A_1^2 \tag{5.3.5}$$

从以上分析可知，偏振光干涉的强度与 α 和 Δ 有关，而 Δ 又是由 $n_e - n_o$、厚度 d 和波长 λ 决定的，显然，随着 α 和 Δ 的不同，通过偏振片 P_2 的光强也不同。

(1) 单色平行光入射，当晶片厚度均匀时，透过晶片各部分的光位相差相同，因此在接收屏上各处强度相同，改变晶体厚度或旋转晶片（即改变 α），透射光强发生变化。若 $P_1 \perp P_2$ 时为极大，则 $P_1 /\!/ P_2$ 时为极小，反之亦然。

(2) 单色平行光入射，当晶片厚度不均匀时，将产生等厚干涉条纹。例如放入一块楔形晶片，则将观察到平行于楔棱的等厚直条纹。

(3) 对于厚度均匀的晶片，Δ 与波长有关，各种波长的光的干涉极大和极小的条件各不相同。当用白光照射时，可能有几种波长的光满足相长干涉的条件，另几种波长的光满足相消干涉的条件，而对于其他波长的光则有不同程度的加强或减弱，因而透射光将出现彩色，并且随着 P_2 的转动将显示出各种彩色的变换，这种现象称为显色偏振。由于 $I_{\perp}+I_{/\!/}=A_1^2$，故在 $P_1\perp P_2$ 时显现的颜色与在 $P_1/\!/P_2$ 时显现的颜色为互补色。

显色偏振是检查双折射现象的极灵敏的方法。当两主折射率之差 n_e-n_o 很小时(如生物样品)，用直接观察 o 光和 e 光的方法很难确定是否有双折射现象发生。若将具有微弱各向异性的材料做成薄片放在正交偏振片之间，通过视场变亮或显示彩色，即可确定有双折射发生。

5.3.2 会聚偏振光的干涉

上节的讨论中假定照明光波为平行线偏振光波，实际上对于厚度均匀的晶片，其位相差也可以依据光波在晶片内的倾角而变，这就是会聚偏振光的干涉特点。与平行光偏振干涉系统相比，会聚光偏振干涉系统如图 5.31 所示。

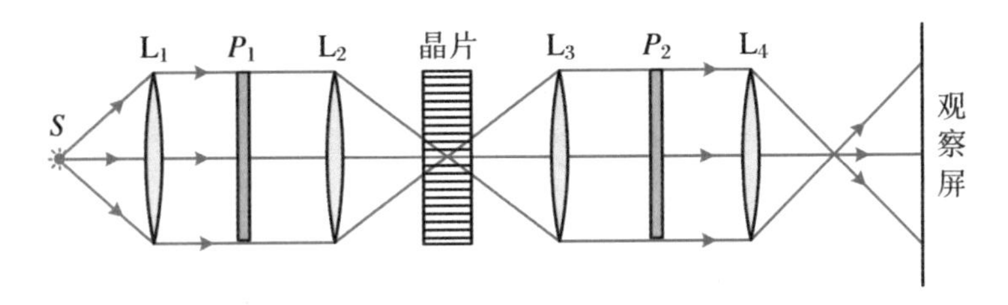

图 5.31 会聚光偏振干涉系统

单色点光源发出的球面光波经透镜 L_1 准直后透过偏振片 P_1 变为线偏振光，L_2 将透过偏振片 P_1 的平行线偏振光变换为会聚线偏振光而射入晶片 C，L_3 将出射于 C 的两束发散线偏振光变换为平行光，再通过 P_2 以实现干涉，经透镜 L_4 将位于透镜 L_3 像方焦平面上的干涉图样成像于观察屏上。这样，凡以相同方向通过晶片的光线，最后将会聚到观察屏上同一点。由于光路的轴对称性，当晶片具有轴对称性时，将得到具有轴对称结构的干涉图样。

图 5.32、图 5.33 分别显示了厚度均匀的晶片在两偏振片平行或正交配置光路中的会聚偏振光干涉图样。图 5.32 为方解石晶片的光轴垂直于表面时的干涉图样，图 5.33 为石英晶片的光轴平行于表面时的干涉图样。

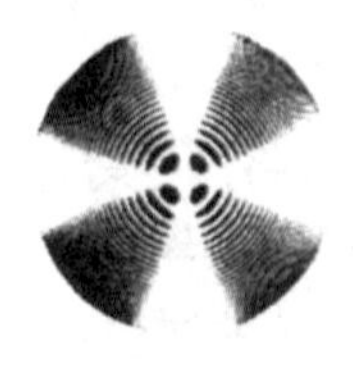

(a) 平行

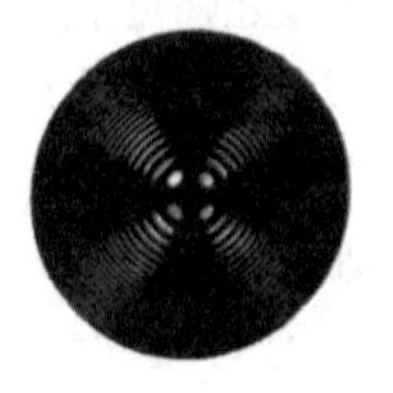

(b) 正交

图 5.32 光轴垂直于方解石晶片表面时的会聚偏振光干涉图样

图 5.32 中的图样看起来像是一组同心干涉环，被一暗“十”字（$P_1 \perp P_2$）或一亮“十”字（$P_1 /\!/ P_2$）切分为四瓣。这也正是会聚光锥的轴对称性和线偏振光的非轴对称性两者综合的结果。对此可做如下定量说明：厚度均匀的、光轴垂直于其表面的单轴晶片，在两偏振片相互垂直配置下（$P_1 \perp P_2$），会聚偏振光干涉光路如图 5.34 所示。垂直纸面的横平面上参与相干叠加的各光矢量的振幅分量如图 5.35 所示。

(a) 平行

(b) 正交

图 5.33 光轴平行于石英晶片表面时的会聚偏振光干涉图样

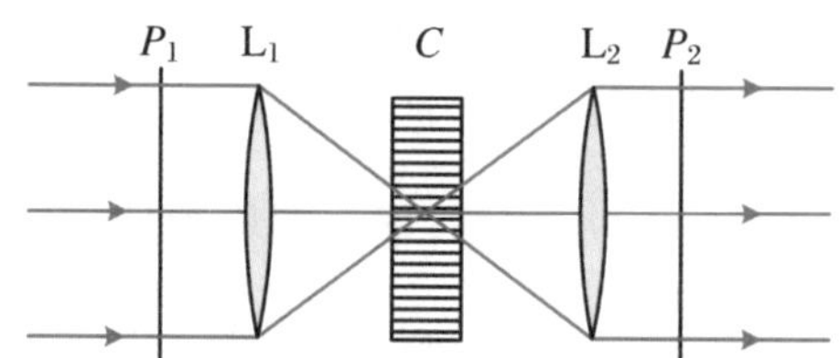

图 5.34 两偏振片相互垂直配置下的会聚偏振光干涉光路

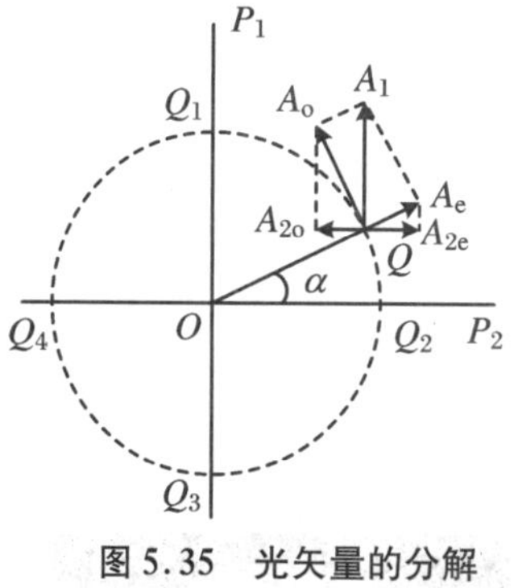

我们以 P_1、P_2 两个透振方向构成一正交坐标，O 为中心光线（沿光轴）与晶片第二界面的交点，虚线描出的圆周表示一倾角为 θ 的空心光锥到达晶片第二界面的各点，我们任选其中一 Q 点，其光矢量 $A_1 /\!/ P_1$。考察在会聚光入射条件下晶体中两个特征振动的方向，分析可知 o 振动沿圆周切线方向，而 e 振动在晶片体内的方向并非严格地平行界面，但经 L_2 变换为平行光束后，e 振动方向就转变为严格地沿圆周的半径方向。设 OQ 与 P_2 的夹角为 α，则参与相干叠加的两个振幅分量分别为

图 5.35 光矢量的分解

$$A_{2e} = A_e \cos\alpha = A_1 \sin\alpha \cdot \cos\alpha = \frac{A_1}{2}\sin 2\alpha \tag{5.3.6}$$

$$A_{2o} = A_o \sin\alpha = A_1 \cos\alpha \cdot \sin\alpha = \frac{A_1}{2}\sin 2\alpha \tag{5.3.7}$$

其相位差 $\Delta\varphi_\perp$ 为

$$\Delta\varphi_\perp = 0 + \Delta(\theta) + \pi$$

其中 $\Delta(\theta)$ 可表示为

$$\Delta(\theta) = \frac{2\pi}{\lambda}[n_e(\theta) - n_o]d$$

可见，晶片体内的附加位相差$\Delta(\theta)$决定于会聚光束中的光线相对于光轴的倾角θ，也就是说e光的折射率在晶体中不同方向是变化的，它具有轴对称性，即同一倾角的空心光锥中各光线的Δ值是相同的。于是干涉强度为

$$\begin{aligned} I_2(\alpha,\theta) &= A_{2e}^2 + A_{2o}^2 + 2A_{2e}A_{2o}\cos\Delta\varphi_{\perp} \\ &= \frac{1}{2}A_1^2\sin^2 2\alpha(1-\cos\Delta(\theta)) \end{aligned} \tag{5.3.8}$$

进一步可简化为

$$I_2(\alpha,\theta) = A_1^2\sin^2 2\alpha \cdot \sin^2\frac{\Delta(\theta)}{2} \tag{5.3.9}$$

可见，会聚于单轴晶体的偏振光干涉其强度函数正是两个因子的乘积，其中$\sin^2\dfrac{\Delta(\theta)}{2}$称为光锥轴对称因子，$\sin^2 2\alpha$称为线偏振非轴对称因子。由此可知：当$\alpha$角分别为$\dfrac{\pi}{2}$、0、$-\dfrac{\pi}{2}$和$\pi$时，干涉光强均为零，即在图5.34圆周上"十"字的四个端点Q_1、Q_2、Q_3和Q_4位置，干涉图样中的暗"十"字就是这样生成的；当$\alpha=\dfrac{\pi}{4}$、$-\dfrac{\pi}{4}$、$\dfrac{3\pi}{4}$和$-\dfrac{3\pi}{4}$时，非对称因子为极大值1，为干涉图样中的亮方向，暗"十"字外的亮瓣就是这样生成的。概而言之，干涉强度函数中的轴对称因子$\sin^2\dfrac{\Delta(\theta)}{2}$给出了横平面上径向光强的周期性分布，非轴对称因子$\sin^2 2\alpha$给出了角向/切向光强的周期性分布。

在白光照射下，干涉图样呈现彩色同心圆弧，这是因为轴对称因子$\Delta(\theta)=\dfrac{2\pi}{\lambda}[n_e(\theta)-n_o]d$含有$1/\lambda$系数，而非轴对称因子与波长无关。当转动偏振片从$P_1\perp P_2$变为$P_1/\!/P_2$，则干涉图样中的暗瓣与亮瓣的部位彼此互换。

会聚于双轴晶体的偏振光干涉图样显得更为多姿，当然对于双轴晶体的锥光干涉图的定量说明也更为复杂。若一双轴晶体晶面垂直于其光轴锐角分角线，其锥光干涉表现如图5.36所示。相关理论解释表明，出现于中心区域的那一对十分醒目的"猫眼"正对应着双轴晶体的两条光轴指向。

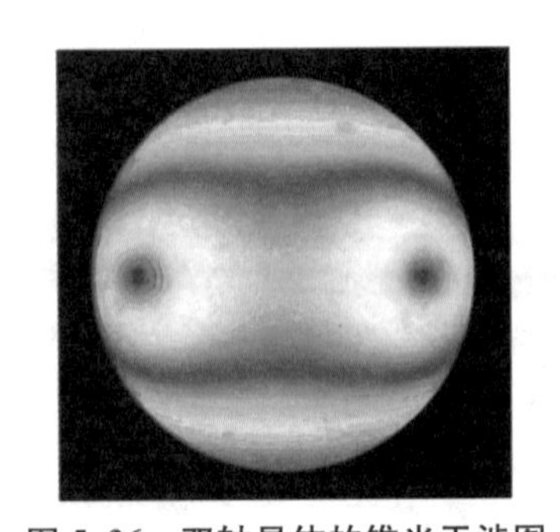

图5.36　双轴晶体的锥光干涉图

由上可见，基于偏光干涉图案，即可获得$(n_e-n_o)d$的分布和变化信息。偏光干涉仪和偏光显微镜就是基于这种偏振光干涉原理制成的两类仪器。前者可以用来观察和测量透明材料的宏观光学各向异性，后者可以用来观察和测量各种晶体矿物质以及某些生物组织的微观各向异性。会聚偏光干涉的最重要应用是在矿物学中，人们在偏光干涉显微镜下观测干涉图样，以鉴定矿物标本或确定矿物晶体的光轴、双折射率和正负光性等特征。例如，通过晶体锥光干涉图的观察，可以确定光轴的位置。把大致按垂直于光轴切得的晶片，用轴

线垂直于晶片的会聚光入射，观察锥光图的亮暗十字的中心是否与锥光轴线光点(叫作透光点)相重合。两者不重合，说明晶片面并不严格垂直于光轴。根据透光点与“十”字中心的偏差可知晶片相对光轴的偏角，继续研磨晶片，直至干涉图的“十”字中心与透光点相重合为止。

5.4 旋光效应

5.4.1 旋光现象

光在各向异性的介质中传播时产生的现象除了双折射外，还有一种叫作旋光的现象。当一束线偏振光通过某些物质时，光的振动方向会随着传播距离增大而逐渐转动，这种现象称为介质的旋光效应，相应的介质称为旋光物质。旋光现象最早是在1811年由法国物理学家阿喇果(Arago)在石英晶片中观察到的。观察石英旋光性的实验装置如图5.37所示，P_1 和 P_2 为两正交偏振片，之间有一石英晶片，其光轴与晶体表面垂直。从 P_1 出来的线偏振光垂直入射石英晶片(即沿晶体光轴方向)，有光通过 P_2，但将 P_2 旋转适当角度后，仍可达到消光。这说明从石英晶片透射出的光仍是线偏振光，只不过其振动方向转了一个角度，如图5.38所示。

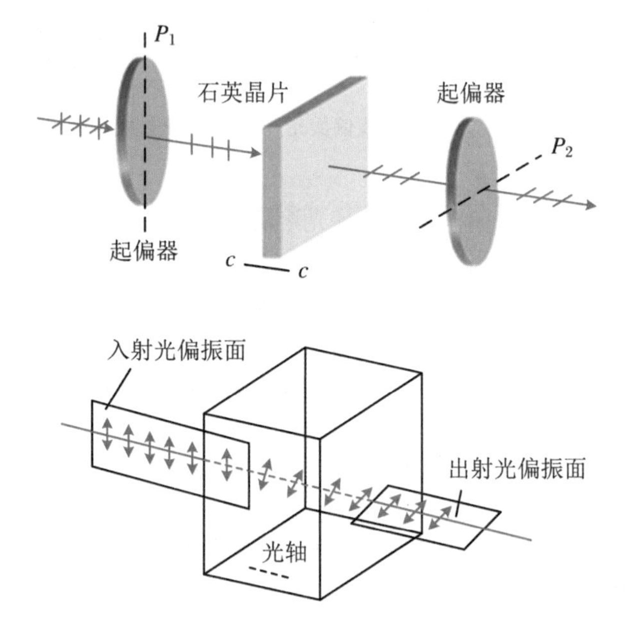

图5.37 石英晶体的旋光效应图

图5.38 线偏振光偏振面的旋转

实验发现，旋光效应不仅存在于某些各向异性介质中，也存在于某些各向同性介质中，除石英外，氯酸钠、乳酸、松节油、糖的水溶液等也具有旋光性。

实验测量结果表明，一定波长的线偏振光通过旋光物质时，光矢量转过的角度 θ 与在该物质中通过的距离 d 成正比：

$$\theta = \alpha d \tag{5.4.1}$$

比例系数 α 称为该物质的旋光率，单位为°/mm。旋光率的大小不仅与物质有关，还与波长有关。同一旋光物质，在复色光照射下，不同波长的光波的光矢量旋转的角度不同，这种现象叫旋光色散。例如，石英对 $\lambda = 589$ nm 的黄光，$\alpha = 21.75°/\text{mm}$；对 $\lambda = 408$ nm 的紫光，$\alpha = 48.9°/\text{mm}$。

对于旋光的溶液，光矢量旋转的角度 θ 除了正比于在溶液中通过的距离 d 外，还和溶液的浓度 C 成正比，即有

$$\theta = [\alpha] dC \tag{5.4.2}$$

比例系数$[\alpha]$叫作该溶液的比旋光率，它与溶质和溶剂的种类、所用波长及温度有关。$[\alpha]$的单位通常用$°/[\text{dm}\cdot(\text{g/cm}^3)]$。利用溶液的旋光效应，可以测量溶液中所含旋光物质的浓度。量糖计就是根据旋光原理设计的测量溶液浓度的仪器，其结构如图 5.38 所示，它在制糖、制药、化学工业中得到广泛应用。

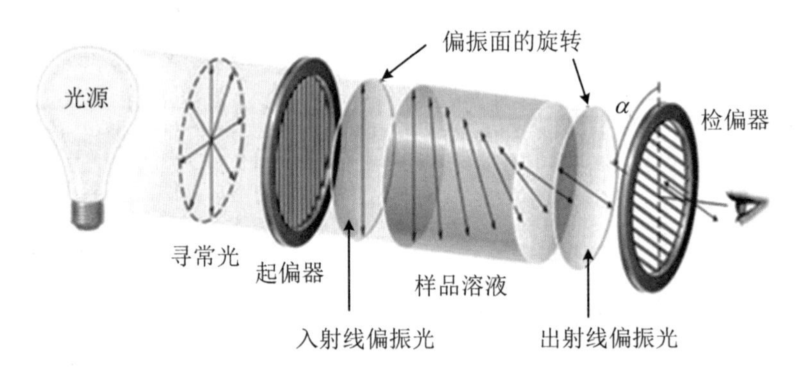

图 5.39　量糖计

起偏器 P_1 产生的线偏振光经过旋光溶液后，光矢量振动方向转过 θ 角度，借助于转动检偏器 P_2 测出 θ，根据已知的$[\alpha]$和 d，即可求得溶液浓度 C。

进一步实验发现，具有旋光性质的物质有左旋与右旋之分。当迎着光传播方向观察时，使光矢量顺时针旋转的物质称右旋物质，使光矢量逆时针旋转的物质称左旋物质。例如，自然界中存在的石英晶体既有右旋的，也有左旋的，它们的旋光率相同，但方向相反。右旋石英和左旋石英分子式相同，但是分子排列结构是镜像对称的，这种具有相同分子式而旋光性质不同的物质称为旋光异构体。许多具有旋光性质的有机药物、生物碱，生物体中的各种糖类、氨基酸等都存在着两种旋光异构体。区别右旋和左旋对了解分子结构和有关性质是重要的。对某些药物来说，左旋和右旋的异构体疗效迥然不同。

5.4.2 旋光现象的解释——菲涅耳假设

早在1825年，菲涅耳就针对石英晶体中发生的旋光现象提出了一种假设。他认为线偏振光(E,ω)可看作是同频率(ω)、等振幅($E/2$)、有确定相位差的左(L)、右(R)旋圆偏振光的合成，如图5.40所示。产生旋光现象的原因是沿着光轴方向传播的圆偏振光的传播速度与它的旋转方向有关。在旋光晶体中左旋与右旋圆偏振光的传播速度不同，我们分别用 v_L 和 v_R 表示，其对应的折射率分别为 n_L、n_R。旋光晶体分左旋和右旋两种，在右旋晶体中，右旋圆偏振光(简称R光)的传播速度较快，$v_R>v_L$，即 $n_R<n_L$；而在左旋晶体中，左旋圆偏振光(简称L光)的传播速度较快，$v_L>v_R$，即 $n_R>n_L$。

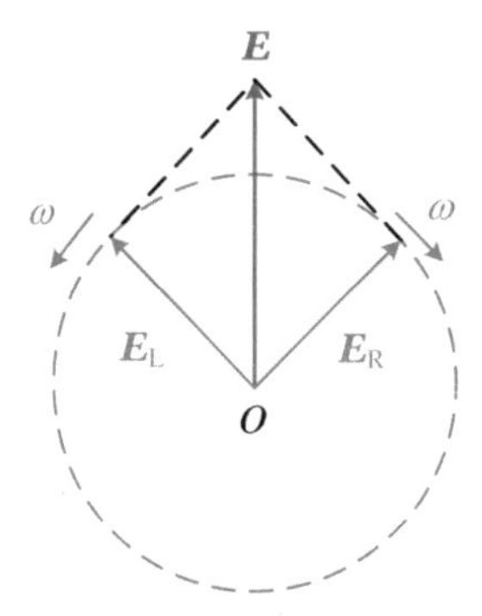

图5.40 线偏振光分解成两个圆偏振光

按照这一假设，当平面偏振光在石英晶体中沿光轴方向传播时，在晶体中被分解成左旋和右旋圆偏振光。为了简便，设入射线偏振光的振动面在竖直方向，并取它在入射界面上的初相位为0，即在此时刻入射光的光矢量 $\boldsymbol{E}$ 方向朝上并具有极大值。因此将它分解为左、右旋圆偏振光后，在入射界面 $\boldsymbol{E}_L$、$\boldsymbol{E}_R$ 的瞬时位置都与 $\boldsymbol{E}$ 一致，如图5.41所示。

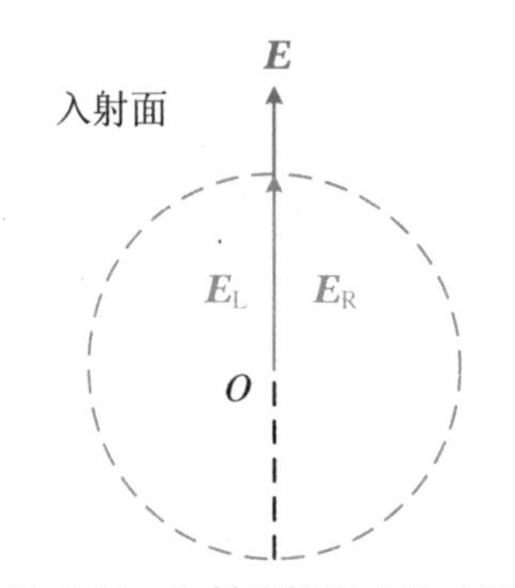

图5.41 入射线偏振光的分解

光通过长为 d 的旋光物质后，由于旋光物质中左旋与右旋圆偏振光的传播速度不同或折射率不同，因而在出射面产生了不同的位相滞后(延迟)：

$$\begin{cases} \varphi_R = -\dfrac{2\pi}{\lambda} n_R d < 0 \\ \varphi_L = -\dfrac{2\pi}{\lambda} n_L d < 0 \end{cases} \tag{5.4.3}$$

设 $n_R>n_L$(即 $v_L>v_R$)，则 $|\varphi_R|>|\varphi_L|$，在出射面上L光、R光相位如图5.42所示，可见出射面处合成光矢量 $\boldsymbol{E}$ 向左旋转，此物质为左旋体。

由此，可得光矢量转过的角度为

$$\begin{aligned} \theta &= -\left\{\frac{1}{2}[|\varphi_R| + |\varphi_L|] - |\varphi_L|\right\} \\ &= -\left\{\frac{1}{2}[|\varphi_R| - |\varphi_L|]\right\} \\ &= \frac{\pi}{\lambda}(n_L - n_R)\cdot d \end{aligned} \tag{5.4.4}$$

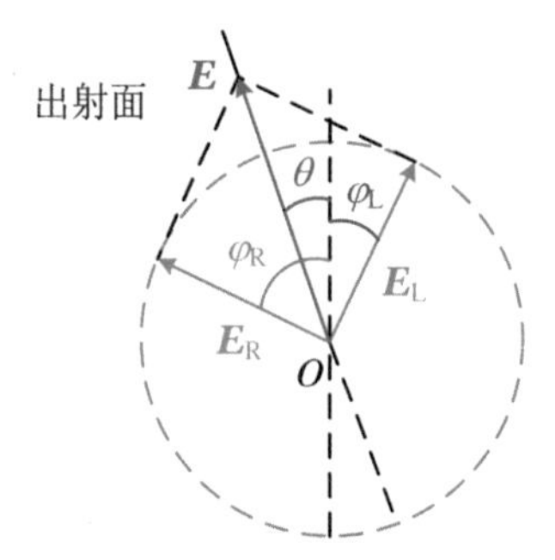

图5.42 线偏振光通过左旋体后偏振方向的旋转

“−”表示在初始位置左侧。当 $n_R>n_L$ 时，$\theta<0$，为左旋体；当 $n_R<n_L$ 时，$\theta>0$，为右旋体。令 $\theta=\alpha\cdot d$，则 $\alpha=\dfrac{\pi}{\lambda}(n_L-n_R)$，即为物质的旋光率。

如此既解释了旋光现象，又说明了旋光率 α 与物质(由 n_L、n_R 反映)及入射波长有关。在此需要注意的是，由第 2 章偏振态分析我们知，随时间左(右)旋的椭圆偏振光在空间上呈现为右(左)旋螺线。也就是说，对于圆偏振光，与其光程相联系的位相落后意味着光矢量随传播距离增加而表现出转角的倒转。具体如图 5.43 所示。

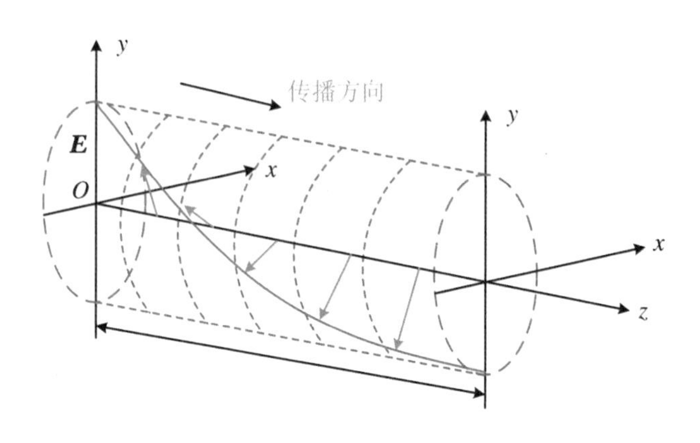

图 5.43 右旋圆偏振光在空间上的分布

菲涅耳在提出上述假设的同时，设计了如图 5.44 所示的复合棱镜进行实验，证实了自己的解释。用左旋型(L)和右旋型(R)的石英棱镜交替胶合成多级组合棱镜，其光轴都平行于底边。一线偏振光垂直入射组合棱镜的端面，光在第一个右旋型棱镜内 L 光、R 光空间不分离，但其传播速度不同($v_{1L}<v_{1R}$)、折射率不同($n_{1L}>n_{1R}$)。当传播至第一个右旋型棱镜与第二个左旋型棱镜($n_{2L}<n_{2R}$)的交界面时，由于晶体旋光性质的变化，L 光传播速度由小变大，相当于从光密介质向光疏介质折射，折射光线远离法线；而 R 光相当于从光疏介质向光密介质折射，折射光线接近法线，结果在第二个棱镜中 L 光和 R 光分开。同理，以后每经过一个界面继续使左、右旋圆偏振光更加分离。最后对组合棱镜出射的两束光进行实验检测，证实它们确为理论所预计的两种左、右旋圆偏振光。

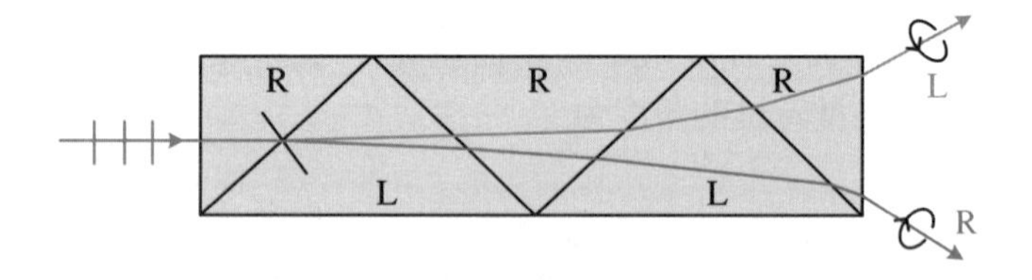

图 5.44 菲涅耳组合棱镜实验

菲涅耳组合棱镜实验结果证明旋光效应导致一束线偏振光被分解为两束左、右旋圆偏振光，表明这也是一种双折射现象——圆双折射效应(又称为圆二向色性)。菲涅耳关于旋光现象的解释也是一种唯象描述，并未涉及旋光性的微观机制，同样它不能给出为何在旋光介质中两圆偏振光的速度不同的物理本质。我们知道双折射效应源于晶体的微观结构，旋光性即源于物质中原子排列的螺旋结构。所以，对本章讨论的双折射效应的严格解释需要考虑物质的微观结构。一句话，物质的结构决定了其本征特性。

5.4.3 磁致旋光(法拉第效应)

法拉第在1845年发现,线偏振光在某些有磁场作用的非旋光介质中传播时,若传播方向平行于外加磁场方向,则光矢量的振动面也发生旋转,这种现象叫作磁致旋光或法拉第效应。如图5.45所示。

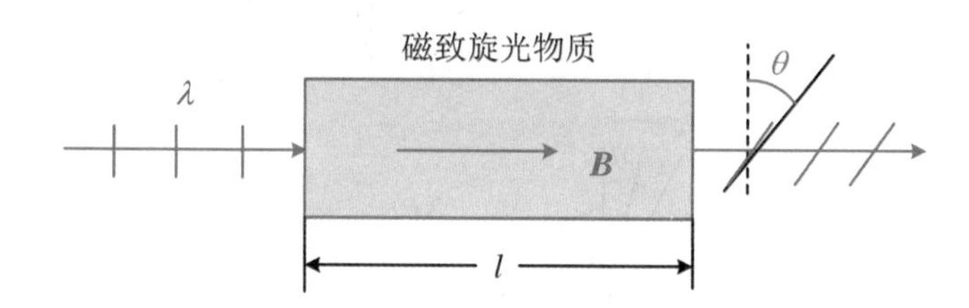

图5.45 法拉第效应

实验表明,法拉第效应有如下规律:

(1) 对于给定的磁致旋光物质,偏振面的转角 θ 正比于磁感应强度 B 和所穿过介质的长度 l,即

$$\theta = V \cdot l \cdot B \tag{5.4.5}$$

式中 V 称为维尔德常量。一些介质的维尔德常量见表5.4。

表5.4 部分介质的维尔德常量

介质	温度/℃	波长/nm	$V/[(°)\cdot T^{-1}\cdot m^{-1}]$
锗酸铋(BGO)晶体	室温	632.8	1.797×10^3
磁光玻璃SF-57	室温	632.8	1.115×10^3
磁光玻璃SF-6	室温	632.8	1.017×10^3
轻火石晶体	18	589.3	5.28×10^2
石英晶体	20	589.3	2.77×10^2
食盐	16	589.3	5.98×10^2
水	20	589.3	2.18×10^2
二硫化碳	20	589.3	7.05×10^2

(2) 磁致旋光也分右旋和左旋两种,旋转方向完全由物质本身的性质和磁场的方向决定。对于磁致旋光物质,光沿 B 与逆 B 方向传播,振动面旋向相反,即当线偏振光通过磁致旋光物质时,如果沿磁场方向传播,振动面向左旋,而当光束逆着磁场方向传播时振动面将右旋。因此,如果用一反光镜让光束来回通过磁光介质,回到原处时实际振动面旋转了 2θ 的角度,如图5.46所示。这一点与自然旋光物质完全不同,对自然旋光物质,振动面的左旋或右旋(迎着光看)是由旋光物质本身决定的,与光的传播方向无关。也就是说,无论从旋光物

质的哪一端入射，迎着光看线偏振光振动面旋转方向是一定的(左旋仍是左旋，右旋仍是右旋)。因此，如果用一反光镜让光束来回通过自然旋光物质，回到原处时其振动面将恢复初始位置，如图 5.47 所示。

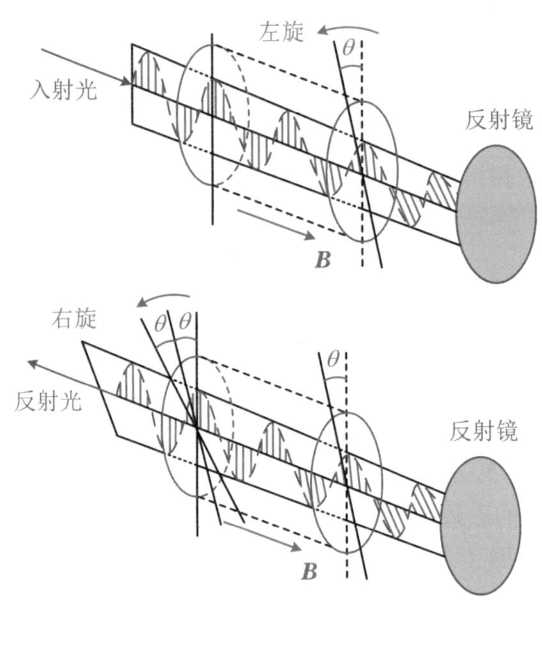

图 5.46　磁致旋光物质的旋光作用

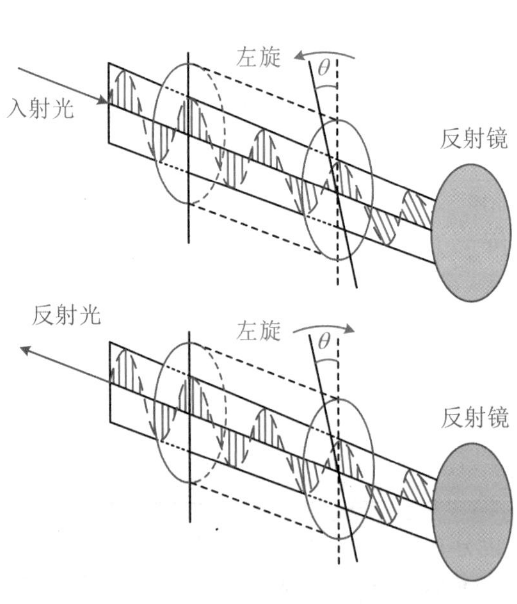

图 5.47　自然旋光物质的旋光作用

利用法拉第效应可以制成磁光开关、磁光调制器或磁光隔离器。如图 5.48 所示，在一对正交偏振片 P_1 和 P_2 之间放置一定长度的磁光介质，并给磁光介质施加轴向磁场。未加磁场时，由于 P_1、P_2 的透振方向正交，偏振片 P_2 后没有光透过，这相当于开关处于关闭状态；若施加一定大小的磁场使穿过磁光介

质的线偏振光的偏振面旋转 90°,则该线偏振光将全部透过 P_2,这相当于打开了开关。通过外加信号(如改变电流)调制磁场的大小,即可调制光束偏振面的转角,从而使输出光的强度连续可调,这就是磁光调制器的原理。

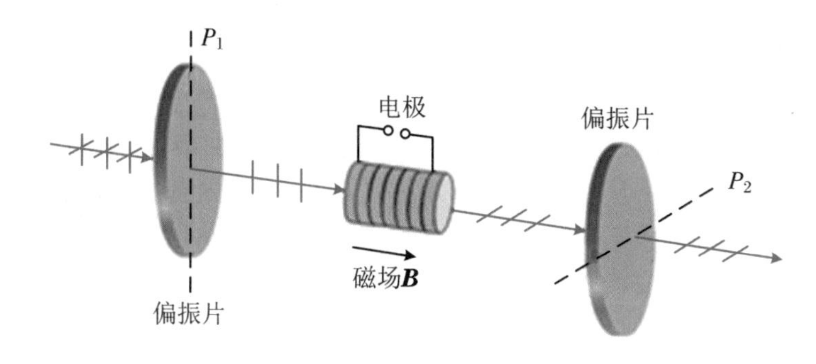

图 5.48 磁光开关及磁光调制器原理

基于磁致旋光的旋转方向由光与磁场的相对方向决定,利用这样的特点可以制成光隔离器,如图 5.49 所示。加一定磁场,使线偏振光的偏振面转动 $\theta=45°$,那么反射光再次通过磁致旋光物质后,线偏振光的偏振面将转过 $2\theta=90°$,反射光不会通过偏振器 P,这样就可以有效消除反射光的干扰。这在光通信、级联式激光器系统以及激光对抗等方面具有广泛应用。

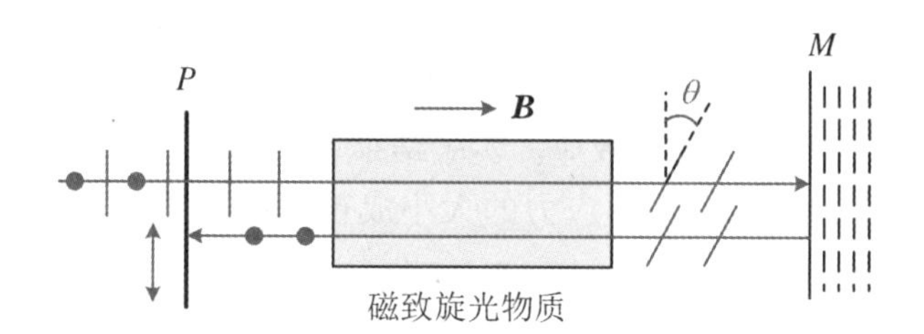

图 5.49 光隔离器示意图

利用 1/4 波片也可实现光隔离器。如图 5.50 所示,波片光轴方向与线偏振光振动方向的夹角为 $\alpha=45°$,当光来回通过 1/4 波片时,相当于通过半波片,反射光相对初始入射光的位相改变为 π,即振动面转过 $2\alpha=90°$,不会通过偏振器 P。该工作方式光隔离器多用于弱光隔离,且工作于单一波长。

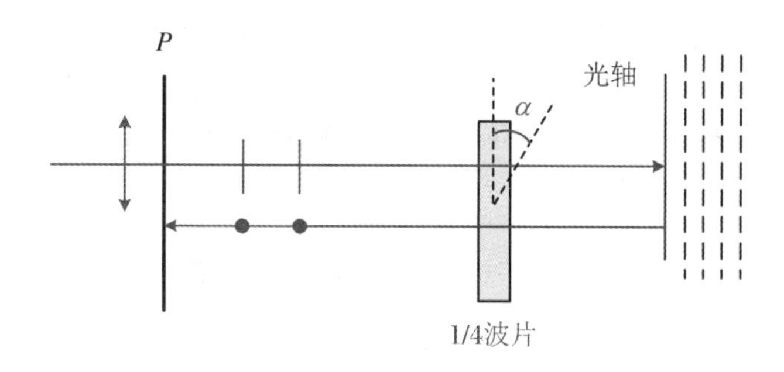

图 5.50 用 1/4 波片实现的光隔离器

5.5 人工双折射

除了自然双折射现象外，许多光学介质在某些外加条件（如机械应力、电场、磁场等）作用下，将从各向同性变为各向异性，或其固有的各向异性将发生改变，这种现象称为人工双折射或场致双折射。人工双折射的特点是在外场撤除后，双折射效应随之消失。人工双折射效应在应力检测、光调制器、光电子器件等方面具有广泛的应用。

5.5.1 光弹效应（应力双折射效应）

塑料、玻璃、环氧树脂等非晶体在通常情况下是各向同性而不产生双折射现象的，但是当它们受到应力的时候，就会变成各向异性而显示出双折射性质。这种各向同性介质由于外界机械（或热）应力的作用，而产生类似于单轴晶体的光学各向异性现象，称为光弹效应。实验结果表明，由机械应力或热应力引起的材料双折射率的变化与作用应力的大小成正比，其光轴方向沿外力作用方向。若以 P 表示作用应力大小，n_o、n_e 分别表示材料对 o 光和 e 光的折射率，则有

$$n_o - n_e = KP \tag{5.5.1}$$

称为应力光学定律，式中 K 为材料的应力光学常数。

光学材料的加工过程可能会在材料内部留下残余的机械应力；在熔炼过程中如果没有很好地使材料均匀退火，也会在材料内部留下残余的热应力。各种情况下残余应力的存在都不利于材料的实际应用，研究材料（物质）内部各处的应力分布（受力情况）在材料加工、力学、建筑设计等方面具有重要意义。物质的光弹效应，为检测透明材料的应力分布情况提供了极有效的方法。

对于一定厚度的材料，在应力作用下，可使透过的 o 光和 e 光产生位相差：

$$\delta = \frac{2\pi}{\lambda}(n_o - n_e)d = \frac{2\pi}{\lambda}dKP \tag{5.5.2}$$

可见，若将其置于正交或平行布置的两个偏振片（P_1，P_2）之间，则透射光场将显示出对应材料体内应力分布的偏光干涉图样。用单色光作光源时，如果应力分布均匀，则偏振片 P_2 后将有均匀的视场；如果应力分布不均匀，则 P_2 后能观

察到干涉图样。用白光作光源时，将观察到由于显色偏振而得到的彩色图样。

在建筑学、机械设计等方面，可用此法分析建筑物或机械内部应力分布情况。通常是先用透明材料（如有机玻璃、环氧树脂等）做成与实物相似的缩小的模型，按照实际发生的情况对其各部分施加负载。把这个模型放在透振方向正交的偏振片 P_1、P_2 之间，观察并分析产生的干涉图样，通过对干涉图样的测量和分析，即可确定出各处所受应力分布（大小和方向）情况。图 5.51 中的照片是一塑料量角器受力后观察到的干涉图像。

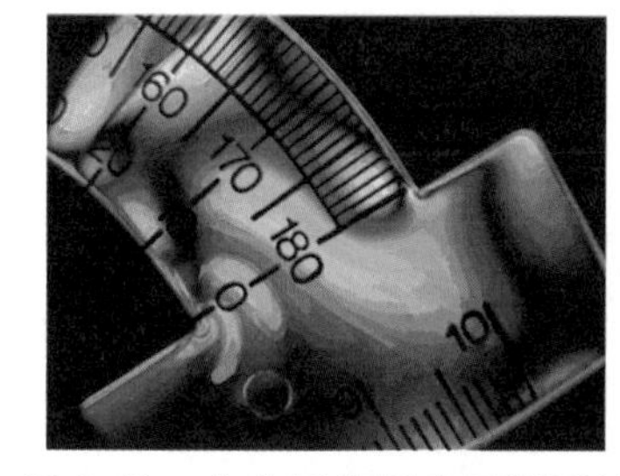

图 5.51　在交叉偏振光下看到的塑料量角器中的干涉图像

利用偏振光的干涉来测定物体内部应力分布的方法，称为光测弹性，其实质是测定光程差 δ 的大小，然后根据应力光学定律确定应力差，基于这一原理，形成了一门实验力学分支——光弹性力学。通过对某些透明材料的偏光干涉图样的分析，可以获得有关材料或结构件的应力分布及受力特征。此外，利用应力光学效应可以制成一种偏光显微镜，可用于分析生物组织结构、光学材料结构及光学均匀性等。

5.5.2　电光效应（电致双折射效应）

1. 克尔效应（二次电光效应）

除了上节中提到的外力可引起物质的各向异性以外，电场也可以引起某些物质的各向异性，从而产生双折射。若对材料外加电场产生的双折射光的相位差与电场 E^2 成正比，称这种现象为克尔效应；若外加电场产生的双折射光的相位差与电场 E 成正比，称这种现象为泡克耳斯效应。

克尔效应中外电场方向与光的传播方向垂直，故也称为横向电光效应。常用的克尔介质有苯、二硫化碳、三氯甲烷、水、硝基甲苯、硝基苯等。当外加单向电场，介质呈现单轴晶体特性，光轴方向沿外电场的作用方向，相应的双折射率差正比于作用电场强度的平方，即

$$n_{\perp} - n_{/\!/} = \kappa E^2 = \kappa \frac{U^2}{d^2} \tag{5.5.3}$$

式中，$n_{\perp}$、$n_{/\!/}$ 分别为介质对垂直和平行于作用电场方向的线偏振光的折射率，对应于该情况下单轴晶体的主折射率 n_o、n_e；κ 为介质的克尔系数；U 为所加电压。

研究克尔效应的器件是克尔盒，把克尔盒插入两正交偏振片之间，在它的两端加上电压就可以用电压来控制 o 光和 e 光的相位差，进而控制透射光的偏振态，如图 5.52 所示。

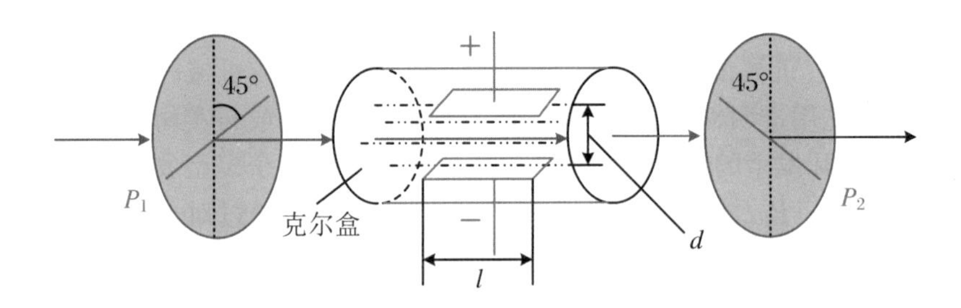

图 5.52　克尔效应原理

我们在实验中可以得到，不加电压时该系统的输出光强为零，这表明此溶液无双折射现象，表征为各向同性，加上直流电压后有输出光强，溶液表征为各向异性。入射于克尔盒的线偏振光矢量被分解为 o 振动方向(垂直外加电场方向)和 e 振动方向(平行外加电场方向)，在该溶液中分别具有不同的折射率 n_o 和 n_e，所以通过一段长为 l 的电场区引起的附加位相差为

$$\Delta\varphi_\kappa = \frac{2\pi}{\lambda}|n_e - n_o|\,l = 2\pi l\,\frac{\kappa U^2}{\lambda d^2} \tag{5.5.4}$$

$\Delta\varphi_\kappa=\pi$ 时克尔盒相当于半波片，P_2 透光最强。若克尔盒中为硝基苯，取如下参数：

$$\kappa = 1.44\times10^{-18}\ \mathrm{m^2/V^2},\quad l = 3\ \mathrm{cm},\quad d = 0.8\ \mathrm{cm},\quad \lambda = 600\ \mathrm{nm}$$

则所加半波电压为 $U_\pi\approx2\times10^4$ V。

克尔效应在定向电场力作用下使物质分子有序排列，分子对外场的响应时间很短，通常在纳秒量级，利用这个特点，可制作基于克尔盒的高速电光开关盒、电光调制器，但其外加电压很高、有毒性、易爆炸。

2. 泡克耳斯效应

由于克尔盒对其溶液纯度要求较高，以及它对人体有毒，人们慢慢发展了其他的一些具有电光效应的晶体来取代克尔盒。它们原本是单轴晶体，在外加电场作用下转变为双轴晶体，其外加电场方向与光的传播方向平行，产生的双折射光的相位差与电场 E 成正比，我们称其为泡克耳斯效应，也叫线性电光效应。常见的这类晶体有 KDP 晶体和 ADP 晶体。

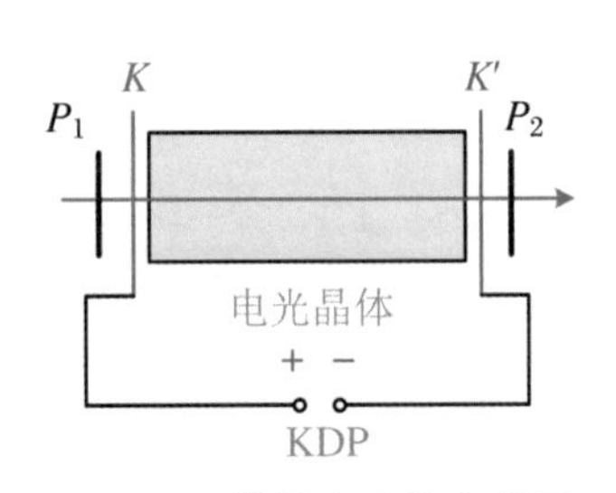

图 5.53　线性电光效应装置

如图 5.53 所示，一块 KDP 晶体置于正交偏振片 P_1 和 P_2 之间，电极 K 和 K' 透明，晶体原光轴方向、光传播方向和外加电场方向三者一致。

当无外加电压时，该装置输出光强为零；当加上电压之后，单轴晶体变为双轴晶体(绕原光轴方向转动 45°，如图 5.54 所示)，此时横向的两个折射率 $n_{x'}$ 和 $n_{y'}$ 不相等，其折射率差 $n_{x'}-n_{y'}$ 与外加电场 E 成正比($n_{x'}-n_{y'}\propto\gamma E$)，进而附加双折射效应，$P_2$ 透光。

基于此可制作电光调制器，光路如图 5.55 所示。

透过 P_1 沿 z 轴传播的线偏振光矢量被泡克耳斯盒分解为 $E_{x'}$ 和 $E_{y'}$，这两

个光矢量以不同速度传播，对应的折射率分别为 $n_{x'}$ 和 $n_{y'}$，经过晶体后就有一附加位相差 $\Delta\varphi_p$：

$$\Delta\varphi_p = \frac{2\pi}{\lambda}(n_{x'} - n_{y'})l = \frac{2\pi}{\lambda}n_o^3\gamma lE = \frac{2\pi}{\lambda}n_o^3\gamma U \qquad (5.5.5)$$

式中，n_o 为 o 光在晶体中的折射率，γ 为电光系数，U 为外加电压。

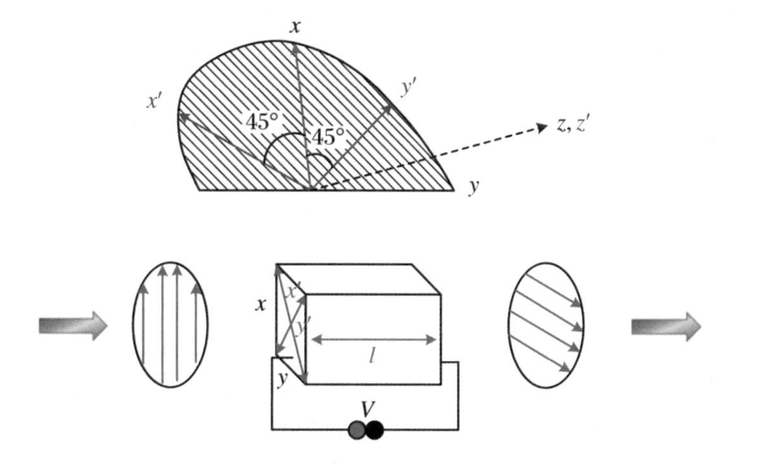

图 5.54　电致双折射主轴与原主轴的关系

图 5.55　(KDP 晶体)光强度调制器的光路

综上，泡克耳斯效应被更广泛地用于制造性能更优的高速电光开关、电光调制以及激光技术中。

5.5.3　磁致双折射(科顿-穆顿效应)

与克尔效应类似，某些液体会在磁场的作用下产生双折射现象，被称作磁致双折射，该现象最早于 1907 年由 A. 科顿和 H. 穆顿在液体中发现。其具体表现为光在透明介质中传播时，若在垂直于光的传播方向上加一外磁场 H，则介质表现出单轴晶体的性质，光轴沿磁场方向，主折射率之差正比于磁感应强度的平方。由于 $|n_e - n_o| \propto H^2$ 为二次效应，故该现象需要附加很强的磁场才能观察到。

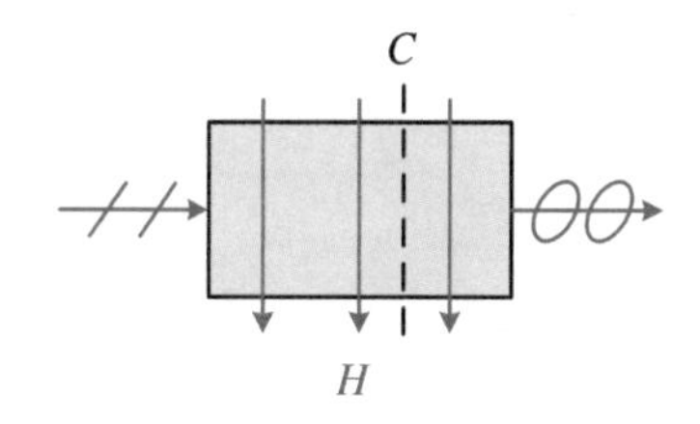

图 5.56　磁致双折射

5.5.4　液晶

液晶是一种性质介于常规液体和固态晶体之间的物质，它们可以像液体一样流动，同时其分子以晶体状方式取向。液晶的光学性质与单轴晶体相似，光轴沿着液晶分子的长的方向。不同分子取向的液晶具有不同的光学特性，且其易受外力作用影响，因而人们可以通过外力改变液晶分子排列状态来实现对光场的调控。其排列状态是通过液晶盒来实现的。液晶盒由上、下两片导电玻璃基板构成，玻璃基板内侧覆盖一层定向层（或采用表面排列技术对玻璃内侧进行表面处理），盒的两外侧贴有偏光板。定向层的作用是使液晶分子按特定的方向排列，通常是一薄层高分子有机物，经擦拭处理；偏光板一般是高分子透明塑料薄膜加工而成，其作用相当于偏光干涉中的两个偏振片；电极的作用主要是使外部数字信号通过其加到液晶上，并改变液晶取向。空液晶盒间隙大小在 3 μm 到 10 μm 之间，经过擦拭和组装后即可取向其中的液晶分子排列状态，如图 5.57 所示。该液晶盒经过表面排列技术处理和组装后，上、下玻璃表面处液晶分子的定向方向是相互垂直的，这样在垂直玻璃片表面的方向（即光行进方向）盒内液晶分子的取向逐渐扭曲，从上玻璃片到下玻璃片扭曲了 90°。若入射液晶盒的线偏振光是 x 方向，那么通过液晶盒光的偏振态将被旋转到沿 y 轴方向。

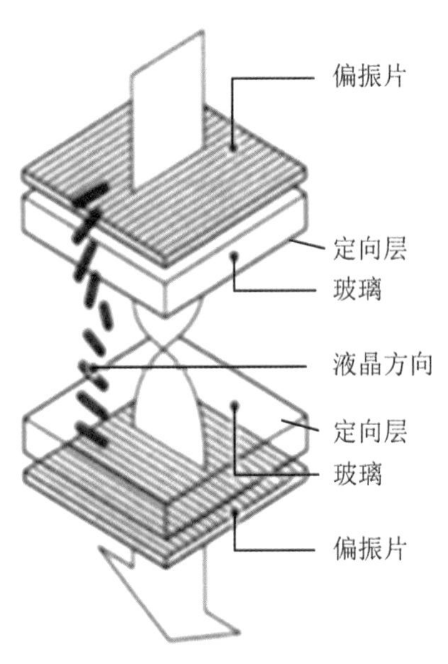

图 5.57　液晶盒示意图

液晶最常用的就是大家熟悉的液晶显示，其主要单元之一就是液晶盒，其显示示意如图 5.58 所示。将液晶盒集成在两个振透方向相互垂直（或平行）的偏光板间，且入射处与出射处的液晶分子取向分别与临近的偏光板偏振方向一致。当电场施加到液晶盒上、下两侧时，液晶分子将会顺着平行于电场方向排列，入射光波相当于沿其光轴方向传播。在这种状态下，液晶分子不调控光场，整个装置就表现为不透明（或透明）。这样，数字信号电场可以用来作为透明（显示）或不透明（不显示）之间的像素开关。彩色液晶显示系统使用相同的技术，只是增加了用于生成红色、绿色和蓝色像素的彩色滤光板。

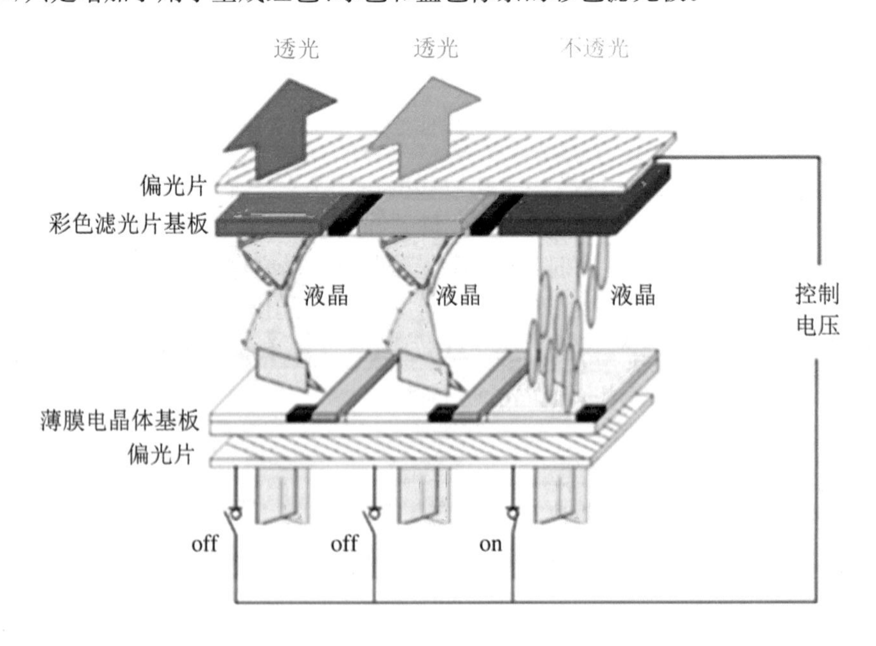

图 5.58　三基色液晶盒的工作原理

第6章　光的吸收、色散、散射

莱克格斯杯(The Lycurgus Cup)(图片来自网络)

本章提要 光辐射与介质相互作用时,介质中原子的极化率将受到光场的作用而发生振荡,影响不同波长的光波在介质中的传播。在光辐射不太强的情况下,可以认为原子所感生的电极化矢量与外场成线性关系,从而能解释在介质中的一些光学现象,如吸收、色散和散射等。本章主要是基于光与物质相互作用的经典谐振子模型,简单讨论光波在各向同性介质中传播时的吸收、色散和散射现象及相关解释。

6.1 光与物质的相互作用

物质是由原子组成的,经典的原子模型认为原子由原子核及围绕在其周围运动着的若干个电子组成。对于金属来说,最外层的价电子受到原子核的吸引力极小,这些价电子仍然能够比较自由地运动,因此金属中的价电子可以近似地用自由电子的模型来描述;对于介质材料,电子受到核的引力较大,而且分子中的各个化学键的影响也较大,因而电子的运动受到约束。可以把介质中的电子看成一个酥软的棉花球样的电子云团,围绕在核的周围,如图 6.1(a)所示,外界的作用将使电子云团变形,破坏电荷的平衡,形成电偶极子,如图 6.1(b)所示。

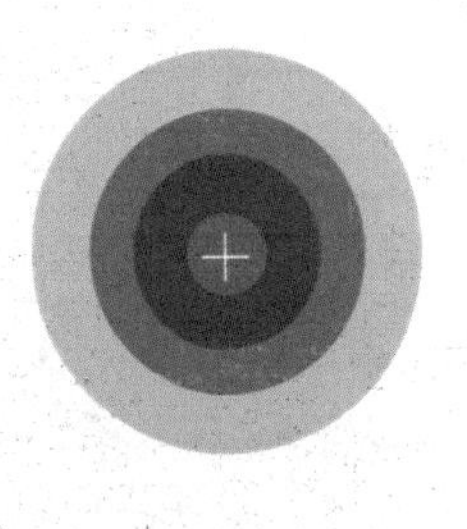

(a) 中性原子

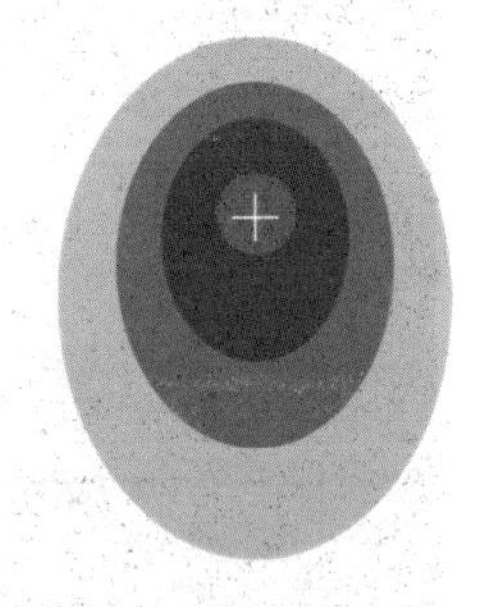

(b) 电偶极子

图 6.1 介质中的电子云团

当光辐射照射到物质上时,光波的电磁场会对物质中的电子和原子核产生作用,引起电子和核的振荡。但由于核的质量比电子大得多,而光辐射的振荡又有极高的频率,所以在近似的情况下可以忽略核的运动而只考虑电子在光场作用下所产生的振荡,也就是产生了电偶极子振荡。根据洛伦兹(H. A. Lorentz)的分析,处在电磁场中的电子所受到外场的作用力为

$$F = q(E + v \times B) \tag{6.1.1}$$

式中,q 是电子的电荷值,v 是电子的运动速度。电磁场中的磁场振幅远小于

电场振幅,所以其对电子的作用与电场相比可以忽略不计,因而在以后的论述中就只需考虑电子在光场中所受到的电场力 qE 的作用。若物质中的电子在外场作用下产生了位移 r,则每一个电子将产生一个电偶极矩,或称电极化矢量 p,则

$$p = qr \tag{6.1.2}$$

设 N 为金属物质中的原子价电子密度或介质中的电偶极子密度,则总的电极化强度 P 为

$$P = Np = Nqr \tag{6.1.3}$$

利用电偶极子模型可以求解电偶极子在电磁场的作用下产生的振荡,从而获得电子的位移矢量 r 随外电场变化的规律。在近似的条件下,电极化强度可以认为只与所作用的外界电磁场成线性关系,电偶极子会随电磁场的变化而发生简谐振荡。这一理论可以解释金属和介质的一些常见的光学现象,例如金属材料的表面总是有比较高的反射率,又如介质材料对于不同光波有不同的折射率,即产生色散现象等。若外界作用的光场比较强,则电偶极子的振荡不再具有其位移与外电场成线性的关系,即所产生的电磁振荡是非线性的,因而会产生一系列有趣的新的光学现象,这属于所谓非线性光学的范畴。各种非线性光学现象只有利用激光的照射才比较容易实现,因为激光具有极高的单色亮度,使电偶极子很容易发生非简谐的振荡。

6.2 光的吸收

除了真空,任何介质对光波(电磁波)都不是绝对透明的,因此光的强度随着在介质中传播距离的增加而逐渐减弱。这是由于光的能量一部分被介质吸收后转化为其他形式的能量(例如热量、化学能等),另一部分光波由于介质的不均匀性被散射到四面八方。这里所指的吸收是真正的吸收(吸收的光能转化为介质的能量),不包括由于反射和散射引起的光强减弱。

光波在介质中传播时,其强度随传播距离而衰减的现象称为介质对光的吸收。光吸收是介质的普遍性质。一般介质只对某些波长范围内的光波透明,而对另外一些波长范围的光波不透明或部分透明。例如,纯质石英玻璃对紫外线和可见光几乎完全透明,而对波长在 3.5～5.0 μm 范围的红外线却不透明。

6.2.1 线性吸收定律

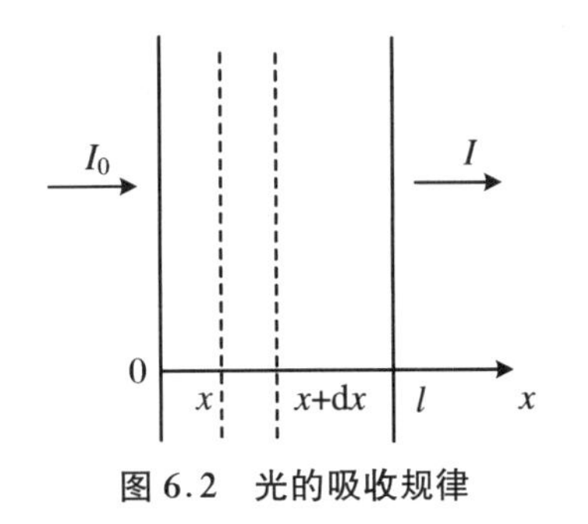

图 6.2 光的吸收规律

设单色平行光束沿 x 方向通过均匀介质,如图 6.2 所示,光的强度在经过厚度为 dx 的一层介质时,强度由 I 减少到 $I-\mathrm{d}I$。实验表明,在相当大的光强范围内,减少的光强 dI 正比于 I 和 dx,有

$$-\mathrm{d}I=\alpha I\mathrm{d}x \tag{6.2.1}$$

式中,α 是与光强无关的比例系数,称为该物质的吸收系数。对式(6.2.1)积分,即可得到如下公式:

$$I(z)=I_0\mathrm{e}^{-\alpha(\lambda)z} \tag{6.2.2}$$

式(6.2.2)称为布格(P. Bouguer)定律或朗伯(J. H. Lambert)定律。因式(6.2.1)中的 α 与 I 无关,该式是光强 I 的线性微分方程,故朗伯定律描述了光吸收的线性规律。

吸收系数 α 标志了介质对光吸收能力的大小。α 越大,介质对光的吸收就越强。应该指出,朗伯定律有一定的适用范围。在研究强激光传播规律的非线性光学领域内,吸收系数 α 和其他许多系数(如折射率)一样,与光的强度有关,此时朗伯定律不再成立。

当光通过溶液时,光会被透明溶液中溶解的物质吸收。实验证明,这时吸收系数 α 与溶液浓度 C 成正比,即

$$\alpha=AC \tag{6.2.3}$$

式中,A 是与溶液浓度无关的常数,取决于吸收物质的分子特性。将式(6.2.3)代入式(6.2.2),可得

$$I=I_0\mathrm{e}^{-ACl} \tag{6.2.4}$$

此式称为比尔(Beer)定律。比尔定律只有在每个分子的吸收本领不受周围邻近分子的影响时才成立。当溶液浓度很大时,分子间的相互作用会影响到它们的吸收本领,这时就会发生对比尔定律的偏离。在比尔定律成立的情况下,通过实验测定光在溶液中被吸收的比例,根据式(6.2.4)可求出溶液的浓度。

6.2.2 普遍吸收和选择吸收

根据介质光吸收强弱的不同,可将一般介质的光吸收分为两类,即普遍吸收和选择吸收。若物质对各种波长 λ 的光的吸收几乎相等,即吸收系数 α 与 λ 无关,则这种吸收称为普遍吸收或一般吸收。普遍吸收的特点是吸收系数很小,且对于给定波段内各种波长成分具有近乎相同程度的吸收系数。例如空气、纯水、无色玻璃等在可见光范围内都产生普遍吸收,故当可见光通过这些物质后只改变光的强度而颜色不改变。石英玻璃在紫外和可见光区具有普遍吸收特性。

若物质对某些波长的光吸收特别强烈,而对其他波长的光吸收较少,则这种吸收称为选择吸收,其主要是由于所吸收光子的能量对应着介质某个跃迁的能级差值,故又称为共振吸收。选择吸收的特点是吸收系数很大,随波长(频率)的不同而急剧变化。选择吸收性也是物体呈现颜色的主要原因。例如,绿色玻璃是把入射的白光中的红色和蓝色光吸收掉,只剩下绿色光透射过去。带色物体一般有体色和表面色的区别,物体由于选择吸收而呈现的颜色称为体色。对于呈体色的物体,由于光在物体内部的传播过程中与组成物质的原子、分子相互作用,物体对不同频率的光有不同的吸收,所以从物体内重新射出的光就呈现出一定的颜色,呈现体色的物体的透射光和反射光的颜色是一样的。

还有一些物体,特别是金属,对于某种颜色光的反射率特别强,于是被它们反射的光就呈现这种颜色,而由它们透射的光是这种颜色的互补色(某种颜色和它的互补色混合后是白色)。例如,被黄金薄膜反射的光呈现黄色,而由它们透射的光则是绿色。这类物体的颜色是由于物体表面的选择反射形成的,所以叫表面色。

从广阔的电磁波谱来考虑,任何物质对电磁波的吸收都包含有一般吸收和选择吸收两种情况。在光学领域应用的介质材料,其光学特性主要是必须具有透明性,当然其透明性希望能包括从紫外到红外的整个光谱范围。但是实际上介质材料的透明性不可能扩展到整个光谱的波段,而只能对其中的某一波段范围透明,在另一波段范围中则为不透明,也就是在这一波段中对光波具有选择吸收。在可见光范围内具有一般吸收特性的物质,往往在红外和紫外波段有选择吸收。例如,普通玻璃对可见光是透明的,对红外线和紫外线因有强烈吸收而表现为不透明。所以红外光谱仪和紫外光谱仪中的棱镜都不能用普通玻璃制作。红外光谱仪中的棱镜常用对红外线透明的 NaCl 晶体或 CaF_2、LiF 晶体制作,紫外光谱仪中的棱镜则需用石英制作。又如半导体硅或锗在红外波段为透明而在可见波段则是不透明的。

表6.1给出了常用的介质材料的透明范围，包括光学玻璃材料和红外波段透明的半导体材料的透明范围。应该注意到介质材料的透明范围不可能无限地扩展，介质材料对于透明范围以外的波段就不能透过，这是因为一般吸收和选择吸收是共存于介质材料的光学特性。

表6.1　常用光学材料的吸收波段

光学材料	波长范围/μm	光学材料	波长范围/μm
冕牌玻璃	0.35～2.0	硅	1.2～15
火石玻璃	0.38～2.5	锗	1.8～23
石英玻璃	0.18～4.0	蓝宝石	0.15～7.5
萤石(CaF_2)	0.125～0.95	方解石	0.2～5.5
熔融石英	0.18～4.2	二氧化钛	0.43～6.2
氟化钡	0.13～15	硫化锌	0.0～14.5
钛酸锶	0.39～6.8	氯化钠	0.2～25
碲化镉	0.9～31	偏铌酸锂	0.35～5.5

地球的大气层对可见光和波长在300 nm以上的紫外线是透明的，波长短于300 nm的紫外线则被空气中的臭氧强烈吸收。对于红外辐射，大气只在某些狭窄的波段内是透明的，这些透明的波段称为“大气窗口”，吸收红外辐射的主要是大气中的水蒸气。研究大气变化情况与红外窗口之间的关系，有助于红外导航、跟踪、遥感等技术的发展，也是气象预报的一个依据。

对光的吸收现象，通常情况下可用经典的电偶极子辐射模型给出较为直观而简明的定性解释及相应的物理图像。光波进入介质时，其电场强度矢量使介质中的带电粒子极化而做受迫振动，从而使一部分光能量转化为偶极振子的振动能量。如果做受迫振动的偶极振子之间不发生碰撞，则各自的振动能量将以次波(偶极辐射)的形式发出，从而使总的光能量不受损失，即表现为介质透明而无吸收。如果做受迫振动的偶极振子之间发生碰撞，则有可能将部分振动能量转化为振子的平动动能，因而使次级辐射的光能量减少。一般情况下，随机运动着的物质粒子之间总是伴随有碰撞发生，故任何介质对入射其中的光波均存在一定的吸收作用。也就是说，吸收是物质的一般属性，透明只是相对的。

6.2.3　复数折射率

考虑介质的吸收，介质的光学性能需由折射率 n 和吸收系数 α 两参数来反映，这时可引入复数折射率 $\tilde{n}$ 来表征介质的光学特性。我们知道，在折射率为 n 的介质中，一束沿 z 方向传播的单色平面波的光振动复振幅可表示为

$$\widetilde{E} = \widetilde{E}_0 \exp[-\mathrm{i}(\omega t - kz)] = \widetilde{E}_0 \exp\left[-\mathrm{i}\left(\omega t - \frac{\omega}{c} n z\right)\right] \quad (6.2.5)$$

现假定介质的折射率是复数(实际上介质的折射率可由经典谐振模型结合麦克斯韦电磁场理论给出),可表示为

$$\tilde{n} = n + \mathrm{i}\kappa \quad (6.2.6)$$

$$\widetilde{E} = \widetilde{E}_0 \exp[-\mathrm{i}(\omega t - kz)] = \widetilde{E}_0 \mathrm{e}^{-\frac{\omega\kappa}{c}z} \exp\left[-\mathrm{i}\left(\omega t - \frac{\omega}{c} n z\right)\right] \quad (6.2.7)$$

所以光强为

$$I \propto \widetilde{E}\widetilde{E}_0{}^* = |E_0|^2 \mathrm{e}^{-2\frac{\omega\kappa}{c}z} \quad (6.2.8)$$

可以看出:复折射率的实部 n,即通常所说的介质的折射率,决定了光波在介质中传播时的位相延迟特性、介质中的光速 $v = c/n$;虚部 κ 导致了光波在介质中传播时强度减小,反映了介质对光的吸收,因此因子 κ 又称为吸收系数。与线性吸收定律 $I = I_0 \mathrm{e}^{-\alpha z}$ 比较,则线性吸收系数可表示为 $\alpha = 2\frac{\omega\kappa}{c}$,由复折射率的虚部决定。

6.2.4 金属材料对光的吸收

金属中的电子可以近似地认为是自由电子,它们受到原子核的引力影响极小,因而能够在金属内自由运动。自由电子在电磁场的作用下会随之产生振荡,但是金属中的自由电子在运动过程中也可能会与其他的电子或原子核相碰撞而受到阻碍,所以需要引入一个运动的阻尼常数 Γ 来描述这种状况,此即为德鲁德模型。这样简单地描述金属中自由电子在一维方向上运动的方程式为

$$\frac{\mathrm{d}^2 x}{\mathrm{d}t^2} + \Gamma \frac{\mathrm{d}x}{\mathrm{d}t} = \frac{F}{m} = \frac{qE}{m} \quad (6.2.9)$$

若是在没有外场的作用下,$E = 0$,上式的解为

$$\begin{aligned} x &= x_0 - (v_0 \mathrm{e}^{-\Gamma t})t \\ v &= v_0 \mathrm{e}^{-\Gamma t} \end{aligned} \quad (6.2.10)$$

可见电子的运动速度由于受到阻尼 Γ 的作用(碰撞)而减慢,使之速度逐步下降到零。但是在光场 $E = E(x)\exp(-\mathrm{i}\omega t)$ 的作用下,式(6.2.9)的解为

$$x = -\frac{q}{m(\omega^2 + \mathrm{i}\Gamma\omega)}E \tag{6.2.11}$$

所以当光辐射照到金属材料上后，材料中的自由电子就会因产生位移而引起电偶极矩 $p = qx$，单位体积内的电偶极矩总和，即电极化强度 P 为

$$P = Np = Nqx = -\frac{Nq^2}{m(\omega^2 + \mathrm{i}\Gamma\omega)}E = \varepsilon_0 \chi E \tag{6.2.12}$$

式中，N 是介质中的偶极子密度，ε_0是真空中的介电常量，χ 是金属材料的电极化率。式(6.2.12)显示 P 是一个复函数，说明电极化强度与外加的激励电磁场之间有相位差，其运动状态与激励的电磁场之间的振动是不同步的。

根据麦克斯韦的电磁场理论，介质中的电位移矢量为 $D = \varepsilon_0 \varepsilon E$，这一表达式也可写成真空中的电位移矢量和介质中的电极化强度的合成：

$$D = \varepsilon_0 \varepsilon_r E = \varepsilon_0 E + P = \varepsilon_0(1 + \chi)E \quad (\varepsilon_r = 1 + \chi) \tag{6.2.13}$$

上式表明介质中的电位移矢量是由两部分组成的，其一是真空中的电位移矢量 $\varepsilon_0 E$ 的贡献，其二是介质中的电极化强度 P 的贡献。由于所讨论的物质并不具有磁性，即 $\mu = 1$，所以 $B = H/\mu_0\mu = H/\mu_0$，即材料的磁感应强度 B 与其在真空中的状态是一样的，所以只需要讨论电位移矢量 D 的作用就可以了。

根据折射率的定义(即可得出复折射率)，同时由于 $\mu = 1$ 以及金属中的电极化率 χ 为复数，所以金属的折射率是一个复函数，即

$$\tilde{n} = \sqrt{\varepsilon_r} = \sqrt{1 + \chi} = n + \mathrm{i}\kappa \tag{6.2.14}$$

所以，光波在金属中的传播表达式可以写为

$$E(r, t) = E_0 \mathrm{e}^{\mathrm{i}(k \cdot \tilde{n} r - \omega t)} = E_0 \mathrm{e}^{-\kappa \cdot kr} \mathrm{e}^{\mathrm{i}(nkr - \omega t)} \tag{6.2.15}$$

可见光波在金属材料中传播时，其振幅随着传播距离按指数衰减，因此其光强也将会相应地减弱。定义 α 为传播到使光强衰减到 $1/\mathrm{e}$ 时的距离的倒数，称为金属材料的吸收系数，则

$$\alpha = \kappa k = \frac{2\pi\kappa}{\lambda} \tag{6.2.16}$$

通常，金属材料的吸收系数 κ 要比实数折射率 n 大很多，有一些金属如银、金、铝等的实数折射率 n 会小于 1。当光波入射到金属表面时，大部分的光能量都在金属的表层中被吸收或被反射，所以光辐射不可能渗入到体内。利用菲涅耳公式可以获得在正入射情况下的金属表面反射率为

$$R = \left|\frac{\tilde{n} - 1}{\tilde{n} + 1}\right| = \frac{(n - 1)^2 + \kappa^2}{(n + 1)^2 + \kappa^2} \tag{6.2.17}$$

上式在 $\kappa \gg n$ 的情况下,反射率 R 将趋近于1。金属材料的吸收系数越大,则其表面上的反射率越高。例如对于波长为633 nm的光波,铝的折射率为 $\tilde{n}_{Al} = 1.295 + i7.10$,纯银的折射率为 $\tilde{n}_{Ag} = 0.065 + i3.84$,则由式(6.2.17)可以计算出相应的铝和银的反射率分别为 $R_{Al} = 90.69\%$,$R_{Ag} = 98.40\%$。

6.2.5 吸收光谱

由于物质的选择性吸收,具有连续光谱分布的光源发出的光通过该物质后,其某些波段或某些波长成分的光能量被物质部分或全部吸收,透过光信号经光谱仪后进行光谱测量,就可以将不同波长的光被吸收的情况显示出来,形成物质的吸收光谱,即在其原来连续分布的光谱中将出现一些暗区或暗线。测量物质吸收光谱的装置如图6.3所示。

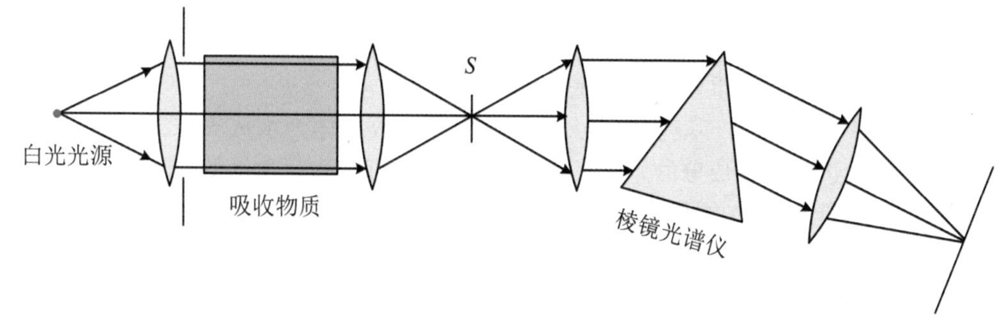

图6.3 观察吸收光谱的实验装置

每一种物质能选择吸收的波长是特定的,它反映了物质本身的特性。稀薄原子气体的吸收峰很窄,所形成的原子吸收光谱是线状光谱。原子吸收光谱的灵敏度很高,混合物或化合物中极少量原子含量的变化都会在光谱中反映为吸收系数很大的改变。历史上就曾靠这种方法发现了铯、铷、铊、铟、镓等多种新元素。原子吸收光谱在化学的定量分析中具有广泛、重要的应用。

太阳辐射为很宽的连续光谱,由于地球大气中臭氧 、水气和其他大气分子的强烈吸收,短于295 nm和大于2500 nm波长的太阳辐射不能到达地面,故在地面上观测到的太阳辐射的波段范围大约为295～2500 nm。此外,在太阳发出的白光的连续光谱背景上呈现一条条暗吸收线,这一现象由夫琅禾费首先发现并依次用字母A,B,C,…来标志,称为夫琅禾费谱线。太阳的吸收谱线属于原子气体的线状吸收光谱,其源于其周围温度较低的太阳大气中的原子,对更加炽热的内核发射的连续光谱进行的选择吸收。人们把这些谱线的波长与地球上已知物质的原子光谱进行对比,发现了太阳表层中包含的60多种化学元素。

与原子气体的线光谱不同,分子气体、液体和固体的吸收谱线密集地组成带状,故称带状吸收光谱(或称带光谱)。不同分子有明显不同的红外吸收光谱,即使是分子量相同、其他物理化学性质也基本相同的同质异构体,红外吸收光谱也显著不同,所以红外吸收光谱被广泛用来定性鉴定或定量测定有机化合物。对分子红外吸收光谱的研究,可以得出分子的振动频率,从而有助于对分子力和分子结构的研究。值得注意的是,任何物质不但有特定的吸收光谱,也有特定的发射光谱。同一物质的吸收光谱和发射光谱之间有严格的对应关系,发射光谱中的亮线与吸收光谱中的暗线一一对应。也就是说,某种物质自身发射哪些波长的光,该物质就强烈地吸收那些波长的光。

基于介质吸收光谱特性分析所形成的光谱分析技术,在很多领域都有广泛的应用,如:

(1) 物质中杂质元素含量的定量分析。极少量混合物或化合物中原子含量的变化在光谱吸收中将反映为吸收系数的很大变化,通过对其吸收光谱的分析,可以定量确定出该元素的含量及变化规律。

(2) 红外技术研究。地球大气对可见光、紫外线具有较高的透明度,但对红外线的某些波段却存在选择吸收。一般将红外区透明度较高的波段称为"大气窗口"。研究大气对红外波段的光谱吸收特性,有助于红外技术在遥感、导航、跟踪及高空摄影等技术领域更有效的应用,其中尤其如红外光电对抗技术在军事、国防领域中有着重要的发展前景。

(3) 气象预报与环境监测。大气中的主要吸收气体为水蒸气、二氧化碳及臭氧等,通过对这些成分的光谱吸收特性的分析,可获知其含量的变化,从而为气象预报和环境保护提供必要的参考资料。随着我国经济的快速发展,目前我国的环境问题对整个国民经济、生存环境都造成了很大的影响。在环境监测之中,非分散红外(non-dispersive infraRed,NDIR) 光谱吸收法有着广泛的应用前景。NDIR 吸收光谱法是一种基于气体吸收理论的方法,红外光源发出的红外辐射经过一定浓度待测气体吸收之后,与气体浓度成正比的光谱强度会发生变化,求出光谱光强的变化量就可以反演出待测气体的浓度,相应的装置示意如图 6.4 所示。

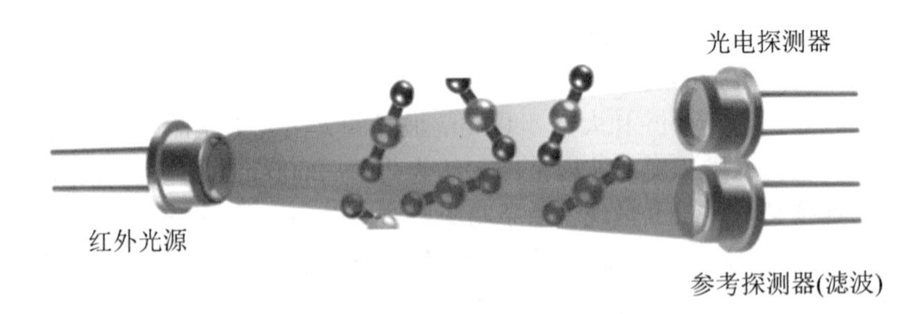

图 6.4　NDIR 吸收光谱法

红外光源发出红外辐射,进入怀特池(多次反射吸收池),红外辐射被吸收池里的待测气体充分吸收后,经过窄带滤光片的滤波,目的是把待测气体特征吸收峰之外的红外能量滤除,只留下可以反映光谱光强变化的那部分能量,再

被红外探测器接收，通过相关算法及数据处理，最后得出实时待测气体浓度值。

(4) 分子结构分析。不同分子或同一分子的不同同质异构体，具有明显不同的红外吸收光谱。通过分析分子的红外吸收光谱，可以获取分子结构的信息。其中典型的代表便是红外傅里叶光谱。傅里叶变换红外(Fourier transform infrared，FTIR)光谱仪不同于色散型红外分光的原理，它属于干涉型红外光谱仪，主要由红外光源、光阑、干涉仪(分束器、动镜、定镜)、样品室、检测器以及各种红外反射镜、激光器、控制电路板和电源组成，如图 6.5 所示。

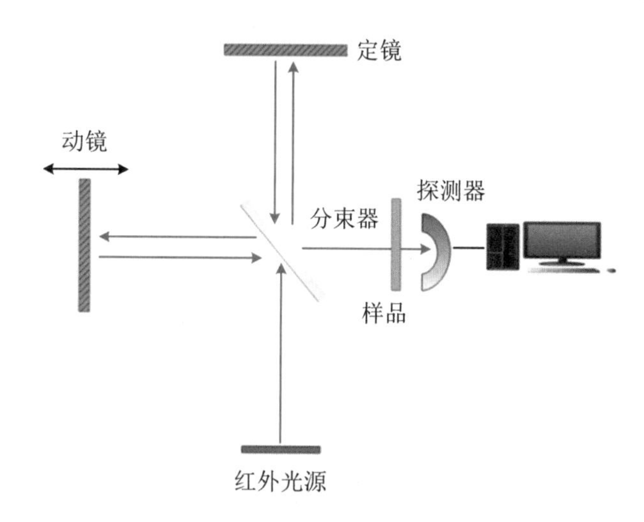

图 6.5 FTIR 光谱仪结构示意

光源发出的光被分束器(类似半透半反镜)分为两束，一束经透射到达动镜，另一束经反射到达定镜。两束光分别经定镜和动镜再反射回到分束器，动镜以一恒定速度做直线运动，因而经分束器分束后的两束光形成光程差，产生干涉。干涉光在分束器会合后通过样品到达检测器，然后利用傅里叶变换对信号进行处理，最终得到透过率或吸光度随波数或波长的红外吸收光谱图。FTIR 光谱仪所用的光学元件少，没有光栅或棱镜分光器，降低了光的损耗，而且通过干涉进一步增加了光的信号，因此到达检测器的辐射强度大。此外 FTIR 光谱仪是按照全波段进行数据采集的，而且完成一次完整的数据采集只需要一至数秒。总的来说，FTIR 光谱仪具有高信噪、良好重现性、快速扫描等优点，可以对样品进行定性和定量分析，在医药化工、石油、刑侦鉴定等领域有着广泛的应用前景。

(5) 太阳大气分析。太阳光的极为宽阔的连续谱以及数以万计的吸收线和发射线，是极为丰富的太阳信息“宝藏”。利用太阳光谱，可以探测太阳大气的化学成分、温度、压力、运动、结构模型，以及形形色色活动现象的产生机制与演变规律，可以认证辐射谱线和确认各种元素的丰度。太阳光谱的总体变化很小，但仍有一些谱线具有较大的变化。在太阳发生爆发时，太阳的紫外和软 X 射线都会出现很大的变化，利用这些波段的光谱变化特征，可以研究太阳或宇宙天体中的多种活动现象。比如中子星是大质量恒星演化后期发生超新星爆炸以后形成的致密天体，是宇宙中最为神奇的天体之一。2019 年中国科学技术大学物理学院天文系薛永泉教授研究组领衔的一项研究发现首例双中子星并合形成的磁星（“天文万磁王”）驱动的 X 射线暂现源，证实了双中子星并合直接产物可以是大质量毫秒磁星（Xue Y Q, et al. A magnetar-powered X-ray transient as the aftermath of a binary neutron-star merger[J]. Nature, 2019, 568(7751):198-201）。

6.3 光的色散现象

顾名思义，色散就是颜色在空间散开，光的色散即不同颜色的光在空间散开。雨过天晴或瀑布附近的天空，在阳光下往往会出现一道彩虹；镶嵌在首饰上的钻石，在阳光或白炽灯光下会呈现出五颜六色的光芒，这些都是光的色散现象。色散的实质是介质的折射率或介质中光的相速度随波长不同而变化，导致不同波长的光因有不同的折射角而在空间被分解开来。介质材料的折射率随波长而改变的行为称为介质的色散。1672 年，牛顿首先利用三棱镜的色散把日光分解为彩色光带。现在常用的分光仪器——棱镜光谱仪就是根据色散原理制成的。

不同介质的色散特性不同。对于某种特定的介质，折射率 n 是波长 λ（或频率）的一定函数，即 $n(\lambda)$，被称为色散函数。一般用介质的折射率随波长的变化率 $dn/d\lambda$ 来表征介质的色散特性，称为色散率。色散分为两类，即正常色散和反常色散。在透明波段，折射率随波长的增加而减少，$dn/d\lambda<0$，称为正常色散；在接近吸收的波段，折射率随波长的增加而增加，$dn/d\lambda>0$，称为反常色散。

6.3.1 正常色散

测量各种波长的光线通过不同介质制成的棱镜时的最小偏向角，并利用折射率与最小偏向角的关系式，就可求出不同介质的折射率 n 与波长 λ 之间的关系曲线，即色散曲线。图 6.6 给出了几种常用光学材料的正常色散曲线。

由图 6.6 可见，这些色散曲线共同的特点如下：

(1) 波长越长，折射率越小。

(2) 随着波长增大，色散率 $dn/d\lambda$ 降低。

(3) 波长很长时,色散率趋于0,即在该波段介质的折射率趋于一固定值。

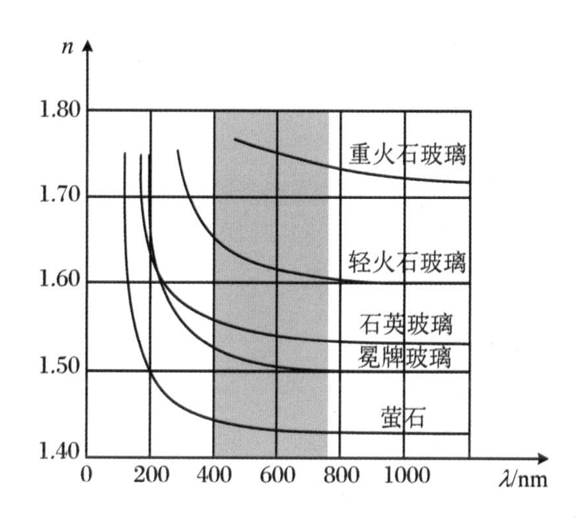

图6.6 正常色散曲线

这样的色散即称为正常色散。当一束白光通过介质发生正常色散时,根据上述特点可以断定:白光中紫光比红光偏折得更厉害,在形成的光谱中,紫端比红端展得更开。

柯西(Cauchy)于1836年总结给出了描述正常色散的经验公式——柯西色散公式:

$$n = A + \frac{B}{\lambda^2} + \frac{C}{\lambda^4} \tag{6.3.1}$$

式中,λ 是入射光在真空中的波长;A、B、C 是与介质有关的常数,需从实验数据中确定。实际上,只要测量出某种介质对其正常色散区内三种波长单色光的折射率,就可以按照柯西色散公式确定出这三个常数,或拟合出介质在相应光谱区的正常色散曲线。

当波长变化范围不大时,柯西公式可只取前两项:

$$\begin{aligned} n &= A + \frac{B}{\lambda^2} \\ \frac{dn}{d\lambda} &= -\frac{2B}{\lambda^3} \end{aligned} \tag{6.3.2}$$

因常数 B 为正值,故式(6.3.2)表明:正常色散的色散率 $dn/d\lambda<0$,且色散率的数值随波长的增加而减小,与实验曲线相符。

6.3.2 反常色散

如果折射率的测量范围包括那些强烈吸收的波段，则可发现吸收带附近的色散曲线的形状与正常色散曲线大不相同，如图 6.7 所示。图中的可见光范围属于正常色散，曲线 PQ 满足柯西公式。

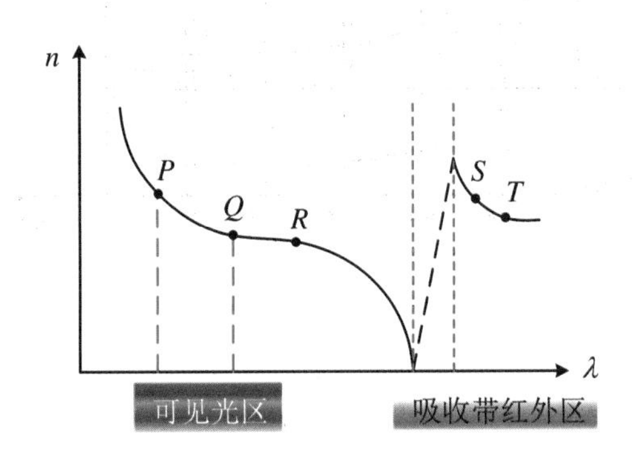

图 6.7 石英色散曲线

当向红外区域延伸并接近石英的吸收带时(图 6.7 中 R 点)，曲线明显偏离正常色散曲线而急剧下降，折射率的减小比柯西公式预示的要快得多。在吸收带内，由于石英强烈吸收红外线，通过的光非常微弱，使折射率通常很难进行测量，必须采用很薄的石英片。

吸收带内的色散曲线如图 6.7 中虚线所示。值得注意的是，此段虚线是上升的，这表明在吸收带内折射率随波长的增加而增大，即 $\mathrm{d}n/\mathrm{d}\lambda>0$，这与正常色散相反，故称为反常色散。过了吸收带再次进入透明波段时，曲线又逐渐恢复为正常色散曲线(图 6.7 中 ST 段)，色散关系重新遵从柯西公式，但常数 A、B、C 换为新数值，曲线趋于新的极限。

总之，上述实验结果显示：

(1) 透明波段的色散曲线符合柯西公式，吸收带内及其附近的色散曲线不符合柯西公式。

(2) 在吸收带两旁的区域，不管是否符合柯西公式，总有 $\mathrm{d}n/\mathrm{d}\lambda<0$，属于正常色散；而在吸收带内，则有 $\mathrm{d}n/\mathrm{d}\lambda>0$，属于反常色散。

应该指出，所谓“正常色散”和“反常色散”，都是历史上沿用下来的名称。“反常色散”并非反常，它正是物质在吸收区域及其附近普遍遵从的色散规律。也就是说，如果介质在某一光谱区域出现反常色散，则一定表明介质在该波段具有强烈的选择吸收特性；而在正常色散光谱区域，介质则表现为均匀普遍吸收特性。

6.3.3 全部色散曲线

将某种介质在整个光谱区域各波段的正常色散曲线与反常色散曲线连接起来，就构成了该介质的全部色散曲线。图 6.8 显示了一种介质的全部色散曲线，由图可见整个色散曲线由若干正常色散区和反常色散区（吸收带）相间分布构成。在相邻两个选择吸收带之间，折射率 n 随波长增大呈单调下降；每个选择吸收带处折射率发生突变，通过一个选择吸收带（反常色散区）时，n 急剧增大；而且随着波长 λ 的增长，曲线总的趋势不断抬高，即各正常色散区所满足的柯西公式中的常数 A 不断加大。当 $\lambda \to 0$ 时，对于任何物质，其折射率都趋近于 1。对于极短波段（硬 X 射线和 γ 射线），折射率略小于 1。因此当这些波长的电磁波用比临界角大的角度由真空射向介质表面时，会发生全反射。到无线电长波波段，折射率将随波长的增加而趋近于一个恒定的极限值，其数值等于介质的相对介电常数 ε_r 的算术平方根。

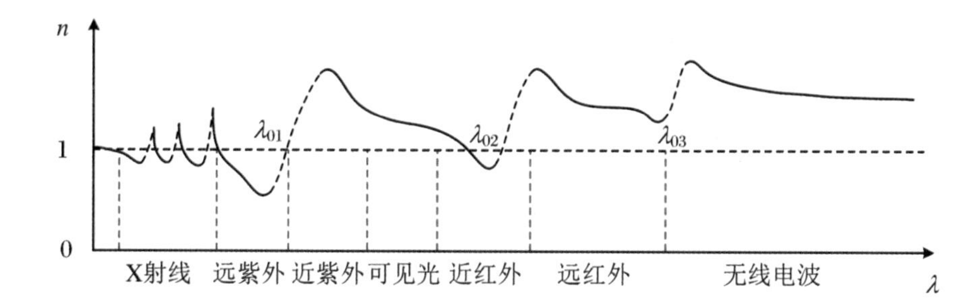

图 6.8 介质的全部色散曲线

6.3.4 色散现象的观察

牛顿最早发现色散现象，图 6.9 所示为牛顿观察色散现象所采用的正交棱镜实验装置示意图。入射平行白光经有限长度的竖直狭缝限制后变为柱面光束，经准直透镜 L 准直后，依次经正交放置的色散棱镜 P_1、P_2 产生色散，透过 P_2 的色散光束再经透镜 L_2 会聚后，便在 L_2 的像方焦平面上会聚成光谱。该光路设计的特点是：若去掉棱镜 P_2，则观察平面上得到的是仅沿水平方向展开的连续光谱 AB'；若去掉棱镜 P_1，则得到的光谱仅沿竖直方向展开；若棱镜 P_1 和 P_2 同时存在，则光谱将同时沿水平和竖直两个方向展开。当 P_1 和 P_2 材料性质相同时，最终展开的光谱带呈直线状，只是展开方向与水平面有一定夹角；当 P_1

和 P_2 材料性质不同时，两个棱镜对于任意给定波长的谱线所产生的偏向不同，从而使整个光谱带发生弯曲。

根据最小偏向角原理，当棱镜顶角 α 较小时，其最小偏向角可近似表示为

$$\delta_{\min} = (n-1)\alpha \propto n \tag{6.3.3}$$

上式表明，由于最小偏向角正比于棱镜材料的折射率，故实验测得的弯曲光谱的形状近似折射率随波长的变化关系曲线 $n-\lambda$。

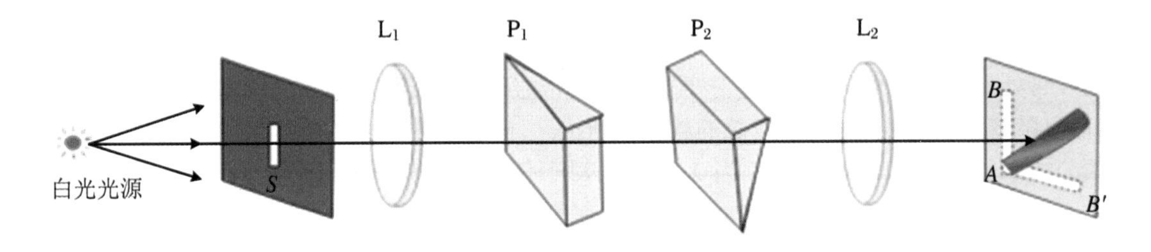

图 6.9　观察色散现象的正交棱镜实验装置

1862 年，勒鲁(F. P. Leroux)用充满碘蒸气的三棱镜观察到红光比蓝紫光的偏折更大，在紫光与红光之间的光线，因为被碘蒸气吸收而没有观察到。由于这个现象与此前所观察到的色散现象相反，遂将这一现象命名为反常色散。伍德(R. W. Wood)在 1904 年设计了一个观察钠蒸气反常色散现象的实验装置，如图 6.10 所示，将一段钢管两端用带水冷装置的玻璃窗封装起来作为样品室 V，放入钠金属后抽成真空。当用煤气灯 H 从底部对样品室加热时，钠金属变成了钠蒸气，蒸气密度自下而上逐渐减小，其对入射光束所起的偏折作用相当于一个三棱镜。不难看出，整个装置与牛顿正交棱镜装置的原理相同，当钠蒸气的密度梯度变化及棱镜 P 的顶角 α 较小时，所得到的弯曲光谱的形状近似反映了钠蒸气的折射率随波长的变化关系曲线 $n-\lambda$。

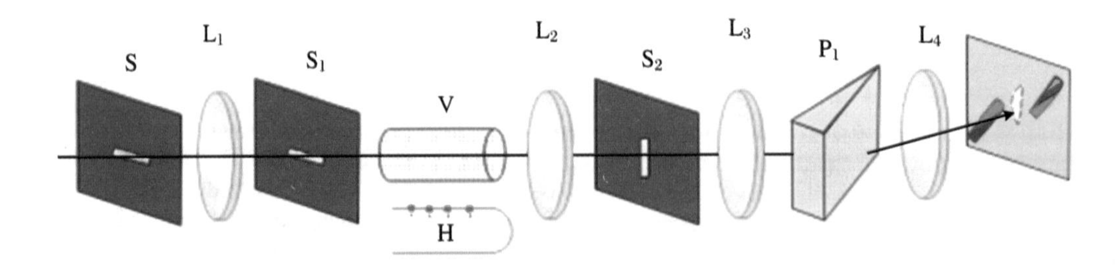

图 6.10　观察纳蒸气反常色散的实验装置

除了利用上述实验方法获得色散曲线外，也可以利用最小偏向角原理，用待测物质做成棱镜，分别测量出棱镜物质对不同波长单色光的折射率，从而得

到 $n(\lambda)$ 曲线。

6.3.5 吸收和色散的经典理论

利用经典物理模型对光的吸收和色散现象可以做初步的解释。我们知道物质的分子和原子是由电子、原子核和离子组成的，在经典理论中常把这些带电粒子看成受一定准弹性力束缚，能以一定的固有频率做简谐振动的简谐振子。因为这些简谐振子带有电荷，故又称为电偶极振子。当光通过物质时，电磁波中的电场对于物质中的电偶极振子来说是一个周期性的策动力，使振子做受迫振动。入射光波消耗一定的能量来激发这种受迫振动，受迫振动的能量除一部分用于次波的再辐射外，剩下的部分将最终转变成振子的无规热运动能，从而使物质发热，这就是上面所说的真吸收。当入射光频率与电偶极振子的固有频率一致时，引起谐振。这时电场对振子所做的功大大增加，能量大量由电磁波传递给振子，这导致入射电磁波本身的强度大大减小。因此，满足谐振条件的入射光波将被物质强烈吸收。

经典电磁理论还告诉我们，当带电粒子具有加速度时就会发射电磁波，且发射电磁波的强度正比于加速度的平方。在入射光波作用下做受迫振动的电偶极振子也会辐射次光波，次光波的频率与入射光波的频率相同。由于电子的质量轻，产生的加速度大，因此产生的次光波也最强烈，与之相比其他电偶极振子的次波都可以忽略。

当电磁波入射到介质内部时，介质中大量电子做受迫振动而产生次波。这些次波和入射光波是相干的，它们相干叠加后就形成了在介质中传播的电磁波。与次波相干叠加的结果也使得合成的辐射波的相位将不同于原入射光波的相位，由于辐射波的相位改变是相干叠加的结果，它必然依赖于次波和入射光波的相位差，因而也依赖于电子受迫振动的状况。而受迫振动的状况同策动力频率与振子固有频率之差有极大的关系，这就导致不同频率的入射波进入同一种介质后产生不同的相速度，即导致光的色散现象。因为光波的相速度 $v=c/n$，所以色散现象的产生也可以解释为介质对于不同频率的入射光有不同的折射率。

下面我们就用麦克斯韦电磁理论和洛伦兹的经典电子论来分析这个问题。对于无自由电荷、电流存在的非磁性介质（$\mu=1, B=H/\mu_0$），根据麦克斯韦的电磁场理论，介质中的电位移矢量为 $D=\varepsilon_0\varepsilon_r E$，也可以写成真空中的电位移矢量和介质中的电极化强度之和，即

$$\boldsymbol{D}=\varepsilon\boldsymbol{E}=\varepsilon_0\boldsymbol{E}+\boldsymbol{P} \tag{6.3.4}$$

其中 P 是介质中的电极化强度，表征单位体积内受外界电场感应所产生电偶极子的总和。按照洛伦兹电偶极矩模型，$\boldsymbol{P}=Nq\boldsymbol{x}$，其中 $\boldsymbol{x}$ 是电子受到电场的作用所产生的位移量。设该介质是均匀和各向同性的，则电极化强度 P 与外电场 E 的作用成正比，有

$$\boldsymbol{P} = \varepsilon_0 \chi \boldsymbol{E} \tag{6.3.5}$$

其中 χ 称为该介质的电极化率。将此式代入式(6.3.4)，可得

$$\varepsilon = \varepsilon_0(1+\chi) \tag{6.3.6}$$

根据折射率的定义，有

$$\tilde{n} = \sqrt{\varepsilon_r} = \sqrt{1+\chi} \tag{6.3.7}$$

由于 χ 有可能为复数，因而折射率也可能为复数，这表示 P 和 E 之间并不同步，而是存在着相位延迟。所以折射率 $\tilde{n}$ 其实是由实部 n 和虚部 κ 所组成的，可表示为

$$\tilde{n} = n + \mathrm{i}\kappa \tag{6.3.8}$$

其实部 n 即通常所说的介质的折射率，是波长的函数，描述光波经过折射后的色散现象；而虚部的折射率 κ 表示光波在该介质中的传播是有吸收的，这是由于介质中存在着极化率的作用。因此，光波在介质中的传播必定是色散和吸收共存的。所以研究介质的色散和吸收现象要先确定介质的极化率 χ，其反映了介质的光学性质。

为了简单起见，只考虑电场为一维的情况，即电场强度 $\boldsymbol{E}=E(x)\boldsymbol{i}$ 为沿 x 轴方向的线偏振光，介质中的电子受到原子核的束缚而并不像金属中的电子一样可以自由运动，在外电场作用下，当其离开平衡位置时就会受到某种回复力的作用，当外电场并不太强时，其回复力与位移量 x 成正比而可以写成 $-fx$。介质中受束缚电子的运动方程式可以写成与描述金属中电子相类似的运动方程(6.2.9)式，只是多了一项回复力，即

$$\frac{\mathrm{d}^2 x}{\mathrm{d}t^2} + \Gamma\frac{\mathrm{d}x}{\mathrm{d}t} = \frac{qE}{m} - \frac{fx}{m}$$

或

$$\frac{\mathrm{d}^2 x}{\mathrm{d}t^2} = \frac{qE}{m} - \Gamma\frac{\mathrm{d}x}{\mathrm{d}t} - \omega_0^2 x \tag{6.3.9}$$

其中 $\omega_0=\sqrt{\dfrac{f}{m}}$ 是与介质中的回复力有关的常数，反映出介质中原子对光辐射的响应特性，称为介质受外场作用所产生的固有频率。

设光场为 $\boldsymbol{E}=E_0\mathrm{e}^{-\mathrm{i}\omega t}$，此光场所引起的介质中原子的强迫振动为 $\boldsymbol{x}=x_0\mathrm{e}^{-\mathrm{i}\omega t}$。将此两式代入式(6.3.9)，可得

$$-\omega_0^2x_0\mathrm{e}^{-\mathrm{i}\omega t}=\frac{q}{m}E_0\mathrm{e}^{-\mathrm{i}\omega t}-\omega_0^2x_0\mathrm{e}^{-\mathrm{i}\omega t}+\mathrm{j}\omega\Gamma x_0\mathrm{e}^{-\mathrm{i}\omega t}\tag{6.3.10}$$

其解为

$$x_0=\frac{qE_0/m}{(\omega_0^2-\omega^2)-\mathrm{i}\omega\Gamma}\tag{6.3.11}$$

因而该介质的极化强度为

$$\boldsymbol{P}=Nqx=Nqx_0\mathrm{e}^{-\mathrm{j}\omega t}=\frac{Nq^2E_0\mathrm{e}^{-\mathrm{j}\omega t}/m}{(\omega_0^2-\omega^2)-\mathrm{i}\omega\Gamma}\tag{6.3.12}$$

将此式代入式(6.3.5)就可得到极化率为

$$\chi=\frac{P}{\varepsilon_0E}=\frac{Nq^2}{m\varepsilon_0}\frac{1}{(\omega_0^2-\omega^2)-\mathrm{i}\omega\Gamma}\tag{6.3.13}$$

从式(6.3.13)可以看出，在一般情况下，介质的极化率 χ 是复数，并还可以从上式求得其实数折射率 n 随波长变化的关系(即介质的色散规律)和虚数部分所代表的吸收系数 κ 随波长变化的关系。

若是入射光辐射的频率 ω 离介质的共振频率较远，即 $\omega\ll\omega_0$，则表示介质并不具有较大的吸收，也表示介质中的电子运动并不受到较大的阻尼，则可以令 $\Gamma=0$，χ 为实数，而有

$$n=\sqrt{1+\chi}=\sqrt{1+\frac{Nq^2}{m\varepsilon_0(\omega_0^2-\omega^2)}}=\sqrt{1+\frac{\chi_0}{1-(\omega/\omega_0)^2}}\tag{6.3.14}$$

其中 $\chi_0=\dfrac{Nq^2}{m\varepsilon_0\omega_0^2}$ 称为该介质材料对应于共振频率 ω_0 的极化率。由于入射光波的频率远小于共振频率($\omega\ll\omega_0$)，式(6.3.14)可以简化为

$$\begin{aligned}n&=\sqrt{1+\frac{\chi_0}{1-\left(\frac{\omega}{\omega_0}\right)^2}}\approx\sqrt{\frac{1+\chi_0}{1-\left(\frac{\omega}{\omega_0}\right)^2}}=\sqrt{1+\chi_0}\left[1-\left(\frac{\omega}{\omega_0}\right)^2\right]^{-\frac{1}{2}}\\&=\sqrt{1+\chi_0}\left[1+\frac{1}{2}\left(\frac{\omega}{\omega_0}\right)^2+\frac{1}{2}\cdot\frac{3}{4}\left(\frac{\omega}{\omega_0}\right)^4+\cdots\right]\\&\approx A+\frac{B}{\lambda^2}+\frac{C}{\lambda^4}\end{aligned}\tag{6.3.15}$$

这就是柯西公式。

若是入射的光波频率在介质的吸收区域附近，$\omega\approx\omega_0$，即 $\Gamma\neq0$，而 χ 为复数，则有

$$N^2=1+\chi=1+\frac{\chi_0\omega_0^2}{(\omega_0^2-\omega^2)-\mathrm{i}\omega\Gamma}=(n+\mathrm{i}\kappa)^2$$
$$=(n^2-\kappa^2)+\mathrm{i}(2n\kappa) \tag{6.3.16}$$

将光波频率 $\nu=\omega/2\pi$ 和 $\nu_0=\omega_0/2\pi$ 代入上式，并分解上式中的实数部分和虚数部分，分别与 N 的实数部分和虚数部分相等，则有

$$n^2-\kappa^2=1+\chi_0\nu_0^2\frac{\nu_0^2-\nu^2}{(\nu_0^2-\nu^2)^2+(\Gamma\nu/2\pi)^2} \tag{6.3.17}$$

以及

$$2n\kappa=\chi_0\nu_0^2\frac{\Gamma\nu/2\pi}{(\nu_0^2-\nu^2)^2+(\Gamma\nu/2\pi)^2} \tag{6.3.18}$$

因此可以从式(6.3.17)和式(6.3.18)中分别解得 n 和 κ 值与入射光波的频率之间的关系，如图 6.11 所示。

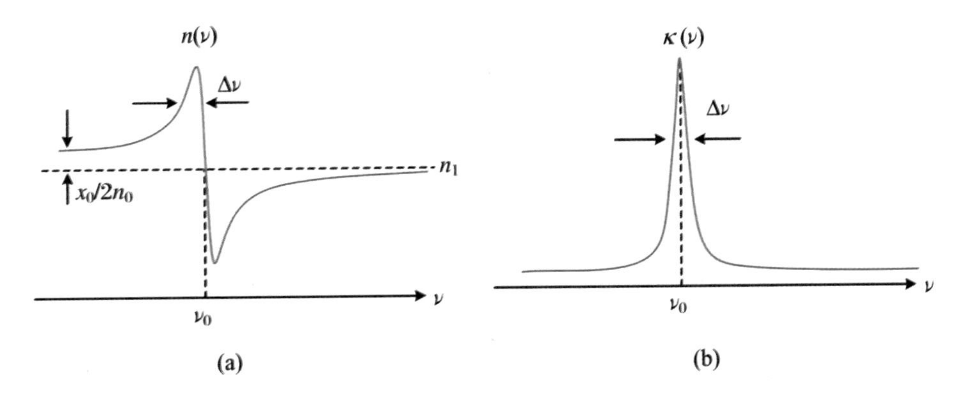

图 6.11　折射率 n、消光系数 κ 与频率的关系

从图 6.11(a)中可以看到，在小于共振频率 ν_0 处，介质的折射率 $n(\nu)$ 随着频率的增加(即波长减小)而增加，这就是所谓的“正常色散”范围，而在 $\Delta\nu$ 的狭小范围内，折射率 $n(\nu)$ 随着频率的增加(即波长减小)而减小，这就是所谓的“反常色散”范围。从图 6.11(b)中可以看到属于反常色散的 $\Delta\nu$ 范围也正是吸收系数 $\kappa(\nu)$ 的峰值范围，这说明在介质的共振吸收区内必然会出现反常色散的现象。图 6.11(b)中所展示的 $\Delta\nu$ 是吸收系数 $\kappa(\nu)$ 从其所在处的峰值 ν_0 降到一半峰值处的频率宽度，由式(6.3.18)可得在 $\nu=\nu_0$ 处的 $\kappa=\kappa_0$ 为

$$\kappa_0=\frac{\pi\nu_0}{n\Gamma}\chi_0 \tag{6.3.19}$$

由式(6.3.17)和式(6.3.18)就可以获得在 $\kappa=\kappa_0/2$ 处所对应的 $\kappa(\nu)$ 峰值

两旁的 ν 值为

$$\frac{1}{2}=\frac{(\Gamma/2\pi)^2\nu\nu_0}{(\nu_0^2-\nu^2)^2+(\Gamma\nu/2\pi)^2} \tag{6.3.20}$$

由于 $\Delta\nu$ 很小，$\nu\approx\nu_0$，式(6.3.20)可以改写为

$$\frac{1}{2}\approx\frac{(\Gamma\nu_0/2\pi)^2}{(\nu_0\Delta\nu)^2+(\Gamma\nu_0/2\pi)^2} \tag{6.3.21}$$

即 $\nu_0\Delta\nu=\dfrac{\Gamma\nu_0}{2\pi}$，可得

$$\Gamma=2\pi\Delta\nu \tag{6.3.22}$$

式(6.3.22)表明若能从实验中测量得到 $\Delta\nu$，就可以求出介质的阻尼系数 Γ，这个值对研究介质的内在结构是一个很有用的常数。

以上的讨论基于十分简化的假定和论证，例如考虑介质中的原子只有一个电子参与共振，即介质中电子只有一个共振频率，但实际情况要复杂得多，每个原子可以有多个电子参与振荡，因此就有多个共振频率存在。图 6.12 画出了介质中存在着多个共振频率的吸收系数曲线和色散曲线的情况。当然经典的色散理论从定性的角度来分析还是可以信赖的，但严格的色散理论须采用量子力学来求解才能获得完整的正确结果。

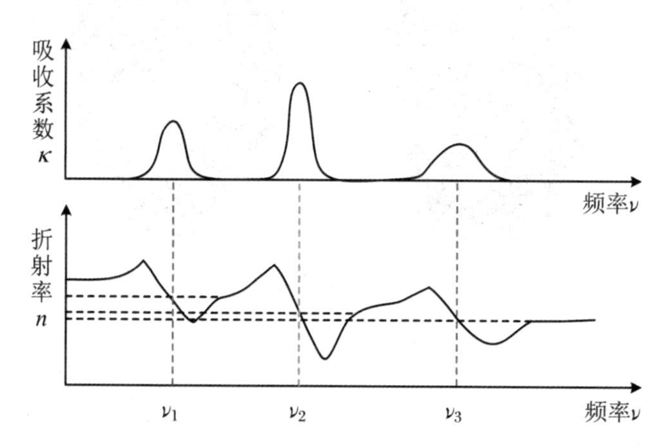

图 6.12 有多个共振频率的介质的吸收系数曲线和色散曲线

6.4 光的散射现象

光的散射现象在自然界中是常见的现象，例如晴朗的天空所呈现的蔚蓝

色，太阳落山时天空出现的红色光辉，海面上可以看到海水呈现深蓝色，"日照香炉生紫烟"，"蓝蓝的天上白云朵朵"，当光线从前方照射时莱克格斯杯（The Lycurgus Cup）呈现绿色而当光线从后方照射时呈现红色，如图6.13所示。神秘的莱克格斯杯虽然距今已有1600年的历史，但在散射的研究中时至今日都还有着非常重要的意义。它由双层玻璃制成，双层玻璃中溶入了金和银等贵金属微粒，贵金属纳米材料（金、银、铂族金属）具有独特性质：当它们的尺寸达到纳米级别时会发生局域表面等离子体共振（localized surface plasmon resonance，LSPR），即当入射光的频率与贵金属纳米颗粒的电子云振荡频率一致时会吸收光产生共振，金纳米颗粒吸收峰一般在520～550 nm，故莱克格斯杯在自然光的照射下呈紫红色，银纳米颗粒的吸收峰在400～450 nm，吸收紫色光，故莱克格斯杯在自然光照射下呈现黄绿色。

(a) 分子散射　(b) 颗粒散射

(c) 莱克格斯杯

图6.13　常见光学散射现象

总的来说，与6.1节中讨论的光和物质的相互作用类似，在入射光的激励下，媒质分子中的电子做受迫振动，这可视之为振动的电偶极子，它向周围辐射电磁波（子波）。由于媒质不均匀等原因，破坏了子波波源之间的确定相位关系，它们发出的子波非相干叠加，就形成了各方向都有的散射光。从光波传播的角度来看，如果介质的均匀性遭到破坏，即尺度达到波长数量级的邻近颗粒之间在光学性质上（如折射率）有较大的差异，在入射光波的作用下，它们作为次波源将辐射振幅大小不同的次波，彼此的相位也有差别，这样一来次波相干叠加的结果除了部分光波仍沿着几何光学规定的方向传播外，在其他方向上不能完全抵消，造成散射光。光的散射是由介质的不均匀性引起的，而且光的散射的性质也与不均匀性的尺度有很大的关系。根据散射光的波长变化与否，一

般可将介质的散射分为两类：一类是散射光的波长不变化，如瑞利（Rayleigh）散射、米氏（G. Mie）散射；另一类是散射光的波长变化，如拉曼（C. V. Raman）散射和布里渊（L. N. Brillmiin）散射。瑞利散射和米氏散射属于悬浮颗粒散射，主要由介质中的杂质微粒或分子的热运动造成的局部密度涨落引起。拉曼散射和布里渊散射入射光波与散射体之间通过散射而产生了能量变化，属于非弹性散射，严格的解释需要利用量子理论。

6.4.1 瑞利散射

瑞利散射是由于介质内部分子的涨落而产生了密度的不均匀性所引起的散射现象，例如空气、水等介质，由于热运动而使单位体积内的分子数产生随机的涨落，发生了不均匀性，进而引起散射。

瑞利散射定律：当散射微粒的几何线度远小于波长时，散射过程不改变入射光的波长，但散射光的强度随入射光的波长不同而不同。散射光的谱强度分布反比于 λ^4，也即

$$I(\omega)\propto\omega^4\propto\frac{1}{\lambda^4} \tag{6.4.1}$$

利用瑞利散射定律可以较好地解释大气的散射现象。由于散射光强度反比于波长的四次方，故短波较长波更容易被散射，或者说长波比短波有较强的穿透力。我们看到的蔚蓝色的天空，实际上就是地球大气对太阳光中的短波成分的较强散射结果。同样，在早晨和傍晚看到太阳呈橘红色，如图 6.14 所示，其原因是由于太阳光斜射，穿过的大气层较厚，因而短波成分被大气分子散射较多，结果使透射光中的长波成分居多。

图 6.14 生活中的瑞利散射(日出)

6.4.2 米氏散射

瑞利散射中散射微粒的几何线度小于光的波长，当散射微粒的几何线度接近或大于光波波长时，如高空云层中的小水滴，瑞利散射定律将不再适用。米（Mie，1908）和德拜（P. Debye，1909）以球形粒子为模型，详细计算了平面电磁波的散射，得出如图 6.15 所示结论：当散射粒子的半径 a 与入射光波长 λ 之比很小（$a/\lambda<0.1$）时，散射光强与入射光波长的关系服从瑞利散射定律；当该比值较大（$a/\lambda\approx0.1\sim10$）时，散射光强与波长的依赖关系逐渐减弱，但散射光强随该比值的不同有一定起伏，起伏的幅度随着该比值的增大而逐渐减小，这种

散射现象称为米氏散射。对于几何线度足够大的粒子($a/\lambda>10$),散射光强基本上与波长无关,此时的散射称为大粒子散射,可看作是米氏散射的极限状态。我们日常观察到牛奶、石灰水和天空中的小水滴所构成的云层都是白色的,这就是与光波的波长无关的散射。

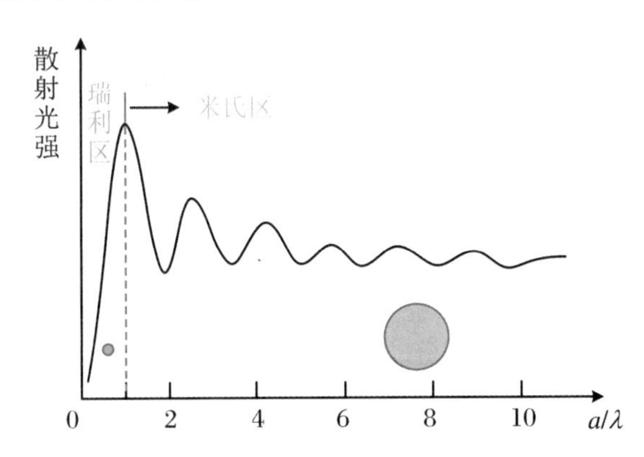

图 6.15 散射的瑞利区和米氏区

6.4.3 非弹性散射

对于散射问题,入射光中的一部分能量被介质所吸收,并用于激励介质中分子的振动和转动能量,从而使散射光的频率比入射光的频率小一些。当然也可以由介质中的某个原子或分子吸收一个入射光的光子而跃迁到一个较高的能态,然后又发生自发辐射回落到某个低能态,若这低能态就是激发前的能态,则辐射光子的能量与入射光子的能量相同,这就是弹性散射,如图 6.16(a)所示。而非弹性散射的散射光与入射光的频率不同,这是由拉曼(C. V. Raman)在 1928 年首先发现的,拉曼散射是研究分子结构的一种重要方法。当光波入射到液体或固体中时,在垂直于入射光的方向上可以观察到十分微弱的散射光,这类散射光的频率与入射光的频率不同,除有入射光原频率的瑞利散射,还有其他频率,这就是非弹性的散射过程,说明在散射体内发生了能量交换。已知分子的极化率为 α,极化强度 $\boldsymbol{P}$ 可以表示为

$$\boldsymbol{P} = \alpha\varepsilon_0\boldsymbol{E} \tag{6.4.2}$$

在时谐场 $\boldsymbol{E}=E_0\cos\omega_0 t$ 的作用下,极化率变为

$$\alpha = \alpha_0 + \alpha_j\cos\omega_j t \tag{6.4.3}$$

所以,电极化强度变为

$$p = \alpha_0\varepsilon_0E_0\cos\omega_0 t + \frac{1}{2}\alpha_j\varepsilon_0E_0[\cos(\omega_0-\omega_j)t+\cos(\omega_0+\omega_j)t] \tag{6.4.4}$$

从此式可以看出，频率会产生如下变化：

$$\omega = \omega_0 \pm \omega_j \tag{6.4.5}$$

其中“－”对应于斯托克斯线，“＋”对应于反斯托克斯线，分别对应着两类散射；ω_j 与散射物质的吸收频率对应，是分子的振动频率。总的来说，拉曼散射是研究分子结构的一种重要方法。

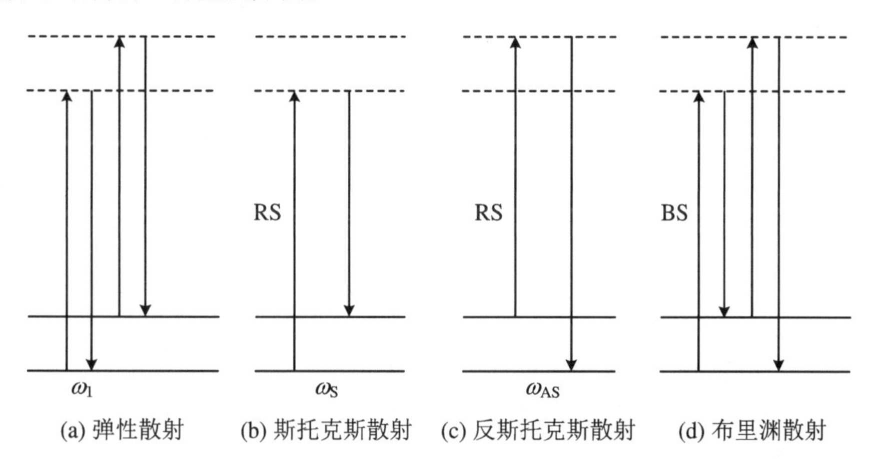

图 6.16　各种散射的能级示意图

斯托克斯-拉曼散射（Stokes-Raman scattering，简称 RS）：若是自发辐射到低能态的能量比激发前的低能级能量高，则散射光的频率比激发前的光频率要低，如图 6.16(b)所示。发生这种散射的可能性要比弹性散射小得多，若此低能态的能量比激发前的能态还要低。

反斯托克斯-拉曼散射（anti-Stokes-Raman scattering，简称 ARS）：如图 6.16(c)所示，散射光的频率高于入射光的频率。这种散射的概率比斯托克斯-拉曼散射的概率还要低。但可以理解拉曼散射中的入射光频率与散射光频率之间的差值反映了介质中的两能级的差值，这种较小的差值对应于红外波段，所以拉曼散射经常用来研究物质的红外能级。

布里渊（L. Brillouin）散射（BS）：是另一种非弹性散射，如图 6.16(d)所示。这通常是在晶体中发生的散射。布里渊散射的机理是晶体中的声波参与了能量的交换，声波的能量用所谓“声子（phonon）”来描述，声子是声波能量的量子单位，由于声子的能量比光子的能量小很多，所以散射光的频率偏移也是很小的。布里渊散射是研究晶体内部结构的重要工具之一。图 6.17 中展示了各种光散射的频谱，可以看到布里渊散射的频移在入射光波的频率附近，所以这种频差处在微波波段，只能用微波的测量方法确定。

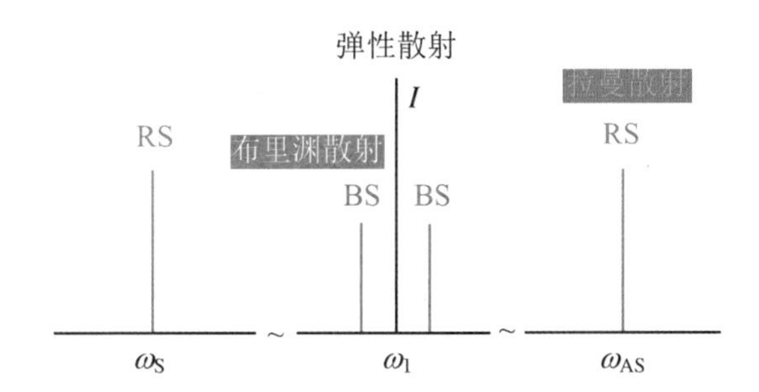

图 6.17　各种散射光的频谱示意图

6.4.4　散射定律及其偏振态

通常当光束通过均匀的透明介质时,除传播方向外,其他方向均看不到光。然而当光束通过光学性质不均匀的介质时,其光能量将相对于传播方向向整个空间 4π 立体角内散开,甚至在垂直于传播方向上光强度也不为 0,这种现象称为光的散射。所谓光学性质不均匀,是指气体中有随机运动的分子、原子或烟雾尘埃,液体中混入小微粒,或晶体中掺入杂质及缺陷等。实验研究表明,由于散射,透射光的强度呈指数衰减,即

$$I = I_0 e^{-\alpha_s l} \tag{6.4.6}$$

式中 α_s 为散射系数。式(6.4.6)称为散射定律,它表明介质因散射对透射光强的减弱,与吸收具有类似的规律。因此,对于一般介质,如果同时存在散射和吸收,则实际透射光强度为

$$I = I_0 e^{-(\alpha_s + \alpha_a) l} \tag{6.4.7}$$

式中 α_a 为吸收系数。在此情况下,通过测量透射光强与入射光强之比值所得到的介质的损耗系数是同时包含散射和吸收的。

散射光的偏振态:瑞利于 1871 年研究了平行自然白光被牛奶与水的混合液散射的现象,发现当以单色平行自然光入射时,z 方向透射光或其背向散射光均为自然光,而在横向(Oxy 平面)的散射光为振动面垂直于透射光方向的平面偏振光。在其他方向,散射光均为部分偏振光,散射光强度随观察方向与入射光方向的夹角 θ 变化,且满足关系:

$$I = \frac{I_0}{2}(1 + \cos^2\theta) \tag{6.4.8}$$

散射光的偏振态可从偶极子的辐射特性来分析,如图 6.18 所示。

当以单色平面偏振光入射时,各向散射光均为平面偏振光,其强度随观察

方向与入射光方向的夹角θ呈余弦平方变化，与马吕斯定律类似。

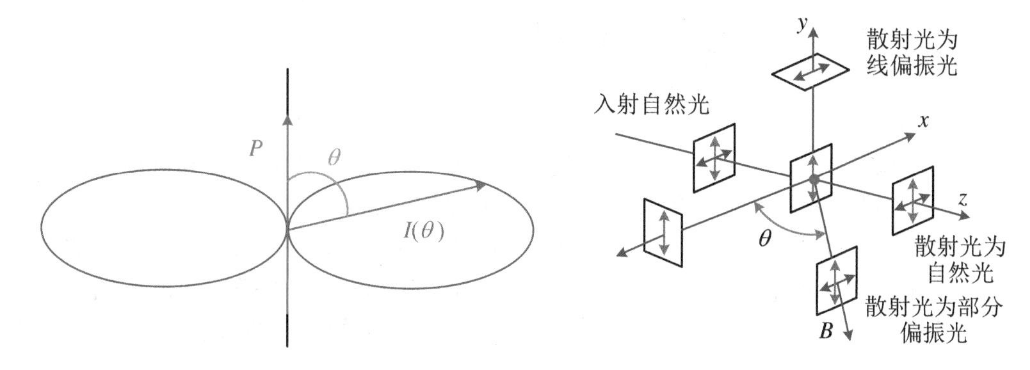

(a) 电偶极子辐射强度角分布　(b) 自然光产生散射光的偏振态

图 6.18　散射光的偏振态分析

6.5　群速度与相速度

6.5.1　折射率的测定

折射率 n 作为介质一个重要的光学参数，由前面的学习我们知道存在两种方法测量，分别是折射定律法和速度法，对应于下面两个式子：

$$\frac{n_2}{n_1}=\frac{\sin\theta_1}{\sin\theta_2} \tag{6.5.1}$$

$$\frac{n_2}{n_1}=\frac{V_1}{V_2} \tag{6.5.2}$$

傅科在 1860～1862 年间利用转镜法测量了光在真空和水中的速度，发现两者之比约为 4/3，与利用折射率法得到的水的折射率一致。迈克耳孙于 1885 年以较高的精度用白光重复了傅科的实验，结果证实，光在空气中的速度与在水中的速度之比的确为 1.33，与利用折射率法得到的水的折射率值吻合。但是纳黄光在空气中的速度与在二硫化碳（CS_2）中的速度之比为 1.758，而由折射率法得到的二硫化碳的折射率为 $n=1.64$（相对空气），两者相差较大，仔细分析测量过程发现这个差异并非仪器测量误差所致。那么问题究竟出在哪里了呢？

6.5.2 相速度和群速度的概念

瑞利对迈克耳孙的实验结果进行了分析,并通过引入相速度和群速度的概念,找到了两个测量结果出现较大差异的原因。瑞利认为,由波动方程中引出的光的速度等于光的波长 λ 与频率 ν 的乘积(即 $\lambda\nu$),表征了理想单色光波的等位相面的传播速度,称为相速度。在真空中,所有波长的电磁波均以相同的相速度——真空中的光速传播。由折射定律所确定出的介质的折射率,实际上是光在真空中的相速度与在介质中的相速度的比值。对于在各向同性介质中传播的理想单色光波,其相速度同时也是光波能量的传播速度。但在色散介质中,由于介质的折射率与光的波长(或频率)有关,不同波长(或频率)的电磁波具有不同的相速度。

实际中并不存在理想的单色波,即任何光源的任一原子发出的波列都不会无限延长。这种有限长的波列相当于许多频率相近的理想单色波列的叠加,为简单起见假设某个有限长波列(准单色)由两个频率相近的理想单色波列组成,其瞬时光振动的波函数为

$$
\begin{aligned}
E_1(z,t) &= A\cos(\omega_1 t - k_1 z) \\
E_2(z,t) &= A\cos(\omega_2 t - k_2 z)
\end{aligned}
\tag{6.5.3}
$$

式中,ω_1 和 ω_2 分别为两个单色波列的角频率,k_1 和 k_2 为相应的波数。取 $\Delta k = \frac{k_1 - k_2}{2}$,$\Delta\omega = \frac{\omega_1 - \omega_2}{2}$,$k_0 = \frac{k_1 + k_2}{2}$,$\omega_0 = \frac{\omega_1 + \omega_2}{2}$,且令 $|\Delta\omega| \ll \omega_0$,$|\Delta k| \ll k_0$,由此可得两列光波合振动(拍频)的波函数:

$$
E(z,t) = E_1(z,t) + E_2(z,t) = 2A\cos(\Delta\omega t - \Delta k z)\cos(\omega_0 t - k_0 z)
\tag{6.5.4}
$$

上式中含有两个余弦因子:$\cos(\omega_0 t - k_0 z)$ 和 $\cos(\Delta\omega t - \Delta k z)$,前者描述了一个分别以 ω_0、k_0 为平均角频率和平均波数的单色高频波,后者则描述了一个分别以 $\Delta\omega$、Δk 为角频率和波数的低频调制波。调制波使得高频波的振幅在空间和时间上呈周期分布,即形成一种周期性起伏的包络,如图 6.19 所示。

随着该单色高频波的等相面以速度 ω_0/k_0 向前推进,其等幅面也以速度 $\Delta\omega/\Delta k$ 向前推进。一般将高频波的等相面($\omega_0 t - k_0 z =$ 常数)的传播速度称为相速度,而将等幅面($\Delta\omega t - \Delta k z =$ 常数)的传播速度称为群速度,并分别用 V_p 和 V_g 表示。更直观的来说:高频波的传播速度或每一单色波的传播速度,相当于"波包"的相速度;低频包络中心(振幅最大的地方)的传播速度就是"波包"的群速度。相应的表达式如下:

$$V_p = \frac{\omega_0}{k_0} \tag{6.5.5}$$

$$V_g = \frac{\Delta\omega}{\Delta k} = \frac{d\omega}{dk} \tag{6.5.6}$$

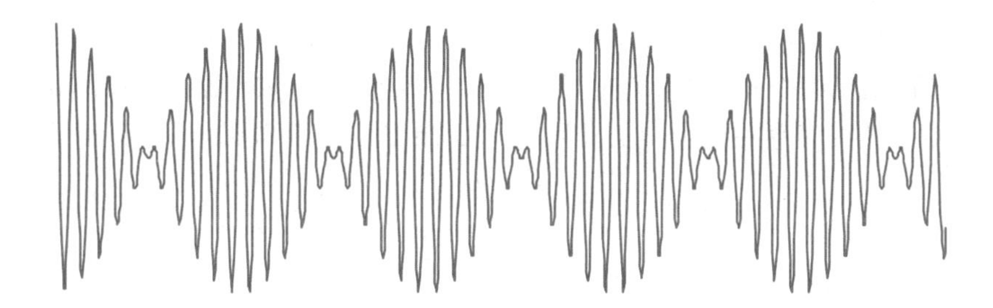

图 6.19 高频载波和低频调制波形成的周期性包络

6.5.3 相速度和群速度的关系

当准单色波列包含许多频率位于 $\omega \pm \Delta\omega/2$ 之间、波数位于 $k \pm |\Delta k|/2$ 之间的单色波列时，其合振动的振幅构成波包，由于探测器只能直接感受到光的强度(振幅)信息，不能直接感受到相位信息，故对于准单色光波而言，测出的速度就是其波包的速度——群速度 V_g。

当 $\Delta\omega$ 和 Δk 很小时，将角频率 ω、波数 k、相速度 V_p 与波长 λ 之间的关系代入式(6.5.6)中，可得

$$V_g = \frac{\Delta\omega}{\Delta k} = V_p + k\frac{dV_p}{dk} \tag{6.5.7}$$

根据 $k=\frac{2\pi}{\lambda}$可得 $dk=-\frac{2\pi}{\lambda^2}d\lambda$，式(6.5.7)可改写为

$$V_g = V_p - \lambda\frac{dV_p}{d\lambda} \tag{6.5.8}$$

根据 $V_p=\frac{c}{n}$可得 $dV_p=-\frac{c}{n^2}dn$，式(6.5.7)可改写为

$$V_g = \frac{c}{n}\left(1+\frac{\lambda}{n}\frac{dn}{d\lambda}\right) \tag{6.5.9}$$

根据式(6.5.8)、式(6.5.9)可知，在真空及无色散介质(如空气)中，$\frac{dn}{d\lambda}=$

0，故 $V_p = V_g$。而在色散介质中，往往有$\frac{dn}{d\lambda} \neq 0$，所以 $V_p \neq V_g$。更具体的来说，对于正常色散的介质，有$\frac{dn}{d\lambda} < 0$，$\frac{dV_p}{d\lambda} > 0$，可得 $V_p > V_g$；对于反常色散的介质有$\frac{dn}{d\lambda} > 0$，$\frac{dV_p}{d\lambda} < 0$，可得 $V_p < V_g$。由此可见，群速度与相速度可以相等，可以比它大也可以比它小，还可以与相速度相反。

现在我们再来分析用钠黄光对液体 CS_2 折射率做精确测定（相对空气）的问题：对于纳黄光存在两个波长，即 $\lambda_1 = 589$ nm，$\lambda_2 = 589.6$ nm，可以得到平均波长为 $\lambda = 589.3$ nm，由 6.5.1 节可知$\left(\frac{n_2}{n_1}\right)_V = 1.722$，$\left(\frac{n_2}{n_1}\right)_\theta = 1.624$，且相速度 $V_p = \frac{c}{n}$，根据 $V_g = \frac{c}{n}\left(1 + \frac{\lambda}{n}\frac{dn}{d\lambda}\right)$，可得

$$\frac{c}{V_g} = \frac{n}{1 + \frac{\lambda}{n}\frac{dn}{d\lambda}} \approx n - \lambda\frac{dn}{d\lambda} \tag{6.5.10}$$

由式(6.5.10)可得，光在真空中的速度与在介质中的群速度比值 c/V_g，相对于介质的折射率 n 差一个因子$\lambda\frac{dn}{d\lambda}$。对于 CS_2，当 $\lambda = 589.3$ nm 时，测得 $n = \frac{c}{V_p} = 1.624$，$\lambda\frac{dn}{d\lambda} = -0.102$，故 $c/V_g = 1.726$，此数值与迈克耳孙转镜法所得结果一致，这也说明对于群速度和相速度，以上的解释是合理且正确的。

需要注意的是，当波包通过色散介质时，各个单色波列将以不同的相速度向前传播，导致波包在向前传播的同时，形状也随之改变——由于介质的色散而展宽，使得波包的传播速度与各波列的相速度发生改变。此外，相对论原理要求任何信号速度都不得超过真空中的光速 c，否则会导致因果律破坏。因此，在群速度有意义的范围内，其大小总是小于 c，但相速度在特殊情况下，可能会大于 c。如在某些介质的反常色散区，折射率可能小于1，导致相速度大于 c，但反常色散区也是介质的共振吸收区，强烈吸收的结果使得光在该介质中迅速衰减，传播距离极为有限。

第7章　光的量子性

“九章”光量子计算原型机(图片来自中国科学技术大学微信公众号)

本章提要　如前所述，关于光的认知曾经历了由光的微粒说到波动说的发展历程，1865 年麦克斯韦的电磁理论为光的波动说建立了牢固的理论基础。然而在 19 世纪末 20 世纪初，人们在深入研究光辐射及光与物质的相互作用时，发现了一些新的实验现象，如黑体辐射、光电效应等，这些实验现象无法用波动理论来解释，进而导致了光的量子性概念的建立。光的量子理论是近代物理学的重要组成部分，本章将通过几个历史上著名的实验来阐述光的量子性和光的波粒二象性。

7.1　热　辐　射

我们知道任何物体在任何温度（只要不是绝对零度）下都发射各种波长的电磁波，这是由于物质内部分子的热运动而引起的，这种现象称为热辐射。人们研究热辐射，就是为了探寻热辐射的基本规律。为了叙述热辐射的规律，先引进几个描写物体热辐射现象的物理量。

1. 单色辐射本领 $r(\lambda, T)$

在热辐射体表面取一面元 $\mathrm{d}s$，如果单位时间从 $\mathrm{d}s$ 面元发射出来的波长范围在 $\lambda \sim \lambda + \mathrm{d}\lambda$ 之间的能量为 $\mathrm{d}E(\lambda, T)$，则辐射的能量 $\mathrm{d}E(\lambda, T)$ 与 $\mathrm{d}s$ 的面积和波长间隔成正比，即有

$$\mathrm{d}E(\lambda, T) = r(\lambda, T)\mathrm{d}\lambda\mathrm{d}s$$

其中比例系数 $r(\lambda, T)$ 叫作该物体的单色辐射本领。有

$$r(\lambda, T) = \frac{\mathrm{d}E(\lambda, T)}{\mathrm{d}\lambda\mathrm{d}s} \tag{7.1.1}$$

单色辐射本领的数值表示在单位时间内，从辐射体的单位表面积上所辐射的在波长 λ 附近的单位波长间隔内的光能量。

2. 总辐射本领 R

如果考虑所有波长的辐射，则单位时间从单位表面积上辐射的总能量叫作该物体的总辐射本领，记为 R，则有

$$R = \int_0^\infty r(\lambda, T)\mathrm{d}\lambda \tag{7.1.2}$$

上式给出了总辐射本领和单色辐射本领之间的关系。

实验表明,热物体的单色辐射本领 $r(\lambda, T)$是波长和温度的某种函数,对于不同的物体,此函数也不相同,各种物体有各自的函数形式 $r(\lambda, T)$,这使人们寻求热辐射的普遍规律变得复杂了。

3. 单色吸收本领或单色吸收系数 $\alpha(\lambda, T)$

任何物体在热辐射的同时,也吸收从周围物体发出的辐射能,单色吸收本领就是用来描述物体吸收辐射能的能力大小的物理量。假设单位时间辐射到物体表面上波长为 $\lambda \sim \lambda + d\lambda$ 的光的能量为 dE_λ,其中被物体吸收的部分为 dE'_λ,则物体的单色吸收本领定义为

$$\alpha(\lambda, T) = \frac{dE'_\lambda}{dE_\lambda} \tag{7.1.3}$$

可见,$\alpha(\lambda, T)$表示辐射到物体表面光能量中被吸收的百分数,故 $\alpha(\lambda, T)$也称为物体的吸收系数。因为照射到物体上的光能量总有一部分被反散和散射(对于透明物体还有部分透射),因此吸收的能量只是入射能量的一部分。自然,$\alpha(\lambda, T)$永远不可能大于1。

同一物体的辐射本领 $r(\lambda, T)$和吸收本领之间有一定联系,基尔霍夫定律指出:物体的单色辐射本领和单色吸收本领的比值,与物质的性质无关,对所有物体而言,它只是波长和温度的函数。

如果物体 $A_1, A_2, A_3, \cdots$ 的单色辐射本领和单色吸收本领各为 $r_1, r_2, r_3, \cdots$ 和 $\alpha_1, \alpha_2, \alpha_3, \cdots$,则基尔霍夫辐射定律的数学表达式为

$$\frac{r_1(\lambda, T)}{\alpha_1(\lambda, T)} = \frac{r_2(\lambda, T)}{\alpha_2(\lambda, T)} = \frac{r_3(\lambda, T)}{\alpha_3(\lambda, T)} = \cdots = f(\lambda, T) \tag{7.1.4}$$

式中 $f(\lambda, T)$是对所有物体都适用的普适函数。基尔霍夫定律的表达式(7.1.4)式表明,尽管各种辐射体 $r(\lambda, T)$的函数形式不同,但比值$\frac{r(\lambda, T)}{\alpha(\lambda, T)}$(即函数 $f(\lambda, T)$)却是相同的。所以,如果说辐射本领 $r(\lambda, T)$表现了各种辐射体的"个性",则比值 $f(\lambda, T)$就表现了所有热辐射体的"共性"。$f(\lambda, T)$和个别物体的性质无关,它反映了热辐射的普遍规律性。人们研究热辐射就是从实验上和理论上找出 $f(\lambda, T)$的函数形式。

7.2 绝对黑体和黑体辐射定律

从式(7.1.4)很容易看出普适函数 $f(\lambda, T)$的物理意义:它表示吸收本领

$\alpha(\lambda,T)\equiv 1$ 的物体的单色辐射本领。对所有波长吸收本领 $\alpha(\lambda,T)\equiv 1$ 的物体,称之为绝对黑体,或简称黑体。黑体辐射的单色辐射本领与物体热辐射普适函数有相同的形式。人们研究热辐射,需要找出这个普适函数的数学形式,研究黑体辐射,是寻找普适函数的有效途径。所以,为了从实验上定出普适函数 $f(\lambda,T)$的形式,只需要找到绝对黑体,并测出其单色辐射本领随波长和温度的变化即可。

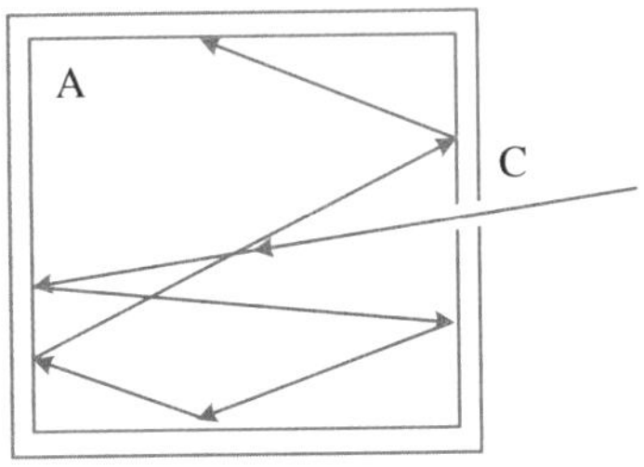

可惜自然界中没有理想的黑体。但是可以用人工方法造一个较为理想的黑体:做一个如图 7.1 所示的带有小孔 C 的几乎密闭的空腔 A,将其管壁均匀加热到所欲达到的温度 T,则其就相当于一个绝对黑体。A 上只有一个小孔 C,经小孔 C 射入腔内的光线经过多次反射后才有可能从 C 跑出去。由于经过了多次反射而损失了绝大部分的能量,射出的光是极其微弱的,亦即小孔 C 的吸收本领对所有波长都几乎等于 1。所以,只要测量空腔开孔 C 处的辐射,它等效绝对黑体的辐射,即可得到 $f(\lambda,T)$。黑体辐射的测量装置如图 7.2 所示。

图 7.1 人工理想黑体

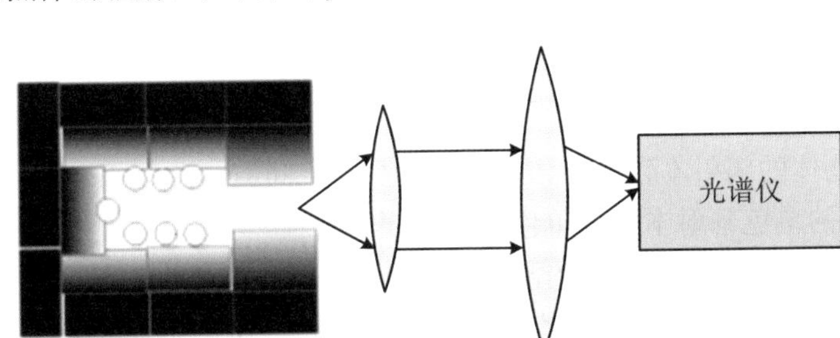

图 7.2 黑体辐射测量装置示意图

实验测量得到的黑体辐射的光谱如图 7.3 所示。可以看到:(1) 黑体的辐射本领 $r_0(\lambda,T)$ 随温度升高很快地上升;(2) 每条曲线有一最大值,当温度升高时,这最大值即向短波方向移动。这两点完全符合我们的日常经验,即温度

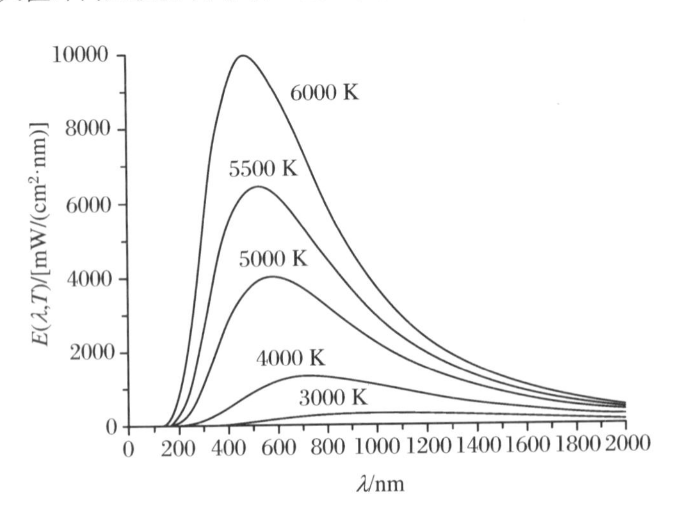

图 7.3 不同温度下黑体辐射能量随波长变化曲线

越高，辐射越强，同时发出的光的颜色也发生改变。表明在不同温度下，黑体的辐射本领不同，同时在不同的波长处，辐射本领也不同。

人们从实验上测得了绝对黑体的单色辐射本领随 λ、T 变化的曲线，更需要进一步从理论上确定这一变化曲线应满足的函数形式，即确定 $r_0(\lambda, T)$的函数形式。在19世纪末，许多物理学家为此做了巨大的努力，然而所有想从经典理论中得到这一函数正确形式的尝试都遭到了失败。但是这些工作对揭露经典理论的矛盾起了重大的作用，其中最有代表性的是维恩、瑞利和金斯的工作。

1. 斯特藩-玻耳兹曼(Stefan-Boltzmann)定律

黑体辐射的总辐射本领 R 与绝对温度的四次方成正比：

$$R = \int_0^\infty r_0(\lambda, T)\mathrm{d}\lambda = \sigma T^4 \tag{7.2.1}$$

式中 $\sigma = 2.67\times 10^{-8}\ \mathrm{W\cdot(m^2k^4)^{-1}}$，称为斯特藩-玻耳兹曼常数，$R$ 在数值上等于黑体辐射曲线下面积。

2. 维恩(Wien)定律

1893年，维恩根据热力学原理，讨论得出黑体辐射能量的分布公式为

$$r_0(\lambda, T) = \frac{c^5}{\lambda^5} f\left(\frac{c}{\lambda T}\right)$$

式中 c 为光速。函数 $f(c/(\lambda T))$的形式不能单独由热力学得出，维恩在进一步对黑体的辐射和吸收过程做了一些特定的假设后得出

$$r_0(\lambda, T) = C_1\lambda^{-5}\mathrm{e}^{-\frac{C_2}{\lambda T}} \tag{7.2.2}$$

式中 C_1 和 C_2 为普适常数，分别称为第一和第二辐射常数。式(7.2.2)称为维恩公式。图7.4画出了同一温度下的实验曲线和维恩曲线。由图7.4可见，维恩公式在波长较短时与实验结果符合较好，在长波段则产生了明显的系统偏离。

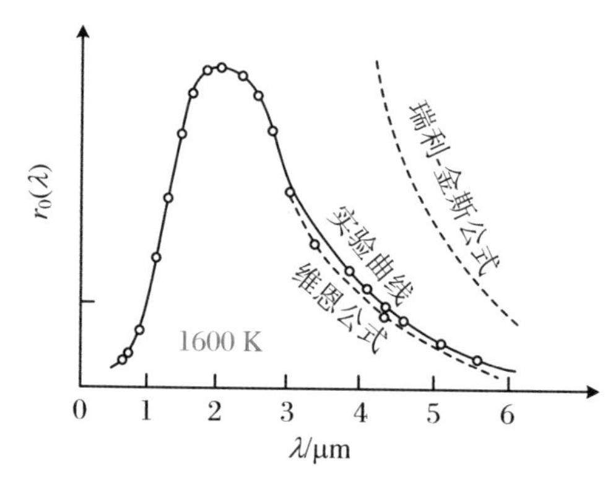

图7.4 同一温度下的实验曲线、维恩公式曲线和瑞利-金斯公式曲线

同时,维恩给出了任何温度下的黑体单色辐射本领 $r(\lambda,T)$的极大值对应的波长 λ_m 与绝对温度 T 的关系,即

$$T\lambda_m = b \tag{7.2.3}$$

这称为维恩位移定律。实验测得 $b=0.288\ \mathrm{cm\cdot K}$,$b$ 也是一个普适常数。式中的温度采用绝对温度,波长以厘米为单位。

从维恩位移定律可知,绝对黑体温度越高,对应于最大辐射本领 $r(\lambda,T)$的波长 λ_m 就越短,即短波长的辐射加强了。

维恩位移定律在实际中有广泛的应用,在一些高温测量时,只要通过光学方法测得高温物体的单色辐射本领极大值相对应的波长 λ_m,就可以得到物体的温度。此方法具有非接触、能测非常高温度的优点,例如,在炼钢厂中,人们通过观察高炉中钢水的颜色能够判断出钢水的温度。

3. 瑞利-金斯(Rayleigh-Jeans)定律

为给出黑体辐射曲线应满足的函数形式,瑞利与金斯又尝试用经典的电磁理论结合经典统计理论解决这个问题。

他们将黑体看成一个内壁为金属面的封闭空腔,在这样的腔内存在着稳定的电磁场,这个电磁场由各种频率 ν、各种空间分布的电磁驻波所组成,这些驻波的形成可看成是不同频率的电磁波在空腔的金属面来回反射的结果。

由经典的电磁理论,可求得在封闭空腔内的单位体积及频率间隔 $\mathrm{d}\nu$ 内的电磁驻波的数目为 $\mathrm{d}n=\frac{8\pi\nu^2}{c^3}\mathrm{d}\nu$。然后,按照经典统计理论中的能量均分定理,每一种电磁驻波应分配以平均能量 KT(其中电场能$\frac{1}{2}KT$,磁场能$\frac{1}{2}KT$),K 是玻尔兹曼常量,T 是绝对温度。因此求得腔内频率在 $\nu\sim\nu+\mathrm{d}\nu$ 之间的电磁波能量密度为

$$\rho(\nu,T)\mathrm{d}\nu = \frac{8\pi\nu^2}{c^3}KT\mathrm{d}\nu \tag{7.2.4}$$

将封闭腔开一个小孔,能量就流泄出来,这就类似于黑体辐射。并且单位时间从单位面积小孔流出的频率在 ν 附近的单位波长间隔的能量就应当是黑体的单色辐射本领$r_0(\lambda,T)$,容易想到,$r_0(\lambda,T)$ 应当和空腔内的能量密度谱密度 $\rho(\lambda,T)$(单位体积内存在的在 ν 附近的单位频率间隔的电磁波能量)成正比(即腔内相应频率的能量越大,小孔对该频率的辐射越强)。事实上,可以从理论上严格证明 $r_0(\lambda,T)=\frac{c}{4}\rho(\nu,T)$,式中 c 是光速。由此得到

$$r_0(\nu,T)\mathrm{d}\nu = \frac{2\pi\nu^2}{c^2}KT\mathrm{d}\nu \tag{7.2.5}$$

再由关系 $\lambda=\frac{c}{\nu}$，$|\mathrm{d}\nu|=(c/\lambda^2)\mathrm{d}\lambda$ 及 $r_0(\nu,T)\mathrm{d}\nu=r_0(\lambda,T)\mathrm{d}\lambda$，可将式(7.2.5)改写为按波长的分布：

$$r_0(\lambda,T)\mathrm{d}\lambda=\frac{2\pi c}{\lambda^4}KT\mathrm{d}\lambda \tag{7.2.6}$$

式(7.2.5)和式(7.2.6)即为著名的瑞利-金斯公式。由图7.4可以看出，它只在波长相当长的部分才与实验曲线相符，但在短波段则完全不符合实验结果。特别当 λ 很小并趋于零时，由瑞利-金斯公式(7.2.6)式可知，辐射本领变得很大并趋于无穷，这显然是不对的。

由经典理论得出的维恩定律、瑞利-金斯公式都与实验结果在 $\lambda\to0$ 时存在严重偏离，$r_0(\lambda,T)\to\infty$，这是不可思议的！因为这个问题出在短波区（紫外区），所以当时把它叫作“紫外线灾难”，在19世纪末，它与迈克耳孙-莫雷实验一起被称为物理学晴朗天空中的“两朵乌云”。

4. 普朗克公式

1900年，普朗克在德国物理学会年会上提出了一个描述黑体辐射的公式：

$$r_0(\nu,T)=(2\pi h\nu^3/c^3)\Big/\left\{\exp\left[\frac{h\nu}{(KT)}-1\right]\right\} \tag{7.2.7}$$

这个公式是普朗克利用内插法将适用于短波段的维恩公式和适用于长波段的瑞利-金斯公式衔接起来得到的。该公式与当时测得的最精确的实验结果相比较，结果发现两者惊人地相符合。为了给该公式找到一个理论上的解释，普朗克通过进一步的思考提出：只有用能量量子化代替经典的能量均分定理，才能得到关于黑体辐射定律的理论推导。

普朗克假设：(1) 振子能量量子化。黑体空腔中谐振子的能量不能任意取值，而只能取一系列不连续变化的、分立的值，这些能量值是某一最小能量单元 ε_0 的整数倍，即 $\varepsilon_0,2\varepsilon_0,\cdots,n\varepsilon_0,\cdots$。频率为 ν 的谐振子的最小能量单元 $\varepsilon_0=h\upsilon$，称为能量子，或简称量子，n 为量子数。(2) 振子能量变化时辐射或吸收能量子。振子只能从它的某个量子能态改变到另一个量子能态，并同时辐射或吸收能量子（物体发射或吸收电磁辐射能量是一份一份的），满足 $\Delta E=E_n{}'-E_n=(n-n')h\nu$。这里 h 为著名的普朗克常量，$h=(6.6256\pm0.0005)\times10^{-34}\ \mathrm{J\cdot s}$。

基于此，普朗克推导给出了黑体辐射公式。他仍利用了上面瑞利和金斯提出的黑体近似模型——金属腔，将腔内黑体辐射场看成大量电磁驻波振子的集合。由于已知腔内单位体积单位频段内的电磁驻波振子数目为 $8\pi\nu^2/c^3$，所以只需计算出每个振子的平均能量 $\bar{\varepsilon}(\nu,T)$，即可得到腔内的辐射场的能量谱密度为

$$\rho(\nu,T)=\frac{8\pi\nu^2}{c^3}\bar{\varepsilon}(\nu,T) \tag{7.2.8}$$

从而黑体辐射本领为

$$r_0(\nu,T)=\frac{c}{4}\rho(\nu,T)=\frac{2\pi\nu^2}{c^2}\bar{\varepsilon}(\nu,T) \tag{7.2.9}$$

所以只要计算出 $\bar{\varepsilon}(\nu,T)$，就能得到 $r_0(\lambda,T)$的数学表达式。

按照玻耳兹曼分布定律，在热平衡态下的一个谐振子能量取 ε 的概率正比于 $e^{-\varepsilon/(KT)}$，又由普朗克能量子假设，振子能量只能取 ε_0 的整数倍，故每个谐振子的平均能量为

$$\bar{\varepsilon}(\nu,T)=\frac{\sum\limits_{n=0}^{\infty}n\varepsilon_0 e^{-n\varepsilon_0/(KT)}}{\sum\limits_{n=0}^{\infty}e^{-n\varepsilon_0/(KT)}}=-\left[\frac{\partial}{\partial\beta}\ln\left(\sum_{n=0}^{\infty}e^{-n\varepsilon_0\beta}\right)\right]_{\beta=1/(KT)}$$

利用等比数列的求和公式，有

$$\sum_{n=0}^{\infty}e^{-n\varepsilon_0\beta}=1/(1-e^{-\beta\varepsilon_0})$$

将此式代入前式，得

$$\begin{aligned}\bar{\varepsilon}(\nu,T)&=-\frac{\partial}{\partial\beta}\ln\left(\frac{1}{1-e^{-\beta\varepsilon_0}}\right)\\&=\frac{\varepsilon_0 e^{-\beta\varepsilon_0}}{1-e^{-\beta\varepsilon_0}}\\&=\frac{\varepsilon_0}{e^{\beta\varepsilon_0}-1}\\&=\frac{h\nu}{e^{h\nu/(KT)}-1}\end{aligned} \tag{7.2.10}$$

将式(7.1.10)代入式(7.1.9)，可得

$$r_0(\nu,T)=\frac{2\pi h\nu^3}{c^2}\frac{1}{e^{h\nu/(KT)}-1} \tag{7.2.11}$$

这就是普朗克黑体辐射公式。普朗克公式也可写成按波长分布的另一种形式，即

$$r_0(\lambda,T)=\frac{2\pi hc^2}{\lambda^5}\frac{1}{e^{hc/(\lambda KT)}-1} \tag{7.2.12}$$

由普朗克公式可进一步得：

当辐射波长很短，$KT\ll hc/\lambda$，即 $KT\ll h\nu$ 时，有 $e^{h\nu/(K\lambda T)}=e^{h\nu/KT}\gg 1$，略去普朗克公式(7.2.12)式分母中的$-1$，可得

$$r_0(\lambda,T)=\frac{2\pi hc^2}{\lambda^5}e^{-hc/(\lambda KT)}$$

令 $2\pi hc^2=C_1$，$\frac{hc}{K}=C_2$，则上式就是维恩公式(7.2.2)式。

当辐射波长很长即频率很低(或温度很高)，使得 $KT\gg h\nu$ 时，有

$$\begin{aligned}e^{h\nu/(KT)}-1&=\left[1+\frac{h\nu}{KT}+\frac{1}{2}\left(\frac{h\nu}{KT}\right)^2+\cdots\right]-1\\&\approx\frac{h\nu}{KT}=\frac{hc}{K\lambda T}\end{aligned}$$

将上式代入式(7.2.12)，普朗克公式简化为

$$r_0(\lambda,T)=\frac{2\pi hc^2}{\lambda^5}\frac{1}{hc/(\lambda KT)}=2\pi c\lambda^{-4}KT$$

这就是瑞利-金斯公式。

对普朗克公式积分，可得斯特藩-玻耳兹曼定律：

$$M_b=\int_0^\infty r_0(\lambda,T)\mathrm{d}\lambda=\int_0^\infty\frac{2\pi hc^2\lambda^{-5}}{e^{hc/\lambda kT}-1}\mathrm{d}\lambda=\frac{2\pi^2k^4}{15c^2h^3}T^4=\sigma T^4$$

对普朗克公式求极值，可得维恩位移定律。令 $\frac{\mathrm{d}}{\mathrm{d}\lambda}\left(\frac{C_1\lambda^{-5}}{e^{C_2/\lambda T}-1}\right)=0$，即 $e^{-C_2/\lambda_{\max}T}+\frac{C_2}{5\lambda_{\max}T}-1=0$，得$\frac{C_2}{\lambda_{\max}T}=4.965$，以 $C_2=\frac{hc}{K}$代入，得

$$\lambda_{\max}T=2.896\times10^{-3}\ \mathrm{m\cdot K}$$

普朗克提出能量量子化假设并由此推导出普朗克公式后，困惑过许多物理学家的黑体辐射问题终于得到了圆满的解决。显然，这样的假设是与经典理论相抵触的，因为根据经典理论，振子可能具有的能量不应受任何限制，并且可以连续地减少或增加。

普朗克的能量量子化假设具有深刻和普遍的意义，它第一次向人们揭示了微观运动规律的基本特征。在这之前人们都认为由宏观世界过渡到微观世界时，只不过是物理量的数量变化而已，并认为宏观现象所遵从的基本规律可以

一成不变地适用于微观世界。正是普朗克的量子假设第一次冲击了经典物理学的传统观念,从此打开了物理学的新纪元。他因此而获得1918年诺贝尔物理学奖。

普朗克公式发表于1900年12月14日,这一天被人们看作为量子论诞生日。h 是最基本的自然界常数之一,体现了微观世界的基本特征,它既是支配电磁场与物质相互作用的基本量,又是表征原子结构的重要参数,是物质世界中的一个重要角色,表明某些物理量的量子化是自然界的一个基本事实。由于普朗克常数的出现,导致了物理学的一场巨大的革命。爱因斯坦在1948年4月悼念普朗克的大会上充分肯定了普朗克常数发现的重大意义:"这一发现成为20世纪整个物理学研究的基础,从那时候起,几乎完全决定了物理学的发展。要是没有这一发现,那就不可能建立原子、分子以及支配它们变化的能量过程的有用理论……"

7.3 光电效应

1900年普朗克最初提出能量量子化的假设时,为了尽量缩小与经典物理学的矛盾,只是小心翼翼地说谐振子能量交换不连续取值,但他并不认为电磁辐射能量的本身是不连续的。到了1905年,爱因斯坦则大胆地假定电磁场本身就是不连续的,他把光场看作由一份一份能量为 $h\nu$ 的光子组成,从而完美地解释了光电效应。

1. 光电效应的实验规律

1887年赫兹在进行著名的验证电磁波存在的实验时发现,如果接收线路中两个小铅球之一受到紫外线照射,两小球间很容易有火花跳过。此后,其他科学家进一步研究表明,这种现象是由于光照射在小球上,球内的电子吸收了光的能量而逸出球表面,成为空中自由移动的电荷所造成的。这种由于光照射使电子逸出金属的现象称为光电效应,所逸出的电子称为光电子。

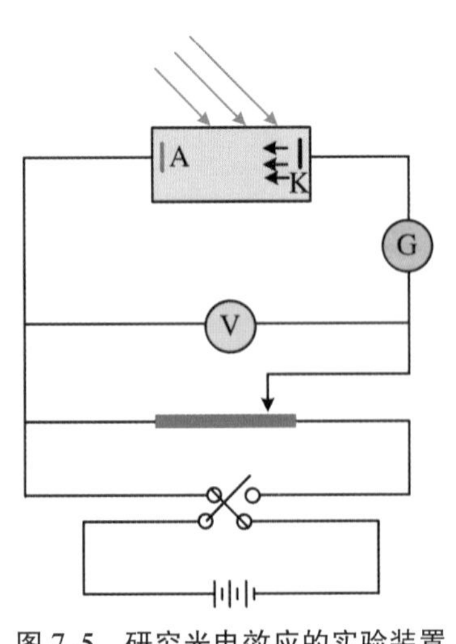

图7.5 研究光电效应的实验装置

图7.5是研究光电效应的实验装置图。在高真空玻璃管内装有阳极A和表面涂有金属的阴极K,在两极之间加上电压,阴极K不受光照时,管中没有电流通过,说明K、A之间绝缘。当有适当频率的光通过窗口照射到阴极K上使得有光电子逸出时,在电场力作用下光电子飞向阳极A形成电流,这种电流称为光电流。电路中有电压表和电流计分别测定两极间的电压和产生的光电流大小。

实验结果表明,光电效应有以下规律:

(1) 存在饱和电流。图 7.6 是用不同强度而频率相同的光照射阴极 K 时，得到的光电流 I 随电压 V 变化的实验曲线(称伏安特性曲线)。由图可以看出，光电流随电压增大而增大，然而当加速电压超过某一量值时，光电流达到饱和，这说明单位时间从阴极逸出的光电子数目 n 是一定的。当光电流达到饱和值 n 时，显然有

$$I_{\mathrm{m}} = ne \tag{7.3.1}$$

如果增大光的强度，实验表明，在相同的加速电压下，饱和电流也增加，并且与光强成正比，这说明 n 与光强成正比。

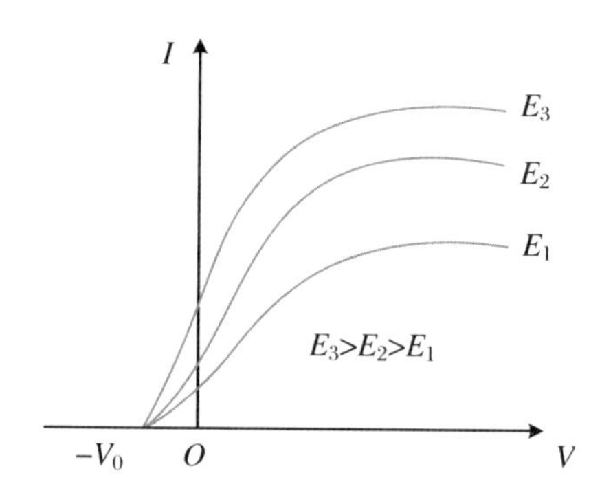

图 7.6 不同光强下的伏安特性

(2) 存在反向截止电压。由图 7.6 可见，只有当 $V = -V_0$ 时，光电流才降为零。这个反向电压称为反向截止电压。这说明光电子逸出金属后仍具有一定的初动能，光电子甚至能克服反向电压飞到阳极，除非反向电压大到一定程度。反向截止电压与光电子初始最大动能显然有如下关系：

$$eV_0 = mv_{\mathrm{m}}^2/2 \tag{7.3.2}$$

值得强调的是，当入射光强改变时，截止电压不变，这意味着光电子的最大初动能与入射光强无关。

(3) 存在截止频率(红限)。如果用不同频率的光照射阴极 K，发现截止电压 V_0 随入射光频率 ν 增大而增高，两者成线性关系，如图 7.7 所示，即 $V_0 = K(\nu - \nu_0)$。对于不同的金属材料，具有相同的 K 和不同的 ν_0 值，将上式代入式(7.3.2)可得

$$\frac{mv_{\mathrm{m}}^2}{2} = eK(\nu - \nu_0) \tag{7.3.3}$$

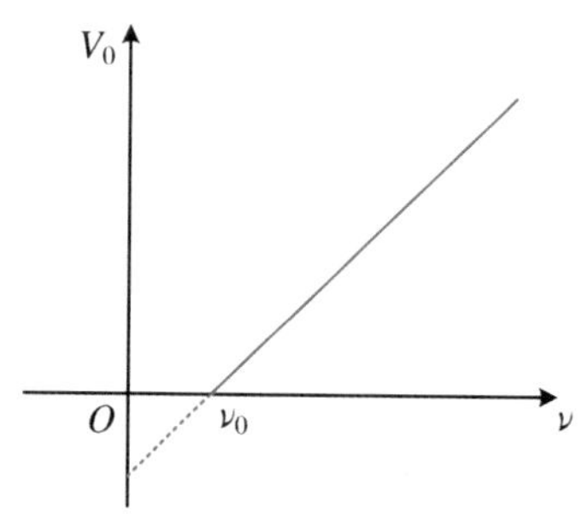

图 7.7 截止电压与入射频率的关系

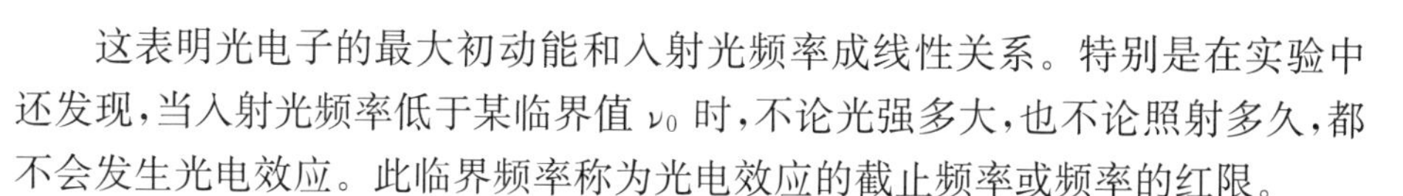

这表明光电子的最大初动能和入射光频率成线性关系。特别是在实验中还发现，当入射光频率低于某临界值 ν_0 时，不论光强多大，也不论照射多久，都不会发生光电效应。此临界频率称为光电效应的截止频率或频率的红限。

实验结果表明，不同的金属材料具有不同的红限，如表 7.1 所示。

表 7.1 几种金属的红限

金属	铯	钾	钠	锂	钨	铁	银	铂
截止波长/nm	652.0	550.0	540.0	500.0	270.0	262.0	261.0	196.1

(4) 弛豫时间极短。从光照射到阴极 K 上,到发射出光电子所需要的时间,称为光电效应的弛豫时间。实验表明,只要频率大于截止频率,无论光照如何微弱,几乎在照射到阴极 K 的同时就会产生光电子,弛豫时间不超过10^{-9} s。

2. 光的经典理论遇到的困难

(1) 光的经典理论认为,光是一种波动,光波的能量在空间是连续分布的,当光照到电子上时,电子在连续电磁波的驱动下做受迫振动而逐渐吸收能量,当电子集聚了一定的能量后才能脱离金属的束缚而逸出,尤其是当入射光很微弱时,能量积累的时间应相当长。这与实验结果是完全相违背的,光电效应的弛豫时间极短是经典物理理论遇到的最大困难。

(2) 光的经典理论认为,光波能量只与光强和振幅有关,而与频率无关,因而光电子的最大初动能不应由入射光的频率来决定。但实验结果是,微弱的紫光照出的光电子比强烈的红光照出的光电子的能量大,不仅如此,当用低于红限频率的光入射时,无论光强多大,电子都无法逸出金属。这些也都与经典理论格格不入。

3. 爱因斯坦的光子理论

受到普朗克谐振子能量量子化假设的启发,爱因斯坦于 1905 年提出了"光量子"的假设,完美地解释了光电效应的实验结果。爱因斯坦假设:当光和物质相互作用交换能量时,也是一份一份的,能量 E 正比于频率 ν,即有

$$E = h\nu \tag{7.3.4}$$

其中 h 为普朗克常数。

也就是说,光辐射中每一个"能量子"都是分立的,被称为光子,这就是光的"粒子性",对这种"粒子"仍保持着频率的概念,与物质相互作用时,光子只能整个地被吸收或发射。爱因斯坦的光子假设进一步发展了普朗克的能量子假设,他认为光在传播时也是由一份一份不连续的光子组成的能量流。

按照爱因斯坦的光子假设,光束照在金属上,金属中的电子吸收一个光子,则获得 $h\nu$ 的能量,如果 $h\nu$ 大于电子从金属表面逃逸所需要的逸出功 A,电子就会逸出金属。根据能量守恒定律,光电子的初动能应为

$$\frac{mv_{\mathrm{m}}^2}{2} = h\nu - A \tag{7.3.5}$$

上式称为爱因斯坦公式。

利用这个公式可以解释光电效应的全部实验结果。入射光强增大表明光子流密度增大，在单位时间内吸收光子而逸出的电子数目也随之增加，导致饱和电流增大。但无论光子流如何密，每个电子只吸收一个光子，所以单个电子获得能量 $h\nu$ 与光强无关。将式(7.3.2)代入式(7.3.5)即可解释为什么截止电压和频率成线性关系。为使电子能脱离金属，电子吸收的光子能量应大于脱出功，即 $h\nu \geqslant A$，所以截止频率 $\nu_0 = A/h$。按照光子理论，光的能量并非连续地分布在空间，而是局限于一个个光子上，电子对光子能量的吸收是一种不连续的量子跃迁过程，因此弛豫时间极短。由于提出的光子假设成功地解释了光电效应的规律，爱因斯坦获得了1921年的诺贝尔物理学奖。

基于爱因斯坦光子理论，也可以成功地解释康普顿散射，这也验证了光的“粒子性”、爱因斯坦光子理论的正确性。

7.4　光的波粒二象性

前面各章所讨论的光的干涉、衍射和偏振现象充分显示了光的波动性；另一方面，黑体辐射、光电效应等光学现象又充分体现了光的粒子性。大量的光学现象使人们认识到光具有波动和粒子的双重性质，称为光的波粒二象性。波粒二象性是同一客观物质——光在不同场合下表现出来的两种同样真实的属性。当光在空间传播时主要表现出其波动性，而当光与物质相互作用并产生能量或动量的交换过程时，光的行为又表现出粒子性。

我们知道：粒子特性主要是通过能量 E、动量 p 来描述的，而波动特性则是通过波长 λ、频率 ν 或 ω 来描述。根据粒子质量与能量关系（质能关系）：$E = mc^2$，光子的运动质量为 $m = h\nu/c^2$。所以，频率为 ν 的光子具有如下的能量 E 和动量 p：

$$
\begin{aligned}
E &= h\nu = \hbar\omega \\
p &= mc = h\nu/c = h/\lambda = \hbar k
\end{aligned}
\tag{7.4.1}
$$

在以上两式中，等号的左边表示微粒的性质，即光子的能量和动量；等号的右边则表示波动的性质，即电磁波的频率 ν 和波长 λ。这两种性质通过普朗克常数 h 定量地联系起来，进一步表明光子同时具有波动微粒两重性。所谓“波动性”是指光场满足叠加原理，能产生诸如干涉、衍射这类体现波动特性的现象；而所谓“粒子性”则指光子作为整体行为所呈现的不可分割性，光子只能作为单个整体被吸收或发射，不存在“半个”或“几分之一”个光子。交换光子的能量或动量只能以式(7.4.1)给出的方式进行。

需要指出的是，波粒二象性并非光子单独具有的性质。1924年，德布罗意(L. de Broglie)受到普朗克和爱因斯坦关于光的粒子性理论取得成功的启发，又由于当时建立描述微观粒子运动规律的理论遭到困难，首先提出了微观粒子也具有波粒二象性的假设。他提出，所有实物粒子，如电子、质子、中子等，都具有波动性。与具有一定能量 E 及动量 p 的粒子相联系的波(他称为“物质波”)，其频率及波长分别为

$$\begin{aligned} \nu &= \frac{E}{h} \\ \lambda &= \frac{p}{h} \end{aligned} \tag{7.4.2}$$

式中 h 为普朗克常量。这种物质波又称为德布罗意波，由上式所决定的波长叫作德布罗意波长。德布罗意因为提出物质波的假说，荣获1929年的诺贝尔物理学奖。

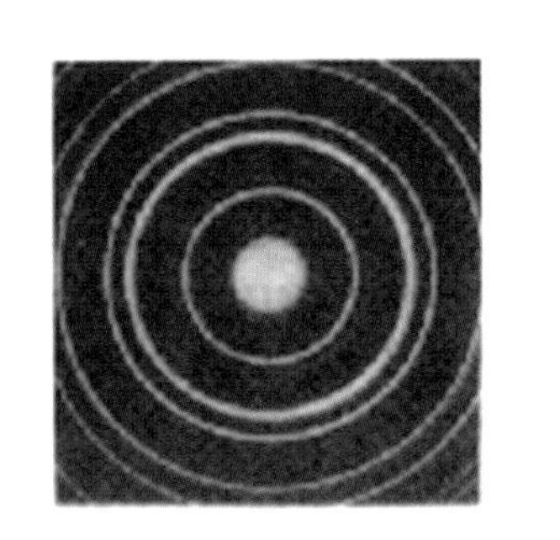

图7.8　电子波在晶体上的衍射图样

在一定的场合下，微观粒子的这种波动性就会明显地表现出来。例如让电子束穿过金多晶薄膜后，像X射线一样也可产生衍射现象(图7.8)。戴维逊和汤姆孙因电子的衍射现象证实了电子波，于1937年共同获得诺贝尔物理学奖。电子显微镜就是利用电子衍射的原理制成的。

之后人们又进行了电子的单缝、双缝、三缝和四缝衍射实验，实验结果都表明了电子的波动性。电子杨氏双缝干涉是最典型的实物粒子干涉实验(装置同经典的杨氏双缝干涉装置)。这里用的光源不是传统的相干光源，而是电子枪。电子束从电子枪 S 射出后经过双缝 S_1 和 S_2 打在屏幕上，实验结果如图7.9所示。在低电子流密度时(图7.9(a))，只出现几颗亮点，随着电子流密度的增加(图7.9(c)～(e))，干涉条纹隐约可见，电子流密度很大时(图7.9(f))，可以看到清晰的干涉条纹。这个实验表明，当少量电子通过双缝落在屏上时，其分布看起来是离散的、毫无规律的，并不形成暗淡的干涉条纹，这显示了电子的“粒子性”。但大量电子通过双缝时，则屏上形成清晰的干涉条纹，这又显示了电子的“波动性”。

单电子干涉、衍射实验表明，波动性是每个电子本身固有的属性，电子的干涉(密度的重新分布)是自身的干涉，而不是不同电子间的干涉。或者说波动性和粒子性一样，是每个电子的属性，而不是大量电子在一起时才有的属性。

若采用单个光子来替代上述实验中的电子，则上述的各种实验结果和物理图像也完全相同，也进一步表明了光的波粒二象性。需要说明，光“粒子”与经典粒子有着本质的差异。在单个光子的干涉实验中，光子从发射器射出，并通过小孔 S_1 和 S_2 到达观测屏上某点。若是经典粒子，就可以指出这个粒子是从小孔 S_1、S_2 中的哪一个通过的，若是从 S_1 穿过，就不会通过 S_2，反之亦然。因此在屏上的粒子密度分布函数对经典粒子而言应为

$$P_{S_1S_2} = P_{S_1} + P_{S_2}$$

其中 P_{S_1}、P_{S_2} 分别为只打开 S_1 或 S_2 形成的粒子密度分布函数。但对量子理论的“粒子”来说，我们无法断定“粒子”是从小孔 S_1、S_2 中的哪一个孔通过的。换句话说，它可能从 S_1 通过，也可能从 S_2 通过。如果设法通过某种实验手段来确定出光子是从其中的一个孔（如 S_1）通过的，那么基于“粒子”的不可分割性，此时另一个小孔（S_2）的出口处“粒子”已不复存在。这样一来，该实验手段等同于将另一个小孔关闭，于是干涉的起因完全消失。也就是说，如果在两个小孔的后面都安置“探测器”，以便能够确定“粒子”通过哪个小孔，那么结果是干涉被取消，屏上呈现出的将是 $P_{S_1} + P_{S_2}$ 而绝非双缝干涉的分布函数。可见，在干涉实验中，不论是单个光子的情况还是强光束的情况，光子通过哪条缝没有确定性，量子理论认为这种不确定性正是干涉的根源。

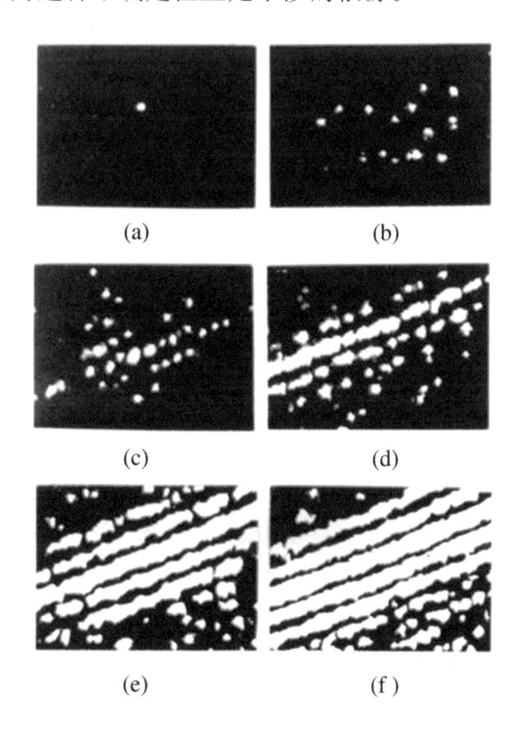

图 7.9 电子双缝干涉实验

在上述实验中，若光子的波长 $\lambda = h/p$ 逐渐缩短，最后达到远小于两个小孔间的距离，此时多次重复单个光子的实验，干涉条纹将消失，在屏上的分布将是单个粒子的概率分布，“光子”的行为类似于经典粒子的行为。因此，我们可以认为普朗克常量 h 的作用不大（或者说 h 趋于零，即没有波动特性）时，光子的量子图像就过渡到经典粒子的图像。

在量子理论中，普朗克常量起着两个基本的作用：一是作为量子不连续性的度量。在式(7.4.1)中，若 h 趋于零，则意味着在光的发射、吸收等过程中，能量、动量的交换可近似地取连续值，量子性的影响可以忽略不计，于是量子物理便自动地过渡到经典物理。二是将微观粒子的波动性和粒子性统一地综合为一体。

光子具有微观粒子共同的特性即波粒二象性,光子的粒子性和波动性是不可分割的。在光与物质相互作用过程(如光的探测)中,光子是作为整体消失或产生的,并呈现出表征粒子的基本属性。光子的波动性的体现是用概率幅来描述光子状态和动力学的演化。这种概率幅体现出波动性最本质的特性,即满足叠加原理。对光子行为的预言只能是概率性的,我们无法预计在单个光子的双缝实验中,光子落在屏上的哪个地方,我们所能获得的最大信息只是每个光子出现在屏上某点的概率,换句话说,光子一旦发射出来,它冲击屏上的 x 点的概率就正比于按照经典波动理论计算出来的强度 $I(x)$,即正比于 $|E(x)|^2$,$E(x)$ 为屏上电场的复振幅。

顺便指出,描述微观粒子状态的概率幅并没有经典物理的任何对应物,亦即概率幅没有经典意义上的物理内容。概率幅的叠加原理与经典波理论中(如光波)的叠加原理有着根本的不同,前者并不是物理量的叠加,而后者则是物理量(如电场的复振幅)的叠加。

7.5 量子光学前沿进展

在前几节中从黑体辐射谈到了光的量子性,并对波粒二象性进行了简单的介绍。对黑体辐射和光电效应的理解导致了量子物理的诞生,量子理论的建立和发展,不仅引发了当代科学和技术的革命,而且深刻影响到人们对客观世界的认识。其中激光的发明,极大地推进了激光技术、光通信技术的发展,新型的光电子产业的形成,极大地促进了人类物质文明的发展。2005 年,量子光学的奠基人、美国哈佛大学著名物理学家格劳伯(Glauber)教授荣获了诺贝尔物理学奖,反映出量子光学在当代科学发展中发挥着相当重要的作用。量子实验装置的引入,使得人们可以从一个全新的视角来观察世界,就好像给人们安上了一双“量子的眼睛”,能够看到经典探测装置观察不到的物理现象,也使得人们对“光是什么”这个萦绕千年的问题有了更进一步的理解,对于基础研究和前沿应用都是有必要的。本节主要通过波粒二象性、单光子研究、量子(纠缠)通信三个方面,简单介绍量子光学的相关进展。

7.5.1 波粒二象性再认识

光是什么?这是个古老的科学问题。大量科学实验和理论表明,光具有波

粒二象性。波动性和粒子性这两种属性既对立又互补，一个实验中具体展示哪种属性取决于实验装置。比如在由两块分束器构成的马赫-曾德干涉仪中，单个光子被第一个分束器分到两个路径上，在第二个分束器所在位置重合。如果我们选择加入第二个分束器，则构成干涉仪，有干涉条纹，观测到波动性，反之如果选择不加第二个分束器，则不能构成干涉仪，没有干涉条纹，观测到的是粒子性。

然而，存在一种隐变量理论认为：光子是有自由意志的，在进入干涉仪之前光子就能"察觉"到有没有第二个分束器，然后光子根据它"察觉"到的信息决定自己经过第一个分束器的方式，从而展现粒子性或波动性。为了检验这种隐变量理论和量子力学孰是孰非，玻尔的学生惠勒于 1978 年提出了著名的延迟选择实验，即实验者延迟到光子已经完全经过第一个分束器之后再选择加不加第二个分束器。在经典的惠勒延迟选择实验中，探测光的波动性和粒子性的实验装置，即加与不加第二个分束器是相互排斥的，因此光的波动性和粒子性不能够同时展现出来。2012 年，中国科学技术大学郭光灿院士领导的研究组首次实现了量子惠勒延迟选择实验，制备出了粒子和波的叠加状态。他们通过设计量子实验装置，巧妙地利用偏振比特的辅助来控制测量装置，使得测量装置处于探测波动性与探测粒子性的两种对立状态的量子叠加态上，极大地丰富了人们对玻尔互补原理的理解。利用自组织量子点产生的确定性单光子源作为输入，实现了量子的惠勒延迟选择实验，排除了光子有自由意志的假设，并首次观测到了光的波动态与粒子态的量子叠加状态。实验结果显示，处于波粒叠加态上的光子，既不像普通的粒子态那样没有干涉条纹，也不像普通的波动态那样表现出标准的正弦形干涉条纹，而是展现出锯齿形条纹这样一种"非波非粒，亦波亦粒"的表现形式。这项工作通过量子惠勒延迟选择实验的实现，在一个实验装置中展示了光子可以在波动和粒子两种行为之间相干地振荡，重新审视了波粒二象性的概念。

7.5.2 单光子源

基于量子光学的相关实验和应用中，单光子的产生及单光子态在量子通信、量子探测等领域具有非常重要的意义。由于单光子态的重要性，研究如何产生高质量、高亮度的单光子源成为一项重要的课题。通俗地讲，单光子源就是光子一个接着一个发射，每次发射时间间隔与自发辐射寿命有关，也就是说无论外界怎么激发（连续激光或脉冲激光或电致激发），该系统只能在自发辐射寿命期间（约 ps 到 ns 时间尺度）发射出一个光子，即不可能在某一时刻同时发射两个及以上数量的光子。理想的标准单光子源应满足以下几点：(1) 能够在任意时间间隔内只产生一个单光子,即按需产生(on-demand);(2) 每个发射的单光子之间,具有完全的不可区分性;(3) 单光子的发射概率为 100%,光子数起伏为 0,没有散粒噪声,多光子发射的概率为零。

目前单光子源发射器主要通过单光子性、全同性和提取效率三个方面来评价其优劣,通过以上三个方面综合评价单光子源的品质和性能。标准单光子源的研制在光辐射计量、量子信息系统等领域存在着巨大的需求。其实现手段主要有:量子点单光子源;基于色心单光子源;基于光学非线性过程的单光子源。

7.5.3 量子通信

量子理论以其独特的性质,如量子态叠加、量子纠缠等,在高速计算、信息安全等领域表现出传统计算机和经典保密通信无法比拟的优势。世界各个研究团队通过大量的量子理论相关实验,证明了量子力学在当前人类认知水平下的正确性,也为量子隐形传态和基于量子纠缠的量子密钥分发等量子应用提供了支撑。我国在量子保密通信技术方面已经走在了世界前沿,建立了基于可信中继的京沪干线量子保密通信网,以及基于卫星可信中继的量子保密通信网,取得了举世瞩目的成就。我国于 2011 年 12 月设立了量子科学实验卫星项目,其主要科学目标有:(1) 验证星地高速量子密钥分发实验,并进行广域量子密钥网络实验,为全球化量子通信实用化、工程化铺平道路;(2) 在空间尺度上进行星地量子纠缠分发,以验证量子力学理论在空间尺度下的正确性;(3) 进行地星量子隐形传态实验,验证在空间尺度下将一个未知量子态从一个位置传输到其他任意位置的可行性。

首颗量子通信卫星以我国古代科学家墨子的名字来命名,以纪念他在早期光学方面的成就。2016 年 8 月 16 日,"墨子号"量子通信卫星在酒泉卫星发射中心利用长征二号丁运载火箭成功发射升空,这标志着我国空间科学研究又迈出了重要一步。2017 年 1 月,"墨子号"在圆满完成 4 个月的在轨测试任务后,正式交付中国科学技术大学使用,在潘建伟院士团队的带领下,首次实现了千公里量级的量子纠缠、千公里级的星地双向量子通信,为构建覆盖全球的量子保密通信网络奠定了坚实的科学和技术基础,至此,"墨子号"量子通信卫星提前圆满地完成了预先设定的全部三大科学目标。2018 年,首次实现了在中国和奥地利之间距离达 7600 公里的洲际量子密钥分发,并利用共享密钥实现了加密数据传输和视频通信,该成果标志着"墨子号"已具备实现洲际量子保密通信的能力。2020 年 6 月 15 日,"墨子号"在国际上首次实现千公里级基于纠缠的量子密钥分发,该实验成果不仅将以往地面无中继量子密钥分发的空间距离提高了一个数量级,并且通过物理原理确保了即使在卫星被他方控制的极端情况

下依然能实现安全的量子密钥分发。“墨子号”量子科学实验卫星的发射以及近些年来取得的实验进展，有助于我国在量子通信技术实用化整体水平上保持和扩大国际领先地位，实现国家信息安全和信息技术水平的跨越式提升，对于推动我国空间科学卫星系列可持续发展具有重大意义。

相信在不久的将来，随着量子理论和量子技术的不断发展，由此产生的产品和应用会更好地服务社会的发展。

第8章　激光基础

上海超强超短激光装置(SULF)(图片来自网络)

本章提要 “激光”(light amplification by stimulated emission of radiation, Laser)是“受激辐射光放大”的简称，是20世纪60年代发展起来的一种崭新的、极为重要的光源。自1960年第一台红宝石激光器诞生以来，激光物理、技术和应用等各方面都取得了巨大的进步，并促进了众多新兴学科的发展，应用范围日益扩大，遍及自然科学、工程技术和社会生活等各个领域。本章将简要介绍激光产生的基本原理，激光器的基本结构、种类以及相关应用。

8.1 物体发光机制概述

任何物体的发光过程都伴随着物体内部的能量变化。从微观上看，物体中的原子可以有各种不同的能量状态，当原子从高能态过渡到低能态时，就会释放出能量，如果这种能量是以光辐射的形式释放的，物体就发光。当然，要维持物体持续发光，就必须由外界不断地向物体提供能量使原子重新激发到高能态，这种过程称为激励。激励所需要的能量可以是电能、化学能、核能、热能，也可以是光辐射能。利用光能激励的称为光激励，也称为“光泵”。如果激励的能量来源于周围的温度场，则物体中的原子、分子因热运动而被不断激发到高能态，这种发光称为热发光。热发光所产生的辐射光谱分布只与物体的温度有关，与它的种类、形状、结构都没有关系(见第7章内容)。如果激励的能量主要不是来源于外界的热能，则这类发光称为“非热发光”，如气体放电发光，非热发光所辐射的光波则与辐射物体中原子或分子的能量状态有关。

实质上发光过程的描述涉及光与物质的相互作用，需用量子的观点来分析。物体由大量的原子构成，物体中的原子有各种不同的能量状态，电子与原子核的相互作用使其能量不是连续的而是分立的，这种现象称为原子能量的“量子化”。为了形象地描述这种量子化的能量状态，常把电子所允许存在的各种状态称为各个“能级”，而用“能级图”来表示原子所允许存在的各种能量状态。1913年，玻尔(Bohr)假定电子在原子中的能量不连续，提出了原子结构的能级模型，很好地解释了氢原子光谱等一系列问题。其假定主要有两点：(1) 原子存在某些定态，在这些定态中不发出也不吸收电磁辐射能。原子定态的能量只能采取某些分立的值 $E_1, E_2, E_3, \cdots, E_n$，而不能采取其他值。这些定态能量的值叫作能级。(2) 只有当原子从一个定态跃迁到另一定态时，才发出或吸收电磁能量，且满足 $h\nu = E_n - E_m$。

图8.1(a)给出了最简单的氢原子能级图。氢原子只有一个电子，能级图中最下面的一条线代表最低的能量状态即“基态”，当电子不受到任何激励时，它处在基态上。当电子受到某种外界能量的激励时，它可以吸收这种能量而使自

己的能量增加,在能级图上反映为从基态改变到较高位置的能级上,这种过程称为“跃迁”。

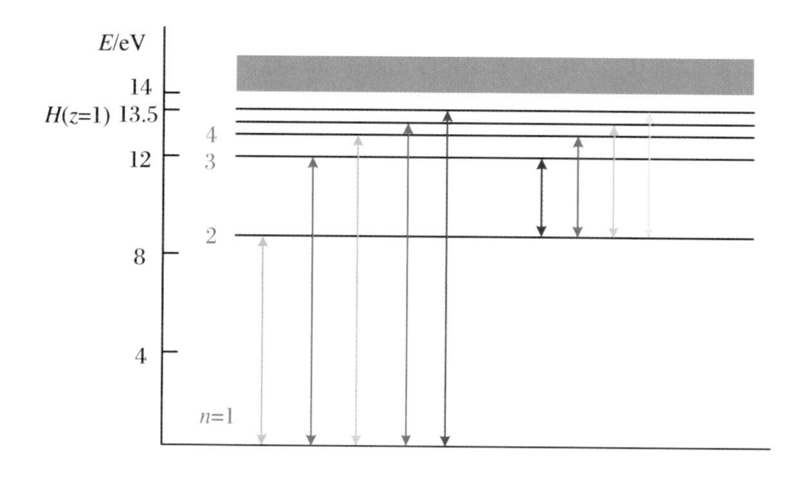

图 8.1 氢原子能级图

能级之间的跃迁在能级图上常常用箭矢来表示,如图 8.2 所示。根据能量守恒定律,跃迁时吸收的能量应等于两能级之间的能量差。如果激励所提供的能量恰好等于这一数值,则称为共振激励或共振吸收,这种能量是最容易被吸收而产生跃迁的。受到激励后处在高能态上的电子可以自发地放出能量而回复到低能态,这个过程也称为跃迁。当然,在此跃迁过程中放出的能量也应等于两能级之间的能量差。如果放出能量的形式是光辐射,则这种跃迁称为辐射跃迁,辐射出的光子能量为$\hbar\omega = E_2 - E_1$,其中 E_2 和 E_1 代表上、下两个能级的能量值,ω 是光的角频率,$\hbar = h/(2\pi)$为约化普朗克常量。处在高能态 E_2 上的电子也可以在外界的一个能量为$\hbar\omega = E_2 - E_1$ 的光子的诱导下跃迁到低能态 E_1,并辐射出能量相同的另一个光子,这种跃迁称为共振跃迁,这种辐射称为受激辐射。受激辐射只有在一定的条件下才会实现,在通常的情况下则是很罕见的现象,但这却是产生激光的必要条件之一。关于产生受激辐射的条件将在后面详细介绍。

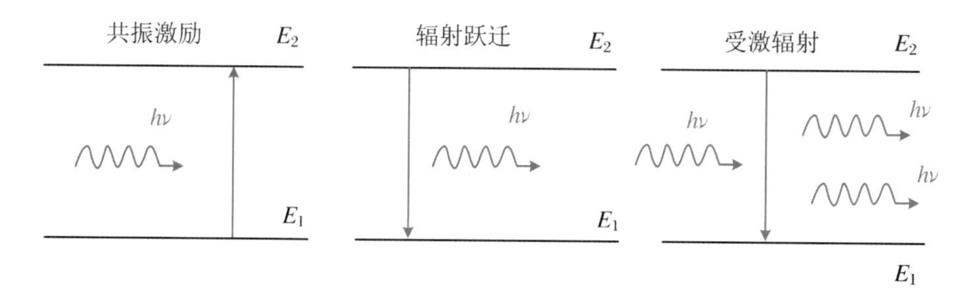

图 8.2 各种跃迁过程

当原子体系受到激励时,其电子在各个可能的能级间跃迁,因而所辐射的光波是一组分立的单色光波,可以用棱镜或光栅光谱仪把这些光波按照波长的顺序展开为光谱图,每一单色光波在光谱图上是一条细的线条,称为线光谱。

从氢的能级图中可以看到，能级之间的间隔是不相等的，低能级之间的间隔大，高能级之间的间隔小。随着能量的增加，各能级逐渐接近而变得极为密集。其最高的能量值位于 13.6 eV，当外界的激励能大于 13.6 eV 时，被激励的电子可以具有连续的能量状态，在能级图上称为连续态，这种连续态所对应的光谱是连续光谱。应该注意，并不是在所有能级之间都可以发生跃迁，能级之间的跃迁能否发生，要服从量子力学中的一些规律。关于原子能级的分布、能级的标识以及是否允许跃迁等详细知识，读者可参阅原子物理学和量子力学的有关内容，这里只提供大致的概念。

另一方面，分子的能级比原子的能级复杂得多，在分子中，除了有与组成分子的各个原子的相应能级以外，各原子还可以围绕分子的某一个轴线转动，因而有相应的分子转动能级；还可以有几个原子之间的相对振动，因而有分子的振动能级等。相关知识也请参阅原子物理学和量子力学等课程。简而言之，分子的光谱由一些密集的线光谱组成，这来源于分子中的两个或多个原子组合的贡献。用色散比较小的光谱仪观察时，这些密集的线光谱合在一起形成连续的光带，称为带光谱。

总之，光辐射是频率极高的电磁波，其辐射过程有两种情况，一种是处在高能态上的原子或分子因为总是企图降低其势能而自发地跃迁到较低的能级，这种辐射的过程称为自发辐射；另一种则是处在高能态上的电子受到外界辐射场的诱发而跃迁到低能级，并随之而辐射发光，这种发光现象称为受激辐射。1917 年，爱因斯坦利用光子和能级的概念，从黑体腔壁与腔内电磁场能量交换的角度重新审视了黑体辐射理论，并得出必然存在“受激辐射”的正确论断。他把光和物质的相互作用归结为三个基本过程：自发辐射、受激辐射和受激吸收，建立了光和物质相互作用的崭新模型。爱因斯坦从理论上预言了原子发生受激辐射的可能性，从而为 43 年后激光的诞生奠定了理论基础。

8.2 自发辐射、受激辐射和受激吸收

我们先看看由大量粒子组成的系统在温度不太低的平衡态，粒子数目按能级的分布情况。由玻尔兹曼定律知，粒子数目按能级的分布服从玻耳兹曼统计分布，即

$$N_n \propto e^{-\frac{E_n}{KT}} \tag{8.2.1}$$

若 $E_2 > E_1$，高能级与低能级两能级上的原子数目之比 $\frac{N_2}{N_1} = e^{-\frac{E_2 - E_1}{kT}} < 1$。

若取 $kT \sim 1.38\times10^{-20}\ \mathrm{J} \sim 0.086\ \mathrm{eV}$，$E_2-E_1\sim1\ \mathrm{eV}$，我们可得普遍情况下粒子分布的数量级估计：$\dfrac{N_2}{N_1}=\mathrm{e}^{-\frac{E_2-E_1}{kT}}=\mathrm{e}^{-\frac{1}{0.086}}\approx10^{-5}\ll1$。也就是说，通常状态下大量粒子处于最低能级态（基态），即稳定状态。粒子能级分布如图8.3所示。

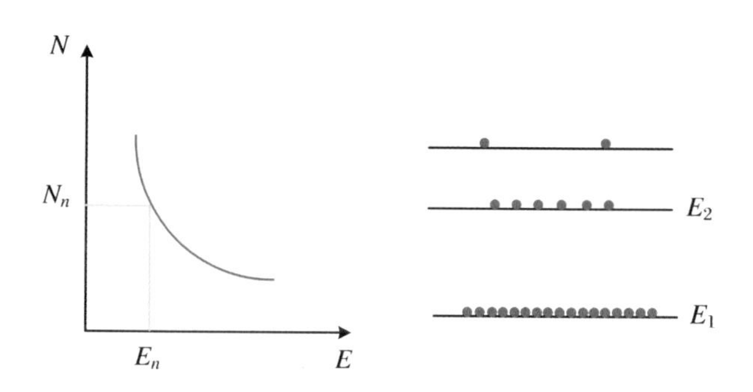

图8.3　热平衡下的粒子能级分布

1. 自发辐射

对如图8.4所示能级结构，设 N_1、N_2 为单位体积中处于 E_1、E_2 能级的原子数（原子数密度）。在没有外来辐射场的情况下，处在高能级 E_2 的每一个原子总会自发地、独立地向低能级 E_1 跃迁，并辐射频率为 $\nu=\dfrac{E_2-E_1}{h}$ 的光子，该过程称为自发辐射。

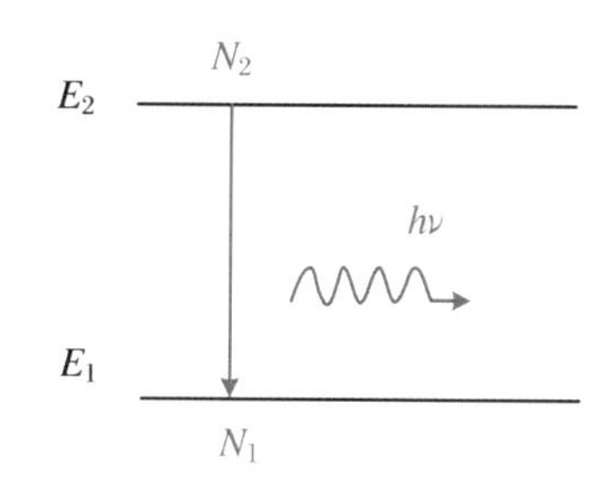

图8.4　自发辐射示意图

位于高能级 E_2 上的原子数 N_2 会因自发辐射而减少，则单位体积中单位时间内从 $E_2\rightarrow E_1$ 自发辐射的粒子数的减少速率必然与 N_2 成正比，即

$$\left(\frac{\mathrm{d}N_{21}}{\mathrm{d}t}\right)_{\text{自发}}\propto N_2 \tag{8.2.2}$$

写成等式为

$$\left(\frac{\mathrm{d}N_{21}}{\mathrm{d}t}\right)_{\text{自发}}=-A_{21}N_2 \tag{8.2.3}$$

式中的负号表示 N_2 随时间减少，A_{21} 是一个比例系数，称为自发辐射系数，表征单个粒子在单位时间内发生自发辐射过程的概率。自发辐射系数是反映特定粒子体系能级系统特征的参量，对某两个特定的能级有确定的 A_{21}。

这种辐射过程的自发性将导致跃迁过程中发出光子特性的随机性，即所发出的光在相位、偏振态和传播方向上都彼此无关。因为对大量处于高能级的粒子而言，它们的跃迁是自发的、独立的、无关的随机过程，即不同原子的自发辐射光子之间，或同一原子不同时刻发射的光子之间都没有任何依赖关系，各自独立地、自发地随机辐射，因而所发出的光是非相干的。普通光源发出的光就主要是由自发辐射产生的。

2．受激辐射

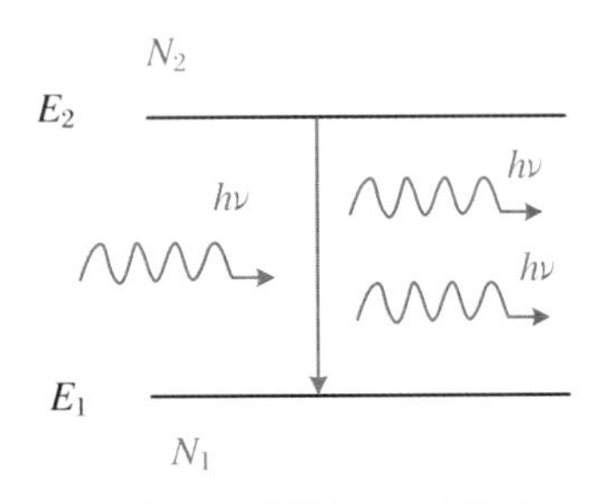

图 8.5　受激辐射示意图

如图 8.5 所示，处于高能级 E_2 的原子，在受到能量为 $h\nu=E_2-E_1$ 的外来光子的激励时，将跃迁到低能级 E_1，并辐射一个频率为 ν 的光子，这个光子的所有特性与外来光子完全一样，即其频率、相位、振动方向、传播方向都相同。这样辐射的两个光子将无法区分哪一个是外来的，哪一个是由原子跃迁辐射的。这种过程称为受激辐射，又称为相干辐射。受激辐射将会增加性质全同的光子数，从而有光放大作用。

既然受激辐射是由外来光子引起的，可以想像，单位体积中单位时间内产生受激辐射的粒子数不但与 N_2 成正比，还应该与频率为 $\nu=(E_2-E_1)/h$ 的外来光子数密度成正比。设在某时刻单位体积中两个能级 E_1 和 E_2 上的原子数分别为 N_1 与 N_2。外来入射光子的光子数密度为 $\rho(\nu,T)$，即温度为 T、频率为 ν 附近、单位频率间隔的单色辐射能量密度。那么单位体积中单位时间内，从 E_2 向 E_1 受激辐射的原子数为

$$\left(\frac{\mathrm{d}N_{21}}{\mathrm{d}t}\right)_{\text{受激}}\propto\rho(\nu,T)N_2\tag{8.2.4}$$

写成等式为

$$\left(\frac{\mathrm{d}N_{21}}{\mathrm{d}t}\right)_{\text{受激}}=-B_{21}\rho(\nu,T)N_2\tag{8.2.5}$$

式中比例系数 B_{21} 称为受激辐射系数。它也是反映特定粒子体系能级系统特征的参量，对某两个特定的能级有确定的 B_{21}。

令

$$W_{21}=B_{21}\cdot\rho(\nu,T)$$

则有

$$\left(\frac{\mathrm{d}N_{21}}{\mathrm{d}t}\right)_{\text{受激}}=-W_{21}N_2\tag{8.2.6}$$

W_{21} 为单个原子在单位时间内发生受激辐射过程的概率。

3．受激吸收

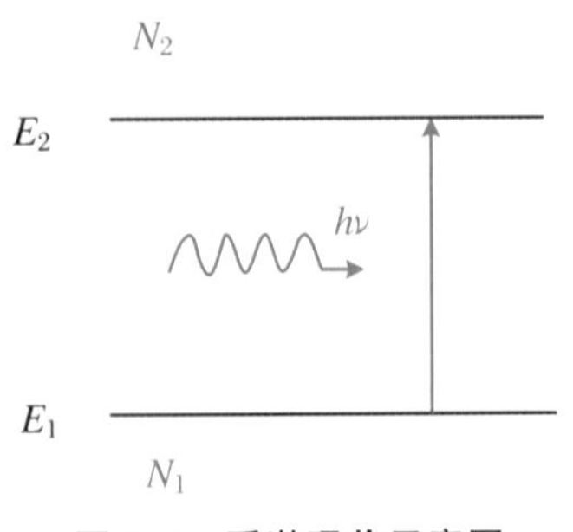

图 8.6　受激吸收示意图

上述外来光子也有可能被吸收，使位于低能级 E_1 上的原子而跃迁到 E_2 上，此过程称为受激吸收。如图 8.6 所示。

设外来入射光子的光子数密度为 $\rho(\nu,T)$，与受激辐射类似，单位体积中单位时间内因吸收外来光子而从 E_1 跃迁至 E_2 的原子数为

$$\left(\frac{\mathrm{d}N_{12}}{\mathrm{d}t}\right)_{\text{吸收}} \propto \rho(\nu, T)N_1 \tag{8.2.7}$$

写成等式为

$$\left(\frac{\mathrm{d}N_{12}}{\mathrm{d}t}\right)_{\text{吸收}} = -B_{12}\rho(\nu, T)N_1 \tag{8.2.8}$$

式中比例系数 B_{12} 称为受激吸收系数。它同样也是反映特定粒子体系能级系统特征的参量,对某两个特定的能级有确定的 B_{12}。

令

$$W_{12} = B_{12}\rho(\nu, T)$$

则有

$$\left(\frac{\mathrm{d}N_{12}}{\mathrm{d}t}\right)_{\text{吸收}} = -W_{12}N_1 \tag{8.2.9}$$

W_{12} 为单个原子在单位时间内发生吸收过程的概率。

4. 爱因斯坦关系

实际上,当光与原子体系相互作用时,自发辐射、受激吸收和受激辐射三个过程总是同时存在的。在辐射场和原子体系处于热平衡时,这些过程的共同作用将导致这种热平衡的实现。因而三种过程具有一定的联系,即三系数 A_{21}、B_{21}、B_{12} 应该具有某种关系。实际上,爱因斯坦在分析导出普朗克公式时,假定有一种"受激辐射"的现象存在,在热平衡关系中加入"受激辐射"项,才得到了一个在形式上与普朗克公式完全一致的关系式,否则会产生与事实不符的结论。其三者关系也是在此过程中给出的。下面我们就基于此来推导三系数关系。

现假定在一温度为 T 的处于热平衡状态的空腔(可看成黑体)内充有大量的某种微观粒子,该种粒子具有能级 E_1 和 E_2,并能在两者间产生跃迁。空间内一定同时存在频率为 $\nu = (E_2 - E_1)/h$ 的辐射场。在热平衡条件下,空腔内部的辐射场应有不随时间而变的稳定分布,即在单位体积内频率为 ν 的光子数应保持不变。这要求粒子系统吸收的光子数等于发射的光子数,也就是说单位时间内从 E_2 跃迁到 E_1 的粒子数应当等于从 E_1 跃迁到 E_2 的粒子数。

若此时想当然地考虑吸收和自发辐射两过程,则有

$$\left(\frac{\mathrm{d}N_{21}}{\mathrm{d}t}\right)_{\text{自发}} = \left(\frac{\mathrm{d}N_{12}}{\mathrm{d}t}\right)_{\text{吸收}} \tag{8.2.10}$$

即

$$A_{21}N_2 = B_{12}\rho(\nu,t)N_1 \tag{8.2.11}$$

将两能级上的原子数分布$\dfrac{N_2}{N_1}=\mathrm{e}^{(E_1-E_2)/kT}=\mathrm{e}^{-h\nu/kT}$代入上式，得

$$\rho(\nu,T)=\frac{AN_2}{BN_1}=\frac{A}{B}\mathrm{e}^{-h\nu/kT} \tag{8.2.12}$$

式(8.2.12)显然与事实不符，因为由此式可导出 $T\rightarrow\infty$ 时，$\rho(\nu,T)\rightarrow$常数的结论，而事实上温度越高，$\rho(\nu,T)$越大，不会趋于常数，这是大量实验早已证明了的。实际上，式(8.2.12)在形式上也明显与普朗克公式不符。为了解决这个问题，爱因斯坦在上述热平衡关系中再加入一项：

$$\left(\frac{\mathrm{d}N'_{21}}{\mathrm{d}t}\right)_{\text{受激}}=-B_{21}\rho(\nu,T)N_2 \tag{8.2.13}$$

它的物理意义是 N_2 的减少除了有与 $\rho(\nu,T)$无关的自发辐射外，还有与$\rho(\nu,T)$成正比的辐射。既然这种辐射的大小与腔内频率为 ν 的光子的密度(单色辐射能量密度)成正比，只能认为这种辐射是由频率为 ν 的光子所激起的，因而把它叫作“受激辐射”——受到频率为 ν 的光子的激励，使原子发出一个频率也是 ν 的光子而从能级 E_2 跃迁到 E_1。这即为当时爱因斯坦提出“受激辐射”概念的缘由，也就是现在所公认的受激辐射过程。

所以，实际的热平衡条件(细致平衡条件)应为

$$\left(\frac{\mathrm{d}N_{21}}{\mathrm{d}t}\right)_{\text{自发}}+\left(\frac{\mathrm{d}N'_{21}}{\mathrm{d}t}\right)_{\text{受激}}=\left(\frac{\mathrm{d}N_{12}}{\mathrm{d}t}\right)_{\text{吸收}} \tag{8.2.14}$$

即

$$A_{21}N_2+B_{21}\rho(\nu,T)N_2=B_{12}\rho(\nu,T)N_1 \tag{8.2.15}$$

于是有

$$\begin{aligned}\rho(\nu,T)&=\frac{A_{21}N_2}{B_{12}N_1-B_{21}N_2}=\frac{A_{21}}{B_{21}}\cdot\frac{1}{B_{12}N_1/B_{21}N_2-1}\\&=\frac{A_{21}/B_{21}}{(B_{12}/B_{21})\mathrm{e}^{h\nu/kT}-1}\end{aligned} \tag{8.2.16}$$

这是一个在形式上与普朗克公式完全一致的关系式。将它与普朗克公式比较可知

$$\begin{cases}B_{12}=B_{21}\\A_{21}=\dfrac{8\pi h\nu^3}{c^3}B_{21}\end{cases} \tag{8.2.17}$$

这是爱因斯坦于1917年提出来的，所以 A_{21}、B_{21}、B_{12} 又称为爱因斯坦系数，上式称为爱因斯坦关系，它为后来激光的发明奠定了理论基础。需要指出的是，虽然上式是在热平衡条件下导出的，但由于爱因斯坦系数都是由原子本身的属性决定的，与体系中原子按能级的分布状况无关，所以爱因斯坦关系是普遍成立的。

通过上述分析，可以看到当时爱因斯坦只是假定有一种“受激辐射”的现象存在，这样可以很好地解释黑体辐射过程，否则会产生与事实不符的结论。实际上，人们从这一假设中看到，如果确有“受激辐射”存在，就可以出现一个光子进入某体系时，不仅不被吸收，反倒激发出另一个同样频率的光子而成为两个光子，这就蕴含了“光放大”的概念。人们当然很希望实现这种光放大，因而自1917年以来，许多科学家都致力于从实验上证明“受激辐射”的存在，却长期未能成功。其原因是在通常情况下受激辐射的概率是微乎其微的，它被淹没在占绝对优势的自发辐射中。由式(8.2.16)和式(8.2.17)可知，受激辐射概率与自发辐射概率之比 $\langle n\rangle$ 为

$$\langle n\rangle = \frac{B_{21}N_2\rho(\nu,T)}{A_{21}N_2} = \frac{1}{e^{h\nu/kT}-1} \tag{8.2.18}$$

在通常情况下($T=300$ K，$\nu=5\times10^{14}$ Hz)，$\langle n\rangle\approx10^{-35}$，是非常小的。所以一直过了30多年，人们才在微波波段证实了受激辐射的存在(微波的波长较长，因而 $h\nu/kT$ 较小，$\langle n\rangle$ 较大)，40多年后，才终于诞生了激光，实现了梦寐以求的光放大。关于激光产生的原理将在下一节讨论。

表征能级特性的自发辐射常量 A_{21} 的物理意义也可这样理解：我们对 $\left(\frac{dN_{21}}{dt}\right)_{自发} = -A_{21}N_2$ 积分，可得

$$N_2 = N_{20}e^{-A_{21}t} = N_{20}e^{-t/\tau} \tag{8.2.19}$$

此式表明，在 E_2 能级上的原子数目经过时间 τ 后，会因自发辐射而减少到原来的 $1/e$(约37%)；也可以说，一个原子被激发到 E_2 能级上经过时间 τ 后，有 $1-1/e\approx63\%$ 的概率会返回基态能级 E_1；或者说，τ 是在 E_2 能级上原子所发射光波的平均持续时间。因此，$\tau=1/A_{21}$ 被称为原子在 E_2 能级上的“寿命”，因为自发辐射使原子不能长期处在该能级，所以严格地说，它应该称为“自发辐射寿命”或“自然寿命”。这个寿命的大小一般约在 10^{-8} s量级，对某些特殊能级，它可长达 10^{-3} s或数秒甚至更长，这些特殊能级叫作“亚稳态”。实际上，亚稳态能级的存在对产生激光有十分重要的意义。

8.3 激光的产生条件和特点

激光是“受激辐射光放大”的简称。顾名思义，激光要通过受激辐射实现光放大而产生。由上节可知，光与原子体系相互作用时，总是同时存在着自发辐射、受激辐射和受激吸收。并且通常情况下，自发辐射占绝对优势。那么，一台激光器究竟如何才能确保受激辐射在三个过程中占主导地位呢？实际上在光与原子相互作用的三种基本过程中，存在着两个基本矛盾，这就是受激辐射和受激吸收的矛盾以及受激辐射和自发辐射的矛盾。激光的产生必须具备克服这两个矛盾的条件。

1. 粒子数反转——克服受激辐射和受激吸收的矛盾

由上节可知，受激辐射与受激吸收是同时存在的，它们都与 $\rho(\nu, T)$ 成正比，且 $B_{12}=B_{21}$。要产生激光必须受激辐射占优势，即

$$\left(\frac{\mathrm{d}N_{21}}{\mathrm{d}t}\right)_{\text{受激}} > \left(\frac{\mathrm{d}N_{12}}{\mathrm{d}t}\right)_{\text{吸收}} \tag{8.3.1}$$

则必须有 $N_2>N_1$，也就说必须要求处于高能级上的原子数密度大于处于低能级上的原子数密度。在热平衡时，按照玻尔兹曼正则分布，原子体系中总有 $N_1>N_2$。所以，一束光射入一个处于热平衡状态的体系后，只可能被吸收，不可能被放大，要实现光放大，必须打破热平衡，即使 $N_2>N_1$ 才行。这种在高能级上的原子数大于在低能级上原子数的状态称为“粒子数反转”。实现了粒子数反转的介质又叫作激活介质或增益介质，它具有对光信号放大的能力。用于激光器中的激活介质也称工作介质。

为了产生或维持处于非热平衡状态的激活介质，必须有足够强的外界激励能源把低能级的粒子有选择性地源源不断地激发到高能级上去。激励的方式有多种，如电激励、光激励、热激励和化学激励等。各种激励方式统称为泵浦或抽运。有了泵浦之后，能否实现粒子数反转，还与工作介质的能级结构及其性质有密切关系。粒子激发到高能级后会很快地跃迁到低能级，不利于高能级上大量粒子的布居。因此，通常的工作介质都是由包含有亚稳态的三能级结构或四能级结构的原子体系组成。总之，要实现粒子数反转，工作物质中必须存在亚稳态，而且外界必须有激励能源供给能量。

下面的两幅图给出了两个获得粒子数反转的途径。图 8.7 是一个有三能级的系统(如红宝石激光器的工作介质)，其中“1”为基态，“2”是一个寿命较长的亚稳态，“3”是上能级。当该系统的原子受到外界的泵激而跃迁到上能级时，

大量粒子可通过无辐射跃迁快速到达能级“2”并在其上停留较长时间。如果泵浦足够强烈使基态上的粒子少于亚稳态“2”上的粒子,则出现粒子数的反转。该体系需要的泵浦能量很高,因为三能级体系中产生激光的下能级“1”是原子基态,在未泵浦前,介质的所有原子几乎都处在基态上,为了要获得粒子数反转,起码要将一半原子从基态抽运到激光上能级“2”,相应地就要求泵浦功率很强,这是三能级体系效率不高的原因。

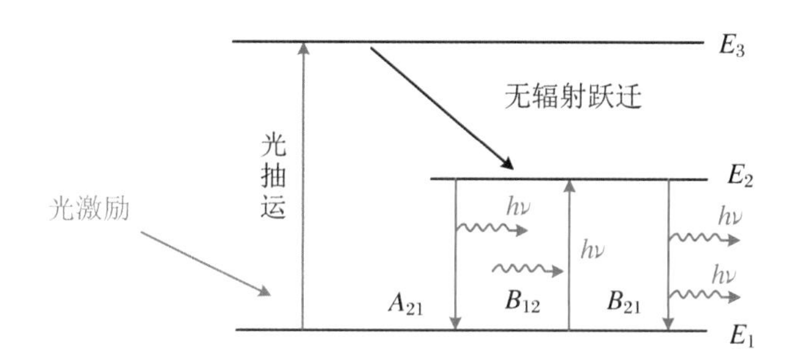

图 8.7 三能级激光系统

图 8.8 是一个有四个能级的系统(Nd:YAG),其中“0”为基态,“2”是亚稳态。当外界把基态的粒子泵浦到“3”时,大量粒子会很快跃迁到“2”而使“2”与“1”之间形成粒子数反转。由于“1”不是基态,原来粒子数就比较少,因此四能级系统比三能级系统更容易建立粒子数反转。

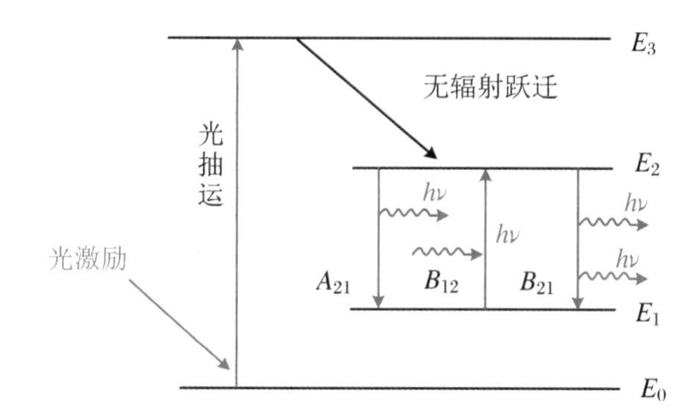

图 8.8 四能级激光系统

2. 光学谐振腔——解决受激辐射和自发辐射的矛盾

有了合适的增益介质和激励源,就具备了实现粒子数布居反转的条件。当系统实现粒子数布居反转后,处于亚稳态的个别粒子因自发跃迁到基态而辐射的光子,就可作为外来入射光而引起受激辐射进而获得增益,倍增的光子进而又引起新的受激辐射。由于引起受激辐射的最初的激励光子来自自发辐射,其频率和方向杂乱无章,并不能获得激光,还是以自发辐射为主。那么,如何才能产生方向性和单色性都很好的激光呢?显然,如果设法使某一频率在某一方向上得到受激放大,则就可能实现激光输出。设想有一粒子数反转的介质,其长度远远大于横向尺寸,如图 8.9 所示。开始时介质以自发辐射为主,凡是偏离轴向的自发辐射光子很快地逸出介质,而沿着轴向方向传播的光子束则会不断地引起受激辐射而得到加强。

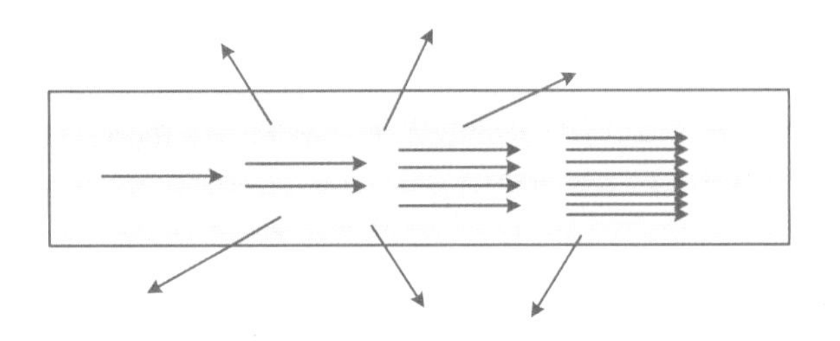

图 8.9 增益介质的阈值长度

我们来分析一下随着传播距离的延伸,受激辐射强度的放大情况。设频率为 ν 的光在增益介质中 z 处的强度为 $I(z)$,经过 $\mathrm{d}z$ 距离后,其强度的改变量应为

$$\mathrm{d}I(z) = GI(z)\mathrm{d}z \tag{8.3.2}$$

式中 G 定义为激光器的增益系数,且有

$$I(z) = I_0 \mathrm{e}^{Gz} \tag{8.3.3}$$

可见,如果增益介质足够长,就可能以受激辐射为主,并且当其受激辐射强度大于其介质中的损耗时,就形成了激光输出。

当然,实际激光器不可能也不需要采用一个很长的工作介质,而是利用光学谐振腔来解决这个问题。即在工作物质的两端,放置两块相互平行并与工作介质的轴线垂直的反射镜,这两块反射镜与工作介质一起就构成了所谓的光学谐振腔,如图 8.10 所示。其中一块是全反射镜,另一块是部分反射镜,它可使激光部分透过并输出,称为输出镜。谐振腔有许多种形式,有由两块平面反射镜组成的,有由两块凹面反射镜组成的,或由一平面镜和一凹面镜组成,等等。光学谐振腔对激光的形成和光束的特性有着多方面的影响,是激光器中一个十分重要的组成部分。为了简单起见,这里我们以平面谐振腔为例来分析光学谐振腔的作用。

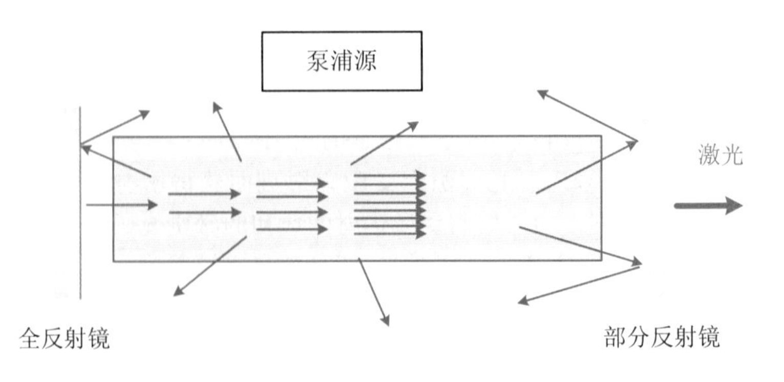

图 8.10 激光谐振腔

沿轴向传播的光束可以在两个反射镜之间来回反射，被连锁式地放大，最后形成稳定的强光光束，从部分反射镜端输出，这实际上相当于增加了工作介质的有效长度。谐振腔的第二个作用是保证激光的方向性。凡偏离轴向的那些光线，或者直接逸出腔外，或者经几次来回，最终也要跑出去，它们不可能形成稳定的光束保持下来。因而谐振腔对光束的方向具有选择性，使受激辐射集中于特定的方向，激光光束具有很高的方向性就来源于此。平面谐振腔结构相当于一个法布里-珀罗标准具，对激光的频率具有选择性，激光具有很好的单色性就来源于此。因此，光学谐振腔的作用是：(1) 使激光具有极好的方向性(沿轴线)；(2) 增强光放大作用(延长了工作介质)；(3) 使激光具有极好的单色性(选频)。

有了激励源、增益介质和光学谐振腔还不一定能够输出激光。我们可以看到，当受激辐射光在谐振腔内来回反射时，一方面会通过增益介质而获得增益，使光强增大；但另一方面由于光在镜面上的反射、透射、衍射等，会产生光能损耗，使光强变小。显然，若受激辐射的增益小于损耗，不可能产生激光输出；只有使增益大于损耗，才能使受激辐射光在谐振腔内来回反射时光强不断增大，最后才有稳定的激光输出。也就是说，谐振腔要为激光振荡提供光学正反馈，才能产生很强的激光输出。下面我们来分析产生激光的阈值条件。

设谐振腔的两个反射镜的强度反射率分别为 R_1、R_2，腔长为 L，光束的初始强度为 I_0，则光束在谐振腔内往返一次后的强度变为

$$I = I_0 R_1 R_2 \mathrm{e}^{2GL} \tag{8.3.4}$$

增益要求有

$$I = I_0 R_1 R_2 \mathrm{e}^{2GL} > I_0 \tag{8.3.5}$$

即

$$R_1 R_2 \mathrm{e}^{2GL} > 1 \tag{8.3.6}$$

由此得知产生激光的阈值条件(即谐振腔必须达到的最小增益)为

$$G_{\mathrm{m}} = \frac{1}{2L} \ln \frac{1}{R_1 R_2} \tag{8.3.7}$$

也就是说，只有当增益 G 大于其阈值 G_{m} 时($G > G_{\mathrm{m}}$)，激光器才能形成稳定的激光输出。

由此可见，可通过控制谐振腔两端反射镜对某一波长的反射率，即利用阈值条件来选出某一频率激光输出。也就是说，对于可能有多种跃迁受激辐射的情况，可以利用阈值条件来选出一种跃迁(频率)。如对于氦氖激光器 Ne 原子的 0.6328 μm、1.15 μm、3.39 μm 受激辐射光中，只让波长 0.6328 μm 的光输出，即可通过控制 R_1、R_2 的大小来实现：选择 R_1、R_2 大，则 G_{m} 小，可满足阈

值条件,使形成激光;而对 1.15 μm、3.39 μm,选择 R_1,R_2 小,则 G_m 大,不满足阈值条件,形不成激光。

光学谐振腔的一个重要作用就是选频,即只允许某些特定波长的光波存在。当激光沿谐振腔的轴线在两反射镜间来回反射时,腔内存在反向传播的相干光波,只有某些特殊波长的光才满足干涉极大条件,进而以驻波的形式在腔内形成稳定分布,而其他波长的光因干涉相消而不可能在谐振腔内存在。因而谐振腔里的光学过程类似于由两个平面镜构成的 F-P 干涉仪中的多光束干涉的情况。根据 3.5 节的公式可知,谐振腔中允许存在的、满足干涉极大条件的光束频率为

$$\nu_j = j\frac{c}{2nL} \quad (j = 1,2,3,\cdots) \tag{8.3.8}$$

式中,L 为谐振腔的长度,n 为增益介质的折射率,j 为正整数,表示腔内的波腹数。

对于给定的光学谐振腔,可能有一系列频率的光同时形成稳定的驻波。在激光理论中,这些沿谐振腔纵向的不同频率的稳定驻波,称为激光的不同振动模式,也称为纵模。相邻纵模的频率间隔为

$$\Delta\nu_L = \frac{c}{2nL} \tag{8.3.9}$$

需注意的是,由式(8.3.8)确定的频率只是谐振腔允许的谐振频率,其中只有既满足阈值条件,又是落在增益介质辐射线宽 $\Delta\nu$ 内的那些谐振频率,才能形成稳定的激光,成为纵模频率。这就是说,激光器输出的频率个数(即纵模数)是由增益介质的辐射线宽和纵模间隔比值决定的,即

$$N = \frac{\Delta\nu}{\Delta\nu_L} = \frac{2nL}{c}\Delta\nu \tag{8.3.10}$$

式(8.3.10)表明,增益介质的线宽 $\Delta\nu$ 越大,纵模间隔 $\Delta\nu_L$ 越小(腔长 L 越大),则可能输出的纵模数越多。如图 8.11 所示,腔长 $L\sim1$ m 的氦氖激光器,若其 0.6328 μm 谱线的宽度为 $\Delta\nu = 1.3\times10^9$ Hz,则纵模间隔和纵模个数分别为 $\Delta\nu_L = \frac{c}{2nL} = \frac{3\times10^8}{2\times1\times1} = 1.5\times10^8$ Hz,$N = 8$。这种激光器为多纵模激光器。利用加大纵模频率间隔 $\Delta\nu_L$ 的方法,可以使 $\Delta\nu$ 区间中只存在一个纵模频率。比如缩短管长到 $L\sim10$ cm,在 $\Delta\nu$ 区间中,可能存在的纵模个数为 $N = 1$,此时输出激光的谱线宽度即 3.5 节所给出的 F-P 干涉透射亮纹(谱线)的半值谱线宽度。于是就获得了谱线宽度非常窄的激光输出,极大地提高了 0.6328 μm 谱线的单色性。这种激光器为单纵模(或单频)激光器。要提高输出激光的时间相干性,就需要尽可能地增大纵模间隔并限制纵模数。这就是激光具有极好单

色性的来源。

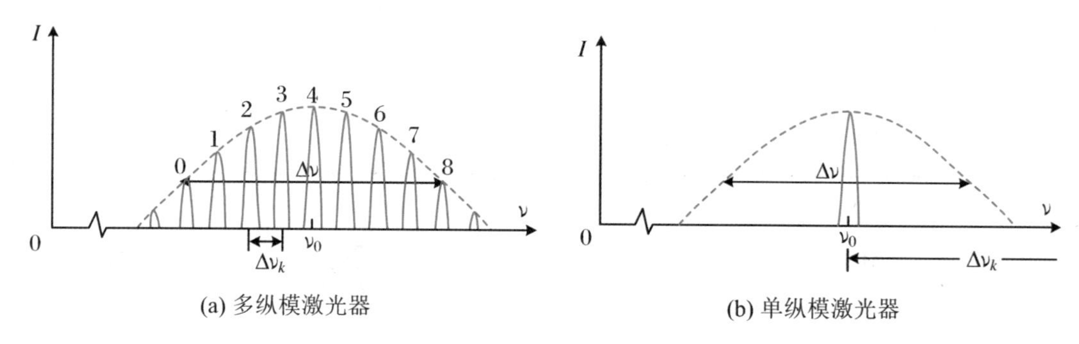

(a) 多纵模激光器　　(b) 单纵模激光器

图 8.11　激光纵模的频率分布

以上直接缩短腔长或增大损耗的方法虽有效却显然降低了激光的输出功率。实际上实现单纵模的方法较多，以下给出几种输出功率可以很大的纵模选择方法。

(1) 如图 8.12 所示的复合腔结构，是以一个迈克耳孙干涉仪代替谐振腔的一个反射镜得到的，显然，仅当迈克耳孙干涉仪中两反射镜 M_3、M_4 的反射光干涉相长时，它才成为一个高反射镜，从而有激光输出。实现干涉相长的条件为 $2d=j\lambda$，d 是 M_4 和 M_3 相对于 M_2 的距离差，j 是正整数。因此，输出光的频率应为 $\nu=j\dfrac{c}{2d}$，频率间隔为 $\Delta\nu=\dfrac{c}{2d}$。显然 d 是一个可调节的量，它可远小于 L，以使 $\Delta\nu_L$ 足够大，从而使增益大于损耗的范围内只有一个频率满足干涉相长而获得单纵模输出。

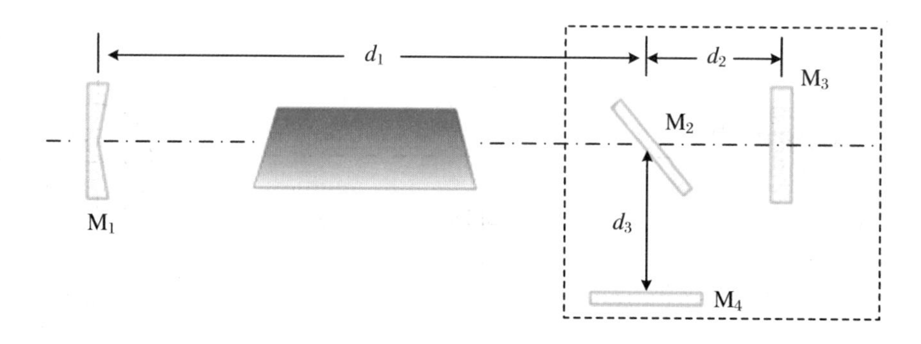

图 8.12　迈克耳孙复合腔选模

(2) 在谐振腔内放入一个 F-P 标准具，如图 8.13 所示，也可实现选模。此时，只有既能在两镜面间振荡，又能满足对标准具透射极大条件的光波才可获得激光输出。由第 3 章内容可知，F-P 标准具透射峰值的频率间距为 $\Delta\nu_h=\dfrac{c}{2nh\cos\theta}$，其中 n 是标准具材料的折射率，h 是其厚度，θ 是光束在标准具内的折射角。通常 F-P 标准具几乎放在正入射的位置，即 $\cos\theta\approx1$，则频率间隔为

$\Delta\nu_h \approx \dfrac{c}{2nh}$。选择合适的标准具厚度 h，以使 $\Delta\nu_h$ 足够大，即可获得单纵模输出。

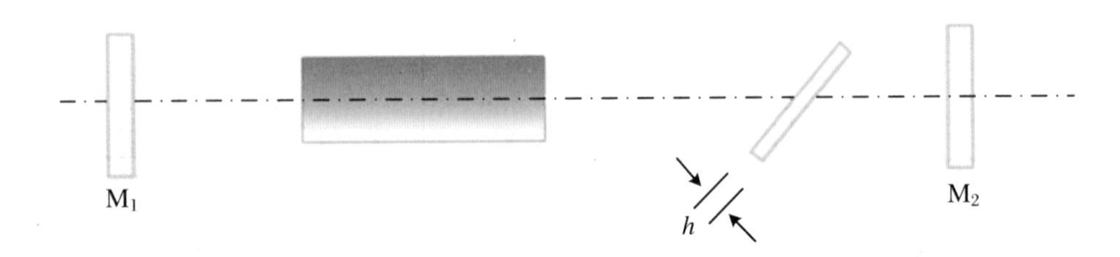

图 8.13　F-P 标准具选模

(3) 利用双折射晶片也可以选模，图 8.14(a)是它的示意图。在具有布氏窗 W 的谐振腔内插入一块半波片(布儒斯特窗片的作用是增大 S 偏振光的能量损耗，因为光在腔内来回多次经过布氏窗时，S 偏振光都反射出谐振腔外，而透射的 P 偏振光可在腔内振荡，进而输出 P 偏振的激光)，其光轴方向与入射光的 E 矢量方向成 45°角，如图 8.14(b)所示。从布氏窗出来的线偏振光经过此半波片后，转过 90°，成为水平方向的线偏振光；经反射再通过此半波片后，还原为垂直方向的线偏振光，从而无反射损失地顺利通过布氏窗。其他不满足半波片条件的纵模，会形成椭圆偏振光而在布氏窗处产生反射损失，不能形成振荡。能够在腔内振荡满足干涉极大的半波片条件就是 $2d(n_o - n_e) = j\lambda$，其中 d 是晶片的厚度。由此可得输出频率间隔为 $\Delta\nu_d = c/2d(n_o - n_e)$。同理，选择合适的半波片厚度 d，以使 $\Delta\nu_d$ 足够大，即可获得单纵模输出。

单频激光在精密光学测量、精密干涉计量、光全息等领域应用中是十分重要的。

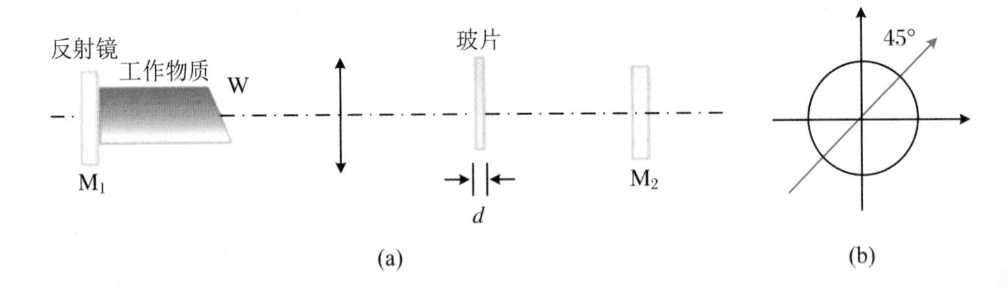

图 8.14　晶体双折射选模

由于光学谐振腔的“约束”“限制”，使得激光器中输出的激光光束具有很好的方向性和单色性。另一方面，输出光束光斑在横向空间也有一定强度分布状态，通常叫作空间模或横模(垂直于轴的模式)。激光器输出光束在观察屏上的投影光斑形状，就直观地显示了其横模的形式。图 8.15 所示为几种简单的横模光斑。通常用 TEM_{mn} 表示激光的横模模式，其中 TEM 表示横电磁波，m、n 分别表示光束横截面内沿角向、径向方向出现的暗区数目。其中 TEM_{00} 模是最低阶的横模，又叫基模。为了有好的光束质量，常希望获得单横

模激光输出。实现单横模可以采用平行平面腔或腔内加小孔以限制高阶模的产生。

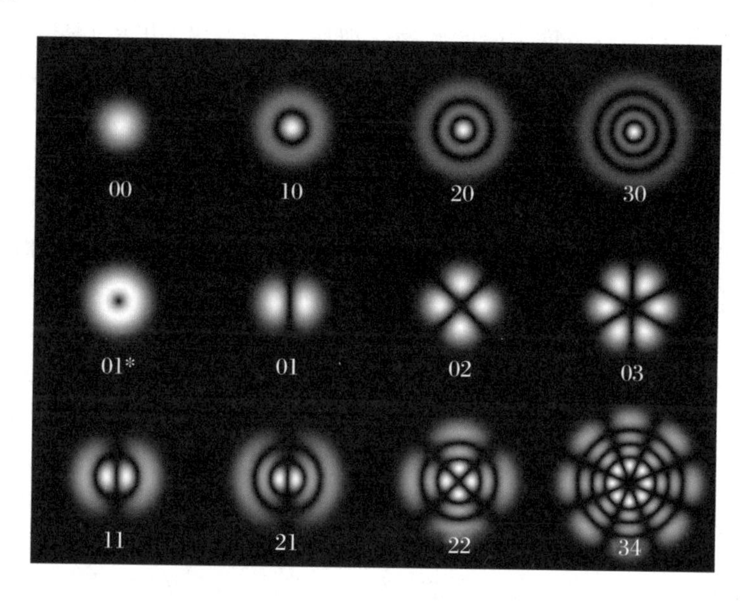

图 8.15 不同横模的激光光斑

综上,激光的发射原理及产生过程的腔结构特征决定了激光具有单色性好、相干性好、方向性好和亮度高的特点。

8.4 几种常用的激光器

自从1960年第一台激光器研究成功以来,激光家族迅猛增长,现在已经发展了种类极多的激光器以及相应的激光技术。激光的波长范围已经从与微波相接壤的远红外一直延伸到软X射线波段,并认为γ射线将是下一个目标;输出功率可以从小于微瓦(10^{-6} W)到太瓦(10^{12} W)以至拍瓦(10^{15} W)量级;作用时间可以从连续波输出到脉冲输出,脉冲的时间宽度可达飞秒(10^{-15} s)量级。

按工作介质的不同,激光器分为气体激光器、固体激光器、半导体激光器及自由电子激光器等不同类型。一般来说,气体激光的单色性及相干性比较优良,固体激光可以产生较大的功率,半导体激光的光束质量并不是上乘的,但它的尺寸可以很小。当前,激光器件正向短波长和大范围内可调、超短的脉宽、小型化等方向发展,已经渗透应用到各个领域中,并且新概念、新技术激光也正在蓬勃发展。

1. 气体激光器

气体激光器以气体或金属蒸气作为增益介质,是目前品种多、应用广泛的一类激光器。由于气体介质的光学均匀性远好于固体，谱线宽度远小于固体，因而气体激光器输出光束的方向性好、单色性好。同时，气体激光器结构简单、造价低、操作方便，并且能长时间较稳定地连续工作。但由于气体增益介质中激活粒子的密度远小于固体，需要较大体积的增益介质才能获得足够的输出功率，因此气体激光器的体积一般比较大。此外，气体激光器多采用气体放电的泵浦方式。在放电过程中，受电场加速而获得足够能量的电子与粒子碰撞时，将粒子激发到高能级，从而形成粒子数布居反转。

氦氖激光器是气体激光器中最早研制成功的，也是最常用的。此种激光器中，激光由氖的受激辐射产生，氦气作为辅助剂。放电过程中，大量氦原子被激发，而氦原子的激发态能级恰与氖原子的一些亚稳态能级的能量非常接近，如图 8.17(a)所示，所以受激的氦原子与基态的氖原子相碰撞时，很容易把它的能量交给氖原子而使氖原子激发到它的亚稳态，使这些亚稳态上的原子数大大增加，从而建立粒子数的反转。氦氖激光器产生的主要激光波长为 632.8 nm，其具有鲜红的色泽，输出功率一般为数毫瓦；其他的激光波长有红外的 3.39 μm 及 1.15 μm。图 8.17(b)是两种氦氖激光器的结构图，左边的一种称为外腔式，在放电管的两端各封有一块优质的平行平面玻璃片，其平面法线与谐振腔轴线所夹的角 φ 等于布儒斯特角，这种结构的激光器所输出光波的偏振态是平行入射面内的 P 偏振态，垂直于入射面的 S 偏振光因被损耗至腔外而不会形成激光振荡。图 8.17(b)中右边的结构称为内腔式，两块反射镜直接封在放电管的两端，这种结构的机械性能较好而无需调节，所以使用很方便，但其输出光的偏振态方向是不确定的。

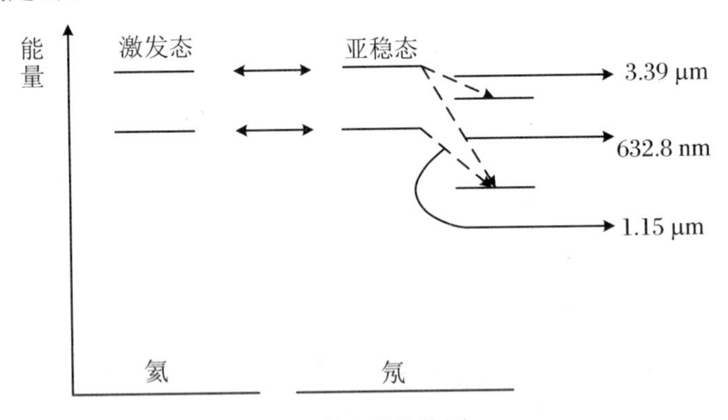

(a) 能级与激光谱线简图

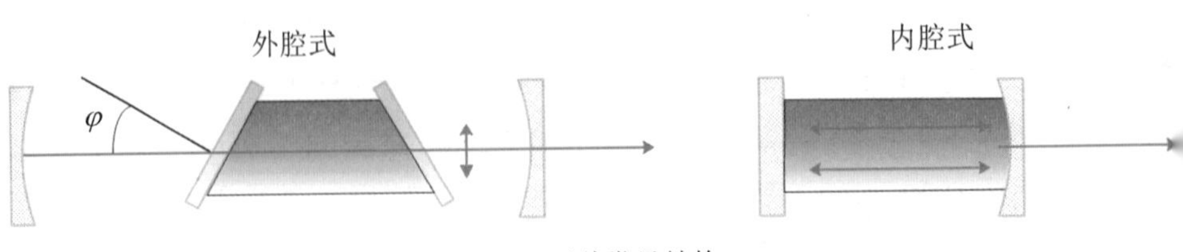

(b) 两种常见结构

图 8.16　氦氖激光器

常用的气体激光器还有 Ar 离子激光器，其由电弧放电泵浦，最大激光输出功率可达 20 W 以上，波长为 514.5 nm、488.0 nm 等。氩离子激光器具有极佳的单色性并且输出功率可以很大，所以是激光物理、激光光谱等研究中最常用的器件。二氧化碳气体激光器的输出波长在中红外区 10.6 μm 处，其输出功率可以从数十瓦到数千瓦，可以用于工业加工，例如焊接、切割金属材料等。其他如以金属 Cd 蒸气为介质的激光，其波长在紫光波段为 442 nm。氮分子激光器所发射的波长在紫外波段为 337 nm 左右。

在紫外波段，目前经常使用的是所谓准分子激光器。一般来说，惰性气体如 Ar、Kr、Xe 等不会与其他原子发生化学反应而形成化合物，但是当这些惰性气体的外层电子中的一个受到激励时，它也可能与其他活性强的原子如氟、氯等组成处在激发态而寿命很短(约 10^{-8} s)的分子，称为准分子。准分子的基态寿命更短，只有约 10^{-13} s，它们会立即重新离解为原子。由于准分子基态的寿命比它激发态的寿命更短，所以准分子系统总是满足粒子数反转的条件的。ArF 准分子激光的输出波长在 193 nm，ArCl 准分子的波长为 170 nm；XeF、XeCI 及 XeBr 的波长分别为 353 nm、308 nm 及 282 nm。

2. 固体激光器

与气体激光器相比，固体激光器具有功率高、能量大的优点，且体积小，使用方便。最早研制成功的固体激光器是红宝石晶体激光器，其化学成分是氧化铝(Al_2O_3)，因晶体中掺有 Cr 离子而呈现红色。红宝石激光器是一种典型的三能级粒子体系，其用高压氙灯作为泵浦源，用强光将 Cr 离子从基态 E_0 激发到 E_3 能级，E_3 能级的粒子寿命只有 10^{-8} s，因此被抽运到 E_3 能级的电子很快通过无辐射跃迁弛豫到 E_2 能级。而 E_2 能级是个亚稳态，其粒子寿命可以达到 10^{-3} s，这使得粒子可以在 E_2 能级上快速堆积，进而实现 E_2 和 E_1 能级的粒子布居数反转，为激光的产生提供了条件。

除红宝石激光器外，人们还开发了包括钕(Nd)玻璃激光器、掺钕钇铝石榴石(YAG:Nd)激光器以及钛宝石(Al_2O_3:Ti)激光器在内的多种固体激光器，前两者均发射波长为 1064 nm 的近红外激光，后者输出的波长在 660～1180 nm 范围内可调。

3. 半导体激光器

半导体激光器又称激光二极管，缩写为 LD(laser diode)，其增益介质为半导体材料，如砷化镓、铝镓砷、硫化镉、硫化锌、锑化铟等。目前较成熟的是以纯质及掺杂砷化镓为增益介质的半导体激光器。发射的激光包含从可见光到近红外区的多种波长。激励方式有光激励、电激励等。半导体激光器的特点是：耦合效率高，寿命长，可直接调制，波长和尺寸与光纤尺寸适配，体积小，重量轻，价格便宜，结构简单而坚固，因而特别适于光纤系统等应用。总之，半导体激光器在当前的研究中占有重要的地位，因为它的尺寸很小，可以与其他微电子器件兼容，是当今新技术发展中重要的光电子器件。

利用分子束外延（MBE）技术，可以制备只有 10 nm 厚的晶体薄层，若用在半导体激光器的结区制备中，可获得更大增益而其启动的阈值更低，但这样薄的材料的性质显然与块料不同，由于其厚度极薄，所以会显现出量子性，电子在其中的运动犹如被陷在阱内一样，因此将这种半导体器件称为量子阱激光器。量子阱激光器的阈值电流在 0.5 mA 左右，比一般半导体激光器（约需 20 mA）小得多，其频宽也比一般的窄，约为 10 MHz，其输出功率小于 100 mW。这种结构又称为单量子阱激光器。如果利用两种材料，例如 GaAs 和 AlGaAs 相互交替地用分子束外延或化学气相沉淀（CVD）方法制备成多层周期性结构（这种结构称为“超晶格”），使其能发射受激辐射，则称为多量子阱激光器。多量子阱激光器的增益更高，可获得更高功率输出。

4. 自由电子激光器

自由电子激光器是使从加速器中出射的高速运动电子进入到一个周期性交变的磁场中而被偏转并加速，进而获得受激辐射的发射，它的原理和工作特性与前述激光器有很大不同。这种激光的特点是可以改变电子束的能量和交变磁场的周期而在很大的范围内调节输出的激光波长，并且还可以有相当大的能量输出。目前在一些实验室中已经实现了不同波段中可以调节的自由电子激光，有的在真空紫外区（0.2 nm），有的在可见近红外区，有的在远红外到微波波段的区域。虽然自由电子激光器有功率大、效率高、波长连续可调等突出优点，但因装置复杂昂贵，难以广泛应用。

5. 纳米激光器

自激光发明以来，激光光源本身的发展从未停歇脚步，特别是随着新型光电子集成器件、集成光学芯片等的发展，激光光源尺寸的微型化始终是一个重要的研究方向。过去几十年中激光器的微型化已经取得了巨大的成就，发展出了包括垂直腔面发射激光、微盘激光、光子晶体激光和纳米线激光等微型化激光器。然而在这些传统的光学激光器中，增益介质是通过受激辐射放大光子，激光器尺寸受光学衍射极限限制，难以实现更小尺度。纳米激光器就是指具有纳米尺寸的激光器，其具有超小的尺寸、超低的阈值以及超宽的调制带宽等，被认为是集成光学芯片上的理想光源。表面等离激元受激放大辐射（surface plasmon amplification by stimulated emission of radiation，SPASER）的提出，促使了等离激元纳米激光器的产生，其具有更小的物理尺寸、更快的调制速度、更低的阈值与功耗，在未来量子计算机芯片、片上光电集成、生物探针与成像等

领域具有重要应用。纳米激光器的研发及其光电集成应用是近 20 年来国际学术界和科技产业界共同关注的焦点之一。然而目前纳米激光器的实现还仅限于实验室，还有许多基础物理问题和技术挑战亟待解决。

激光具有优良的单色性和相干性、极佳的方向性、极高的功率密度，在精密测厚、测角，全息等方面，在准直、测距、切削、武器等方面，在非线性光学、光谱学等方面……均具有极其重要和十分广泛的应用。

习　　题

第1章　光的几何描述及几何光学成像

1.1　光线以入射角 i 射到折射率为 n 的物体上，设反射光与折射光成直角，问入射角与折射率之间的关系如何。

1.2　把一片两侧表面相互平行的玻璃板放在装满水的玻璃杯上，从空气射入玻璃的光线能否在另一侧面发生全反射？从水射入玻璃的光线能否在另一侧面发生全反射？已知玻璃的折射率为1.50，水的折射率为1.33。

1.3　红光和紫光对同种玻璃的折射率分别是1.51和1.53，当这两种光线射到玻璃和空气的分界面上时，全反射的最小角度是多少？当白光以41°角入射到玻璃和空气的界面上时，将会有什么现象发生？

1.4　证明：当一条光线通过平板玻璃时，出射光线方向不变，只产生侧向平移。当入射角 i_1 很小时，位移 $\Delta x=\dfrac{n-1}{n}i_1 t$。其中，$n$ 为玻璃的折射率，t 为玻璃板的厚度。

1.5　如习题1.5图所示，一条光线通过一顶角为 α 的棱镜。

(1) 证明出射光线相对于入射光线的偏向角为 $\delta=i_1+i_1'-\alpha$。

(2) 证明在 $i_1=i'_1$时，有最小偏向角 δ_m，而且 $n=\dfrac{\sin\dfrac{\alpha+\delta_m}{2}}{\sin\dfrac{\alpha}{2}}$，式中 n 为棱镜材料的折射率。

(在已知 α 的情况下，通过测量 δ_m，利用上式可以算出棱镜材料的折射率。)

(3) 顶角 α 很小的棱镜称为光楔，证明以小角度入射的光线经光楔产生的偏向角为 $\delta=(n-1)\alpha$。

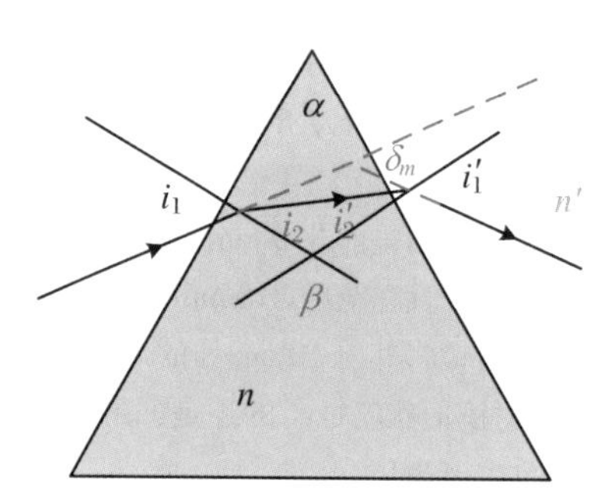

习题1.5图

1.6　顶角为50°的棱镜的 $\delta_m=35°$，如果浸入水中，最小偏向角等于多少？水的折射率为1.33。

1.7　如习题1.7图所示，一束光线以入射角 i_1 射入折射率为 n 的球形水滴。

(1) 此光线在水滴内另一侧球面的入射角为 α，这条光线是被全反射还是部分反射？

(2) 求偏向角 δ 的表示式。

(3) 求偏向角最小时的入射角 i。

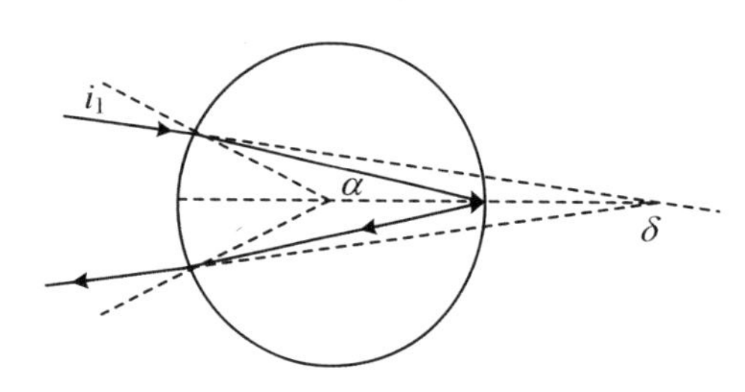

习题1.7图

1.8　一球面反射镜将平行光会聚在 $x_0=20$ cm处，将水(折射率约为4/3)注满球面，光通过一张白纸片上的针孔射向反射镜，如习题1.8图所示，问距离 x 为多大时在纸片上能有清晰的成像。

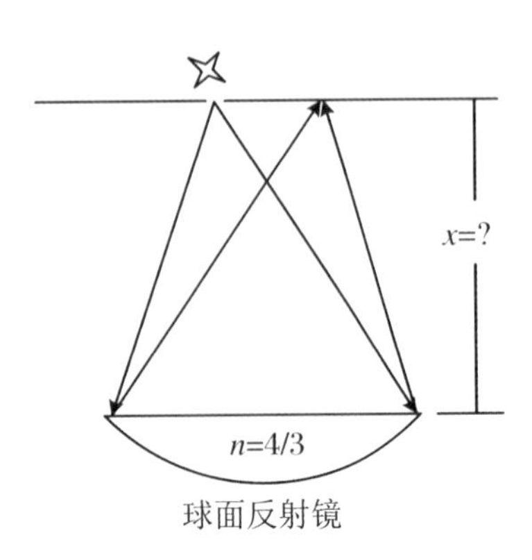

习题 1.8 图

1.9 一玻璃球半径为 R，折射率为 n，若以平行光入射，问当玻璃的折射率为何值时会聚点恰好落在球的后表面上。

1.10 一个实物放在曲率半径为 R 的凹面镜前的什么地方，才能使横向放大率为能成：(1) 4 倍的实像；(2) 4 倍的虚像。

1.11 一平面物在凹球面镜前 310 mm 时成实像于镜前 190 mm 处。若物为虚物且在镜后 310 mm 处，问像在何处。

1.12 欲用球面反射镜将其前 10 cm 处的灯丝成像于 3 m 处的墙上，该反射镜形状应是凸的还是凹的？半径应有多大？这时像可放大多少倍？

1.13 如习题 1.13 图所示，一平行平面玻璃板的折射率为 n，厚度为 h，点光源 Q 发出的傍轴光束经上表面反射，成像于 Q_1'；穿过上表面后在下表面反射，再从上表面折射的光束成像于 Q_2'。证明 Q_1' 与 Q_2' 间的距离为 $2h/n$。

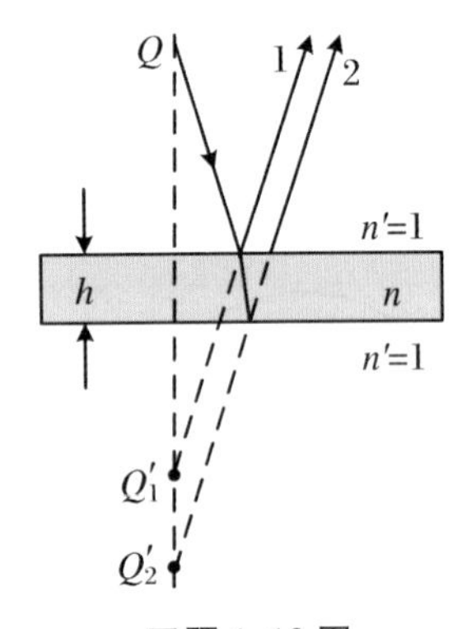

习题 1.13 图

1.14 已知一玻璃棒长 $d=60$ mm，折射率 $n=1.5$。现将其两端均磨成曲率半径为 10 mm 的凸球面，问此棒的光学性质如何。

1.15 一薄透镜折射率为 1.50，光焦度为 5.00 D，将它浸入某液体，光焦度变为 1.00 D，求此液体的折射率。

1.16 已知一个凹透镜的两球面的光焦度分别为 5 m^{-1} 和 -10 m^{-1}，透镜的直径为 30 mm，中心厚 2 mm，则用以制造该透镜的平板玻璃（折射率为 1.5）至少应用多厚？该透镜的边缘有多厚？

1.17 半径为 R 的透明球体的半面镀一反射膜，问此球的折射率为何值时，从空气中入射的光经此球反射后仍沿原方向返回。

1.18 一折射率为 1.50、厚度为 20 mm 的平凸透镜放在纸面上，球面的曲率半径为 80 mm，分别求当球面向下和平面向下时，纸上与透镜接触处的文字的成像位置。

1.19 一凸球面镜浸没在折射率为 1.33 的水中，高为 1 cm 的物体在凸面镜前 40 cm 处，像在镜后 8 cm 处，求像的大小、正倒、虚实以及凸面镜的曲率半径和光焦度。

1.20 实物放在凹面镜前什么位置能成倒立的放大像？为什么？此像是实像还是虚像？

1.21 如习题 1.22 图所示，一玻璃半球的曲率半径为 R，折射率为 1.5，其平面的一侧镀银，有一物高为 h，放在曲面顶点前 $2R$ 处，求：(1) 由曲面所成的第一个像的位置；(2) 该光具组最后所成像的位置。

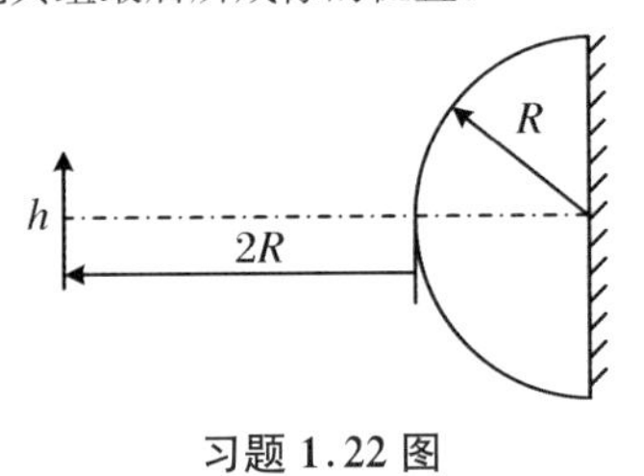

习题 1.22 图

1.22 一架显微镜，物镜焦距为 4 mm，中间像成在物镜第二焦点后面 160 mm 处。如果目镜是 20× 的，问显微镜的视角放大率是多少。

1.23 一架显微镜的物镜和目镜相距 20.0 cm，物镜焦距为 7.0 mm，目镜焦距为 5.0 mm，把物镜和目镜都看成是薄透镜，求：(1) 被观测物到物镜的距离；(2) 物镜的横向放大率；(3) 显微镜的视角放大率。

1.24 拟制作一个 3× 的望远镜，现已有一个焦距为 50 cm 的物镜，问：在(1) 开普勒型；(2) 伽利略型望远镜中目镜的光焦度和物镜到目镜的距离各为多少？

1.25 倒置望远镜可用于激光扩束，设一望远镜物镜焦距为 30 cm，目镜焦距为 15 cm，它能使激光光束的直径扩大几倍？

第 2 章　光的电磁波描述及叠加

2.1 一列波长为 λ、振幅为 A 的平面光，在直角坐标系中其波矢与三个坐标轴间的夹角分别为 α、β 和 γ，已知 $\alpha=30°$，$\beta=75°$，原点处相位为 0。

(1) 写出这列波的表达式(波函数)$U(x,y,z)$。

(2) 写出这列波在 $z=0$ 平面上的表达式(波前函数)$U(x,y,z)$。

(3) 若方向角 β 分别改为 $\beta=90°$ 和 $\beta=120°$，分别求其波前函数 $U_1(x,y,z)$、$U_2(x,y,z)$。

2.2 钠黄光(D 双线)包含的波长为 $\lambda_1=589$ nm，$\lambda_2=589.6$ nm。设 $t=0$ 时两波列的波峰在 O 点重合。问：

(1) 自 O 点算起，沿传播方向多远的地方两波列的波峰还会重合?

(2) 经过多长时间以后，在 O 点又会出现两列波的波峰重合的现象?

2.3 一平面波的波函数为 $E(P,t)=A\cos[5t-(2x-3y+4z)]$，式中，$x$、$y$、$z$ 的单位为 m，t 的单位为 s。试求：(1) 时间频率；(2) 波长；(3) 波矢的大小和方向；(4) 在 $z=0$ 和 $z=1$ 波前上的相位分布。

2.4 如习题 2.4 图所示，一平面简谐波沿 x 方向传播，波长为 λ，设 $r=0$ 的点的相位为 $\varphi_0=0$。

(1) 写出沿 x 轴波的相位分布 $\varphi(x)$。

(2) 写出沿 y 轴波的相位分布 $\varphi(y)$。

(3) 写出沿 r 方向波的相位分布 $\varphi(r)$。

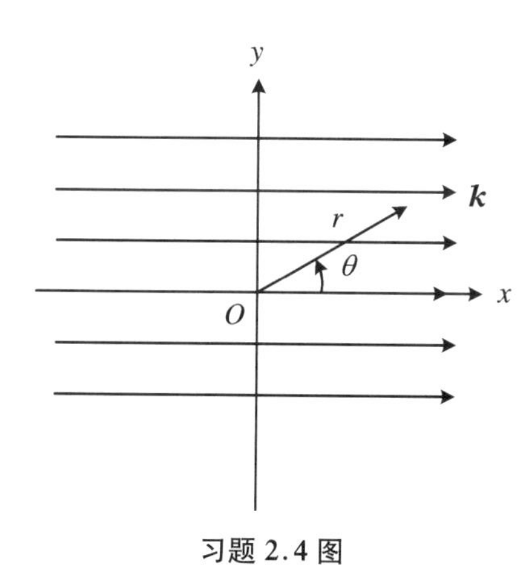

习题 2.4 图

2.5 如习题 2.5 图所示，一平面简谐波沿 $\boldsymbol{k}$ 方向传播，波长为 λ，设 $r=0$ 的点的相位为 φ_0。

(1) 写出沿 r 方向波的相位分布 $\varphi(r)$。

(2) 写出沿 x 轴波的相位分布 $\varphi(x)$。

(3) 写出沿 y 轴波的相位分布 $\varphi(y)$。

2.6 一平面波的复振幅为 $E(P)=A\exp\left[-\mathrm{i}\dfrac{k}{5}(3x-4z)\right]$，试求波的传播方向，并写出波在 Oxy 平面上的相位分布。

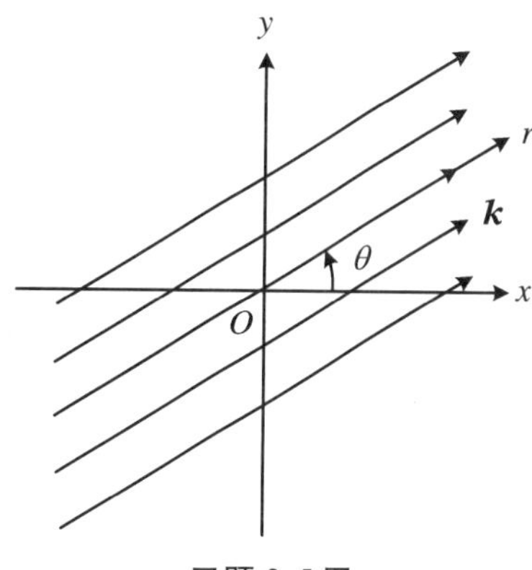

习题 2.5 图

2.7 一列单色波在折射率为 n 的介质中由 A 点传播到 B 点，其相位改变了 2π，则光程改变了多少? 从 A 到 B 的距离是多少?

2.8 一个顶角 α 很小的三棱镜(即所谓"光楔")，折射率为 n，可以使平面光发生折射，计算表明，若光从一侧正入射，从另一侧出射的光波方向偏转 $\delta=(n-1)\alpha$，如习题 2.8 图所示。求在光楔右侧距离入射的一侧波前 Σ_0 为 s 处平面 Σ_1 上的波前函数。

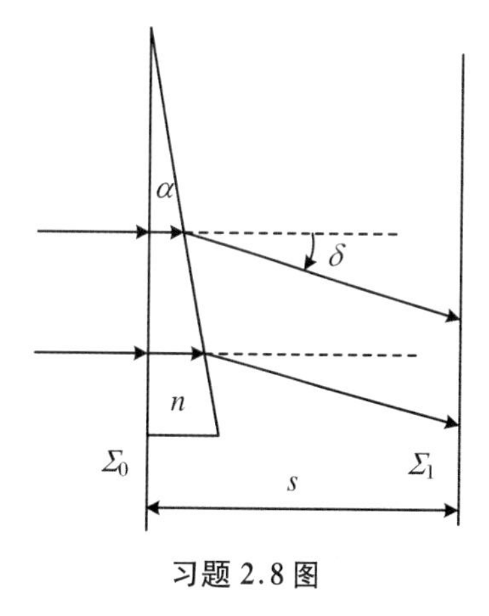

习题 2.8 图

2.9 计算表明，当单色点光源 S 距离光楔(顶角为 α，折射率为 n)为 l 时，从另一侧看到光源 S' 位于 S 的正上方 $h=(n-1)\alpha l$ 处，如题 2.9 图所示。据此求出在光楔右侧距离 s 处平面 Σ 上的波前函数。设图中 O 点处的相位为 φ_0。

2.10 将一单色点光源置于凸透镜物方(左侧)2 倍焦距处，如习题 2.10 图所示。计算该点发出的光波经透镜后，在像方(右侧)的会聚点前、后 1 倍焦距处平面 Σ_1 和 Σ_2 上的波前函数(认为透镜的孔径很小，光波满足傍轴条件；可设会聚点处的初相位为 0)。

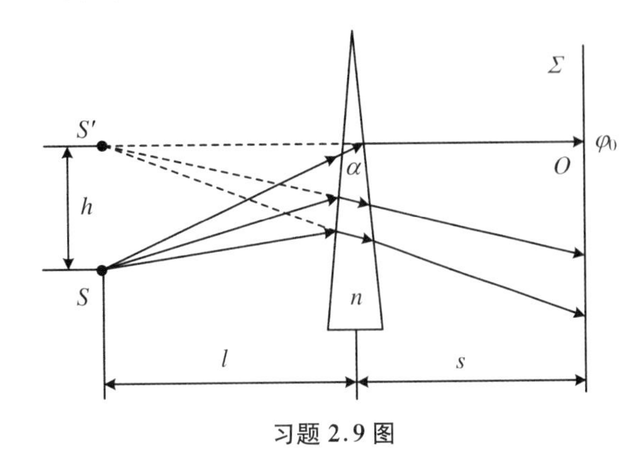

习题 2.9 图

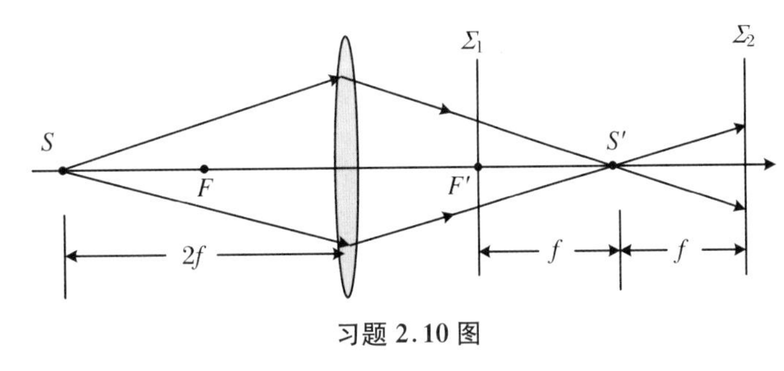

习题 2.10 图

2.11 在波前 Oxy 平面上，分别出现了以下的波前函数的相位：

(1) $\tilde{U}_1 \propto \exp\left(\mathrm{i}5k\,\dfrac{x^2+y^2}{D}\right)$;

(2) $\tilde{U}_2 \propto \exp\left(\mathrm{i}k\,\dfrac{x^2+y^2}{2D}\right)$;

(3) $\tilde{U}_3 \propto \exp\left(\mathrm{i}4k\,\dfrac{x^2+y^2}{2D}\right)\cdot\exp\left(-\mathrm{i}4k\,\dfrac{5x+8y}{2D}\right)$。

其中，k 为波数，$D>0$。

请根据这些波前函数判断波场的类型和特征。

2.12 (1) 从太阳上的一点发出的球面光波到达地球，试估算在地面上一个多大的范围内，可以将太阳光视作为平面波处理。已知太阳距地球 1.8×10^8 km，其所发出的可见光为中心波长 550 nm 的光波。

(2) 月亮上一点发出的球面波到达地球，试估算在地面上一个多大的范围内，可以将月光视作为平面波处理。已知月亮距地球 3.8×10^5 km，其所发出的可见光为中心波长 550 nm 的光波。

2.13 一射电源距地面高度约 300 km，向地面发射波长 20 cm 的微波，接收器的孔径为 2 m，这种情况下是否满足远场条件？

2.14 一束自然光和平面偏振光的混合光，通过一个可旋转的理想偏振片后，光强随着偏振片的取向可以有 5 倍的改变。求混合光中两种成分光强的比例。

2.15 两偏振片的透振方向成 30°夹角时，自然光的透过光强为 I_1，若其他条件不变而使上述夹角变为 45°，仍以自然光入射，透射光强变为多少？

2.16 (1) 欲使一平面偏振光的振动面旋转 90°，只用两块理想的偏振片，怎样做到这一点？

(2) 如果用两块理想偏振片使平面偏振光的振动面旋转了 90°，则最大的光强为原来的多少倍？

2.17 一对偏振器和检偏器的取向使透射光强为最大，当检偏器转过 30°、45°、60°时，透射光强各减小至最大光强的多少？

2.18 在两个正交偏振片之间插入第三个偏振片，以自然光入射。

(1) 求透射光强变为入射光强的 1/8 时，第三偏振片的方位角。

(2) 如何放置才能使最后的透射光强为零？

(3) 是否可以使透射光强变为入射的自然光强的 1/2？

2.19 一束自然光入射到折射率为 1.72 的火石玻璃上，若发现反射光是平面偏振光，试求光在该火石玻璃中的折射角。

2.20 有一空气-玻璃分界面，已知光从空气一侧射入玻璃时，其布儒斯特角为 57°，计算这种光从玻璃一侧射入空气时的布儒斯特角。

第 3 章 光的干涉

3.1 如习题 3.1 图所示，两列波长 500 nm 的单色波传过 100 cm 的距离，由 A 到达 B 处，其中一列波穿过盛水的玻璃杯，玻璃杯壁厚 0.5 cm，内壁间距 10 cm，设两列波在 A 处同相位，求在 B 处的相位差。已知玻璃和水的折射率分别为 1.52 和 1.33。

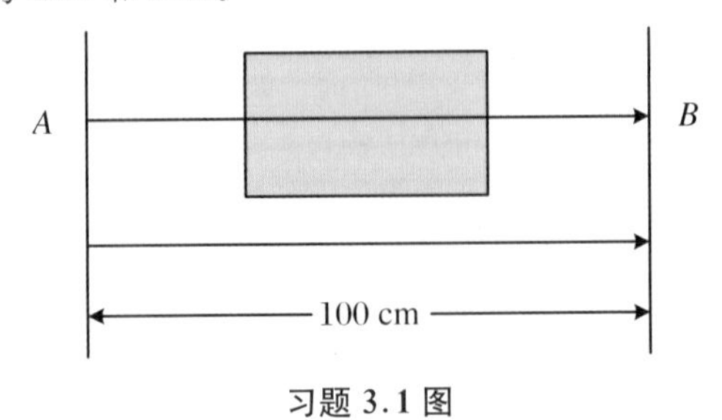

习题 3.1 图

3.2 求两列波 $E_1=A\cos(kz-\omega t)$，$E_2=A\cos(-kz-\omega t)$ 的合振动。

3.3 在双缝干涉的情况下，用 θ 表示接收屏上一点对双缝中心的张角，如习题 3.3 图所示。证明：

(1) 屏幕上的光强为 $I(\theta)=4A_0^2\cos^2\left(\frac{\pi d}{\lambda}\sin\theta\right)=I_0\cos^2\left(\frac{\pi d}{\lambda}\sin\theta\right)$。

(2) 第一极小出现在 $\theta=\frac{\lambda}{2d}$ 处。

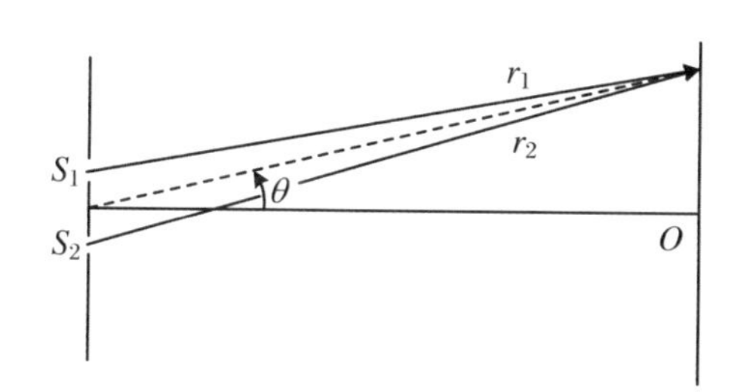

习题 3.3 图

3.4 如习题 3.4 图所示的杨氏实验装置中，若单色光源的波长 $\lambda=500.0\ \text{nm}$，$d=S_1S_2=0.33\ \text{cm}$，$r_0=3\ \text{m}$。

(1) 试求条纹间隔。

(2) 若在 S_2 后面置一厚度 $h=0.01\ \text{mm}$ 的平行平面玻璃片，试确定条纹移动方向和计算位移的公式；假设一直条纹的位移为 4.73 mm，试计算玻璃的折射率。

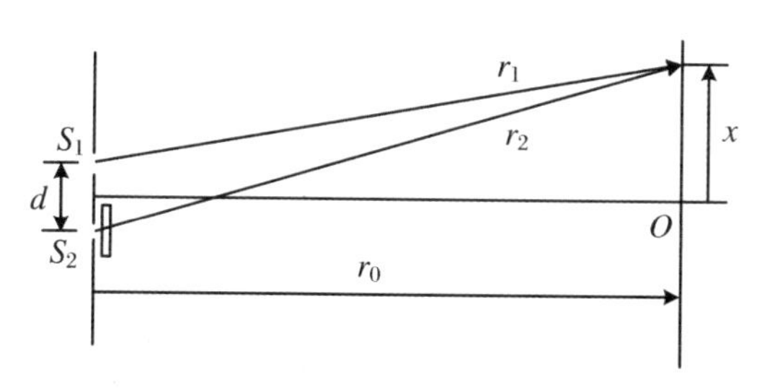

习题 3.4 图

3.5 用很薄的云母片（$n=1.58$）覆盖在双缝装置中的一条缝上，这时接收屏上的中心为原来的第七级亮纹所占据。若 $\lambda=550.0\ \text{nm}$，则云母片有多厚？

3.6 考虑如习题 3.6 图所示的三缝干涉，假设三狭缝的宽度 a 相同 $\left(a\leqslant\frac{\lambda}{2}\right)$。

(1) 第一主极大的 θ 角是多少？（即 θ 角为多大时从三狭缝出来的子波同相位）

(2) 把(1)的结果写为 θ_1，在零级主极大（$\theta=0$）方向的能流写为 F_0，则在 $\theta_1/2$ 方向上的能流是多少？（以 F_0 为单位，设 $\lambda\ll d$）

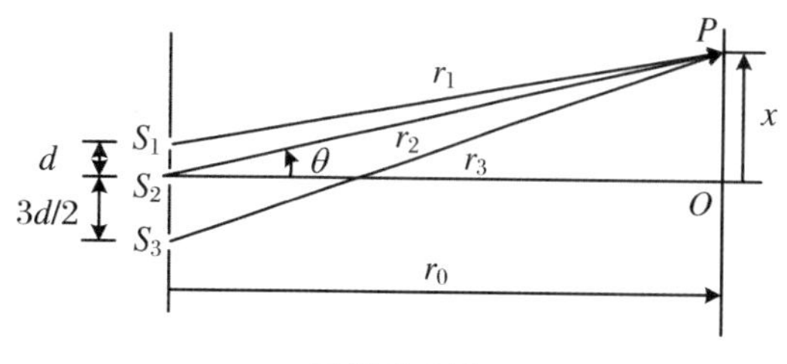

习题 3.6 图

3.7 在杨氏双缝实验中，除了原有的光源缝 S 之外，在 S 的正上方再开一狭缝 S'，如习题 3.7 图所示。

(1) 若 $S'S_2-S'S_1=\frac{\lambda}{2}$，求单独打开 S 或 S' 时屏上的光强分布。

(2) 若 $S'S_2-S'S_1=\frac{\lambda}{2}$，$S$ 和 S' 同时打开时，屏上的光强分布如何？

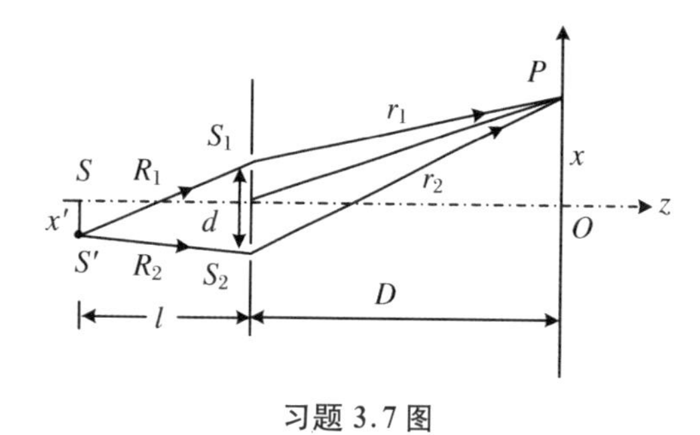

习题 3.7 图

3.8 如习题 3.8 图所示为一种利用干涉现象测定气体折射率的原理性装置，在 S_1 后面放置一长度为 l 的透明容器，将待测气体注入容器而将空气排出的过程中幕上的干涉条纹会移动，由移过条纹的根数即可推知气体的折射率。

(1) 设待测气体的折射率大于空气的折射率，则干涉条纹会如何移动？

(2) 设 $L=2.0\ \text{cm}$，条纹移过 20 根，光波长 589.3 nm，空气折射率为 1.000276，求待测气体（氯气）的折射率。

3.9 设菲涅耳双面镜的夹角 $\varepsilon=10^{-3}\ \text{rad}$，有一单色狭缝光源 S 与两镜相交处 C 的距离 r 为 0.5 m，单色波的波长 $\lambda=500.0\ \text{nm}$，在距两镜相交处距离 $L=1.5\ \text{m}$ 处的屏幕 Σ 上出现明暗干涉条纹。

(1) 求屏幕 Σ 上两相邻明条纹之间的距离。

(2) 在屏幕 Σ 上最多可以看到多少明条纹？

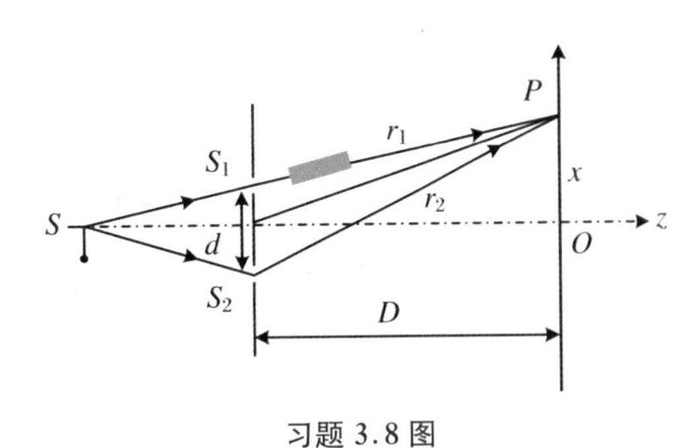

习题 3.8 图

3.10 将一焦距 f 为 50 cm 的会聚透镜的中央部分截去 6 mm，把余下的上、下两部分再黏合在一起，成为一块梅斯林对切透镜 L。在透镜 L 的对称轴上，左边 300 cm 处有一波长 $\lambda=500.0$ nm 的单色点光源 S，右边 450 cm 处置一光屏 D。

(1) 分析 S 发出的光经过透镜 L 后的成像情况，如所成之像不止一个，计算各像之间的距离。

(2) 在光屏 D 上能否观察到干涉条纹？

3.11 波长 λ 为 0.5 μm 的平行单色光垂直入射到双缝平面上，已知双缝间距 d 为 0.5 mm，在双缝另一侧 5 cm 远处，放置一枚像方焦距 f 为 10 cm 的理想透镜 L，在 L 右侧 12 cm 远处放置一屏幕，问：屏幕上有无干涉条纹？若有，则条纹间距是多少？

3.12 一束波长为 500 nm 的平行光正入射到菲涅耳双棱镜上，已知棱镜顶角为 3.5′，折射率为 1.5，距棱镜 4.0 m 处有一接收屏。

(1) 求屏上干涉条纹间距。

(2) 求屏上出现的亮条纹数。

3.13 一劳埃德镜镜面宽度为 4.0 cm，一缝光源在其左侧，离镜边缘 2.0 cm，比镜面高出 0.5 mm，接收屏幕在镜右侧，距其边缘 300 cm，入射光波长 589 nm。

(1) 求幕上的条纹间距以及出现的条纹数。

(2) 若缝光源上下平移而改变其到镜面的高度，屏上条纹将如何变化？

3.14 如习题 3.14 图所示为一观察干涉条纹的实验装置，R_1 为透镜 L_1 下表面的曲率半径，$R_2=200$ cm 为透镜 L_2 上表面的曲率半径，今用一束波长 $\lambda=589.3$ nm 的单色平行钠光垂直照射，由反射光测得第 20 级暗条纹半径 r 为 4.5 cm。

(1) 分析干涉图样的形状和特性。

(2) 透镜下表面的曲率半径 R_1 是多少？

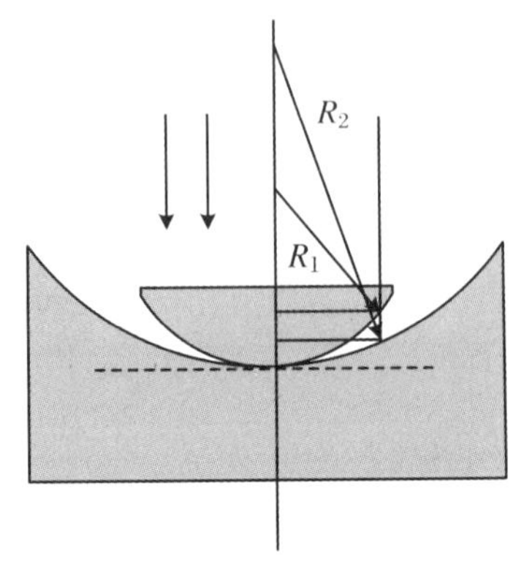

习题 3.14 图

3.15 如习题 3.15 图所示，在一洁净的玻璃片的上表面上放一滴油，当油滴展开成油膜时，在波长 $\lambda=600.0$ nm 的单色光垂直照射下，从反射光中观察到油膜所形成的干涉条纹。如果油膜的折射率 $n=1.20$，玻璃的折射率 $n'=1.50$，实验中，由读数显微镜向下观察油膜所形成的干涉条纹。

(1) 当油膜中心的最高点与玻璃片的上表面相距 $h=1.20$ μm 时，描述所观察到的条纹的形状，即可以观察到几条亮条纹？亮条纹所在处油膜的厚度是多少？中心点的明暗程度又如何？

(2) 当油膜逐渐扩展时，所看到的条纹将如何变化？

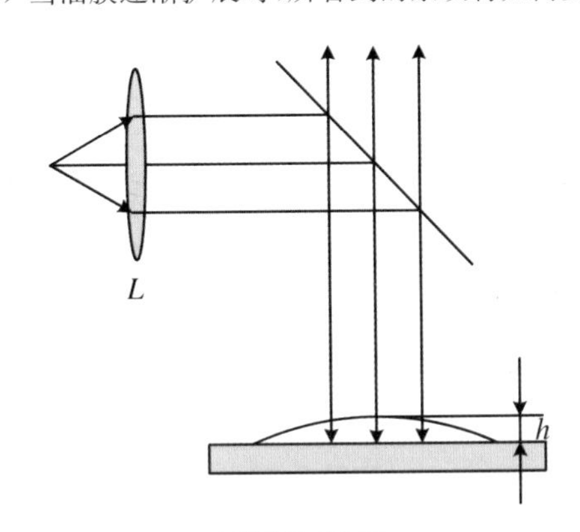

习题 3.15 图

3.16 将光滑的平板玻璃覆盖在柱形平凹透镜上，如习题 3.16 图所示。

(1) 用单色光垂直照射时，画出反射光中干涉条纹分布的大致情况。

(2) 若圆柱面的半径为 R，且中央为暗纹，从中央数起第 2 条暗纹与中央暗纹的距离是多少？

(3) 连续改变入射光的波长，在 $\lambda=500.0$ nm 和 $\lambda=600.0$ nm 时，中央均为暗纹，求柱面镜的最大深度。

(4) 若轻压上玻璃片，条纹将如何变化？

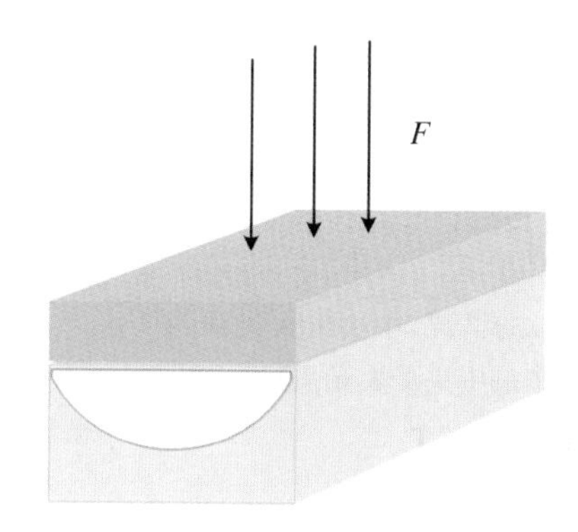

习题 3.16 图

3.17 如习题 3.17 图所示，在一厚玻璃中有一气泡，形状类似球面透镜，用单色光从玻璃的左侧垂直入射。

(1) 描述在右侧看到的干涉条纹的特点，即形状、间距、级数和边界处的条纹。

(2) 若均匀用力挤压玻璃的左、右两侧，条纹有何变化？

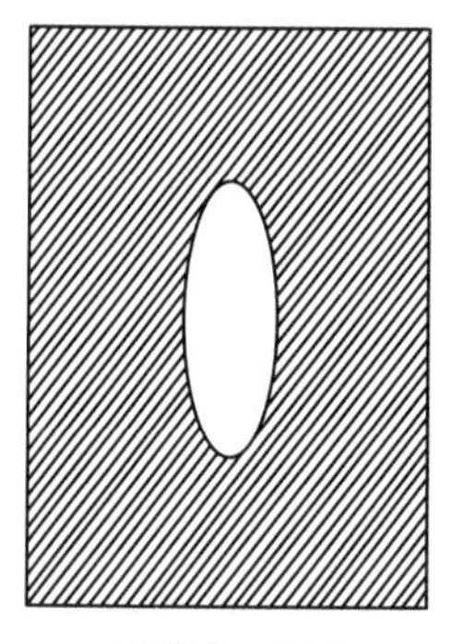

习题 3.17 图

3.18 用迈克耳孙干涉仪精密测长，以 He-Ne 激光器的 632.8 nm 谱线作为光源，其谱线宽度为 0.0001 nm，对干涉强度信号测量的灵敏度可达 1/8 个条纹。

(1) 这台干涉仪的测长精度是多少？

(2) 该测长仪一次测长的量程是多少？

3.19 镉灯为准单色光源，其谱线的中心波长为 642.8 nm，谱线宽度为 0.001 nm。

(1) 求其光场的相干长度和相干时间。

(2) 求该红色谱线的频宽。

(3) 用此灯作为迈克耳孙干涉仪的光源，用镜面移动来观测干涉场输出的光信号曲线，设镜面移动速度为 0.5 mm/s，试估算需要多长时间才可以获得显示有两个波包形状的信号曲线。

3.20 有两条光谱线，中心为 600 nm，波长差 10^{-4} nm。现在要用法布里-珀罗干涉仪将它们分辨开，则法布里-珀罗干涉仪的镜面间距至少要多长？设每一个镜面的反射率为 95%。

3.21 设法布里-珀罗腔长 5.000 cm，用扩展光源做实验，光波波长 $\lambda = 600.0$ nm。

(1) 中心干涉级数是多少？

(2) 在倾角 1°附近，干涉环的半角宽度是多少？（设光强反射率 $R = 0.98$）

(3) 如果用该法布里-珀罗腔分辨谱线，其色分辨本领有多大？可分辨的最小波长间隔是多少？

(4) 如果用其对白光进行选频，透射最强的谱线有几条？每条的谱线宽度是多少？

(5) 由于热胀冷缩所引起的腔长的改变量为 10^{-5}（相对值），则谱线的漂移量是多少？

3.22 在杨氏双缝实验中，双缝间距为 0.5 mm，接收屏距双缝 1.000 m，点光源距双缝 30 cm 发射波长 $\lambda = 500.0$ nm 的单色光。

(1) 求屏上干涉条纹间距。

(2) 若点光源由轴上向下平移 2 mm，屏上干涉条纹将向什么方向移动？移动多少距离？

(3) 如点光源发出的光波为 (500.0 ± 2.5) nm 范围内的准单色光，求屏上能看到的干涉极大的最高级次。

(4) 若光源具有一定的宽度，屏上干涉条纹消失时，它的临界宽度是多少？

第 4 章 光的衍射

4.1 试证明：若圆盘遮住了 k 个半波带，则在圆盘阴影中心点 P 的光强为 $a_{k+1}^2/4$（a_{k+1} 表示第 $k+1$ 个波带的振幅）。

4.2 在菲涅耳圆孔衍射装置中，若圆孔大小、点光源位置均为固定而观察屏逐渐远离圆孔，试画出中心点 P 的光强变化情况，并说明之。

4.3 波长为 λ 的单色平行光垂直照射在一个开有圆环孔的屏上，圆环的内半径为 r，外半径为 R，中心为 O 点，观察点 P 位于屏后的法线 OF 上，当 P 点逐渐远离 O 点时，P 点的光强有明暗交替变化，但达到最后的暗点为 P_0 后不再出现暗点。问：

(1) P 点在 P_0 点前时的光强如何变化？

(2) P 点在 P_0 点后时，在何处其光强为最大？可达到没有圆环屏时的多少倍？

(3) P 点在 P_0 点后为什么不再出现暗点?

4.4 某人欲制造一个对应于 $\lambda=5\ \mu m$,焦距为 10 m 的振幅型波带片,要求焦点处的光强为不放波带片时的 1000 倍。

(1) 如何设计这一波带片?

(2) 此片能否用在波长为 2.5 μm 的光束上? 焦距和光强情况是否改变?

(3) 若用 $n=2.0$ 的介质材料制造上述要求的相位型波带片,应如何设计?

(4) 这一相位型的波带片是否能用于波长为 2.5 μm 的光束中?

4.5 由紫光($\lambda_1=400$ m)、绿光($\lambda_2=500$ mm)和红光($\lambda_3=750$ nm)三种波长组成的平行光束垂直入射到一光栅上,光栅常数为 0.005 mm,用 $f=1$ m 的透镜使光栅中出射的光谱会聚在焦平面上,则第二级的红线、第三级的绿线和第四级的紫线之间的距离为多少?

4.6 在菲涅耳圆盘衍射的实验中,若以一枚图钉作为圆盘($\rho_0=1$ cm),并令 $R=r_0$,取 $\lambda=0.5\ \mu m$,要求圆盘正好挡住一个波带,则光源与屏的距离应为多少?

4.7 波长为 750 mm 的光波通过一个宽度为 10^{-3} mm 的狭缝,则中央极大的衍射峰张角为多少度? 20 cm 远处的屏幕上的衍射光斑宽度为多少?

4.8 有一个刻槽为 10000 线/mm 的光栅,波长为 400 mm 和 700 mm 的光波经过此光栅后的第一和第二衍射级的角度各为多少?

4.9 有一个单缝衍射装置,波长为 550 nm 的光束在 1.50 m 处的屏幕上产生中心衍射的极大光斑宽度为 3.0 cm,当用波长为 400 nm 的光束照射时,其极大光斑的宽度为多少?

4.10 在双缝衍射中如何用惠更斯-菲涅耳原理定性解释在衍射主极大中出现光强为零的情况?

4.11 作 $d=4b$,$N=5$ 的光栅的光强分布图,并求出在衍射主极大中各个(干涉)主极大的归一化强度。

4.12 导出不等宽双狭缝的夫琅禾费衍射强度分布公式,设缝宽为 a 和 $2a$,缝距 $d=3a$。

4.13 有 $2N$ 条平行狭缝,缝宽均为 a,间距依次为 $2a,3a,\cdots$。求下列各种情形的衍射强度分布:(1) 遮住偶数条;(2) 遮住奇数条;(3) 全开放。

4.14 有一三狭缝衍射屏,缝宽均为 a,彼此间距为 d,中间缝盖有可以引起 180°相位改变的滤光片,波长为 λ 的单色光正入射。计算下列各种情况下的角度:(1) 第一衍射极小;(2) 第一干涉极小;(3) 第一干涉极大。

4.15 如习题 4.15 图(a)所示,有一四缝衍射屏,缝宽为 a,缝间不透光部分宽度为 b,且 $a=b$。缝 1 一直打开,其他缝可以关闭,单色平行光正入射。

(1) 打开缝________可得到习题 4.15 图(b)所示的强度分布。

(2) 画出四个缝全打开时的强度分布。

(3) 若缝 1、3 打开,d 不变,而 a 减小至 $a\ll b$,画出强度分布曲线。

(4) 按(2)的情况,中央最大光强为 $I=$________ I_0(I_0 为图(b)中的中央最大光强)。

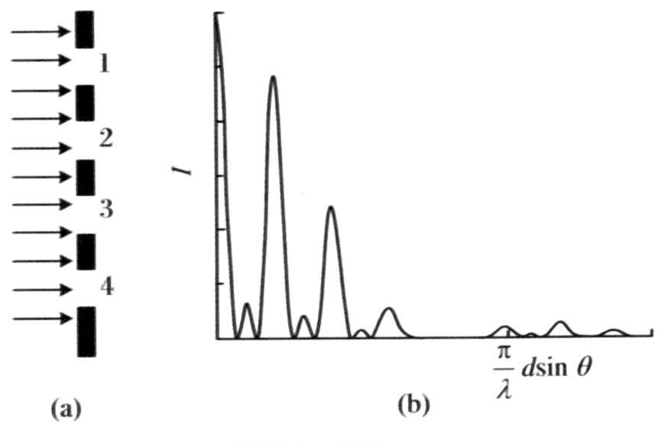

习题 4.15 图

4.16 为了能分辨第二级钠光谱的双线(波长分别为 589.0 nm 和 589.6 nm),宽度为 10 cm 的平面光栅的常数应为多少?

4.17 一光栅的光栅常数为 4 μm,总宽度为 10 cm,波长为 500.0 nm 和 500.01 nm 的平面波正入射,光栅工作在二级光谱,问:该双线分开多大角度? 能否分辨?

4.18 某光源发射波长为 650 nm 的红光,用刻线数为 10^5 的光栅测量发现这是双线,在该光栅的第三级光谱中刚好能分辨此双线,求这两条谱线的波长差。

4.19 一光栅宽 5.00 cm,每毫米有 400 条刻线。波长为 500.0 nm 的平行光正入射时,光栅的第 4 级衍射光谱在单缝衍射的第一极小值位置。

(1) 求每缝的宽度。

(2) 求第二级衍射谱的半角宽度。

(3) 求第二级可分辨的最小波长差。

(4) 如果入射光的入射方向与光栅平面的法线成 30°角,光栅能分辨的最小波长差又是多少?

4.20 绿光波长为 500.0 nm,正入射在光栅常数为 2.5×10^{-3} mm、宽度为 30 mm 的光栅上,聚光镜的焦距为 500 mm。

(1) 求第一级光谱的线色散率。

(2) 求第一级光谱中能分辨的最小波长差。

(3) 该光栅最多能看到第几级光谱？

4.21 国产 31WI 型 1 m 平面光栅摄谱仪的技术数据如下：物镜焦距 1050 mm，光栅刻划面积 60 mm×40 mm，闪耀波长 635.0 nm(1 级)，刻线 1200 条/mm，色散(线色散率的倒数)0.8 nm/mm，理论分辨率 72000(1 级)。

(1) 求该摄谱仪能分辨的最小波长间隔。

(2) 该摄谱仪的角色散本领是多少？

(3) 光栅的闪耀角是多大？闪耀方向与光栅平面的法线方向成多大的角度？(入射光垂直于光栅面)

第5章　光的双折射

5.1 如习题 5.1 图所示，两块相同的冰洲石晶体 A、B 前后排列，强度为 I 的自然光垂直于 A 的表面入射之后依次通过 A、B。A、B 的主截面之间夹角为 a。求 $a=0°,45°,90°,180°$时由 B 射出的光束的数目和每束光的强度。

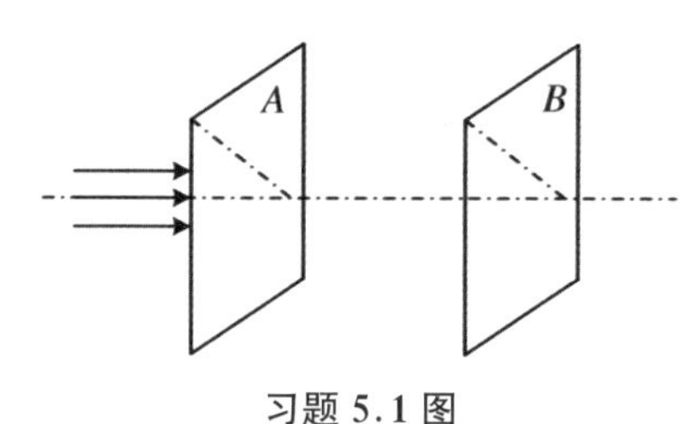

习题 5.1 图

5.2 如习题 5.2 图所示，一棱镜由玻璃直角三棱镜(折射率为 n)和一个负晶体直角三棱镜(光轴垂直于图面)组成。自然光从玻璃一侧垂直入射，讨论以下几种情况下双折射光束的传播方向：(1) $n=n_o$；(2) $n=n_e$；(3) $n>n_o$；(4) $n_o>n>n_e$。

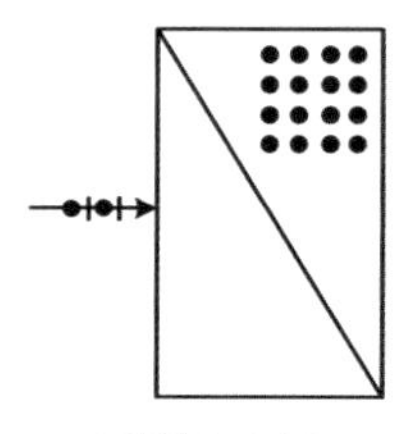

习题 5.2 图

5.3 一束线偏振的钠黄光垂直射入一方解石晶体，其光矢量的振动方向与晶体的主截面成 20°角。不考虑界面的反射和介质的吸收，计算出现双折射的两束光的相对振幅和强度。

5.4 一束钠黄光掠入射到冰的晶体平板上，平板厚度为 4.2 mm，其光轴与入射面垂直。求平板另一表面上 o 光与 e 光两出射点的间隔。已知对于钠黄光，冰的折射率为 $n_o=1.3090$，$n_e=1.3104$。

5.5 如习题 5.5 图所示，棱镜 $ABCD$ 由 45°方解石直角三棱镜组成，棱镜 ABD 的光轴平行于 AD，棱镜 BCD 的光轴垂直于图面。当光垂直于 AD 入射时，说明为什么 o 光和 e 光在第二块棱镜中分开，并在图中画出它们的波面和振动方向。

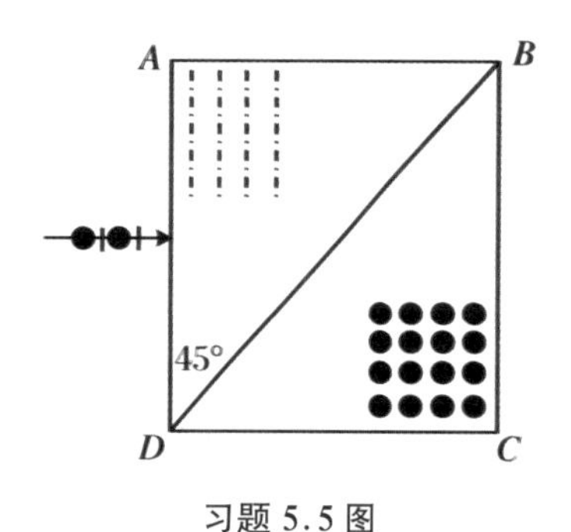

习题 5.5 图

5.6 可用什么办法区分 1/2 波片和 1/4 波片？

5.7 如习题 5.7 图所示，在使用激光器发出的平面偏振光的各种测量仪器上，为避免激光返回激光器的谐振腔，在激光器输出窗口外放一 1/4 波片，且其主截面与出射激光的振动面间有 45°夹角，说明此波片的作用。

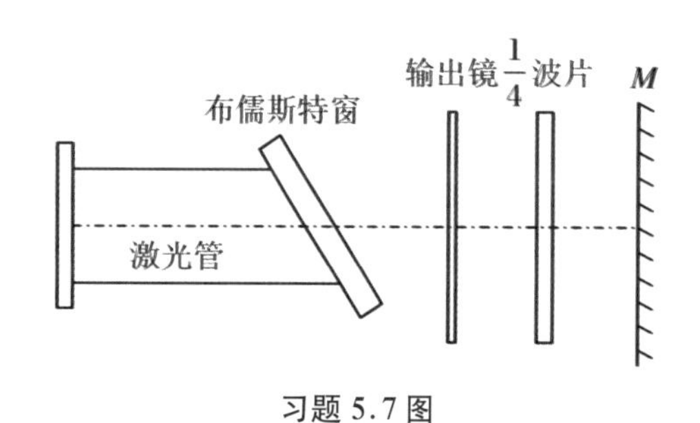

习题 5.7 图

5.8 如习题 5.8 图所示，单色光源 S 置于透镜 L 的焦点处，P 为偏振器，K 为此单色光的 $\lambda/4$ 片，其快轴与偏振器的透振方向成 α 角，M 为平面反射镜。已知入射到偏振器的光强为 I_0，分析光束经过各个元件后的偏振态，计算返回 L 处的光强(不计反射、吸收的光强损失)。

5.9 一束波长为 λ 的右旋圆偏振平行光，正入射到一块两表面平行的方解石晶片上，且照射整个晶片，晶片的光轴平行于其表面(习题 5.9 图中 y 方向)，晶片的 A 部分为 $\lambda/2$ 片，B 部分为 $\lambda/4$ 片，如习题 5.9 图所示。

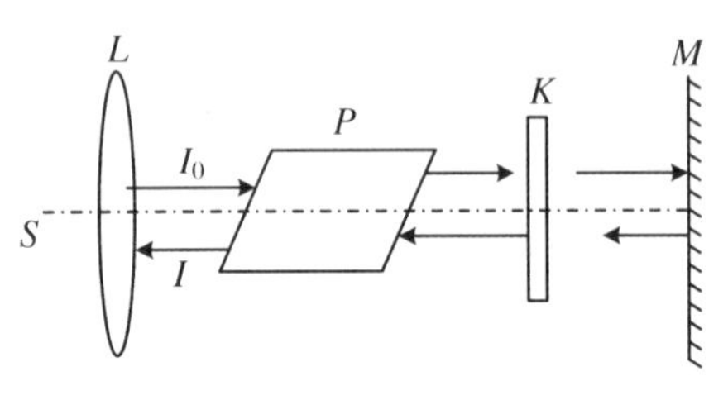

习题 5.8 图

(1) 分别指出经过晶片两部分的光的偏振态。

(2) 从晶片射出的光如果再经过一个透振方向与 y 成 45°角的偏振片，在屏上将见到什么现象?

(3) 在将偏振片绕光线方向旋转 360°的过程中，屏上的光强发生什么变化?

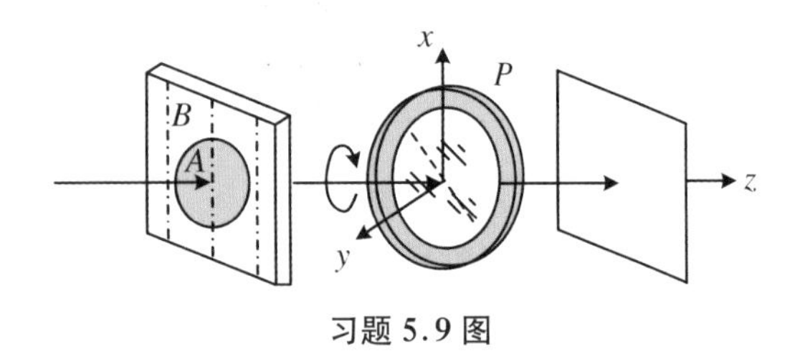

习题 5.9 图

5.10 一巴比涅补偿器由两个光轴相互垂直的劈形石英组成。如习题 5.10 图所示，现有一束极窄的线偏振光正入射，其偏振方向与 x 轴成 45°角，光束偏离补偿器的中心线 x。

(1) 用 n_o、n_e、λ、L、d、x 表示出射光线中 x、y 分量间的相对相移。

(2) x 取什么样的值可以得到线偏振光或圆偏振光?

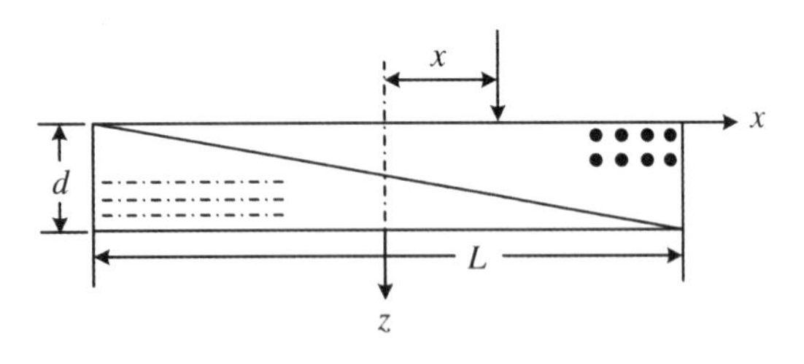

习题 5.10 图

5.11 两偏振片之间有一 $\lambda/2$ 片，波片的快轴与 P_1 的透振方向成 38°角。设波长为 632.8 nm 的光垂直入射到 P_2 上，要使透射光最强，P_2 应如何放置? 若晶片的折射率 $n_o=1.52$，$n_e=1.48$，计算此晶片的最小厚度。

5.12 一块厚度为 0.04 mm 的方解石晶片，光轴与表面平行，将其插入正交偏振片之间，且使主截面与第一偏振片的透振方向成 $\theta\left(\theta\neq0,\frac{\pi}{2}\right)$角，则白光中哪些波长成分不能通过此装置?

5.13 由哪些方法可以使一线偏振光的振动面旋转 90°?

5.14 如习题 5.14 图所示，玻璃片堆 A 由折射率为 n 的玻璃平板组成，半波片 C 的快轴与 y 轴夹角为 30°，偏振片 P 的偏振化方向沿 y 轴，自然光沿水平方向入射。

(1) 要使 A 的反射光为完全线偏振光，玻璃片堆 A 的倾角 θ 应该是多大?

(2) 若将 A 出射的部分偏振光看成是自然光和线偏振光的叠加，则经过 C 后线偏振光的振动面有何变化? 说明理由。

(3) 若 A 的透射光中自然光的强度为 I，线偏振光的强度为 $3I$，计算从 P 出射的光强。

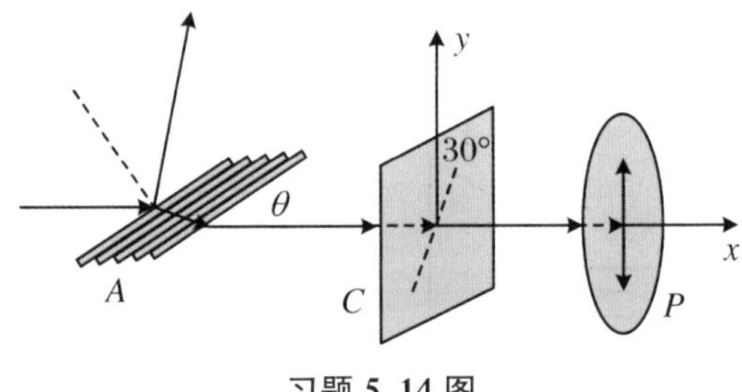

习题 5.14 图

5.15 在两个透振方向平行的偏振片间放一半波片，其主截面沿着 P_1 的透振方向向右旋转 27°，半波片后再放一右旋石英片，其旋光率为 $a=18°/\text{mm}$，单色光正入射到 P_1。要使在 P_2 后消光，石英片的最小厚度应是多少?

5.16 厚度为 1 mm 的沿垂直于光轴方向切出的石英片放在两主截面平行的尼科耳棱镜之间，对某一波长的光偏振面旋转 20°，则当石英晶片的厚度为多少时，该波长的光将完全消失?

5.17 一表面垂直于光轴的水晶片恰好可抵消 10 cm 长度的浓度为 20%的麦芽糖溶液对钠光偏振面所引起的旋转。对此波长，水晶的旋光率为 $\alpha=21.75°/\text{mm}$，麦芽糖的比旋光率为$[\alpha]=144°/[\text{dm}\cdot(\text{g/cm}^3)]$，求此水晶片的厚度。

第 6 章 光的吸收、色散、散射

6.1 一均匀介质的吸收系数为 $a=0.32/\text{cm}$，求出射光强变为入射光强 0.1、0.2、0.5 倍时介质的厚度。

6.2 设海水的吸收系数为 $a=2/\text{m}$，而人眼能感受到的光强为太阳光强的 10^{-18}。试问在海面下多深处人眼还能看见光？

6.3 证明当介质厚度 $L=1$ cm 而吸收系数又很小时，吸收率 $G\approx(I_0-I)/I_0$ 在数值上就等于吸收系数本身。

6.4 什么是光的色散现象？何谓正常色散和反常色散？什么情况下出现反常色散？

6.5 根据物质的正常色散曲线，试回答：

(1) 在三棱镜色散现象中，何种颜色的光偏折得最厉害？

(2) 可见光(波长范围 4000～7000 Å)入射三棱镜上产生色散现象，哪个波段的光偏折的角度变化较大？

6.6 为什么点燃的香烟冒出的烟是淡蓝色的，而吸烟者口中吐出的烟却呈白色？

6.7 既然眼睛对黄绿光最为敏感，为什么危险信号要用红色？

6.8 一块白色石头沉于水池底，由水面看石头，常见其边缘有蓝色与橙色条纹。为什么？蓝色在外圈还是内圈？

6.9 用 $A=1.53974$，$B=4.6528\times10^3\ \mathrm{nm}^2$ 的玻璃做成 50° 棱角的棱镜，当其对 550.0 nm 的入射光处于最小偏向角位置时，求其角色散率是多少(rad/nm)。

6.10 某种玻璃对不同波长的光折射率不同。$\lambda_1=400.0$ nm 时，$n_1=1.63$；$\lambda_2=500.0$ mm 时，$n_2=1.58$。假定柯西公式此时适用，求此种玻璃在 600.0 nm 时的 $\mathrm{d}n/\mathrm{d}\lambda$。

6.11 一块玻璃对波长为 0.070 nm 的 X 射线的折射率比 1 小 1.600×10^{-6}，求 X 射线能在此玻璃的外表面发生全反射(全外反射)的最大掠射角。

6.12 同时考虑介质对光的吸收和散射时，吸收系数 $\alpha=\alpha_0+\alpha_s$，其中 α_0 是真正的吸收系数，而 α_s 为散射系数，若光经过一定厚度的某种介质后，只有 20% 的光强通过，已知该介质的散射系数为真正吸收系数的 1/2，若消除散射，透射光强可增加多少？

6.13 计算波长为 253.6 nm 和 546.1 mm 的两条谱线的瑞利散射强度之比。

第 7 章 光的量子性

7.1 黑体在某一温度时总辐射本领为 $6.8\ \mathrm{W/cm^2}$，试求这时辐射本领具有最大值的波长 λ_m。

7.2 用辐射温度计测得从一个炉子的小孔射出的热辐射的总辐射本领为 $22.8\mathrm{W/cm^2}$，计算炉子的内部温度。

7.3 如果我们把恒星表面近似看作一个黑体，则通过测量恒星辐射光谱中与辐射本领最大值相应的波长 λ_m，就可以估计恒星表面的温度。若已知太阳的 $\lambda_m=510$ nm，北极星的 $\lambda_m=350$ nm，试求它们的表面温度。

7.4 黑体在加热过程中其最大辐射本领的波长由 0.6 μm 变化到 0.4 μm，问总辐射本领增加了几倍。

7.5 热核爆炸中火球的瞬时温度可达到 10^7 K，求：(1) 辐射最强的波长；(2) 这种波长的光子能量。

7.6 试从普朗克黑体辐射公式的频率形式导出它的波长形式：

$$r_0(\lambda,T)=\frac{2\pi hc^2}{\lambda^5}\frac{1}{\mathrm{e}^{hc/(\lambda KT)}-1}$$

7.7 在温度 $t=0$ ℃时，空腔中充满平衡热辐射，试确定空腔中 $1\ \mathrm{cm}^3$ 体积内的光子总数。(提示：$\int_0^\infty\frac{x^2}{\mathrm{e}^x-1}\mathrm{d}x=2.405$)

7.8 试分别用焦耳和电子伏特为单位表示下列各种光子的能量：

(1) 无线电短波，$\lambda=10$ m。

(2) 红外光，$\lambda=2.5$ μm。

(3) 可见光，$\lambda=500$ nm。

(4) 紫外光，$\lambda=280$ nm。

(5) X 射线，$\lambda=0.1$ nm。

7.9 一个频率为 6×10^{14} Hz 的光源，其发射功率为 10 W，则它一秒钟内能发射多少光子？

7.10 当一频率为 ν、单位体积中有 N 个光子的单色平面波以入射角 i 入射到真空中一平面上时，试分下列两种情况给出它施加于此表面的辐射压力的表示式：(1) 表面是黑体(对光全部吸收)；(2) 表面按反射率 R 做镜面反射。

7.11 已知从铯表面发射出的光电子的最大动能为 2.0 eV，铯的脱出功为 1.9 eV，求入射光的波长。

7.12 已知钾的光电效应红限 $\lambda_0=5.5\times10^{-5}$ cm，求：

(1) 钾的脱出功。

(2) 在波长 $\lambda=4.8\times10^{-5}$ cm 的可见光照射下钾的遏止电压。

7.13 波长为 200 nm 的光照射到铝表面上，铝的脱出功为 4.2 eV。试问：

(1) 铝的截止波长为多少？

(2) 光电子的最大动能为多少？

(3) 光电子的最小动能为多少？

(4) 遏止电压为多大？

(5) 如果入射光强为 $2.0\ \mathrm{W/m^2}$，阴极面积为 $1\ \mathrm{cm}^2$，光束垂直照射在阴极上，可能产生的最大饱和电流是多少？

第 8 章 激光基础

8.1 为使氦氖激光器的相干长度达到 1 km，它的单色性 $\Delta\lambda/\lambda$

应是多少？

8.2 (1) 一质地均匀的材料对光的吸收为 $0.01\ mm^{-1}$，光通过 10 cm 长的该材料后，出射光强为入射光强的百分之几？
(2) 一光束通过长度为 1 m 的均匀激活的工作物质，如果出射光强是入射光强的两倍，试求该物质的增益系数。

8.3 如果激光器和微波激射器分别在 $\lambda=10\ \mu m$，$\lambda=5\times10^{-1}\ \mu m$ 和 $\nu=3000$ MHz 输出 1 W 连续功率，每秒钟从激光上能级向下能级跃迁的粒子数是多少？

8.4 设一对激光能级为 E_2 和 $E_1(g_1=g_2)$，两能级间的跃迁频率为 ν(相应的波长为 λ)，能级上的粒子数密度分别为 N_2 和 N_1，试求：
(1) $\nu=3000$ MHz、$T=300$ K 时，N_2/N_1 的值。
(2) $\lambda=1\ \mu m$、$T=300$ K 时，N_2/N_1 的值。
(3) $\lambda=1\ \mu m$、$N_2/N_1=0.1$ 时，T 的值。

8.5 假定工作物质的折射率 $n=1.73$，试问 ν 为多大时 $A_{21}/B_{21}=1\ J\cdot S/m^3$。这是什么光范围？

8.6 如果工作物质的某一跃迁波长为 100 nm 的远紫外光自发跃迁几率 A_{10} 等于 $10^6\ s^{-1}$，试问：(1) 该跃迁的受激辐射爱因斯坦系数 B_{10} 是多少？(2) 为使受激跃迁概率比自发跃迁概率大 3 倍，腔内的单色能量密度 ρ 应为多少？

8.7 由两个全反射镜组成的稳定光学谐振腔，腔长为 0.5 m，腔内振荡光的中心波长为 632.8 nm，试求该光的频带宽度 $\Delta\lambda$ 的近似值。

8.8 红宝石激光器输出 $\lambda=694.3$ nm 的平面波(一种合适的近似)。
(1) 定性描述这种激光器的工作原理，并粗略地作出有关的原子能级图。
(2) 当激光通过折射率 $n=4/3$ 的水时，波长和频率各为多少？
(3) 当激光以 45°倾角斜入射于水中时，其反射光中每一种偏振分量各有多少比例？
(4) 平面波在水中传播时，电场、磁场振幅各为多少？设波在水中的时间平均功为 $100\ mW/cm^2$。
(5) 激光在真空中的相干长度为多少(即光保持相干性到 $\lambda/4$ 时传播的距离)？设激光带宽为 $\Delta\nu=30$ MHz。

8.9 如习题 8.9 图所示，一台染料激光器由两个近乎理想的反射镜 M 以及增益介质(其带宽为 $\Delta\nu$，中心频率为 ν_0)构成。
(1) 设光线在腔内往返一次的时间为 τ，问此光腔允许激光器工作的频率是多少，并用 τ 表示。
(2) 假定激光器运转于增益带宽内的一切可能腔模，并假设这些模的相位是稳定的，没有相位的起伏，设法将这些模的相位调整得使它们在 $t=0$ 时刻具有相同的相位，则激光器的输出将如何随时间变化？
(3) 若要产生脉宽为 1 ps(10^{-12} s)的脉冲(波长为 600 nm)，需要多大带宽 $\Delta\nu$？应当包括多少激光腔模？(取腔长 $l=1.5$ m)

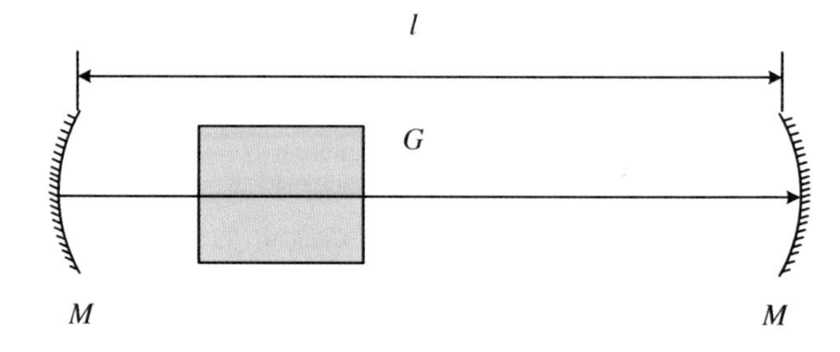

习题 8.9 图

光学领域重要人物图录

墨子

墨子，春秋末期战国初期宋国人，墨家学派创始人和主要代表人物。创立了以几何学、物理学、光学为突出成就的一整套科学理论。

斯涅耳

威里布里德·斯涅耳，荷兰数学家和物理学家。斯涅耳最早发现了光的折射定律(也称斯涅耳定律)，这一定律是他从实验中得到的，未做任何的理论推导。

格里马第

格里马第，意大利物理学家和数学家。他以在光学领域的发现而闻名，是第一个描述光的衍射的人，也是第一个尝试光的波动理论的人。

牛顿

牛顿，英国物理学家、数学家、天文学家、自然哲学家。在力学、光学、数学、经济学领域都有杰出的成果。在光学方面，他致力于颜色的现象和光的本性的研究，发现了“牛顿环”，创立了光的微粒说。

惠更斯

惠更斯，荷兰物理学家、天文学家、数学家和发明家。他创立了光的波动说，把“以太”作为光传播的介质，提出了惠更斯原理。

托马斯·杨

托马斯·杨，英国医生、物理学家，光的波动说的奠基人之一。他在物理学上做出的最大贡献是光的波动性质的研究，他的著名的杨氏双缝实验证明了光以波动形式存在。

菲涅耳

菲涅耳，法国物理学家，波动光学理论的主要创建者之一。菲涅耳对光的衍射和偏振做了杰出的理论与实验研究，被誉为“物理光学的缔造者”。

麦克斯韦

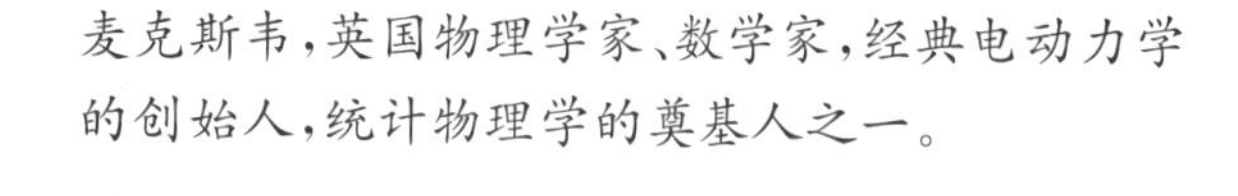

麦克斯韦，英国物理学家、数学家，经典电动力学的创始人，统计物理学的奠基人之一。

伦琴

威廉·康拉德·伦琴（Wilhelm Röntgen，1845—1923），德国物理学家。1895年11月8日发现了X射线；1895年12月28日发表了《关于一种新的射线》论文。1901年被授予首次诺贝尔物理学奖。这一发现不仅开创了医疗影像技术，在材料的无损探伤、微观世界的观察等领域也具有重要应用。

迈克耳孙

迈克耳孙，美籍波兰裔物理学家。由于创制出的精密光学仪器和利用这些仪器所完成的光谱学和基本度量学研究，荣获1907年诺贝尔物理学奖。

劳厄

马克思·冯·劳厄（Max von Laue，1879—1960），德国物理学家，X射线晶体分析的先驱。1912年发现了X射线在晶体中的衍射现象，1914年因此成就荣获诺贝尔物理学奖。

W.H.布拉格

W.L.布拉格

布拉格父子:威廉·亨利·布拉格(Sir William Henry Bragg,1862—1942)和威廉·劳伦斯·布拉格(Sir William Lawrence Bragg,1890—1971),英国物理学家。布拉格父子因利用X射线分析晶体结构的杰出工作,共同获得了1915年的诺贝尔物理学奖。可以说布拉格这个名字几乎就是现代结晶学的同义词。

普朗克

马克斯·卡尔·恩斯特·路德维希·普朗克,德国物理学家,量子力学的重要创始人之一,和爱因斯坦被并称为“20世纪最重要的两大物理学家”。他因发现能量量子化而对物理学的又一次飞跃做出的重要贡献,荣获1918年诺贝尔物理学奖。

爱因斯坦

阿尔伯特·爱因斯坦,人类历史上最具创造性才智的人物之一,开创了现代科学技术新纪元,被公认为是继伽利略、牛顿之后最伟大的物理学家。1999年12月,爱因斯坦被美国《时代周刊》评选为20世纪的“世纪伟人”。1905年,爱因斯坦提出光子假设,成功解释了光电效应,以此荣获1921年诺贝尔物理学奖。

玻尔

玻尔,丹麦物理学家,提出了玻尔模型。因研究原子的结构和原子的辐射所做出的重大贡献,荣获1922年诺贝尔物理学奖。

康普顿

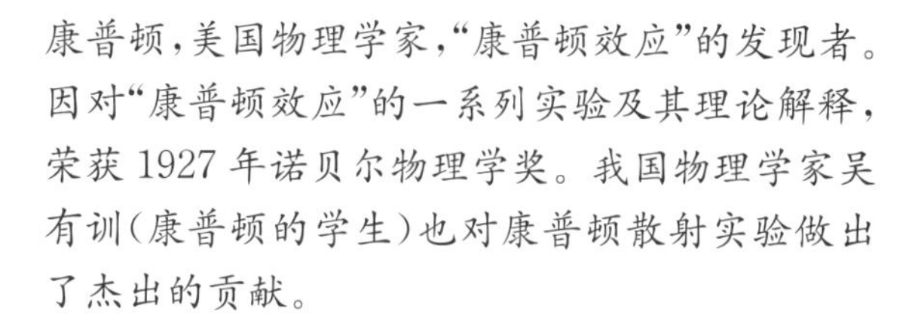

康普顿，美国物理学家，“康普顿效应”的发现者。因对“康普顿效应”的一系列实验及其理论解释，荣获 1927 年诺贝尔物理学奖。我国物理学家吴有训(康普顿的学生)也对康普顿散射实验做出了杰出的贡献。

德布罗意

德布罗意，法国理论物理学家，物质波理论的创立者，量子力学的奠基人之一。因物质波这一概念的提出，荣获 1929 年诺贝尔物理学奖。

拉曼

拉曼，印度物理学家。因光散射方面的研究工作和拉曼效应的发现，荣获 1930 年诺贝尔物理学奖。

泽尼克

泽尼克(Frederik Zernike，1888—1966)，荷兰物理学家。因论证相衬法，特别是发明了相衬显微镜而获 1953 年诺贝尔物理学奖。

玻恩

玻恩，德国犹太裔理论物理学家，量子力学的奠基人之一。因对量子力学的基础性研究尤其是对波函数的统计学诠释，荣获 1954 年诺贝尔物理学奖。

梅曼

西奥多·哈罗德·梅曼（Theodore Harold Maiman，1927—2007），美国物理学家。1960 年 5 月 16 日，梅曼制造了世界上第一台激光器。他还著有《激光奥德赛》（*The Laser Odyssey*）一书来描述激光器的诞生。

盖伯

盖伯（Dennis Gabor，1900—1979），英籍匈牙利裔物理学家。1948 年，盖伯为了提高电子显微镜的分辨本领提出了全息术原理，据此荣获 1971 年诺贝尔物理学奖。

布隆姆贝根

肖洛

马萨诸塞州坎伯利基哈佛大学的布隆姆贝根（Nicolaas Bloembergen，1920—2017）和美国加利福尼亚州斯坦福大学的肖洛（ArthurL. Schawlow，1921—1999），因在发展激光光谱学方面做出的贡献，荣获 1981 年诺贝尔物理学奖。

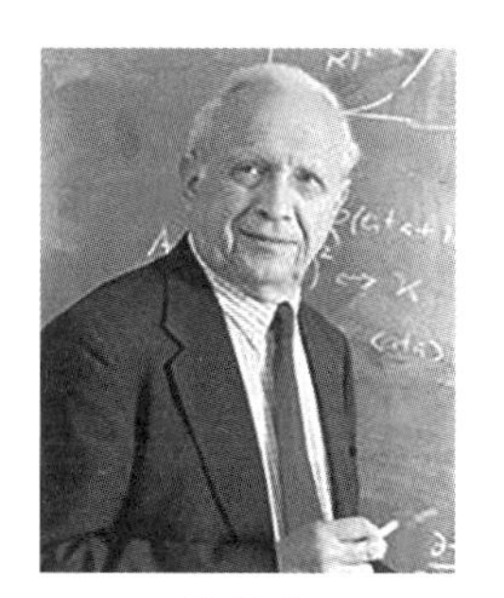
格劳伯

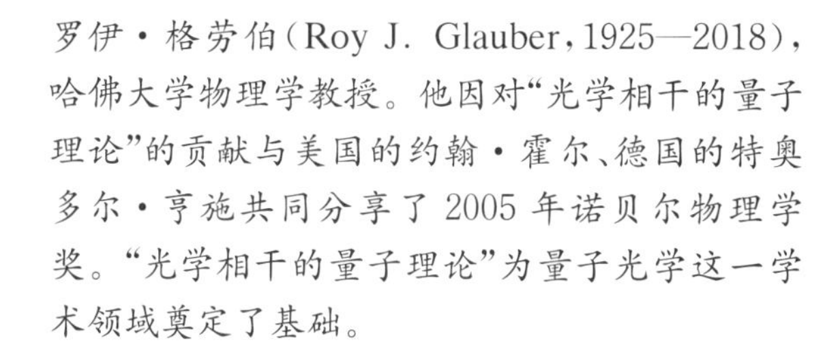
罗伊·格劳伯(Roy J. Glauber,1925—2018),哈佛大学物理学教授。他因对“光学相干的量子理论”的贡献与美国的约翰·霍尔、德国的特奥多尔·亨施共同分享了2005年诺贝尔物理学奖。“光学相干的量子理论”为量子光学这一学术领域奠定了基础。

高锟

高锟(1933—2018),华裔物理学家,英国、美国双重国籍,持有中国香港居民身份。高锟开创性地提出了光导纤维在通信上应用的基本原理,计算出如何使光在光导纤维中进行远距离传输,促使了光纤通信系统的问世,据此荣获2009年诺贝尔物理学奖。被誉为“光纤通信之父”。

赤崎勇

天野浩

中村修二

2014年诺贝尔物理学奖被授予日本名古屋大学、名城大学教授赤崎勇(1929—),名古屋大学教授天野浩(1960—),以及美国加州大学圣芭芭拉分校教授、美籍日裔科学家中村修二(1954—),以表彰他们在发现新型节能环保光源即蓝色发光二极管(LED)方面做出的巨大贡献。

贝齐格

赫尔

莫纳

2014年诺贝尔化学奖被授予美国科学家埃里克·贝齐格(Eric Betzig,1960—)、威廉·莫纳(William Esco Moerner,1953—)和德籍罗马尼亚裔科学家斯特凡·赫尔(Stefan W. Hell,1962—),以表彰他们在超分辨率荧光显微技术领域取得的成就。在荧光分子的帮助下,三位获奖科学家发明了光激活定位显微技术(PALM)和受激发射损耗显微技术(STED),巧妙地绕开了光学衍射极限。

参考文献

[1] 明海,王梓,马凤华.光耀世界:国际光日图册[Z].2015.

[2] 杨宏,李洪云,龚旗煌.光学发展与社会进步[J].现代物理知识,2019(3):28-34.

[3] 牛顿.牛顿光学[M].周岳明,舒幼生,邢峰,等译.北京:北京大学出版社,2011.

[4] 惠更斯.惠更斯光论[M].蔡勖,译.北京:北京大学出版社,2012.

[5] 赵凯华,钟锡华.光学[M].北京:北京大学出版社,1984.

[6] 钟锡华.现代光学基础[M].北京:北京大学出版社,2003.

[7] 赵建林.光学[M].北京:高等教育出版社,2006.

[8] 吴强.光学[M].北京:科学出版社,2006.

[9] 崔宏滨,李永平,康学亮.光学[M].2版.北京:科学出版社,2015.

[10] 轩植华,白贵儒,郭光灿.物理学大题典:光学[M].北京:科学出版社,2005.